Rudolf Seising (Hrsg.)

Fuzzy Theorie und Stochastik

Rudolf Seising (Hrsg.)

Fuzzy Theorie und Stochastik

Modelle und Anwendungen
in der Diskussion

Die Deutsche Bibliothek – CIP-Einheitsaufnahme

Fuzzy-Theorie und Stochastik:
Modelle und Anwendungen in der Diskussion / Rudolf Seising
(Hrsg.).
(Vieweg computational intelligence)
ISBN 978-3-528-05682-7   ISBN 978-3-663-10120-8 (eBook)
DOI 10.1007/978-3-663-10120-8

http://www.vieweg.de

Höchste inhaltliche und technische Qualität unserer Produkte ist unser Ziel. Bei der Produktion und Auslieferung unserer Bücher wollen wir die Umwelt schonen: Dieses Buch ist auf säurefreiem und chlorfrei gebleichtem Papier gedruckt. Die Einschweißfolie besteht aus Polyäthylen und damit aus organischen Grundstoffen, die weder bei der Herstellung noch bei der Verbrennung Schadstoffe freisetzen.

Konzeption und Layout: Ulrike Weigel, www.CorporateDesignGroup.de

Gedruckt auf säurefreiem Papier

ISBN 978-3-528-05682-7

Vorwort

Alle Prozesse in der Natur enthalten eine oder mehrere ungewisse Komponenten, zeigen Ungewißheiten oder haben einen mehr oder weniger ungewissen Ausgang. Dabei kann man unterscheiden, ob man einen Vorgang - oder einen Teil davon - als ungewiß ansieht, weil man ihn nicht exakt deterministisch erfassen kann (z. B. die Kursentwicklung an einer Wertpapierbörse), ob man ihn als genuin zufällig ansieht (z. B. den radioaktiven Zerfall eines Stoffes) oder ob die Ungewißheit des Vorgangs von seiner Beschreibung mit vagen Begriffen herrührt. Unsere heutigen sehr komplexen sozialen und technischen Strukturen sind ohne den Einsatz von Verfahren zur Behandlung ungewisser Effekte nicht mehr vorstellbar, wenn man z. B. nur an Lebens- und Krankenversicherungen einerseits und an die Berechnung der Zuverlässigkeit technischer Systeme und Prozesse andererseits denkt.

Die Entwicklung mathematischer Werkzeuge zur Wahrscheinlichkeitsrechnung und Statistik führte zu der bis in unser Jahrhundert unangefochtenen Stellung der Stochastik als der besten wissenschaftlichen Methode zur Behandlung von Aspekten der Ungewißheit.

In der zweiten Hälfte des 20. Jahrhunderts etablierte sich dann die Fuzzy Theorie, die Lotfi Zadeh in der Arbeit „Fuzzy Sets" (1965) als Verallgemeinerung der Cantorschen Mengentheorie begründete, als eine ernstzunehmende Konkurrentin für die Aufgabe, Ungewißheiten zu modellieren. Die weiteren Entwicklungen brachten eine über Jahrzehnte geführte Auseinandersetzung zwischen Stochastikern und Vertretern der Fuzzy Theorie, aber auch eine überaus erfolgreiche Anwendung der Theorie in vielen Bereichen der angewandten Wissenschaften und der Industrie.
Dieser „Fuzzy Boom" ist inzwischen merklich abgeflaut, aber die Fuzzy Sets haben sich für viele Wissenschaftler und Anwender in Theorie und Praxis als eine ernsthafte Alternative zur Stochastik behauptet. Daher stellte sich die Frage nach dem Verhältnis beider wissenschaftlicher Theorien zueinander, und als sich die Möglichkeit ergab, diese Frage in einem größeren Rahmen zu diskutieren, faßten wir die Gelegenheit beim Schopf.

Das von Kurt Marti (Universität der Bundeswehr München) geleitete Programmkomitee der Münchner Stochastik-Tage, die vom 24. - 27. März 1998 an der Universität der Bundeswehr München in Neubiberg stattfanden, faßte den Entschluß, eine Podiumsdiskussion über das Thema „Fuzzy Theorie - eine Alternative zur Stochastik?" stattfinden zu lassen. Mit der Vorbereitung und Durchführung dieser Podiumsdiskussion wurden Rudolf Avenhaus und Rudolf Seising (beide Universität der Bundeswehr München) betraut; dabei war zu beachten, daß diese Podiumsdiskussion vor einem Publikum stattfand, das sich mehrheitlich aus Stochastikern zusammensetzte.

Aus der überaus fruchtbaren Podiumsdiskussion heraus entwickelte Rudolf Seising die Idee für ein Buch zu dieser Thematik. Um einen möglichst umfassenden Einblick in die Grundlagen und gegenseitigen Beziehungen der beiden Theorien zur Modellierung von Ungewißheitssituationen zu geben, wurden neben den Beiträgen der Podiumsteilnehmern und den Ergebnissen der Publikumsdiskussion noch einige zusätzliche Beiträge von prominenten Vertretern der Fuzzy Theorie und der Stochastik aus dem deutschsprachigen Raum aufgenommen, die nicht an der Podiumsdiskussion teilnahmen.

Nach der Podiumsdiskussion kann einerseits festgehalten werden, daß heute für die Fuzzy Theorie eine breite theoretische Basis existiert und daß mittels der Fuzzy Theorie in der Praxis sehr große Erfolge erzielt wurden, insbesondere bei der optimalen Auslegung von Reglern (z. B. bei der U-Bahn in Sendai, bei vielen Haushaltsgeräten, wie z.B. Waschmaschinen, bei Photoapparaten, Autogetrieben und im Straßenverkehr). Auch wenn es bei der Fuzzy Theorie noch ungelöste Fragen gibt (etwa nach den Zugehörigkeitsfunktionen von Fuzzy Mengen) sollten die Erfolge dieser Theorie gerade die Stochastiker veranlassen, sich mit dieser alternativen Methode zur Modellierung von Ungewißheitssituationen konstruktiv-kritisch auseinanderzusetzen. Vielleicht, im Sinne des abgewandelten alten Wortes, daß Konkurrenz die Wissenschaft belebt, ergeben sich ja auf diese Weise auch für die Stochastik neue Impulse für Theorie und Anwendung.

Wir hoffen, daß dieser Band einen Beitrag zur vergleichenden Untersuchung und damit zum Brückenschlag zwischen zwei verschiedenen Konzepten leisten kann, deren gezielter Einsatz zur Modellierung und Bewältigung von Ungewißheitssituationen in der Praxis zu zuverlässigeren, robusteren Lösungen von Entscheidungsproblemen unter Ungewißheit führt.

München und Neubiberg, den 5. Januar 1999

Rudolf Avenhaus, Kurt Marti, Rudolf Seising

Danksagung

Daß dieses Buch etwa ein Jahr nach der Podiumsdiskussion im März 1998 erscheinen kann, ist dem Engagement vieler einzelner Personen zuzuschreiben: allen Autoren, die - zwar in verschieden langen Zeitspannen - aber jederzeit intensiv und hilfsbereit an ihren Beiträgen arbeiteten, den Herausgebern der Reihe *Computational Intelligence*, den Lektoren des Vieweg Verlages, vor allem aber denjenigen, die die Podiumsdiskussion mitgestaltet haben, insbesondere das in diesem Buch leider anonym bleibende – Publikum dieser Veranstaltung, die mit dessen Wortbeiträgen erst zu einem Erfolg wurde.

Die Übertragung des gesprochenen Wortes von einer Videofilmaufnahme der Podiumsdiskussion in eine möglichst getreue Textform besorgten zum größten Teil Frau Tina Hille und Frau Andrea Kalscheuer. Das war eine ausgesprochen mühsame, zum Teil aber auch recht amüsante Arbeit. (Das ungezählt wiederholte Vor- und Zurückspulen des Videofilms, in der Absicht, jedes einzelne der gesprochene Worte, ja jede ihrer Silben zu verstehen, ließ uns beeindruckende Beispiele für „Unschärfen" in Ton und Bild genießen!)

Die Durchführung der Podiumsdiskussion innerhalb der Münchener Stochastik-Tage 1998 wäre ohne die Organisation von Prof. Dr. Kurt Marti und die Moderation von Prof. Dr. Rudolf Avenhaus genauso wenig möglich gewesen, wie die Gestaltung des Buches in Latex ohne Sachverstand, Geduld, Hilfsbereitschaft und Ermunterungen von Wolfgang Foit M. A., Erna Kirchner, Dr. Thomas A. Runkler und Prof. Dr. Walburga von Zameck. Ganz besonders hervorheben möchte ich hier aber die vielerlei Hilfen von Timo Christoph und Dr. Elisabeth Michael.

Ihnen allen fühle ich mich dafür zu großem Dank verpflichtet!

Dr. Elisabeth Michael hat sämtliche Beiträge zu diesem Buch gelesen, korrigiert und manches Problem der (älteren und neuen) Rechtschreibung mit mir erörtert. Für die weitaus meisten Fehler, die der geneigte Leser nun noch finden wird, ist wohl anzunehmen, daß sie aufgrund meiner Entscheidungen in diesem Buch verblieben sind, und folglich sind sie mir allein zuzuschreiben.

München, den 7. Januar 1999

Rudolf Seising

Die Herausgabe dieses Buches wurde mit Druckkostenzuschußsen des Freundeskreises der Universität der Bundeswehr München und aus Haushaltsmitteln dieser Universität unterstützt.

Inhaltsverzeichnis

IV Anwendungen 285

1 Einleitung

Rudolf Seising

1.1 Determinismus und Indeterminismus

Inwieweit kann der Mensch die Welt, in der er lebt, mit den Mitteln seines Verstandes beschreiben und verstehen? Kann er die Dinge und Prozesse in seiner Umwelt mit vernünftigem Denken durchschauen, sogar vorhersagen? - René Descartes (1596-1650) war davon überzeugt, daß der Mensch imstande ist, dies mit Hilfe der modernen Wissenschaften zu leisten. Er hatte die Idealvorstellung, ein System der Wissenschaften zu konstruieren, das auf vernünftigen Prinzipien beruht.
Descartes Lehre beeinflußte die Führungspersönlichkeiten einer katholischen Reformergemeinschaft, die sich im scharfen Konflikt mit den Jesuiten und der römischen Kirche befand, die Jansenisten Antoine Arnauld (1612-1694) und Pierre Nicole (1625-1695) im Kloster Port Royal, die 1662 *La logique ou l'art de penser* veröffentlichten.[1] Die Autoren dieses einst ungemein populären Lehrbuchs verstanden „Logik" als die Kunst, den Verstand beim Erkennen der Dinge richtig anzuwenden, Begriffe und Urteile zu bilden sowie Schlußfolgerungen vorzunehmen. In den letzten fünf Teilen dieses Werkes behandelten sie dann eine Logik wahrscheinlicher Urteile, die nicht der kirchlichen Autorität, sondern dem Abwägen aller Umstände folgt, und im letzten Kapitel wird ein Zusammenhang zwischen solchen Wahrscheinlichkeiten und Glücksspielen hergestellt, sogar Wettprobleme und Blaise Pascals (1623-1772) berühmte „Wette" werden behandelt; freilich wird vermutet, daß Pascal, dessen Schwester im Kloster von Port Royal lebte, der den Jansenisten nahestand, und der zu deren Unterstützung und gegen die Morallehren der Jesuiten seine Briefe - *Les Provinciales* - geschrieben hatte, zu den Logique-Autoren - zumindest ihrer letzten Teile - zählte.
Die moralphilosophische Position der Jansenisten war der *Probabilismus; probabilitas* wurde eine glaubwürdige Meinung genannt, die aufgrund von Autoritäten vertreten werden konnte. Je gewichtiger diese Autorität war, mit desto mehr Wahrscheinlichkeit waren die Argumente für die entsprechende Meinung erfolgreich. Vielleicht hat Pascal - geprägt vom Regelwerk dieser rhetorischen Kunst - jenes Problem der Glücksspielrechnung untersucht, dessen Lösung seinem Briefwechsel mit Pierre de Fermat (1601-1665) zu entnehmen ist, der vielen als die Wurzel der Wahrscheinlichkeitsrechnung gilt.[2]
Die zufälligen Ausgänge der Glücksspiele sprachen für eine indeterministische Welt,

---

[1] [1]. Eine deutsche Übersetzung von Christos Axelos erschien 1972: *Die Logik oder die Kunst des Denkens*, Darmstadt: Wissenschaftliche Buchgesellschaft.
[2] Zum Briefwechsel zwischen Pascal und Fermat siehe auch [47], S. 25-40.

doch die Möglichkeit, Ereignisse - wenn auch nur mit Wahrscheinlichkeiten - vorauszusagen, beschränkte diesen Indeterminismus. Die Wahrscheinlichkeitsrechnung reifte von nun an zu einer mathematischen Fertigkeit heran, die schließlich von Jakob Bernoulli (1655-1705) „Mutmaßungskunst" genannt wurde.[3]
Im Weltbild der Cartesianer muß das Rechnen mit Wahrscheinlichkeiten dem Bereich der mathematisch-mechanischen Wissenschaften zugezählt werden. Descartes' Wissenschaft war allerdings ein dualistisches Gebilde: Während er die physikalischen und biologischen Erscheinungen als mechanisch determiniert ansah, gestand er den menschlichen Seelen willkürliches Handeln zu. Aus diesem letzten Reservat wurde die indeterministische Vorstellung dann von den französischen Materialisten vertrieben, die auch alle psychischen Abläufe mechanisch zu erklären gedachten.

Die Entwicklung der modernen Naturwissenschaft ist offensichtlich eng mit den religionsphilosophischen Strömungen dieser Zeit verknüpft. In der Aufklärung wurde die christliche Lehre mit systematischer Kritik konfrontiert; es entstand die Idee einer vernunftgemäßen „natürlichen Religion", in deren spannungsreichem Verhältnis zum Christentum sich der sogenannte *Deismus* herausbildete. Die meisten Aufklärer waren Deisten, die sich gegen die kirchliche Autorität frei zu denken entschlossen hatten (Freidenker). „Deisten" nannten sie sich auch selbst in einer gewissen Analogie zu den Atheisten, mit denen sie aber nicht verwechselt werden sollten. Andererseits müssen sie auch von den *Theisten* unterschieden werden, die ja gerade einer Offenbarungsreligion anhingen, an den einen persönlichen Gott glaubten, der einst die Welt geschaffen hatte, diese Welt von außen lenkt und erhält.
Auch die Deisten glaubten an einen Schöpfergott, der nach diesem Schöpfungsakt aber nie wieder in den Lauf der Welt eingegriffen hat. Diese Vorstellung verfolgte Gottfried Wilhelm Leibniz (1646-1716) in seiner Theorie von der prästabilierten Harmonie. Da er - wie die Cartesianer - jegliche Wechselwirkung zwischen Körper und Seele des Menschen ablehnte, behauptete er, daß beide in allen ihren Handlungen schon bei ihrer Erschaffung für die gesamte Zukunft vollkommen harmonisch aufeinander abgestimmt programmiert wurden.
Leibniz veranschaulichte diesen Ablauf zum einen mit dem Bild zweier Orchester, die - ohne voneinander zu wissen - die gleiche Musik völlig synchron spielen, oder mit dem Bild zweier Uhren, die stets synchron gehen. Spätestens 1695, als sein *Neues System der Natur* erschien, hatte Leibniz seine Lehre von der prästabilierten Harmonie zwischen Seele und Körper des Menschen auf die Geister und Substanzen der gesamten Welt übertragen. Wie Otto Mayr sehr schön verdeutlicht hat, vertritt Leibniz hier einen Determinismus, den er mit Hilfe der Analogie eines Automaten illustrierte:

> „Diese in jeder Substanz des Universums von vornherein festgelegte wechselseitige Beziehung bringt das hervor, was wir ihre *Kommunikation* nennen und dem allein die *Einheit von Seele und Körper* zu verdanken ist.'Diese Harmonie wurde durch das automatenhafte Verhalten der

---

[3] Dies ist die Übersetzung seines Werkes *Ars conjectandi*, Basel 1713, das nach Ivo Schneider eine Synthese von Glücksspielrechnung und Statistik manifestiert und den Begriff der Wahrscheinlichkeit in den Mittelpunkt rückte.

> Beteiligten bewirkt: ‚Denn warum sollte Gott nicht zuvor der Substanz eine innere Natur oder Kraft verleihen können, die - wie bei einem *Automaten, der mit Geist oder einem lebendigen Prinzip ausgestattet ist* - regelmäßig alles, was mit ihr geschehen wird, hervorruft?'"[4]

Für die Deisten war Gott also mit einem sehr guten Uhrmacher zu vergleichen, der nie wieder in den Ablauf seines Werks würde eingreifen müssen.

Auch Isaac Newton (1643-1727) war in seinen Werken voll des Lobes über den Schöpfer des Universums; insbesondere die „bewundernswerte Einrichtung der Sonne, der Planeten und Kometen hat nur aus dem Rathschlusse und der Herrschaft eines alles einsehenden und allmächtigen Wesens hervorgehen können."[5] In der *Optik*, seinem zweiten Hauptwerk, lehnt er die zufällige Entstehung der Welt ab: „(...) eine solche wundervolle Gesetzmäßigkeit im Planetensystem muß einer bestimmten Sorgfalt und Auswahl entsprechen."[6] Der Schöpfergott war für Newton ein allmächtiges, insbesondere aber ein aktives Wesen, denn es hatte bei der Schöpfung sorgfältig ausgewählt, und - wichtiger noch - es mußte sehr wohl immer wieder in den Ablauf seines Werkes eingreifen, das für Newton wahrlich kein präzises Uhrwerk war: Da die Kometen und Planeten aufeinander Kräfte ausüben, stimmen die tatsächlichen Planetenbahnen mit den idealen, den Gesetzmäßigkeiten entsprechenden Ellipsen nicht überein, und auch daß die Fixsterne an ihren Plätzen blieben, war für ihn ein Wunder, also ein Eingriff Gottes in das Weltgeschehen. Otto Mayr zitiert in diesem Sinne aus einem Brief Newtons an seinen Freund David Gregory,

> „(...) daß ein beständiges Wunder vonnöten ist, um zu verhindern, daß die Sonne und die Fixsterne durch die Schwerkraft ineinander stürzten; daß die starke Exzentrizität der Kometen in Richtungen, die von denen der Planeten verschieden als auch ihnen entgegengesetzt sind, auf eine göttliche Hand hindeutet und den Schluß zuläßt, daß die Kometen für einen anderen Zweck bestimmt sind als die Planeten. Die Satelliten des Jupiter und des Saturn können die Stelle der Erde, der Venus und des Mars einnehmen, wenn diese zerstört sind, und für eine neue Schöpfung in Reserve gehalten werden."[7]

Anhand des Uhrengleichnisses können so die Kerne der beiden zu dieser Zeit verbreitetesten naturphilosophischen Systeme charakterisiert werden. Aufsehen erregte natürlich das direkte Aufeinandertreffen beider Ansichten, diese Debatte wurde im fünfmaligen Briefwechsel zwischen Leibniz auf der einen Seite und Samuel Clarke, einem jungen Newtonianer und Theologen am englischen Hofe auf der anderen Seite ausgetragen; sie endete mit Leibniz' Tod und wurde schon 1717 erstmals publiziert. Newton hatte in seiner *Principia* den absoluten und unendlichen Raum postuliert

---

[4] [38], S. 485, zitiert nach [40], S. 94.

[5] [43], S. 508. Die „Allgemeine Erläuterung", aus der ich hier nach [40] (S. 122) zitiere, findet sich erst in der 2. Ausgabe von 1713.

[6] [44], S. 267-268. Zitiert nach [40], a.a.O.

[7] [23], S. 336, zitiert nach [40], S. 123.

und ihn das „sensorium" Gottes genannt. Daß sich Gott aber eines solchen Sinnes-
organs bedienen müsse, um die Welt erkennen zu können, war für Leibniz nicht
akzeptabel, schmälerte dies doch dessen Allmacht. Für Clarke galt aber nicht die
Macht als Gottes wichtigste Eigenschaft, sondern dessen Fähigkeit, diese Macht
entsprechend seinem souveränen Willen auszuüben. Das Hauptargument in Clarkes
Entgegnung war in folgender Passage enthalten:

> „Der Grund, warum unter Menschen ein Uhrmacher zurecht als um-
> so geschickter gilt, je länger die von ihm erdachte Maschine regelmäßig
> geht, ohne daß er weiter einzugreifen braucht, ist der, daß die Geschick-
> lichkeit aller menschlichen Uhrmacher lediglich darin besteht, gewisse
> Mechanismen zu erdenken, zu regulieren oder zusammenzufügen, deren
> Bewegungsprinzipien von dem Uhrmacher gänzlich unabhängig sind, wie
> Gewichte und Figuren und dergleichen, deren Kräfte von dem Uhrma-
> cher nicht gemacht, sondern lediglich reguliert werden. Aber im Hinblick
> auf Gott liegt der Fall ganz anders; weil er Dinge nicht nur erkennt oder
> zusammenfügt, sondern selbst der Urheber und beständige Bewahrer
> ihrer ursprünglichen Kräfte oder Triebkräfte ist, und folglich ist es kei-
> ne Schmälerung, sondern der wahre Ruhm seiner Kunstfertigkeit, daß
> nichts ohne seine beständige Regierung und Aufsicht geschieht. Die Vor-
> stellung, daß die Welt eine große Maschine sei, die ohne das Eingreifen
> Gottes geht, so wie eine Uhr weitergeht, ohne daß ein Uhrmacher nach-
> hilft, ißt die Vorstellung des Materialismus und der Zwangsläufigkeit,
> und sie neigt (unter dem Vorwand, Gott zu einer überweltlichen Intel-
> ligenz zu machen) dazu, die Vorsehung und Gottes Regierung in Wirk-
> lichkeit aus der Welt zu verbannen."[8]

Clarke hatte dem Uhrengleichnis jegliche Bedeutung für das Problem abgesprochen - und Leibniz hatte darauf nichts mehr entgegnet. Er zog sich auf die Position
zurück, daß nicht die Macht, sondern die Weisheit Gottes höchste Eigenschaft sei,
und die Kontroverse verlagerte sich auf diese Frage, ohne auf das Uhrengleichnis
nochmals zurückzukommen.

Clarke hatte das Uhrengleichnis „als eine Begleiterscheinung des Determinismus
und damit indirekt als einen Feind der Freiheit"[9] identifiziert. Das Newtonsche
Weltbild bot dagegen genügend Möglichkeiten „für den freien Willen des Menschen
und damit für die menschliche Fähigkeit, den Gang der materiellen Welt zu steu-
ern."[10] Im Gegensatz zur toten Materie war der Mensch mit Vernunft und freiem
Willen begabt, so jedenfalls verbreiteten es die von 1688 an jedes Jahr gegen den
Atheismus gerichteten, in englischer, lateinischer, deutscher, französischer und nie-
derländischer Sprache publizierten Reden der Boyle-Prediger, zu denen auch Samuel
Clarke zählte. „Bei der Durchsetzung dieses freien Willens sollte man nach deren
Lehren eine naturgegebene göttliche Ordnung beachten, weil der vernunftbegabte

---

[8] Clarkes erste Entgegnung, 26. November 1715 in [2], S. 353-354. Zitiert nach [40], S. 125-126.
[9] [40], S. 126.
[10] [48], S. 150.

Mensch sonst zum einzig ordnungslosen und damit unvernünftigen Teil des Universums würde."[11]

Den Briten erschien das Newtonsche System für lange Zeit als klarer Sieger im Streit mit Leibniz; 1738 war dann auch Frankreich - vor allem dank Pierre Louis de Maupertuis (1798-1759), Charles de Secondat Montesquieu (1689-1755) und Jean Marie Arouet, der sich Voltaire nannte (1694-1778), - für den Newtonianismus gewonnen.[12] Im restlichen Europa kam ein Dialog zwischen Newtonianern und Leibnizianern erst nach 1750 in Gang. Dies „hat mutmaßlich mit dem um diese Zeit verschwindenden Einfluß der ersten Generation von Newtonianern zu tun, die ihren inneren Zusammenhang vor allem aus dem Kampf gegen Leibniz bezogen und darum nur an der Betonung und Festschreibung der Unterschiede zum Leibnizianismus interessiert waren. Dazu verhinderte ein vielleicht von skeptischen Traditionen mitgetragener und sicherlich vom Liberalismus der Aufklärung bestimmter Widerstand eine dogmatische Fixierung des Newtonianismus vor allem in Frankreich."[13]

Es war Newtons persönliche Überzeugung, daß Gott existiert, und für sein naturwissenschaftliches Werk war er unverzichtbar: Der Kosmos durfte als dynamisches System niemals unbeaufsichtigt ablaufen, ständig war die Aufmerksamkeit des Schöpfers geboten, der stets zum notwendigen Eingreifen bereit sein mußte, um die Abweichungen der Planeten von ihren idealen Bahnen zu beheben. Aber auch den ersten Anstoß zur Bewegung des gesamten Systems hatte Newton natürlich Gott überlassen, - folgt man der Leibnizschen Argumentation, so war dies von jeher die einzige für die Abläufe im Universum notwendige Tat Gottes gewesen. Die Geschichte der Naturwissenschaften verzeichnet nun zunächst Überlegungen, ob das dynamische Weltensystem nicht auch ohne Gott habe in Gang gesetzt werden können. *Der einzig mögliche Beweisgrund zu einer Demonstration des Daseyns Gottes* heißt die 1763 von Immanuel Kant (1724-1804) veröffentlichte Schrift, in der die das Weltensystem anstoßende Rolle Gottes durch eine natürliche Ursache

---

[11] [48], S. 150.

[12] Gegen Ende der 1720er Jahre von ihren Englandreisen zurückgekehrt, priesen sie in ihren Publikationen das englische Gesellschaftssystem, das sie wegen der Möglichkeit zur freien Meinungsäußerung dem zeitgenössisch französischen vorzogen. In Montesquieus (anonym erschienenen) *Lettres Persanes* prangern zwei durch Frankreich reisende Perser den in ihrem Gastgeberland herrschenden politischen und religiösen Druck an; seine *Betrachtungen über die Ursache der Größe der Römer und ihres Verfalls* (1734) führen die Freiheit als Grund für republikanischrömische Größe an, und das 1748 erschienene, in eineinhalb Jahren 20 mal aufgelegte Werk *L'esprit des Lois* nennt die englische Verfassung mit Konstitutionalisierung und Gewaltenteilung (Montesquieu fügte hier die Rechtsprechung als dritte Gewalt hinzu) die beste. Voltaire schrieb schon 1728 fasziniert seine Briefe *Sur les Anglais* und 1731 die *Lettres philosophiques* - erstere fielen der Zensur zum Opfer, letztere ließ Voltaire ohne Erlaubnis drucken, woraufhin er sich auf die Flucht begeben mußte. Maupertuis war der Leiter einer Lappland-Expedition zur Erforschung der Erdgestalt, deren Ergebnisse (1736) die Newtonsche Annahme von einer Abplattung der Erde an den Polen bestätigte. Mit seinen Werken *Essai de cosmologie* (1750) und *Examen philosophique de la preuve de l'existence de Dieu* (1756) zeichnete er Richtungen vor, die für die französische Philosophie der Aufklärung charakteristisch wurden: Deismus und Atheismus wurden ernstzunehmende Standpunkte, die immer größere Verbreitung fanden, und in die exakten Naturwissenschaften drängten kosmologische Fragestellungen.

[13] [48], S. 156.

ersetzt wird. Kant spekuliert hier, daß sich der Kosmos, so wie er ihm erschien (und auch uns heute noch erscheint), evolutionär aus einer kosmischen Wolke mit darin sich frei - allerdings den Newtonschen Gesetzen gehorchend - bewegenden Teilchen entwickelt habe.

> „Da die Räume anjetzt leer sind, so müssen sie ehedem erfüllet gewesen sein, sonst hat niemals eine ausgebreitete Wirkung der in Kreisen treibenden Bewegkräfte statt finden können. Und es muß demnach diese verbreitete Materie sich hernach auf die Himmelskörper versammelt haben; (...) diese Himmelskörper selbst werden sich aus dem verbreiteten Grundstoffe in den Räumen des Sonnenbaues gebildet haben, und die *Bewegung*, die die Teilchen ihres Zusammensatzes im Zustande der Zerstreuung hatten, ist bei ihnen nach der Vereinbarung in abgesonderte Massen übrig geblieben. Seitdem sind diese Räume leer. Sie enthalten keine Materie, die unter diesen Körpern zur Mitteilung des Kreisschwunges dienen könnte. Aber sie sind es nicht immer gewesen, und wir werden Bewegungen gewahr, wovon jetzo keine natürlichen Ursachen statt finden können, die aber Überbleibsel des ältesten rohen Zustandes der Natur sind."[14]

Schon in der 1755 erschienen *Allgemeinen Naturgeschichte und Theorie des Himmels, oder Versuch von der Verfassung und dem mechanischen Ursprunge des ganzen Weltgebäudes nach Newtonischen Grundgesetzen abgehandelt*[15] hatte Kant den zeitlichen Ablauf als wichtige Erklärungsgrundlage für seine kosmologische Theorie herausgestellt, wie Fritz Krafft betont: „Dabei umfaßt der kantische Begriff ‚Naturgeschichte' jedoch bereits mehr als den bloßen (mechanischen) Ursprung, nämlich neben dem Ursprung auch die nach denselben Naturgesetzen, wie sie seitdem herrschen, ablaufende Geschichte zwischen Entstehen und Untergang, insbesondere die Herleitung des gegenwärtigen natürlichen Geschehens über die Veränderungen aus dem natürlichen Ursprung. Der Begriff ‚historia naturalis', ursprünglich in Anlehnung an entsprechende Buchtitel seit Aristoteles und an die aristotelische Definition das ‚Wissen (die Kunde) von der Natur' und seine Aufzeichnung und Weitergabe bezeichnend, die mehr oder weniger systematische Sammlungen von Daten aus den drei Naturreichen (das gilt auch für die deutsche Übersetzung ‚Naturgeschichte', die seit dem Beginn des 18. Jahrhunderts benutzt wurde), scheint von Kant umgeprägt worden zu sein zum ‚ursächlich begründeten zeitlichen Ablauf der Natur', ‚Naturgeschichte' zur ‚Geschichte der Natur'."[16]

Dieser frühe - vorkritische - Kant stand noch in der Tradition von Leibniz; es ging ihm nicht um eine Leugnung der Existenz Gottes. Gott existierte, gerade *weil* die Natur sich auch in dem Chaos der kosmischen Wolke gesetzmäßig verhielt. Es war der Versuch, den göttlichen Ursprung der Welt mit den Newtonschen Gesetzen der Mechanik harmonisch zu verbinden.

---

[14] [33], S. A 166f. Zitiert nach [36], S. 76.
[15] [32]
[16] [36], S. 76f.

Schließlich wurde Gott auch der Aufgabe beraubt, seine Schöpfung stets aufmerksam zu beobachten. In seinem 1796 für den naturwissenschaftlich gebildeten Laien geschriebenen *Exposé du systéme du monde* und mathematisch exakt dann in den fünf Bänden des *Traité de mé canique cé eleste*, die von 1799 bis 1825 erschienen, konnte Pierre Simon Laplace (1749-1827) die Befürchtungen Newtons (und seiner Zeitgenossen) zerstreuen, das Sonnensystem könne wegen der beobachtbaren Instabilitäten in einer Katastrophe untergehen. Er konnte zeigen, daß sich die von Newton erkannten Störungen der Planetenbahnen nicht unbegrenzt aufaddieren werden, sondern auf periodische Bewegungen innerhalb des Sonnensystems zurückzuführen sind und daß die Planetenbahnradien dessenungeachtet unverändert bleiben; externe Störungen führen dagegen mit einem gewissen Dämpfungseffekt lediglich zu neuen, wiederum stabilen Planetenbahnen. In der Laplacesche Darstellung war die Stabilität des Weltensystems gesichert, ohne daß dabei auf die Hypothese einer göttlichen Intelligenz, die zuweilen eingreift, zurückgegriffen werden müßte.

Laplaces *Darstellung des Weltsystems* ist eine beträchtliche Weiterentwicklung der kosmologischen Theorie Kants; in der Wissenschaftsgeschichte trägt man dem Rechnung, wenn von der „Kant-Laplaceschen Nebularhypothese" die Rede ist. Dieser Name verweist auch auf Friedrich Wilhelm Herrschels (1738-1822) systematische Beobachtungen nebelähnlicher Objekte am Himmel, die von diesem klassifiziert und als verschiedene Entwicklungsstufen von Sternensystemen gedeutet wurden. Von Herrschels Resultaten ausgehend, äußerte Laplace die Vermutung, daß sich unser Sonnensystem aus einem rotierenden Urgasnebel gebildet habe. Bernulf Kanitscheider faßt dies folgendermaßen zusammen:

> „Laplace setzt im Urzustand engere Bedingungen voraus als Kant, er nimmt nämlich ein riesiges Nebelgebilde an mit einem dichteren Kern - wobei die durch Herrschel erarbeiteten Beobachtungsergebnisse seine Vorstellung leiten -, der sich aber bereits in Rotation befindet. Die Kontraktion dieses Nebels bewirkte, daß sich die Gesamtmasse auf einen kleineren Durchmesser zusammenzog, wodurch nach dem Gesetz der Erhaltung des Drehimpulses die Drehgeschwindigkeit zunehmen mußte, damit auch die Abplattung, was bei Überwiegen der Zentrifugalkräfte über die Anziehung zur Abschleuderung von ‚Gasringen' führte. Die ringförmig ausgestoßene Materie brach dann zumeist auseinander, nahm kugelförmige Gestalt an, die einzelnen Teile vereinigten sich durch Anziehung und umkreisten die Sonne weiter mit einer im Sinne ihrer Umlaufbewegung gerichteten Rotation."[17]

In seiner *Optik* hatte Newton vorgeschlagen, alle physikalischen und chemischen Phänomene durch Fernwirkungskräfte zwischen Materieteilchen zu erklären, die vom Abstand zwischen diesen Teilchen abhängen. Diesem Ziel hatten sich die Newtonianer der ersten Generation gewidmet und sowohl die Chemie als auch die Medizin newtonianisiert.

---

[17] [31], S. 128f.

Laplace formulierte diesen Vorschlag im *Exposé du systéme du monde* als universelles Forschungsprogramm: Die Kräfte zwischen den Molekülen des Lichts, der Wärme, der Elektrizität und der Materie mit Hilfe der mathematischen Analyse exakt zu bestimmen, würde die Optik, die Wärmelehre und die Elektrizitätslehre zu ebenso vollkommenen Wissenschaftssystemen erheben, wie es die Himmelsmechanik in seinen Augen schon war. Damit wäre jedes zukünftige Ereignis voraussagbar, der Ablauf des Weltgeschehens also vollständig determiniert.

Die theoretische Astronomie verhalf dem Laplaceschen Programm zu riesigem Erfolg. Mit jedem Eintreten eines auf Grund der Theorie vorausgesagten Ereignisses wurde das deterministische Weltbild überzeugender. Laplaces Bild vom Dämon, der bei genauer Kenntnis des gegenwärtigen Zustandes der Welt ihre zukünftigen Zustände vorausberechnen kann, wurde sehr populär, auch wenn seine Kritiker das gesamte Weltgeschehen für bei weitem zu komplex hielten, als daß es mit den Mitteln der mathematisch-mechanischen Analyse erklärt und errechnet werden könne. Doch weder für dieses Argument waren das 17. und 18. Jahrhundert die rechte Zeit gewesen, noch für jenes, das sich erst mit der Quantenmechanik herausgebildet hat: Nicht einmal der Zustand eines einzelnen Elementarteilchens, geschweige denn der Zustand der Welt, kann für einen einzigen Zeitpunkt mit den mathematischen Mitteln der klassischen Mechanik bestimmt werden. Als drittes mögliches Gegenargument hätte ein Wirken des Zufalls ins Feld geführt werden können, doch hier griff die ebenfalls von Laplace maßgeblich begründete Theorie der Wahrscheinlichkeiten:[18]

> „Der Determinismus Laplacescher Prägung, der zum Modell aller Forschungsprojekte in den exakten Naturwissenschaften des 19. Jahrhunderts wurde, schließt Zufall als etwas objektiv Gegebenes aus. Zufall ist Ausdruck eines (vorläufigen) Informationsmangels über die wirkenden Ursachen, und Wahrscheinlichkeit ist demgemäß ein Maß für den subjektiven Informationsstand. Die Wahrscheinlichkeitsrechnung ist nach Laplace also gerade jene Disziplin, die überall dort, wo man vollständige kausale Erklärungen der Zusammenhänge noch nicht kennt, die beste Orientierungshilfe liefert."[19]

Laplace hatte den Streit zwischen den Weltbildern für lange Zeit zugunsten des Determinismus entschieden.[20] Die Wahrscheinlichkeitrechnung war das einzige mathematische Rüstzeug, das dem Menschen zur Verfügung stand, damit er, der wegen seiner beschränkten Fähigkeit, den exakten Gang der Welt nicht zu erkennen, zu begreifen und vorauszusagen vermochte, wenigstens ihren wahrscheinlichen Verlauf zu berechnen in der Lage war. Erst als im 20. Jahrhundert die Quantenmechanik entstanden war, konnte der klassischen Physik mit ihrem Bild von der Welt

---

[18] Vgl. den Beitrag von Ivo Schneider (Kapitel 3) in diesem Buch.
[19] [47], S. 49.
[20] Siehe zur Geschichte der Wahrscheinlichkeitstheorie [47]. Insbesondere die Wahrscheinlichkeitstheorie nach Laplace behandelt Ivo Schneider in seinem Beitrag zu diesem Buch (Kapitel 3).

als einer präzise ablaufenden Uhr überzeugend widersprochen werden. Diese physikalische Theorie mit ihrer weitverbreitet anerkannten *Kopenhagener Interpretation* präsentiert uns ein fundamental indeterministisches Weltbild: Die Wirklichkeit läuft nicht „an sich" ab, und Voraussagen von Eigenschaften physikalischer Objekte sind mit Wahrscheinlichkeiten zu bewerten, aber nicht, weil es dem voraussagenden Menschen an Wissen oder der Fähigkeit, den Verlauf der Ereignisse exakt zu berechnen mangelt, sondern weil die vorauszusagenden Eigenschaften nicht „an sich" vorliegen![21]

1.2 Logizismus, Intuitionismus, Formalismus

Viele Weltbilder, Doktrinen, Theoriengebäude der Wissenschaftsgeschichte enden auf „-ismus" (englisch: „-ism"); Cartesianismus, Leibnizianismus und Newtonianismus erinnern direkt an große Naturwissenschaftler; Atomismus, Vitalismus und Energetismus sind weitere Beispiele für „Ismen", die in der Geschichte der Wissenschaften große Bedeutung haben.

Die Frage nach einem gemeinsamen Charakteristikum, zumindest der modernen Naturwissenschaften, wird oftmals mit einem Verweis auf ihre Mathematisierung beantwortet, die in unserem Jahrhundert (selbst für Mathematiker) schwindelerregende Höhen erreicht hat. Wie Steven Shapin betont, sollten solche Zuweisungen mit Vorsicht genossen werden:

> „Daß es möglich war, die Natur auf mathematischem Wege zu erforschen, ließ sich im Prinzip nicht bezweifeln, aber war es auch praktisch machbar und philosophisch zu rechtfertigen? In dieser Frage gab es im sechzehnten und siebzehnten Jahrhundert beträchtliche Meinungsverschiedenheiten zwischen den Gelehrten. Manche einflußreiche Philosophen waren der festen Überzeugung, daß es Aufgabe der Naturwissenschaft sei und sein solle, bindende mathematisch formulierte Naturgesetze ausfindig zu machen, während andere daran zweifelten, daß eine mathematische Darstellung der Kontingenz und Komplexität realer Naturprozesse gerecht werden könne. Im gesamten siebzehnten Jahrhundert finden wir einflußreiche Stimmen, die sich skeptisch hinsichtlich der Berechtigung mathematischer ‚Idealisierungen' bei der Erklärung realer physikalischer Vorgänge äußerten. Gelehrte wie Bacon und Boyle meinten, die mathematische Darstellung funktioniere sehr gut, solange man die Natur abstrakt betrachte, aber weniger gut, wenn man sich den konkreten Besonderheiten zuwende."[22]

Der Triumph der *Mathematischen Prinzipien der Naturphilosophie* Newtons

---

[21] Zur Wahrscheinlichkeitstheorie in der Quantenmechanik siehe z.B.: [54], [55], [16], [50].
[22] [51], S. 73.

übertönte dann alle Zweifel daran, daß letztendlich mathematische Muster der Natur zugrunde liegen, und in der weiteren Entwicklung der Wissenschaften unterschied man dann die *reine* von der *angewandten* Mathematik, wobei in letzterer auch vereinfachte Lösungen und Verfahrensweisen bei Meß- und Zählprozessen entwickelt werden.

Erst in der sogenannten „Grundlagenkrise der Mathematik" wurde die immer perfektere Verzahnung aus Mathematik und Naturwissenschaft zur Beschreibung der äußeren Welt erschüttert. Im daraufhin entbrannten „Grundlagenstreit" standen sich Vertreter der folgenden „Ismen" gegenüber: *Logizismus*, *Intuitionismus* und *Formalismus*. In seinem 1990 erschienenen Buch *Moderne Sprache Mathematik* interpretiert Herbert Mehrtens diese „Grundlagenkrise" als Veränderung des Verhältnisses zwischen Sprache und Sprecher: Erschüttert wurden die Begriffe „Wahrheit", „Sinn", „Gegenstand" und „Existenz" in der Mathematik. Die Frage war: Ist Wahrheit eine Offenbarung oder eine Schöpfung?[23]

Für den Begründer des Formalismus, David Hilbert (1862-1943), war die reine Mathematik die Mathematik der freien Schöpfung, und ihre Sprache unterschied sich nicht von denen anderer Denkgebiete: Jeder Begriff wird per definitionem festgelegt. In seinen *Grundlagen der Geometrie* wird das sehr schön deutlich:

> „Wir denken drei verschiedene Systeme von Dingen: die Dinge des ersten Systems nennen wir *Punkte* und bezeichnen sie mit A, B, C, ...; die Dinge des zweiten Systems nennen wir *Geraden* und bezeichnen sie mit a, b, c, (...); die Dinge des dritten Systems nennen wir *Ebenen* und bezeichnen sie mit α, β, γ; (...) Wir denken die Punkte, Geraden, Ebenen in gewissen gegenseitigen Beziehungen und bezeichnen diese Beziehungen durch Worte wie ‚liegen', ‚zwischen', ‚parallel', ‚congruent', 'stetig'; die genaue und vollständige Beschreibung dieser Beziehungen erfolgt durch die Axiome der Geometrie.[24]

Es ist unerheblich, welcher Art die Dinge, von denen hier die Rede ist, in der Realität sind. Lediglich *daß* die benutzten Bezeichnungen etwas bedeuten oder bedeutet haben, wird nicht ausgeschlossen; die Gültigkeit der Theorie ist von diesen Bedeutungen aber völlig unabhängig. Damit führt Hilberts Weg der Mathematik in den Verzicht der Repräsentation von „Etwas".

Gottlob Frege (1848-1925), neben Bertrand Russell (1872-1970) der wichtigste Vertreter des Logizismus, wehrte sich gegen derartige Willkür in der Mathematik. Seiner Meinung nach stehen die Begriffe der Mathematik für „Etwas", das außerhalb der Mathematik existiert, wie er am Beispiel der geometrischen Begriffe deutlich macht:

> „Niemand kann zwei Herren dienen: Man kann nicht der Wahrheit dienen und der Unwahrheit. Wenn die euklidische Geometrie wahr ist, so

---

[23] [42], S. 289-299.
[24] [26], S. 116, zitiert nach [42], S. 116.

ist die nichteuklidische Geometrie falsch, und wenn die nichteuklidische Geometrie wahr ist, so ist die euklidische Geometrie falsch."[25]

Diese beiden Äußerungen sollen hier genügen, um die Konsequenzen des Logizismus und des Formalismus für den Begriff der Wahrheit in der Mathematik aufzuzeigen, die Mehrtens folgendermaßen auf den Punkt bringt:

> „(...) deutlich ist, daß Frege eine Quelle der Wahrheit außerhalb der Theorie annimmt. Wenn Hilbert axiomatisch abgefaßte Theorien aber als gleichberechtigte Möglichkeiten auffaßt, dann gibt es nicht eine, sondern viele Wahrheiten. Wenn zudem in das Hilbertsche Lösbarkeitsaxiom die Voraussetzung eingeht, daß sich die Mathematik ihre Probleme immanent definiert und damit so zurechtlegen kann, daß sie lösbar oder beweisbar unlösbar werden, dann stellt sich die Frage nach dem Regulativ für den Anspruch auf Wissenschaftlichkeit und Geltung der Ergebnisse. Das Muster Wahr-Falsch scheint für die mathematische Moderne nicht mehr so ohne weiteres zu funktionieren."[26]

Herbert Mehrtens hat die Entwicklung der Mathematik zur letzten Jahrhundertwende in die gesamte kulturelle Entwicklung integriert. Das kulturhistorische Phänomen Moderne zum Ende des 19. Jahrhunderts[27] finde sich auch in der Mathematikgeschichte: Die Moderne der Mathematik beginne etwa um 1900, doch schon 1930 bestimme sie die Forschungsprogramme, nach 1960 dominiere sie die Lehre an den Hochschulen und werde populäres Leitbild der „Neuen Mathematik" in den Schulen (Mengenlehre, Strukturen). Um das Jahr 1990 - dies ist das Erscheinungsjahr von Mehrtens' Buch - gehe die Moderne in der Mathematik zu Ende, „nicht ohne tiefe Spuren zu hinterlassen".[28] Mehrtens findet auch eine Opposition vor, mit der sich die mathematische Moderne nach dem ersten Weltkrieg konfrontiert sah - er nennt sie *Gegenmoderne*. Moderne und Gegenmoderne prägten die Geschichte der Mathematik im 19. und 20. Jahrhundert, denn die Vorgeschichte dieser Spaltung reiche bis an den Anfang des 19. Jahrhunderts und ihre Nachgeschichte dauere heute noch an.

Hauptvertreter des Formalismus und für Mehrtens der „,Generaldirektor' des modernen Wissenschaftsbetriebs der Mathematik"[29] war David Hilbert. Als „Protagonisten der produktiven Gegenmoderne" macht er den niederländischen Mathematiker Luitzen Egbertus Jan Brouwer (1881-1966) aus, den Hilberts „neue Mathematik" zutiefst befremdete. Schon vor dem Krieg und noch als „junger Radikaler" der

---

[25] [19], S. 117, zitiert nach [42], S. 117.

[26] [42], S. 118. Mehrtens spricht hier von „Hilberts Lösbarkeitsaxiom" weil Hilbert auf dem zweiten internationalen Mathematikerkongreß im Jahre 1900, als er seine 23 Probleme vortrug, auch gleich deren Lösbarkeit - sozusagen als Axiom - postulierte.

[27] Insbesondere wird hierunter die Entwicklungsphase der Kunst seit etwa nach 1900 verstanden. Sie zeichnet sich zum einen durch den Vollzug eines Bruchs mit historischen Stilresten aus, zum anderen wurden hier die Grundsteine für viele bis heute wirksame Neuerungen gelegt, in der Architektur z. B. eine Versachlichung und Reduzierung der Schmuckformen.

[28] [42], S. 7.

[29] [42], S. 15.

Mathematik gab Brouwer dem Hilbertschen Programm den Namen *Formalismus*, und er setzte ihm sein eigenes Programm, das er *Intuitionismus* nannte, entgegen. Die Differenz zwischen den beiden Richtungen charakterisierte er prägnant in seiner Antrittsvorlesung von 1912 als außerordentlicher Professor in Amsterdam:

> „Die Frage, wo die mathematische Exaktheit existiert, wird von beiden Seiten unterschiedlich beantwortet; der Intuitionist sagt, im menschlichen Intellekt, der Formalist sagt, auf dem Papier."[30]

Der Intuitionist Brouwer setzte Intuition und Menschlichkeit gegen Formalismus und Papier. Während mit der axiomatischen Methode Hilberts eine ganze Sprache als System von Begriffen und Axiomen und darüber hinaus auch noch die Existenz ihrer Objekte und die Wahrheit ihrer Aussagen frei geschaffen werden, postulierte Brouwer, daß „die Mathematik im Leben wurzelt". Diese „Wurzel" der Mathematik und die Einheit des denkenden Subjekts liegen für Brouwer noch *vor* der Sprache, und daß dort „der Ausgangspunkt der Theorie sein muß",[31] bleibt für seinen Intuitionismus charakteristisch, wie ein Vortrag zum Thema „Mathematik, Wissenschaft, Sprache" aus dem Jahre 1928 zeigt:

> „Mathematik, Wissenschaft und Sprache bilden die Hauptfunktionen der Aktivität der Menschheit, mittels derer sie die Natur beherrscht und in ihrer Mitte die Ordnung aufrecht erhält. Diese Funktionen finden ihren Ursprung in drei Wirkungsformen des Willens zum Leben im einzelnen Menschen: 1. die mathematische Betrachtung, 2. die mathematische Abstraktion und 3. die Willensauferlegung durch Laute."[32]

Brouwer forderte Sinn und Bedeutung in der Mathematik, er suchte nach der Einheit „in einem ‚Ur-Grund', der ‚Ich' und ‚Wir', Sprache und Handlung, Form und Inhalt, Wissenschaft und Wirklichkeit verklammern soll."[33] Er wird von Mehrtens allerdings auch als Misanthrop, Moralist und Egozentriker charakterisiert, der in die Welt eingreifen, sie verändern und verbessern will:

> „Brouwer agiert aus einer Position der Verachtung für die Welt. Er ist extrem individualistisch, elitär, arrogant, ein Einzelgänger und Sonderling ohnegleichen, dem einzig die Innenwelt seines Geistes wert ist, real genannt zu werden. Sinnlichkeit ist ihm ein Graus, der angstvolle und begehrliche Eingriff in die Außenwelt Sünde. Seine ‚Harmonie' ist das passive Einssein des Mystikers mit der Welt. Wo aus Eins Zwei wird, beginnt das Ich, die Mathematik, der Schrecken des Eingriffs in die Welt. Dieses Eins Zwei wird der Anfangspunkt seiner Philosophie der Mathematik, die er in seiner Dissertation darlegte."[34]

---

[30] [6], S. 125, zitiert nach [42], S. 188.
[31] Zitiert aus Brouwers Briefwechsel mit seinem Doktorvater D. J. Korteweg [8], S. 9, zitiert nach [42], S. 258.
[32] [7], S. 417, zitiert nach [42], S. 258.
[33] [42], S. 188f.
[34] [42], S. 262.

Als ein letztes Beispiel für diese uns heute sehr fremd erscheinende, streng subjektivistische und mystische Philosophie mag seine Ansicht zur Kausalität genügen. Für Brouwer gibt es keine objektive Kausalität, sie wird erst durch eine kognitive Leistung des Menschen geschaffen, der sie dann „durch kühle Berechnung" für sich nutzt. Sie ist „eine nach außen wirkende Gedankenkraft im Dienste einer dunklen Willensfunktion des Menschen, der sich dadurch die Welt mehr oder weniger wehrlos unterwirft, in analoger Weise wie die Schlange ihre Beute wehrlos macht durch ihren hypnotisierenden Blick und der Tintenfisch durch Bespritzung mit seinem Sekret."[35]

Die Philosophie Brouwers, seine Auseinandersetzung mit Hilbert und auch die hier angeklungenen Wertungen sollen hier nicht eingehender behandelt werden;[36] mir ist aber wichtig, darauf hinzuweisen, daß Debatten um „das richtige Weltbild" nicht nur in früheren Zeiten, sondern auch im 20. Jahrhundert ausgetragen wurden und werden. Außerdem sollte deutlich geworden sein, daß solche Kontroversen keinesfalls rein fachwissenschaftlich diskutiert werden, auch wenn mancher Historiker entsprechend standardisierte Erklärungen für den Verlauf der Wissenschaftsentwicklung bereithält. Die von Herbert Mehrtens vorgestellte und hier nur in aller Kürze angesprochene Neuinterpretation der „modernen Grundlagenkrise" der Mathematik steht einer solchen Standardinterpretation gegenüber:

> „Die Erzählung geht etwa so: Cantor und Burali-Forti entdeckten kurz
> vor 1900 die Antinomien der Mengenlehre, alle Welt geriet in Aufregung
> und fing an, die Grundlagen der Mengenlehre zu erforschen, dabei kam
> es zum Streit zwischen den Formalisten und den Intuitionisten über die
> Lösung dieser Probleme."[37]

Nach dem Ersten Weltkrieg hatten sich zwei Arbeitsprogramme aus der Krise heraus entwickelt: 1919 hatte Brouwer den Intuitionismus ausgearbeitet; es ging um eine Begründung der Mengenlehre unabhängig vom Prinzip des ausgeschlossenen Dritten. Dagegen stand Hilberts formalistische Methode.

Interessante Fragen sind, warum die Antinomien der Mengenlehre zum einen erst in den 20er Jahren die Grundlagen der Mathematik erschüttert haben sollen und warum sie zum anderen gegen Ende der 20er Jahre die Grundlagen der Mathematik nicht mehr zu gefährden schienen. Hier läßt sich kaum eine wissenschaftsinterne Antwort finden. Mehrtens schreibt zur ersten Frage:

> „Das Gefühl der großen Krise nach dem Schock von Weltkrieg und
> Revolution, damit die unausweichliche Frage, wie Sinn und Ordnung
> wiederherzustellen seien, erfaßte in Deutschland auch die Mathemati-
> ker. Brouwers Programm einer Rekonstruktion der Mathematik auf ei-
> ner sicheren, ‚sachlichen' Basis hatte einen politischen Sinn bekommen.

---

[35] [7], S. 418, zitiert nach [30], S. 42.

[36] Siehe dazu [42], S. 187-189 und insbesondere S. 257-287, sowie [30], S. 34-43 und S. 175-201.

[37] [42], S. 150. Der deutsche Mathematiker Georg Cantor (1845-1918) begründete die Mengenlehre, aus deren Annahmen der italienische Mathematiker Cesare Burali-Forti (1861-1931) im Jahre 1897 einen Widerspruch ableitete.

Im Zusammenhang der sich ausweitenden ökonomischen Krise bekam
Weyls Metapher vom ‚Papiergeld‘ der Mathematik, das nicht den ‚realen Wert‘ von ‚Lebensmitteln‘ habe, ihr Gewicht.[38](...) Die Fragen nach
Begründbarkeit, Wahrheit und Sinn der Mathematik waren eng ver-
koppelt mit den sozialen und politischen Fragen der Zeit. In der Suche
nach Positionen verschränkten sich viele Diskurse, metaphorisch ver-
strebt in ‚Staatswesen‘, ‚Papiergeld‘, ‚Gerechtigkeit‘ und vor allem dem
Wort ‚Krise‘.“[39]

Zur zweiten Frage schreibt Bettina Heintze:

> „Die Unsicherheit, was die Festigkeit des mathematischen Fundaments
> betraf, dauerte allerdings nicht lange. Parallel zur sozialen und politi-
> schen Stabilisierung gewannen auch die Mathematiker ihr Vertrauen in
> die mathematischen Grundlagen zurück. Die Antinomien, obwohl kei-
> neswegs ein für allemal gebannt, hörten auf, eine Bedrohung zu sein,
> und auch um den Intuitionismus wurde es allmählich wieder ruhiger.
> Bis 1926 war Laren, der Wohnort Brouwers, ein internationaler Treff-
> punkt der Mathematiker gewesen. Ende 1927 war Göttingen wieder zum
> unbestrittenen Weltzentrum der Mathematik geworden, und Hilbert war
> ihr unangefochtener ‚leader‘.“[40]

Mehrtens meint, daß die Widersprüche in den mathematischen Grundlagen nicht
der Anlaß zum Streit gewesen sind. Er hinterfragt deshalb die Standardinterpretation:

> „In den Texten, die als Orte der ‚Entdeckung‘ der Antinomien gelten,
> ist von Antinomien nicht die Rede. Es gibt in ihnen auch keinerlei An-
> zeichen für Aufregung über das, was als Widerspruch oder Antinomie
> von den Interpreten gelesen wird. Zwar treten Widersprüche auf, aber
> sie werden behandelt wie all jene Widersprüche, die das tägliche Brot
> der Mathematiker sind. Die Begriffe, an denen Widersprüche auftreten,
> werden so gewendet, daß der Aufweis des Widerspruchs zum indirek-
> ten Beweis eines Theorems wird. Offensichtlich haben die Historiker der
> Mengenlehre die Texte entweder gar nicht, oder eben nicht als Texte
> gelesen, sondern als rekurrent interpretierte mathematische Informati-
> on. (...) Es bleibt im Grunde nur ein forschungslogisches Argument: Die
> Grundbegriffe der Mengenlehre erwiesen sich als widersprüchlich, und
> das war ein Skandal. Genauer: Es hatte ein Skandal zu sein!“[41]

Daß die Widersprüche in den Grundlagen der Mathematik als Symbol eine wichtige Rolle spielten, leugnet Mehrtens nicht:

---

[38] Hier verweist Mehrtens auf Hermann Weyls (1885-1955) Aufsatz [56], S. 17.
[39] [42], S. 290, 295, zitiert nach [30], S. 189f.
[40] [30], S. 199.
[41] [42], S. 150f.

> „Der Gegenmoderne waren sie Zeichen des Irrwegs, und die Moderne Hilberts machte aus ihnen das symbolische Programm, die Widerspruchsfreiheit mathematisch zu beweisen (...). Symbolisch war dieses Programm insofern, als der Beweis der Widerspruchsfreiheit keineswegs die Hauptsache der Moderne war. Die modernen Mathematiker produzierten neue Mathematik, ohne sich groß um deren Geltungssicherheit zu bemühen."[42]

Zum Ende der 20er Jahre hatte sich der Hilbertsche Formalismus durchgesetzt, als Programm allerdings war er zum Scheitern verurteilt: 1931 bewies Kurt Gödel (1906-1978), daß die Widerspruchsfreiheit der Arithmetik nicht zu beweisen ist. An der Einstellung der Mathematiker änderte dies freilich nichts; Hilberts axiomatisches Programm brauchte keine Versicherung endgültiger Gewißheit. Theoreme werden logisch aus Axiomen gefolgert, und wenn das von den Axiomen Ausgesagte mit den Tatsachen übereinstimmt, dann gelten die Theoreme. *Ob* die Axiome wahr sind, ist unerheblich, wichtig ist ihre Widerspruchsfreiheit!

> „Unter der Leitung Hilberts expandierte die Mathematik zu einer Königsdisziplin. Sie entwirft ohne Bezugnahme auf irgendwelche ‚Tatsächlichkeiten' (Hilbert/Bernays) hypothetisch, kontingente Welten - in sich geschlossene formale Universen, die sich entweder selbst genügen, das ist die ‚reine' Mathematik, oder zum Instrument werden für die empirischen Wissenschaften, insbesondere natürlich die Physik. Weshalb es trotz der prinzipiellen Willkürlichkeit der axiomatischen Satzung doch immer wieder zu einer Übereinstimmung kommt zwischen dem mathematischen Modell und der physikalischen Welt, weshalb mit anderen Worten die Mathematik nicht nur rein, sondern allem Anschein nach auch brauchbar ist, dafür fiel auch Hilbert keine strenge Erklärung ein."[43]

Auch Mehrtens' resümiert ganz und gar nicht negativ, denn aus der zunächst *gefährlichen* Krise ist ja eine *schöpferische* Krise geworden:

> „Die ‚Grundlagen' mathematischer Erkenntnisgewißheit waren weder vorher noch nachher klar und unerschütterlich. Für das Fragen nach der Begründung der Erkenntnisgewißheit war diese Episode alles andere als eine Krise, sondern eine außerordentlich fruchtbare Phase, die in die Etablierung der Grundlagenforschung und der theoretischen Logik als neue Wissenschaftszweige mündete."[44]

Hilberts Programm bot dem Mathematiker große Freiheit, denn in der formalistischen Mathematik sind die Axiome „freie Schöpfungen des menschlichen Geistes"[45], um eine Formulierung von Albert Einstein aus dem Jahre 1921 aufzunehmen. Jeder

---

[42] [42], S. 14.
[43] [30], S. 24f.
[44] [42], S. 298f.
[45] Vgl. [20], S. 114.

Mathematiker kennt das einem Schöpfungsakt gleichkommende ‚Sei' als Satzanfang in der mathematischen Literatur: „Es sei H irgendein HORN-Ausdruck"[46], „Sei T eine stetige archimedische t-Norm."[47], „Es sei $\varphi : (X, E) \longrightarrow \mathbf{1}$ ein extremaler Monomorphismus."[48] sind drei willkürlich dem vorliegenden Buch entnommene Beispiele.
Nicht zuletzt stärkte auch Hilberts „biblische Rhetorik"[49] das Programm der modernen Mathematik. Seine Abhandlung *Neubegründung der Mathematik* aus dem Jahre 1922 beginnt mit den kursiv gedruckten Worten „Am Anfang ist das Zeichen" und 1925 schrieb er: „Aus dem Paradies, das Cantor uns geschaffen, soll uns niemand vertreiben können."[50]

Georg Cantor (1845-1918) hatte den Mathematikern das Paradies der Mengenlehre geschaffen. Die Liste von Cantors neun Publikationen, die zunächst die „Punktmannigfaltigkeiten" im Titel tragen, weist später auch das Wort „Mengenlehre" in den Überschriften aus.[51] Zunächst waren es völlig traditionelle mathematische Gegenstände, bei deren Untersuchung sich Cantors mengentheoretische Vorstellungen herausbildeten: *Singularitäten trigonometrischer Reihen*[52] und *transzendente reelle Zahlen*. Die hier - wie vor Cantor auch schon - mit „Inbegriff", „Gesamtheit", „Mannigfaltigkeit" oder „Vielheit" bzw. „Element" umschriebenen Entitäten fanden ihre endgültigen Namen erst 1895, als Cantor seine Beiträge zur Begründung der transfiniten Mengenlehre schrieb, in der seitdem vielzitierten Definition seines Mengen- und Elementbegriffs:

Definition 1.2.1 „Unter einer Menge verstehen wir jede Zusammenfassung M von bestimmten, wohlunterschiedenen Objekten m unserer Anschauung oder unseres Denkens (welche die Elemente von M genannt werden) zu einem Ganzen."[53]

Unser mathematischer „Werkzeugkasten" enthält nun folgendes Instrument, das eine umkehrbar eindeutige Entsprechung zwischen Mengen und Funktionen liefert, die sogenannte „Indikatorfunktion" oder „Charakteristische Funktion" der Menge M, die folgendermaßen definiert wird:

Definition 1.2.2 Sei M eine Menge, dann heißt die Funktion

$$1_M(m) = \begin{cases} 1 & \text{wenn } m \in M, \\ 0 & \text{wenn } m \notin M \end{cases} \tag{1.1}$$

die *Indikatorfunktion* oder auch *Charakteristische Funktion* von M.

---

[46] Vgl. Satz 6.3.1 in Kapitel(6) in diesem Buch.
[47] Vgl. Satz 7.2.9 in Kapitel(7) in diesem Buch.
[48] Vgl. Satz 8.2.2 in Kapitel(8) in diesem Buch.
[49] Mehrtens geht auf diesen Aspekt der Hilbertschen Sprache ausführlich ein: [42], S. 123-127.
[50] [27], S. 170.
[51] Siehe [13].
[52] [9], [10].
[53] [13], S. 282.

Diese Funktion charakterisiert also jedes Objekt m als Element von M, indem sie ihm den Wert 1 zuweist, wenn sie aber für m den Wert 0 hat, ist dies ein Indikator dafür, daß m *nicht* Element von M ist.

Daß die auf seiner Mengentheorie gründende „neue Mathematik" Hilbert paradiesisch anmuten würde, konnte Cantor nicht voraussehen, aber er prophezeite den Mathematikern schon 1883 eine denkerische Freiheit, die es ihnen ermöglichte „*einzig und allein* auf die *immanente* Realität ihrer Begriffe Rücksicht zu nehmen". Weder durch „metaphysische Fesseln" noch von einer „dem Intellekt gegenüberstehenden Außenwelt"[54] beschränkt konnte sich die moderne Mathematik dann tatsächlich völlig losgelöst von der Realität entwickeln: „Existenz wird zu Widerspruchsfreiheit, Ontologie zu Mathematik. Damit aber hat die Mathematik das Territorium der Philosophie betreten und zugleich der Philosophie die Kompetenz abgesprochen, über die Natur mathematischer ‚Wahrheit' ihr Wörtchen mitzureden. Für einige Jahrzehnte waren gewisse Arbeitsfelder von Philosophie und Mathematik, was Gegenstand und Methoden anging, kaum zu unterscheiden."[55] Die in diesem interdisziplinären Arbeitsgebiet bald zur Lösung anstehenden Probleme waren die Paradoxien oder Antinomien - logische Widersprüche, die in dem von Cantor geschaffenen und von Hilbert gepriesenen Mengen-Paradies auftraten.

Der Zusammenhang der Mengentheorie mit der Aussagenlogik ist leicht herzustellen, denn um im Konzept einer *Menge* zu entscheiden, welche Objekte nun wirklich zu ihr gehören und welche nicht, wird man diese nicht alle aufzählen (was bei unendlichen Mengen auch problematisch würde), sondern eine die Menge M definierende Aussage heranziehen. So ist die Menge M der Leserinnen dieses Buches die Menge derjenigen Objekte, welche die Eigenschaft haben oder auf welche die Aussage zutrifft, Leserin dieses Buches zu sein. Eine solche Eigenschaft wird dem Objekt m durch eine Aussage über m zugeordnet. Diese kann symbolisch durch $L(m)$ („L" für „Leserin") dargestellt werden. Zwischen der zu definierenden Menge M und der sie definierenden Aussage $L(m)$ besteht also die Beziehung

$$m \text{ ist genau dann ein Element von } M, \text{ wenn gilt: } L(m). \qquad (1.2)$$

Für „m ist Element von M" schreibe ich nach Peano „$m \in M$"[56], und für „genau dann, wenn" benutze ich das logische Zeichen „$\longrightarrow$". Aus (1.2) wird so:

$$m \in M \longrightarrow L(m). \qquad (1.3)$$

Da (1.3) *für alle* Objekte m gelten soll, setze ich das entsprechende logische Zeichen davor:

---

[54] [12], S. 182, zitiert nach [42], S. 25.
[55] [42], S. 163.
[56] Der italienische Mathematiker Guiseppe Peano (1858-1932) schuf 1889 ein Axiomensystem für die natürlichen Zahlen, das dem Programm des Hilbertschen Formalismus großen Auftrieb gab.

$$\forall m(m \in M \longrightarrow L(m)). \tag{1.4}$$

Nach Cantor erhielt die zu definierende Menge M durch den schöpferischen Geist des Mathematikers mit der Behauptung der sie definierenden Aussage $L(m)$ „in unserem Geist Existenz"! Ich schreibe also das logische Zeichen für die Existenz („es gibt ein M... ") vor (1.4) und erhalte:

$$\exists M \, \forall m(m \in M \longrightarrow L(m)). \tag{1.5}$$

An dieser Stelle beginnen die Probleme mit der Mengenlehre, denn mit dem Postulat der Existenz einer solchen Menge M wird sie selbst ein zulässiges „Objekt unserer Anschauung oder unseres Denkens" (vgl. Cantors obige Definition 1.2.1) und kann nun selbst zum Element einer Menge werden. Ein mathematisch schöpferischer Geist kann nämlich die Menge M aller Mengen m bilden, die sich selbst *nicht* als Element enthalten. Auch dies könnte ja die definierende Eigenschaft $L(m)$ der Menge M in (1.5) sein.

Diese Schöpfung führt in einen logischen Zirkel, denn die Frage liegt nun nahe, ob sich diese Menge M selbst als Element *nicht* enthält, ob sie also selbst die definierende Eigenschaft $L(m)$ besitzt. Wenn ja, dann enthält sie sich selbst nicht als Element, hat also genau die Eigenschaft, die sie zu ihrem eigenen Element macht. Wenn nein, dann besitzt sie genau die Eigenschaft $L(m)$, die sie aufgrund ihrer eigenen Definition zum Element ihrer selbst macht.

Im Jahre 1901 fand sich Bertrand Russels schöpferischer Geist in genau diesem Zirkel wieder.[57] Er rief zunächst Peanos und Freges schöpferische Geister hinzu, einen Ausweg zu finden - vergebens!
Russells Antinomie schien nicht nur für Hilbert, der dies 1925 rückblickend schrieb, sondern „für die mathematische Welt geradezu von katastrophaler Wirkung"[58] zu sein.

Daß schon Cantor das Aufteten von Widersprüchen in seiner Mengentheorie nicht fremd war, belegt sein Brief an Richard Dedekind (1831-1916) vom 28. Juli 1899. Er schreibt dort:

> „Eine Vielheit kann nämlich so beschaffen sein, daß die Annahme eines ‚Zusammenseins' *aller* ihrer Elemente auf einen Widerspruch führt, so daß es unmöglich ist, die Vielheit als eine Einheit, als ein ‚fertiges Ding' aufzufassen. Solche Vielheiten nenne ich *absolut unendliche* oder *inkonsistente Vielheiten.* (...)
> Wenn hingegen die Gesamtheit der Elemente einer Vielheit ohne Widerspruch als ‚zusammenseiend' gedacht werden kann, so daß ihr Zusammengefaßtwerden zu ‚einem Ding' möglich ist, nenne ich sie eine *konsistente Vielheit* oder eine ‚Menge'. (Im Französischen und Italienischen

---

[57] Diese Antinomie wird daher nach Russell die *Russellsche Antinomie* genannt.
[58] [27], S. 87, zitiert nach [30], S. 33.

wird dieser Begriff durch die Worte ‚ensemble' und ‚insieme' treffend zum Ausdruck gebracht.)"[59]

Wie später Hilbert löst Cantor das Problem durch eine scharfe Trennung zwischen den (inkonsistenten) Begriffen der Mengentheorie, die zu Widersprüchen führen, und den (konsistenten) Begriffen der Mengentheorie; anders als Hilbert verbannte er die inkonsistenten Mengen aber nicht aus dem „Werkzeugkoffer" der Mathematik. Warum Cantor dies nicht getan hat, mag man aus seiner ersten, freilich sehr viel früheren Definition der „Menge" herauslesen:

Definition 1.2.3 „Eine Mannigfaltigkeit (ein Inbegriff, eine Menge) von Elementen, die irgendwelcher Begriffssphäre angehören, nenne ich wohldefiniert, wenn auf Grund ihrer Definition und infolge des logischen Prinzips vom ausgeschlossenen Dritten es als *intern bestimmt* angesehen werden muß, *sowohl* ob irgendein derselben Begriffssphäre angehöriges Objekt zu der gedachten Mannigfaltigkeit als Element gehört oder nicht, *wie auch*, ob zwei zur Menge gehörige Objekte, trotz formaler Unterschiede in der Art des Gegebenseins einander gleichen oder nicht.
Im allgemeinen werden die betreffenden Entscheidungen nicht mit den zu Gebote stehenden Methoden oder Fähigkeiten in Wirklichkeit sicher und genau ausführbar sein; darauf kommt es aber hier durchaus nicht an, sondern *allein* auf die *interne Determination*, welche in konkreten Fällen, wo es die Zwecke fordern, durch Vervollkommnung der Hilfsmittel zu einer *aktuellen (externen) Determination* auszubilden ist."[60]

Hier war sich Cantor der Schwierigkeiten bewußt, die sich bei der Frage, ob ein gewisses Objekt m Element einer Menge M ist oder nicht, ergeben können. Eine eindeutige Antwort ist nur aufgrund hoher mathematischer Präzision zu geben, und mathematische Beispiele erfüllen diese erforderliche Präzision ganz selbstverständlich; dagegen fehlt sie oft völlig bei den zumeist anschaulichen Beispielen, anhand derer die Mengentheorie gelehrt und gelernt wird.[61]

Cantors Ziel war es, das Unendliche mathematisch begreifbar zu fassen. Dieses Ziel ereichte er über den Begriff der *Mächtigkeit* einer Menge, eine Verallgemeinerung des Begriffs der Anzahl ihrer Elemente. Die Definition der Menge wird aber nicht dadurch ungenau, daß die mathematischen Mengen unendlich sein können, denn die Mengen sind - endlich oder unendlich - „Zusammenfassungen von Objekten unseres Denkens"; mit „Zusammenfassungen von Objekten unserer Anschauung"

---

[59] Der Brief ist in [5], S. 308-313 abgedruckt. Ich zitiere nach [42], S. 153 und übernehme den letzten Satz aus [5], a.a.O. (Die Hervorhebungen sind im Original vorhanden, bei Becker gesperrt, bei Mehrtens kursiv gedruckt.)

[60] [11], zitiert nach [5], S. 282f.

[61] Die Fragen, ob ein auf dem Tisch liegendes Bauklötzchen rund oder dreieckig ist, rot oder blau, klein oder groß, werden sich viele in der Schule gestellt haben. Es mag auch noch angehen, daß hier eindeutige und einmütige Antworten gefunden wurden, wenn aber kompliziertere und komplexere Objekte der realen Welt als Elemente gewisser Mengen identifiziert werden sollen, werden die Probleme sehr viel größer.

tun wir uns dagegen schwer! Die oben benutzte Entsprechung der Mengentheorie, die für jedes Objekt m die eindeutige Entscheidung der Frage einfordert, ob es Element einer gewissen Menge M ist oder nicht, mit der Aussagenlogik, die jeder Aussage entweder den Wahrheitswert „wahr" oder „falsch" zuweist, führt dann zu Schwierigkeiten in den Anwendungsgebieten, wie sie Bertrand Russell im Jahre 1923 formulierte:

> „All traditional logic habitually assumes that precise symbols are being employed. It is therefore not applicable to this terrestial life, but only to an imagined celestial existence."[62]

Die Lösung des Problems suchte man nun in entsprechend veränderten Logiksystemen, zunächst in sogenannten „mehrwertigen Logiken".[63] Zu Beginn der 1920er Jahre entwickelte der polnische Logiker Jan Łukasiewicz (1876-1956) ein System mit den drei Werten wahr (1), falsch (0) und möglich ($\frac{1}{2}$). Etwa zur gleichen Zeit, aber unabhängig von Lukasiewicz, führte der amerikanische Mathematiker Emil Leon Post (1897-1954) Wahrheitsmatrizen mit Aussagenvariablen, die n verschiedene Werte annehmen können ($n \geq 2$), und später übertrumpfte Łukasiewicz wieder die Konzeption Posts, als er sogar *unendlich* viele „Wahrheitswerte" zuließ. Dies führte bald zur Interpretation dieser unendlich vielen Werte zwischen 0 und 1 als Wahrscheinlichkeitswerte im Sinne der Wahrscheinlichkeitsrechnung, die zu dieser Zeit massiven Axiomatisierungsbestrebungen unterlag.

Die noch heute gebräuchliche Axiomatik der Wahrscheinlichkeitstheorie stammt von Andrej Nicolaevic Kolmogoroff (1903-1987), der sie 1933 publizierte.[64] Kolmogoroff schuf mit seinen Axiomen einen „Wahrscheinlichkeitsraum", der aus einer Grundmenge Ω, einer σ-Algebra $\mathcal{A}$ über dieser Grundmenge und einem Wahrscheinlichkeitsmaß μ über dieser σ-Algebra $\mathcal{A}$ besteht. Die Elemente dieser σ-Algebra heißen „Ereignisse"; diesen - und nur diesen - Ereignissen werden durch das Wahrscheinlichkeitsmaß μ (ein auf 1 normiertes Maß) die Wahrscheinlichkeitswerte zwischen 0 und 1 zugewiesen.

Auch hier ist eine Analogie zur Aussagenlogik leicht herstellbar, weil ja eine bijektive Abbildung zwischen den Ereignissen dieser σ-Algebra $\mathcal{A}$ und denjenigen Aussagen, mit denen behauptet wird, daß das jeweilige Ereignis eintritt, existiert.[65] Diesen Aussagen können dann über die Wahrheitswerte 0 und 1 hinaus auch Werte zwischen diesen Grenzen zugewiesen werden, wenn sie weder als wahr noch als falsch, sondern als zu einem gewissen Grad wahrscheinlich behauptet werden.

---

[62] [45], S. 88f.

[63] Siehe hierzu das Kapitel 6 von Siegfried Gottwald in diesem Buch.

[64] Vgl. [34]. Zur Axiomatik der Wahrscheinlichkeitsrechnung siehe insbesondere Kapitel 4 von Thomas Hochkirchen in diesem Buch.

[65] Die Mengen dieser Aussagen bilden einen „Booleschen Verband", das ist eine nach George Boole (1815-1864) benannte Menge (hier: von Aussagen) mit zwei zweistelligen Verknüpfungen (hier: Konjunktion (logisches *und*) und Disjunktion (logisches *oder*)), die als Verbandsverknüpfungen schon die Gesetze der *Kommutativität*, der *Assoziativität* und der *Absorption* erfüllen, darüber hinaus im *Booleschen* Verband aber auch den Gesetzen der *Komplementarität* und der *Distributivität* genügen. Für die Details verweise ich auf die Literatur, z. B. auf [50].

Andererseits stellt sich bei Betrachtung der grundlegenden mathematischen Strukturen aber die Frage, ob nicht der Verallgemeinerung von zwei auf beliebig und schließlich unendlich viele Geltungswerte bzw. Wahrscheinlichkeitswerte auf Seiten der Logik auch eine Verallgemeinerung in der Mengenlehre entspricht,[66] die für jedes Objekt m „unserer Anschauung oder unseres Denkens" zwischen den Möglichkeiten, Element der Menge M oder nicht Element der Menge M zu sein, beliebig viele, ja sogar unendlich viele andere Möglichkeiten vorsieht. Eine solche verallgemeinerte Mengentheorie würde dann von der Cantorsche Mengen charakterisierenden Indikatorfunktion (1.1) zu einer Funktion übergehen, die zwischen den Grenzwerten 0 und 1 auch alle anderen Werte annehmen kann:

Eine solche Funktion schuf der mathematisch schöpferische Geist von Lotfi Zadeh (geb. 1921)[67] im Jahre 1964. Seine Idee führte zu einer „verallgemeinerten Mengentheorie"[68], die Zadeh eine Theorie der *Fuzzy Sets* nannte.[69] „Fuzzy Sets" sind also „Objekte unserer Anschauung oder unseres Denkens", die nur graduell Elemente einer Menge zu sein brauchen. Die oben genannte Funktion nannte Zadeh „membership function"; im Deutschen hat sich die Bezeichnung „Zugehörigkeitsfunktion" durchgesetzt:

> „A *fuzzy set (class)* A in X is characterized by a *membership (characteristic) function* $f_A(x)$ which associates with each point in X a real number in the intervall [0,1], with the value of $f_A(x)$ at x representing the ‚grade of membership' of x in A."[70]

Der reichhaltigere mathematische „Werkzeugkasten" enthält nun also auch eine umkehrbar eindeutige Entsprechung zwischen unscharfen Mengen und Funktionen:

Definition 1.2.4 Sei A eine unscharfe Menge (Fuzzy Set), dann heißt die Funktion

$$f_A(x) = \begin{cases} 1 & \text{wenn } x \in A, \\ \vdots & \\ 0 & \text{wenn } x \notin A \end{cases} \qquad (1.6)$$

die *Zugehörigkeitsfunktion* (membership function) der unscharfen Menge A.

---

[66] Siegfried Gottwald beginnt seinen Beitrag zu diesem Buch (Kapitel 6) mit einem solchen Hinweis auf eine „verallgemeinerte Mengenlehre".

[67] Lotfi Aliaskerzadeh wurde im sowjetischen Baku, der Hauptstadt von Aserbaidschan, geboren. Sein Vater war Perser, und 1931 zog die Familie nach Teheran zurück. 1944 reiste er in die USA. Dort studierte er bis 1946 am MIT in Boston Elektrotechnik. 1949 promovierte er an der Columbia-Universität, New York, wo er auch eine Assistenzprofessur erhielt. 1957 wurde er dort ordentlicher Professor, 1959 nahm er das Angebot einer Professur in Berkeley, Kalifornien, an und 1963 wurde er hier Leiter der Abteilung für Elektrotechnik. Den Artikel über die „Fuzzy Sets", von dem hier die Rede ist, schrieb er dort im Jahre 1964.

[68] Zadeh schreibt zu Anfang des Textes: „As will be seen in the sequel, the notion of a fuzzy set provides a convenient point of departure for the construction of a conceptual framework which parallels in many respects the framework used in the case of ordinary sets, but is more general than the latter potentially, may prove to have a much wider scope of applicability (...)" [29], S. 339.

[69] Dies ist der Titel seines Artikels [29], den er 1965 publizierte.

[70] [29], S. 239.

Zadeh bemerkte schon damals, daß seine Theorie der „fuzzy sets" (unscharfe Mengen) zu Verwechslungen mit der Wahrscheinlichkeitstheorie führen könnte, darum stellte er klar:

> „It should be noted, that, although the membership function of a fuzzy set has some resemblance to a probability function when X is a countable set (or a probability density function when X is a continuum), there are essential differences between these concepts which will become clearer in the sequel once the rules of combination of membership functions and their basic properties have been established. In fact, the notion of a fuzzy set is completely nonstatistical in nature."[71]

Wenn die Zugehörigkeitswerte in der Fuzzy Theorie also nichts mit den Wahrscheinlichkeiten in der Stochastik zu tun haben, wie sind sie dann zu verstehen? Eine Antwort auf diese Frage findet sich in Zadehs Artikel gleich zu Beginn, und es scheint, als habe er an jener Grenze schöpferisch weitergedacht, die Cantor zwischen *konsistenten* und *inkonsistenten* Vielheiten gezogen hatte, denn Zadeh fordert eine Theorie der unscharfen Mengen, weil wir *in der realen Welt* Klassen von Objekten (er schreibt „classes of objects", nicht etwa „sets") vorfinden, die keine genau definierten Kriterien der Zugehörigkeit (membership) haben:

> „For example, the class of animals clearly includes dogs, horses, birds, etc. as its members, and clearly excludes such objects as rocks, fluids, plants, etc. However, such objects as starfish, bacteria, etc. have an ambiguous status with respect to the class of animals."[72]

Diese Unschärfe rührt für Zadeh daher, daß wir die „Zusammenfassungen von Objekten unserer Anschauung oder unseres Denkens" (Cantor) wie in den oben genannten Beispielen, oder wenn wir die Klassen der großen Männer, der schönen Frauen oder der Zahlen, die viel größer als 10 sind in den Worten einer Sprache beschreiben müssen. Zadeh argumentiert weiter: „Yet, the fact remains that such imprecisely defined „classes"play an important role in human thinking, particulary in the domains of pattern recognition, communication of information, and abstraction."[73]

Will man von den Fuzzy Sets wieder zur Aussagenlogik übergehen, so findet man die sogenannte „Fuzzy Logik" vor, denn die Unschärfe bleibt bei dieser Übertragung erhalten: Die Aussagen, daß gewisse Objekte x, y, z mit den Zugehörigkeitsgraden $f_A(x)$, $f_A(y)$, $f_A(z)$ Elemente der Menge A sind, wobei diese Werte $f_A(x)$, $f_A(y)$, $f_A(z)$ echt zwischen 0 und 1 liegen, dürfen dann auch nicht die „Wahrheitswerte" „falsch" (0) oder „wahr" (1) erhalten, sondern eben diese Werte $f_A(x)$, $f_A(y)$, $f_A(z)$.[74] Diese Zahlenwerte gehen aus der Theorie der Fuzzy Sets zur *Modellierung unscharfer sprachlicher Begriffe* (Vagheit) hervor; sie haben keinen Bezug zur

---

[71] [29], S. 340.
[72] [29], S. 338.
[73] [29], S. 338.
[74] Den Zusammenhang der Fuzzy Set Theorie mit der mehrwertigen Logik beleuchten Bernd Buldt in Kapitel 2, Siegfried Gottwald in Kapitel 6, Erich Peter Klement, Radko Mesiar und Endre Pap in Kapitel 7 und daran anschließend Ulrich Höhle in Kapitel 8 jeweils in diesem Buch.

Wahrscheinlichkeitstheorie und dürfen daher auch nicht als Wahrscheinlichkeiten interpretiert werden, die ja aus der *Modellierung mangelnden Wissens* gewonnen werden können.
Wir müssen also die scharf definierten Mengen bzw. Aussagen, das sind die mathematischen, präzise definierten Mengen bzw. Aussagen, von den unscharfen Mengen (Klassen) bzw. Aussagen unterscheiden, die aus empirischen - unscharfen - Begriffen gebildet werden.

Die Wahrscheinlichkeitstheorie ist eine Theorie für die *scharf* definierten Mengen oder Aussagen, denn nur für solche Mengen bzw. Aussagen sind ihre Wahrscheinlichkeiten definiert.

Die Fuzzy Theorieist dagegen eine Theorie für die *unscharf* definierten Mengen bzw. Aussagen.

> „Essentially, such a framework provides a natural way of dealing with problems in which the source of imprecision is the absence of sharply defined criteria of class membership rather than the presence of random variables."[75]

Niemand hat die Mathematiker aus dem Paradies vertrieben, wie Hilbert 1925 befürchtet hatte, aber 40 Jahre später fand Zadeh einen Ausgang, der Ausreisewillige in die reale Welt führte und ihnen neue, nahezu paradiesische Welten eröffnete, denn auch von der Theorie unscharfer Mengen ausgehend wurden die Mathematiker schon bald wieder schöpferisch tätig, und so hat man inzwischen viele mathematische Disziplinen „fuzzifiziert", es gibt die „Fuzzy Topologie", die „Fuzzy Algebra" usw.[76] Zadeh selbst hatte 1968 auch Warscheinlichkeiten für unscharfe Mengen eingeführt[77] und dabei implizite nahegelegt, daß die Ungewißheit, die mit der Wahrscheinlichkeitstheorie modelliert wird, auf einer anderen Ebene liegt als die Vagheit,[78] deren Modellierung die Stärke der Fuzzy Sets ist.

Die Theorie unscharfer Mengen wurde bald in technischen Anwendungen umgesetzt, bei denen die sprachlichen Unschärfen der empirischen Begriffsbildungen und deren Verarbeitung eine große Rolle spielen, beispielsweise in der Fuzzy Regelung (Fuzzy Control)[79] und der Fuzzy-Datenanalyse.[80] Solche Konzepte und Techniken, mit denen Vagheit und Ungenauigkeit innerhalb der menschlichen Denkprozesse systematisch behandelt werden können, nannte Madan M. Gupta in einem 1977

---

[75] [29], S. 339. Hans-Jürgen Zimmemann thematisiert in seinem Beitrag (Kapitel 13) verschiedene Arten von „Unsicherheit" und Methoden zu ihrer Behandlung.

[76] Siehe hierzu das Kapitel 5 von Hans-Jürgen Zimmermann in diesem Buch.

[77] [60]. Siehe insbesondere zur Wahrscheinlichkeitstheorie und Statistik für unscharfe Mengen den Beitrag von Christian Borgelt, Jörg Gebhard und Rudolf Kruse (Kapitel 17) in diesem Buch.

[78] Eine Bestimmung des Vagheitsbegriffs bietet Bernd Buldt in Kapitel 2 dieses Buches.

[79] Siehe dazu die Beiträge von Rainer Palm (Kapitel 14), Hans-Jürgen Zimmermann (Kapitel 13) und Fritz Lehmann (Kapitel 15), sowie von Martin Appl und Jürgen Hollatz (Kapitel 18) in diesem Buch.

[80] Siehe dazu die Beiträge von Hans Bandemer (Kapitel 11), Thomas A. Runkler (Kapitel 16), sowie Christian Borgelt, Jörg Gebhard und Rudolf Kruse (Kapitel 17) in diesem Buch.

von ihm herausgegebenen Buch[81]„Fuzzy-ism". Weder diese noch ein anderer Name für die Lehre von den „Fuzzy Sets"hat sich bislang durchgesetzt. In Büchern und Zeitschriften der letzten Jahre findet man für deren Vertreter die verschiedensten Bezeichnungen. So wird Lotfi Zadeh „geistiger Vater der modernen Fuzzy Logic"[82] genannt, während Hans-Jürgen Zimmermann als „Deutschlands Fuzzy-Wissenschaftler"[83] und als „Fuzzy-Pionier"[84] oder jedenfalls als „einer der Fuzzy-Pioniere aus Deutschland" bezeichnet wird, die „in der Fuzzy-Welt (...) einen Namen [haben]", zu denen man u. a. auch einige der Autoren von Beiträgen in diesem Buch zählen müßte.[85] Von „Fuzzy-Spezialisten"[86] und insbesondere von „Didier Dubois und Henri Prade [ais] Frankreichs führende Fuzzylogen"[87] ist zu lesen, aber Jürgen Hollatz spricht in der in Kapitel 12 dokumentierten Podiumsdiskussion von „Fuzzologen". Einen einheitlichen Namen für die sich mit der Fuzzy Theorie beschäftigenden Wissenschaftlergemeinschaft und ihre grundlegenden Vorstellungen gibt es offenbar (noch) nicht, aber daß hier etwas Neues in der Geschichte der Wissenschaften entstanden ist, läßt sich kaum leugnen.

1.3   Vom Paradigmawechsel zur Koexistenz

Seit Beginn der 90er Jahre wird die Fuzzy Set Theorie als neues „Paradigma" der Wissenschaft gefeiert. Zadeh selbst stellte seine Theorie z. B im Jahre 1990 in einem Zeitschrifteninterview explizit gegen den Rationalismus.

> „Es ist die kartesische Tradition im abendländischen Denken, die davon ausgeht, daß alles präzise bestimmbar ist. Fuzzy Logic dagegen sagt, man könne den Weg der Präzision nicht endlos beschreiten, da man sich bald zum Gefangenen strenger Argumentation macht. Meine Prämisse ist das Prinzip der Unvereinbarkeit: Hohe Komplexität und hohe Präzision sind nicht vereinbar."[88]

Als er dann in dem gleichen Interview gefragt wurde, ob die Fuzzy Logik die heutige Technik nur geringfügig verbessern oder eine neue elektronische Revolution auslösen werde, antwortete er:

> „Ob man es elektronische Revolution nennen darf, weiß ich nicht, aber wir werden es mit einem sehr fundamentalen Paradigmenwechsel zu tun haben. Es geht um die Durchsetzung des Grundgedankens der Fuzzy Logic, daß nämlich in der Welt die Dinge in vielen Grautönen gemalt

---

[81] Vgl. [24].
[82] [25], S. 50f und [28], S. 98.
[83] [25], S. 44.
[84] [17], S. 153.
[85] [28], S. 98.
[86] [53], S. 7.
[87] [25], S. 44.
[88] Lotfi Zadeh im Interview mit Michel Chaouli für die Zeitschrift *highTech*, **11**, S. 50, 1990.

sind, nicht nur schwarz oder weiß. Wenn dieser Gedanke erst einmal Fuß gefaßt hat, wird er nicht nur die Elektronik, sondern alle Naturwissenschaften, ja auch die Psychologie und die Philosophie erfassen."[89]

In ihrem 1993 erschienenen Buch gebrauchen die beiden US-amerikanischen Journalisten Daniel McNeill und Paul Freiberger[90] den Begriff des Paradigmas mit Bezug auf die wissenschaftshistorischen Untersuchungen von Thomas S. Kuhn. Hans-Jürgen Zimermann benutzte diesen Ausdruck im Vorwort zu seinem Buch *Fuzzy Technologien. Prinzipien, Werkzeuge, Potentiale*[91], wie auch andere Fachpublikationen[92] und populäre Druckmedien.
Nachdem Lotfi Zadeh am 13. März 1991 die Initiative BISC (Berkeley Initiative on Soft Computing) gegründet hatte, sprach er immer wieder vom „Paradigmawechsel" (paradigm shift),[93] und die Ansicht, die Fuzzy Theorie stehe für eine wissenschaftliche Revolution, verbreitete sich schnell.

„Paradigma", „Paradigmawechsel", „Revolution" - das ist die Terminologie Thomas S. Kuhns, der 1962 *Die Struktur wissenschaftlicher Revolutionen*[94] veröffentlichte, um aufzuzeigen, wie er die Entwicklungsdynamik der Naturwissenschaften versteht. Kuhns Konzept ist natürlich eine *Theorie* im Bereich der Wissenschaftswissenschaften, die von vielen Wissenschaftsphilosophen, -historikern und -soziologen begeistert aufgenommen wurde, viele andere haben sie aber als eine Herausforderung begriffen und ihr alternative bzw. weiterentwickelte Theorien entgegengestellt; schließlich sind seit dem Erscheinen von Kuhns Buch 37 Jahre vergangen.[95]

Kuhns „Essay" bedeutete aber in jedem Falle eine Zäsur in der Geschichte der Wissenschaftswissenschaften, die eine *vor-Kuhnsche* von einer *nach-Kuhnschen* Phase trennt. Vor Kuhn wurde die Dynamik der Wissenschaften ohne Einschränkung und ohne nennenswerte Kritik als Fortschritt der Wissenschaften betrachtet. In diesen Erfolgsgeschichten häuften sich immer mehr und immer bessere Erkenntnisse zu immer höheren Bergen von Wissen auf, deren Spitzen wohl bald den Himmel der Wahrheit berühren würden. Manchmal wächst der Berg schneller an, manchmal dauert es ein Weilchen, bis er wieder an Höhe gewonnen hat, doch stets kommt neues zum schon bekannten Wissen hinzu. Diesem Bild einer kumulativen Evolution, in dem die Wissenschaften sozusagen auf der Zeitachse linear voranschreiten, widersprach Kuhn mit einem Entwurf der Wissenschaftsentwicklung, der verschiedene Ebenen unterscheidet, auf denen sich die Wissenschaftsdynamik abspielen kann.

---

[89] A.a.O., S. 50f.

[90] [29], S. 83, 106, 109.

[91] [32], S. V.

[92] Z. B. in den „Nachrichten aus der Informationstechnischen Gesellschaft und der Gesellschaft für Informatik", *it+ti*, 4, S. 48, 1997.

[93] Vgl. dazu beispielsweise die WWW-Seiten *A Definition Of Soft Computing In Greater Detail*: http://http.cs.berkeley.edu/mazlack/BISC/BISC-DBM-soft.html, *What is BISC?*: http://http.cs.berkeley.edu/leem/Bisc/bisc.memo.html und *Computing With Words – A Paradigm Shift*: http://ilpsoft.eecs.berkeley.edu:9636/ilpsoft/abstracts/zadeh.4.html.

[94] Siehe [37].

[95] Siehe dazu z. B. [15], ein Buch, das aber auch schon wieder 25 Jahre alt ist! Ein umfassendes, relativ aktuelles Werk ist [14].

Bleiben wir zunächst auf der „normalen" Ebene: Hier schreiten die einzelnen
Wissenschaften in der Tat voran, werden von den Wissenschaftlern theoretisch
und methodisch ausgebaut, durch Experimente gestützt und schließlich als „klassisch" empfunden. Solche „normalen Phasen" macht jede einzelne Wissenschaft
durch. Bis zu welcher Reife ihre Theorien und Methoden gelangen, hängt u. a.
von der Zeitspanne ab, die sie auf der „normalen Ebene" zubringen. Das Ende kann
dann kommen, wenn eine Revolution die während der normalen Phase entwickelten Theorien und Methoden durch andere zu ersetzen droht. Solche Revolutionen
kündigen sich durch Krisen innerhalb des Theorie- und Methodengefüges auf der
normalen Ebene an.

Erschütterungen führen manchmal zu Neuorientierungen innerhalb der Wissenschaft und diese wiederum zum Verlassen der normalen Ebene. Die weitere Entwicklung dieser Wissenschaft verläuft dann für einen gewissen Zeitraum nicht nur
auf der „normalen", sondern auch auf der „außerordentlichen" Ebene. Gewisse Zeit
wird so verstreichen, früher oder später aber entscheidet sich, ob die Revolution
erfolgreich war oder ob das alte System überlebt. Wenn die Revolution schließlich
siegen wird (was ja von vornherein nicht klar ist, aber nur dieser Fall soll uns hier
interessieren), so ist der stattfindende Ablösungsprozeß zunächst mit großen Verlu-
sten in vielfacher Hinsicht verbunden, denn das wissenschaftliche Teilsystem auf der
„normalen Ebene" wird nicht kampflos aufgeben, und das gesellschaftliche Umfeld
des Wissenschaftssystems wird zunächst den Wissenschaftlern auf der „normalen
Ebene" zugeneigt sein: Lange nicht alle Wissenschaftler sind auf Seiten der Revolutionäre; Theorien, Methoden und Experimente, die auf der „normalen Ebene" zum
Standardwerkzeug der Wissenschaft gehörten, sind auf der „außerordentlichen Ebene" unbrauchbar, vertraute Kontakte zu verschiedenen anderen Gesellschaftsgrup-
pierungen (Politik, Wirtschaft, Industrie) sind jetzt abgeschnitten, Publikationsme-
dien (wissenschaftliche Zeitschriften, Buchverlage) zeigen sich den Revolutionären
gegenüber konservativ, Universitätsprofessuren und andere wissenschaftliche Ar-
beitsstellen sind für die Wissenschaftler, die sich der Revolution verschriebenen
haben, nicht mehr erreichbar usw. Dieses entbehrungsreiche Dasein fristen die Revolutionäre, bis sie als die Sieger gelten.

Um diese abstrakte Vorstellung der Wissenschaftsdynamik mit Beispielen aus der
Wissenschaftsgeschichte verknüpfen zu können, hat Kuhn den Begriff des „Paradigmas" eingeführt, der, wie später klar wurde, allerdings nicht so einfach zu definieren
ist.[96] Zwei Bedeutungen sind aber klar hervorzuheben:

1. das Paradigma als eine der Wissenschaftlergemeinde gemeinsame Vorstellung
   von der Beschaffenheit der Welt,

2. das Paradigma als „Musterbeispiel".

---

[96] Margaret Masterman hat bekanntlich auf 21 Bedeutungen dieses Begriffs hingewiesen, vgl. [39].
Ich kann hier leider nicht weiter über die Absichten Kuhns spekulieren, warum er den Begriff
des Paradigmas derart „vage" eingeführt hat!

In der ersten Bedeutung vermittelt ein Paradigma ein „Weltbild", wie z. B. das des *Cartesianismus*, des *Newtonianismus* usw. Lothar Schäfer hat dies in seiner *Theorien-dynamischen Nachlieferung* nochmals betont:

> „Es ist eine handwerkliche Schule, die durch die gemeinsame Orientierung auf eine bestimmte Leistung hin ein Optimum an Einheitlichkeit bezüglich der experimentellen Techniken, formalen Darstellungsmittel, der Werte und Zielvorstellungen auszeichnet. Dieser zentrale, eine Forschergemeinschaft konstituierende Faktor wird von Kuhn mit dem Terminus „Paradigma" bezeichnet. Ein Paradigma läßt sich nicht auf Theorie, Gesetz, Instrumentarium oder was immer sonst von der traditionellen Wissenschaftstheorie als Grundgröße herausgestellt wurde, reduzieren (...). Es ist eine neue pragmatische Größe, die Kuhn hier einführt, nämlich auf sie ist eine Gruppe von Fachleuten aufgrund ihrer Ausbildung und ihrer Erfahrungen als gleichsam natürliche Arbeitsweise eingeschworen. Je selbstverständlicher dieser Gruppe ihre, wie Kuhn es später nennt, „disziplinäre Matrix" ist (...), desto weniger ist offensichtlich die Reflexion auf die Elemente der Matrix nötig."[97]

Wissenschaftliche Revolutionen werden so in der Tat „als Wandlungen des Weltbildes"[98] verstehbar: „Paradigmawechsel veranlassen die Wissenschaftler tatsächlich, die Welt ihres Forschungsbereichs anders zu sehen."[99]

In einem „Postskriptum" von 1969 hat Kuhn seinen Paradigma-Begriff dann - wie schon erwähnt wurde - als ein „disziplinäres System" bzw. eine „disziplinäre Matrix" aufgefaßt und vier Elemente herausgestellt, deren letztes die obige zweite Bedeutung hat:[100]

1. „Symbolische Verallgemeinerungen", das sind „die Formeln, die problemlos von allen Gruppenmitgliedern gebraucht werden" (...) „Andere werden normalerweise in Worten ausgedrückt (...)"; z. B. das Ohm'sche Gesetz $U = I \cdot R$ oder Newtons zweites Kraftgesetz $F = ma$.[101]

2. „Metaphysische Paradigmata", das sind Analogien, Metaphern, z. B. „die gemeinsame Bindung an Auffassungen wie: Wärme ist die kinetische Energie der Grundbestandteile von Körpern; alle wahrnehmbaren Phänomene gehen auf die Interaktion qualitativ neutraler Atome im leeren Raum zurück oder: auf Materie und Kraft oder auf Felder."[102]

3. „Werte": Diese sind immer wirksam, und sie stärken das Gemeinschaftsgefühl besonders in „Krisenzeiten". Beispiele sind: „Quantitative Voraussagen sind

---

[97] [46], S. 24.
[98] [37], S. 123.
[99] [37], a.a.O.
[100] Vgl. [37], S. 186-221.
[101] [37], S. 194f.
[102] [37], S. 195f.

qualitativen vorzuziehen", neue Theorien sollen „einfach, folgerichtig, plausibel und mit anderen, gegenwärtig angewandten Theorien vereinbar sein", oder die Widerspruchsfreiheit![103]

4. „Musterbeispiele (‚examplars') (...) Alle Physiker fangen beipielsweise mit dem Studium derselben Beipiele an: Probleme wie die schiefe Ebene, das konische Pendel, die Keplerschen Planetenbahnen (...)"[104].

Kuhns Wissenschaftstheorie, ihre Terminologie und Argumentationen wurden in den letzten Jahrzehnten auch zur Modellierung der Dynamik anderer Wissenschaften verwendet, und sogar in außerwissenschaftlichen Bereichen bediente man sich des Bildes vom Paradigmawechsel.[105]

Herbert Stachowiak und danach Kurt Wuchterl übertrugen den Paradigmenbegriff auf die Philosophie.[106] Wuchterl hat die Kuhnschen Argumentationen in fünf Thesen formuliert,[107] die ich hier als Hintergrund zur These einer wissenschaftlichen Revolution durch die Fuzzy Set Theorie betrachte:

1. *Die Zwei-Formen-These:* Die Unterscheidung in „Normalformen" und „außerordentliche Formen"der Naturwissenschaften kann auf die Philosophie übertragen werden: „Es gibt philosophische Strömungen, in denen Konsens über gewisse fundamentale Prinzipien und Kategorien besteht und die Welt sozusagen durch die gleiche Brille gesehen wird. Die Ablösungsprozesse von herrschenden Schulen können dagegen als ausserordentliche Formen betrachtet werden."[108]
Die Fuzzy Set Theorie führte sicherlich zur Entstehung einer „ausserordentlichen Form" der Mathematik und zu Ablösungsprozessen von der in der Mathematik herrschenden Schule, in der Konsens über die grundlegende Rolle der Cantorschen Mengentheorie bestand.
Schließlich wird hier das Prinzip fallengelassen, das Cantors Mengenlehre zugrundeliegt: daß ein Objekt entweder Element einer Menge ist oder nicht. Logisch gewendet wird also das fundamentale *Prinzip vom ausgeschlossenen Dritten* verletzt. Die Behauptung, daß durch die „Brille" der Fuzzy Theorie die Welt *völlig anders* gesehen wird als durch die der Theorie gewöhlicher Mengen, läßt sich in dieser Absolutheit wohl nicht halten, wenn zwischen mathematischen präzise definierten Mengen bzw. Aussagen und unscharfen „Mengen" bzw. Aussagen, die aus empirischen - unscharfen - Begriffen gebildet werden, unterschieden wird. Ich habe entsprechende Äußerungen von Zadeh und Cantor weiter oben in diesem Sinne verstanden; andere mögen dieser Interpretation vielleicht nicht folgen.

---

[103] [37], S. 196ff.
[104] [37], S. 198f.
[105] Als eine erfolgreiche Weiterentwicklung des Kuhnschen Konzepts innerhalb der Wissenschaftswissenschaften ist der sogenannte *Strukturalismus* anzusehen, der von Joseph Sneed, Wolfgang Stegmüller, Wolfgang Balzer, C. Ulises Moulines u. a. erfolgreich ausgearbeitet wurde. Siehe dazu z. B. [3] und [4].
[106] Vgl. dazu Abschnitt 1.2 der Einleitung zu [52], sowie [57] und [58], S. 229-247.
[107] Vgl. hierzu [58], S. 229ff.
[108] Vgl. [58], S. 229f.

2. *Die These der Gruppenrelevanz:* Philosophen schließen sich - ebenso wie die Naturwissenschaftler - zu Gruppen zusammen, um ihre Richtung zu vertreten, um in Universitäten, Verbänden und Redaktionen Einfluß auf die Entwicklung der Philosophie nehmen zu können und die Forschungsrichtung zu bestimmen. Auch die Fuzzy Set Theorie hat längst ihre *scientific community!* In diesem Zusammenhang verweise ich nochmals auf die „Berkeley Initiative in Soft Computing", BISC, die schon am 3. März 1994 auf einer WWW-Site verkündete: „Die BISC Group - as the community is called - comprises close to 600 students, professors, employees of private and non-private organizations and, more generally, individuals who have interest or are active in soft computing or related areas. A category which was initiated recently is that of the Institutional Affiliates, with applies to universities, laboratories and non-profit organizations. Currently, BISC has over 50 Institutional Affiliates, with their ranks continuing to grow in number."[109] Vertreter und Förderer der Fuzzy Theorie haben sich national wie international gruppiert und wissenschaftliche Zeitschriften gegründet: in der Volksrepublik China die *Fuzzy Mathematics*, in den Niederlanden das *International Journal of Fuzzy Sets and Systems* und das *Bulletin of Fuzzy Sets and their Applications* in Frankreich. Arbeitsgruppen und regelmäßig stattfindende Konferenzen werden professionell organisiert.[110]

3. *Die Konstitutionsthese:* Die „Normalformen" der Naturwissenschaften wie der Philosophie werden nicht nur durch „explizit formulierbare Regelsysteme" gekennzeichnet, sondern auch dadurch, daß sich die Wissenschaftler „an lebensweltlich vermittelten Denk- und Handlungsvorbildern" orientieren. Als „Bedingung für die Bereichskonstitution" wird die „zentrale Rolle" angesehen, die hier „kollektive Wertungen" spielen.[111]
Viele Kritiker Kuhns nannten „diese Eigenschaft der Wirkung gemeinsamer Werte eine Hauptschwäche" seiner Position, aber Kuhn blieb auch in seinem *Postskriptum* dabei:

> „Erstens können gemeinsame Werte wichtige Determinanten des Gruppenverhaltens sein, selbst wenn die Gruppenmitglieder sie nicht auf dieselbe Weise anwenden. (...) Man stelle sich vor, was in den Wissenschaften geschähe, wenn Widerspruchsfreiheit kein hervorragender Wert mehr wäre. Zweitens kann die individuelle Verschiedenheit in der Anwendung gemeinsamer Werte wichtige wissenschaftliche Funktion haben. Werte müssen an Punkten angewendet werden, wo man immer auch ein Risiko eingehen muß. Den meisten Anomalien kommt man mit den üblichen Mitteln bei; die meisten Vorschläge neuer Theorien erweisen sich als falsch. Würden Mitglieder einer Gemeinschaft jede Anomalie für die Ursache einer Krise halten oder jede neue Theorie eines Kollegen annehmen, so käme die Wissenschaft zum Erliegen. Wenn aber andererseits niemand

---

[109] *What is BISC?*: http://http.cs.berkeley.edu/Ieem/Bisc/bisc.memo.html.
[110] Siehe hierzu das Kapitel 5 von Hans-Jürgen Zimmermann in diesem Buch.
[111] Vgl. [58], S. 230.

das große Risiko einginge, auf Anomalien oder neue Theorien einzugehen, so gäbe es nur wenige oder gar keine Revolutionen. In
solchen Dingen kann die Berufung auf gemeinsame Werte statt auf
gemeinsame Regeln, die die individuelle Wahl bestimmen, der Gemeinschaft die Möglichkeit bieten, das Risiko zu verteilen und den
langfristigen Erfolg zu sichern."[112]

Die Widerspruchsfreiheit wurde nach dem „Grundlagenstreit der Mathematik" zum kollektiven Wert der mathematischen „Normalform", auf der Basis
der Mengenlehre als ihrem „Paradies". Lotfi Zadeh ging später das große Risiko ein, eine neue (Fuzzy) Mengentheorie zu begründen, in der ein Prinzip
der alten Mengentheorie fallengelassen wurde.

4. *Die Revolutionsthese:* Für die Philosophie gilt selbstverständlich wie für die
   Naturwissenschaften, daß durch geniale Ideen oder Entwürfe neue Weltbilder
   entworfen und ältere philosophische Traditionen nicht mehr berücksichtigt
   wurden. Auch daß begriffliche Netzwerke völlig neu strukturiert werden, gilt
   für die Philosophie genauso.
   Die Fuzzy Theorie orientiert sich meines Erachtens aber an dem begrifflichen
   Netzwerk der „alten "Mathematik und fügt ihm neue Begriffe hinzu. Insofern
   steht sie *in* der mathematischen Tradition, hat sich also (noch) nicht von der
   „alten Normalform" abgekapselt!

5. *Die Inkommensurabilitätsthese:* Daß die „normalen Formen" der Philosophie
   untereinander unverträglich sind, wie es Kuhn von entsprechenden Formen in
   der Naturwissenschaft behauptet, weil die benutzten Begriffe anders benutzt
   und anders beurteilt werden, ist einsehbar.
   Für die Fuzzy Set Theorie als mathematische Theorie ist dies (noch) nicht
   zu behaupten. Da ihre Begriffe mit dem Zusatz „fuzzy" versehen sind, kommt
   es nicht zu gegensätzlichen Begriffsdefinitionen innerhalb der Mathematik.
   Wenn diese Präzision allerdings nicht (mehr) eingehalten wird, verselbständigt
   sich diese neue „Normalform" vielleicht doch noch. Vielleicht befindet sich die
   Theorie der Fuzzy Sets also noch immer in der revolutionären Phase außerordentlicher Forschung, aber nach Kuhns Theorie wird die „gesamtmathe-
   matische scientific community" irgendwann einmal eine *exklusive* Normalform
   annehmen.

Wuchterl sieht genau an diesem Punkt einen entscheidenden Unterschied zur Situation in der Philosophie, darum formuliert er eine sechste These:

6 *„Die These von der Nicht-Exklusivität:* Normalformen können in der Philosophie auch ausserhalb der ausserordentlichen Forschungsphasen gleichzeitig
  existieren."[113]

---

[112] [37], S. 197f.
[113] [58], S. 230.

Während in Kuhns Wissenschaftstheorie im Anschluß an die revolutionäre Phase wieder nur eine „Normalform" der Naturwissenschaften anerkannt wird, überstehen in der Philosophie mehrere „Normalformen" die Revolution![114]

Weder gehört die Mathematik zur Philosophie noch zu den Naturwissenschaften. Sie ist eine eigenständige Wissenschaft, und sie hat eine eigene Dynamik. Welche Entwicklungsmuster in der Mathematikgeschichte rekonstruiert werden können, und ob auch Revolutionen vorkommen, oder nicht, läßt sich kontrovers diskutieren.[115] Allerdings ist zu beachten, daß auch die Geschichte der Mathematik externe Einflüsse berücksichtigen sollte. Wie schon weiter oben deutlich wurde, ist die Mathematik eine Wissenschaft, die von philosophischen *und* naturwissenschaftlichen Entwicklungen geprägt wird bzw. ihre Anwendungsgebiete erhält.

Es scheint mir daher plausibel zu sein, daß die reine Kuhnsche Theorie, die ja für den Bereich der Naturwissenschaften konzipiert wurde, zur Modellierung der *mathematischen* Wissenschaftsdynamik nicht greifen *muß*. Die Überlegungen zur philosophischen Wissenschaftsentwicklung erlauben die Koexistenz konkurrierender Paradigmata in einer wissenschaftlichen Disziplin. Warum sollen in der Mathematik nicht mehrere „Normalformen" gleichzeitig existieren können? Die Entwicklung der Fuzzy Theorie *muß* nicht als eine Revolution in der Mathematik angesehen werden, aber wenn man ihre Geschichte so interpretieren will, dann spricht das jetzt schon jahrzehntelange Nebeneinander von „alter" Mathematik und Fuzzy Set Theorie nebst aller ihrer Differenzierungen und Anwendungsgebiete für dieses Bild.

Wenn mehrere Paradigmata koexistieren, führt dies notwendigerweise zu Kommunikationsschwierigkeiten zwischen ihren jeweiligen Vertretern. In den Naturwissenschaften geschieht dies entsprechend dem Kuhnschen Konzept nur während der revolutionären Phasen. Dort sind die Gegensätze zwischen den Paradigmata unversöhnbar, denn aus den Paradigmata heraus, denen die Wissenschaftler jeweils anhängen, kommen sie zu verschiedenen Überzeugungen, Normen, Werten und Definitionen, ja sogar dazu, verschiedene Fragen überhaupt als Probleme anzuerkennen, die gelöst werden sollten:

> „Die Befürworter konkurrierender Paradigmata bewegen sich immer in gewissem Grade auf verschiedenen Ebenen. Keine Seite will alle nichtempirischen Voraussetzungen, welche die andere für die Vertretung ihres Standpunktes braucht, zubilligen. Wie Proust und Berthollet bei ihrem Streit über die Zusammensetzung chemischer Verbindungen müssen sie teilweise aneinander vorbeireden."[116]

---

[114] Daß solche „post-kuhnschen" Thesen nicht nur in der Wissenschaftswissenschaft der Philosophie untersucht werden, sondern auch der Geographie, Rechtswissenschaft, Erziehungswissenschaft, Psychologie, Logik, Biologie und Soziologie, zeigen die Forschungsergebnisse der 1993 gegründeten interdisziplinären Arbeitsgruppe „Wissenschaftsforschung" an der Universität Salzburg Ergebnisse in [49].

[115] Siehe hierzu den Sammelband [21].

[116] [37], S. 159.

Wuchterl schreibt, daß es „normale Formen" der Philosophie gibt, die zeitgleich quasi nebeneinander existieren. Da diese Paradigmata aber inkommensurabel sind, kommt es zu Konflikten, Kontroversen, Spannungen. Wenn diese Paradigmata entsprechend der These der Nicht-Exklusivität nun nicht nur während einer außerordentlichen Phase koexistieren, sondern für lange Zeit, dann tun ihre Vertreter gut daran, trotz der Schwierigkeiten miteinander zu kommunizieren, um „den langfristigen Erfolg zu sichern." (Kuhn)[117] Kuhn äußerte sich hierzu in seinem *Postskriptum*:

> „Was die von einer Kommunikationsstörung Betroffenen tun können, ist, kurz gesagt, miteinander als Mitglieder verschiedener Sprachgemeinschaften erkennen und Übersetzer zu werden. Wenn sie die Unterschiede ihrer eigenen Intra- und Intergruppengespräche zum Forschungsgegenstand machen, können sie zunächst versuchen, die Ausdrücke und Redeweisen zu finden, die innerhalb jeder Gemeinschaft problemlos gebraucht werden und dennoch Mittelpunkte der Schwierigkeiten bei Diskussionen zwischen verschiedenen Gruppen sind. (...) Haben sie solche Schwierigkeiten wissenschaftlicher Kommunikation isoliert, so können sie auf ihren gemeinsamen Alltagswortschatz zurückgehen und damit versuchen, ihre Schwierigkeiten weiter zu klären. Das heißt, jeder kann versuchen herauszufinden, was der andere sehen und sagen würde angesichts eines Reizes, auf den man selber sprachlich anders reagieren würde. Wenn sie darauf verzichten, abnormes Verhalten zu rasch als Folge von Irrtum oder Verrücktheit zu erklären, so werden sie vielleicht mit der Zeit das gegenseitige Verhalten sehr gut voraussagen können. Jeder wird gelernt haben, die Theorie des anderen und ihre Konsequenzen in seine eigene Sprache zu übersetzen und gleichzeitig in seiner Sprache die Welt zu beschreiben, auf die sich diese Theorie bezieht. Das ist das, was der Wissenschaftshistoriker regelmäßig tut (oder tun sollte), wenn er veraltete wissenschaftliche Theorien behandelt."[118]

Nun, zum Ende der 90er Jahre ist der große „Fuzzy Boom" vorbei, der Enthusiasmus ist abgeflaut, und die Fuzzy Set Theorie wird in Wissenschaft und Industrie immer mehr zur Normalität. Sie ist mit großem Erfolg eine „normale Wissenschaftsform"! Viele Wissenschaftler und Techniker wenden die Fuzzy Methoden ganz selbstverständlich an, ohne daß sie der „alten" Mathematik abgeschworen hätten.[119] Die Mathematiker müssen lernen, mit beiden Paradigmata umzugehen, wie dies die Anwender ja schon seit einigen Jahrzehnten tun.

Für die erste Ausgabe der seit 1993 erscheinenden *IEEE Transactions on Fuzzy Systems* schrieb Ebrahim H. Mamdani, der mit seinem Doktoranden Sedrak

---

[117] Der entsprechenden Kommunikation zwischen Vertretern der Stochastik (als Teilgebiet des „alten" Paradigmas) und der ein neues Paradigma kennzeichnenden Fuzzy Theorie sollten die Beiträge zu diesem Buch von Volker Mammitzsch (Kapitel 9), Reinhard Viertl (Kapitel 10), Hans Bandemer (Kapitel 11) und die in Kapitel 12 dokumentierte Podiumsdiskussion dienen.

[118] [37], S. 213f.

[119] Dies belegen eindrucksvoll die Beiträge über Anwendungen der Fuzzy Theorie in diesem Buch: Kapitel 10, 11, 14, 15, 16, 17 und 18.

Assilian 1973 die erste unscharfe (Fuzzy) Steuerung einer Dampfmaschine realisiert hatte, einen auf die 20 vergangenen Jahre zurückblickenden Beitrag.[120] Gleich
hinter der Überschrift seines dritten Abschnitts „The Culture Clash of Two Para-
digms" verweist er auf zwei Zahlen im Literaturverzeichnis; dort identifiziert sie der
Leser als Thomas Kuhns *The Structure of Scientific Revolutions* und Brian Easleas
Liberation and the Aims of Science. Im Text ist von diesen Büchern nicht weiter die
Rede; Mamdani spricht aber vom „cult of analyticity" in der Regelungstheorie[121]
und daß nun „an alternative paradigm of non-analytic control systems" existiert.
Zum Schluß kürt Mamdani allerdings keinen Sieger eines Konkurrenzkampfes, er
sieht nicht einmal den Kampf als sinnvoll an:

> „Some workers have suggested that a synthesis of the two paradigms is
> what should be sought. Aims of synthesising theories are fine as ideals,
> but in practice they lead to artificial shoe-horning of one set of concepts
> within the framework of an alien theory. It is far better to accept that
> control engineering has now become a multi-paradigm discipline."[122]

---

[120] [41], S. 19-24. Siehe hierzu auch den Beitrag von Rainer Palm (Kapitel 14) in diesem Buch.
[121] [41], S. 21.
[122] [41], S. 24.

Literaturverzeichnis

[1] ARNAULD, ANTOINE NICOLE, PIERRE: *La Logique ou l'Art de penser*, Paris 1662.

[2] ALEXANDER, H. G.: *The Leibniz-Clarke Correspondence*, Manchester 1956.

[3] *Balzer, Wolfgang; Moulines, C. Ulises; Sneed, Joseph D.: An Architectonic for Science*, Dordrecht 1987.

[4] *Balzer, Wolfgang; Moulines, C. Ulises (Eds.): Structuralist Theory of Science. Focal Issues, New Results*, Berlin, New York: Walter de Gruyter 1996.

[5] BECKER, OSKAR: *Grundlagend er Mathematik in geschichtlicher Entwicklung*, Freiburg/München: Alber 1964. Text- und seitenidentische Ausgabe: Frankfurt am Main: Suhrkamp 1975.

[6] BROUWER, LUITZEN EGBERTUS JAN: *Intuitionisme en Formalisme*, Amsterdam 1912. Engl. Übers. (1913) in: Ders.: Collected Works. 2 Bde. Amsterdam: North Holland 1975, 1976; hier Band I, 157-177.

[7] BROUWER, LUITZEN EGBERTUS JAN: *Mathematik, Wissenschaft, Sprache*, (Vortrag 1928). In: Ders.: Collected Works I, hrsg. von HEYTING, AREND, Amsterdam und Oxford 1975, S. 417-428.

[8] BROUWER, LUITZEN EGBERTUS JAN: *Over de grandslagen der wiskunde.* Hg. v. VAN DALEN, DIRK, mit einer Einleitung, unpublizierten Fragmenten, Briefen und Rezensionen. Amsterdam: Mathematisches Centrum 1982, S. 5-25,

[9] CANTOR, GEORG: Über trigonometrische Reihen. *Mathematische Annalen*, 4, 1871, S. 139-143.

[10] CANTOR, GEORG: Über die Ausdehnung eines Satzes aus der Theorie der trigonometrischen Reihen. *Mathematische Annalen*, 5, 1872, S. 123-132.

[11] CANTOR, GEORG: Über unendliche lineare Punktmannigfaltigkeiten, 1879, zitiert nach [5], S. 282.

[12] CANTOR, GEORG: Über unendliche Punktmannigfaltigkeiten, Nr. 5, 1883. In: [13], S. 165-209.

[13] CANTOR, GEORG: *Gesammelte Abhandlungen mathematischen und philosophischen Inhalts.* Berlin: Springer 1932, Neudruck Berlin: Springer 1980.

[14] COHEN, I. BERNARD: *Revolutionen in der Naturwissenschaft*, Frankfurt am Main: Suhrkamp 1994. (Originalausg.: *Revolution in Science*, Cambridge, Mass. and London: The Belknap Press of Harvard University Press 1985.

[15] DIEDERICH, W.: *Theorien der Wissenschaftsgeschichte*, Frankfurt am Main: Suhrkamp 1974.

[16] DRIESCHNER, MICHAEL: *Voraussage, Wahrscheinlichkeit, Objekt*, Berlin, Heidelberg, New York, Tokyo: Springer 1979.

[17] DRÖSSER, CHRISTOPH: *Fuzzy Logic. Methodische Einführung in krauses Denken*, Reinbek bei Hamburg: Rowohlt 1994.

[18] EINSTEIN, ALBERT: *Mein Weltbild*, (Herausgegeben von SEELIG, CARL), Frankfurt am Main 1955.

[19] FREGE, GOTTLOB: *Nachgelassene Schriften*, Hamburg: Meiner 1969.

[20] FREUDENTHAL, HANS: Zur Geschichte der Grundlagen der Geometrie, *Nieuw Archchief voor Wiskunde*, **4, 5**, 1957, S. 105-142.

[21] GILLIES, D. A.: Revolutions in Mathematics, Oxford University Press 1992.

[22] GILLISPIE, CHARLES COULSTON with the collaboration of ROBERT FOX and IVOR GRATTAN-GUINESS: *Pierre Simon Laplace 1749-1827. A Life in Exact Science*, Princeton, New Jersey: Princeton University Press 1987.

[23] GREGORA, DAVID: *Memorandum on conversation with Newton*, Cambridge, 5., 6., 7. Mai 1694 In: ISAAC NEWTON, The Correspondence, Bd. 3.

[24] GUPTA, MANDAN M: „Fuzzy-ism", the first decade. In: GUPTA, MANDAN M. (ED.) with associate editors SARIDES, GEORGE N. AND GAINES, BRIAN R.: *Fuzzy Automata and Decision Processes*, S. 5-10: 5, New York, Amsterdam, Oxford: Elsevier North Holland 1977.

[25] FROITZHEIM, ULF J.: Entfesselte Querdenker, *high Tech*, **11** 1990, S. 40-47.

[26] HILBERT, DAVID: *Grundlagend der Geometrie*, Leipzig: Teubner 1899, [5] 1922.

[27] HILBERT, DAVID: Über das Unendliche. *Mathematische Annalen*, **95**, 1925, 161-190. Auch in: Ders. *Hilbertiana*, Darmstadt 1964, S. 79-108

[28] HENKE, RUTH: Verschwommene Präzision, *bild der wissenschaft*, **6**, 1992, S. 97-99.

[29] MCNEILL, DANIEL; FREIBERGER, PAUL: *Fuzzy Logic. Die „unscharfe" Logik erobert die Welt*, München: Droemer Knaur 1994 (Amerikanische Originalausgabe: *Fuzzy Logic*, New York u. a.: Simon & Schuster 1993).

[30] HEINTZ, BETTINA: *Die Herrschaft der Regel. Zur Grundlagengeschichte des Computers*, Frankfurt am Main, New York: Campus 1993.

[31] KANITSCHEIDER, BERNULF: *Kosmologie*, Stuttgart: Reclam 1984.

[32] KANT, IMMANUEL: *Allgemeinen Naturgeschichte und Theorie des Himmels, oder Versuch von der Verfassung und dem mechanischen Ursprunge des ganzen Weltgebäudes nach Newtonischen Grundgesetzen abgehandelt*, Königsberg 1755.

[33] KANT, IMMANUEL: *Der einzig mögliche Beweisgrund zu einer Demonstration des Daseyns Gottes*, Königsberg 1763 (^{2} 1770, ^{3} 1783 und 1794).

[34] KOLMOGOROFF, ANDREJ NICOLAEVIC: *Grundbegriffe der Wahrscheinlichkeitsrechnung*, Berlin: Springer 1933.

[35] KOSKO, BART: *fuzzy logisch. Eine neue Art des Denkens*, Hamburg: Carlsen 1993. (Amerikanischen Originalausgabe: *Fuzzy Thinking, The New Science of Fuzzy Logic*, New York: Hyperion 1993.

[36] KRAFFT, FRITZ:Das Werden des Kosmos. Von der Erfahrung der zeitlichen Dimension astronomischer Objekte im 18. Jahrhundert, *Berichte zur Wissenschaftsgeschichte*, 8, 1985, S. 71-85.

[37] THOMAS S. KUHN, *Die Struktur wissenschaftlicher Revolutionen.* 2. Aufl. 1970. Deutsche Ausgabe: Frankfurt am Main: Suhrkamp 1967, 2. Aufl. 1976.

[38] LEIBNIZ, GOTTFRIED WILHELM: „Dritte Erklärung", *Journal des Savants* (November 1696), in: *Philosophische Schriften*, hrsg. von C. J. GERHARDT, Bd. 4, S. 501, Hildesheim: 1965.

[39] MASTERMAN, MARGARET: Die Natur eines Paradigmas. In: LAKATOS, IMRE; MUSGRAVE, ALAN (HRSG.): *Kritik und Erkenntnisfortschritt*, Braunschweig 1974.

[40] MAYR, OTTO: *Uhrwerk und Waage. Autorität, Freiheit und technische Systeme in der frühen Neuzeit*, München: Beck 1987.

[41] MAMDANI, E.H: Twenty years of Fuzzy Control: Experiences Gained and Lessons Learnt, *IEEE Transactions on Fuzzy Systems*, 1, 1993, S. 19-24: 24.

[42] MEHRTENS, HERBERT: *Moderne Sprache Mathematik: eine Geschichte des Streits um die Grundlagen der Disziplin und des Subjekts formaler Systeme*, Frankfurt am Main: Suhrkamp 1990.

[43] NEWTON, ISAAC: *Mathematische Prinzipien der Naturlehre*, hrsg. v. J. Ph. Wolfers, Berlin 1872.

[44] NEWTON, ISAAC: *Optik*, übers. von William Abendroth, Braunschweig 1983.

[45] RUSSELL, BERTRAND: Vagueness, *Australian Journal of Philosophy*, 1, 1923.

[46] SCHÄFER, LOTHAR: Theorien-dynamische Nachlieferungen. Anmerkungen zu Kuhn, Sneed, Stegmüller. *Zeitschrift für philosophische Forschung*, **31**, 1977, S. 19-42.

[47] SCHNEIDER, IVO (HRSG.): *Die Entwicklung der Wahrscheinlichkeitstheorie von den Anfängen bis 1933*. Einführungen und Texte, Darmstadt: Wissenschaftliche Buchgesellschaft 1988.

[48] SCHNEIDER, IVO: *Isaac Newton*, München: Beck 1988.

[49] SCHURZ, GERHARD; WEINGARTNER, PAUL (HRSG.): *Koexistenz rivalisierender Paradigmen. Eine post-kuhnsche Bestandsaufnahme zur Struktur gegenwärtiger Wissenschaft*, Opladen/Wiesbaden: Westdeutscher Verlag 1998.

[50] SEISING, RUDOLF: *Probabilistische Strukturen der Quantenmechanik*, Frankfurt am Main, Berlin, Bern, New York, Paris, Wien: Lang 1995.

[51] SHAPIN, STEVEN: *Die wissenschaftliche Revolution*, Frankfurt am Main: Fischer 1998. (Amerikanische Originalausgabe: *The Scientific Revolution*, Chicago, London: Chicago Univeristy Press 1996.

[52] STACHOWIAK, HERBERT (HG.): *Pragmatik. Handbuch des pragmatischen Denkens*, Band 3, Hamburg: 1989.

[53] WERNER SCHULZ, Fuzzy-Konferenz läutet amerikanische Aufholjagd ein, *VDI nachrichten*, **16**, 1992, S. 7.

[54] VON WEIZSÄCKER, CARL FRIEDRICH, *Aufbau der Physik*, München: Hanser 1985.

[55] VON WEIZSÄCKER, CARL FRIEDRICH, *Zeit und Wissen*, München, Wien: Hanser 1992.

[56] WEYL, HERMANN: Über die neue Grundlagenkrise der Mathematik. *Mathematische Zeitschrift*, **10**, 1921, S. 38-79.

[57] WUCHTERL, KURT: Die Struktur philosophischer Revolutionen und die Gegenwart der Philosophie. In: STACHOWIAK, HERBERT: *Modelle - Konstruktionen der Wirklichkeit*, München 1983.

[58] WUCHTERL, KURT: *Streitgespräche und Kontroversen in der Philosophie des 20. Jahrhunderts*, Bern, Stuttgart, Wien: Haupt 1997.

[59] ZADEH, LOTFI: Fuzzy Sets, *Information and Control*, **8**, 1965, S. 338-353.

[60] ZADEH, LOTFI: Probability measures of fuzzy events, *J. Math. Anal. Appl.*, **23**, 1968, S. 421-427.

[61] ZIMMERMANN, HANS-JÜRGEN (HRSG.): *Fuzzy Technologien. Prinzipien, Werkzeuge, Potentiale*, Düsseldorf: VDI-Verlag 1993.

Teil I

Geschichte

2 Supervaluvagefuzzysoritalhistorisch, oder: Ein kurzer Bericht der langen Geschichte, wie die Vagheit auf den Begriff und unter die Formel kam

Bernd Buldt

1.0 Einleitung

Wenn man im antiken Athen vom nächtlichen Komos, dem damals nicht unüblichen den Tag beschließenden ,Zug durch die Gemeinde' heimkehrte, konnte es passieren, daß man von Sokrates den Weg versperrt, dessen Stock auf die Brust gesetzt bekam und mit Fragen nach der Tugend aus weinseliger Stimmung gerissen wurde. Was einem jedoch nicht passieren konnte, egal was und wie man antwortete, war, daß man sich vom gestrengen Sokrates den Vorwurf ,vage zu antworten' einhandelte. Wie kann das sein, wo doch gerade die öffentlich-streitende Redekultur der athenischen Demokratie einer genau-treffenden Wortwahl soviel Wert beilegte, daß man dafür eigens ein Wort prägte: $\alpha\kappa\rho\iota\beta o\lambda\acute{\epsilon}\gamma\epsilon\iota\nu$ (,akribolegein': exakt sprechen)? – Allerdings, das sei nicht verschwiegen, zumal es irgendwie bekannt klingt, verlor das Wort schnell seinen guten Ruf und damit an Attraktivität, nachdem dieses akribolegein vor Gericht bald zur spitzfindigen Wortverdreherei ausartete und dazu synonym wurde. – Die ersten Ansätze zu einer Vagheitsproblematik finden sich erst zwei Jahrhunderte später im Streit zwischen Stoikern und Skeptikern, in welchem die Sorites-Paradoxie („Wieviel Körner machen einen Haufen?") erkenntniskritisch instrumentalisiert wurde. Doch muß man einen Sprung über gut zwei Jahrtausende zu Bertrand Russells Vortrag *Vagueness* von 1923 tun, um das Thema Vagheit schließlich in nahezu der Virulenz vorzufinden, wie wir es heute kennen.

Dieser langen Inkubationszeit der Vagheitsproblematik nachzugehen, ihre Hintergründe zu beleuchten und derart eine Geschichte der Vagheit zu rekonstruieren sowie die Hauptwege nachzuzeichnen, auf denen man sich an einer Lösung des Problems versucht(e), ist Ziel dieses Beitrages. Er zerfällt grob in drei Teile:

1. Aus der Geschichte der Vagheit und des Sorites.

2. Wie die Vagheit auf den Begriff kam.

3. Wie die Vagheit unter die Formel kam.

Wie nun die Anleihe meines Titels bei Mary Poppins' famosem „superkalifragelistischexplialligetisch" bereits andeutet, soll auch hier versucht werden, die

Pflicht nach Möglichkeit mit dem Vergnügen zu verbinden. Dies heißt im näheren, daß der erste Teil etwas aus dem historischen Nähkästchen plaudert, der zweite mit versuchter Rücksicht auf Nicht-Philosophen geschrieben ist (obwohl gerade meine didaktischen Bemühungen dem editorischen Rotstift zum Opfer fallen mußten – den ‚Phobosophen‘ sei daher schon jetzt verziehen, wenn sie hier nur quer lesen) und der dritte schweres technisches Gerät vermeidet. Dennoch ist etwas an gelehrter Technik verblieben. So wird zwischen wörtlicher Anführung von Quellen, Zitaten etc. mittels *Kursivierung* und ihrer Paraphrase – die ich bisweilen aus Gründen der Leserfreundlichkeit gewählt habe – mittels »französischer Anführung« unterschieden. (Cum grano salis, muß ich bekennen, denn LaTeX erlaubte mir nicht, alle griechischen Akzente zu setzen.) Des weiteren sind wichtige Quellenangaben nach Möglichkeit in den laufenden Text selbst aufgenommen worden, weil dies das lästige Blättern bzw. dem Auge das Springen zu Anmerkungen erspart. Letzere habe ich auf ein Minimum beschränkt und bibliographische Angaben statt dessen in gedrängter Form als Fußnoten den drei Abschnitten vorangestellt; dort wird auch die Zitationsweise erklärt. Eine ungekürzte Fassung dieses Beitrages hoffe ich demnächst publizieren zu können.[1]

2.1 Aus der Geschichte der Vagheit und des Sorites

2.1.1 Eine kleine Wortgeschichte der Vagheit

Das Wörtchen „vage" ist ein Allerweltswort geworden, dem man nicht mehr anmerkt, daß es – in bildungssprachlicher Verwendung – gerade einmal dreihundert Jahre ‚jung‘ ist. Seine Popularität hat sicherlich damit zu tun, daß das Gegenteil von Vagheit, nämlich Dinge wie Präzision, Exaktheit und Genauigkeit, in unserer technischen Zivilisation eine eminente Rolle zugewiesen bekamen. Doch davon will ich nicht handeln, es würde zu weit abführen. Ich beschränke mich nachfolgend mehr auf den philologischen Tatbestand.[2]

Die Ausdrücke „vage/Vagheit" leiten sich her von den lateinischen „vago(r)/vagus", die ursprünglich soviel wie „umherschweifen(d)/umherirren(d)" oder auch „wandern(d)" bedeuten. In dieser Bedeutung haben sie die griechischen Worte $\pi\lambda\alpha\nu\acute{\alpha}\omega/\pi\lambda\acute{\alpha}\nu\eta(\tau\acute{o}\varsigma)$ als Pendant, wie noch unsere Bezeichnung „Planet" für „Wandelstern" ($\alpha\sigma\tau\acute{\eta}\varrho\ \pi\lambda\alpha\nu\eta\tau\acute{o}\varsigma$, vaga stella) im Gegensatz zu „Fixstern" bezeugt. Entsprechend wurde also die mit *vagus ardor inops prudentiae* gesuchte ‚wilde‘ Ehe des Kirchenlehrers Augustin nicht mit „vager", sondern mit „umtriebiger Leidenschaft unfähig zur Einsicht" gesucht, und die *oratio vagans* der traditionellen Rhetorik ist stets mit „(ab)schweifender Rede" und nicht mit „vager Rede" o. ä. wiederzugeben.

---

[1] Ich danke den Kollegen André Fuhrmann, Rudolf Rehn, Klaus-Jürgen Schmidt, Holmer Steinfath und Karsten Wilkens sehr herzlich für die eine oder andere Hilfestellung.

[2] Die Geschichte der Vagheit und des Sorites ist nach meinen beiden Artikeln [3] und [2] gearbeitet; in diesen Artikeln finden sich nicht nur alle Zitate nachgewiesen, sondern auch reichlich Hinweise auf die entsprechende Primär- und Sekundärliteratur.

Wenn man folglich Vagheit in Zeiten sucht, wo diese heute toten Sprachen noch lebendig waren, sollte man daran denken, daß unser „vage" viele ältere Ausdrücke wie „ungenau – verworren – dunkel" etc. vielfach verdrängt bzw. absorbiert hat. Und entsprechend findet man Vagheit, wenn überhaupt, eher unter den entsprechenden rückübersetzten Ausdrücken behandelt; also unter „ungenau" ($ουκ\ ακριβής$; incertus, indiligens), „unklar/unsicher" ($ασαφής$; non planus/manifestus), „undeutlich/dunkel" ($αμαυρός, αμυδρός$; obscurus), „unbestimmt" ($αόριστος, αδιόριστος$; indefinitus, indeterminatus, indistinctus), etc. (die angegebenen Wortfelder überschneiden sich dabei natürlich). Inwieweit sich hinter diesen Ausdrücken eine Vagheitsproblematik im modernen Sinne versteckt, davon wird der zweite Abschnitt handeln.

Die eigentliche Wortgeschichte der Vagheit beginnt erst gegen Ende des 12. Jahrhunderts, als die lateinische Wurzel „*vag-" insbesondere in mittellateinischen bzw. französischen Wortneuschöpfungen Einzug hält, – bekannt etwa durch die *Carmina Burana*, in der sich die fahrenden Scholaren des 12./13. Jahrhunderts selbst als „vagi" (*vagorum ordo*) bezeichneten. (Die Bezeichnung „Vaganten" dagegen geht auf fahrende Magister des 17. Jahrhunderts zurück.) Im Französischen, wo diese Wortbildungsdynamik ihren ersten Wohnsitz hatte, kursierte „vague" zunächst noch (im 14. Jhdt.) in der Bedeutung von „vagabundierend/unstet", bald auch im übertragenen Sinne von „nicht bestimmbar" (Schmerz, Farbe) und ab dem 16. Jahrhundert in der noch heute verbreitetesten Bedeutung als „unpräzis" (Rede, Ideen, Gefühle). Zu dieser Zeit geht der Gebrauch von „vage qua unpräzis" vom Französischen ins Englische und später auch ins Deutsche über und ist ab dem 17. Jahrhundert im Englischen, ab dem 18. auch im Deutschen bildungssprachlich etabliert. Eine Vielzahl von heute vergessenen Wortverbindungen mit „*vag-" waren seinerzeit in Umlauf. So führt Johann Heinrich Zedlers *Grosses vollständiges Universal-Lexikon* (1732 ff.) rund 40 solcher Einträge an, von denen – neben „vage" selbst – nur noch „extravagant" und „Vagabund" bis auf den heutigen Tag gesamteuropäisch gängig sind.

Betrachtet man nun statt der literarischen Hoch- die Wissenschaftssprache der Zeit, die im großen und ganzen noch die der Philosophie war – da die Emanzipation der Einzelwissenschaften durch institutionelle Abspaltung und eigenen Namen ja wesentlich erst ein Prozeß des 19./20. Jahrhunderts war (bis auf die Juristen, Theologen (und Mediziner) natürlich) – so findet auch dort der Eingang im 17./18. Jahrhundert statt. Der Mediziner, Diplomat und Philosoph John Locke (1632 – 1704) ist einer der ersten, der „vage" im heutigen Sinn gebraucht, wenn er in seinem *Essay on Human Understanding* (1689) die *vague and insignificant Forms of Speech* beklagt. Allerdings kommt das Wort bei ihm an nur zwei Stellen vor. Doch mit der Übersetzung seines *Essay* in die damalige Gelehrtensprache Französisch (Amsterdam 1700) scheint eine Schwelle überschritten. Denn in der Übersetzung kommt „vague" als Übersetzung für das englische „loose" an zahllosen Stellen und in genau der modernen Verwendungsweise und -breite vor: *application vague du noms – signification fort vague [des noms] – usage vague des mots – notions vagues – discours vague.* Es ist gleichsam die Geburtsstunde eines neuen Wortes. Läßt sich in der nachfolgenden Zeit „vage" auch ungleich häufiger nachweisen, so wird es doch zu keiner Zeit ein etablierter Terminus technicus. Vielmehr tritt das Wort

„vage" ohne störende Interferenz neben die spezifisch neuzeitliche Ausdrucksweise („unklare/ undeutliche/verworrene" Ideen bzw. Begriffe, „dunkle/mehrdeutige" Ausdrücke), die es später vielfach verdrängen wird. Der neue Ausdruck dient vornehmlich dazu, dem Verdacht, die Sprache verdunkele die wahre Natur der Dinge und verleite zu leerem Wortgezänk, Ausdruck zu verleihen. Vagheit beschreibt somit kein neuentdecktes sprachliches Phänomen, sondern ihre Vermeidung entspricht dem Methodenideal der Exaktheit.

Es ist der Philosoph Christian Wolff (1679 – 1754), der diese Entwicklung bzw. dieses erneuerte Ideal einer ‚sauberen' Sprachverwendung in seiner *Philosophia Rationalis sive Logica* (1728) terminologisch auf den Begriff „Vagheit" bringt. »Denn«, so führt er ganz allgemein aus, »die Sprache darf nicht vage sein, da das schließend verfahrende Argumentieren des Philosophen (d. i. Wissenschaftlers, s. o.) nach feststehend bezeichnenden Ausdrücken verlangt (*In philosophia propositiones sequentes demonstrantur ... In sequentibus adeo vocum idem esse debet significatus ... alias enim fieri non potest per leges artis ratiocinandi in Logica tradendas*); die Sprache muß also bestimmt und d. h. insbesondere nicht vage sein (*constans esse debet ... vocis significatus, adeoque determinatus, non vagus*).« Er definiert dann, was vage Ausdrücke, Urteile und Aussagen sind und bemerkt schließlich, »daß sich Beispiele anzugeben wohl erübrigt (*exempla ubivis obvia sunt*), da, die Mathematiker ausgenommen, die Mehrzahl aller gängigen Ausdrücke, Urteile und Aussagen vage sind.« Starker Tobak! (und Frege wird gerade das Gegenteil tun: die Mathematiker seiner Zeit der Vagheit bezichtigen, s. u. 2.5). Doch bleibt auch trotz dieser provokativen Einschätzung Wolffs Begriffsbestimmung der Vagheit ohne jede erkennbare Außenwirkung; vielleicht, weil es ihm nicht gelingt, der Vagheit im Gegensatz zur konkurrierenden Begrifflichkeit (s. o.) definitorisch wirklich etwas Neues zuzuweisen. Und so bleibt „vage" in sporadischem und unterminologischem Gebrauch bis einschließlich zur Mitte des 20. Jahrhunderts (also dem Einsetzen der aktuellen Vagheitsdebatte) und findet sich dementsprechend weder in den einschlägigen Fachlexika noch in den gängigen Handbüchern zur Logik oder Rhetorik, wo man es am ehesten vermuten würde. (Die *Encyclopedia Britannica* hat es bis heute verabsäumt, „vague(ness)" als Lemma aufzunehmen.) Die zwei mir bekannten Ausnahmen, in denen „vage" einen terminologischen Status erhält – Kants *vage Schönheit* in der *Kritik der Urteilskraft* (1790) und Mill, der in seinem *System of Logic, Ratiocinative and Inductive* (1843) „vage" äquivok mit „unklar" benutzt – ändern nichts am Gesamtbild.

Eine, wenn nicht ‚die' Änderung tritt ein mit dem Mathematiker und Philosophen Gottlob Frege (1848 – 1925). Mit Bezug auf die klassische Sorites-Paradoxie verlangt er für Begriffe stets eine *scharfe Begrenzung*, da sonst nicht nur Gesetze der klassischen Logik verletzt, sondern auch falsche Schlüsse herleitbar werden. Bertrand Russell (1872 – 1970) mit seinem Vortrag *Vagueness* (1923), Tadeusz Kotarbiński (1886 – 1981) mit seinem Lehrbuch *Elemente der Erkenntnistheorie, formalen Logik und Wissenschaftsmethodologie* (1929) und die darauf aufbauende Definition der Vagheit (1935) durch Kazimierz Ajdukiewicz (1890 – 1963) sind alle direkt von Frege beeinflußt und definieren Vagheit (mehr oder weniger) als das Vorliegen unscharfer Begrenzung, verwischter, fließender Grenzen. Wohl unabhängig von Frege gibt 1910 der Naturwissenschaftler und Philosoph Charles Sanders Peirce (1839 – 1914) ebenfalls eine Definition der Vagheit, die sie als neuartiges Phänomen ausweist, nämlich als prinzipielle Unsicherheit in der Verwendung eines Wortes. Max Blacks Aufsatz *Vagueness* aus dem Jahre 1937, in dem er die Ansätze von Russell und Peirce miteinander verbindet und den Begriff der Vagheit von noch verbliebenen Unklarheiten befreit, kann als Beginn der Vagheitsproblematik gelten, wie wir sie heute kennen (zumindest, wie angedeutet, außerhalb der polnischen Sprachinsel), und seitdem ist „Vagheit" als Terminus technicus in (Sprach-)Philosophie und Linguistik fest verankert. Wie Vagheit im Anschluß an diese Arbeiten heute meistenteils gefaßt wird, will ich zum Zweck späterer Bezugnahme jetzt kurz einschieben.

2.1.2 Vagheit, eine Begriffbestimmung

Ontologische Vagheit

Vagheit nehme ich im Folgenden in erster Linie als Phänomen der Sprache und mittelbar als epistemisch, d. h. als Problem der Erkenntnistheorie. Dies muß nicht so sein. Denkbar ist, und es wurde und wird verschiedentlich auch getan, Vagheit ontologisch zu fassen. Dazu zwei Beispiele.

(a) Angenommen, jemand zeigt auf einen Tisch und sagt: „Dies hier ist ein Tisch." Weiter angenommen, ein nicht wahrnehmbarer Teil (etwa ein Molekül) würde von diesem Tisch entfernt; bliebe es dennoch dieser Tisch? Und nach wieviel weggenommenen Partikeln verlöre er diese Eigenschaft? Angenommen, in unmittelbarer Nähe zum ursprünglichen Tisch schwebte ein Partikel, sagen wir ein winziges Tröpfchen Leinöl, wie man es zur Holzpflege benutzt; möglicherweise ist es von der Tischoberfläche verdunstet. Gehört es (auch/schon/noch) zum Tisch, oder ab welcher Entfernung zählt es nicht mehr dazu?

(b) Am Himmel steht eine Wolke, W_1. In Gedanken sondern wir ein Wassermolekül ab und erhalten eine zweite Wolke W_2; Absonderung noch eines Moleküls ergibt eine weitere Wolke W_3, usf. Also steht nicht eine Wolke am Himmel, sondern eine Vielzahl von Wolken W_n.

Unsere intuitive Sicht konkreter Gegenstände verlangt nach einem Tisch, ‚dem‘ Tisch, und nicht nach einer Vielzahl von Tischen, die sich durch enger oder weiter gezogene Grenzen (etwa der Partikelzugehörigkeit) ergeben; gleiches gilt von Wolken: Wenn wir von einer Wolke sprechen, meinen wir nicht ein Bündel von n Wolken, die sich über ein Fleckchen Himmel verteilen. Bereits ohne quantentheoretische Hilfsmittel bemühen zu müssen – den ‚Ort‘ eines Teilchens anhand seiner Wellenfunktion bestimmen zu wollen – legen also einfache soritale Argumente wie ‚Ungers Tisch‘ und ‚Lewis' Wolken‘ nahe, daß unsere naive Ontologie konkreter Gegenstände problematisch ist. Peter Unger zieht in der Tat den Schluß, daß unsere Ontologie „schief gewickelt" ist, wenn sie vorgibt, es gäbe so etwas wie ‚Gegenstände‘. Wer Kopfnüsse liebt oder sich in eine laufende Diskussion einschalten möchte: bitte! – nachfolgend reicht der Raum nur für gelegentliche Querverweise.

Sprachliche Vagheit

Vagheit, wie sie hier im Mittelpunkt stehen soll, ist das Phänomen, daß natürliche Sprachen (Prädikat-)Ausdrücke enthalten, deren Anwendung Grenzfälle (Black: *borderline cases*) einschließt, also Fälle, in denen die Frage, ob der Ausdruck zutrifft oder nicht, durch keine empirische oder begriffliche Untersuchung definitiv entschieden werden kann. Diese Fälle liegen in einem ‚prädikativen Halbschatten‘ (Russell: *penumbra*), in dem weder das ‚Licht der Wahrheit‘ noch die ‚Nacht des Irrtums‘ eindeutig regierten: tertium datur.

„Wer einen Bruder hat, hat Geschwister" ist ein Satz, dessen (Un-)Wahrheit sich gegebenenfalls aus der Bedeutung der Ausdrücke, d. h. durch eine begriffliche Untersuchung zeigen ließe. „Mein Bruder ist zwei Meter dreizehn" ist ein Satz, der gegebenenfalls durch Nachmessen, eine empirische Untersuchung also, zu verifizieren bzw. zu falsifizieren ist. „Mein Bruder ist dick" (was er bestreitet) ist ein Satz, der sich, weil die Körpermaße meines Bruders als Grenzfall genau im prädikativen Halbschatten von „dick" liegen, weder empirisch noch begrifflich bewahrheiten läßt; – „dick sein" ist vage. Während einige eindeutig dick und andere eindeutig nicht dick sind, können mein Bruder und ich hinsichtlich seines Dickseins, zu Recht, entgegengesetzter Auffassung sein.

Damit Vagheit als sprachliches Phänomen noch klarer hervortritt, sollte man sie von anderer Art Unbestimmtheit unterscheiden; ich nenne drei: (a) Mehrdeutigkeit (Ambiguität), (b) Allgemeinheit und (c) Unspezifität

Ad (a): Der Satz „Ich stehe im Zug." ist nicht vage, sondern ambig, solange sein Referent ($Z_1 = $ Eisenbahnzug, $Z_2 = $ Durchzug, $Z_3 = $ Demonstrationszug) kontextuell unbestimmt bleibt; doch läßt sich die Wahrheit des Satzes sofort entscheiden, wenn er erst desambiguiert ist. (Die linguistische Verfeinerung des traditionellen Ambiguitätsbegriffs, etwa in Homonymie – Homographie – Homophonie – Polysemie, kann hier ohne Schaden außen vor bleiben.) Ad (b): Frösche sind männlich oder weiblich, doch ist ihr Geschlecht in „Frösche sind grün." unbestimmt. Aber nicht, weil „Frosch" vage ist, sondern weil „Frosch" in diesem Satz als Allgemeinbegriff figuriert (Gattungen sind nicht weiblich oder männlich, auch wenn ihre Mitglieder es sind), was die Möglichkeit, den Wahrheitswert einer jeden Instanz wie „Dieser Frosch ist weiblich." festzustellen, natürlich unberührt läßt. Ad (c): „Der Container wog zwischen einer und eintausend Tonnen." ist zwar unbestimmt, aber nicht weil der Ausdruck vage, sondern weil er zu wenig spezifisch ist; die Grenzen, die er zieht, sind nicht verwischt, sondern zu weit, darin aber präzise und auf ihren Wahrheitswert hin überprüfbar.

Vagheit höherer Stufe

Als „echtes Kreuz" für alle Versuche, die Vagheit unter die Formel zu kriegen, wird sich in Abschnitt 3 die Vagheit zweiter (oder auch höherer) Stufe erweisen. Ihr Status ist umstritten: Während sie für einige ein konstitutives Element echter Vagheit darstellt, meinen andere, sie wegerklären zu können. Ich denke nicht, daß dies möglich ist und werde ihr entsprechend eine prominente Rolle zukommen lassen. Die Sache, um die es geht, ist die einfache Frage: Ist Vagheit selbst vage?

Angenommen, A sei ein vages Prädikat in obigem Sinne, A seine Extension und $\overline{A}$ die des Komplements; des weiteren bezeichne $A^{\wp}$ seine *penumbra*, den prädikativen Halbschatten von A. Für die sicheren Kandidaten gilt dann: entweder $x \in A$ oder $x \notin A$, d.h. $x \in \overline{A}$, für die unsicheren dagegen: $x \in A^{\wp}$. Das fragliche Problem ist dann: Ist $A^{\wp}$ von beiden, sowohl A wie $\overline{A}$, durch eine scharfe Begrenzung getrennt, oder verschwimmen diese Bereiche diffus ineinander und haben eine bloß fließende Grenze, – eine ‚vage' Grenze im ursprünglichen Wortsinn also? Bei natürlicherweise wohlgeordneten Mengen, wie sie im Falle des Sorites-Beispiels vorliegen, bedeutet dies: Gibt es zwei ‚vage Umschlagpunkte' (UPts, *cut-off points*), sagen wir $k, l \in N$, für die gilt, daß k Körner klarerweise keinen Haufen bilden: $k \in \overline{A}$, während es für $k+1$ Körner unsicher ist: $k+1 \in A^{\wp}$, und daß es für $l-1$ Körner gleichfalls unsicher ist, ob sie einen Haufen bilden: $l-1 \in A^{\wp}$, es für l Körner dagegen wieder völlig klar ist: $l \in A$? Anschaulich sähe dies so aus:

$$\underbrace{\text{sicher: } x\in\overline{A}}_{} \qquad \underbrace{\text{unsicher: } x\in A^{\wp}}_{} \qquad \underbrace{\text{sicher: } x\in A}_{}$$
$$1, 2, 3, \ldots, \underbrace{k-1, k,}_{\text{1. vg. UPt.}} \underbrace{k+1, \ldots, l-1,}_{\text{2. vg. UPt.}} l, l+1, \ldots$$

Während die Vagheit erster Stufe aussagt, daß für vage Prädikate stets ein prinzipieller Unsicherheitsbereich $A^{\wp}$ existiert, behauptet die Vagheit zweiter Stufe, daß $A^{\wp}$ durch keine scharfe Grenze bzw. vage Umschlagpunkte bestimmt sein kann, sondern daß seine Grenzen selbst wieder vage Umschlagbereiche (UBer.) bilden:

$$\underbrace{\text{sicher: } x\in\overline{A}}_{} \qquad \underbrace{\text{unsicher: } x\in A^{\wp}}_{} \qquad \underbrace{\text{sicher: } x\in A}_{}$$
$$1, 2, 3, \underbrace{\ldots \ldots}_{\text{1. vg. UBer.}} \ldots \ldots, k-1, k, k+1, \underbrace{\ldots \ldots}_{\text{2. vg. UBer.}} \ldots \ldots, l, l+1, \ldots \ldots$$

Manche unterteilen jeden vagen Umschlagbereich wieder in sicher unsichere und unsicher unsichere Kandidaten, was dann zur Vagheit dritter Stufe führt, usf. ohne erkennbares Ende.

Das Hauptmotiv, Vagheit zweiter (oder höherer) Stufe anzunehmen, düfte klar sein: Denn wenn sich vage Umschlagpunkte jeweils angeben ließen, könnte man einfach die unsicheren Kandidaten zu den falschen rechnen (so wie man in der Logik unsinnige Sätze oftmals zu den falschen rechnet), hätte also eine Reduktion auf den klassischen 2-wertigen Fall erreicht, womit man aller Sorgen ledig wäre. Doch daß dies vage Prädikate gerade verbieten (denn wer wollte numerisch genau bestimmen, ab wieviel verbliebenen Haaren man Glatze trägt), ist das Bedenken, Vagheit zweiter Stufe ernst zu nehmen.

Die heutige Vagheitsproblematik nimmt, so wurde oben gesagt und so wird es in
Abschnitt 2.5 näher erläutert, ihren Ausgang von Freges Forderung nach einer scharfen Begrenzung der Begriffe. Dies problematisiert Frege aber an Hand der Sorites-
Paradoxie, die seitdem als paradigmatischer Fall von Vagheit angesehen wird. Ich
schlage daher vor, bevor die Inkubationszeit der Vagheit genauer untersucht wird,
einen Blick in die Geschichte dieser Paradoxie zu werfen.

2.1.3   Eine kurze Sachgeschichte der Sorites-Paradoxie

Die Sorites-Paradoxie bzw. kurz „Sorites", nämlich die Frage: „Wieviel Körner machen einen Haufen?", gilt als paradigmatischer Fall von Vagheit. Niemand kann
sagen, ab welcher Körnerzahl genau aus einem Nicht-Haufen ein Haufen oder umgekehrt aus einem Haufen ein Nicht-Haufen würde. „Haufen" ist vage. Zumindest
wir sagen so. Denn ein Blick auf den Diskussionsstand der Dinge zu der Zeit, als der
Sorites aufkam, wird erst klären müssen, ob man seinerzeit mit dem Sorites schon
das Thema Vagheit verknüpft hat.

Der Sorites bei Eubulides von Milet

Der Sorites soll von Eubulides von Milet aufgebracht worden sein. Er lebte im vierten
vorchristlichen Jahrhundert und war somit Zeitgenosse des Aristoteles. Durch seinen
Lehrer Euklid von Megara (ca. 450 – 370), dem Gründer der sogenannten „Megarischen Schule", war er zudem Enkelschüler des Sokrates und unter den Megarikern
einer ihrer herausragendsten Vertreter.[3] Von Eubulides wissen wir im wesentlichen
zweierlei: Erstens, daß er eine stark an Sokrates ausgerichtete Ethik-Konzeption ver-
trat, und zweitens, daß er Urheber berühmt-berüchtiger Fangfragen bzw. -schlüsse
gewesen sein soll. Von diesen sind die bekanntesten die Lügner-Paradoxie („Ist die
Aussage ‚Ich lüge jetzt' wahr oder fasch?") sowie der Sorites und der ‚Kahlkopf'
(„Wieviel ausgegangene Haare machen eine Glatze?"). Der ‚Gehörnte' fungiert in
der Fassung „Haben Sie aufgehört bestechlich zu sein?" bisweilen noch heute als
Scherzfrage für Politjournalisten, und den ‚Verhüllten' („Den Verhüllten, den du
nicht erkennst, ist dein Vater, also kennst du deinen Vater und kennst ihn nicht.")
haben wir erst schätzen gelernt, nachdem wir durch Willard Quine auf das Substitu-
tionsverbot in intensionalen Kontexten aufmerksam gemacht wurden. Was speziell
Eubulides jedoch mit seinen Fangfragen bezweckt hat, bleibt auf Grund der schlechten Quellenlage im dunkeln.

Ursprünglich hieß die Paradoxie einfach $\sigma\omega\varrho(\epsilon)\acute{\iota}\tau\eta\varsigma$ (Häufelnder) bzw. man
ergänzte $\lambda\acute{o}\gamma o\varsigma$ oder $\sigma\upsilon\lambda\lambda o\gamma\iota\sigma\mu\acute{o}\varsigma$, was dann „Haufenschluß" ergibt. Und der Name
ist Programm: Das Standardbeispiel entwickelt das Argument für einen (Körner-)
Haufen, und ebenso kann die Argumentstruktur selbst als Anhäufung von Schlüssen

---

[3] Zwar wurde kürzlich nachgewiesen, daß es ‚die' Megariker als einheitliche Schule nicht gab, doch
weil dies hier nicht weiter von Belang ist, spreche ich der Einfachheit halber weiterhin undifferen-
ziert von „megarisch", setze das Wort aber eingedenk unterdrückter historischer Sorgfaltspflicht
in einfache Anführung.

analysiert werden (s. u.). Zwar ist die Urfassung des Sorites nicht überliefert, doch da die ‚Megariker' in ihrer sokratisch ganz aufs Fragen abgestellten Gesprächsführung nur einfache Ja/Nein-Antworten zuließen (NB: nur so funktioniert der Gehörnte), wird wohl auch der Sorites ursprünglich so ausgesehen haben. Also etwa wie folgt:

> *Frage:* ‚Bildet ein Korn einen Haufen?' *Antwort:* ‚Nein.' – *F.:* ‚Bilden zwei Körner einen Haufen?' *A.:* ‚Nein.' – ... – *F.:* ‚Bildet also die Zufügung eines einzelnen Kornes einen Haufen?' *A.:* ‚Nein.' – *F.:* ‚Also bildet keine Anzahl von Körnern einen Haufen?' *A.:* ‚–?–.'

Bei einem Denker, der sich wie Eubulides in die Nachfolge sokratisch-ethischer Rigorosität stellte, halte ich es für sehr plausibel, daß die strenge Form solcher Wechselreden dazu diente, sophistische Ausflüchte zu verunmöglichen und den Gesprächspartner so zur Sache und zu Wahrhaftigkeit zu ‚zwingen'. (Eine solche Methode ist nicht so obsolet, wie es scheinen mag, denn auch aktuelle Vorschläge zur bayesianischen Modellierung von Glaubensgraden versuchen uns z. T. durch strikte Wettbedingungen ‚wahrhaftige' Glaubensgrade abzuzwingen; vgl. [10] S. 91.) Bei einem solchen Vorgehen tritt nun aber etwas völlig Neues zutage, was die Aristotelische Syllogistik zwar nutzte, ohne es aber eigens zum Thema zu machen; ich meine die aussagenlogische Struktur von Argumenten. Steht „$\neg H(i)$" für „i Körner bilden keinen Haufen", dann sähe dies für das obige Beispiel zunächst so aus:

$$\neg H(1) \ - \ \neg H(2) \ - \ ... \ - \ \neg H(n) \to \neg H(n+1), \text{ also: } \neg H(n), \text{ für alle } n \in \mathbb{N}. \ (1)$$

Denn für jedes konkrete $n \in \mathbb{N}$ ließe sich schließen (und jetzt spiegelt sich die Anhäufung der Körner in einer Anhäufung von Schlüssen):

$$
\begin{array}{lclcl}
\neg H(1) & \& & \neg H(1) \Rightarrow \neg H(2) & \Longrightarrow & \neg H(2), \\
... & \& & ... \Rightarrow ... & \Longrightarrow & ... \\
\neg H(n-1) & \& & \neg H(n-1) \Rightarrow \neg H(n) & \Longrightarrow & \neg H(n).
\end{array}
\quad (2)
$$

Wenn als Redeäußerung nur Aussagen zugelassen sind, die eindeutig entweder wahr oder falsch sind – denn nur Ja/Nein-Antworten sind erlaubt –, dann muß das Gesprächsergebnis dementsprechend allein aus dieser Wahr/Falsch-Verteilung der einzelnen Behauptungen folgen. Dies aber ist der Schlüssel zu einem wahrheitswertfunktionalen Aufbau der Aussagenlogik, wie wir ihn heute vollziehen. Und in der Tat, nach allem was wir wissen, entwickelten sich die ersten Keime zu einer Aussagenlogik bei den ‚Megarikern'.

Der Sorites in Stoa und Skepsis

Die beiden einflußreichsten philosophischen Strömungen der nachklassischen Zeit waren Stoa und Skepsis. Da sie beide über Schüler-Lehrer-Verhältnisse ihre geistigen Wurzeln u. a. bei den ‚Megariker' hatten, kamen mit dem ‚megarischen' Erbe auch die Eubulidischen Paradoxien in diesen Traditionsstrom, der fast sechs Jahrhunderte lang floß (ca. 300 v. – 250 n. Chr.).

In diesem Traditionsstrom gab es zwei Weiterentwicklungen des Sorites.

Zum einen wurde der Sorites im engeren Sinne, der stets nur einen Begriff wie „Haufen" oder ein Begriffspaar wie „groß/klein" problematisiert, zu einem Sorites im weiteren Sinne verallgemeinert. Bei einem Sorites i. w. S. führt der Weg über eine ganze Reihe von Begriffen, wie es etwa folgender tut:

> »Zeus ist Gott, also auch sein Bruder Poseidon; ist Poseidon göttlich,
> dann auch das Meer; mit dem aber auch die Flüsse (sc. weil sie darin
> münden); Flüsse sind nicht göttlich, also auch Zeus nicht.«

Das Argument scheint uns götterlosen Gesellen nicht gerade glücklich geraten zu sein, doch solche Soriten i. w. S. erlangten eine große Popularität und gerade sie sind es, an welche die Renaissance anknüpfen wird.

Zum anderen wurde der Sorites in beiderlei Sinn mit dem „Kahlkopf" zum ‚Schritt-für-Schritt-Argument' verallgemeinert und muß in dieser Form so weit bekannt gewesen und so breit angewandt worden sein, daß es in den Zeugnissen Ciceros (106 – 43) bisweilen wie eine stehende Ausdrucksfigur wirkt (*ein Heller macht Krösus nicht reicher*) und den hellenistischen Arzt Galen (129 – 199) resümieren läßt: *Denn die Schwierigkeit des Sorites tritt bei vielen Dingen im Leben auf.* Dieses Schritt-für-Schritt-Argument wurde mit dem Lügner zusammengenommen, und so geriet dieses Eubulidische Paradoxienpaar zur ‚anti-dogmatischen Doppelwaffe' der Skeptiker, die sich vor allem gegen stoische Doktrinen richtete. In Abschnitt 2.4 wird dafür ein Beispiel gegeben.

Mit diesem Befund verabschiedet sich der Sorites für gut tausend Jahre. Denn die aufkommende, zunehmend christlich-dominierte Geisteskultur hat keine Verwendung für stoische oder gar skeptische Lehren, und so verschwindet der Sorites samt den ihn tradierenden Quellen ungelesen in den Bibliotheken des Mittelalters, woraus ihn erst die Renaissance wieder befreien wird.

Der Sorites in Renaissance und Neuzeit

Die Geschichte des Sorites bis zur Gegenwart ist schnell erzählt, denn ‚sorital' gesehen passiert nicht viel. Eine vorübergehende Blüte erlebt vor allem der Sorites i.w.S. in Renaissance und Humanismus, wo die Logik mehr von der Rhetorik her aufgefaßt wird und man auf den Sorites in den Schriften Ciceros, der zu dieser Zeit auf den Schild maßgeblicher Latinität und Rhetorik gehoben ward, stößt. Die entscheidende Figur in diesem Zusammenhang ist der italienische Philologe und Philosoph Lorenzo Valla (ca. 1407 – 1457), bekannt durch seinen Nachweis, daß die Konstantinische Schenkungsurkunde eine Fälschung ist. Seit er im Anschluß an Cicero den Sorites wieder zu Ehren kommen läßt, etwa in seinem Buch *Umpflügung der Philosophie*(1438/39), findet er sich in beinahe allen humanistischen Logiklehrbüchern. Jedoch mit unterschiedlicher Qualifizierung: Valla bejaht ihn (teils) als gültiges Argument, während der für die aufziehende protestantische Schulmetaphysik so wichtig werdende Humanist und Weggefährte Martin Luthers, Philipp Melanchthon (1497 – 1560), ihn – neben seiner rhetorischen Funktion zur Gewinnung einer Klimax (einem Höhepunkt in der Rede: *Gradatio* κλίμαξ *cum per gradus*

itur ab aliis ad alia, ita ut semper proximum verbum repetatur) – bloß als Fehlschluß
behandelt. Doch eine rhetorische Sicht der Logik kann sich ohnehin nicht lange halten, und mit ihr geht auch die Wertschätzung des Sorites wieder unter. Daran ändert
auch sein episodisches Auftreten in der Auseinandersetzung zwischen Leibniz und
Locke sowie bei Hegel nichts.

War die Zeit auch erst post-Frege wieder für den Sorites reif, so kann als wichtigste
Auswirkung seiner Wiederentdeckung durch Valla gelten, daß seit der Renaissance
das Wissen um ihn nie wieder völlig verlorengegangen ist; und zwar aus folgendem
Grund, der zu einer terminologiegeschichtlichen Kuriosität Anlaß gibt. Der Sorites,
wie er in der Renaissance als gültiger Argumenttyp bzw. rhetorische Figur erneu-
ert wird, gehört in der Regel zum Sorites i. w. S. Andererseits gab es, und sei es
nur in Abgrenzung gegen Aristoteles wie bei Ramus, ein verstärktes Interesse an
der traditionellen Syllogistik, die mit dem Polysyllogismus auch einen Kettenschluß
kennt. So lag es für die Bearbeiter der Logik nahe, der Vallaschen Anregung *coacer-*
vatio syllogismorum (quem Graeci σωρὸν[!]vocant) zu folgen und den Sorites formal
als Kette von Syllogismen zu fassen, in der alle Konklusionen außer der letzten
unterdrückt sind:

$$\text{Alle } A \text{ sind } M_1, \ldots, \text{ alle } M_n \text{ sind } B \implies \text{Alle } A \text{ sind } B.$$

Vorbild waren hier ciceronische Vorlagen wie:

> »Was gut ist, ist wünschenswert, was wünschenswert, ist auch begeh-
> renswert, was begehrenswert, ist lobenswert; also, was gut, ist auch lo-
> benswert.«

Da es mit der Hochschätzung des Sorites als gültigem Argument bzw. rhetorischer
Figur spätestens mit dem Humanismus vorbei ist, ergibt es sich, daß der Name für
die nächsten vier Jahrhunderte, zeitweise sogar ausschließlich, auf die bloße Form einer solchen (poly-)syllogistischen Schlußkette übergeht. Und die Bedeutungsgleich-
heit von Sorites als Kettenschluß bleibt erhalten, bis Mitte des 20. Jahrhunderts
sich durch die geänderte Sachdiskussion die Benennungslage gerade wieder umkehrt.
Heute kennt jedermann bzw. kennen die einschlägigen Lexika den Sorites (fast) nur
noch als Paradoxie, nicht mehr als Kettenschluß.

In der Geschichte des Sorites kam Vagheit nicht vor, zumindest nicht explizit. Spielte sie implizit eine Rolle? Ich denke, es mußten sich allerlei Vorfragen in geeigneter
Weise klären, damit die Vagheitsproblematik offen zutage treten konnte. Dies nachzuzeichnen, ist Inhalt des folgenden Abschnitts. Und die erste Vorfrage, die sich
klären mußte, bevor sich an Vagheit überhaupt denken ließ, war, warum und wie
genau sich Wissen in Sätzen mit einer gewissen Struktur überhaupt ausdrücken
läßt.

2.2　Wie die Vagheit auf den Begriff kam

So wie man ein Physik-Lehrbuch ohne ausreichende Mathematikkenntnisse kaum
oder gar nicht versteht, so ist auch zum Verständnis philosophischer Texte ein entsprechendes Hintergrundwissen nötig, dessen Mangel selbst Philosophen nicht vor
Irrtum schützt. Als Locke die Aristotelische Definition der Bewegung mit den Worten *what more equisite Jargon could the Wit of Men invent* meinte lächerlich machen
zu können, wies ihn Leibniz darauf hin, daß das griechische ‚kínēsis‘ weniger „Bewegung" als vielmehr „Veränderung" bedeute, weswegen die Definition so unsinnig
gar nicht sei. Weil nun die Vagheit im Bereich der Philosophie auf den Begriff kam,
denke ich, ist es ganz in diesem Sinne ratsam – will man nicht so tumb dastehen wie
Locke – gelegentlich etwas weiter auszuholen, was ich insbesondere bei den antiken
Autoren tun werde; schließlich ist Platon nicht länger Schul- und Bettlektüre (wie
bei Nietzsche), und ein *philosophus dixit* wird nicht länger wie selbstverständlich
auf Aristoteles bezogen (wie im Mittelalter).[4]

2.2.1　Vorsokratik und Sophistik

Vorsokratik

Die vorsokratische Philosophie thematisierte Sprache kaum. Sie war nicht zur Gänze,
aber doch wesentlich Naturphilosophie und spitzte sich in zwei Doktrinen zu (die
ich hier nur anführen, nicht weiter erklären will). Auf der einen Seite steht Heraklit (ca. 550 – 480), der die Lehre zu begründen suchte, es sei die wahre Natur
der Dinge, die sich zu verbergen liebe und uns so zu bloßen Meinungen verführe,
durch Gegensätze getrieben in beständigem Fluß zu sein; dies ist das Heraklitische
alles bewegt sich und nichts bleibt ($\pi\acute{\alpha}\nu\tau\alpha\,\chi\omega\varrho\epsilon\tilde{\iota}\,\kappa\alpha\acute{\iota}\,o\upsilon\delta\acute{\epsilon}\nu\,\mu\acute{\epsilon}\nu\epsilon\iota$; [DK] A6; wogegen
das berühmtere ‚panta rhei‘ (alles fließt) wohl nicht authentisch ist). Vielheit und
Gegensätzlichkeit sowie sein (ihm zugeschriebener?) sensualistischer und subjektiver Wissensbegriff sind die Stichworte, die unten wichtig werden. Auf der anderen
Seite steht Parmenides (ca. 515 – 445), bekannt zumindest durch die Paradoxien seines Apologeten Zenon von Elea. Er ließ Wissen nur im emphatischen Sinne gelten –
‚epistēmē‘ ($\epsilon\pi\iota\sigma\tau\acute{\eta}\mu\eta$: Wissen) gibt es nur von dem, was allgemein, ausnahmslos gilt

---

⁴ Die Vorsokratiker werden unter Angabe ihrer Fragmentnummer nach [DK]=[6] zitiert. Hin-
sichtlich Platons Sprachphilosophie folge ich ganz und gar [16]. Platons Dialoge sind, wie üblich
nach der Stephanus-Paginierung zitiert, die jede halbwegs brauchbare Platon-Ausgabe am Rande mitführt; persönlich habe ich [15] benutzt. Hier noch eine Auflösung der Kürzel, mit denen
auf die Dialoge verwiesen wird: [Epst]: *Epistulae; Briefe* – [Euth]: *Euthydem* – [Krat]: *Kratylos*
– [Phdr]: *Phaidros* – [Pol]: *Politikos; Staatsmann* – [Rep]: *Staat* – [Soph]: *Sophistes* – [Thet]:
Theaitet. Aristoteles' Schriften sind, wie üblich, nach der Becker-Paginierung unter Mitführung
der internen Buch- und Kapitelzählung zitiert; auch hier kann jede halbwegs brauchbare Ausgabe benutzt werden, selbst hatte ich [1] auf dem Schreibtisch. Die Kürzel verweisen hier auf:
[AnPo]: *Analytica posteriora; Zweite Analytik* – [DeIn]: *De interpretatione/Peri hermeneias* –
[Kat]: *Kategorien* – [Met]: *Metaphysik* – [NEth]: *Nikomachische Ethik* – [Phys]: *Physik* – [Rhet]:
Rhetorik – [SoEl]: *Sophisticis elenchis; Sophistische Widerlegungen* – [Top]: *Topik*. Die Stoiker
sind unter Angabe ihrer Fragmentnummer zitiert nach [FDS] = [11].

– und lehrte im Gegensatz zu Heraklit, daß man ‚wissen' nur das eine, unveränderliche und zeitlose (aber durchaus stofflich vorgestellte) ‚Seiende' könne; dagegen seien Vielheit und Gegensätzlichkeit wie auch das Nicht-Seiende nicht wirklich und nur eine Täuschung der Sinnenwelt. Denken und Sein fielen auf diesem Hintergrund für ihn zusammen (τό γάρ αυτό νοεῖν εστίν καί εἶναι; [DK] B5). Innerhalb der frühen Sprachphilosophie führten diese Ansichten zu teilweise ‚bemerkenswerten' Konsequenzen. Für Platons Lehrer Kratylos wird die Sprache durch die Heraklitische Flußlehre ihrer Semantik beraubt, und er endet stumm mit den Fingern zeigend. Antisthenes, wie Platon Schüler des Sokrates, weiß dagegen post-Parmenides nicht länger die Möglichkeit synthetischer Sätze wie „Der Mensch ist gut." zu begründen und erlaubt einzig tautologische wie „Der Mensch ist Mensch." und „Gut ist gut.".

Sophistik

Diese Ansichten hätte man als vorzeitig-unreife Spekulation über Natur und Sprache auf sich beruhen lassen können, wären nicht die Sophisten aufgetreten. Was immer man entgegen ihrem sprichwörtlich schlechten Ruf an sich Gutes zu ihrer Verteidigung sagen müßte, so sind für unseren Kontext nur ihre schlechten Seiten von Interesse. In der ganz auf öffentliche Rede und Disput ausgerichteten athenischen Stadtkultur traten diese nämlich mit dem Anspruch auf, durch die Macht der Sprache alles, und sie meinten ‚alles', erreichen zu können. So kann Platon einen Sophisten siegessicher lächelnd versprechen lassen: *Ganz sicher, Sokrates, sage ich dir vorher, was der junge Mensch auch antwortet, er wird zuschanden gemacht werden* ([Euth] 275e).

Diese Sprachmacht wird theoretisch begründet. Berühmt-berüchtigt ist in diesem Zusammenhang Gorgias (ca. 480 – 380). Er beweist, daß es erstens nichts ‚gibt', nämlich weder das Seiende noch das Nicht-Seiende, zweitens, daß selbst wenn es doch etwas gäbe, es nicht erkennbar wäre, und drittens, daß selbst wenn etwas erkennbar, dies doch nicht mitteilbar wäre. Und auch, daß es Wahrheit oder Falschheit von Sätzen gibt, wird konsequenterweise von Sophisten bestritten; sei es heraklitisch, daß ohnehin alles im Fluß ist, was feststehende Wahrheiten verbietet, sei es parmenideisch, daß es nämlich Falschheit, als ein Nicht-(Wahr-)Seiendes, gar nicht geben kann. Infolgedessen ist dann der Mensch, insbesondere aber der Sophist, das Maß aller Dinge; so bekanntlich der berühmte homo-mensura-Satz des Protagoras, auch er ein Sophist. Denn wo sich alle begründete Widerständigkeit, sei es der Dinge selbst, ihrer Erkenntnis oder Mitteilbarkeit bzw. die Unterscheidung nach wahr und falsch ausgeräumt finden, steht nichts der frei schaltenden und waltenden Macht der Sprache im Wege; der Sophist erreicht, was immer er will unter Menschen.

Was sachlich für Platon (428 – 348) hinter diesen Positionen steht, beschreibt er so:

> *Fremder aus Elea:* Laß uns jetzt klären, auf welche Weise wir jedesmal dieselbe Sache mit vielen Namen benennen.
> *Theaitet:* Was meinst du? Nenn' ein Beispiel.

Fremder: Wir reden doch von einem Menschen und benutzen dabei viele Bezeichnungen, etwa wenn wir ihm Gestalt und Größe, Fehler und Vorzüge zuschreiben. In all diesen Fällen sagen wir nicht nur, daß er ein Mensch ist, sondern auch, daß er gut ist und vieles andere mehr. Und so machen wir es doch bei allen Dingen: Wir setzen jedes als eines, sprechen dann aber aufgrund der vielen Bezeichnungen von ihm als einem vielen.

Theaitet: Ja, das ist richtig.

Fremder: Damit haben wir, denke ich, den Kritikern üppig aufgetischt. Denn sie werden sofort mit ihrem Einwand kommen, daß unmöglich das Viele eins und das Eine vieles sein kann, und werden wieder ihre Späße machen, daß wir nicht sagen dürften, der Mensch sei gut, sondern nur, daß der Mensch Mensch und das Gute gut ist. Und damit meinen dann diese Dummköpfe den Gipfel der Weisheit entdeckt zu haben.

Theaitet: Allerdings.

Fremder: Jetzt sollten wir aber noch all' jene miteinbeziehen, die sich jemals über das Seiende geäußert haben.

Theaitet: Ja gut, aber wie?

Fremder: Laß uns von folgender Annahme X ausgehen: ... Sieh mal einer an, plötzlich geraten sie alle durch X in Panik, sowohl die, die meinen es wäre alles in ständiger Bewegung, als auch die, die meinen es gebe nur das eine ruhende Sein.

Dieser freie Auszug aus dem *Sophistes* (251a–252a) macht das Grundproblem, das es für Platon zu lösen gilt, deutlich. Wenn die einen kontra-intuitiv zu begründen wissen, es gebe nur Einheit, Vielheit aber sei Täuschung, die anderen dagegen, es gebe nur Vielheit, Einheit aber sei unmöglich, wie kann man dann noch die intuitive Sicht von konkreten Einzeldingen, die eines sind, aber doch (gerade durch die Zeit hindurch) eine Vielzahl von Bestimmungen in bzw. auf sich vereinigen, als ‚Wissen‘ (epistēmē) rechtfertigen? Wie also, lautet die Frage, sind vielfältige Einheit und einheitliche Vielheit möglich? (Das zweite Problem, ob dieses Wissen, wenn es denn möglich ist, stets propositionales, also sprachlich formulierbares Wissen ist, muß hier außen vor bleiben.) Auf die Sprache bezogen bedeutet die Frage demnach: Ob, und wenn wie, funktioniert Prädikation? Und erst nachdem geklärt ist, wie eine Vermittlung von Einheit und Vielheit im Prädikationsakt möglich ist, kann überhaupt sinnvoll danach gefragt werden, ob diese Vermittlung Züge von Vagheit trägt. Platon mußte in der Tat von ganz vorne anfangen!

2.2.2 Platon

Gegen die Sophisten wollte Platon keinen billigen Sieg. Er nahm sie ernst und versuchte eine gründliche Ein-für-alle-Mal-Widerlegung, indem er ihnen gleichsam den philosophischen Teppich unter den Füßen wegzog. (Wozu er in gewisser Weise auch verpflichtet war, schließlich war seine Akademie so etwas wie die Elitehochschule für den politischen Führungsnachwuchs.) Hierzu mußte er zeigen, daß es eine Vermittlung von Einheit und Vielheit sowie Wahrheit und Falschheit von Aussagen wirklich gibt. Platon weist dies den Sophisten in ihrer ureigensten Dömane, im Bereich der Sprache, nach. Und zwar in einem Dreier-Schritt wie folgt.

Platon: Kratylos *& die ,Richtigkeit der Namen'*

Zunächst setzt sich Platon mit der Frage auseinander, ob Sprache einen wesentlich konventionellen Charakter hat oder nicht. Dies thematisiert er an Hand der seinerzeit (und bis ins 19. Jahrhundert hinein) diskutierten Ansicht, ob es eine natürliche ,Richtigkeit der Namen' gebe ($\dot{o}\varrho\vartheta\acute{o}\tau\eta\varsigma\ \tau\tilde{\omega}\nu\ o\nu o\mu\acute{a}\tau\omega\nu$; [Krat] 384d); dies ist das Thema des Dialogs *Kratylos.* Sokrates' Gesprächspartner vertreten die jeweiligen Extrempositionen: Kratylos geht von einer Richtigkeit der Worte aus, die diese natürlicherweise ($\tau\acute{o}\ \varphi\acute{v}\sigma\epsilon\iota$) haben und die Dinge dadurch nachahmen ($\mu\acute{\iota}\mu\eta\sigma\iota\varsigma$); Hermogenes verficht einen konventionalistischen Standpunkt, nach dem jedes Wort seine Richtigkeit durch beliebige Setzung ($\tau\acute{o}\ \vartheta\acute{e}\sigma\epsilon\iota$) hat. Platon läßt Sokrates beide Ansichten problematisieren und kommt zu dem Ergebnis, daß es gute Gründe gibt, hinsichtlich einer natürlichen Richtigkeit prinzipielle Zweifel anzumelden. Außerhalb des Dialoges wird Platon deutlicher: *Was den Namen betrifft, so sagen wir, daß kein Ding einen festen habe; nichts steht im Wege, daß, was jetzt ,rund' heißt, ,gerade' heiße und umgekehrt* ([Epst] 7, 343a–b). Doch dies darf nicht im Sinne eines extrem konventionalistischen Standpunktes verstanden werden, denn er qualifiziert die Ansicht des Hermogenes dahingehend, daß die Sprache letztlich der Verständigung dient und somit keine reine Privatsache ($\iota\delta\iota\acute{\omega}\tau\eta\varsigma$), sondern Angelegenheit der Sprachgemeinschaft ($\pi\acute{o}\lambda\iota\varsigma$) ist ([Krat] 385a–b, 390d), was den Konventionalismus einschränkt, oder, wie Quine zweieinhalbtausend Jahre später sagen wird: *language is a social art.*

Wenn aber nicht die Namen Träger der Wahrheit sind, wer oder was ist es dann? Mutmaßlich der ganze Satz, schließt der Dialog und überläßt den Nachweis dafür den Folgedialogen *Theaitet* und *Sophistes*. Festzuhalten ist aber noch, daß Platon den Satz bereits hier nicht als bloßes Aggregat von Worten auffaßt, sondern als eine kunstvolle Komposition aus Haupt- und Zeitwörtern ($\sigma\acute{v}\nu\vartheta\epsilon\sigma\iota\varsigma\ o\nu o\mu\acute{a}\tau\omega\nu\ \kappa\alpha\acute{\iota}\ \varrho\eta\mu\acute{a}\tau\omega\nu$); ich wähle bewußt die etwas freie Übertragung „kunstvolle Komposition" für das griechische „synthesis", weil Platon selbst schreibt, der Satz sei ein *Großes, Schönes und Ganzes* gleich einem Gemälde, das aus Farben komponiert ($\sigma\upsilon\nu\tau\iota\vartheta\acute{e}\nu\alpha\iota$) ist (424e–425a).

Platon: Parmenides, Theaitet *& was Wissen ist*

Die Dialoge *Parmenides* und *Theaitet* formulieren nun, in Aufnahme der vorsokratischen Ansichten der Gegenspieler Heraklit und Parmenides, gleichsam die These und Anti-These für die Synthese, die im *Sophistes* erfolgen wird. Während der *Parmenides* für den Standpunkt argumentiert, daß es alle epistēmē (Wissen) nur im

Denken des ‚Einen‘, des ‚Seienden‘ geben kann, diskutiert der *Theaitet* die Auffassung, daß Wissen einzig auf der vielfältig sich ändernden Sinnenwelt beruht. Doch wird diese letztere Sicht der Dinge modifiziert, und zwar von der Sprache, dem ‚logos‘ (λόγος) her. Denn nachdem Platon die These, Wissen sei nichts anderes als Wahrnehmung (ουκ άλλο τι εστιν επιστήμη ή αίσϑησις), widerlegt hat (151d–186e), prüft er den zweiten Vorschlag, Wissen sei wahre Meinung (αληϑῆς δόξα; 187a–201c). Nachdem auch dieser Ansatz nicht befriedigt, kommt er auf die dritte Wissensdefinition (αληϑῆς δόξα μετά λόγου), die die zweite durch das ‚meta logou‘ qualifiziert und wonach Wissen (sprachlich) begründete/erklärte wahre Meinung sei (201c–210b). Doch auch dieser Dialog schließt aporetisch: Einerseits scheint die Gleichsetzung von Wissen mit begründeter wahrer Meinung richtig zu sein, andererseits kann er die entscheidende Qualifizierung meta logou noch nicht hinreichend explizieren; die Natur des logos aufzuklären, dies bleibt dem *Sophistes* überlassen.

Bevor wir der Frage nachgehen, wie diese Ziele im *Sophistes* erreicht werden, ist es höchste Zeit anzumerken, daß Platon – zum Kummer der Mehrzahl seiner modernen Interpreten – was das Verhältnis von Sprache und Denken angeht, überaus deutlich war: Sprechen und Denken sind eins (διάνοια μέν καί λόγος ταυτόν), Sprechen ist (lautes) Denken, und Denken ist (stilles) Sprechen (o μέν εντός τῆς ψυχῆς πρός αυτῆν διάλογος ανευ φωνῆς; [Soph] 263e); während die Seele denkt, unterredet sie sich (διαλέγεσϑαι) mit sich selbst ([Thet] 189e–190a). Mehr noch, er verstand dieses ‚dialegestai‘, das Sich-Unterreden, durchaus wörtlich. Denn Denken ist nach Platons Dialektikauffassung keine einsam-zurückgezogene ‚armchair philosophy‘, sondern muß die soziale Komponente der gemeinsam unternommenen Wahrheitssuche im Gespräch besitzen, – „thinking is a social art“ bin ich versucht, in Analogie zu oben zu formulieren. Dies wird u. a. deutlich an der Art, wie diese Dialektik praktiziert wird. So setzt jeder neue Argumentationsschritt die Zustimmung des Gesprächspartners voraus, und die Ergebnisse sind nicht ‚letzte Wahrheiten‘, sondern jederzeit revidierbar, wenn wem noch ein neues Argument einfällt, das widerlegt und/oder weiterführt. *Nur wenn es ... geprüft wird von Menschen, die ohne Mißgunst fragen und antworten, leuchten Einsicht und Verständnis über jeden Gegenstand auf* ([Epst] 7, 344b). Und wer meint, solcherart gewonnene Einsichten schriftlich konservieren zu wollen, sei bereits *um seinen Verstand gebracht worden* (344c–d).

Platon: Sophistes *& das Prädikationsproblem*

Im *Sophistes* nun weist Platon zunächst sowohl dem Parmenideischen Einheitsdenken wie der Heraklitischen Vielheitsdoktrin nach, daß sie sprachlich formuliert beide notwendig auch in ihr Gegenteil umschlagen müssen; man kann nicht über Einheit ohne Vielheit sprechen (denken) und umgekehrt. (Dies ist die „Annahme *X*“ aus dem einleitenden *Sophistes*-Zitat.) Diese Witterung nimmt er im folgenden auf und weist nach, daß folgende fünf Begriffe: „Selbiges“ (ταυτόν) und „Anderes“ (έτερον), „Gleichbleiben“ (στάσις) und „Veränderung“ (κίνησις) wie auch „Sein“ (όν) die gleiche Eigenschaft haben, daß nämlich jeder dieser Begriffe, einmal gesetzt, notwendig das Mitdenken der anderen vier zur Folge hat. Platon nennt dies die κοινωνία τῶν μέγιστῶν γενῶν, die (wechselseitige und notwendige) Gemeinschaft der höchsten Begriffe. Und er entwickelt diesen Ansatz weiter, denn – und dies ist sein Bild – so wie manche Konsonantenfolge phonotaktisch erlaubt, manche verboten ist, alle Konsonanten jedoch mit Vokalen gehen, genau so gehen manche Begriffe mit manchen anderen eine oder keine Verbindung ein, die höchsten jedoch, die quinque voces, gehen, darin den Vokalen gleich, mit jedem x-beliebigen Begriff eine Verbindung ein; sie mischen sich (μείγνυμι), wie Platon sagt. Ein Dialektiker im Platonischen Sinne – wobei wir nach obiger Gleichsetzung von dialegestai mit Denken auch sagen können: Ein Denker – ist nun derjenige, der weiß, wie Begriffe in der richtigen Weise zu verknüpfen sind: ein Denker ist ein Meister im Mischen und Trennen von Begriffen. Methodisch abgesichert wird dieses Trennen und Mischen durch das dihairetische Verfahren (διαίρεσις). Um den Begriff einer Sache zu bestimmen, beginnt man mit einem geeigneten Oberbegriff und spaltet ihn an geeigneten Gelenkstellen – wie ein Koch, der kunstmäßig ein Tier zerlegt, sagt Platon ([Pol] 287c, [Phdr] 265e) – so lange weiter auf, bis eine hinreichende Bestimmung ,kata genē' (κατά γένη: nach Begriffen) erfolgt ist. Hierbei ist zu beachten, daß die Dihairesis nicht auf ,letzte' Begriffe stößt, sondern sie endet, wenn die Gesprächspartner meinen, fürs erste eine sachadäquate Bestimmung erreicht zu haben. Als Beispiel mag seine Angelfischer-Dihairese im *Sophistes* dienen: »Die Angelfischerei ist eine Kunst, und zwar keine schaffende, sondern eine erwerbende, und sie erwirbt nicht durch Tausch, sondern durch unmittelbare Inbesitznahme, diese erfolgt nicht durch Kampf, sondern durch Hinterlist, ... , und zwar bei Tage durch Stich von unten (Hakenjagd), nicht durch Stich von oben (Harpunenjagd).« Alle diese Bestimmungen zusammengenommen ergeben eine definitorische Bestimmung des Angelfischers und lassen den *Fremden aus Elea* sprechen: *Nun also sind wir, du und ich, von der Angelfischerei nicht nur über den Namen einig, sondern haben auch eine hinreichende Erklärung über die Sache selbst erlangt* (221a–b).

Blicken wir zurück. Rückbezogen auf die Diskussion im *Kratylos* heißt dies, im *Sophistes* wird endlich klar, wie man nicht durch Worte, sondern in Sätzen, und zwar kata genē, durch das Trennen und Mischen von Begriffen, das Wissen einer Sache erlangt. Der Satz aber wird nicht länger wie im *Kratylos* als synthesis, sondern als innige Verschränkung (συμπλοκή) von Haupt- und Zeitwörtern analysiert (261c–262d). Und auf den *Theaitet* bezogen wurde schließlich erklärt, was es heißt, eine wahre Meinung (doxa) in begründetes (meta logou) wahres Wissen zu überführen: Ein solcher begründender logos entsteht durch die Dihairesis. Eine solche dihairetische Bestimmung spricht einer Sache viele Bestimmungen zu und ab, setzt damit aber das Prädikationsproblem, die sprachliche Vermittlung von Einheit und Vielfalt, als gelöst voraus. Seine Lösung gab Platon in der Doktrin von der Gemeinschaft der Begriffe: Sprechen (und damit Denken) setzen schon immer sowohl die notwendige und wechselseitige Gemeinschaft der höchsten wie eine kontingente Gemeinschaft der weiteren Begriffe voraus. Dies widerlegt nicht nur die radikale Position des Antisthenes, sondern auch den Sophisten wird der Weg verlegt. Denn Platon kann nun darlegen, daß sich auch das Nicht-Sein (μή όν), verstanden als ein ,Anderes' (έτερον), mit allen Begriffen mischen kann, womit die Möglichkeit falscher Rede (pseudos logos) und falscher Meinung (doxa) erwiesen ist.

Platon & Akribeia

Diese längere Vorbereitung war nötig, um die Gretchenfrage „Platon, wie hältst du es mit der Vagheit?" beantworten zu können. Da es aber, wie oben erwähnt, für unser „vage" kein griechisches Pendant gibt, an das man sich halten könnte, betrachte ich zunächst sein Gegenteil. Hierfür ist „akribēs/akribeia" ($\alpha\kappa\rho\iota\beta\dot{\eta}\varsigma$/$\alpha\kappa\rho$ ιόταβεια: genau/Genauigkeit) aus zwei Gründen ein guter Kandidat. Zum einen bietet die Sichtung des in 2.1.1 angedeuteten Wortmaterials außer für die Akribeia keinen Anknüpfungspunkt hinsichtlich Vagheit; zum anderen, weil gerade sie es ist, die von späteren Schriftstellern mit dem Sorites zusammengebracht wurde. Schaut man also auf die Rolle der Akribeia bei Platon, so ist zunächst zu bemerken, daß es Platon ist, der dieses Wort in die Philosophie einführt, und zwar massiv: Rund 150 mal kommen Wortverbindungen mit „*akrib-" bei ihm vor. Seine Hochschätzung derselben formuliert er – man sehe mir die Emphase nach – klassisch schön, wenn er sagt: *Dem eigentlich Seienden entsteht in der Rede durch Genauigkeit und Wahrheit ein Helfer* ($\tau\tilde{\omega}$ $\delta\acute{\epsilon}$ $\acute{o}\nu\tau o\varsigma$ $\acute{o}\nu\tau\iota$ $\beta o\eta\vartheta\acute{o}\varsigma o$ $\delta\iota$' $\alpha\kappa\rho\iota\beta\epsilon\acute{\iota}\alpha\varsigma$ $\alpha\lambda\eta\vartheta\acute{\eta}\varsigma$ $\lambda\acute{o}\gamma o\varsigma$, [Tim] 52c). Doch Akribeia alleine reicht nicht, denn auch den Sophisten gesteht er die Kunst des ‚akrolegein‘ ($\alpha\kappa\rho\iota\beta o\lambda\acute{\epsilon}\gamma\epsilon\iota\nu$: genau reden; [Euth] 288a) zu. Was im Platonischen dialegestai zum akribolegein hinzukommen muß, ist, erstens, das Vermögen zur Dihairesis, nämlich »kata genē etwas Gesagtes zu betrachten, sonst verbleibt man beim bloßem Wortgezänk der Sophisten« ([Rep] 454a). Denn der Akribeia entspricht es, den Begriff rein und ganz für sich ($\kappa\alpha\vartheta\alpha\rho\grave{o}\nu$ $\mu\acute{o}\nu o\nu$ $\alpha\upsilon\tau\acute{o}\nu$; [Pol] 268c) dihairetisch darzustellen. Zweitens ist zu beachten, daß die Akribeia, wie es oben schon für die Dihairesis betont wurde, kein absoluter, sondern ein relativer, ein der jeweiligen Sache anzumessender Standard ist; so schreibt er: »Es mit Worten aller Art stets allzu genau nehmen zu wollen, zeugt doch eher von knechtischer und unfreier Gesinnung, und eine lockere Einstellung dazu ist unserer doch eher würdig. Leider ist diese Akribeia manchmal doch ein notwendiges Übel; so auch jetzt« ([Thet] 184c). Und bisweilen ist die akribeia gar nicht zu erreichen, wie für den Gesetzgeber, der den Konflikt zwischen Staats- und Individualinteressen nie für beide Seiten zugleich ins Optimum bringen kann ([Pol] 294a–b).

Platon & Vagheit

Wenn es auch Stellen im Corpus Platonicum gibt, wo man vermeint, ihn nur einen Schritt vor der Formulierung eines soritalen Argumentes haltmachen zu sehen, so kannte er solche wohl noch nicht (wohl aber war er mit Eubulides' Lehrer Euklid befreundet). Aber ich denke, die bisherige Darstellung erlaubt uns, auf die Frage nach sprachlicher Vagheit eine Antworten zu extrapolieren, die, wenn auch nicht von Platon selbst, so doch in seinem Geiste, d. h. mit seiner späten Lehre kompatibel ist.

Eine erste Antwort hinsichtlich der sprachlichen Vagheit knüpft an Platons Lehre der ‚angemessenen Akribeia‘ an und läßt den Sorites aus einer der Sache unangemessenen Akribeia resultieren: So wenig man die Entfernung zum Bahnhof in

Millimetern angibt, so wenig mißt man das Haufen-Sein körner- oder das Glatze-Haben haareweise. Dies bedeutet nicht, das Problem zu leugnen, sondern im Gegenteil die sprachliche Vagheit als eine vielen Sachverhalten gerade angemessene Form der Akribeia aufzuwerten. Blicken wir von hier zweieinhalbtausend Jahre weiter, so sehen wir Edmund Husserl, der 1930 schreibt ([12] §74):

> *Die Vagheit der Begriffe ... ist kein ihnen anheftender Makel; denn für die Erkenntnissphäre, der sie dienen, sind sie schlechthin unentbehrlich, bzw. in ihr sind sie die einzig berechtigten. ... Die vollkommenste Geometrie ... kann dem deskriptiven Naturforscher nicht dazu verhelfen, gerade das zum Ausdruck zu bringen ..., was er in so schlichter, verständlicher, völlig angemessener Weise mit den Worten: gezackt, gekerbt, linsenförmig, doldenförmig u. dgl. ausdrückt – lauter Begriffe, die wesentlich und nicht zufällig inexakt und daher auch unmathematisch sind.*

Eine andere, zweite Antwort ist nötig, wenn, etwa aus einem gesetzgeberischen Handlungszwang heraus (Abtreibungsfrist), die Akribeia nach einer scharfen Grenze verlangte. Hier, denke ich, käme zum Tragen, daß Platon sein dialegestai als ‚social art‘ auffaßt. Einem afrikanischen Palaver gleich, das erst mit einem allgemeinen Konsensus endet, müßten daher die dialektisch Begabten die Begriffe trennen und mischen, bis sie – sich-unterredend und meta logou – für den Gesetzgeber eine entsprechende Grenze gefunden haben.

Wie man sich zu diesen postum rekonstruierten Argumenten auch stellen mag, wichtiger ist mir, worauf das Resümee in 2.6 noch einmal kurz eingeht, daß sich nämlich bei Platon eine Theorie der Sprache findet, die (soviel wir wissen) zum ersten Mal eine Formulierung des Vagheitsproblems überhaupt sinnvoll erlaubt.

2.2.3 Aristoteles

Ich weiß nicht, wie oft Platons Schüler Aristoteles (384 – 322) während seiner Zeit als Dialektiklehrer im Disput durch Homonyme (Äquivokationen), also gleichlautende Ausdrücke verschiedener Bedeutung, „aufs Kreuz gelegt wurde", oder ob es die von ihm vielfach kritisierte Schlampigkeit der Alten ($\alpha\varrho\chi\alpha\tilde{\iota}o\iota$, gemeint sind in der Regel die Vorsokratiker) im Umgang mit ihren Ausdrücken war, auf jeden Fall durchzieht das Motto: „Sei auf der Hut vor Homonymien!" ($\varepsilon\upsilon\lambda\alpha\beta o\acute{\upsilon}\mu\varepsilon\nu o\nu$ $\mu\grave{\eta}$ $o\mu o\nu\upsilon\mu\acute{\iota}\alpha$ $\varepsilon\nu\tau\acute{\upsilon}\chi\eta$; [AnPo] II.13, 97b 37) sein gesamtes Schrifttum und prägt nachhaltig seinen Diskussionsstil. Und das mit gutem Grund, beweist er doch sogar mittels eines Mächtigkeitsargumentes, daß es ohne Homonymien nicht geht: Weil jede Sprache nur endliche viele ($\pi\lambda\tilde{\eta}\vartheta o\varsigma$) Ausdrücke besitzt, es aber unendlich viele ($\acute{\alpha}\pi\varepsilon\iota\varrho o\varsigma$) Dinge gibt, kommt man kurz oder lang um Homonymien nicht herum; so [SoEl] I, 165a11ff. (Wir melden – post-Cantor – natürlich gewisse Zweifel an, da eine solche Abbildung zur Folge hätte, daß zumindest ein Ausdruck unendlich-vieldeutig wäre.) Es liegt daher nahe, die Homonymienproblematik als Einstieg in seine (Sprach-)Philosophie zu wählen.

Aristoteles: Kategorienlehre

Um Homonymien systematisch auf die Schliche zu kommen, gibt Aristoteles in
seinem Dialektikhandbuch, der *Topik*, neben speziellen Techniken zehn sogenannte
Kategorien an, nach denen der Sinn eines Ausdrucks differenziert betrachtet gehört.
Diese zehn Kategorien sind aus heutiger Sicht alles andere als ,spannend', aber da
wir z. T. auf sie zurückgreifen müssen, liste ich zumindest die ersten vier explizit
auf ([Top] I.9, 103b20ff.):

- Ousia ($\tau\acute{\iota}\ \epsilon\sigma\tau\iota$, das ,was ist?'; sie wird in [Kat] IV, 1b26 durch $o\upsilon\sigma\acute{\iota}\alpha$ (Sein)
  ersetzt und in [Met] wechselnd bezeichnet; meist mit „Substanz" wiedergege-
  ben, werde ich sie nachfolgend stets als „ousia" bezeichnen),

- Quantität ($\pi\sigma\sigma\acute{o}\nu$, das ,wie viel/groß?'),

- Qualität ($\pi\sigma\iota\acute{o}\nu$, das ,wie beschaffen?'),

- Relation ($\pi\varrho\acute{o}\varsigma\ \tau\iota$, das ,bezüglich was?');

die restlichen sind: Ort ($\pi\sigma\tilde{\upsilon}$) – Zeit ($\pi\sigma\tau\acute{\epsilon}$) – Situation ($\kappa\epsilon\tilde{\iota}\sigma\vartheta\alpha\iota$) – Zustand ($\dot{\epsilon}\chi\epsilon\iota\nu$)
– Aktivität ($\pi\sigma\epsilon\tilde{\iota}\nu$) – Passivität ($\pi\acute{\alpha}\sigma\chi\epsilon\iota\nu$).

Diese Kategorien sind gleichsam höchste Prädikate – das Mittelalter wird sie
dementsprechend „Prädikamente" nennen –, weil jedes weitere unter sie fallen muß.
Dabei nehme ich nicht an, Aristoteles meinte, jeder Ausdruck falle unter alle Kategorien, sondern vielmehr, jeder falle zumindest unter eine. Denn wenn auch jeder
konkrete Mensch mit allen seinen Zuschreibungen vielleicht unter alle Kategorien
fällt, so fällt seine Unterhose doch nur unter einige. - Aber, wie wird die hier bereits
vorausgesetzte Prädikation bei Aristoteles überhaupt eingeführt?

Aristoteles: Der Satz & das Prädikationsproblem

In der Frage, wie man den Aussagesatz ($\lambda\acute{o}\gamma\sigma\varsigma\ \alpha\pi\sigma\varphi\alpha\nu\tau\iota\kappa\acute{o}\varsigma$) analysieren soll,
knüpft Aristoteles in zwei Punkten an Platons Vorarbeiten an. Die erste Gemein-
samkeit, die schon auf Parmenides zurückgeht, ist, daß der Satz ein ,über etwas',
ein ,peri-tinos' ($\pi\epsilon\varrho\acute{\iota}\ \tau\iota\nu\sigma\varsigma$; [Soph] 263a) ist. Dabei bezieht sich das ,etwas' dieser peri-tinos-Struktur jeweils auf ein Ding, einen Sachverhalt ($\pi\varrho\tilde{\alpha}\gamma\mu\alpha$; 262e): Jeder Satz bezieht sich auf etwas, sonst ist er kein Satz. So auch Aristoteles ([[Top]
I.8, 103b7). Doch während bei Platon die peri-tinos-Struktur bloß die notwendige
Sachhaltigkeit einer jeden Rede widerspiegelt, entwickelt Aristoteles die peri-tinos-
Struktur aus der *Topik* in den späteren Schriften weiter zu einer ,ti-kata-tinos'-
Struktur ($\tau\iota\ \kappa\alpha\tau\acute{\alpha}\ \tau\iota\nu\sigma\varsigma$: etwas als etwas), die bei ihm dann zur Binnenstruktur
des Aussagesatzes selbst wird. Damit schreibt er für die nächsten zweitausend Jah-
re die Subjekt-Prädikat-Bestimmung des Satzes fest; nämlich ,etwas', das Subjekt
($\upsilon\pi\sigma\kappa\epsilon\acute{\iota}\mu\epsilon\nu\sigma\nu$), wird mittels eines Prädikats ($\kappa\alpha\tau\eta\gamma\sigma\varrho\acute{\iota}\alpha$) ,als etwas' bestimmt: P
wird von S ,prädiziert' ($\kappa\alpha\tau\eta\gamma\sigma\varrho\epsilon\tilde{\iota}\nu$) bzw. ,kommt ihm zu' ($\upsilon\pi\acute{\alpha}\varrho\chi\epsilon\iota\nu$). Dies ist nun
zugleich die Aristotelische Antwort auf das Prädikationsproblem. Denn das Satz-
subjekt bezeichnet ($\sigma\eta\mu\alpha\acute{\iota}\nu\epsilon\iota$) immer eine ousia und ist definiert als dasjenige, was

prädikativ bestimmbar ist, nie aber selbst als Prädikat fungiert ([Kat] V). Die ousia ist demnach dasjenige, was vielfältige Einheit und einheitliche Vielfalt vermittelt. Doch wird diese Vermittlung nicht wie bei Platon sprachlich begründet – es gehört zu einer anderen Untersuchung, wie Aristoteles ([DeIn] V, 17a15) sagt –, sondern in seiner Ontologie.

Aristoteles: Ontologie

Jede Wissenschaft, sagt Aristoteles, sucht für ihren Gegenstandsbereich nach den dort gültigen Gesetzmäßigkeiten ($\alpha \grave{\iota} \tau \iota \alpha$ $\kappa \alpha \acute{\iota}$ $\alpha \varrho \chi \alpha \acute{\iota}$: Ursachen und Anfangsgründe; [Met] E.1, 1025b3). Der Gegenstandsbereich der Ontologie – ein Ausdruck des 17. Jahrhunderts, Aristoteles spricht von *erster Wissenschaft* ($\pi \varrho \acute{\omega} \tau \eta$ $\varphi \iota \lambda o \sigma o \varphi \acute{\iota} \alpha$) – ist nicht irgendein Seiendes, wie Zahlen oder Messer, sondern handelt über *das Sein schlechthin und qua Sein* ($\acute{o} \nu$ $\alpha \pi \lambda \tilde{\omega} \varsigma$ $\kappa \alpha \acute{\iota}$ $\tilde{\eta}$ $\acute{o} \nu$), über *die ousia und was ihr zukommt qua Sein* ($\tau \acute{\iota}$ $\varepsilon \sigma \tau \iota$ $\kappa \alpha \acute{\iota}$ $\tau \acute{\alpha}$ $\upsilon \pi \acute{\alpha} \varrho \chi o \nu \tau \alpha$ $\tilde{\eta}$ $\acute{o} \nu$) (vgl. 1026a24, 1025b10, 1026a33). Ontologische Ursachen aber nennt er vier ([Met] A.3, Δ.2; [Phys] II.3+7). Es sind, unter Voranstellung der scholastischen Terminologie:

- die *causa materialis* (Materialursache) als das, woraus ein Ding entsteht;

- die *causa formalis* (Formursache) als das, wodurch ein Ding seine Eigenschaften hat;

- die *causa efficiens* (Wirkursache) als das, wodurch das Ding bewirkt wurde;

- die *causa finalis* (Zielursache) als das, um dessentwillen das Ding bewirkt wurde.

Wie schon bei den Kategorien deutlich wurde, dienen auch hier die Ursachen wieder dazu, Homonymien auf- und genau die einschlägigen Fragen abzudecken, nämlich: „Woraus ist es?" – „Wie ist es?" – „Warum ist es?" - „Wozu ist es gut?" Aristoteles ist wahrlich keine spekulative Natur! Sei's drum, klar ist, daß auch die Frage nach der Ursache der Einheit einer ousia differenziert betrachtet werden muß. Doch dies bloß im Umriß auszuführen, würde schon zu viel Raum beanspruchen; und zwar sowohl was die nach Einzelfallprüfung verlangende Differenzierung der Ursachen angeht, als auch was den jeweiligen einheitsstiftenden Mechanismus betrifft. Daher sei nur bemerkt, daß die Einheit einer ousia meistenteils an die Formursache gebunden wird; so etwa bei Mensch, Tier und mathematischen Gegenständen. Doch auch die Wirk- oder Zielursache kann diese Einheit stiften; etwa bei künstlich hergestellten Gegenständen ($\tau \acute{\varepsilon} \chi \nu \alpha$ $\acute{o} \nu \tau \alpha$: Artefakte). Schließlich können die Ursachen konvergieren: Dieser Aufsatz ist ‚einer' gemäß seiner Zielursache, insofern er nämlich den in der Einleitung benannten Zweck verfolgt, ist ‚einer' gemäß seiner Wirkursache, insofern er meiner ist, und ist vor allem ‚einer' gemäß seiner Formursache, insofern er nach der Idee, die ich von ihm hatte, Gestalt angenommen hat.

Aristoteles & Akribeia

Hinsichtlich der Akribeia vertritt Aristoteles die Ansicht, daß sie dem jeweiligen Gegenstand angepaßt gehört. So schreibt er im methodologischen Geleitwort zur *Nikomachischen Ethik*, daß »man in allen Untersuchungen nicht gleichermaßen Genauigkeit ($\alpha\kappa\rho\iota\beta\acute{\epsilon}\varsigma$ $o\upsilon\chi$ $o\mu o\acute{\iota}\omega\varsigma$) fordern darf, wie man es ja auch im Handwerklichen hält; ansonsten kommt es noch dazu, vom Mathematiker Überredung und vom Redner zwingende Beweise einzuklagen. So weist es eben den Gebildeten ($\pi\epsilon\pi\alpha\iota\delta\epsilon\upsilon\mu\acute{\epsilon}\nu o\varsigma$) aus, in allem nur diejenige Genauigkeit zu verlangen, wie sie der besonderen Art des Gegenstandes entspricht ($\alpha\kappa\rho\iota\beta\acute{\epsilon}\varsigma$ $\kappa\alpha\vartheta$' $\acute{\epsilon}\kappa\alpha\sigma\tau o\nu$ $\gamma\acute{\epsilon}\nu o\varsigma$). Und da insbesondere die Gegenstände der Ethik eine gewisse Vagheit ($\pi\lambda\acute{\alpha}\nu\eta$) zeigen, gilt diese Maxime für die nachfolgenden Ausführungen« (I.1, 1094b12–14; auch: 1098a26ff., 1104a1ff.). Entsprechend sagt er in der *Metaphysik*, daß »die Zahl zwar das genaueste aller Maße ist« ($\mu\acute{\epsilon}\tau\rho o\nu$ $\tau o\tilde{\upsilon}$ $\alpha\rho\iota\vartheta\mu o\tilde{\upsilon}$ $\alpha\kappa\rho\iota\beta\acute{\epsilon}\sigma\tau\alpha\tau o\nu$; I.1, 1053a1), doch »darf man mathematische Genauigkeit ($\alpha\kappa\rho\iota\beta o\lambda o\gamma\acute{\iota}\alpha\nu$ $\tau\acute{\eta}\nu$ $\mu\alpha\vartheta\eta\mu\alpha\tau\iota\kappa\acute{\eta}\nu$) nicht in allen Dingen fordern« (A.3, 995a15). Aber er propagiert nicht nur das Ideal einer angemessenen, d. h. artgemäßen Akribaia ($\alpha\kappa\rho\iota\beta\acute{\epsilon}\varsigma$ $\kappa\alpha\vartheta$' $\epsilon\kappa\alpha\sigma\tau o\nu$ $\gamma\acute{\epsilon}\nu o\varsigma$), sondern, schlimmer noch, Aristoteles konzedert Fälle, in denen es unmöglich scheint, eine angemessene Abribeia $\tau\acute{\omega}$ $\lambda\acute{o}\gamma\omega$ (sprachlich/begrifflich/definitorisch, alles ist gedeckt) zu bestimmen ([NEth] II.9, 1109b10ff.).

Aristoteles & Vagheit

Was nun die Vagheit angeht, so legt dies alles nahe, daß Aristoteles sie in manchen Bereichen für wünschenswert, wenn nicht gar erforderlich hält. Für vage Ausdrücke der Alltagssprache, wie „Haufen" und „Glatze", „pausbäckig" und „blaugrün", und für solche der Wissenschaftssprache, wie „gezackt" und „gekerbt", „guter Allgemeinzustand" und „verschmierte Meßkurve", verlangte nur der Ungebildete eine größere Akribeia als die, die sie, der Verständigung gut und ausreichend dienend, schon haben. Entsprechend diskutiert er Sachverhalte, die man heute klarerweise als sorital bzw. als Fälle von Vagheit einstufen würde, ohne jede Bekümmerung. So wird z. B. in der *Nikomachischen Ethik* ausgeführt, daß es Freundschaft nur unter ungefähr Gleichgestellten geben kann, also zwischen zwei Bürgern, vielleicht noch zwischen Bürger und König, aber nicht länger zwischen Mensch und einem Gott. Aber, so schreibt er (VIII.9, 1159a3): »Eine genaue Grenze, bis wohin ($\alpha\kappa\rho\iota\beta\acute{\eta}\varsigma$ $o\rho\iota\sigma\mu\acute{o}\varsigma$ $\acute{\epsilon}\omega\varsigma$) es Freundschaft geben kann, läßt sich in diesen Dingen nicht angeben« – Punktum! Denn gemäß seiner methodologischen Maxime kann eine Vagheits‚problematik' hier nicht auftreten. Gleichermaßen ungerührt thematisiert er allgemeine dialektische bzw. rhetorische Verfahren ($\tau\acute{o}\pi o\iota$), die zum Sorites bzw. zur Vagheit geradezu einladen, wie die Methoden der ‚Zwischenglieder' ($\epsilon\pi\acute{\iota}$ $\tau\tilde{\omega}\nu$ $\alpha\nu\acute{\alpha}$ $\mu\acute{\epsilon}\sigma o\nu$; [Top] I.15, 106b4ff.) oder des ‚Mehr oder Weniger' ($\epsilon\kappa$ $\tau o\tilde{\upsilon}$ $\mu\tilde{\alpha}\lambda\lambda o\nu$ $\kappa\alpha\acute{\iota}$ $\tilde{\eta}\tau\tau o\nu$; [Top] II.10, 114b25–115b2, [Rhet] II.23.4f., 1397b14ff.).

Interessanter scheint damit der kontrafaktische Fall, daß die Vagheit, aus welchem Grunde auch immer, dennoch für ihn Gegenstand einer Untersuchung würde. Denn dann ist klar, daß man aristotelisch die Frage nach sprachlicher Vagheit kategorial ausdifferenzieren müßte: Der Sorites mag in eine andere Kategorie als der Farbton gehören, der unbestimmbar zwischen Blau und Grün liegt. Als Konsequenz ergäbe sich, daß es möglicherweise soviel Arten sprachlicher Vagheit wie Kategorien geben kann, die zudem alle einer verschiedenen Herangehensweise bedürften. Und in der Tat, während Farben zur Kategorie Qualität gehören ([Kat] VIII, 9a28ff.), legen die Ausführungen zu den vagen Prädikaten „groß" und „klein" nahe (VI, 5b14ff., VII, 6b6ff.), „Haufen-Sein" wie diese zwei kategorial als relativen Begriff zu fassen, d. h. etwas ist ein Haufen oder ist es nicht, nur in Beziehung auf einen anderen (Nicht-)Haufen. Relativa aber dürfen, wenn sie ein Mehr oder Weniger erlauben, gradweise gestuft werden (VIII, 10b26ff.). Im 19. Jahrhundert haben der Kantianer Krug wie der Cicero-Herausgeber Kirchmann eine solche Auflösung der Sorites-Paradoxie vorgeschlagen, was jedoch allem Anschein nach völlig unbeachtet blieb. Völlig zu Unrecht, wie ich meine, da viel dafür spricht, daß es eine befriedigende Lösungsstrategie für viele vage Prädikate ist, sie als Relativa anzusehen. Erst um 1970 besann man sich, gemäß einem solchen Ansatz Vagheit im Kontext von Komperativa zu behandeln. Wie dem auch sei, hier sei nur noch bemerkt, daß es vom Aristotelischen Textlaut her nicht ausgeschlossen ist, „Haufen" bisweilen kategorial auch als ousia zu bestimmen. Dies aber führt, da die ousia ja Grund der Einheit ist, wie wir sahen, und als solche keine Mehr oder Weniger erlaubt, zu einem weiteren Problem, dem der ontologischen Vagheit. Doch diese Art der Vagheit sollte hier nicht behandelt werden, weswegen ich nur darauf hinweisen möchte, daß sie letztlich dieser so ungemein einflußreichen Aristotelischen ousia-Konzeption ihre Virulenz verdankt.

Wenn sich Überlegungen zur Vagheit im Aristotelischen Rahmen, wie angedeutet, auch deutlich reichhaltiger als bei Platon entwickeln ließen, ist mir auch hier wichtiger, daß er derjenige ist, der zum Vagheitspuzzle unentbehrliche Bausteine an den richtigen Platz legt (s. u., 2.2.6).

2.2.4 Chrysipp

Der bedeutendste antike Bearbeiter des Sorites, von dem wir wissen, Chrysipp (ca. 279 – 206), war Stoiker. Die Stoiker hatten ihre Wurzeln bei den ‚Megarikern'. So fanden Hochschätzung der Logik zusammen mit den Eubulidischen Paradoxien Eingang in die lange stoische Schultradition (s. o., 2.1.3). Hauptfiguren der Skepsis (Arkesilaos, Karneades) gingen z. T. bei den ‚Megarikern' wie bei den Stoikern in die Schule. So geriet der Eubulidische Sprengstoff in die Hände des Gegners; und der nutzte dies aus: Der Sorites wurde sowohl gegen die stoische Erkenntnistheorie wie gegen ihre Theologie eingesetzt. Ein Beispiel für letzteres gab der Karneadische Sorites i. w. S. oben (daß Zeus kein Gott ist . . .), die Erkenntnistheorie kommt jetzt zur Sprache.

Zentral für die stoische Erkenntnistheorie ist die Unterscheidung nach ‚unergriffener' und ‚ergriffener Vorstellung' ([α]καταληπτική φαντασία). Durch willkürliche Tätigkeit (Prüfung, Vergleichung, Zustimmung etc.) vermag die Vernunft die unwillkürlich durch Sinnes- und Verstandestätigkeit erworbenen und bloß subjektiv-gültigen unergriffenen Vorstellungen in objektiv-gültige, ergriffene Vorstellungen umzuwandeln; erst diese können beanspruchen, Erkenntnis zu sein. Der stoische

Fachterminus „kataleptein" bedeutet ursprünglich so viel wie „ergreifen", eine Assoziation, die durchaus gewollt ist: Wie ein bloß daliegendes Ding nur durch Ergreifen gewendet und von allen Seiten betrachtet, in allen seinen sinnlich zugänglichen Eigenschaften geprüft und verglichen werden kann, so wird eine noch unergriffene Vorstellung von der Vernunft durch ihre sichtende, prüfende und vergleichende Tätigkeit, beschlossen von einem willentlichen Akt der Zustimmung ($\sigma\upsilon\gamma\kappa\alpha\tau\dot{\alpha}\vartheta\epsilon\sigma\iota\varsigma$), zu einer fest ergriffenen Vorstellung. Oder, wie Cicero resümiert: *Denn wer etwas erkennt, der stimmt zugleich zu (qui enim quid percipit adsentitur statim)*; [FDS] 363. – NB: Cicero übersetzt „katalepsis" mit „comprehensio" ([FDS] 256); der mengentheoretisch-logische Gebrauch von „Komprehension" wurzelt also in stoischer Erkenntnistheorie. – Dieser Übergang von einer unergriffenen zu einer ergriffenen Vorstellung ist der Transit von subjektiver Erfahrung zu objektiver Erkenntnis, zu Wissen (episteme). Und nur was objektiv erkannt wurde, was dem Wahrheitskriterium „kataleptikos" genügt, läßt sich *beurteilend aussprechen* ($\alpha\xi\iota o\tilde{\upsilon}\nu\ \delta o\kappa\epsilon\tilde{\iota}$; vgl. [FDS] 874f., was deutlich an Freges *behauptende Kraft* erinnert).

Chrysipp sieht sich nun in der Zwangslage, dieses Wahrheitskriterium und somit das Herzstück stoischer Erkenntnistheorie gegen ein soritales Argument verteidigen zu müssen. Das Argument ([FDS] 1242) ist offenkundig, wobei wie oben in (1) und (2) „$H(n)$" die Aussage „n Körner bilden einen Haufen" bezeichne:

> $H(1)$ sei eine unergriffene, weil falsche, und $H(100.000)$ eine ergriffene, weil wahre, Vorstellung; des weiteren sei, für jedes $k \in \mathbb{N}$, mit dem Übergang von $H(k)$ nach $H(k+1)$ – wegen ihrer sinnlichen Ununterscheidbarkeit – kein Übergang von einer unergriffenen zu einer ergriffenen Vorstellung verbunden. Dann kann sorital von $H(1)$ ausgehend, auch darauf geschlossen werde, daß $H(100.000)$ unergriffen ist. Folglich ist entweder eine wahre Vorstellung unergriffen oder eine Vorstellung zugleich unergriffen wie ergriffen; beides aber ruiniert das stoische Wahrheitskriterium; q. e. d.

Um Chrysipps Lösung, nämlich angesichts soritaler Argumente in ‚hesychazein‘ ($\eta\sigma\upsilon\chi\dot{\alpha}\zeta\epsilon\iota\nu$: Schweigen) zu verfallen, besser einschätzen zu können, sollte man im Hinterkopf haben, daß Chrysipps Antwort dem stoischen Ideal des Weisen genügen muß: Der (stoische) Weise hat keine Meinungen (Cicero: *sapientem nihil opinari*, [FDS] 373; Diogenes Laertius: $\mu\dot{\eta}\ \delta o\xi\dot{\alpha}\sigma\epsilon\iota\nu\ \tau\dot{o}\nu\ \sigma o\varphi\dot{o}\nu$, [FDS] 375A). Denn ein weiser Stoiker äußert sich nur, wenn er über Wissen im emphatischen Sinne des Wortes (episteme) verfügt, bloßes Fürwahrhalten oder Meinen (doxa) verschließt ihm den Mund. Nun dürfen wir sicherlich annehmen, daß der stoische Weise nicht dazu verdammt ist, alles zu ‚wissen‘, wohl aber dazu, sich nur dann zu äußern, wenn er etwas ‚weiß‘. Und wenn er ins Schweigen verfällt, so ist dies Ausdruck des Umstandes, daß er nicht länger ‚weiß‘, sondern in bloßes Meinen abzugleiten droht. Und bevor ihm das widerfährt, hört er während eines soritalen Frage-Antwort-Spiels auf, solange er sich seiner Sache noch ganz sicher sein kann. Nun ist hier nicht der geeignete Ort, diesen Rahmen mit den notwendigen Details auszufüllen und der Frage nachzugehen, inwieweit diese Antwort dem mutmaßlichen Erfinder der Aussagenlogik würdig ist, zumal bereits dieser Rahmen alles bereitstellt, was für die weitere Entwicklung der Vagheitsproblematik entscheidend ist.

Was bedeutet dieses hēsychazein nun in systematischer Sicht? Erstens, daß Chrysipp die Gültigkeit des aussagenlogischen Schlußschemas (iterierter modus ponens) – dessen Gültigkeit herauszuarbeiten womöglich sein eigenes Verdienst war! – zugibt; ansonsten hätte er dafür argumentieren können (was er nicht tut, soviel wir wissen), wo der Fehler liegt, der den Schluß in einen Trugschluß verwandelt. Entsprechend berichtet Sextus Empiricus: *[Die Stoiker] ... müssen ja nach ihren eigenen Lehren (δογματικῶς) feststellen, daß das Schema des Argumentes (τό σχῆμα τοῦ λόγου) schlüssig ist, als auch, daß die Prämissen wahr sind* ([FDS] 1201). Zweitens, daß er die Anfälligkeit vieler Vorstellungen gegenüber soritalen Phänomenen durchaus anerkennt. Denn dies ist es, die es ihm bisweilen nicht erlaubt, sich wissend statt bloß meinend, und d. h. gar nicht zur Sache zu äußern. Und, da er diese Anfälligkeit nicht beseitigen kann, akzeptiert er somit soritale Phänome als ein erkenntnislimitierendes Faktum. Was für ein Gegensatz zu Platon und Aristoteles! Drittens gilt, daß, soweit uns Erklärungen des soritalen Phänomens überliefert sind, diese eher in Richtung ontologischer statt sprachlicher Vagheit zu deuten scheinen. So schreibt Cicero: *Sind wir etwa an diesem Fehler schuld? Die Natur der Dinge hat uns keine Erkenntnis von den Grenzen geliefert (rerum natura nullam nobis dedit cognitionem finium), so daß wir bei jeder beliebigen Sache genau festlegen könnten, wie weit sie reicht* ([FDS] 1243), und Psellos konstatiert rückblickend: *Einige Philosophen sind zu der Ansicht gekommen, dieses Sophisma [der Sorites] stehe in Beziehung zur Unbegrenztheit der Materie (τῆς ἀπείρου ὕλης) und machten sich deshalb nicht daran, es zu lösen* ([FDS] 1238B). Was dieser Zeit noch fehlte, um sprachliche Vagheit als die Schuldige auf die Anklagebank zu setzen, war eine vornehmlich extensionale Auffassung des Begriffs, wie sie sich erst im Anschluß an Frege und Cantor durchgesetzt hat.

2.2.5 Gottlob Frege und Georg Cantor

Als Gottlob Frege seine *Begriffsschrift, eine der arithmetischen nachgebildete Formelsprache des reinen Denkens* (1879) entwickelte und sie in §27 zur Formalisierung der vollständigen Induktion anwandte, stieß er darauf, daß manche Prädikate nicht induktiv sind, d. h. sie führen, obwohl für natürliche Zahlen definiert, zu falschen Schlüssen; so z. B. das Prädikat „Haufen". Er analysierte diesen Defekt als *Unbestimmtheit des Begriffs „Haufe[!]"*, der Begriff sei für manche natürlichen Zahlen *unbeurtheilbar*. Als er rund zehn Jahre später die Grundlagen seiner Begriffsschrift einer Revision unterzieht und Begriffe als Funktionen deutet, sieht er sich zu der Konsequenz gezwungen, diese ‚Begriffsfunktionen' als überall definiert einzuführen: *Für die Begriffe haben wir hierin die Forderung, daß ... für jeden Gegenstand bestimmt sei, ob er unter den Begriff falle oder nicht; mit anderen Worten: wir haben für Begriffe die Forderung ihrer scharfen Begrenzung* ([FuG] 31). In den *Grundgesetzen der Arithmetik* (Bd. II, §§56ff.) bezieht er auch Definitionen in diese Forderung mit ein und führt aus:

> *Eine Definition eines Begriffes (möglichen Prädikates) muss vollständig
> sein, sie muss für jeden Gegenstand unzweideutig bestimmen, ob er un-
> ter den Begriff falle ... oder nicht ... wenn es auch für uns Menschen
> bei unserem mangelhaften Wissen nicht immer möglich sein mag, diese
> Frage zu entscheiden. Man kann dies bildlich so ausdrücken: der Begriff
> muß scharf begrenzt sein. ... Einem unscharf begrenzten Begriffe würde
> ein Bezirk entsprechen, der nicht überall eine scharfe Grenzlinie hätte,
> sondern stellenweise ganz verschwimmend in die Umgebung überginge.
> ... Solche ... / ... begriffsartige Bildungen, die noch im Flusse sind,
> die noch nicht endgültige und scharfe Grenzen erhalten haben, kann die
> Logik nicht als Begriffe anerkennen ... / ... [und dürfen] in einer stren-
> gen Wissenschaft nicht gebraucht werden.*

(Doch gerade solch unstatthaften Gebrauch wirft er seinen Mathematikerkollegen
vor.) Der unmittelbare Grund für dieses Postulat ist, daß ansonsten fundamentale Gesetze der klassischen Aussagenlogik, wie das Gesetz vom ausgeschlossenen
Dritten oder das der Kontraposition nicht länger gültig wären (§§56, 62, 65). Was
ist in Freges Werk für die Vagheitsproblematik relevant, außer, daß er die Sorites-
Paradoxie erneut als ernstzunehmendes Problem aufgegeben hat?

Erstens, auch wenn Frege selbst den ‚Begriff' noch fein säuberlich von seinem ‚Begriffsumfang' unterscheidet, so verhilft er, als Begründer der modernen, mathematischen Logik, damit der extensionalen Begriffsauffassung zum Durchbruch. Denn war
die Unterscheidung nach Begriffsinhalt (Intension) und Begriffsumfang (Extension)
auch seit der Logik von Port Royal etabliert und waren Extensionen verschiedentlich
auch visualisiert worden (Venn-Diagramme), so waren logische Praxis und Theorie
bis in Freges Zeit hinein klar am Paradigma der intensionalen Begriffsauffassung orientiert. Und erst durch die Weiterführung der Fregeschen Arbeit durch ihre meist
mathematisch geschulten Bearbeiter unter dem Einfluß der Cantorschen Mengenlehre, die zur mathematischen Theorie mathematischer Begriffe wurde, bekommt
die extensionale Auffassung vom Begriff das Übergewicht – es gibt (offiziell) weder
intensionale Mathematik noch Mengenlehre. Zweitens zieht er aus der Zweiwertigkeit der Logik den Schluß, daß es keine unvollständigen Begriffe geben darf. Der Satz
„Cäsar ist eine Primzahl." darf nicht sinnlos, sondern muß – nach dem Satz vom
ausgeschlossenen Dritten – entweder wahr oder falsch sein. Er kann aber nur wahr
oder falsch sein, wenn der Begriff „Primzahl" vollständig (definiert) ist, d. h. wenn
für jeden Gegenstand feststeht, ob er unter den Begriff fällt oder nicht, denn nur so
kommt es zur Feststellung der Wahr- bzw. Falschheit des Satzes. Drittens gibt er –
wissenschaftspsychologisch emorm wichtig – diesen beiden Punkten ein suggestives
Bild mit auf den Weg: die Rede von scharfen bzw. fließenden Grenzen. Viertens
wird durch die nachfolgende Entwicklung seine ‚Logik des reinen Denkens' zu ‚der'
Logik schlechthin, und alles, vom mathematischen bis zum natürlichsprachlichen
Diskurs wird in ihr erststufiges Prokrustesbett zu pressen versucht. (Eine (Fehl-
Entwicklung im übrigen., die bei weitem noch nicht rückgängig gemacht worden
ist.)

2.2.6 Resümee

Keiner der fünf behandelten Autoren thematisiert Vagheit explizit, aber jeder bringt erstmals etwas auf den Begriff, ohne das es die Vagheitsproblematik so nicht geben kann:

(a) Wissen kann einen sprachlichen Ausdruck in Sätzen finden, weil das Prädikationsproblem lösbar ist (Platon).

(b) Diesen Sätzen kommt im wesentlichen eine Subjekt-Prädikat-Struktur zu (Platon, Aristoteles).

(c) Der Zusammenhang dieser Sätze untersteht den Gesetzen der klassischen Logik, und gewußte Sätze sind unter ihnen abgeschlossen (Aristoteles, Chrysipp).

(d) Ihre Satzprädikate (genauer: die durch sie bezeichneten Begriffe) werden wesentlich als extensional und stets vollständig aufgefaßt (Frege, Cantor).

Im einzelnen:

- Ad (a). Im Gegensatz zu den aporetischen Positionen seiner Vorgänger und Zeitgenossen (Parmenides und Heraklit, Kratylos und Antisthenes) kann Platon nachweisen, daß wer überhaupt spricht (denkt), auch vielfältige Einheit und einheitliche Vielfalt zugeben muß, – die Begriffe mischen sich, Prädikation ist möglich. Damit kann Wissen sprachlichen Ausdruck finden, wobei die Träger der Wahrheit einer Behauptung stets ganze Sätze sind. Damit ist Platon der erste (von dem wir wissen), der erst einmal ein theoretisches Fundament legt, auf dem sich die Frage nach der Vagheit überhaupt sinnvoll stellen läßt.

- Ad (b). Die grammatische Subjekt-Prädikat-Struktur der Sätze bzw. das damit einhergehende ontologische Substanz-Eigenschaft-Schema gibt der Vagheitsproblematik ihren notwendigen Anknüpfungspunkt. Denn würde der Satz als bloßes Aggregat von Worten ohne feste und stets gleichbleibende Struktur bestimmt, so ließen sich im Höchstfall vage Sätze konstatieren, ohne daß sich ein uniformer Bezugspunkt festmachen ließe, wie es der Prädikatausdruck im Falle sprachlicher Vagheit ist, dem man Vagheit zuschreiben kann. (Würde man enstprechend von einem homogenen oder strukturlosen Sein ausgehen, statt das wesentlich Seiende in die ousia des jeweiligen Einzelgegenstandes zu konzentrieren, gäbe es keinen Anlaß mehr, ontologische Vagheit zu thematisieren.) Damit ist Aristoteles der erste, der der Frage nach Vagheit überhaupt einen grammatischen (ontologischen) Anknüpfungspunkt gibt.

- Ad (c). Die Logik verleiht der Vagheit ihren problematischen Charakter. Die durch den Abschluß der gewußten Sätze unter den (aussagen-)logisch gültigen Schlußschemata entstehende Inkohärenz der Sprache, daß nämlich sprachlich dasselbe zu- wie abgesprochen wird, macht den virulenten Kern der Vagheitsproblematik aus. Denn wird der Menge der gewußten Sätze durch die Folgerungsrelation eine (Halb-)Ordnung aufgeprägt, entstehen die Widersprüche.

Dies ist der Grund, warum die Antworten von Platon, Aristoteles und Husserl nur ‚lokal' befriedigen können; angemessene bzw. artgerechte Akribeia hin oder her, unter logischen Abschluß gebracht, führt sie zur Inkohärenz. Chrysipp ist das erste prominente Opfer, das Vagheit als Problem anerkennen muß; allerdings kann er sie, auf Grund der intensionalen Begriffsauffassung, noch nicht als solche herauspräparieren.

- Ad (d). Solange Begriffe primär intensional als Merkmalskomplexe aufgefaßt wurden, die definitorisch durch Oberbegriff und spezifische Differenz näher bestimmt sind, entzog sich die Vagheitsproblematik sowohl einer klaren Formulierungsmöglichkeit wie auch ihrer Modellierung mittels mathematischer Methoden, die von Haus aus extensional sind. Man versuche nur ein intensionales Pendant der Formel „vage = fließende Grenzen der Extension" zu finden! Erst nachdem die extensionale Sicht auf Begriffe post-Frege-Cantor die primäre geworden war, konnte man daran gehen, die Vagheitsproblematik nicht nur auf den Begriff, sondern auch unter die Formel zu bringen. Davon handelt der nächste Abschnitt.

2.3   Wie die Vagheit unter die Formel kam

2.3.1   Einleitung

Im wesentlichen hat es mit der Geschichte nun ein Ende. Es soll keine Chronologie der Vagheitsmodellierungen gegeben werden (sie werden dem Leserkreis dieses Bandes mehr oder minder bekannt sein), sondern eine Wichtung dieser Versuche; mich interessiert nachfolgend nicht, wann die Vagheit unter welche Formel kam, sondern wie gut sie darunter kam. Dies geschieht in drei Abschnitten: (i) alternative (mehrwertige) Logiken – hier wird jeweils der aussagenlogische Teil ausreichen –, (ii) alternative Mengenkonzepte und (iii) S-Bewertung (*supervaluation*); für mehr (weitere Logiken, Prototyp-Theorie, probabilistische Ansätze etc.) reicht der Platz nicht.[5]

Der Versuch, die Vagheitsproblematik unter die Formel zu kriegen, kann – in erster Näherung – praktischen oder theoretischen Motiven entspringen. Der Praktiker – sei es ein Ingenieur, der einen Automaten zur Qualitätskontrolle bauen oder ein Linguist, der ein Sprachverarbeitungssystem programmieren muß – braucht ein Programm, das Vagheit erfolgreich ‚handelt', wobei trial-and-error ein legitimer Weg ist, das Kind ans Laufen zu bringen. Der Theoretiker will kein funktionierendes ‚Ding' mit theoretisch uneingeholten Parametern aus der Praxis, sondern eine Theorie nach guten Gründen. Ich werde die Praktiker vor den Kopf stoßen und mich

---

[5] Für diesen Abschnitt habe ich großzügig von der Vorarbeit profitieren können, wie sie durch [4], [14], und vor allem durch [17] geleistet wurde. Nachdrücklich sei daher auf diese drei Arbeiten für eine ausführlichere Darstellung der hier behandelten Themen verwiesen. Dort finden sich auch die Autoren genannt, die die untenstehenden Ansätze vertreten bzw. bearbeitet haben, einschließlich einer (fast) vollständigen Bibliographie.

nachfolgend auf die theoretische Seite schlagen, wobei untersucht werden soll, wie gut die Gründe sind, Vagheit gerade so und nicht anders unter die Formel bringen zu wollen.

Vorbereitung

Die Forderung, sich bei den Versuchen, Vagheit unter die Formel zu bringen, nicht ohne guten Grund unnötig weit von den klassischen Theorien zu entfernen, will ich das „Prinzip der maximalen Konservativität" (PMK) nennen. Drei Gründe für dessen Respektierung sind offenkundig. Erstens ist die klassische Logik samt ihrer formalisierten Syntax und Semantik so übersichtlich und gut verstanden, und mit Einschränkungen gilt dies auch für die klassiche Mengenlehre, daß man gerade im Maß der Abweichung von ihnen einen Orientierungspunkt bezüglich Schwere und Folgekosten der Devianz bekommt. Zweitens sind die klassischen Theorien in so weiten Bereichen bewährt, daß sie als Grenzfall in den neuen Theorien enthalten sein sollten. Drittens bietet dies den methodologischen Vorteil, sich langsam vom gut Verstandenen aus einen Weg in den Sumpf zu bahnen, was sich empfiehlt, selbst wenn man der Auffassung ist, daß die klassischen Theorien für natürlichsprachliche Phänomene, wie die Vagheit es ist, eo ipso ungeeignet sind. Eine direkte Folge des PMK bzw. des zweiten Grundes für seine Akzeptanz ist, daß jede Vagheitsmodellierungen das klassische Modell als den Grenzfall, daß nur nicht-vage Ausdrücke vorkommen, enthalten soll. Bezeichne „$\mathfrak{M}[v]$" eine Vagheitsmodellierung, „$\mathfrak{M}[k]$" ein klassisches Modell und „$\varphi[0,1]$" einen Ausdruck ohne vage Teilausdrücke, der sich also klassisch auswerten läßt, dann ergibt sich die Forderung, daß beide Modellierungen im klassischen Fall zusammenfallen:

$$\forall \mathfrak{M}[v], \varphi[0,1]: \quad \mathfrak{M}[v] \vDash \varphi[0,1] \Leftrightarrow \mathfrak{M}[k] \vDash \varphi[0,1]. \tag{3}$$

Nun fällt auf, daß es zwei entgegengesetzte Strategien zur $\mathfrak{M}[v]$-Entwicklung gibt: eine Vermeidungs- und eine Modellierungsstrategie. Die Vermeidungsstrategie geht von etablierten Theorien ohne Vagheit aus und modifiziert diese nur so weit, daß bei Einschluß von Vagheit in diese Theorien unerwünschte Nebenwirkungen blockiert werden. Der Modellierungsstratege dagegen will das Vagheitsphänomen nicht blockieren, sondern es im Formalismus möglichst naturgetreu nachbilden. Ein Beispiel, die Sorites-Paradoxie, mag dies verdeutlichen helfen. (Auch wenn der Sorites nicht alle Aspekte des Vagheitsphänomens abdeckt, wird er im folgenden durchgängig als Musterbeispiel fungieren, weil er die grundlegenden Probleme für den vorliegenden Zweck bereits hinreichend sichtbar werden läßt.) Die Sachlage war (nach (1) und (2) oben) folgende: $H(1)$ ist falsch, $H(100.000)$ richtig, und dennoch ließ sich mittels Aussagenlogik auf die Falschheit von $H(100.000)$ schließen. Dies kann in Abweichung vom strengen Gebrauch der etablierten modelltheoretischen Notation, dafür aber augenfällig, so wiedergegeben werden:

$$\mathfrak{M}[k] \vDash H(1) = F \quad \Rightarrow \quad H(100.000) = F.$$

Eine Vermeidungsstrategie versucht Vagheit und damit genau diesen Schluß zu blockieren, ohne dem noch etwas Positives zur Seite setzen zu wollen. Sie beschränkt sich auf den Nachweis, daß gilt:

$$\mathfrak{M}[v] \vDash H(1) = F \quad \not\Rightarrow \quad H(100.000) = F.$$

Eine Modellierungsstrategie dagegen setzt ihren Ehrgeiz daran, Vagheit zu modellieren und den entscheidenden Schluß nicht zu blockieren, sondern zu transformieren, so daß gilt:

$$\mathfrak{M}[v] \vDash H(1) = F \quad \Rightarrow \quad H(100.000) = W.$$

Wir werden beide Strategien schon gleich am Werk sehen.

2.3.2 Mehrwertige Logiken

3-wertige Logiken

Frege hatte gemeint, daß es die Zweiwertigkeit der klassischen Logik ist, die eine Verwendung unvollständiger Begriffe bzw. vager Prädikate problematisch macht. Denn Sätze mit vagen Prädikatausdrücken genügen mit ihrem prädikativen Halbschatten nicht der Forderung, daß ein jeder Satz entweder falsch oder wahr ist und es ein Drittes zwischen diesen beiden Alternativen nicht gibt (tertium non datur). Danach ist es eine naheliegende Idee, die klassische Logik einfach um einen dritten Wahrheitswert neben den beiden klassischen Wahrheitswerten „W" (wahr) und „F" (falsch) zu erweitern, also etwa um „U" (unbestimmt), um so den prädikativen Halbschatten vager Prädikate abzudecken. Bezeichne „$\mathfrak{I}[n]$" eine n-wertige aussagenlogische Interpretation, so ergibt sich nach dem PMK bzw. (3) zunächst die Forderung:

$$\forall \mathfrak{I}[3], \varphi[0,1]: \quad \mathfrak{I}[2] \vDash \varphi[0,1] \quad \Leftrightarrow \quad \mathfrak{I}[3] \vDash \varphi[0,1]. \tag{3_{3w}}$$

Dies ist äquivalent zu der Forderung, daß die 3-wertigen Wahrheitswerttabellen mit den 2-wertigen bezüglich der vier klassischen Zeilen, in denen als Wahrheitswert nur W und F vorkommen, übereinstimmen. Bleibt also die Frage, wie genau die fünf verbleibenden, nicht-klassischen Zeilen ausgestaltet werden sollen. Hier drängt sich als zweite Überlegung auf, weil die Virulenz der Vagheit durch den Abschluß unter (aussagen-)logischer Folgerung entstand, den Begriff der Folgerung geeignet zu modifizieren. (Dies bedeutet letztlich, den Begriff der Allgemeingültigkeit abzuändern, da Folgerung unter Rückgriff auf diesen definiert ist, zumindest klassisch.) Damit steht bezüglich des Folgerungsbegriffs eine Entscheidung zwischen einer Vermeidungs- und einer Modellierungsstrategie an; in der freien Notation von oben, die Wahl zwischen

$$\mathfrak{I}[3] \vDash H(1) = F \quad \not\Rightarrow \quad H(100.000) = F$$

und

$$\Im[3] \vDash H(1) = F \quad \Rightarrow \quad H(100.000) = W.$$

Im Beispiel erfolgte der Schluß von $\neg H(1)$ auf $\neg H(100.000)$ mittels iteriertem modus ponens. Entsprechend gehören die noch verbliebenen fünf nicht-klassischen Zeilen der Wahrheitswerttabellen unter der jeweiligen Strategie so ausgestaltet, daß das Schlußschema modus ponens allgemein bzw. fallweise seine klassische Gültigkeit verliert. Zum Zwecke der Durchführung seien zwei ‚soritale Umschlagpunkte' k, $l \in \mathbb{N}$ mit $k \leq l$ gegeben, so daß der Wahrheitswert bei k von W nach U, und bei l von U nach W umschlägt:

$$H(1), \ldots, H(k-1), H(k), H(k+1), \ldots, H(l-1), H(l), H(l+1), \ldots$$
$$\Im[3]: \quad F \qquad\qquad F \quad U \qquad\qquad U \quad W$$

Dann müßten bei einer Blockierungsstrategie die Wahrheitswerte der nicht-klassischen Zeilen so eingerichtet werden, daß an mindestens einer der drei nicht-klassischen Übergangsstellen ($F \mapsto U, U \mapsto U, U \mapsto W$) der modus ponens ungültig wird. Dagegen müßte eine Modellierungsstrategie alle drei Übergänge gültig werden lassen. Die Lösung beider Aufgaben legt man sich leicht zurecht (die 3-wertigen Logiken von S. C. Kleene und U. Blau z. B. leisten das Erforderliche) doch man kann sich die Mühe sparen.

Denn leider taugt diese erste so naheliegende Idee, Vagheit unter die Formel zu bringen, in beiden Varianten nicht viel. Zumindest in den Augen derjenigen, die „vage" selbst für vage halten, also Vagheit zweiter Stufe annehmen (s. o., 2.1.2). Denn wie im Beispiel muß jede 3-wertige Semantik, sei es zur Vermeidung oder zur Modellierung der Vagheit, vage Umschlagpunkte angeben: Aussagenpaare, zwischen denen der Wahrheitswert von W, F nach U oder umgekehrt wechselt. Gerade dies ist aber, worauf ich in 2.1.2 hinwies, bei vagen Prädikaten auf Grund der Vagheit zweiter Stufe unmöglich. Wer die Nichtexistenz vager Umschlagpunkte akzeptiert, für den kann eine 3-wertige Logik in keinem Fall eine befriedigende Lösung sein. Dies entspricht der Intuition, daß es nicht eine spezifische Anzahl von Körnern gibt, die den Wechsel von Nicht-Haufen zu Haufen mit sich bringt, sondern daß der Umschlag schrittweise erfolgt. Also ist man versucht, statt mit einer 3-wertigen mit n-wertigen Logiken zu arbeiten. Dies ist unser nächstes Thema.

n-wertige Logiken

Um vage Umschlagpunkte zu vermeiden und der Vagheit zweiter Stufe Rechnung zu tragen, so scheint es, gehören zumindest n-wertige Logiken betrachtet. Doch wie groß muß n gewählt werden, um hinreichend groß zu sein? Orientieren wir uns wieder am Sorites-Beispiel, so scheint $n = 100.000$ eine passable Wahl zu sein. Danach würde eine Wahrheitswertverteilung so aussehen:

$$H(0) \mapsto W_0 = \frac{0}{100.000} = 0 = F$$

$$H(1) \mapsto W_1 = \frac{1}{100.000}$$

$$\ldots \mapsto \ldots = \ldots$$

$$H(99.999) \mapsto W_{99.999} = \frac{99.999}{100.000}$$

$$H(100.000) \mapsto W_{100.000} = \frac{100.000}{100.000} = 1 = W$$

Mit diesem Ansatz scheint sich sinnvoll nur eine Modellierungs-, aber keine Vermeidungsstrategie verbinden zu lassen. Denn sonst müßte ein Abbruchpunkt k festgelegt werden, bei dem der Schluß mittels modus ponens von $H(k)$ nach $H(k+1)$ ungültig, also blockiert würde; doch ein solches k zu bestimmen, ist offensichtlich zu willkürlich und nicht hinreichend motivierbar (Vagheit zweiter Stufe!), um eine überzeugende Strategie abzugeben. Beschränken wir uns folglich auf eine Modellierungsstrategie, so müßten die Wahrheitswerttabellen so eingerichtet werden, daß die Schlüsse von $H(0)$ nach $H(100.000)$ mittels modus ponens Wahrheit akkumulieren; in jedem Schritt müßte die Wahrheit, ein Haufen zu sein, um $1/100.000$ zunehmen. Doch ich denke, diese Arbeit kann man sich sparen; und zwar aus folgendem Grund:

Die Verwendungsweise vager Prädikate, die modelliert werden soll, kennt bei sinnlich ununterscheidbaren Dingen auch keinen Wahrheitswertunterschied. Nimmt man also an, zwei Haufen mit 100.000 bzw. 99.500 Körnern seien noch nicht durch Hingucken unterscheidbar, so erwartet man gleiche Wahrheitswerte für $H(99.500)$ und $H(100.000)$. Doch das Modell belehrt uns, daß die 99.500 Körner nur zu $199/200$-Wahrheit einen Haufen bilden. Schlimmer noch: Gehen wir in eine Kiesbaggerei, sehen wir Haufen mit 10^9 Körnern und setzen dementsprechend eine 10^9-wertige Logik an, so sind die 10^5 Körner, vormals ein Haufen mit Wahrheitswert 1, plötzlich nur noch mit Wahrheitswert 10^{-4} ein Haufen, – kann man das wollen? Um diesen Einwand zu umgehen, wird man vielleicht in Erwägung ziehen, ab, sagen wir 10^5, dem Prädikat $H(k)$, für $k \leq 10^5$, den konstant bleibenden Wahrheitswert 1 zuzusprechen. Doch ein solches Vorgehen usurpierte gerade die dem Projekt zugrundeliegende Idee, nämlich keine vagen Umschlagpunkte einzuführen. Denn 10^5 wäre dann genau so ein Umschlagpunkt, an dem ‚wirkliches‘ Haufen-Sein beginnt; etwas, was es gemäß eingestandener Vagheit zweiter Stufe nicht geben kann.

Nun war das Sorites-Beispiel schon ein günstiger Kandidat, insofern sich eine numerische Zuordnung in natürlicher Weise anbot. Vage Prädikate wie „rot“, „pausbäckig“, „gezackt“ oder „guter Allgemeinzustand“ benötigen offenkundig viel mehr Aufwand, um mittels einer n-wertigen Logik behandelt zu werden. Da jedoch bereits im Sorites-Fall grundlegende Schwierigkeiten zutage traten, denke ich, sollte man den n-wertigen Ansatz als untauglich zur Formalisierung der Vagheit ansehen. Doch vielleicht verschwinden die Schwierigkeiten, sowohl die hinsichtlich vager Umschlagpunkte und Vagheit zweiter Stufe als auch die bezüglich einer Zuordnung von Wahrheitswerten bei numerisch nicht so leicht zuordnungsfähigen Prädikaten, wenn man, statt schrittweise vorzugehen, zu einem kontinuierlich-graduellem Umschlagen der Wahrheitswerte, also zu einer unendlich-wertigen Logik greift?

∞-wertige Logiken

Wählt man $\infty = \aleph_0$, die Mächtigkeit der natürlichen Zahlen, so reicht dies offenkundig nicht, die oben geschilderten Bedenken auszuräumen. Denn wieder hätte man es mit einer diskreten Wahrheitswertverteilung inklusive ihrer Problematik zu tun. Ich betrachte daher den Fall $\infty = \aleph_1$, d. h., daß es Wahrheitswerte von der Mächtigkeit des Kontinuums gibt. (Obwohl hier, wo nur das aussagenlogische Fragment betrachtet wird, die Mächtigkeit keinen Unterschied macht, solange man eine dichte Ordnung der Mächtigkeit $\aleph_0$ wählt, wie Lindenbaum gezeigt hat.) Wegen der Gleichmächtigkeit von $\mathbb{R}$ mit dem Intervall $[0,1]$ ist es völlig ausreichend und zudem rechentechnisch von Vorteil, wenn man die Wahrheitswerte mit den reellen Zahlen aus $[0,1]$ identifiziert. Jedem Ausdruck kann also ein Wahrheitswert $w_r \in [0,1]$ zugeordnet werden, wobei wie üblich $0 = F$ und $1 = W$ sein soll. Das PMK verlangt auch hier, daß erstens im Grenzfall $w_r \in \{0,1\}$ die Wahrheitswertverteilung die klassische wird, und zweitens nicht ohne Grund mit der Extensionalität zu brechen, d. h., daß der Wahrheitswert einer Junktion eine Funktion der Wahrheitswerte seiner Junktionsglieder ist. Verallgemeinert man die Intuitionen, die den klassischen Wahrheitswerttabellen für die Junktoren zugrunde liegen, so findet man rasch Ausdrücke, die für ∞-wertige Logiken den Wahrheitswert einer Junktion aus dem der Junktionsglieder zu berechnen erlaubt. Die ersten drei Fälle sind unproblematisch („$|p|$" bezeichne den Wahrheitswert von „p"):

$$\begin{aligned}
|\neg p| &= 1 - |p|, \\
|p \wedge q| &= \min(|p|,|q|), \\
|p \vee q| &= \max(|p|,|q|).
\end{aligned}$$

Subjunktor und Bisubjunktor sind schwieriger, denn hier gibt es unterschiedliche Zuordnungen, die alle ihre Gründe haben. Am verbreitetsten sind wohl die Festlegungen Lukasiewicz':

$$\begin{aligned}
|p \rightarrow q| &= 1 + \min(|p|,|q|) - |p|, \\
|p \leftrightarrow q| &= 1 + \min(|p|,|q|) - \max(|p|,|q|),
\end{aligned} \tag{4}$$

was für die Subjunktion folgender Definiton durch Fallunterscheidung äquivalent ist:

$$|p \rightarrow q| = \begin{cases} 1 & \text{, falls } |p| \le |q|, \\ 1 + |q| - |p| & \text{, sonst;} \end{cases}$$

mit anderen Worten, der Schluß auf gleich bzw. mehr Wahres ist gültig, der Schluß auf mehr Falsches dagegen wird bestraft mit Wahrheitswertverlust in Höhe der Wahrheitswertdifferenz $|p| - |q|$. Eine alternative Festlegung ist:

$$|p \rightharpoonup q| = \begin{cases} 1 & \text{, falls } |p| \le |q|, \\ 0 & \text{, sonst;} \end{cases} \qquad |p \rightleftharpoons q| = \begin{cases} 1 & \text{, falls } |p| = |q|, \\ 0 & \text{, sonst.} \end{cases} \tag{5}$$

Erstens ist zu bemerken, daß man sich mit einer solchen $\aleph_1$-wertigen Logik einige
Merkwürdigkeiten einhandelt. Für $|p| = |\neg p| = 1/2$ etwa wird $|(p \leftrightarrow \neg p)| = 1$,
obwohl es klassisch eine Kontradiktion, und $|\neg(p \leftrightarrow \neg p)| = 0$, obwohl dies klas-
sisch eine Tautologie ist. (Gleiches gilt für „$\rightarrowtail$" und „$\rightleftharpoons$".) Auch bekommt, wenn
$p = $ „Hans hat Glatze" den Wahrheitsert 1/2 hat, die klassische Kontradiktion $p \wedge \neg p$
den Wahrheitswert 1/2. Definiert man ferner einen neuen Junktor „$\sqcap$" wie folgt:

$$|p \sqcap q| = \tfrac{1}{2}(|p| + |q|), \tag{6_∞}$$

dann ergibt sich sogar für $|p| = |\neg q| \in \{0,1\}$ der unklassische Wert $|p \sqcap q| = 1/2$.
Beide Beispiele verletzten zwar so noch nicht direkt das PMK, also:

$$\forall \mathfrak{I}[\aleph_1],\varphi[0,1]: \quad \mathfrak{I}[2] \vDash \varphi[0,1] \;\Leftrightarrow\; \mathfrak{I}[\aleph_1] \vDash \varphi[0,1], \tag{$3_{\aleph_1}$}$$

doch zeigen sie deutlich, daß man ungewohntes Territorium betritt.

Ernster wird die Lage, wenn man fragt, wie gut sich eine $\aleph_1$-wertige Logik wirklich als Logik der Vagheit eignet. Denn die Idee für die Einführung intermediärer
Wahrheitswerte $w_r \in {]}0,1{[}$ war, sie zur Modellierung vager Ausdrücke wie im Sorites
einzusetzten. Dies legt folgende Adäquatheitsbedingung nahe:

$$p \text{ ist vage } \Leftrightarrow\ |p| \in {]}0,1{[}. \tag{7}$$

Doch mit der Teilbehauptung von (7), der Korrektheitsaussage

$$|p| \in {]}0,1{[} \Rightarrow p \text{ ist vage}, \tag{7a}$$

steht (5_∞) auf Kriegsfuß. Denn für den betrachteten Fall $|p|=|\neg q|\in\{0,1\}$, sagen wir:
$p = $ „2+2=4" und $q = $ „de Gruyter verschenkt Bücher", ließe sich zwar der Wahr-
heitswert $|p \sqcap q| = 1/2$ einigermaßen rechtfertigen, aber nicht, daß der Ausdruck
„$|p \sqcap q|$" vage ist. Die ‚Vagheit' dieses Ausdruckes könnte nur im Junktor selbst be-
gründet liegen, da die Junktionsglieder selbst wahrheitswertdefinit, nicht-vage sind.
Damit steht man aber vor einem Dilemma: Man gibt entweder zu, einen Formalismus gewählt zu haben, der das fragliche Phänomen nicht korrekt modelliert, oder
aber eine Modellierung gewählt zu haben, die selber Vagheit produziert, wo zuvor
keine war (was auf das gleiche hinausläuft: Unkorrektheit bezogen auf das natürlichsprachliche Vagheitsphänomen). Man wird nun vielleicht einwenden, man sei nicht
gezwungen, die gesamte $\aleph_1$-wertige Semantik zu kaufen, sondern wolle nur das klassische Junktoren-Fragment. (Wenn auch nicht a limine ausgeschlossen, so ist dies
doch eine Position, die sich nur unter Schwierigkeiten behaupten läßt.) Doch selbst
wenn es gelänge, so wäre dieses Redukt mit dem Problem der Vagheit zweiter Stufe
behaftet, wie jetzt deutlich werden soll.

Abgesehen von den Schwierigkeiten für $H(978)$ einen konkreten reellen Wert $w_r \in$
[0,1] zu bestimmen,[6] wie soll zwischen folgenden zwei Wahrheitswertzuschreibungen
sinnvoll unterschieden werden:

---

[6] Hier liegen Probleme, wenn die Datenerhebung und -güte nicht der Anwendungsseite zugescho-
ben, sondern selbst innertheoretisch eingeholt werden soll (wie es z. B. in der Physik geschieht).
Ein kleiner Hinweis muß hier genügen: Für Vagheitswerte etwa reichen keine statistischen Erhe-
bungen; denn wenn 73% einer Aussage p zustimmen und 27% ihrer Negation $\neg p$, so heißt dies
nicht, daß 27% der Konjunktion $(p \wedge \neg p)$ zustimmen, wie es die Theorie verlangt.

$$H(978) \text{ ist zu } 0{,}2715 \text{ ein Haufen,}$$

$$H(978) \text{ ist zu } 0{,}2714 \text{ ein Haufen,}$$

wenn man Vagheit zweiter Stufe ernst nimmt? Denn wenn die Vagheit zweiter Stufe keinen vagen Umschlagpunkt erlaubt, wie sollte sie erlauben, die Differenz von 0,0001 zu rechtfertigen? Ein Prädikat kann doch schlecht einerseits vage sein, andererseits aber eine solche Präzision mit sich führen, daß es ein Zuschreibungsunterschied von 1/10.000 (oder beliebig kleiner!) erzwingt. Ferner tritt auch bei einer ∞-wertigen Logik die Anomalie auf, die schon für den n-wertigen Fall erwähnt wurde: Wenn ein Haufen $H(n)$ ins Räsonnement einbezogen wird, der wegen $n > k$ größer ist als der zuvor größte Haufen $H(k)$, dann gilt:

$$\mathfrak{J}[\aleph_1]((H(n)) = 1 \quad \text{und} \quad \mathfrak{J}[\aleph_1](H(k)) < 1,$$

obwohl doch vorher

$$\mathfrak{J}[\aleph_1]((H(k)) = 1$$

galt, was in keiner Weise eine adäquate Modellierung des vagen Prädikates „Haufen" darstellt. Stellte ein definierbarer Junktor wie „⊓" die Korrektheit in Frage, so zeigen die letzten Überlegungen, daß unklar ist, wie die Vollständigkeitsrichtung aus Behauptung (7)

$$p \text{ ist vage } \Rightarrow |p| \in {]}0{,}1{[} \tag{7b}$$

befriedigend etabliert werden soll. (Ich komme auf diesen Punkt noch einmal im Zusammenhang mit unscharfen Mengen zurück; doch auch ohne dies gilt:) Summa summarum ist auch hier der Eindruck vorherrschend, daß selbst kontinuumswertige Logiken die Eigenart vager Prädikate nicht befriedigend (adäquat) modellieren können und sich demzufolge kaum als ‚Logik der Vagheit' eignen.

2.3.3 Unscharfe (fuzzy) und grobe (rough) Mengen

Während der Ansatz, mit vielwertigen Logiken zu arbeiten, die Logik nicht-klassisch werden ließ, ist nun der Versuch zu untersuchen, den Mengenbegriff nicht-klassisch zu fassen, um so zu einer befriedigenden Theorie der Vagheit zu kommen. Vielwertige Logiken gaben das Prinzip vom ausgeschlossenen Dritten für Aussagesätze auf, unscharfe Mengen geben es für Mengen auf, womit sie alle frei nach dem Motto „It's not a bug, it's a feature" handeln. Aus Platzgründen gehe ich auf grobe Mengen nur kurz ein.

Unscharfe Mengen (Fuzzy Set Theory, FST)

Die Grundidee der unscharfen Mengen ist, die klassische Element-Menge-Beziehung, die nur ein „Entweder $x \in X$ oder $x \notin X$" kennt, durch eine Element-Menge-Beziehung zu ersetzen, die einen Zugehörigkeitsgrad erlaubt, mit dem x zu X gehört. Das heißt, die klassische Zugehörigkeitsfunktion, die nur zwei Werte annehmen kann:

$$\mu_X^k(x): \quad X \mapsto \{0,1\},$$

wird ersetzt durch eine, die beliebige Werte aus [0,1] annehmen kann:

$$\mu_X^f(x): \quad X \mapsto [0,1].$$

Hierbei entsprechen die klassischen Alternativen wieder den Intervallgrenzen, d. h.:

$$x \in X : \text{gdw. } \mu_X^f(x) = 1 = \mu_X^k(x) \quad \text{und} \quad x \notin X : \text{gdw. } \mu_X^f(x) = 0 = \mu_X^k(x).$$

Wie man im Falle der ∞-wertigen Logik leicht nicht-klassische Junktoren definieren konnte, die im klassischen 0,1-Fall mit den gewöhnlichen Junktoren zusammenfallen, so findet man auch im mengentheoretischen Fall unschwer nicht-klassische Pendants zu den klassischen mengentheoretischen Operationen, die derart dem PMK genügen. Es sind (wobei ich den oberen Index „f" jetzt weglasse):

$$\begin{aligned}
\mu_{\overline{X}}(x) \quad &= \quad 1 - \mu_X(x) \\
\mu_{X \cap Y}(x) \quad &= \quad \min(\mu_X(x), \mu_Y(x)) \\
\mu_{X \cup Y}(x) \quad &= \quad \max(\mu_X(x), \mu_Y(x)) \\
X \subseteq Y \quad &\text{gdw.} \quad \forall x: \ \mu_X(x) \leq \mu_Y(x) \\
X = Y \quad &\text{gdw.} \quad \forall x: \ \mu_X(x) = \mu_Y(x).
\end{aligned}$$

Offensichtlich entsprechen diese Festlegungen für unscharfe Mengenoperatoren genau denen, die man für die korrespondierenden ∞-wertigen Satzoperatoren vereinbaren kann. Für den einfachsten Fall, der nicht funktionale Zuordnung, sondern Gleichheit annimmt (d. h. aus $p = {}_{\text{„}}x \in X$" folgt $|p| = \mu_X(x)$), gilt daher:

$$\begin{aligned}
1 - |p| = |\neg p| \quad &= \quad \mu_{\overline{X}}(x) = 1 - \mu_X(x) \\
\min(|p|,|q|) = |p \wedge q| \quad &= \quad \mu_{X \cap Y}(x) = \min(\mu_X(x), \mu_Y(x)) \\
\max(|p|,|q|) = |p \vee q| \quad &= \quad \mu_{X \cup Y}(x) = \max(\mu_X(x), \mu_Y(x)) \qquad (8) \\
|p| \leq |q| \, \text{gdw.} \, |p \rightarrow q| \, \text{gdw.} \quad & X \subseteq Y \, \text{gdw.} \, \mu_X(x) \leq \mu_Y(x) \\
|p| = |q| \, \text{gdw.} \, |p \rightleftharpoons q| \, \text{gdw.} \quad & X = Y \, \text{gdw.} \, \mu_X(x) = \mu_Y(x)
\end{aligned}$$

Es dürfte klar sein, daß sich auf Grund dieser Korrespondenz die Bedenken gegen ∞-wertige Logiken sofort auf unscharfe Mengen als Modellierungsgrundlage des Vagheitsphänomens übertragen. (Ehrlicherweise muß ich zugeben, daß die Sache einen Haken hat: Denn daß ich hier die Festlegungen aus (5) statt aus (4) in (8) verbaut habe, zeigt schon, daß es weder die eine ∞-wertige Logik noch die eine FST gibt, sondern viele; damit läßt die Diskussion hier aber offen, ob andere als die hier vorgestellten, üblichenVersionen dieser Theorien ggf. besser wegkommen, – auch wenn es keinen Grund für diese Annahme gibt.) Denn der Adäquatheitsbedingung

$$x \in X \text{ ist vage} \quad \text{gdw.} \quad \mu_X(x) \in \,]0,1[, \tag{9}$$

die man an eine Theorie der Vagheit zu stellen hat, genügt die FST nicht. Die Korrektheitsbehauptung von (9) wird durch Operatoren wie

$$\text{„}\sqcap\text{“ mit: } \mu_{X \sqcap Y}(x) = \tfrac{1}{2}(\mu_X(x) + \mu_Y(y)) \tag{5_∞}$$

verletzt, und ihre Vollständigkeitsbehauptung kann vor allem auf Grund der Vagheit zweiter Stufe nicht befriedigend etabliert werden. Doch dies wurde bereits oben ausgeführt, weswegen jetzt ein weiterer Grund gegen beide Versuche anführt werden soll.

Solange beide Theorien mit einer klassischen, bivalenten Metatheorie daherkommen, verlangt diese – entgegen Vagheit zweiter Stufe (s. o.) –, daß der vage Zugehörigkeitsgrad für $978 \in H$ bzw. der Wahrheitswert für $H(978)$ entweder $\mu_H(978) = 0{,}2715 = |H(978)|$ ist oder nicht, – tertium non datur. Ein weiteres Beispiel soll diese Problematik einer klassischen Metatheorie noch deutlicher machen. Dazu betrachte man den Satz:

$$r = \text{„}x \text{ Körner sind eher ein kleiner Hügel als ein Haufen.“},$$

zerlege ihn in die Teilbehauptungen

$$p = \text{„}x \text{ Körner sind ein kleiner Hügel.“, und } q = \text{„}x \text{ Körner sind ein Haufen.“},$$

bzw.

$$x \in K,\ K = \text{Menge der kleinen Hügel, und } x \in H,\ H = \text{Menge der Haufen,}$$

definiere einen geeigneten neuen Junktor bzw. Operator „eher als“, etwa durch

$$|p \triangleright q| := \left\{ \begin{array}{l} 1, \text{ falls } |p| \geq |q|, \\ 0, \text{ sonst,} \end{array} \right. \quad \text{bzw.: } K \sqsupseteq H: \text{ gdw.} \left\{ \begin{array}{l} 1, \text{ falls } \mu_K(x) \geq \mu_H(x), \\ 0, \text{ sonst} \end{array} \right.$$

dann muß, weil beide 0,1-wertig sind und solange die Metatheorie klassisch ist, auf die Gültigkeit von

$$(p \triangleright q) \vee \neg(p \triangleright q) \quad \text{bzw.} \quad (K \sqsupseteq H) \vee \neg(K \sqsupseteq H) \tag{10}$$

geschlossen werden. Wenn aber „Haufen“ wie „kleiner Hügel“ vage und als solche nicht präzise 2-wertig entscheidbar sind, wie soll dann ihr Ineinanderübergehen präzise 2-wertig entschieden werden, wie es (10) verlangt? Man sieht, selbst wenn die wiederholt genannten Inadäquatheitsprobleme für ∞-wertige Logiken und unscharfe Mengen als Theorien der Vagheit beseitigt wären, bliebe noch die Aufgabe, sie mit einer geeigneten nicht-klassischen Metatheorie auszustatten. (Obwohl dies durchaus möglich ist, wurde es m. W. jedoch noch nicht ernsthaft versucht.)

Tritt die FST auch als Alternative zur klassischen Mengentheorie auf, so lehrt doch ein zweiter Blick, daß die Alternative nur scheinbar eine ist: Die FST läßt sich leicht in die klassische Mengenlehre rückübersetzen (unscharfe Mengen X etwa als Funktionen $f_X : X \mapsto [0,1]$); m. a. W., diese ‚neuen‘ Mengen sind keine neuartigen

Gebilde außerhalb der klassischen Theorie, sondern bloß ein spezieller Teil derselben. Nun entscheiden allerdings auch Darstellungsfragen über die Eignung einer Theorie und insofern mit unscharfen Mengen oder groben Mengen (s. u.) einfacher zu arbeiten ist, weil sie die zugrundeliegende Idee besser transportieren, wird man sie zu Recht in manchen Kontexten vorziehen. Und in der Tat haben beide Ansätze ein gewisses ‚Appeal', doch zählt dieser praktische Vorzug für unser Thema nicht. Als Resümee drängt sich demnach auf, daß jeder Versuch, eine FST einer Modellierung der Vagheit zugrunde zu legen, mit Schwierigkeiten derart prinzipieller Natur behaftet ist, daß dies kein erfolgversprechender Weg zu sein scheint.

Grobe Mengen (Rough Set Theory, RST)

Die Theorie der groben Mengen (RST) auf ein vages Prädikat $\mathcal{P}$ anzuwenden, heißt, seine unscharfe Extension P durch geeignete Unter- und Obermengen grob eingrenzen zu wollen; und zwar topologisch: Die Menge aller Gegenstände wird mit einer Topologie ihrer wahrnehmungsmäßig ununterscheidbaren Eigenschaften versehen, wodurch P zwischen ihrem inneren Kern und ihrer abgeschlossenen Hülle einschließbar wird. Im einzelnen:

Gegenstände sind uns durch ihre sinnlich diskriminierbaren Eigenschaften bekannt; sind zwei Gegenstände hinsichtlich einer Eigenschaft sinnlich ununterscheidbar, müssen sie als in dieser Hinsicht gleich gelten. Als formales Pendant hierzu bietet die RST den Begriff des Annäherungsraumes A (*approximation space*) an. Bezeichne U die Menge der (in einem konkreten Fall interessierenden) Gegenstände und R eine 2-stellige Relation über $U \times U$, die als Ununterscheidbarkeitsrelation (*indiscernibility relation*) unsere (Un-)Fähigkeit, Gegenstände sinnlich zu diskriminieren wiedergibt, d.h.

$$\forall x,y \in U : \quad R(x,y) : \text{gdw. } x \text{ und } y \text{ sind sinnlich ununterscheidbar,}$$

dann heißt das Paar U,R ein Annäherungsraum $A = (U,R)$.

Die durch R erzeugten Klassen heißen die *elementaren Mengen* oder *Atome* von A; die Menge aller Atome wird durch U/R angegeben. Jedes Atom $X \in U/R$ stellt somit eine Menge sinnlich nicht diskriminierbarer Gegenstände dar. Jede endliche Vereinigung von Mengen aus U/R heißt eine c-Menge (*composed set*); ihre Gesamtheit sei durch $C(A)$ bezeichnet. $T(A) = (U, C(A))$ ist dann der durch A bestimmte topologische Raum.

Eine Menge $X \subset U$ heißt definierbar in A gdw. $X = \emptyset$ oder $X \in C(A)$. Die obere Näherung $\overline{N}(X)$ (*best upper approximation*) einer Menge $X \subset U$ in A ist die kleinste definierbare Menge $Y \in C(A)$, die Obermenge von X ist (also ihre abgeschlossene Hülle in $T(A)$):

$$\overline{N}(X) := \min(Y) : Y \in C(A) \wedge X \subset Y.$$

Die untere Näherung $\underline{N}(X)$ (*best lower approximation*) einer Menge $X \subset U$ in A ist die größte definierbare Menge $Y \in C(A)$, die Untermenge von X ist (also ihr innerer Kern in $T(A)$):

$$\underline{N}(X) \; := \; \max(Y) : \; Y \in C(A) \; \wedge \; Y \subset X.$$

Der Grenzbereich $B(X)$ (*boundary*) einer Menge $X \subset U$ in A ist die Differenz ihrer Näherungen:

$$B(X) \; := \; \overline{N}(X) \setminus \underline{N}(X).$$

Definierbare Mengen fallen demnach mit ihren Näherungen zusammen. Dagegen kann kein vages Prädikat eine definierbare Extension haben, es kann höchstens zwischen seinen Näherungen eingeschlossen werden. Damit ist klar, wie vage Prädikate im Rahmen der RST einen gleichsam natürlichen Platz finden.

So elegant dieser Ansatz auch ist, er hat in der Gemeinde der Vagheits-Forscher bislang kaum Beachtung gefunden. Nun ist hier nicht der Ort, das Versäumte nachzuholen. Doch will ich sagen, warum ich mit einer weiteren Ausarbeitung keine großen Hoffnungen verbinde: Der Grund ist, daß die RST einer dreiwertigen Logik gleichkommt ([13]), womit sich ein Teil der Einwände gegen vielwertige Logiken wohl wiederholen läßt.

2.3.4 s-Bewertung (Supervaluation)

Es gehört zum Wesen der Vagheit, daß zwei kompetente Muttersprachler A und B sich darüber einig sind, daß ein Korn keinen Haufen bildet wie auch, daß 100.000 Körner dies tun. Diesen Umstand unbenommen wird A vielleicht 978 Körner als Haufen bezeichnen, B aber erst Ansammlungen ab 1033. Dies ist harmlos, solange jeder kohärent bleibt, d. h., daß etwa A nie eine Zuschreibung der Art vornimmt, daß $H(978)$ wahr und $H(1033)$ falsch ist. Die Idee ist nun, alle möglichen in sich kohärenten Zuschreibungspraktiken zusammenzulegen und eine Logik derjenigen Aussagen zu entwickeln, die unter jeder Zuschreibungspraxis wahr bzw. falsch sind und für die restlichen eine Wahrheitswert-Lücke (*truth-value gap*) zu konstatieren. Vage Prädikate würden dann als solche mit Wahrheitswert-Lücke analysiert, da sie, wie $H(978)$, nicht in allen Fällen von allen Sprechern als wahr eingestuft werden.

Formalisierung bedeutet qua Präzisierung immer auch Verlust, was oftmals fruchtbar wirkt, da so eine Konzentration auf den relevanten Gehalt eintritt. *Alles, was für eine richtige Schlussfolge nöthig ist, wird voll [in meiner Formelsprache] ausgedrückt; was aber nicht nöthig ist, wird meistens auch nicht angedeutet*, schreibt etwa Frege ([BS], S. 3). Dies ist ein wichtiger Aspekt der Erfolgsgeschichte der mathematischen Logik im Anschluß an Frege und Cantor, wie der mathematischen Naturwissenschaft ganz allgemein. Doch eine Formalisierung natürlichsprachlicher Phänomene läuft stets Gefahr, daß ihr eigentümlich-reicher Gehalt durch die Formalisierung weniger eine Präzisierung oder Konzentration auf das Wesentliche erfährt, als vielmehr vom Totalverlust bedroht ist. Dieser Gefahr wirkt der soeben skizzierte Ansatz entgegen, indem er zwar – unvermeidlich für eine formale Modellierung – präzisiert, den Formalisierungsverlust aber zu kompensieren sucht, indem der sprachliche Gehalt vager Ausdrücke nicht in die Formalisierung einer einzigen Zuschreibungspraxis gepreßt wird, sondern in die Vereinigung aller.

„Sprachliche Zuschreibungspraxis" übersetzt der Logiker als „Interpretation ‚$\mathfrak{I}$‘

einer (formalen) Sprache „$\mathcal{L}$‘“, die à la Tarski induktiv über den Aufbau der Ausdrücke erklärt wird. Es sei nun $\mathcal{L}$ eine (formale) Sprache, in der sich über Haufen sprechen läßt, und $\mathfrak{I}$ eine Interpretation von $\mathcal{L}$. $\mathfrak{I}$ heiße zulässig (*admissable*), kurz: „z-Interpretation“ bzw. „$\mathfrak{I}[z]$“, wenn sie sich als kohärent in oben angedeutetem Sinne erweist (dieser Punkt der *precisification* bedarf hier keiner genauen formalen Behandlung); jede $\mathfrak{I}[z]$ stellt somit die Präzisierung einer kohärenten Zuschreibungspraxis dar, und jede ist zunächst so gut wie jede andere. Jede z-Interpretation schreibt allen Sätzen der fraglichen Sprache einen der beiden Wahrheitswerte W, F zu, kurz: sie bewertet die Sätze; so entspricht jeder $\mathfrak{I}[z]$ eine zulässige Bewertung (*admissable valuation*), kurz: „z-Bewertung“. $H(1)$ würde unter allen $\mathfrak{I}[z]$ falsch, $H(100.00)$ unter allen wahr; ein Grenzfall wie H(978) würde zwar von jeder $\mathfrak{I}[z]$ bewertet, unter einigen jedoch wahr, unter den anderen falsch. Eine s-Bewertung (*supervaluation*) bewertet dann jeden Satz als wahr, den jede z-Bewertung wahr sein ließ, jeden Satz als falsch, den jede z-Bewertung falsch sein ließ, und läßt jeden Satz unbewertet, der von z-Bewertungen unterschiedlich bewertet wurde.

Danach heißt ein Satz φ s-gültig (*supertrue*) bzw. s-ungültig (*superfalse*) gdw. er unter allen z-Interpretation wahr bzw. falsch ist:

$$\text{s-glt}(\varphi) \quad : \text{gdw.} \quad \forall \mathfrak{I}[z] \vDash \varphi, \quad \text{kurz:} \quad \vDash_{sw} \varphi;$$
$$\text{s-uglt}(\varphi) \quad : \text{gdw.} \quad \forall \mathfrak{I}[z] \nvDash \varphi, \quad \text{kurz:} \quad \nvDash_s \varphi.$$

Diese s-Gültigkeit soll dann eine im Gegensatz zur klassischen Logik adäquatere Explikation des normalen Prädikates „wahr“ sein, d. h., der s-Bewertungs-Theoretiker übersetzt „wahr“ mit „s-gültig“. Ein entsprechender s-Folgerungsbegriff kann nun auf zweierlei Weise eingeführt werden. Der schwache Begriff von s-Folgerung (M. Dummett) definiert sich analog zum klassischen Fall:

$$\varphi \; k\text{-folgt aus } \Phi, \; \Phi \Vdash_k \varphi \quad : \text{gdw.} \quad \forall \mathfrak{I}: \mathfrak{I} \vDash \Phi \Rightarrow \mathfrak{I} \vDash \varphi,$$

während der starke Begriff von s-Folgerung (K. Fine) sich enger an die Idee der s-Gültigkeit bindet (Nur dieser wird nachfolgend eine Rolle spielen):

$$\varphi \; s\text{-folgt (schwach) aus } \Phi, \; \Phi \Vdash_{sw} \varphi \quad : \text{gdw.} \quad \forall \mathfrak{I}[z]: \mathfrak{I}[z] \vDash \Phi \Rightarrow \mathfrak{I}[z] \vDash \varphi;$$

$$\varphi \; s\text{-folgt (stark) aus } \Phi, \; \Phi \Vdash_{st} \varphi \quad : \text{gdw.} \quad \forall \mathfrak{I}[z](\mathfrak{I}[z] \vDash \Phi) \Rightarrow \forall \mathfrak{I}[z](\mathfrak{I}[z] \vDash \varphi),$$
$$\text{gdw.} \qquad \vDash_{sw} \Phi \quad \Rightarrow \quad \vDash_{sw} \varphi.$$

Und da sich aus jedem klassischen Gegenbeispiel ein s-bewertendes gewinnen läßt, gilt insgesamt:

$$\Phi \Vdash_k \varphi \quad \Leftrightarrow \quad \Phi \Vdash_{sw} \varphi \quad \Leftrightarrow \quad \Phi \Vdash_{st} \varphi. \tag{11}$$

Soweit scheint auch dieser Ansatz dem PMK zu folgen; doch der Anschein trügt, denn s-Bewertungen sind nicht wahrheitswertfunktional, d. h. der Wahrheitswert (hier: s-Gültigkeit) einer Junktion bestimmt sich nicht immer aus den Wahrheitswerten seiner Junktionsglieder. Ein einfaches Beispiel ist die Disjunktion:

$$\varphi = \text{„978 Körner bilden ein Haufen oder nicht“}.$$

Dieser Satz φ ist, weil tautologisch, sicherlich unter jeder z-Bewertung wahr, also s-gültig. Doch sind seine Disjunktionsglieder:

$$\psi = \text{„978 Körner bilden einen Haufen“ und}$$

$$\neg\psi = \text{„978 Körner bilden keinen Haufen“}$$

unter manchen z-Bewertungen wahr, unter anderen falsch, also keinesfalls s-gültig. Somit ist φ eine s-gültige Junktion, deren Junktionsglieder es nicht sind. Und auch der Sorites selbst bietet ein Beispiel für diese Eigenschaft:

Jede z-Interpretation macht $H(1)$ falsch und $H(100.000)$ wahr, d. h. $H(1)$ ist s-ungültig: $\nvDash_{st} H(1)$, und $H(100.000)$ ist s-gültig: $\vDash_{st} H(100.000)$. Worin sich die einzelnen z-Interpretationen voneinander unterscheiden, ist, daß jede einen anderen vagen Umschlagpunkt besitzt, also für $\mathfrak{I}[z]_A$ etwa gilt:

$$\mathfrak{I}[z]_A \vDash \neg H(977) \wedge H(978),$$

für $\mathfrak{I}[z]_B$ dagegen:

$$\mathfrak{I}[z]_B \vDash \neg H(1032) \wedge H(1033);$$

m. a. W. jede z-Interpretation hat zwar einen vagen Umschlagpunkt, aber nicht jede hat den gleichen. Damit ist aber die Aussage:

$$\exists x \sigma(x) \;\equiv\; \exists x(\neg H(x) \wedge H(x+1))$$

s-gültig, obwohl sich kein $n \in \mathbb{N}$ angeben ließe, für das die Instanz:

$$\sigma(n) \;\equiv\; (\neg H(n) \wedge H(n+1)),$$

s-gültig wäre, denn jede z-Bewertung hat ihren eigenen, nicht notwendigerweise gleichen Umschlagpunkt. Auch der Sorites bietet solch ein Beispiel für die verletzte Wahrheitswertfunktionalität unter s-Bewertung: $\exists x \sigma(x)$ ist s-gültig, ohne daß $\sigma(n)$ für ein geeignetes $n \in \mathbb{N}$ s-gültig ist.

Damit ist auch schon die Analyse des Sorites aus Sicht der s-Bewertung vorbereitet. Der Schluß von der wahren und sogar s-gültigen Prämisse „$\neg H(1)$“ mittels geeigneter Instanzen des Prämissenschemas

$$\forall n \in \mathbb{N} : \neg H(n) \rightarrow \neg H(n+1) \tag{12}$$

auf die falsche und sogar s-ungültige Konklusion „$\neg H(100.000)$“ ist als klassisch gültiger auch ein s-gültiger Schluß. Doch jede z-Interpretation $\mathfrak{I}[z]_i$ kennt ein Gegenbeispiel für das Prämissenschema (12), nämlich:

$$\sigma(n_i) \equiv (\neg H(n_i) \wedge H(n_i + 1));$$

folglich ist (12) (bzw. der korrespondierende allquantifizierte Satz) nicht nur nicht s-gültig, sondern sogar s-ungültig. Folglich ist der Sorites ein s-gültiger, aber unkorrekter Schluß, da eine seiner Prämissen immer falsch (d. h. s-ungültig) sein wird. Damit gibt s-Bewertung beiden Intuitionen recht: Sowohl der Intuition, nach welcher der Sorites ein formal gültiges Argument ist, als auch der, gemäß welcher mit ihm trotzdem irgend etwas ‚faul‘ ist. (Darüber hinaus vermeidet der s-bewertende Ansatz die Anomalien der bereits besprochenen Ansätze, was hier nicht weiter ausgeführt werden soll.) Die Preisgabe der Wahrheitswertfunktionalität scheint sich gelohnt zu haben; hat sie es?

Zweifel wurden vor allem bezüglich der s-Ungültigkeit des Prämissenschemas laut. Denn gerade der Schluß von $\neg H(n)$ auf $\neg H(n + 1)$ scheint doch unanfechtbar wahr und für die Vagheit des Prädikats charakteristisch zu sein. Dem würde ich entgegenhalten, daß gerade dieser Schritt nicht spezifisch für Vagheit ist; zeigt doch im Gegenteil das zahlentheoretische Schlußschema der vollständigen Induktion, daß dieser ‚induktive‘ Schritt eher typisch für scharfe Mengen bzw. nicht-vage Prädikate ist, was ja anscheinend auch Freges Sicht der Dinge war. Merkwürdiger ist vielleicht folgendes. Das ‚Dirichletsche Schubfachprinzip‘ (pingeon hole principle) besagt, daß, wenn 101 Kugeln auf 100 Schubladen verteilt werden, in eine Schublade zumindest zwei Kugeln kommen. Werden also 100.000 Sorites-Argumente à 100.000 Körner durchgeführt, so gibt es zumindest zwei vage Umschlagpunkte, die identisch sind. Da s-Bewertung aber keinen Umschlagpunkt uniform benennen kann (sie weiß nur, in jeder z-Interpretation gibt es einen), gibt es demnach eine Identität zwischen zwei nicht konkret benennbaren Entitäten. Doch auch hier, denke ich, ist die Sache nicht so geheimnisvoll, wie sie klingt. Denn wenn ich wissen will, in welcher Schublade zwei Kugeln sind, muß ich sie nur alle aufziehen, und wenn ich wissen will, welche zwei Umschlagpunkte identisch sind, muß ich ‚nur‘ alle z-Interpretationen durchgehen (Unpraktikabilität ist bei prinzipiellen Fragen kein Einwand). Schließlich wurde beklagt, daß die s-Bewertung – wie im Fall des Sorites – Existenzbehauptungen als s-gültig erklären kann, ohne daß es dafür ein s-gültiges Beispiel geben müßte. Doch hier darf seine Stimme nur erheben, wer auch in der Mathematik Konstruktivist ist; denn in der klassischen Mathematik sind reine Existenzbeweise, ohne ein konkretes Beispiel aufweisen zu können, das tägliche Brot. Die Zwischenbilanz erscheint demnach so gut, daß sich alles auf die Gretchenfrage zuspitzt: Wie wird die s-Bewertung mit Vagheit zweiter Stufe fertig?

Der Kompromiß, den ein s-Bewertungs-Theoretiker eingeht, ist, daß einerseits gesagt wird, es gibt einen vagen Umschlagpunkt (dies rettet die formale Gültigkeit des Sorites), andererseits wird keiner angegeben (dies berücksichtigt die Vagheit zweiter Stufe). Kann man sinnvollerweise mehr verlangen? Kit Fine nimmt diesen Punkt sehr ernst und führt zur Klärung dieses Sachverhaltes einen neuen einstelligen Satzoperator „D" ein:

$$D\varphi \quad : \text{gdw.} \quad \varphi \text{ ist definitiv s-gültig,}$$

mit dem sich Vagheit objektsprachlich formulieren läßt. Setzt man nämlich:

$$\mathsf{I}\varphi \quad : \text{gdw.} \quad \neg D\varphi \wedge \neg D\neg\varphi,$$

so drückt (mehr oder minder) „$\mathsf{I}\varphi$" die Vagheit erster, „$\mathsf{II}\varphi$" die Vagheit zweiter, und allgemein „$\mathsf{I}^n\varphi$" die Vagheit n-ter Stufe von φ aus. (Warnung: Unter Zugrundelegung des starken Begriffs von s-Folgerung muß das Deduktionstheorem in einer um den D-Operator angereicherten Sprache nicht länger gelten, so daß (11) im Einzelfall verletzt werden kann.) In Analogie zu den normalen Modallogiken kann man dann plausibel machen, daß der D-Operator die Eigenschaften des Notwendigkeitsoperators „$\Box$" im System KT teilt, nicht aber die von stärkeren Systemen wie S4 oder S5. Da KT unendliche viele Modalitäten kennt (vgl. [5] S. 149,), wird es vermutlich auch unter s-Bewertung Vagheit beliebig hoher Stufe, wenigstens nominell, geben. Dagegen spricht, daß unter s-Bewertung das tertium non datur in Kraft bleibt: Entweder ein Satz ist s-gültig oder nicht (d. h. er ist s-ungültig oder fällt in eine Wahrheitswertlücke), was allem Anschein nach keinen Raum für Vagheit zweiter Stufe läßt. Wie die Diskussion dieses Punktes auch ausgehen mag, vielleicht wird sich die Einsicht durchsetzen, wonach keine Theorie der Vagheit gut mit einer bivalenten Metatheorie fährt, und daß es demnach keine Schande ist festzustellen, daß der Begriff „z-Interpretation" und in Folge davon auch der Begriff „s-gültig" selbst vage sind, wie es in der Literatur auch schon vertreten wurde.

Die Grundidee, von der eine Modellierung der Vagheit durch s-Bewertung ihren Ausgang nimmt, ist, daß der Inhalt einer Sprache mit vagen Ausdrücken durch eine geeignete Verbindung einer Vielzahl vollkommen präziser Sprachen (z-Interpretationen) ausgeschöpft werden kann. Wie man zu diesem Grundgedanken auch stehen mag, so wurde meiner Meinung nach mit dem s-Bewertungsansatz erstmals ein ernstzunehmender Kandidat zur Modellierung der Vagheit ins Spiel gebracht. Und als solcher zeigt er, daß die Devianz zum klassischen Modell tiefgreifender ausfallen kann (Verletzung der Extensionalität, hier: Wahrheitswertfunktionalität) und sie woanders anzusetzen hat (tertium non datur bleibt gültig), als man im Vorhinein vielleicht hätte vermuten können. Mein Hauptbedenken gegen s-Bewertung ist, daß es keine Modellierung im oben erklärten Sinne ist. Denn s-Bewertung modelliert nicht den Vagheitsschluß:

$$\mathfrak{I}[z] \vDash H(1) = F \quad \Rightarrow \quad H(100.000) = W,$$

sondern blockiert

$$\mathfrak{I}[z] \vDash H(1) = F \quad \Rrightarrow \quad H(100.000) = F$$

durch den Nachweis, daß „$\Rrightarrow$" eine s-gültige, aber unkorrekte Folgerung darstellt.

2.3.5 Rück- und Ausblick

Soweit ich sehe, gibt es im Grundsätzlichen drei Positionen zur Vagheit. Man kann sie der Welt selbst zuschreiben, was zur ontologischen Vagheit führt, oder sie als Eigenart der Sprache eben dieser in die Schuhe schieben, was auf die sprachliche

Vagheit führt. Unter beiden Perspektiven ist sie eine wesentliche Eigenschaft, und ihre Problematik bekommt die ihr eigentümliche Virulenz. Im Gegensatz dazu kann sie aber auch als sprachpragmatisches Phänomen aufgefaßt werden. Das heißt, Vagheit ist nichts, was der Welt oder der Sprache als solcher zukommt, sondern einfach Ausdruck unseres Gebrauchs der Sprache. Es sind wir, die Sprache so benutzen, daß Vagheit gewollt oder aus Nachlässigkeit vorkommt, prinzipiell wäre sie jedoch vermeidbar: Nichts hindert uns, 100.000 Haufenwörter $H_1, \ldots, H_{100000}$ einzuführen und nur nachdem wir nachgezählt haben anzuwenden.

Durch die Geschichte wird man die Vagheitsproblematik, wenn auch unter anderem Namen (Stichwort: Einheit und Vielheit), meistenteils als ontologische Vagheit diskutiert finden. Unter dem Einfluß Wittgensteins, wonach wir als Gefangene unserer Sprache nicht aus ihr herauskönnen, gab es thematisch nur mehr sprachliche Vagheit, die man, getrieben vom Formalisierungsdrang der Analytischen Philosophie, mit Mitteln formal zu modellieren sucht, die unzureichend sind, wie wir sahen. Dies rührt wohl daher, daß sie allesamt dafür ursprünglich nicht konzipiert waren (vgl. [17]). Gegenwärtig scheint die Stimme des sprachpragmatischen Ansatzes, wie er etwa von David Lewis vertreten wird, zunehmend Gehör zu finden (Denn wer hört noch auf Platon oder Husserl?), was zu einer unaufgeregteren Sicht der Dinge führt.

Wie man sich auch im Grundsätzlichen zur Vagheit stellt, so bleibt sie doch eine Herausforderung an unsere Formalisierungskunst. Und soweit die bisherigen Modellierungen überhaupt Erfolg versprachen, mußten sie, wie es die s-Bewertung tut, die geliebten Gefilde der Extensionalität verlassen. Der Unterschied zwischen Intension und Extension geht letztlich aber auf eine weitere Homonymie zurück, die Aristoteles geschieden hatte: Etwas kann extensive oder intensive Größe haben, Größe der Zahl oder dem Maß nach. Und was traditionell eine intensive Größe war, findet sich dementsprechend heute unter einem Integral wieder. Die Bedeutung eines vagen Ausdruckes wird aber in den meisten Modellierungen als extensionale Größe behandelt, wogegen ich denke, daß es eine intensive Größe ist und zeitgemäß maßtheoretisch behandelt gehört. Dies hoffe ich, demnächst ausführen zu können.

Literaturverzeichnis

[1] ARISTOTELES: *Aristotle, in twenty-three volumes (= Loeb Classical Library)*. Cambridge/MA, London 1926ff.

[2] BULDT, B.: *Vagheit*. In: RITTER, J.(†); GRÜNDER, K. (HRSG.): *Historisches Wörterbuch zur Philosophie*, Band 11. Basel 2000(?).

[3] ———; SCHMIDT, E. G.: *Sorites*. In: RITTER, J.(†); GRÜNDER, K. (HRSG.): *Historisches Wörterbuch zur Philosophie*, Band 9. Basel 1996, S. 1090–1099.

[4] BURNS, L. C.: *Vagueness*. Dordrecht 1991.

[5] CHELLAS, B. F.: *Modal logic*. Cambridge 1980.

[6] DIELS, H.; KRANZ, W. (HRSG.): *Die Fragmente der Vorsokratiker*. Berlin 10. Auflage 1960.

[7] FREGE, G.: *Begriffschrift, eine der arithmetischen nachgebildete Formelsprache des reinen Denkens*. Halle 1879; ND: Hildesheim 1988.

[8] ———: *Funktion und Begriff* (1891). ND in: *Funktion, Begriff, Bedeutung*, Göttingen 1980, S. 18–39.

[9] ———: *Grundgesetze der Arithmetik*, Bände I+II. Jena 1893, 1903; ND: Hildesheim 1966.

[10] HOWSON, C.; URBACH, P.: *Scientific reasoning. The Bayesian approach*. Chicago 1989, 2. Auflage 1993.

[11] HÜLSER, K.: *Die Fragmente zur Dialektik der Stoiker*. Stuttgart 1987.

[12] HUSSERL, E.: *Ideen zu einer reiner Phänomenologie und phänomenologischen Philosophie* (1930) (= Gesammelte Schriften, Bd. 5). Hamburg 1992.

[13] ITURRIOZ, L: *Rough sets and three-valued structures*. In: ORŁOWSKA, E. (HRSG.): *Logic at Work*. Heidelberg 1999, S. 596–603.

[14] KEEFE, R.; SMITH, P.: *Introduction: theories of vagueness*. In: KEEFE, R.; SMITH, P. (HRSG.): *Vagueness. A reader*. Cambridge/MA, London 1996, S. 1–57.

[15] PLATON: *Platon, Werke in acht Bänden*. Darmstadt 1977.

[16] REHN, R.: *Der logos der Seele*. Hamburg 1982.

[17] WILLIAMSON, T.: *Vagueness*. London 1994.

3 Die Stochastik zwischen Laplace und Poincaré

Ivo Schneider[1]

3.1 Die Bedeutung von Laplace für die Stochastik des 19. Jahrhunderts

Daß der bereits 1827 gestorbene Pierre Simon Laplace (geb. 1749) eine zentrale Stellung für die Stochastik des 19. Jahrhunderts spielte, wird in nahezu allen historischen Darstellungen betont. Die Literatur zur Wahrscheinlichkeitsrechnung zeigt, daß dieser Einfluß bis ins letzte Drittel des 19. Jahrhunderts reicht.

So wollte Matthieu Paul Hermann Laurent (1841-1908) mit seinem *Traité du calcul des probabilités* von 1873 die mathematischen Grundlagen dafür schaffen, die als außerordentlich schwierig geltende *Théorie analytique des probabilités* (*TAP*) von Laplace dem Leser mathematisch zu erschließen, da frühere Lehrbücher wie die 1816 bzw. 1843 erschienenen von Sylvestre François Lacroix (1765-1843) oder Antoine-Augustin Cournot (1801-1877) aufgrund ihres elementaren Charakters dazu nicht in der Lage waren. Die *Recherches* von Siméon-Denis Poisson (1781-1840) von 1837 erschienen Laurent zwar in den darin behandelten Teilen analytisch anspruchsvoll genug, um auf die *TAP* vorzubereiten, deckten aber den Inhalt der *TAP* nicht vollständig ab. Laurent sah die *TAP* vor allem deshalb als so wichtig an, weil sie als einziges Werk der Wahrscheinlichkeitsrechnung die gesamte „Wissenschaft des Zufälligen" umfaßte. Aus diesem Grunde wollte er für alle an der Wahrscheinlichkeitsrechnung Interessierten, vor allem aber für Artillerieoffiziere und Kandidaten des Versicherungswesens, eine elementare, aber für das Studium der gesamten verfügbaren Literatur und insbesondere der *TAP* ausreichende Einführung geben. Allerdings verzichtete Laurent auf die Behandlung des durch das sogenannte Petersburger Problem prominenten Begriffs der moralischen Hoffnung bzw. Erwartung und die wahrscheinlichkeitstheoretische Bewertung von Gerichtsurteilen und Zeugenaussagen. Die Wahrscheinlichkeitsrechnung sollte sich nach dieser „Reinigung" neben den erforderlichen analytischen Methoden auf die folgenden drei Schwerpunkte konzentrieren:

1. Gesetz der großen Zahlen bzw. zentraler Grenzwertsatz,

2. Fehlerrechnung, insbesondere die Methode der kleinsten Quadrate, wobei auch

---

[1] Dieser Beitrag ist die überarbeitete deutsche Fassung eines Artikels *Probabilita et Statistica dell' 800* für die Reihe *Storia della Scienza* des Istituto della Enciclopedia Italiana, Band VI, La Scienza dell' 800, sez. C. Mathematica.

der aus dem Jahr 1852 stammende Grundlegungsversuch der Methode von Irenée-Jules Bienaymé (1796-1878) mitberücksichtigt wurde,

3. Versicherungswesen.

Dies bestätigt die erstaunlich ausführliche Bibliographie am Ende von Laurents *Traité*. Sie zeigt auch, daß zumindest in der französischen Literatur zwischen dem Lehrbuch Cournots von 1843 und dem von Laurent eine Lücke von dreißig Jahren klafft.

In einem Vortrag aus dem Jahr 1903 verwies der belgische Mathematiker Paul Mansion (1844-1919) auf die mangelnde Verankerung der Wahrscheinlichkeitsrechnung im französischen Ausbildungssystem als Hauptgrund für eine solche Lücke in der französischen Fachliteratur.
Für das in der Mathematik in der zweiten Hälfte des 19. Jahrhunderts stark aufkommende Deutschland gilt ähnliches, wobei sich die meisten Dozenten der an verschiedenen deutschen Universitäten gelegentlich angebotenen Vorlesungen über Wahrscheinlichkeitsrechnung mehr oder minder eng an Laplace orientierten. Dies gilt allerdings nicht für den Bereich der Fehlerrechnung, für den, bedingt durch den Einfluß von Carl Friedrich Gauß (1777-1855) und seiner Schule auf die Entwicklung der Astronomie und Geodäsie, schon verhältnismäßig früh regelmäßig spezielle Vorlesungen angeboten wurden.
In keinem europäischen Land mit Ausnahme von Rußland dürfte allerdings die Etablierung der Wahrscheinlichkeitsrechnung früher und vollständiger erfolgt sein als in Belgien. Ohne Zweifel geht diese belgische Entwicklung auf den Einfluß von Lambert-Adolphe-Jacques Quetelet (1796-1874) zurück, der mit der von ihm begründeten Form einer Statistik im Sinn einer sozialen Physik weit über die Grenzen Belgiens hinaus größte Aufmerksamkeit erregt hatte.

Der nach Laurent zum ersten Mal 1888 erschienene *Calcul de probabilités* von Joseph Bertrand (1822-1900), der eine Ausarbeitung seiner Vorlesungen am Collége de France darstellt, versucht nicht mehr in die *TAP* von Laplace einzuführen, mit der Begründung, daß es jetzt im Gegensatz zu Laplace und in Übereinstimmung mit dem von Augustin-Louis Cauchy (1789 - 1857) eingeleiteten Verstrengungsprogramm in der Mathematik um größtmögliche Einfachheit bei der Wahl der mathematischen Mittel und um eine Strenge geht, die eine genaue Bewertung der Sicherheit und des Gültigkeitsbereiches der erzielten Ergebnisse zulassen sollte.

In dem 1897 zum ersten Male herausgekommenen *Calcul des probabilités* von Jules Henri Poincaré (1854-1912) fehlten Hinweise auf den Modellcharakter der *TAP* völlig, so daß man für das Ende des 19. Jahrhunderts von einem starken Rückgang des Laplaceschen Einflusses ausgehen kann. Immerhin reichte die Wirkung der *TAP* also bis mindestens in die 1870er Jahre.
Die Gründe dafür hängen mit denen für die Unterbrechung der französischen Lehrbuchproduktion in der Wahrscheinlichkeitsrechnung zwischen 1843 und 1873 zusammen.

Diese Unterbrechung ist ihrerseits auf die Rezeption von Poissons 1837 erschienenen *Recherches sur la probabilité des jugement* zurückzuführen.

Das ist zumindest die Ansicht von Charles Gouraud (1823-?), der 1848 eine Geschichte der Wahrscheinlichkeitsrechnung veröffentlichte. Nach Gouraud beabsichtigte Poisson im fünften Kapitel der *Recherches* ähnlich wie vor ihm Condorcet (1743-1794) und Laplace, Fragen der Art zu beantworten wie die nach der Wahrscheinlichkeit, „daß ein Angeklagter bei der bestimmten Stimmenmehrheit durch Geschworene, wovon für jeden eine bestimmte Wahrscheinlichkeit des Nichtirrens stattfindet, verurteilt oder freigesprochen wird, wenn die ebenfalls gegebene Wahrscheinlichkeit der Schuld des Angeklagten, welche vor der Urteilsfällung stattfand, in Betracht gezogen wird". [2]

Anders als seine Vorgänger verfügte Poisson mit dem seit 1825 jährlich veröffentlichten *Compte général de l'administration de la justice en France* über umfangreiches konkretes Datenmaterial. Die *comptes generaux* informierten tabellarisch über Anzahl und Art der Straftaten, Verhältnis der Zahl der Anklagen zu der der Überführungen und damit Verurteilungen, Häufigkeit der verhängten Strafen und in späteren Ausgaben über Alter und Geschlecht der Angeklagten bzw. Verurteilten, Anzahl der für ihr Amt tauglichen Geschworenen, mutmaßliche Motive für Kapitalverbrechen, Rückfälligkeit und schließlich über die Anzahl der Verurteilungen, die mit der gesetzlich vorgeschriebenen Mindestmehrheit von 7:5 Stimmen unter den 12 Geschworenen zustande gekommen waren.

Poisson hatte damit im Sinn des umfassenden Anwendungsprogramms von Laplace der Wahrscheinlichkeitsrechnung mit seinen *Recherches* bisher unzugängliche Bereiche der Jurisprudenz erschlossen. Für Poisson unerwartet war die Reaktion der Mathematiker auf einen schon 1835 in der *Académie des Sciences* gehaltenen Vortrag über solche Fragen alles andere als einmütig. So distanzierten sich nach Gouraud einige der *Académie*-Mathematiker von dem universellen Anwendungsanspruch der Wahrscheinlichkeitsrechnung, der ihnen unseriös und für das Ansehen der Mathematik gefährlich erschien.
Außerdem würden aufgrund der unangemessenen Vergröberung und Vereinfachung der tatsächlichen Verhältnisse durch Poisson solche Anwendungen sinnlos; der Bereich des Sozialen sei viel zu komplex, als daß seine Wirkungen durch irgendein mathematisches Modell vorhergesagt werden könnten.

Diese Kritik eines Teils der französischen Mathematiker scheint durch die einmütige, gegen Poisson gerichtete Haltung der Philosophen Frankreichs und durch die frühere Kritik an den Vorgängern von Poisson vorbereitet.
Die vor Poisson bei den Mathematikern wirkungslosen Einsprüche französischer Philosophen gegen Anwendungen der Wahrscheinlichkeitsrechnung auf den Bereich menschlicher Entscheidungen reichen von den unterstellten Grenzüberschreitungen der Mathematik und der daraus gefolgerten Einschränkung des Kompetenzbereichs

---

[2] Siehe [39], S. XVIII.

der Philosophie bis zu dem Konflikt zwischen einem etwa von Cousin vertretenen politischen Liberalismus und dem Konservatismus der Verfechter eines Anwendungsimperialismus der Mathematik wie Laplace.

Die erst bei Poisson gegebene Bereitschaft einflußreicher Mathematiker, die Philosophen zu unterstützen, wurde vorbereitet durch den schon in den 1820er Jahren einsetzenden Zerfall des Laplaceschen Wissenschaftsimperiums, der mit dem Aufkommen eines neuen Stils in der Mathematik und ihren Anwendungsbereichen zusammenhängt.

Die bei der Poisson sichtbar gewordene Spaltung des mathematischen Lagers spiegelt auch einen Bruch in der Entwicklung der Mathematik wider. Man kann diesen Bruch als einen Übergang von einer vor allem an ihren Anwendungsmöglichkeiten und ihrer Nützlichkeit gemessenen Auftragsmathematik an den Akademien des 18. Jahrhunderts zu einer Mathematik der Hochschulen wie der *École Polytechnique* beschreiben, wo man der didaktischen Forderung nach Lehrbarkeit durch Rückbesinnung auf Kriterien wie Strenge und Einfachheit zu genügen suchte.

Das Paradigma der neuen Mathematik wurde der *Cours d'analyse*, den Cauchy an der *École Polytechnique* als Ausarbeitung einer in die Analysis einführenden Vorlesung 1821 veröffentlicht hatte. Cauchy betonte darin, daß er sich hinsichtlich des Anspruchs an Strenge und der Anwendungsmöglichkeiten der Mathematik wesentlich von seinen Vorgängern unterscheide. Von dem durch Laplace und später durch Poisson vertretenen universellen Anwendungsanspruch der Wahrscheinlichkeitsrechnung distanzierte sich Cauchy durch den deutlichen Hinweis auf die Grenzen der Anwendungsmöglichkeit der Mathematik, die ihm mit der mathematischen Bewertung der Sicherheit historischer Aussagen oder des Verhaltens von Menschen in bestimmten Situationen weit überschritten erschienen.

Eine solche Einschränkung des Anwendungsbereiches der Mathematik ist ein wesentliches Kennzeichen der von Cauchy reformierten Mathematik. Cauchy wollte, daß die Methode der Einschränkung, etwa die Festlegung von Definitions- und Wertebereich einer Funktion, des Konvergenzbereiches von Reihen, allgemein des Gültigkeitsbereiches mathematischer Aussagen, die Mathematik von den Schwierigkeiten befreien würde, in die sie im 18. Jahrhundert durch den einer solchen Beschränkung entgegengesetzten universellen Gültigkeits- und Anwendungsanspruch geraten war.

Als Poisson 1837 den alten Anwendungsanspruch der Wahrscheinlichkeitsrechnung erneuerte, hatten sich bereits viele Mathematiker den Forderungen von Cauchy für eine Erneuerung der Mathematik angeschlossen und waren deshalb bereit, gegen die solchen Forderungen nicht genügenden *Recherches* Stellung zu nehmen.

Diese von Gouraud als neu und unerhört geschilderte Spaltung der französischen Mathematiker wirkte sich negativ auf das Prestige und das Interesse an der Stochastik in Frankreich aus. Bei der Wahl zwischen der *TAP* und den *Recherches* entschieden sich die meisten französischen Mathematiker für Laplace. Poisson war damit als der einzig ernsthafte Konkurrent von Laplace bei der Festlegung der Ent-

wicklungsrichtung der Wahrscheinlichkeitsrechnung weitgehend gescheitert. Es gab
zwar auch noch nach Poisson einige wenige Mathematiker, die sich unbeeindruckt
von dem Eklat der Jahre 1836/7 mit Fragen der wahrscheinlichkeitstheoretischen
Bewertung von Urteilen, Zeugenaussagen und ähnlichem beschäftigten. Die Wahrscheinlichkeitsrechnung hatte, wenn man von dieser Minderheit absieht, das nach
den von Laplace geweckten Erwartungen auch auf politischen Einfluß attraktivste
Anwendungsgebiet verloren, und weitere von Laplace vorgesehene Anwendungsgebiete erschienen zumindest gefährdet. Sah man von den in der Wahrscheinlichkeitsrechnung von Laplace und Poisson verwendeten analytischen Methoden ab, so blieb
fast nichts, was das Engagement eines jungen französischen Mathematikers in der
Wahrscheinlichkeitsrechnung nach Poisson hätte rechtfertigen können. Damit erklärt sich die von verschiedenen Autoren festgestellte Lücke in der französischen
Lehrbuchliteratur zur Wahrscheinlichkeitsrechnung um die Mitte des Jahrhunderts
von mindestens 30 Jahren.

Daß die Wahrscheinlichkeitsrechnung, die nach Poisson fast jedes Forschungsinteresse in Frankreich eingebüßt hatte, in einer gegenüber Laplace modifizierten Form
in Lehrbüchern bis ins 20. Jahrhundert überleben konnte, ist wesentlich der für
Astronomen und Geodäten unverzichtbar gewordenen Fehlerrechnung zuzuschreiben.

Die Ergebnisse und Methoden der Fehlerrechnung spielten auch in der Anfangszeit
der Vererbungsforschung in der englischen biometrischen Schule eine große Rolle.
Relativ früh setzte sich dort aber die Einsicht durch, daß das Konzept des Fehlers
für die Aufgaben der Vererbungsforschung nicht geeignet ist, und man zur Gewinnung der Verteilung eines oder mehrerer Merkmale in einer Population und der
dazugehörigen mathematischen Darstellung anderer Methoden bedarf, als sie von
der Fehlerrechnung angeboten wurden.

Zum Überleben der klassischen Wahrscheinlichkeit hat möglicherweise auch Laplaces Versuch einer allgemeinverständlichen Darstellung der Wahrscheinlichkeitsrechnung, der *Essai philosophique*, beigetragen.
Laplace propagierte darin die Wahrscheinlichkeitsrechnung, die für ihn „im Grunde
nur der der Berechnung unterworfene Menschenverstand" war, als bestgeeignetstes
Mittel zur Befriedigung bürgerlicher Sehnsucht nach Aufstieg und Einfluß.
Weil die Wahrscheinlichkeitsrechnung bei Entscheidungsproblemen auch in Fällen
hilft, die keine Berechnung zulassen, und uns vor Irreführungen bewahrt, „wird man
einsehen, daß es keine Wissenschaft gibt, die unseres Nachdenkens würdiger wäre,
und die mit größerem Nutzen in das System des öffentlichen Unterrichts aufgenommen werden könnte".[3]
Wer sich aber aufgrund der Lektüre des *Essai* für die *TAP* zu interessieren begann,
stieß dort auf für die meisten Leser unüberwindliche mathematische Schwierigkeiten. Deshalb erschien es einer Reihe von Autoren wirtschaftlich lohnend, Lehrbücher
zur Einführung in die *TAP* oder als Ersatz für sie zu verfassen. Entsprechend war

---

[3] Siehe LAPLACE, PIERRE SIMON: Œuvres, vol. VII, S. CLIII.

ein Großteil der Autoren von Lehrbüchern der Wahrscheinlichkeitsrechnung fast bis zum Ende des 19. Jahrhunderts mit der didaktischen Aufbereitung der *TAP* oder einer passend gewählten Auswahl der darin enthaltenen Anwendungsgebiete der Wahrscheinlichkeitsrechnung beschäftigt. Auf diesem Niveau existierte die klassische Wahrscheinlichkeitsrechnung auch nach Poisson weiter. Dabei nützte man die Fortschritte in der Analysis, etwa um die von Laplace propagierte und nach Laurents Feststellung nahezu in Vergessenheit geratene Methode der erzeugenden Funktionen zu ersetzen, oder um im Rahmen steigender Anforderungen an mathematische Strenge Ergebnisse von Laplace und Poisson mit anderen Methoden zu beweisen. So hat Laurent die Ergebnisse der trigonometrischen Darstellung von Funktionen von Jean Babtiste Joseph Fourier (1768 - 1830), Peter Gustav Lejexune-Dirichlet (1805 -1859) und Cauchy sowie die durch die Funktionentheorie gegebenen Möglichkeiten in die Wahrscheinlichkeitsrechnung von Laplace eingebracht. Solchen Bemühungen um eine Verbesserung der analytischen Methoden der Wahrscheinlichkeitsrechnung, die natürlich auch eine Form von Forschung repräsentieren, ist das Instrument der charakteristischen Funktionen zu verdanken, dessen zentrale Bedeutung für die Wahrscheinlichkeitsrechnung erst von Paul Lévy (1886-1971) in seinem *Calcul des probabilités* von 1925 herausgestellt wurde.

Die Ergebnisse und Methoden der klassischen Wahrscheinlichkeitstheorie eröffneten ihr-von den meisten Fachvertretern unbemerkt-in der kinetischen Gastheorie ein neues Anwendungsgebiet. Das von Rudolph Julius Emanuel Clausius (1822-1888) 1858 eingeführte Konzept der mittleren freien Weglänge eines Gasmoleküls in einem Gasvolumen von gegebenem Druck und Temperatur ist analog zu dem in der Versicherungsmathematik seit langem geläufigen Begriff der mittleren Lebensdauer einer bestimmten Population gebildet. Die Geschwindigkeitsverteilung der Moleküle in einem Gas wurde von James Clerc Maxwell (1831-1879) ausgehend von der für die Fehlerverteilung als repräsentativ angesehenen Normalverteilung modelliert. Die kinetische Gastheorie entfernte sich dann sehr rasch von ihren Anfängen, um schließlich in der sich verselbständigenden statistischen Mechanik aufzugehen. In den 1902 von Willard Gibbs (1839-1903) veröffentlichten mathematischen Grundlagen der statistischen Mechanik mit dem zentralen Begriff des Phasenraumes erscheinen die Beziehungen zur klassischen Wahrscheinlichkeitsrechnung bereits stark aufgeweicht. Für die Rechtfertigung der in der kinetischen Gastheorie verwendeten wahrscheinlichkeitstheoretischen Methoden gegenüber Physikern, die sich gegen den Austausch von gesichert erscheinender Naturerkenntnis gegen „nur" noch wahrscheinliche Aussagen in der Physik wehrten, spielten die zeitgenössischen Auffassungen über Wahrscheinlichkeit und die Bedeutung des Gesetzes der großen Zahlen eine entscheidende Rolle.[4]

---

[4] Für den ersten Abschnitt siehe vor allem [60].

3.2　Der Wandel der Begriffe Wahrscheinlichkeit und Zufall von Laplace bis Poincaré

Der Wahrscheinlichkeitsbegriff hat sich im 19. Jahrhundert vor dem Hintergrund neuer Anwendungsgebiete wie der kinetischen Gastheorie und der Statistik gegenüber dem von Laplace gewandelt. Allerdings entspricht der dominierenden Stellung von Laplace in der Lehrbuchliteratur zur Wahrscheinlichkeitsrechnung eine lange Lebensfähigkeit seiner Auffassung von Wahrscheinlichkeit, die neben den nach ihm vertretenen koexistierte. Das Fortleben der Laplaceschen Auffassung von Wahrscheinlichkeit zumindest bei Mathematikern und Naturwissenschaftlern wurde zusätzlich begünstigt durch den Umstand, daß sich nach der Jahrhundertmitte kaum noch Mathematiker fanden, die in ihren Veröffentlichungen über den Wahrscheinlichkeitsbegriff reflektierten und stattdessen ohne weitere Erörterungen das klassische Wahrscheinlichkeitsmaß einführten. Dagegen hatte die Philosophie, sicherlich mitbedingt durch die als Bedrohung ihres Kompetenzbereichs empfundenen Anwendungsansprüche der klassischen Wahrscheinlichkeitsrechnung, die Diskussion über das Wahrscheinliche immer mehr zu ihrer eigenen Sache gemacht. Der Laplacesche Wahrscheinlichkeitsbegriff ist unauflösbar mit seinem deterministischen Weltbild verknüpft.

Laplace illustrierte seinen Determinismus durch eine fiktive Intelligenz, dem sogenannten Laplaceschen Dämon, der als Überrest eines Schöpfergottes in der Welt eines aufgeklärten Atheisten angesehen werden kann. Diese fiktive Intelligenz kann, unter der stillschweigend gemachten Voraussetzung eines durchgängigen kausalen Zusammenhangs zwischen allen Ereignissen im Kosmos, allein aufgrund der Kenntnis sämtlicher den Zustand des Kosmos zu einem bestimmten Zeitpunkt beschreibenden Gesetze und Parameter den Zustand der Welt zu jedem früheren oder späteren Zeitpunkt angeben. Das Wissen und Einsichtsvermögen des Laplaceschen Dämons war als eine Grenze anzusehen, der sich menschliche Erkenntnis nur asymptotisch zu nähern vermochte. Während man diesem Idealzustand in Mechanik und Astronomie schon ziemlich nahe gekommen war, fehlten auf fast allen anderen Gebieten befriedigende Kenntnisse über die sie determinierenden kausalen Zusammenhänge. Überall, wo der menschliche Informationsstand nicht ausreicht, um exakte Aussagen machen zu können, springt nach Laplace die Wahrscheinlichkeitstheorie ein, die in Beziehung steht „zum Teil zu dieser Unwissenheit, zum Teil zu unseren Kenntnissen". So kann trotz Laplaces Überzeugung, daß die „von einem einfachen Luft- oder Gasmolekül beschriebene Kurve in ebenso sicherer Weise geregelt ist wie die Planetenbahnen" aufgrund unserer zumindest vorläufigen Unkenntnis über die Bahnkurven einzelner Gasmoleküle die Physik der Gase zunächst nur mit den Mitteln der Wahrscheinlichkeitsrechnung behandelt werden.

Der dem Laplaceschen Determinismus zugrundeliegende Wahrscheinlichkeitsbegriff ist vom Informationsstand des menschlichen Subjekts abhängig, wie Laplace schon 1776 in einer seiner frühesten Arbeiten zur „théorie des hasards" und dann im für seine Nachfolger verbindlichen *Essai* feststellte. Die Wahrscheinlichkeit des Eintritts eines Ereignisses mißt den von solchem Informationsstand abhängigen Grad des Glaubens eines rationalen Subjekts an das zukünftige Eintreten dieses Ereignisses. Solche Wahrscheinlichkeiten sind eindeutig festgelegt, weil Laplace Wissen und seine rationale Verarbeitung durch den Menschen in dem von ihm als „sensorium" bezeichneten Sitz des Verstandes im Sinn der Assoziationspsychologie des 18. Jahrhunderts als objektivierbar ansah. Ausgehend von einer Grundmenge atomarer Ereignisse - bei einem Spielwürfel sind dies die sechs Seiten oder Augenzahlen, über deren Eintreten „wir in gleicher Weise unschlüssig sind" - definierte Laplace als Maß der Wahrscheinlichkeit eines Ereignisses das Verhältnis der Anzahl der für dieses Ereignis günstigen atomaren Ereignisse zur Anzahl aller atomaren Ereignisse der Grundmenge. Das Maß der Wahrscheinlichkeit für eine durch 3 teilbare Augenzahl beim Wurf eines Würfels ist also das Verhältnis der Anzahl 2 der günstigen atomaren Ereignisse 3 und 6, zu 6, der Anzahl aller möglichen atomaren Ereignisse. Als Modell für seinen Wahrscheinlichkeitsbegriff verwendete Laplace eine mit schwarzen und weißen Kugeln gefüllte Urne, bei der durch wiederholtes blindes Ziehen einer Kugel mit Zurücklegen das gegebene, aber unbekannte Verhältnis von schwarzen zu weißen Kugeln ermittelt werden soll. Variable Ursachen, die bei Laplace den umgangssprachlichen Zufall ersetzen, sind dafür verantwortlich, daß bei wenigen Ziehungen das gefundene Verhältnis vom tatsächlichen mehr oder minder abweicht. Durch die Wahrscheinlichkeitsrechnung glaubte Laplace beweisen zu können, daß sich die Wirkungen der variablen Ursachen bei großen Wiederholungszahlen weitgehend kompensieren und somit, „daß die Beziehungen zwischen den Wirkungen der Natur sehr nahe konstant sind, wenn diese Wirkungen in großer Zahl betrachtet werden". Laplace erschien es deshalb gerechtfertigt, den Anwendungsbereich der Wahrscheinlichkeitsrechnung, die für ihn „im Grunde nur der der Berechnung unterworfene Menschenverstand" ist, über Glücksspiele, Lotterien, die Fehlerrechnung in Astronomie, Geodäsie und Physik, die Bevölkerungsstatistik, das Versicherungswesen hinaus auf politische und juristische Entscheidungen und auf die Geschichte auszudehnen, für die er ihren Ablauf bestimmende Gesetze finden wollte.

Den Zufall, dessen Wirkung er später durch die von variablen Ursachen zu erklären versuchte, hatte Laplace in einer seiner frühen Arbeiten als Mangel an Regelmäßigkeit, erkennbarer Bestimmung und Information über die wirksamen Ursachen beschrieben. Er folgerte daraus, daß der Zufall keinen Platz bei den Ereignissen in unserer Welt beanspruchen kann, sondern nichts anderes ist „als ein Begriff zur Beschreibung unserer Unwissenheit über die Art und Weise, in der sich die verschiedenen Teile einer Erscheinung miteinander und mit dem Rest des Kosmos verbinden."
Poincaré sah es in seinem *Calcul des probabilités* als paradox und damit als erklärungsbedürftig an, daß eine Theorie, die auf einem Maß des Zufälligen und damit unseres Nichtwissens aufbaut, dennoch wie in der kinetischen Gastheorie zu sehr gut bestätigten Aussagen kommen kann. Seine Analyse des Zufalls in einem auch noch für ihn determiniert ablaufenden Kosmos faßt einen Großteil der Diskussion über Wahrscheinlichkeit und Zufall nach Laplace zusammen.

1. Bei einem auf seiner Spitze im labilen Gleichgewicht stehenden Kegel genügt die kleinste Turbulenz in der immer in Bewegung befindlichen umgebenden Luft, um den Schwerpunkt aus seiner Gleichgewichtslage genau über der Spitze zu bewegen und damit den Kegel zu Fall zu bringen. Poincaré folgerte aus diesem von Cournot stammenden Beispiel sein wichtigstes Kennzeichen für Zufälligkeit, eine Art von Hebel zwischen Ursache und Wirkung: Kleine Variationen im Ursachenbereich können große Veränderungen im Wirkungsbereich hervorrufen. Damit wird klar, daß, selbst wenn alle zur vollkommenen Beschreibung der Abläufe im Kosmos erforderlichen Naturgesetze bekannt wären, dennoch genaue Voraussagen über den Zustand eines Systems in der Zukunft unmöglich sein können; denn die Bestimmung der dazu erforderlichen Größen und Parameter wird immer fehlerbehaftet sein. Wird dann aufgrund einer solchen Hebelwirkung der Ursache für die Wirkung der Spielraum für die Wirkung abhängig von dem Fehler bei der Bestimmung der Ursache zu groß, ist jede genaue Voraussage der Wirkung ausgeschlossen. Die Wirkung erscheint in einem solchen Fall als ein zufälliges Ereignis. So wird nach einem später verwendeten Illustrationsbeispiel auch der beste Messerwerfer ab einer bestimmten Rotationsgeschwindigkeit der Scheibe nicht mehr in der Lage sein, einen vorgegebenen Scheibensektor zu treffen, weil kleinste Differenzen bei den den Wurf des Messers bestimmenden Bedingungen zu großen Differenzen im Auftreffbereich führen.

2. Ein weiterer Aspekt des Zufälligen betrifft die Vielzahl der an einem Ereignis beteiligten Faktoren. Als Beispiel diente Poincaré dafür die kinetische Gastheorie, bei der einmal der erste Zufall erzeugende Faktor, kleine Änderung im Ursachenbereich große Änderung im Wirkungsbereich, für die einzelnen Stöße zwischen Molekülen oder zwischen Molekülen und Gefäßwand und zum anderen die Vielzahl dieser Stöße in kleinsten Zeitintervallen eine Rolle spielt. Wenn z. B. die durchschnittlicheÄnderung der Bewegungsrichtung eines Gasmoleküls bei einem Stoß mit einem anderen Gasmolekül oder mit der Gefäßwand den Wert A hat, so wird sich die Richtung nach n Stößen um den Wert A^n ändern, wobei n eine außerordentlich große Zahl ist.Ähnlich ist die zufällig erscheinende Verteilung von Staubpartikeln in Flüssigkeiten, der verschiedenen Pigmente bei Mischungen von Flüssigkeiten oder feinen Pulvern verschiedener Farben, von Karten bei der Mischung eines Kartenspiels und von sogenannten zufälligen Fehlern auf die Wirkung einer Vielzahl verschiedenartiger Faktoren zurückzuführen.

3. Ein dritter Zufall erzeugender Modus ist das dafür schon von Cournot als wesentlich angesehene und auf Aristoteles zurückgehende Zusammentreffen von zwei Ereignissen in Zeit und Raum, die zu zwei anscheinend völlig unabhängigen, aber jeweils kausal miteinander verknüpften Ereignisketten gehören wie bei dem Herrn, der mit einem bestimmten Ziel vor Augen durch eine Straße kommt und dort eine Stelle genau in dem Augenblick passiert, in dem ein von

einem Dachdecker aus Ungeschick fallengelassener Dachziegel auf diese Stelle und damit auf diesen Herrn trifft. Poincaré meinte allerdings, daß diese dritte Art des Zustandekommens von zufällig erscheinenden Ereignissen in vielen Fällen auf die beiden ersten zurückgeführt werden könnte.

Damit war Poincaré weit genug gediehen, um nach seinem Erklärungsangebot dafür, daß Zufall abhängig von großen Wirkungen kleiner Ursachen oder von der Komplexität vieler miteinander wechselwirkender Faktoren für große Widerholungszahlen die von der Wahrscheinlichkeitsrechnung gefolgerte Stabilisierung relativer Häufigkeiten aufweist, nach der Objektivität eines solchen Zufalls zu fragen. Dabei gestand Poincaré zu, daß die für seinen Zufallsbegriff verwendeten Kennzeichnungen „klein" und „komplex" relativ sind. Sie sind aber nicht klein und komplex relativ zu dem jeweiligen Wissenstand eines menschlichen Subjekts sondern zu dem zeitlichen Entwicklungsstand des Kosmos und deshalb aus der Sicht des Menschen objektiv.

Poincarés Objektivität zufälligen Geschehens stellt keinen Widerspruch zu seinem deterministischen Weltbild dar, weil die von der Theorie geforderte genaue Bestimmung aller für die Voraussage eines Ereignisses erforderlichen Daten in der Praxis nicht gegeben ist.
Lange vor Poincaré hatten Mathematiker wie Poisson und Cournot den vom Informationsstand des menschlichen Subjekts abhängigen Wahrscheinlichkeitsbegriff von Laplace nach einer vom menschlichen Subjekt unabhängigen Seite zu ergänzen gesucht.

Laplace selbst hatte bereits in seinen frühen Arbeiten andere Aspekte des Wahrscheinlichen angesprochen, die er im *Essai* in solcher Form nicht mehr wiederholte. In dem 1781 veröffentlichten *Mémoire sur les probabilités* hatte Laplace drei Arten der Bestimmung von Wahrscheinlichkeiten unterschieden, die sich noch direkt an eine von Jakob Bernoulli ausgehende Tradition anschlossen: A priori wie beim Münzwurf oder beim Würfeln aufgrund der Abzählbarkeit und physikalischen Symmetrie der Elementarereignisse, a posteriori durch Schätzung mit Hilfe der relativen Häufigkeit bei großen Wiederholungszahlen und schließlich wie bei der Einschätzung der Spielstärke von zwei Spielern abhängig vom Informationsstand über deren Erfolge bei früheren Auseinandersetzungen oder deren momentane physische und psychische Befindlichkeit. Die beiden ersten Möglichkeiten wären nach der mit Poisson und Cournot eingeführten Unterscheidung zwischen objektiven und subjektiven Wahrscheinlichkeiten den objektiven Wahrscheinlichkeiten zugerechnet worden. Die von Laplace für die dritte Möglichkeit ins Spiel gebrachten Motive, an das Eintreten eines Ereignisses abhängig von unseren Kenntnissen darüber zu glauben, stehen für das allerdings von Laplace nicht verwendete Etikett „subjektiv". Offenbar hat sich Laplace in der Folgezeit bis zur Abfassung seines *Essai* die Auffassung zu eigen gemacht, daß Wahrscheinlichkeit, auch in den beiden später als objektiv eingestuften Fällen, grundsätzlich abhängig vom Informationsstand eines Subjekts ist. Allerdings handelt es sich im Fall der a priori und a posteriori Bestimmung von Wahrscheinlichkeit um eine objektivierbare Information, die, verschiedenen Mathematikern vorgelegt, unabhängig von deren unterschiedlichen Persönlichkeitsprofilen immer zu denselben Werten führt. So wird die Wahrscheinlichkeit, einen schwarzen Stein aus der ersten von drei mit 1, 2 und 3 gekennzeichneten Urnen zu ziehen, von denen eine nur schwarze und zwei nur weiße Steine enthalten, abhängig von der zusätzlichen Information, daß die zweite Urne nur weiße Steine enthält oder die erste nur schwarze, verschieden bewertet werden. Solche informationsabhängigen Bewertungen sind aber vollkommen unabhängig von subjektiven persönlichen Besonderheiten.

Dagegen versuchte Laplace in seinem *Essai* bei den Motiven, die einen einzelnen Menschen dazu veranlassen, an das Eintreten eines Ereignisses zu glauben, mit Hilfe der von der Assoziationspsychologie des 18. Jahrhunderts angebotenen Mechanismen das Zustandekommen von „falschen" Bewertungen des Wahrscheinlichen abhängig von individuellen Vorgaben wie persönlichen Interessen oder Geschmack zu erklären. Da sich die auf Laplace folgende Generation für sein Wahrscheinlichkeitsverständnis fast ausschließlich am *Essai* orientierte, entstand bei vielen der Eindruck, daß Laplace nur einen als subjektiv empfundenen Aspekt von Wahrscheinlichkeit berücksichtigte, oder daß zumindest seine Betonung der Abhängigkeit des Wahrscheinlichen vom Informationsstand als ausschließlich subjektiv mißverstanden werden konnte. In jedem Fall sah man die Notwendigkeit, den Wahrscheinlichkeitsbegriff nach der objektiven Seite zu ergänzen.

Poisson unterschied deshalb eine vom Informationsstand eines Menschen oder von dessen Glauben an etwas völlig unabhängige Wahrscheinlichkeit, die er „chance" nannte, und eine „individuelle, subjektive, sich auf eine bestimmte Person beziehende Wahrscheinlichkeit", die er mit „probabilité" bezeichnete.
Sein Gesetz der großen Zahlen und dessen Präzisierung durch verschiedene Formen von zentralen Grenzwertsätzen legte etwa bei den sich mit der Anzahl der Versuche stabilisierenden relativen Häufigkeiten bestimmter Ereignisse oder der relativen Konstanz der jährlichen Geburtsrate in einer ausreichend großen Bevölkerung eine Interpretation der Wahrscheinlichkeit zugehöriger Ereignisse im Sinn von „chance" nahe, also einer nur von objektiven Gegebenheiten wie der Homogenität und Form eines Würfels abhängigen Größe. Diese Größe legte den Spielraum für die Häufigkeit des Auftretens eines Ereignisses bei wiederholten Versuchen oder eines Merkmals in einer Population fest. Allerdings mußte die Häufigkeit einer Sechs bei 60 Würfen mit einem guten Würfel nicht in das Intervall zwischen 8 und 12 um den erwarteten Wert 10 fallen, sondern konnte auch mit einer berechenbaren Wahrscheinlichkeit außerhalb liegen, die man auch nach Poisson als Grad der Erwartung eines rationalen Subjekts interpretieren konnte, daß das genannte Intervall verfehlt wird. Der Begriff der Wahrscheinlichkeit umfaßte bei Poisson, jetzt durch verschiedene Wörter dafür explizit gemacht, die beiden Aspekte der Intensität, mit der ein Subjekt aufgrund bestimmter Informationen bereit ist, an eine Aussage zu glauben, und der vom Subjekt unabhängigen Häufigkeit des Eintretens bestimmter Ereignisse in wiederholten Versuchen.

Cournot hat die Unterscheidung einer subjektiven von einer objektiven Wahrscheinlichkeit gegenüber Poisson noch verschärft und seine Auffassung von objektiver Wahrscheinlichkeit über eine Aufweichung des Laplaceschen Determinismus begründet. Cournot distanzierte sich auch von dem Anwendungsimperialismus der Mathematik und der Mechanik. Er war insbesondere davon überzeugt, daß es auch in Zukunft nicht möglich sein würde, Entscheidungs- und Denkprozesse des Menschen auf diese Gebiete zurückzuführen.

Die Gültigkeit des Kausalgesetzes und damit eines deterministischen Weltbildes wurde von Cournot eingeschränkt durch die Unterscheidung von voneinander abhängigen und unabhängigen Ereignisreihen. In jeder solchen zeitlich geordneten Ereignisreihe verhalten sich zwei unmittelbar aufeinanderfolgende Ereignisse wie Ursache und Wirkung, wobei die Wirkung zur Ursache des nächstfolgenden Ereignisses wird. Abhängige Ereignisketten durchdringen sich z. B. in einem Ereignis, das dann nicht nur von einer Ursache, sondern von all den Ereignissen bewirkt wird, die ihm in den sich durchdringenden Ketten unmittelbar vorausgehen. Neben voneinander abhängigen Ereignisketten gibt es bei Cournot voneinander unabhängige, die sich in keinem Ereignis durchdringen. Dabei kann es vorkommen, daß in zwei verschiedenen voneinander unabhängigen Ereignisketten zum selben Zeitpunkt dasselbe Ereignis auftritt. Ein solches Ereignis bezeichnet Cournot als zufällig.

Er illustriert das durch das Beispiel von zwei Brüdern, die zur selben Zeit bei einer militärischen Auseinandersetzung getötet wurden. Voraussetzungen wie die Anhänglichkeit des jüngeren Bruders, der dem älteren in der Wahl des Soldatenberufs folgte und in der entsprechenden Schlacht in seiner Nähe blieb, würden das gleichzeitige Ableben der Brüder zu einem zwei voneinander abhängigen Ereignisketten gemeinsamen und damit kausal erklärbaren Ereignis machen. Der gleichzeitige Tod der Brüder an geographisch weit voneinander getrennten Kriegsschauplätzen muß dagegen als ein zu zwei voneinander unabhängigen Ereignisketten gehöriges und damit zufälliges Ereignis eingestuft werden.

Cournot behauptete dann, daß das auf der Spitze-Stehen eines schweren Kegels ähnlich wie das Ziehen eines weißen Steins aus einer Urne mit einem weißen und unendlich vielen schwarzen Steinen ein in unendlich vielen voneinander unabhängigen Ereignisketten gleichzeitig auftretendes und damit zufälliges Ereignis ist. Ein solches Ereignis, dessen klassisches Wahrscheinlichkeitsmaß „unendlich klein" ist, nennt Cournot ein physisch unmögliches Ereignis, durch das allein „die mathematische Wahrscheinlichkeitstheorie eine objektive Bedeutung in der wirklichen Welt erhält". Weil nach dem Gesetz der großen Zahlen die relative Häufigkeit des Eintretens eines Ereignisses bei unendlich vielen Beobachtungen der Wahrscheinlichkeit dieses Ereignisses beliebig nahe kommt, ist die Wahrscheinlichkeit einer Abweichung der relativen Häufigkeit von der Wahrscheinlichkeit des Ereignisses um mehr als einen beliebig kleinen Betrag unendlich klein und damit physisch unmöglich.

Cournots etwas gekünstelt wirkender Begründungsversuch für die Notwendigkeit einer subjektunabhängigen Wahrscheinlichkeit setzt z. T. stillschweigend voraus, was er eigentlich zeigen will. Dies spricht für einen anderen Hintergrund seiner unerschütterlichen Überzeugung von der Existenz eines Zufalls und einer nur von den realen Gegebenheiten abhängigen, „objektiven" Wahrscheinlichkeit, die nicht mehr mit dem deterministischen Weltbild von Laplace verträglich sein muß. Tatsächlich hielt es Cournot für möglich, daß die Erkenntnisfähigkeit einer übermenschlichen Intelligenz anders als beim Laplaceschen Dämon nicht mehr über die Vorhersage der relativen Häufigkeit eines Ereignisses bei hohen Wiederholungszahlen hinausgeht. Das bedeutete keinen endgültigen Abschied von Kausalität und Determinismus in der mathematischen Wahrscheinlichkeitstheorie; aber ein Leser von Cournot konnte etwa unter dem Einfluß der Schriften von Quetelet, Charles Darwin (1809-1882) oder Francis Galton (1822-1911) vor dem Hintergrund der zunehmenden Numerisierung der Gesellschaft durch die sich rasch verbreitenden europäischen statistischen Büros und der Übernahme stochastischer Methoden in der Physik Cournot als Propagator eines indeterministischen Weltbildes verstehen oder zumindest von ihm die Anregung übernehmen, sich vom Determinismus zu verabschieden.

Charles Sanders Peirce (1839-1914), ein amerikanischer Mathematiker und Philosoph, hat sich noch im 19. Jahrhundert zu einem solchen Schritt entschlossen. Wie er in verschiedenen Schriften aus den 90er Jahren deutlich machte, hatte er ein deterministisches Weltbild nach eingehender Prüfung verworfen und einen am Häufigkeitskonzept orientierten objektiven Wahrscheinlichkeitsbegriff zur Beschreibung der Ereignisse in einem vollkommen indeterministischen Kosmos angenommen. Ausgangspunkt seiner Revision und schließlichen Ablehnung des Determinismus war für Peirce, der in seiner mehr als 20-jährigen Tätigkeit für den US Coast Survey eine Fülle von physikalischen Experimenten mit teilweise selbst entworfenen Instrumenten durchgeführt hatte, die Fehlerrechnung.[5]

3.3 Die Methode der kleinsten Quadrate als Kernstück der Fehlerrechnung und der zentrale Grenzwertsatz

Ausgangspunkt für das große Forschungsinteresse, das die Fehlerrechnung innerhalb der Wahrscheinlichkeitsrechnung des 19. Jahrhunderts beanspruchen konnte, war die Methode der kleinsten Quadrate. Ihre erste Veröffentlichung durch Adrien Marie Legendre (1752-1833) von 1805 führte sehr bald zu einer Auseinandersetzung zwischen Legendre und Gauß, die sich über Jahre hinzog.
Legendre hatte in einem Anhang zu seiner Schrift über Kometenbahnbestimmungen von 1805 unter dem Titel „Sur la méthode des moindres quarrés" eine Lösung für das Problem angeboten, aus einer Reihe von durch Beobachtung gegebenen Meßgrößen möglichst genaue Ergebnisse zu ermitteln. Aufgrund einer Linearisierung, die er am Beispiel der durch Meridianlängenmessungen bestimmten Abplattung der Erde illustrierte, ging Legendre davon aus, das Problem auf die Lösung eines linearen Gleichungssystems der Form zurückführen zu können:

---

[5] Siehe [50], Kapitel 23.

$$E_i = a_{i0} + \sum_{j=1}^{m} a_{ij} x_j, \quad i = 1, \ldots, n, \tag{3.1}$$

wobei die a_{i0} und a_{ij} als von den gegebenen Meßgrößen abhängige Funktionen als gegeben und die Unbekannten x_j als die Schätzwerte für Parameter der Lösungsfunktion des Ausgangsproblems anzusehen sind. Die E_i symbolisieren die aufgrund der Ungenauigkeit der Beobachtungen und der Schätzungen gemachten Fehler, über deren Werte nicht mehr bekannt ist, als daß Information darüber implizit in den gegebenen Meßdaten steckt. Den Anwender interessiert dabei eine Form der Nutzung dieser Information, die die Fehler E_i möglichst klein macht. Abhängig davon, ob man „möglichst klein" wie in den damals gemachten Ansätzen auf den größten Betrag der einzelnen Fehler, auf die Summe der Beträge aller Fehler oder auf die Summe einer geraden Potenz der Fehler bezog, ergaben sich unterschiedliche Nutzungsmöglichkeiten der in den Meßdaten steckenden Information. Legendre ging davon aus, daß $n > m$ und damit (3.1) überbestimmt ist, wenn man von den E_i absieht. Damit stellte sich ihm die Aufgabe, durch einen geeigneten Ansatz das Gleichungssystem (3.1) auf ein anderes zu reduzieren, in dem die Anzahl der Bestimmungsgleichungen gleich der der unbekannten Parameter m und gleichzeitig die Fehler möglichst klein sind. Legendre schlug als „allgemeinste, genaueste und einfachste" Lösung vor, die Summe der Fehlerquadrate

$$\sum_{i=1}^{n} E_i^2 = \sum_{i=1}^{n} \left(a_{i0} + \sum_{j=1}^{m} a_{ij} x_j \right)^2 \tag{3.2}$$

zu einem Minimum zu machen, gleichbedeutend damit, daß die m partiellen Ableitungen dieser Gleichung nach den x_j

$$0 = \sum_{i=1}^{n} a_{i0} a_{ij} + \sum_{K \neq j} x_k \sum_{i=1}^{n} a_{ik} a_{ij} + x_j \sum_{i=1}^{n} a_{ij}^2 \tag{3.3}$$

die gewünschte Reduktion auf m lineare Gleichungen für die m Unbekannten x_j liefern. Dies sind die später nach Gauß so genannten Normalgleichungen. Mit den im Fall ihrer Existenz eindeutigen Lösungen von (3.3) für die x_j erhält man aus den n Ausgangsgleichungen (3.1) Werte für die n Fehler E_i, die der Interpretation von „möglichst klein" bezogen auf die Summe der Fehlerquadrate entsprechen, aber natürlich nichts über die tatsächlich gemachten „wahren" Fehler aussagen. Stellt man z. B. beim Vergleich der so ermittelten Werte für die E_i fest, daß der Betrag eines oder mehrerer Fehler den Durchschnitt beträchtlich übersteigt, empfahl Legendre, in einem zweiten Arbeitsgang die zu diesen stark abweichenden Fehlern gehörigen etwa k Gleichungen aus dem ursprünglichen System (3.1) wegzulassen und die Methode der kleinsten Quadrate auf das System (1.1') der verbleibenden n-k linearen Gleichungen erneut anzuwenden. Legendre wie Gauß verwendeten in ihren Darstellungen der Methode der kleinsten Quadrate eine Form, die der hier benutzten Indexschreibweise entspricht.

In der an seine eigene Veröffentlichung der Methode in der *Theoria motus* anschließenden Auseinandersetzung mit Legendre hatte Gauß geltend gemacht, daß er, wie vermutlich andere auch, die Methode der kleinsten Quadrate seit den 90er Jahren des 18. Jahrhunderts als eine zur Fehlerausgleichung naheliegende Methode regelmäßig verwendet hatte. Die bloße Bekanntgabe der Methode durch Legendre war nach Gauß vom mathematischen Standpunkt aus nicht vergleichbar mit einem Beweis bestimmter Eigenschaften, die als Nachweis ihrer Leistungsfähigkeit und damit als Rechtfertigung für ihre Anwendung angesehen werden können.
Gauß als der wichtigste Pionier der für die Anwendungen entwickelten optimalen Lösungsalgorithmen für das mit der Methode der kleinsten Quadrate gefundene Gleichungssystem hatte in der *Theoria motus* von 1809 die später am meisten verbreitete rein wahrscheinlichkeitstheoretische Begründung für sie angeboten. Gauß hatte dabei gefordert, daß der nach dem Maximum-Likelihood-Prinzip gefundene Schätzwert für eine aus Messungen direkt bestimmte Größe mit dem arithmetischen Mittel der dazugehörigen Meßwerte zusammenfällt und damit eine, wie er zeigte, bestimmte Form der Verteilung der Beobachtungsfehler, nämlich die später so genannte Gauß- oder Normalverteilung, mit der Dichte $\varphi(x) = \frac{h}{\sqrt{\pi}} e^{-h^2 x^2}$ impliziert, wobei h als ein Präzisionsmaß für die Beobachtungen dienen kann. Allgemein ging Gauß davon aus, daß zu schätzende Werte $x_1, \ldots, x_m$ mit beobachteten Werten $\nu_1, \ldots, \nu_n$ und identisch normalverteilten Beobachtungsfehlern $\varepsilon_1, \ldots, \varepsilon_n$ entsprechend

$$\nu_i + \varepsilon_i = f_i(x_1, \ldots, x_m) \tag{3.4}$$

zusammenhängen, wobei die f_i vorgegebene Funktionen sind. Aufgrund einer dem Maximum-Likelihood-Prinzip gleichwertigen Überlegung und der Voraussetzung normalverteilter Beobachtungsfehler folgerte Gauß, daß das „wahrscheinlichste Wertesystem" der x_j durch die Bedingung

$$\sum_{i=0}^{n} [\nu_i - f_i(x_1, \ldots, x_m)]^2 = min \tag{3.5}$$

und damit durch die Methode der kleinsten Quadrate gefunden werden kann.
Kaum hatte Laplace die Gaußsche Begründung von 1809 gesehen, versuchte er, die durch das Gaußsche Postulat implizierte Normalverteilung für die Fehler durch eine alternative Annahme zu begründen. In einer Arbeit von 1811, deren Inhalt in der *TAP* von 1812 nur wenig verändert wiederholt wurde, betrachtete Laplace in dem (3.4) entsprechenden linearen Gleichungssystem

$$\nu_i + \varepsilon_i = \sum_{j=1}^{m} a_{ij} x_j (i = 1, \ldots, n) \tag{3.6}$$

solche Schätzwerte x'_j für die x_j, bei denen sich die Differenzen in der Form

$$x'_j - x_j = \sum_{i=1}^{n} \lambda_i \varepsilon_i \tag{3.7}$$

mit geeigneten Multiplikatoren λ_i darstellen lassen. Die Schätzwerte nach der Methode der kleinsten Quadrate genügen dieser Bedingung. Laplace konnte nachweisen, daß Linerarkombinationen aus einer Vielzahl von Beobachtungen mit identisch verteilten und symmetrischen Beobachtungsfehlern approximativ normalverteilt sind. Damit konnte er zeigen, daß die nach der Methode der kleinsten Quadrate gewonnenen Schätzwerte nach verschiedenen wahrscheinlichkeitstheoretischen Kriterien optimal sind. Insbesondere bewies er, daß bei sehr vielen Beobachtungen der Erwartungswert des Betrags der Differenz zwischen einem solchen Schätzer und dem zugehörigen wahren Wert minimal ist. Laplaces Begründungen dafür, daß die Methode der kleinsten Quadrate die „vorteilhafteste Methode" ist, gingen immer von einer großen Anzahl von Beobachtungen und entsprechend vielen Bestimmungsgleichungen aus.

Kritische Stellungnahmen zu seinem wahrscheinlichkeitstheoretischen Begründungsversuch der Methode der kleinsten Quadrate sowie die inzwischen dazu erschienenen Arbeiten von Laplace veranlaßten Gauß, 1823 eine neue Begründung zu veröffentlichen. Gauß hat hier für die Fehlerdichte ϕ neben der ihr eine hinreichende „Glattheit" sichernden Differenzierbarkeit ebenso wie Laplace nur noch Symmetrie vorausgesetzt und m^{-1} als Präzisionsmaß für die Beobachtungen eingeführt, wobei er die Varianz $\int_{-\infty}^{+\infty} x^2 \phi(x)dx$ mit m^2 und deren Quadratwurzel m als mittleren Fehler der Beobachtungen bezeichnete. Mit dem Prinzip der kleinsten Varianz fand Gauß eine neue, von der speziellen Form der Fehlerverteilung und der Anzahl der Gleichungen in (3.1) unabhängige und deshalb von ihm dann als allein zulässig erachtete Begründung der Methode der kleinsten Quadrate.

Den wahrscheinlichkeitstheoretischen Begründungsversuchen der Methode der kleinsten Quadrate von Gauß und Laplace folgten noch eine Reihe von anderen. Dabei spielte neben Ansätzen, die ohne jeden Bezug zur Wahrscheinlichkeitsrechnung auskamen, die sogenannte Elementarfehlerhypothese eine wichtige Rolle. Mit ihr versuchten vor allem deutsche Vertreter der Fehlertheorie wie Gotthilf Hagen (1797-1884) und sein Lehrer, der Astronom Friedrich Wilhelm Bessel (1784-1846), eine Normalverteilung der Fehler auf anderem Wege als Gauß einzuführen. Die Grundidee der Elementarfehlerhypothese, daß sich jeder Beobachtungsfehler aus einer großen Anzahl kleiner, unabhängiger Elementarfehler additiv zusammensetzt, war qualitativ schon im 18. Jahrhundert von Daniel Bernoulli (1700-1782) geäußert worden. Hagen ging 1837 von dem sehr einfachen Modell aus, wonach ein Elementarfehler nur einen der beiden sehr kleinen Werte a und $-a$, $a \neq 0$ jeweils mit der gleichen Wahrscheinlichkeit 0,5 annehmen kann, wobei eine Summe solcher Elementarfehler symmetrisch binomialverteilt ist. Bessel, der schon in einer Arbeit von 1818

die Normalverteilung als den nach Ausgleichung gefundenen Schätzwerten für die
Fehler astronomischer Daten bestangepaßt und damit als „natürlich" nachgewiesen
zu haben glaubte, setzte für die derselben Größenordnung angehörigen Elementarfehler nur bezüglich 0 symmetrische, sonst aber beliebige Dichten voraus, um in
einer Arbeit von 1838 für die Verteilung ihrer Summen eine approximative Normalverteilung nachzuweisen.

Gegen Ende des 19. Jahrhunderts versuchte man vor dem Hintergrund der in
der Statistik gefundenen empirischen Verteilungen, die mehr oder minder stark
von der Normalverteilung abwichen, die Elementarfehlerhypothese zur Ableitung
von Verteilungen zu modifizieren, die sich gut an solche empirischen nichtnormalen
Verteilungen anpassen ließen. Die entscheidenden Ansätze dafür gehören allerdings
bereits in das frühe 20. Jahrhundert.
Solche Entwicklungen fallen in den Bereich einer von den Anwendungen stimulierten, im wesentlichen aber rein mathematisch orientierten Fehlertheorie. Für die
Hauptnutzer der Fehlertheorie des 19. Jahrhunderts, die Geodäten und Astronomen, aus deren Kreis auch die meisten Forschungsbeiträge kamen, erschienen die
z. T. heftigen theoretischen Auseinandersetzungen vor allem über die Angemessenheit der Methode der kleinsten Quadrate als Instrument zur Ausgleichung von
Beobachtungsdaten weit weniger interessant als die Methode selbst und der damit
verbundene Apparat zur Bestimmung der gesuchten Parameter und der zugehörigen verschiedenen Fehler.

Die von Gauß und Laplace geleistete Einbettung der Fehlerrechnung in die Wahrscheinlichkeitsrechnung mit der Methode der kleinsten Quadrate als Kernstück si-
cherte der Wahrscheinlichkeitsrechnung ihr im 19. Jahrhundert forschungsinten-
sivstes Teilgebiet. Das hatte zur Folge, daß manche Autoren die Wahrscheinlichkeitsrechnung und die Fehlertheorie um die Mitte des 19. Jahrhunderts weitgehend
gleichsetzten. So unterscheidet zwar der Titel des 1852 in Brüssel veröffentlichten *Calcul des probabilités et théorie des erreurs* von Jean-Baptist-Joseph Liagre
(1815-1891) zwischen den beiden Bereichen. Inhaltlich zeigt sich aber, daß Liagre
die Wahrscheinlichkeitsrechnung als theoretische Voraussetzung für die eigentlich
interessierenden Anwendungen auffaßte, die hier ausschließlich die Fehlertheorie betreffen. Liagre erwähnte außer den für ihn maßgeblichen Autoren Lacroix, Cournot
und Quetelet in dem auch den breitesten Raum beanspruchenden Anwendungsteil
neben Laplace die deutschen Gauß, Bessel, Johann Franz Encke (1791-1865) und
Christian Gerling (1788-1864).

In der von Gauß ausgehenden Entwicklung wurde auch eine Reihe von Ergebnissen erzielt, die z. T. das mathematische Rüstzeug für die aus der englischen biometrischen Schule entstehende mathematische Statistik lieferten. Ein Beispiel bietet
die von Ernst Abbe (1840-1905) in seiner Dissertation aufgeworfene Frage nach der
Zufälligkeit der Fehler in einer Meßreihe. Dabei soll für zwei variable Größen x und
y wie Druck und Temperatur eines Gases, für die aus der Theorie eine Beziehung
$y = f(x)$ bekannt ist, eine Reihe von Meßdaten (x_i, y_j), $i = 1, \ldots, n$ vorliegen. Abbe

betrachtete die direkt aus den Meßdaten berechenbaren n Differenzen $f(x_i) - y_i$ als die zu untersuchende Fehlerfolge. Als Kriterium für Zufälligkeit galt Abbe die Normalverteilung der Fehler. Er berechnete deshalb unter der Voraussetzung, daß die einzelnen Fehler unabhängig und identisch normalverteilt sind, die Verteilungsfunktion der Summe der Fehlerquadrate als die χ^2-Verteilung von n Freiheitsgraden. Die Summe der Fehlerquadrate wurde so von Abbe als eine Testgröße zur Überprüfung der für ihn durch die Normalverteilung gegebenen Zufälligkeit der Fehler eingeführt.

Eine für die Anwendungspraxis nur bedingt interessante Rolle spielten die für die mathematische Entwicklung der Fehlerrechnung im 19. Jahrhundert außerordentlich wichtigen verschiedenen Formen von Grenzwertsätzen. Abraham de Moivre (1667-1754) hatte 1733 einen Grenzwertsatz gefunden, wonach eine Binomialverteilung gegen die später sogenannte Normalverteilung konvergiert und deshalb die numerisch wesentlich einfacher zu handhabende Normalverteilung im Fall ausreichend großer Beobachtungszahlen n zur Berechnung der Binomialverteilungsfunktion herangezogen werden kann. Laplace hat im Rahmen verschiedener Anwendungsfragen, vor allem aus der Fehlerrechnung, den de Moivreschen Grenzwertsatz verallgemeinert. Er ging über die Betrachtung von Bernoulliketten hinaus und interessierte sich vor dem Hintergrund einer Begründung der Methode der kleinsten Quadrate oder der Verwendung von Mittelwerten in der Astronomie und Physik für die Verteilung einer Summe oder einer Linearkombination etwa von n Fehlern. Er konnte nachweisen, daß eine solche Verteilung für identisch verteilte Fehler oder in der Ausdrucksweise des 20. Jahrhunderts Zufallsgrößen $X_1, \ldots, X_n$, von denen meistens implizit Beschränktheit und Unabhängigkeit vorausgesetzt war, mit dem gemeinsamen Erwartungswert μ und der Varianz σ^2 mit wachsendem n immer besser durch eine Normalverteilung approximiert werden kann. Man kann die an verschiedenen Stellen der *TAP* und früherer Artikel von Laplace erzielten Ergebnisse für diskret und stetig verteilte Zufallsvariable, die er i. allg. nicht in der durch die Generation von Cauchy üblich gewordenen Form mathematischer Sätze formulierte, unter obigen Voraussetzungen so zusammenfassen: für sehr große n kann die Wahrscheinlichkeit P, daß sich die Summe der n Zufallsvariablen von ihrem Erwartungswert $n\mu$ um einen Betrag der Größenordnung $\sqrt{n}$ unterscheidet, durch die Normalverteilung in der Form abgeschätzt werden:

$$P\left(n\mu - a\sqrt{n} \leq \sum_{i=1}^{n} X_i \leq n\mu + b\sqrt{n}\right) \approx \frac{1}{\sqrt{2\pi}} \int_{-a}^{b} \frac{1}{\sigma} e^{-\frac{t^2}{2\sigma^2}} dt. \qquad (3.8)$$

Für die im Einzelfall oft sehr langen, weil rechenintensiven Herleitungen bediente sich Laplace der von ihm im Anschluß an de Moivre und Joseph Louis Lagrange (1736-1813) entwickelten Theorie der erzeugenden Funktionen jetzt aber auch mit komplexem Argument, d. h. einer Vorstufe der erstmals von Poincaré so bezeichneten charakteristischen Funktionen. Er versuchte auch gelegentlich, zumindest die Größenordnung des Fehlers abzuschätzen, wenn man im Fall eines endlichen n die

Verteilung der Summe bzw. der Linearkombination durch die Normalverteilung ersetzte.

In der an Laplace anschließenden Entwicklung bemühte man sich vor allem, die Voraussetzungen auszuloten, unter denen eine Folge von Verteilungen als asymptotisch normalverteilt gelten kann. So konnte Poisson im Rahmen der Verallgemeinerung des Bernoullischen Gesetzes der großen Zahlen[6] mit ähnlichen analytischen Hilfmitteln wie Laplace für nicht mehr notwendig identisch verteilte diskrete oder stetige Zufallsvariable $X_i, i = 1, \ldots, n$ mit den Erwartungswerten μ_i und den Varianzen σ_i^2 das Äquivalent von

$$P\left(a\sqrt{\sum_{i=1}^{n}\sigma_i^2} \leq \sum_{i=1}^{n}(X_i - \mu_i) \leq b\sqrt{\sum_{i=1}^{n}\sigma_i^2}\right) \approx \frac{1}{\sqrt{2\pi}}\int_a^b e^{-\frac{x^2}{2}}dx \qquad (3.9)$$

begründen.[7]

Die nach den vor allem in den Lehrbüchern von Cauchy propagierten neuen Standards für die Formulierung und den Beweis mathematischer Aussagen fragwürdig erscheinenden Ableitungen verschiedener Formen von zentralen Grenzwertsätzen durch Laplace und Poisson veranlaßten Cauchy, 1853 den zentralen Grenzwertsatz unter wesentlich restriktiveren Voraussetzungen als seine Vorgänger, seinen Standards entsprechend, zu beweisen.

Dieser Beweis gehörte zu einer Reihe von Arbeiten Cauchys aus dem Jahr 1853, in denen er sich mit Bienaymé über Wert und Funktion der Wahrscheinlichkeitsrechnung im Gesamtgebäude der Mathematik unter besonderer Berücksichtigung der Methode der kleinsten Quadrate auseinandersetzte. Außer der Zugehörigkeit zu politisch unterschiedlich orientierten Gruppen spielte fachlich für die Auseinandersetzung eine Rolle, daß sich Bienaymé 1852 in einer Arbeit für die *Académie des Sciences* über die Methode der kleinsten Quadrate für die Wiederbelebung der Laplaceschen Wahrscheinlichkeitstheorie eingesetzt hatte, deren nach Cauchys Auffassung unhaltbare Anwendungsansprüche mit Poissons *Recherches* von 1837 jedes vernünftige Maß überschritten zu haben schienen. Cauchy verwies deshalb in einer Arbeit von 1853 auf ein von ihm schon 1835 veröffentlichtes Verfahren zur schrittweisen Bestimmung der unbekannten Koeffizienten a_j einer Funktion $y(x) = \sum_{j=1}^{m} a_j u_j(x)$, von der die Funktionen $u_j(x)$ sowie aufgrund von Beobachtungen n Wertepaare (x_i, y_i) mit vorgegebenen x_i und fehlerbehafteten y_i bekannt sind. Cauchy beanspruchte für sein analytisch begründetes Verfahren größere Leistungsfähigkeit als für die Methode der kleinsten Quadrate. Cauchy hat sich im weiteren Verlauf der Diskussion, nachdem Bienaymé die unterschiedliche Zielsetzung der beiden Verfahren geklärt hatte, näher mit fehlertheoretischen Aspekten befaßt. Dabei hat er die wichtigsten Eigenschaften der damals noch nicht so genannten charakteristischen Funktionen gefunden. Cauchys Untersuchungen waren

---

[6] Siehe dazu den nächsten Abschnitt.
[7] Siehe [46].

weitgehend losgelöst von den Gegebenheiten der Praxis; sie betrachteten Fehlerverteilungen und ihre Eigenschaften ganz allgemein auf dem in der Analysis in der Mitte des 19. Jahrhunderts erreichten Abstraktionsniveau. Sie ergaben, daß die Methode der kleinsten Quadrate nur dann die im Laplaceschen Sinn vorteilhafteste ist, wenn alle Beobachtungsfehler normalverteilt sind. Genügen alle Fehler einer anderen symmetrisch stabilen, aber nichtnormalen Verteilung, so ist das „vorteilhafteste Verfahren" deutlich von der Methode der kleinsten Quadrate verschieden. Ausgangspunkt für diese Überlegung Cauchys war die für stabile Verteilungen grundlegende Eigenschaft, daß jede Linearkombination von Fehlern mit derselben stabilen Verteilung wieder einer stabilen Verteilung dieses Typs gehorcht.

Die mit Cauchy und Bienaymé einsetzende Tendenz zur Verstrengung der Wahrscheinlichkeitsrechnung wurde von dem Vater der russischen Schule, Pafnutii Lvovich Chebyshev (1821-1894), in zwei Richtungen fortgesetzt. Chebyshev, der mit Bienaymé in Verbindung stand, hat einerseits die nach ihm benannte Ungleichung, die er als Verallgemeinerung des Bernoullischen Gesetzes der großen Zahlen auffaßte, vollkommen elementar bewiesen; er hat andererseits den zentralen Grenzwertsatz als weitgehend selbständige mathematische Aussage ohne Bindung an irgendwelche Anwendungen innerhalb der Wahrscheinlichkeitstheorie betrachtet. Seine Absicht, den zentralen Grenzwertsatz als Illustrationsbeispiel für seine Theorie der Momente zu verwenden, behinderte ihn allerdings bei der Suche nach den für seine Gültigkeit schwächstmöglichen Voraussetzungen, die bei ihm noch die Existenz aller Momente beliebig hoher Ordnung umfaßten. Chebyshevs Schüler Andrei Andreievich Markov (1856-1922) und Aleksander Michailovich Lyapunov (1857-1918) waren dabei wesentlich erfolgreicher. Insbesondere hat Lyapunov in den Jahren 1900/1901 „elementare" Beweise für die Konvergenz der Verteilungen von Summen zufälliger Variabler, für die nur noch die Existenz von Erwartungswert und Varianz sowie die Erfüllung der sogenannten Lyapunovbedingung gefordert wurde, gegen die Normalverteilung geliefert.

Die Auffassung des zentralen Grenzwertsatzes bei Lyapunov ist ein Beispiel für die Wiedereingliederung einer von den Anwendungen weitgehend losgelösten „modernen" Wahrscheinlichkeitsrechnung in die Mathematik.
Gleichzeitig erwiesen sich Begriffsbildungen, insbesondere der Fehlertheorie, nach entsprechenden Modifikationen als zentral für die im Rahmen der englischen Biometrie entstehende Statistik, die sich nach der späteren Einbettung der Wahrscheinlichkeitstheorie in die von Émile Borel (1871-1956) und Henri Lebesgue (1875-1941) geschaffene Maß- und Integrationstheorie als selbständiges Anwendungsgebiet von der Wahrscheinlichkeitstheorie absonderte.

3.4 Gesetze der großen Zahlen

Gesetze der großen Zahlen wurden im Anschluß an Bernoulli im 19. Jahrhundert
zunächst von Laplace in der *TAP* und in die *TAP* vorbereitenden Publikationen
formuliert. Eine der dabei verwendeten Formulierungen bei Laplace findet sich im
Rahmen der Fehlerrechnung:

> „Indem man die Summe der Fehler durch ihre Anzahl s teilt, um den
> mittleren Fehler zu erhalten, konvergiert dieser unaufhörlich gegen die
> Abszisse des Schwerpunkts derart, daß, wenn man dort nach der einen
> und der anderen Seite ein beliebig kleines Intervall annimmt, sich die
> Wahrscheinlichkeit dafür, daß der mittlere Fehler bei unbegrenzter An-
> zahl der Beobachtungen in dieses Intervall fällt, schließlich von der Si-
> cherheit um weniger unterscheidet als jede vorgegeben kleine Größe."[8]

Aus den von Laplace gemachten Voraussetzungen geht hervor, daß alle Fehler
derselben Fehlerverteilung mit der Dichte $\varphi(x)$ genügen, also identisch verteilt sind,
wobei stillschweigend Beschränktheit und Unabhängigkeit angenommen sind. Bezeichnet man die Abszisse des Schwerpunkts der vom Graphen von $\varphi(x)$ und der
Abszissenachse eingeschlossenen Fläche mit μ, so gilt nach der schon von Archimedes (um 285 - 212 v. Chr.] ersonnenen mechanischen Integrationsmethode:

$$\mu \cdot \int_{-\infty}^{\infty} \varphi(x)dx = \int_{-\infty}^{\infty} x\varphi(x)dx \quad \text{oder} \quad \mu = \int_{-\infty}^{\infty} x\varphi(x)dx. \tag{3.10}$$

μ ist also nichts anderes als der Erwartungswert der einzelnen Fehler. Übersetzt in
die Sprache der Analysis zur Zeit von Karl Weierstraß (1815-1897) besagt obiger
Satz von Laplace, wenn man die s Fehler mit $\varepsilon_i, i = 1, 2, \ldots, s$ bezeichnet, daß

$$\forall \varepsilon, \delta \quad \text{mit} \quad \varepsilon > 0 \quad \text{und} \quad \delta \in (0,1) \exists s : \forall n \geq s$$

$$1 - \delta < P\left(\left| \frac{\sum\limits_{i=1}^{n} \varepsilon_i}{n} - \mu \right| \leq \varepsilon \right) \leq 1. \tag{3.11}$$

Außerdem finden sich verschiedene meistens verbale Formulierungen des schwachen Gesetzes der großen Zahlen in der von Jakob Bernoulli bewiesenen Form zusammen mit stark verallgemeinerten Folgerungen in der typischen für eine größere
Allgemeinheit bestimmten Diktion des *Essai*. Danach treten die zufälligen Wirkungen mit wachsender Anzahl der Beobachtungen gegenüber den „regelmäßigen und
konstanten Ursachen" zurück. Allerdings hat Laplace den verschiedenen Formen
des Gesetzes der großen Zahlen nicht mehr jenes Gewicht zugewiesen wie Jakob
Bernoulli.

---

[8] Siehe LAPLACE, PIERRE SIMON: Œuvres, vol. VII, S. 338.

Das änderte sich wieder mit Poisson, der in seinen *Recherches* nicht nur die Voraussetzungen für die Gültigkeit des Gesetzes der großen Zahlen wesentlich erweiterte, sondern diesem Gesetz aufgrund der wiederholt festgestellten relativen Invarianz des arithmetischen Mittels gegenüber neuen Beobachtungsreihen eine entscheidende Bedeutung im Aufbau seiner Wahrscheinlichkeitsrechnung zuwies. Poisson hat das auch durch den erst von ihm eingeführten Begriff „Gesetz der großen Zahlen" deutlich gemacht, womit er bei großen Beobachtungszahlen die „fast unveränderlichen" Häufigkeiten des Eintretens von Ereignissen bezeichnete, „welche von konstanten und von unregelmäßig veränderlichen Ursachen abhängen". Das Auftreten solcher „unregelmäßiger Ursachen" sollte offenbar einer zu $x=0$ symmetrischen Verteilung genügen. Die approximative Unveränderlichkeit der Häufigkeiten kennzeichnete er durch die mit „sehr großer Wahrscheinlichkeit" bestehende ungefähre Gleichheit $\frac{m}{\mu}$ und $\frac{m'}{\mu'}$ der relativen Häufigkeiten des Eintretens eines Ereignisses bei zwei verschiedenen Beobachtungsreihen von jeweils sehr großem Umfang μ bzw. μ'. Poisson hat zur Erklärung des so eingeführten Gesetzes der großen Zahlen den Begriff der Ursache erweitert zu dem, was man später als stochastische Ursache bezeichnete.

Bei der mathematischen Präzisierung seines Gesetzes der großen Zahlen bediente sich Poisson zweier Sätze, die für ihn nur Hilfsfunktion hatten, aber in unserem Jahrhundert die Bedeutung von (schwachen) Gesetzen der großen Zahlen übernahmen. Dabei setzte Poisson anders als seine Vorgänger nicht mehr, modern ausgedrückt, identisch verteilte Zufallsvariable voraus. Weil die Erwartungswerte der einzelnen Zufallsvariablen nicht gleich sein mußten, konnte es auch nicht mehr wie bei Laplace um den Nachweis gehen, daß das arithmetische Mittel von n solchen Zufallsvariablen nach Wahrscheinlichkeit gegen den Erwartungswert jeder einzelnen konvergiert. Stattdessen konnte Poisson zeigen, daß das arithmetische Mittel der Variablen nach Wahrscheinlichkeit gegen das arithmetische Mittel der Erwartungswerte konvergiert oder daß für jedes beliebig kleine positive ε

$$P\left(\left|\frac{\sum_{i=1}^{n} X_i}{n} - \frac{\sum_{i=1}^{n} EX_i}{n}\right| \leq \varepsilon\right) \to 1 \qquad (n \to \infty). \tag{3.12}$$

Verallgemeinert man wie Poisson das Bernoullische Gesetz der großen Zahlen durch die Aufgabe der Voraussetzung, daß die Wahrscheinlichkeit p_i des Eintretens eines Ereignisses beim i-ten von n unabhängigen Versuchen für alle $i = 1, 2, \ldots, n$ gleich sein muß, so gilt, wenn man sich für das Verhalten der relativen Häufigkeit h_n interessiert, entsprechend:

$$P\left(\left|h_n - \frac{\sum_{i=1}^{n} p_i}{n}\right| \leq \varepsilon\right) \to 1 \qquad (n \to \infty). \tag{3.13}$$

Poisson sah aber nicht diese beiden Sätze, sondern seine schon in verschiedenen Lehrbüchern des letzten Viertels des 19. Jahrhunderts als zu vage kritisierte Form des Gesetzes der großen Zahlen als „auf alle ungewissen Ereignisse der physischen und moralischen Welt anwendbar" an. Er dachte dabei insbesondere an demographische, für das Versicherungswesen interessante Verhältnisse.

Kritiker des Poissonschen Gesetzes der großen Zahlen im 19. Jahrhundert befaßten sich wie Bienaymé mit den von Poisson eingeführten stochastischen Ursachensystemen, bemängelten die Zulässigkeit der von Poisson angewandten analytischen Methoden und versuchten wie der Russe Chebyshev, für endliche Beobachtungszahlen n die Güte der Annäherung der relativen Häufigkeit an deren Erwartungswert in dem obigen Grenzwertsatz abzuschätzen.

Auf die Anwender und den Großteil der Vertreter der Stochastik des 19. Jahrhunderts machte solche Kritik keinen großen Eindruck. Sie interessierten sich vielmehr für die von Poisson angebotenen Rechtfertigungen ihres Umgangs mit arithmetischen Mitteln oder Poissons Interpretation eines merklichen Unterschieds der relativen Häufigkeiten in zwei aufeinanderfolgenden Beobachtungsreihen durch eine Veränderung des zugrundeliegenden Ursachensystems.

Poisson sah die in Frankreich seit 1825 jährlich veröffentlichte Kriminalstatistik als beste Bestätigung seines Gesetzes der großen Zahlen an. Sie zeigte, daß der Anteil der jährlich mit einer der damals zulässigen Mehrheiten der Geschworenen Verurteilten an den wegen eines bestimmten Delikts Angeklagten ebenso wie die dazugehörigen absoluten Zahlen über Jahre nahezu konstant blieben. Das führte Poisson zu der Annahme, daß dieser Beinahekonstanz als „Ursachen" feste Werte für die Wahrscheinlichkeit k eines Angeklagten, schuldig zu sein, und für die Wahrscheinlichkeit u dafür, daß ein Geschworener zu einem richtigen Urteil kommt, zugrundeliegen. Unter diesen Voraussetzungen bestimmte Poisson die Wahrscheinlichkeit R_i dafür, daß ein „zufällig" ausgewählter Angeklagter mit einer Mehrheit von mindestens $n - i, i < \frac{n}{2}$ unter n Geschworenen verurteilt wird, als Funktion von k und u. Als Schätzwert für R_i nahm er den Anteil $\frac{m}{\mu}$ der m bei einer solchen Mehrheit Verurteilten unter allen μ in Frankreich über einen Zeitraum von mehreren Jahren Angeklagten. Unter der Voraussetzung eines konstanten R_i durfte die Wahrscheinlichkeit für eine größere Differenz zwischen den relativen Häufigkeiten der Verurteilungen in zwei verschiedenen Zeiträumen nur sehr klein sein.

3.5   Einfache frühe Signifikanztests

Für jede der beiden möglichen Hypothesen forderte Poisson eine Bestätigung durch einen Signifikanztest. Dazu gab er jeweils ein Signifikanzniveau und den zugehörigen kritischen Bereich an. So sah Poisson keinen Grund, die Hypothese eines konstanten R_i zu verwerfen, wenn sich bei dieser Hypothese eine Wahrscheinlichkeit P für eine

Abweichung der beiden relativen Häufigkeiten $\frac{m}{\mu}$ und $\frac{m'}{\mu'}$ voneinander von höchstens β ergab, die ihrerseits mindestens den Wert $1 - \alpha$ erreichte, also

$$P\left(\left|\frac{m}{\mu} - \frac{m'}{\mu'}\right| \leq \beta\right) \geq 1 - \alpha. \tag{3.14}$$

Dabei sind α, das das Signifikanzniveau charakterisierende, und β, durch das der kritische Bereich - Abweichungen größer als β - definiert wird, relativ kleine positive Zahlen. Sie sind ihrerseits abhängig voneinander in der Weise, daß z. B. ein kleineres β zu einem größeren α führt und umgekehrt.

Als sich von einem Jahr auf das nächste diese Abweichung signifikant geändert hatte, fühlte sich Poisson berechtigt, daraus eineÄnderung des zugrundeliegenden Ursachensystems zu folgern.

Die hier vorliegende Form eines Signifikanztests war bereits bei Laplace vorgebildet. Außerdem bediente man sich in der Fehlertheorie einfacher Signifikanztests, nicht um Hypothesen auf der Grundlage konkreter Daten als annehmbar einzustufen oder zu verwerfen, sondern um besondere Daten, Ausreißer, zu eliminieren, die von einer angenommenen Verteilung zu stark abweichen.[9]

Die Beispiele der Anwendung einfacher Signifikanztests außerhalb der Fehlerrechnung gehen fast immer, wie auch bei Poisson, von dem Schema einer Bewertung der Signifikanz von zwei Hypothesen aus: Entweder werden die Ergebnisse von Stichproben als Wirkung zufälliger oder konstanter Ursachen interpretiert. So hatte Laplace in einer Arbeit von 1823 über die Wirkung des Mondes auf die Atmosphäre allgemein festgestellt, daß es über die bestgeeignete Kombination einer großen Anzahl von Beobachtungen hinaus einer Methode zur Bestimmung der Wahrscheinlichkeit dafür bedarf, daß sich der dabei gemachte Fehler innerhalb gegeben enger Grenzen bewegt; andernfalls würde man, wie schon öfter in der Meteorologie, Gefahr laufen, die Wirkungen „zufälliger Ursachen" als Naturgesetze zu interpretieren. Laplace hatte schon in der ersten Ausgabe der *TAP* von 1812 ein Modell dafür angegeben, wie man sich gegen solche Fehlinterpretationen sichern kann. Zahlreiche Beobachtungen hatten nahegelegt, daß sich der Barometerstand um 9 Uhr i. allg. von dem um 16 Uhr unterscheidet. Er hatte dann unter der Annahme, daß solche Unterschiede zufallsbedingt sind, die beobachteten Differenzen einer geeigneten Normalverteilung anzupassen versucht und deren Varianz ermittelt. Da die beobachteten Werte um mehr als das Siebenfache dieser Varianz von ihrem Mittel abwichen, verwarf Laplace diese Annahme.

Solche Formen von Signifikanztests wurden von verschiedenen Vertretern der Stochastik des 19. Jahrhunderts verwendet. Eine gewisse Kodifizierung erfuhren sie durch die Aufnahme in den von Francis Ysidro Edgeworth (1845-1926) im Jubiläumsband zum 50-jährigen Bestehen der *Royal Statistical Society* 1885 veröffentlichten Artikel „Methods of statistics". Edgeworth gehörte mit Galton zu den ersten, die im Umfeld der biometrischen Schule über Unterschiede zwischen der der Wahrscheinlichkeitstheorie zugerechneten Fehlerrechnung und einer neuen Art von

---

[9] Siehe [28], S. 80-84.

Statistik reflektierten. Er hat damit den Emanzipationsprozeß der in diesem Umfeld entstehenden mathematischen Statistik von der Wahrscheinlichkeitsrechnung mit in Gang gesetzt. Zu solchen von Galton und später von Karl Pearson (1857-1936) geteilten Unterscheidungen gehört die zwischen Beobachtungen und Statistik. Während das Mittel einer Anzahl von Beobachtungen der Bestimmung einer Meßgröße wie einer Länge oder eines Zeitraums und damit einer realen Größe dient, ist das Mittel einer Reihe von Daten über die Ausprägung eines Merkmals in einer Population etwas Fiktives, weil ihm kein realer Wert in dieser Population entspricht. Statistische Begriffe wie Durchschnittsgröße oder der durchschnittliche Hang zum Verbrechen des von Quetelet eingeführten *homme moyen* haben i. allg. keine reale Entsprechung in einem Individuum, sondern dienen der Beschreibung des Auftretens eines Merkmals in einer Population.

Mit dem in „Methods of statistics" vorgestellten Signifikanztest wollte Edgeworth entscheiden, ob die Differenz zwischen zwei vorgegebenen Mittelwerten als Produkt des Zufalls anzusehen ist oder nicht. Dazu bildete er als Schätzwert für die zu den beiden Mittelwerten gehörigen Schwankungen, was er als Quadrat des Modulus c bezeichnete, wobei c^2 dem zweifachen Wert der Streuung entspricht. War der Mittelwert z. B. das arithmetische Mittel $\bar{x}$ einer Reihe von Beobachtungen $x_i, i = 1, \ldots, n$, so schätzte er das zugehörige c^2 ab durch

$$2\frac{\sum(x_i - \bar{x})^2}{n^2}. \tag{3.15}$$

Der angenommene Mittelwert und das zugehörige Quadrat des Modulus konnten aber auch auf anderem Weg, etwa über den Median, bestimmt werden. Hatte Edgeworth für die in irgendeiner Weise vorliegenden Mittelwerte die zugehörigen Schätzungen c_1^2 und c_2^2 für das jeweilige Quadrat des Modulus gefunden, so nahm er $c = \sqrt{c_1^2 + c_2^2}$ als Schätzwert für den Modulus der Differenz zwischen den beiden Mittelwerten. War der Betrag der Differenz größer als $2c$, wurde die Hypothese ihres zufälligen Zustandekommens als äußerst unwahrscheinlich verworfen, was einem Signifikanzniveau von etwa 0,005 entsprach.[10] Auch wenn Edgeworths direkte Wirkung auf die nachfolgende Entwicklung der Statistik nicht sehr hoch eingeschätzt wird, so zeigt doch etwa seine Korrespondenz mit Karl Pearson aus den 90er Jahren, daß er einen erheblichen Einfluß auf den Mann ausübte, der in der Folgezeit Inhalt und Richtung der mathematischen Statistik wesentlich prägte. So stützte sich Pearson in einer Vortragsreihe von 1893 wesentlich auf die Signifikanztests von Edgeworth, wobei er den Modulus von Edgeworth durch die noch heute übliche Standardabweichung ersetzte.[11] Die systematische Entwicklung und Anwendung von Signifikanztests setzte erst in unserem Jahrhundert ein. Als Anfang einer solchen Entwicklung kann man den von Karl Pearson 1900 veröffentlichten χ^2-Anpassungstest ansehen, mit dem geprüft wurde, wie gut eine vorgegebene Verteilung der durch eine konkrete Stichprobe vorliegenden empirischen Verteilung entspricht.

---

[10] Siehe [63], S. 310f.
[11] Siehe [63], S. 328.

3.6 Die soziale Physik von Quetelet

Mit dem belgischen Astronomen und Mathematiker Adolphe Quetelet wandelte sich
die mit John Graunt (1620-1674) und John Petty (1623-1687) begründete politische
Arithmetik zu einer schon von Auguste Comte (1798-1857) propagierten sozialen
Physik. Der 1796 geborene Quetelet war im Rahmen einer Ausbildungsreise nach
Paris Ende des Jahres 1823 auch mit Fourier und Laplace zusammengekommen
und hatte sich mit der Wahrscheinlichkeitstheorie von Laplace vertraut gemacht. Er
wurde 1826 korrespondierendes Mitglied des belgischen statistischen Büros. Vor der
Aufgabe stehend, die Bevölkerungszahl des durch die 1830 erfolgte Vereinigung von
Belgien und Holland entstandenen Königreichs der Niederlande zu ermitteln, wollte
er zunächst die damals so genannte Laplacesche Methode zur Schätzung der Stärke
der Gesamtbevölkerung anwenden. Laplace hatte vor dem Hintergrund der relativ
verläßlichen Geburts- und Sterberegister und der Schwierigkeit der Durchführung einer vollständigen Volkszählung vorgeschlagen, aus dem Produkt aller in einem Jahr
in Frankreich Neugeborenen und dem reziproken Wert der mittleren Geburtenrate
bzw. aus den entsprechenden Zahlen der Verstorbenen und der mittleren jährlichen
Sterberate auf die Größe der Gesamtbevölkerung zu schließen. Dabei wurden die
in einer Reihe ausgewählter Bezirke über einige Jahre sehr genau bestimmten jährlichen Geburten- bzw. Sterberaten gemittelt. Das Problem einer repräsentativen
Auswahl solcher Bezirke zum Ausgleich der offenbaren Inhomogenitäten bei den
Geburts- und Sterberaten bot damals noch unüberwindliche Schwierigkeiten. Das
zeigte sich z. B. an den großen Unterschieden zwischen den so ermittelten Werten
für die Gesamtbevölkerung abhängig von den ausgewählten Bezirken oder davon,
ob man dabei von den Geburten oder den Todesfällen ausging.

Konfrontiert mit dem Problem einer verhältnismäßig großen Inhomogenität der
so gewonnenen Daten plädierte Quetelet gegen die Verwendung der Laplaceschen
Methode und zugunsten einer zwar sehr viel aufwendigeren, aber dafür sicheren
vollständigen Volkszählung. Deswegen waren auch in Quetelets Werk Ansätze in
Richtung auf eine Stichprobenstatistik nicht zu erwarten.
Wie die meisten Pioniere der Statistik war Quetelet geradezu besessen von der
Idee, durch Zählen, Wägen, Messen und Vergleichen der in Tabellen oder graphischen Darstellungen enthaltenen Daten über verschiedene Merkmale zu Beziehungen
zwischen solchen Merkmalen kommen zu können. So untersuchte er Geburts- und
Sterberaten abhängig von der Jahreszeit, vom Ort, von der Temperatur oder von
der Tageszeit.

Er interessierte sich für die Sterblichkeit in verschiedenen Berufen, Klimazo-
nen, in Gefängnissen oder in Krankenhäusern. Darüber hinaus sammelte er Daten
über Größe, Gewicht, Wachstumsraten und Stärke des menschlichen Körpers sowie über den Anteil der Alkoholabhängigen, geistig Behinderten, Selbstmörder und
Verbrecher an der Gesamtbevölkerung. Die bis dahin gesammelten Daten und Teil-
veröffentlichungen faßte Quetelet in seinem 1835 erschienenen Buch *Sur l'homme et
le développement de ses facultés, ou essai de physique sociale* zusammen.

Mit diesem Werk und dem darin propagierten neuen Begriff des Durchschnittsmenschen, des *homme moyen*, wurde Quetelet in kurzer Zeit zu einer europaweit bekannten Persönlichkeit. Als Grund für das gewaltige Interesse, auf das Quetelet stieß, ist eine egalitäre Grundhaltung geltend gemacht worden, die vor allem den politischen Erwartungen des Bürgertums im Europa des 19. Jahrhunderts entsprach. Mindestens ebenso wichtig für den Erfolg wie die Auswahl der Eigenschaften, die Adligen, Bürgern, Bauern und Arbeitern in gleicher Weise zukamen, scheint aber deren Reduktion auf Messung und Zählung gewesen zu sein.

Besonders schockierend und deshalb vor allem in der europäischen Hochgesellschaft viel diskutiert waren Eigenschaften wie der Hang zum Verbrechen, der den *homme moyen* mit einer auf einige Stellen hinter dem Komma genauen relativen Häufigkeit jährlich zur Mordwaffe greifen ließ. Das in diesem Zusammenhang von Quetelet ausgewertete Material der in Frankreich zwischen 1825 und 1830 veröffentlichten Kriminalstatistiken bot ihm Gelegentheit, Abweichungen der Verurteilungsrate, verstanden als Verhältnis der Verurteilten zu den Angeklagten, etwa für Leute mit höherer Schulbildung, von der allgemeinen Verurteilungsrate als signifikant oder als zufällig zu beurteilen. Quetelet kann hier allerdings nicht mehr als ein Problembewußtsein für Fragen der heutigen Varianzanalyse zugebilligt werden. Für die Lösung solcher Probleme fehlten Quetelet sowohl die begrifflichen wie die mathematischen Hilfsmittel.

Quetelets *homme moyen* repräsentierte die Durchschnittswerte eines über die gesamte oder eine passend gewählte Teilbevölkerung gemittelten Merkmals, wie etwa die Durchschnittsgröße französischer Rekruten, die man mit anderen Durchschnittsgrößen, wie der der männlichen französischen Bevölkerung oder der der Rekruten anderer Länder, vergleichen konnte. Das Beispiel zeigt, daß Quetelet nicht mit dem Durchschnittsmenschen schlechthin, sondern mit verschiedenen solchen Durchschnittsmenschen für einzelne Altersgruppen, Rassen, Nationen usw. operierte. Der so konzipierte *homme moyen* diente ihm dazu, die zufälligen Schwankungen im Erscheinungsbild der Gesellschaft verschwinden und an ihrer Stelle jene Regelmäßigkeiten hervortreten zu lassen, die die „Gesetze" seiner, der Newtonschen Mechanik entsprechenden, „sozialen Physik" bildeten. Als zufällige Schwankungen waren dabei die Abweichungen des einzelnen Individuums bezüglich eines Merkmals von seinem Durchschnittswert zu verstehen. Solche Abweichungen nach oben oder unten wurden von Quetelet analog zu den zufälligen Fehlern bei Messungen gesehen. Seiner an dem negativen Bild des Fehlers orientierte Sichtweise entsprach eine positive Bewertung des Durchschnittswertes bzw. des Durchschnittsmenschen als des von der Natur beabsichtigten Idealtypus. In dem von ihm später verwendeten Bild des auf eine kreisförmige Scheibe zielenden Schützen stellte der kleine schwarze Mittelkreis das von der Natur beabsichtigte Ziel und die nach außen in ihrer Dichte abnehmenden Einschüsse auf der Scheibe die vom Ideal des *homme moyen* mehr oder minder abweichenden Individuen dar.

Das Bild des auf eine Scheibe zielenden Schützen legte auch nahe, daß die Verteilung der Abweichungen vom Durchschnitt immer dann, wenn keine störenden Einflüsse wirksam sind, der Verteilung einer gleichen Anzahl von Treffern auf einer Schießscheibe entspricht. Da die Häufigkeitsverteilung der Abstände der Einschüsse vom Mittelpunkt einer Schießscheibe mit wachsender Anzahl der Einschüsse eine Kurve annähert, die dem rechten, positiven Ast einer Normalverteilung entspricht, erwartete Quetelet für die Verteilung der Abweichungen eines Merkmals vom Populationsdurchschnitt, falls keine außergewöhnlichen Einflüsse wirksam waren, ebenfalls eine Annäherung an eine Normalverteilung. Mit dem Nachweis, daß eine konkrete Verteilung der Abweichungen eines Merkmals vom Populationsdurchschnitt eine Normalverteilung approximiert, verband Quetelet die Interpretation dieser Abweichungen als Wirkung ausschließlich „akzidenteller Ursachen", d. h. als zufällige Variationen des Populationsdurchschnitts. Den Hintergrund für eine solche Deutung bot die Elementarfehlerhypothese, wonach die Verteilung zufälliger Fehler, die ihrerseits als Summe einer Vielzahl voneinander unabhängiger Elementarfehler derselben Größenordnung zu verstehen ist, approximativ normal ist.

Umgekehrt schloß Quetelet aus der Unmöglichkeit eines solchen Nachweises auf das Wirken anderer, nichtzufälliger Ursachen.
Für den Nachweis einer näherungsweise normalen Verteilung der Abweichungen eines Merkmals vom Populationsdurchschnitt suchte Quetelet nach einer für die gefundene Häufigkeitsverteilung der Abweichungen passenden Normalverteilung. Zur Erleichterung einer solchen Anpassung ging er nicht von der Normalverteilung, sondern von einer Binomialverteilung mit $n = 999$ und $p = q = \frac{1}{2}$ aus. Die einzelnen Schritte des von ihm benutzten elementaren Anpassungsverfahrens hatte Quetelet in seinen 1846 erschienenen *Lettres á S. A. R. le Duc Régnant de Saxe-Cobourg, sur la théorie des probabilités, appliquée aux sciences morales et politiques* an Beispielen wie der Verteilung der mit einer Genauigkeit von ein Inch bestimmten Brustumfänge von 5738 schottischen Soldaten erläutert.[12]
Als Maß für die Güte der Anpassung dieser symmetrischen Binomialverteilung an die Verteilung der Brustumfänge schottischer Soldaten erschienen Quetelet die relativ geringen Differenzen zwischen den zu den einzelnen Umfangswerten gehörigen, aus einer Tabelle (3.1) ersichtlichen Anzahlen von Soldaten in beiden Verteilungen auszureichen. Gleichzeitig verwies er auf das kleine, durch den sogenannten wahrscheinlichen Fehler von etwa 33 mm festgelegte Intervall um den durchschnittlichen Brustumfang, in das die Brustumfänge der Hälfte aller 5738 Soldaten fallen. Der wahrscheinliche Fehler würde nach Quetelet bei der 5738fachen Vermessung des Brustumfangs eines einzigen schottischen Soldaten nicht kleiner ausfallen. Für Quetelet ließ der letzte Vergleich nur den Schluß zu, daß die Brustumfänge der 5738 schottischen Soldaten so verteilt waren, als hätte die Natur versucht, den durch den Durschschnittsbrustumfang angenäherten Idealtypus 5738mal zu reproduzieren, wobei ihr entsprechende zufällige Fehler unterliefen.
Die von ihm schon früh festgestellten Inhomogenitäten bei den Geburts- und Sterberaten in den Niederlanden, die ihn für eine vollständige Volkszählung plädieren

---

[12] Siehe dazu [63], S. 206-213.

MESURES de la poitrine.	NOMBRE d'hommes.	NOMBRE proportionnel.	PROBABILITÉ d'après L'OBSERVATION.	RANG dans LA TABLE.	RANG d'après le CALCUL.	PROBABILITÉ d'après LA TABLE.	NOMBRE d'observations calculé.
Pouces.							
33	5	5	0,5000			0,5000	7
34	18	31	0,4905	52	50	0,4905	29
35	81	141	0,4904	42,5	42,5	0,4904	110
36	185	322	0,4823	33,5	34,5	0,4854	323
37	420	732	0,4501	26,0	26,5	0,4531	732
38	749	1305	0,3769	18,0	18,5	0,3799	1333
39	1073	1867	0,2464	10,5	10,5	0,2466	1838
			0,0597	2,5	2,5	0,0628	
40	1079	1882	0,1285	5,5	5,5	0,1359	1987
41	934	1628	0,2013	13	13,5	0,3034	1675
42	658	1148	0,4061	21	21,5	0,4130	1096
43	370	645	0,4706	30	29,5	0,4690	560
44	92	100	0,4866	35	57,5	0,4911	221
45	50	87	0,4953	41	45,5	0,4980	69
46	21	38	0,4991	49,5	53,5	0,4996	16
47	4	7	0,4998	56	61,8	0,4999	3
48	1	2	0,5000			0,5000	1
	5738	1,0000					1,0000

Bild 3.1 Brustumfänge von 5738 schottischen Soldaten, wobei Spalte 2 die empirische Verteilung, Spalte 3 dieselbe Verteilung bezogen auf 10 000 Soldaten, Spalte 8 die den Daten angepaßte Binomialverteilung bezogen auf 10 000 Soldaten angibt. Aus [42], S. 400.

ließen, hinderten Quetelet nicht daran, i. allg. Homogenität bei den von ihm untersuchten Populationen bezüglich eines Merkmals vorauszusetzen. Als Rechtfertigung für die Annahme der Homogenität diente ihm der Erfolg seiner Anstrengungen, die annähernd normalverteilten symmetrischen Binomialverteilungen an die gefundenen empirischen Verteilungen anpassen zu können.[13]

Obwohl Quetelet auch die Anpassung asymmetrischer Binomialverteilungen, etwa an schiefverteilte meteorologische Daten, vornahm und die Asymmetrie einiger anderer Verteilungen von empirischen Daten erkannte, erschien er den meisten seiner Zeitgenossen als Propagator eines von der Natur beanspruchten Monopols der Normalverteilung. Quetelet war noch weit von der Vorstellung entfernt, daß seine Gleichsetzung von homogen und normalverteilt durch die Möglichkeit nicht normal verteilter homogener und normal verteilter inhomogener Daten aufgehoben werden könnte.

---

[13] Siehe [63], S. 222 f.

Quetelet vermochte deshalb für das Problem, die auftretenden Streuungen bei den verfügbaren Daten zu analysieren, einen nur sehr unvollkommenen Lösungsvorschlag zu machen. Die zentrale Stellung des *homme moyen* in seinen Werken hatte die Aufmerksamkeit mehr auf die echten oder vermeintlichen Regelmäßigkeiten bei den gesellschaftlichen Daten, die von den Mächtigen gewünschte Stabilität der Gesellschaft, gerichtet als auf deren Schwankungen. Bei der nachfolgenden Generation, wie dem deutschen Wirtschaftswissenschaftler und Statistiker Wilhelm Lexis (1837-1914), hatte die Auseinandersetzung mit den von Quetelet propagierten Gesetzen einer sozialen Physik verschiedene Reaktionen ausgelöst. Die Kritiker sahen durch solche Gesetze die Verantwortung des Menschen für sein Tun, den menschlichen freien Willen, wenn nicht überhaupt ausgeschaltet, so doch wesentlich eingeschränkt. Für Lexis waren es neben wissenschaftlichen politische Gründe, die ihn dazu veranlaßten, sich speziell der Deutung der Variation in zeitabhängigen Beobachtungsreihen zuzuwenden, die heute als Zeitreihen bezeichnet werden. 1879 führte er den von ihm sogenannten Dispersionskoeffizienten Q als Maß für die Streuung solcher Daten ein. Q mißt das Verhältnis der empirischen Streuung R der vorliegenden Daten zum Streuungsmaß r für eine den Daten angepaßte Binomialverteilung. War Q größer als 1, konnten die Schwankungen in den Werten der Reihe mit dem der Binomialverteilung entsprechenden Urnenmodell nicht befriedigend nachgebildet werden; die Reihe war nicht stabil in der Zeit. Ihr Zustandekommen mußte auf zeitabhängig wirksame Faktoren zurückgeführt werden. Für Q gleich oder nahezu gleich 1 ging Lexis von einer in der Zeit stabilen Reihe aus, die durch eine Binomialverteilung angemessen dargestellt werden konnte. Der Fall $Q < 1$ bedeutete, daß die Streuung in der vorliegenden Reihe kleiner war, als sie das Urnenmodell zugelassen hätte. Eine solche „übernormale" Stabilität konnte auf die Wirkung etwa von über längere Zeit gesetzlich vorgeschriebenen Quoten zurückgeführt werden.

Q gleich oder nahezu gleich 1, Lexis' Kriterium für eine „stabile" Reihe, erwies sich in der Praxis als zu selektiv, da es die meisten Reihen von gesellschaftlich interessanten Daten als nicht stabil ausschied. Die wenigen Zeitreihen, wie das Geschlechtsverhältnis bei den Geburten, die sich als stabil erwiesen, erschienen auch schon Zeitgenossen als nicht gesellschaftlich, sondern durch biologische Gesetze bedingt. Zudem konnte Q so nahe an 1 liegen, daß die Differenz selbst als Wirkung des Zufalls interpretiert werden konnte. Außerdem ließ ein von 1 nur relativ wenig verschiedener Wert für Q wie 1,1 nach einer von Lexis für sehr große Populationen angegebenen Näherungsformel

$$R \cong \sqrt{r^2 + p^2} \quad \text{oder} \quad Q^2 \cong 1 + \frac{p^2}{r^2} \tag{3.16}$$

den verhältnismäßig großen Wert von etwa $0{,}447\,r$ für p zu, das Lexis als ein Maß für die Instabilität der Reihe eingeführt hatte.

In der Nachfolge von Lexis fand sein Schüler Ladislaus von Bortkiewecz (1868-1931) 1898 im Rahmen der von ihm untersuchten seltenen Ereignisse wie den jährlich im Preußischen Heer vom Hufschlag Getöteten, daß diese trotz verhältnismäßig großer jährlicher Schwankungen und damit großer Instabilität wegen des bei diesen Daten sehr kleinen p das Stabilitätskriterium eines nahe an 1 liegenden Dispersionskoeffizienten erfüllen.

Den Ansatz von Lexis führten außer von Bortkiewecz schon im 20. Jahrhundert vor allem die beiden russischen Mathematiker Markov und Chuprov (1874-1926) weiter, ohne allerdings für die Varianzanalyse ein Angebot machen zu können, das sich mit den in der englischen biometrischen Schule entwickelten Methoden hätte messen können.[14]

3.7 Regression und Korrelation, zwei aus der biometrischen Schule erwachsene Begriffe der neuen mathematischen Statistik

Francis Galton, der Begründer der englischen biometrischen Schule, in der die moderne mathematische Statistik entstand, hatte sich seit Mitte der 60er Jahre mehr und mehr für Fragen der Vererbung, vor allem menschlicher Vererbung, interessiert. Für Galtons Konzentration auf Vererbungsfragen waren seine sozialen Interessen ebenso verantwortlich wie der Einfluß der Evolutionstheorie seines Vetters Charles Darwin. Galton wollte die Wirkung der durch Selektion gesteuerten Evolution quantitativ erfassen, um so eine Grundlage für die Beeinflussung menschlicher Evolution durch „eugenische" Maßnahmen zu gewinnen. Die erste Frucht seiner Bemühungen auf diesem Gebiet war der 1869 erschienene *Hereditary Genius*, in dem Galton aufgrund des Leistungsprofils von Mitgliedern derselben Familien in verschiedenen Generationen zu zeigen versuchte, daß außerordentliche Errungenschaften, ob in Kunst, Wissenschaft, Politik oder im Sport, das Ergebnis biologischer Vererbung sind. In Anlehnung an Quetelet verwendete Galton dabei die Normalverteilung zur Beschreibung der Variation bei der menschlichen Vererbung.

Galtons Einsicht, daß das von ihm zusammengestellte Material über Vererbung in Familien hervorragender Wissenschaftler keine mathematische Fassung zuließ, veranlaßte ihn dazu, Züchtungsexperimente mit Erbsen anzustellen, wobei es ihm nur auf die Vererbung des Gewichts ankam. Er teilte dazu eine Menge von Erbsensamen, deren Gewicht näherungsweise normalverteilt war, mit dem Mittelwert M und der Streuung c_1, in sieben, nach ihrem Gewicht geordnete Gruppen jeweils gleicher Anzahl mit den Gewichtsmittelwerten

$$M - 3Q, \quad M - 2Q, \quad M - Q, \quad M, \quad M + Q, \quad M + 2Q, \quad M + 3Q.$$

Die aus dieser Elterngeneration unter Beachtung einer strikten Trennung der Gruppen bei sonst gleichen Wachstumsbedingungen gezogenen Erbsensamen der nächsten Generation zeigten folgende Eigenschaften: Die Gewichtsverteilungen der Samen der zweiten Generation in jeder einzelnen Gruppe war wieder näherungsweise normal mit jeweils derselben Streuung f, d. h. demselben von Galton durch den

---

[14] Für Lexis und seine Wirkung siehe [63], Kapitel 6 sowie [58], S. 240-255.

wahrscheinlichen Fehler ausgedrückten Variabilitätsmaß. Ebenso war die Gesamtheit der Samen dieser Generation näherungsweise normalverteilt mit der Streuung c_2 um M. Wären die Mittelwerte in den einzelnen Gruppen bei der Eltern- und der F_1-Generation ebenfalls gleich geblieben, hätte man im Gegensatz zur Erfahrung eine von Generation zu Generation wachsende Gesamtstreuung erwarten müssen, die die Konstanz der Art sehr bald in Frage gestellt hätte. Stattdessen zeigte sich aber, daß die Mittelwerte der sieben Gruppen in der F_1-Generation nicht dieselben waren wie bei der Elterngeneration. Bei den Mittelwerten zeigte sich in der F_1-Generation eine lineare Verschiebung zum Gesamtmittel M, d. h. die einzelnen Gruppen der F_1-Generation streuten um die sieben Mittelwerte

$$M - 3rQ,\ M - 2rQ,\ M - rQ,\ M,\ M + rQ,\ M + 2rQ,\ M + 3rQ \quad \text{mit} \quad 0 < r < 1.$$

In Galtons Ausdrucksweise hatten sich in der F_1-Generation aufgrund einer „Reversion" die Abstände der Mittelwerte der einzelnen Gruppen vom Mittelwert M um den Faktor r gegenüber der Elterngeneration verkürzt.

Geht man davon aus, daß aus Erbsen der Elterngeneration mit dem Gewicht $M + x$ Erbsen der F_1-Generation mit dem Gewicht $M + z$ gezogen werden, so setzt sich z aufgrund der Reversion aus dem Anteil rx und dem Anteil y zusammen, der der Variation in den verschiedenen Gruppen der F_1-Generation entspricht. Da die Gesamtstreuungen $\sigma(x) = c_1$ bzw. $\sigma(z) = c_2$, wie von Galton festgestellt wurde, gleich sind, und außerdem $\sigma(y) = f$ ist, gilt:

$$c_1^2 = c_2^2 = r^2 c_1^2 + f^2 \quad \text{oder} \quad f^2 = (1 - r^2)c_1^2. \tag{3.17}$$

Die letzte Beziehung war aus der empirisch gefundenen Reversion gefolgert und von Galton durch den von ihm entwickelten Apparat, das später sogenannte Galtonbrett, plausibel gemacht, nicht aber wirklich erklärt worden. Eine solche Erklärung konnte Galton erst 1885 anbieten, als er Reversion, übertragen auf den menschlichen Bereich, in Regression umbenannt hatte. In diesem Jahr trug er als Sektionspräsident der *British Association of the Advancement of Science* über die Ergebnisse einer Untersuchung vor, bei der die Körpergröße von 928 Erwachsenen zu der ihrer „midparents" in Beziehung gesetzt wurde. Galton hatte die Körpergröße der midparents als Mittelwert zwischen der Größe des Vaters und der mit 1,08 multiplizierten Größe der Mutter eingeführt, wobei der Faktor 1,08 das Verhältnis der Durchschnittsgrößen von Männern und Frauen darstellt. Mit der Einführung des midparent sollte eine mit seinem früheren Erbsenexperiment, bei dem wegen der Selbstbefruchtung nur ein Elternteil zu berücksichtigen war, vergleichbare Situation hergestellt werden. Dazu hatte Galton im Vorfeld ausgeschlossen, daß sich etwa besondere Vorlieben von Männern und Frauen für kleine und große Partner oder große gegenüber kleinen Unterschieden in der Körpergröße der Eltern beim selben Wert für den midparent entscheidend auswirken können. Aus einer Tabelle konnte man dann in den Zeilen die Verteilung der Körpergröße bei den Kindern für konstante Werte des midparent und umgekehrt bei fester Körpergröße der Kinder in den Spalten die Verteilung bei den midparents entnehmen. Außerdem interessierte sich Galton für die Lage all der Punkte (x,y) in einem Koordinatensystem, wobei x

für die Körpergröße der Kinder und y für die Körpergröße der midparents steht, bei denen die Anzahl n der Kinder jeweils den gleichen Wert hat. Er fand, daß die Punkte für ein festes n auf einer Ellipse liegen, und daß sich für verschiedene Werte von n ähnliche konzentrische Ellipsen mit gleicher Richtung der Hauptachsen ergeben. Die Verbindungsgerade der Berührungspunkte einer horizontalen Tangente an zwei verschiedene solche Ellipsen weist eine Steigung gegenüber der Vertikalen auf, die der Regression von midparent auf die Kinder entspricht, während die Verbindungsgerade der Berührungspunkte einer vertikalen Tangente an zwei verschiedene solche Ellipsen eine Steigung gegenüber der Horizontalen aufweist, die der Regression von Kind auf midparent entspricht. Galton war klar, daß eine horizontale Gerade einem festen Wert des midparent entspricht, der im Berührungspunkt einer Ellipse das Maximum der zugehörigen (bedingten) Verteilungsfunktion erreicht. Diese Deutungen von 1886 verdankte Galton der Mithilfe des Mathematikers J. Hamilton Dickson (1849-1939), der Galton klargemacht hatte, daß die von ihm empirisch gefundenen Ellipsen die Kurven konstanter Frequenz in einer zweidimensionalen Normalverteilung darstellen.

Der noch fehlende Schritt von dem bis dahin erreichten Verständnis einer statistischen Symmetrie der Regression zu der Einsicht, daß Regression ein Sonderfall einer noch allgemeineren statistischen Beziehung zwischen zwei Merkmalen, der Korrelation, ist, wurde Galton nahegelegt durch seine Auswertung der Beziehungen zwischen zwei Merkmalen wie Körpergröße und Unterarmlänge in derselben Population. Das Problem der Abhängigkeit bzw. Unabhängigkeit verschiedener Körpermerkmale voneinander hatte sich Galton gestellt im Zusammenhang mit dem von dem französischen Anthropologen und Kriminologen Alphonse Bertillon (1853-1914) 1883 vorgestellten System verschiedener Körpermaße zur Identifikation von Personen, insbesondere rückfälliger Verbrecher. Wesentlich für die Effektivität des Systems von Bertillon war die behauptete Unabhängigkeit der dafür herangezogenen Körpermaße.

Galton konnte bei seinen Untersuchungen eine Regression von Körpergröße auf Unterarmlänge und von Unterarmlänge auf Körpergröße feststellen, die der von Kindern auf midparent bezüglich der Körpergröße entspricht. Wenn aber die durchschnittliche Unterarmlänge von Personen der Körpergröße x gleich $r_1 x$ und die durchschnittliche Körpergröße von Personen mit der Unterarmlänge y gleich $r_2 y$ ist, dann sind r_1 und r_2, wie Galton empirisch gefunden hatte, voneinander verschieden, ohne einer so einfachen Beziehung wie $r_1 \cdot r_2 = 1$ zu genügen. Galton fand aber heraus, daß sich die beiden Werte für die Regression r_1 und r_2 auf einen einzigen Wert reduzieren, wenn die Körpergröße in Vielfachen des wahrscheinlichen Fehlers der zugehörigen Verteilung und ebenso die Unterarmlänge in Vielfachen des wahrscheinlichen Fehlers der Häufigkeitsverteilung der Unterarmlängen angegeben werden. Diesen von der Reihenfolge Körpergröße, Unterarmlänge unabhängigen Wert r bezeichnete Galton als Ko-Relation zwischen den beiden Größen.

Galton hatte alle seine Untersuchungen über Regression und Korrelation sowie über andere von ihm entwickelte Methoden zur statistischen Bestimmung erblicher

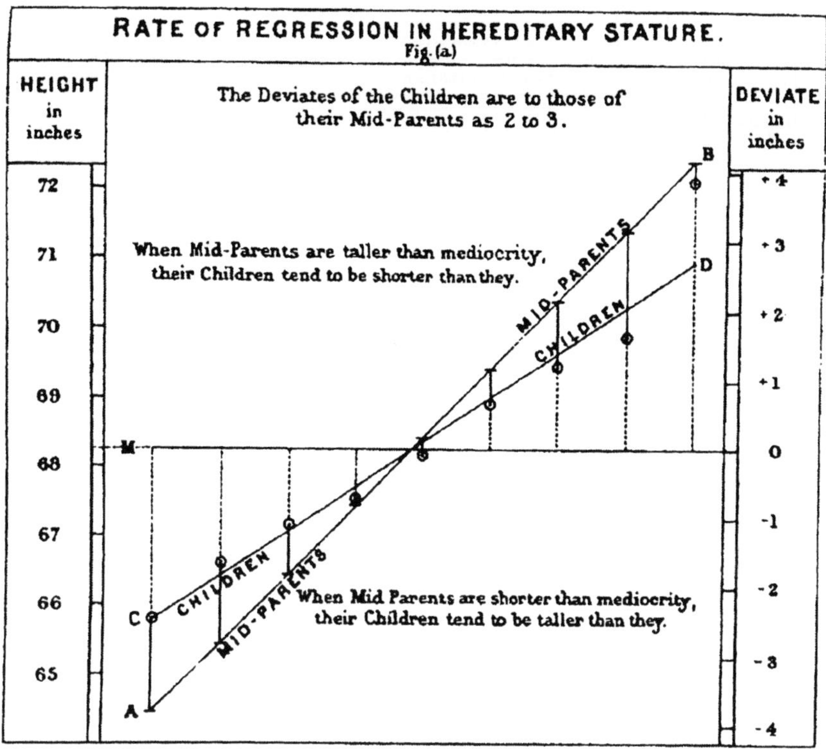

Bild 3.2 Veranschaulichung der Linearität der Regression für Körpergröße von midparent auf Kinder. Die auf der selben Ordinate liegenden Punkte der Geraden *AB* und *CD* repräsentieren eine bestimmte Größe des midparent und die Durchschnittsgröße bzw. den Median der dazugehörigen Gruppe von Kindern. Aus [13] nach [57], vol. III, S. 16.

Einflüsse 1889 in *Natural inheritance* zusammengefaßt, das für die Mitglieder der von ihm begründeten biometrischen Schule zu einer Art Bibel wurde.[15]
Einer der ersten und gründlichsten Leser von *Natural inheritance* war Karl Pearson, der seit 1884 einen Lehrstuhl für angewandte Mathematik und Mechanik am University Collége in London innehatte. Pearson interessierte sich sofort für das von Galton eingeführte Maß der Korrelation, wobei er Korrelation als eine neue umfassende Kategorie der Abhängigkeit von Größen verstand, die eine Mathematisierung großer Teile der Psychologie, Anthropologie, Medizin und Soziologie ermöglichen würde und als deren Grenze kausale Wirkungen anzusehen waren. Pearson interessierte sich von da ab fast ausschließlich für die mathematische Fassung der von Galton und dem Zoologen Walter F. R. Weldon (1860-1906), einem Kollegen am University Collége, aufgeworfenen Fragen. Im Wettbewerb vor allem mit Francis Ysidro Edgeworth schuf er in den folgenden beiden Jahrzehnten die Grundlagen

---

[15] Für Galtons Beiträge zu Regression und Korrelation siehe [54], S. 56-68 und [51], S. 599-616.

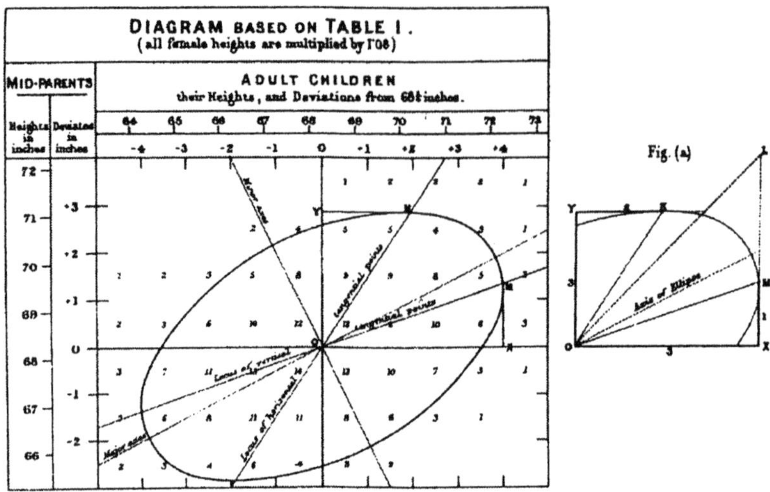

Bild 3.3 Eine der von Galton gefundenen Ellipsen für $n = 4$ und die zugehörigen Regressionslinien in [13], nach [57], vol III, S. 14.

für das Fach, das der Deutsche Theodor Wittstein (1816-1894) bereits 1863 in einem Artikel „Zur Bevölkerungs-Statistik" als „mathematische Statistik" bezeichnet hatte. Dabei mußte Pearson auch feststellen, daß eine Reihe von mathematischen Vorleistungen zu Regression und Korrelation z. T. schon lange vor Galton von kontinentalen Mathematikern erbracht worden waren.[16]

Seine ersten Ergebnisse teilte Pearson in Vorlesungsreihen über das neue Gebiet mit, die er in den 90er Jahren am Gresham Collége und am University Collége hielt. Nur ein geringer Teil der in diesen Vorlesungen erarbeiteten Ergebnisse wurde noch in den 90er Jahren veröffentlicht.

Dazu gehörte die mathematische Begründung für die von Galton intuitiv aus seinen Daten gefundene Reduktion der beiden Regressionswerte r_1 und r_2 auf einen einzigen Wert r für die Korrelation und die analytische Fassung von r zunächst für zwei Größen, die einer zweidimensionalen Normalverteilung genügen. Pearson, der wirkungsgeschichtlich wichtigste unter den Mathematikern, die mit Galton zusammenarbeiteten, lieferte den ersten zusammenfassenden Beitrag zu einer Theorie der Korrelation in einer Arbeit von 1896 über Evolution. Hier bestimmte er als „besten Wert" für den von Edgeworth eingeführten Begriff des Korrelationskoeffizienten r einer zweidimensionalen Normalverteilung den Wert

$$r = \frac{\sum xy}{N s_x s_y} = \frac{\sum xy}{\sqrt{\sum(x^2) \cdot \sum(y^2)}}. \tag{3.18}$$

Dabei wird über die N Individuen summiert, an denen die Messungen der durch x

---

[16] Siehe [51], S. 616-631.

und y symbolisierten Größen vorgenommen wurden, wobei die tatsächlich gemessenen Größen x_i' bzw. y_i', $i = 1, \ldots, N$ noch jeweils um ihren Mittelwert $\frac{\sum x_i'}{N}$ bzw. $\frac{\sum y_i'}{N}$ vermindert sind. s_x bzw. s_y sind die analog zu den Mittelwerten bestimmten empirischen Streuungen der x_i' bzw. y_i'. Außerdem gab Pearson in der Arbeit von 1896 u. a. die Korrelationskoeffizienten ρ_{ij} von jeweils zwei Größen im dreidimensionalen Fall und schließlich im p-dimensionalen Fall ($p \geq 2$) unter der Vorraussetzung an, daß die Verteilung der p Merkmale in der Population eine p-dimensionale Normalverteilung darstellt. Die $\binom{p}{2}$ verschiedenen $\rho_{ij}, i \neq j$ kennzeichnen dabei vollständig den Grad der Abhängigkeit zwischen den Merkmalen der Population. Zwei Merkmale x_i und y_j sind dann und nur dann voneinander unabhängig, wenn $\rho_{ij} = 0$, linear voneinander abhängig, dann und nur dann, wenn $|\rho_{ij}| = 1$.
Pearson war sich darüber im Klaren, daß sich diese Beziehungen nicht auf den Fall mehrdimensionaler schiefer Verteilungen der Merkmale übertragen lassen, was ihn zu dem erst 1905 eingelösten Versprechen einer Behandlung der Korrelation bei Schiefverteilungen veranlaßte.

Die Beschäftigung mit Schiefverteilungen war Pearson durch seine Kontakte mit Weldon nahegelegt worden, der im Rahmen seiner an Galtons Methoden orientierten statistischen Untersuchungen über Variation und Korrelation in verschiedenen Pflanzen- und Tierpopulationen sehr bald auf eine Reihe von asymmetrischen und auch mehrgipfligen Verteilungen gestoßen war. Zwischen 1894 und 1916 veröffentlichte Pearson drei Arbeiten, in denen er 12 Typen von Verteilungsdichten $y(x)$ vorstellte, die alle Lösungen derselben Differentialgleichung

$$\frac{dy}{dx} = -y \cdot \frac{x - a}{b_0 + b_1 x + b_2 x^2} \tag{3.19}$$

darstellen. Auf diese Differentialgleichung war Pearson bei der Betrachtung der Steigungen der einzelnen Abschnitte von Polygonapproximationen an symmetrische und asymmetrische Binomial- und hypergeometrische Verteilungen gestoßen.
Pearson hatte die 12 verschiedenen Typen von glatten, differenzierbaren Verteilungsdichten entwickelt zur Anpassung an eine Vielzahl sehr unterschiedlicher empirischer Häufigkeitsverteilungen. Als Test für die Güte der mit den von ihm vorgestellten Typen möglichen Anpassung hatte Pearson 1900 seinen χ^2-Test vorgestellt.[17]
Pearson hatte mit diesem Angebot jedenfalls bei Anwendern, wie Biologen und Soziologen, einen ganz außerordentlichen Erfolg, der ganz wesentlich dazu beitrug, das im Anschluß an Quetelet entstandene Dogma vom Monopol der Normalverteilung zur Erklärung aller biologischen, physikalischen und gesellschaftlichen Variationsphänomene aufzuheben.

---

[17] Für Pearsons Arbeiten zur Begründung einer mathematischen Statistik siehe [45] und [63], Kapitel 10.

3.8 Die Wahrscheinlichkeitsrechnung um 1900

Die zuletzt geschilderten Entwicklungen wurden von den Vertretern der Wahrscheinlichkeitsrechnung auf dem Kontinent zunächst ebensowenig wahrgenommen wie Anwendungen der Wahrscheinlichkeitsrechnung in der kinetischen Gastheorie, die zur
Entstehung der statistischen Mechanik führten. Vor dem Hintergrund der Diskrepanz zwischen dem universellen Anwendungsanspruch der klassischen Wahrscheinlichkeitstheorie und dem von vielen Mathematikern als skandalös empfundenen Zustand ihrer Grundlagen sah sich David Hilbert (1862-1943) aufgerufen, die Wahrscheinlichkeitstheorie auf ihr in seinen Augen wichtigstes Anwendungsgebiet, die
statistische Mechanik, zu reduzieren. Im sechsten von 23 offenen mathematischen
Problemen, über die David Hilbert in einem Vortrag auf dem zweiten internationalen Mathematikerkongreß in Paris sprach, bezeichnete er die Wahrscheinlichkeitsrechnung als eine „physikalische Disziplin", in der „schon heute die Mathematik eine
hervorragende Rolle spielt" und die deshalb axiomatisiert werden sollte. An welchem
der Stochastik erst lange nach Laplace zugewachsenem Anwendungsgebiet sich Hilbert dabei orientierte, zeigt sein Wunsch, daß mit der logischen Untersuchung der
Axiome der Wahrscheinlichkeitsrechnung „zugleich eine strenge und befriedigende
Entwicklung der Methode der mittleren Werte in der mathematischen Physik, speziell in der kinetischen Gastheorie Hand in Hand gehe"[18]. Diese Auffassung über
Wesen und Inhalt der Wahrscheinlichkeitsrechnung von Hilbert widersprach der
der Fachvertreter, an ihrer Spitze Emanuel Czuber (1851-1925), Professor an der
Technischen Hochschule in Wien, vollständig. Czuber hatte 1899 als angesehenster
deutschsprachiger Repräsentant des Fachs in der von der DMV organisierten Reihe
von Übersichtsdarstellungen der einzelnen Teilgebiete der Mathematik einen Bericht
„Die Entstehung der Wahrscheinlichkeitstheorie und ihre Anwendungen " veröffentlicht. Czubers Bericht berücksichtigte vor allem die Entwicklung der Wahrscheinlichkeitstheorie seit Laplace ohne jeden Hinweis auf irgendwelche Anwendungen in
der Physik, speziell in der kinetischen Gastheorie. Sieht man einmal davon ab, daß
damals ein Großteil der Physiker unter Führung von Ernst Mach (1838-1916) die
kinetische Gastheorie ablehnten, so hatten ihre Hauptvertreter Rudolph Clausius
(1822-1888), James Clerk Maxwell und Ludwig Boltzmann (1844-1906), die die kinetische Gastheorie als neues Anwendungsgebiet der Wahrscheinlichkeitsrechnung
reklamierten, in ihren seit Ende der 50er Jahre erschienenen Arbeiten nicht den
geringsten Beitrag zur Wahrscheinlichkeitsrechnung geliefert. Vielmehr hatten sie
die Rechtfertigung für den von ihnen vollzogenen Übergang von dem vollkommen
irregulären Verhalten einzelner Gasmoleküle zu dem in den Gasgesetzen beschriebenen regulären Verhalten von aus sehr großen Anzahlen solcher Moleküle bestehenden Gasmengen zumindest in den frühen Arbeiten in nicht näher bezeichneten
Ergebnissen der Wahrscheinlichkeitsrechnung gefunden.[19] Aber auch in den später
einsetzenden, mit sehr viel komplexeren Modellen operierenden Arbeiten von Boltzmann zur kinetischen Gastheorie blieb unklar, ob und wieweit die den angewand-

---

[18] Siehe [35]
[19] Siehe [59]

ten Sätzen der Wahrscheinlichkeitstheorie zugrundeliegenden Voraussetzungen auch
für das jeweils betrachtete physikalische Modell gelten. Die von den Vertretern der
kinetischen Gastheorie vorgenommene Arbeitsteilung zwischen Physik und Wahrscheinlichkeitsrechnung macht sowohl verständlich, daß Czuber keinen Grund dafür
sah, die kinetische Gastheorie in seinem Bericht von 1899 zu berücksichtigen, als
auch, daß Hilbert die aufgetretenen Lücken geschlossen sehen wollte.

Spätestens mit Hilberts Vortrag von 1900 hat Laplace und das in seiner *TAP* ent-
haltene Programm jede Bedeutung für die weitere Entwicklung der Wahrscheinlichkeitsrechnung eingebüßt.

Literaturverzeichnis

Quellen

[1] BERTRAND, JOSEPH L. F.: *Calcul des probabilités*, Paris 1889.

[2] BIENAYMÉ, IRENÉE-JULES: Considérations l'appui de la découverte de Laplace sur la loi de probabilité dans la méthode des moindres carrés, *Comptes Rendus*, XXXVII, S. 158-176, 1853.

[3] BOLTZMANN, LUDWIG: Studien über das Gleichgewicht der lebendigen Kraft zwischen bewegten materiellen Punkten, *Sitzungsberichte der mathematisch-naturwissenschaftlichen Classe der Kaiserlichen Akademie der Wissenschaften*, LVIII, II. Abtg., S. 517-560, 1868.

[4] ———: Über die Beziehung zwischen dem zweiten Hauptsatze der mechanischen Wärmetheorie und der Wahrscheinlichkeitsrechnung respektive den Sätzen über das Wärmegleichgewicht, *Sitzungsberichte der mathematisch-naturwissenschaftlichen Classe der Kaiserlichen Akademie der Wissenschaften*, LXXVI, II. Abtg., S. 373-435, 1877.

[5] VON BORTKIEWECZ, LADISLAUS: *Das Gesetz der kleinen Zahlen*, Leipzig 1898.

[6] CAUCHY, AUGUSTIN LOUIS: Mémoire sur l'évaluation d'inconnues déterminées par un grand nombres d'équations approximatives du premier degré, *Comptes Rendus*, XXXVI, S. 1114 - 1122, 1853.

[7] CLAUSIUS, RUDOLPH: Über die mittlere Länge der Wege, welche bei der Molecularbewegung gasförmiger Körper von den einzelnen Molecülen zurückgelegt werden; nebst einigen anderen Bemerkungen über die mechanische Wärmetheorie, *Annalen der Physik und Chemie*, CV, S. 239-258, 1858.

[8] COURNOT, ANTOINE-AUGUSTIN: *Exposition de la théorie des chances et des probabilités*, Paris 1843.

[9] CZUBER, EMANUEL: *Die Entwicklung der Wahrscheinlichkeitsrechnung und ihre Anwendungen* (= Jahresbericht der DMV 7.2.), 1899.

[10] EDGEWORTH, FRANCIS YSIDRO: Methods of statistics, *Jubilee Volume of the Statistical Society*, S. 181-217, 1885.

[11] GALTON, FRANCIS: *Hereditary genius. An inquiry into its laws and consequences*, London 1869.

[12] ________ : Typical laws of heredity, *Nature*, XV, S. 492-495, S. 512-514, S. 532-533, 1877.

[13] ________ : Regression towards mediocrity in hereditary stature, *Journal of the anthropological institute*, XV, S. 246-263, 1886.

[14] ________ : Co-relations and their measurement, chiefly from anthropological data, *Proceedings of the Royal Society of London*, VL, S. 135-145, 1888.

[15] ________ : *Natural inheritance*, London 1889.

[16] GAUSS, CARL FRIEDRICH: *Theoria motus corporum coelestium in sectionibus conicis solem ambientium*, Hamburg 1809.

[17] ________ : *Theoria combinationis observationum erroribus minimis obnoxiae*, Göttingen 1823; mit einem *Supplementum*, Göttingen 1828.

[18] HAGEN, GOTTHILF H. L.: *Grundzüge der Wahrscheinlichkeitsrechnung*, Berlin 1937.

[19] HILBERT, DAVID: Mathematische Probleme, *Göttinger Nachrichten*, S. 253 - 297, 1900.

[20] LAPLACE, PIERRE SIMON: *Théorie analytique des probabilités*, Paris 1812, 1820^3.

[21] ________ : *Essai philosophique sur les probabilités*, Paris 1814, 1825^5. (Engl. transl.: *A philosophical essay on Probabilities*, NY 1995).

[22] LAURENT, MATTHIEU PAUL HERMANN: *Traité du calcul des probabilités*, Paris 1873.

[23] LEGENDRE, ADRIEN MARIE: *Nouvelles méthodes pour la détermination des orbites des cométes*, Paris 1805.

[24] LEXIS, WILHELM: *Zur Theorie der Massenerscheinungen in der menschlichen Gesellschaft*, Freiburg 1877.

[25] ________ : Über die Theorie der Stabilität statistischer Reihen, *Jahrbücher für Nationalökonomie und Statistik*, XXXII, S. 60-98, 1879.

[26] MANSION, PAUL: Sur la portée objective du calcul des probabilités, *Bulletin de la Classe des Sciences de l'Académie Royale de Belgique*, S. 1234-1294, Décembre 1903.

[27] MAXWELL, JAMES CLARK: Illustrations of the dynamical theory of gases, *Philosophical Magazine*, XIX^4, S. 19-32, 1860; XX^4, S. 21-37, 1860.

[28] ________ : On the dynamical theory of gases, *Philosophical Transactions of the Royal Society*, CLVII, S. 49-88, 1867.

[29] PEARSON, KARL: *The grammar of science*, London 1892.

[30] ———: Asymmetrical frequency curves, *Nature*, XLVIII, S. 615 f., 1893.

[31] ———: Contributions to the mathematical theory of evolution, *Journal of the Royal Statistical Society*, LVI, S. 675-679, 1893.

[32] ———: Contributions to the mathematical theory of evolution, *Philosophical Transactions of the Royal Society of London*, (A) CLXXXV, S. 71-110, 1894.

[33] ———: Contributions to the mathematical theory of evolution, II: skew variation, *Philosophical Transactions of the Royal Society of London*, (A) CLXXXVI, S. 343-414, 1895.

[34] ———: On skew probability curves, *Nature*, LII, S. 317, 1895.

[35] ———: Contributions to the mathematical theory of evolution, III: regression, heredity and panmixia, *Philosophical Transactions of the Royal Society of London*, (A) CLXXXVII, S. 253-318, 1896.

[36] PEARSON, KARL; FILON, L. N. G.: Contributions to the mathematical theory of evolution, IV: on the probable errors of frequency constants and on the influence of random selection on variation and correlation, *Philosophical Transactions of the Royal Society of London*, (A) CXCI, S. 229-311,1898.

[37] PEARSON, KARL: On the criterion that a given system of deviations from the probable in the case of a correlated system of variables is such that it can be reasonably supposed to have arisen from random sampling, *Philosophical Magazine*, L^5, S. 157-175, 1900.

[38] POINCARÉ, HENRI: *Calcul des probabilités*, Paris 1897, 1912^2.

[39] POISSON, SIMÉON-DENIS: *Recherches sur la probailité des jugements en matiére criminelle et en matiére civile*, Paris 1837, ins Deutsche übersetzt von SCHNUSE, C. H. unter dem Titel *Lehrbuch der Wahrscheinlichkeitsrechnung und deren wichtigsten Anwendungen*, Braunschweig 1841 erschienen.

[40] QUETELET, LAMBERT ADOLPHE JACQUES: *Instructions populaires sur le calcul des probabilités*, Brüssel 1828.

[41] ———: *Sur l'homme et le développement de ses facultés, ou essai de physique sociale*, Paris 1835.

[42] ———: *Lettres à S. A. R. le Duc Régnant de Saxe-Cobourg, sur la théorie des probabilités, appliquée aux sciences morales et politiques*, Brüssel 1846. (Engl. transl. *Letters addressed to H. R. H. the Grand Duke of Saxe Coburg and Gotha, on the theory of probabilities as applied to the moral and political sciences*, London 1849).

[43] ———: *Théorie des probabilités*, Brüssel 1853.

Sekundärliteratur

[44] DASTON, LORRAINE J.: *Classical probability in the enlightenment*, Princeton 1988.

[45] EISENHART, CHURCHILL: Karl Pearson. In: CHARLES COULSTON GILLISPIE (ED.), *Dictionary of scientific biography*, vol. X, NY, S. 447-473, 1974.

[46] FISCHER, HANS: *Die verschiedenen Formen und Funktionen des zentralen Grenzwertsatzes in der Entwicklung von der klassischen zur modernen Wahrscheinlichkeitsrechnung*, Diss. München 1999.

[47] GIGERENZER, GERD U. A.: *The Empire of Chance*, Cambridge 1989.

[48] GILLISPIE, CHARLES C.: *Pierre Simon Laplace 1749-1827 - A life in exact science*, Princeton 1997.

[49] GOURAUD, CHARLES: *Histoire du Calcul des Probabilités depuis ses origines jusqu' à nos jours*, Paris 1848.

[50] IAN HACKING: *The taming of chance*, Cambridge 1990 (= Ideas in Context, vol. XVII).

[51] HALD, ANDERS: *A history of matheamatical statistics from 1750 to 1930*, NY 1998.

[52] HEYDE, C. C.; SENETA, E.: *I. J. Bienaymé: Statistical theory anticipated*, NY 1977.

[53] KENDALL, M. G.; PLACKETT, R. L. (ED.): *Studies in the history of statistics and probability*, vol. II, London 1977.

[54] MACKENZIE, DONALD: *Statistics in Britain, 1865-1930*, Edinburgh 1981.

[55] MAISTROV, L. E.: *Probability theory. A historical sketch*, NY and London 1974.

[56] PEARSON, E. S.; KENDALL, M. G. (ED.): *Studies in the history of statistics and probability*, vol. I, London 1970.

[57] PEARSON, KARL: *The life, letters and labours of Francis Galton*, vol. I, Cambridge 1914; vol. II, Cambridge 1924; vol. III, Cambridge 1930.

[58] PORTER, THEODORE M.: *The rise of statistical thinking 1820-1900*, Princeton 1986.

[59] SCHNEIDER, IVO: Rudolph Clausius' Beitrag zur Einführung wahrscheinlichkeitstheoretischer Methoden in die Physik der Gase nach 1856, *Archive for History of Exact Sciences*, XIV, S.237-261, 1975.

[60] ________ : Laplace and Thereafter: The Status of Probability Calculus in the Nineteenth Century. In: KRÜGER, LORENZ; DASTON, LORRAINE J.; HEIDEL-BERGER, MICHAEL (ED.), *The Probabilistic Revolution*, vol. I : Ideas in History, S. 191-214, Cambridge/Mass. 1987.

[61] ________ : *Die Entwicklung der Wahrscheinlichkeitstheorie von den Anfängen bis 1933 - Einführungen und Texte*, Darmstadt/Berlin 1988.

[62] ________ : Gauss' Contributions to Probability Theory. In: BEHARA, M. (ED.), *Symposia Gaussiana*, Series A: Mathematics and Theoretical Physics, vol. I, S. 72-84, Berlin-Toronto-Sao Paulo 1990.

[63] STIGLER, STEPHEN M.: *The history of statistics - The measurement of uncertainty before 1900*, Cambridge/Mass. und London 1986.

[64] TODHUNTER, ISAAC: *A history of mathematical theory of probability*, London 1865.

4 Wahrscheinlichkeitsrechnung im frühen 20. Jahrhundert - Aspekte einer Erfolgsgeschichte

Thomas Hochkirchen

Das Weltbild des 20. Jahrhunderts ist wie das keiner anderen Zeit gekennzeichnet durch das Eindringen von Methoden der Wahrscheinlichkeitsrechnung und Statistik in die Sphären von Wissenschaft und Technik; statistische Methoden haben unter anderem die Physik und die Ingenieurwissenschaften, die Psychologie, die Biologie und die Medizin deutlich verändert. Wir leben, so eine Gruppe von Wissenschaftlern, die zeigen will „how probability changed science and everyday life", in einem *Empire of Chance* [28]. Von den Entwicklungen, die diesen rasanten „Aufstieg" wahrscheinlichkeitstheoretischer Methoden ermöglichten, handeln die folgenden Seiten. Besonderes Augenmerk wird dabei auf die Diskussionen über den mathematischen Begriff der Wahrscheinlichkeit gerichtet, denn bei diesem handelt es sich natürlich um die begriffliche Basis für die genannte Erfolgsgeschichte, die erst durch eine theoretisch befriedigende Definition des mathematischen Wahrscheinlichkeitsbegriffes ermöglicht wurde.

Noch zu Beginn des 20. Jahrhunderts war äußerst unklar, was „Wahrscheinlichkeit" eigentlich sein sollte – „die mathematische Wahrscheinlichkeit", so ein Bonmot, das angeblich um 1910 unter Mathematikern kursierte [40], „ist eine Zahl, die zwischen Null und Eins liegt und über die man sonst nichts weiß". Die klassische, auf den französischen Mathematiker Pierre Simon de Laplace zurückgehende Definition von Wahrscheinlichkeit als einem aus der Anzahl „günstiger" und der Anzahl „gleichmöglicher" Fälle gebildeten Quotienten hatte sich nämlich in mehrfacher Hinsicht als ungünstig erwiesen – die „Definition" ist zirkulär, und sie nützt weder im Falle unendlicher Merkmalmengen noch im Falle gefälschter Würfel. Eine Alternative zu diesem Begriff aber war um die Jahrhundertwende zunächst nicht in Sicht.

Schon deshalb verwundert es nicht, daß die Axiomatisierung der Wahrscheinlichkeitsrechnung in David Hilberts 1900 auf dem Internationalen Mathematikerkongreß in Paris gehaltenen Jahrhundertvortrag über offene und bedeutende *Mathematische Probleme* ([35], vgl. [2]) als eines von insgesamt 23 Problemen erscheint, und tatsächlich forderte Hilbert bereits an sechster Stelle die „mathematische Behandlung der Axiome der Physik":

> „Durch die Untersuchungen über die Grundlagen der Geometrie wird
> uns die Aufgabe nahegelegt, *nach diesem Vorbilde diejenigen Disziplinen
> axiomatisch zu behandeln, in denen schon heute die Mathematik eine
> hervorragende Rolle spielte; dies sind in erster Linie die Wahrscheinlich-
> keitsrechnung und die Mechanik.*
>
> Was die Axiome der Wahrscheinlichkeitsrechnung angeht, so scheint es
> mir wünschenswert, daß mit der logischen Untersuchung derselben zu-
> gleich eine strenge und befriedigende Entwicklung der Methode der mitt-
> leren Werte in der mathematischen Physik, speziell in der kinetischen
> Gastheorie Hand in Hand gehe." ([35], S. 47)

Dabei ist durchaus bemerkenswert, daß Hilberts Formulierung einen direkten Bezug zur Physik hatte. Nicht nur Hilbert, sondern auch der russische Mathematiker
Andrej N. Kolmogoroff, dessen 1933 unter dem Titel *Grundbegriffe der Wahrscheinlichkeitsrechnung* [47] publizierter Ansatz zur Begründung der Wahrscheinlichkeitsrechnung sich schließlich allgemein durchsetzte, verwies nämlich – dies wird später
zu sehen sein – auf physikalische Probleme.

Kolmogoroff hatte, dies ist heute allgemein bekannt, den Begriff der Wahrscheinlichkeit an den Begriff des normierten Maßes angebunden und so in sinnvoller Weise
auch Zufallsvariablen als meßbare Abbildungen und deren Erwartungswerte als Integral definieren können. Die heute allgemein angenommenen Axiome werden deshalb oft auch als *„Axiome von Kolmogoroff"* bezeichnet, obwohl Kolmogoroff selbst
gleich im Vorwort seiner Monographie klarstellte, daß der

> „diesen allgemeinen Gesichtspunkten entsprechende Aufbau der Wahr-
> scheinlichkeitsrechnung (...) in den betreffenden mathematischen Krei-
> sen seit einiger Zeit geläufig" ([47], S. III)

gewesen sei, auch wenn bisher eine „vollständige und von überflüssigen Komplikationen freie Darstellung des ganzen Systems" gefehlt habe. Angesichts der heutigen
engen Verknüpfung der Axiomatisierung mit Kolmogoroffs Namen erscheint dessen
Bescheidenheit zunächst überraschend; bei genauerem Hinsehen stellt sich allerdings heraus, daß Kolmogoroff in der Tat keineswegs der erste war, der die Idee der
Verknüpfung von Maß- und Wahrscheinlichkeitstheorie hatte.

4.1 Maßtheoretische Ansätze vor Kolmogoroff

Die Idee, Wahrscheinlichkeiten mit Maßen zu identifizieren, ist nämlich fast genauso
alt wie die Maßtheorie selbst: Beide stammen aus der Zeit der Jahrhundertwende.
Nachdem Borels Begriff der Meßbarkeit von Mengen 1898 publiziert worden war,
bezog sich bereits 1901 der schwedische Mathematiker Anders Wiman (vgl. [62],
Kap. 2.1) explizit darauf, als er feststellte, daß,

„falls man eine Wahrscheinlichkeitstheorie im Sinne der modernen Mengenlehre entwickeln wollte, vor allen Dingen auf diesen Borel'schen Inhaltsbegriff Bezug zu nehmen ist". (zit. nach [29], S. 54)

Auch Borel selbst äußerte 1905 diese Idee: um Schwierigkeiten mit „questions de probabilité où interviennent des variables continues" ([9], S. 985) zu vermeiden, müsse man die benutzten Begriffe präzisieren. Borel dachte offenbar an die damals diskutierten Paradoxien mit den sogenannten „geometrischen Wahrscheinlichkeiten". Für den Fall beschränkter Mengen stellte er fest:

„La convention la plus commode ... consiste à regarder la probabilité comme proportionelle à l'éntendue: longueur, aire, volume, suivant qu'il y a une, deux, trois dimensions." ([9], S. 985)

Dies führte ihn auf die neuen Lebesgueschen Methoden (Lebesgues Dissertation, in der dieser die Begriffe der Lebesgue-Meßbarkeit und des entsprechenden Integrals vorstellte, stammte von 1902, (vgl. [33]), wobei er anmerkte, daß in einfacheren Fällen auch sein eigener Begriff der Meßbarkeit ausreiche. Weder Wiman noch Borel führten ihre Ideen zunächst aber weiter aus.

Der erste explizite Axiomatisierungsversuch, der deutlich auf maßtheoretischen Annahmen basierte, stammte aus Göttingen. Dort wurde 1907 unter der Anleitung Hilberts eine Dissertation verfaßt, in der – nach Hilberts Vorbild der Axiomatisierung der Geometrie – eine echte Grundlegung der Wahrscheinlichkeitsrechnung versucht wurde. Diese stammte von einem italienischen Versicherungsmathematiker namens Ugo Broggi. Broggi betrachtete Lebesgue-meßbare Teilmengen M_1 einer Menge $M \subset \mathbb{R}$ mit endlichem Lebesgue-Maß $\lambda(M)$ als Ereignis und definierte die Wahrscheinlichkeit dieser Ereignisse durch die Quotienten $\lambda(M_1)/\lambda(M)$; mit dieser Definition wollte er die Widerspruchslosigkeit seiner zuvor allgemeiner formulierten Axiome zeigen. Broggis Dissertation enthält jedoch nicht nur den Fehler, die σ-Additivität aus der allein vorausgesetzten endlichen Additivität zu folgern (dieser wird verständlicher, wenn man sich den damaligen Stand der Maßtheorie vergegenwärtigt, vgl. Hochkirchen 1998, Kap. 4), sie beschränkt sich auch, genau wie ihre Vorgänger, auf die Nutzung des Lebesgue-Maßes – letztlich also auf eine Axiomatisierung des alten Laplaceschen Wahrscheinlichkeitsbegriffes.
Diese Beschränkung erklärt sich allerdings damit, daß allgemeinere Maße als das Lebesgue-Maß erstmals 1913 analysiert wurden. Damals publizierte Johann Radon eine Untersuchung, in der er Lebesgues Theorie mit den Überlegungen von Thomas Jan Stieltjes vermischte und so ein Maß über $\mathbb{R}$ schuf, das heute als Lebesgue-Stieltjes-Maß bekannt ist (vgl. ([33], S. 179-194). Erst ab 1913 war es also überhaupt denkbar, auf maßtheoretischer Basis über die Modellierung von Gleichverteilungen hinauszugehen!

So beschränkte sich auch einer der besten Kenner der neuen mengentheoretischen Methoden, Felix Hausdorff, in seinen 1914 erschienenen *Grundzüge[n] der Mengenlehre* auf eine Darstellung des Lebesgue-Maßes, welches er wie folgt illustrierte:

„Wir bemerken noch, daß manche Theoreme über das Maß von Punktmengen vielleicht ein vertrauteres Gesicht zeigen, wenn man sie in der Sprache der Wahrscheinlichkeitsrechnung ausdrückt. Wenn zwei Mengen P und M meßbar, M insbesondere von positivem Maß ist, so kann man, für $P \subseteq M$, den Quotienten $f(P) : f(M)$ oder, im allgemeinen Falle, den Quotienten $f(P \cap M) : f(M)$ als Wahrscheinlichkeit dafür definieren, daß ein Punkt von M der Menge P angehöre. Betrachten wir nur Teilmengen einer festen Menge M, die das Maß 1 hat, so ist $f(P) = p$ die Wahrscheinlichkeit, daß ein Punkt der Menge P angehöre." ([31], S. 416f.)

Im Gegensatz zu seinen Vorgängern schien sich Hausdorff aber über die vorgenommene Einschränkung im klaren gewesen zu sein: es handele sich um eine „im ganzen überhaupt willkürliche" Definition ([31], S. 417). Mit einem mathematisch strengen Beweis eines auf Emile Borel [10] zurückgehenden, aber von Borel nicht streng bewiesenen (vgl. z. B. [62], chap. 2.2) frühen „starken" Gesetzes der großen Zahlen[1] konnte Hausdorff aber ein gewichtiges Argument für die Nutzung maßtheoretischer Methoden aufzeigen, denn derartige Aussagen lassen sich nur beweisen, wenn man von einer σ-Algebra meßbarer Mengen und einer σ-additiven Mengenfunktion darauf ausgeht.

Für die frühe Phase der Anwendung der Maßtheorie (1901-1914) kann man also festhalten, daß bis 1914 die Idee, Wahrscheinlichkeiten mit Maßen zu identifizieren, zunehmend präzisiert wurde. Mit Hausdorffs Beweis von Borels Satz lag zudem ab 1914 ein zugkräftiges Argument zugunsten der Maßtheorie vor, obwohl die frühen Ansätze noch daran litten, daß nur Gleichverteilungen betrachtet wurden.

Diese Beschränkung, 1919 noch zu Recht durch Richard von Mises (s. u.) kritisiert, wurde zu Beginn der Zwanziger überwunden. In dieser Zeit gab es verschiedene Versuche, die Wahrscheinlichkeitsrechnung auf maßtheoretischer Basis aufzubauen, unter anderem von den polnischen Mathematikern Hugo Steinhaus [69] und Antoine Lomnicki [55]. Während aber Lomnickis Arbeit – die den expliziten Untertitel „Définition de la probabilité fondée sur la théorie des ensembles" trägt – einen technisch sehr komplizierten Ansatz mit diversen Fallunterscheidungen vorstellt (die Arbeit von Radon, die hier hilfreich gewesen wäre, war ihm offenbar unbekannt, (vgl. [36], Kap. 6.1), behandelte Steinhaus von vornherein „nur" ein Modell für unendliche Münzwurffolgen. Obwohl zumindest Lomnicki über die Untersuchung von Gleichverteilungen hinausging, fehlte also noch ein Stück des Weges zu einem ausgereiften Axiomensystem.

---

[1] Ist $x = \frac{x_1}{2} + \frac{x_2}{2^2} + ...$, $x_n \in \{0,1\}$ die dyadische Entwicklung einer irrationalen Zahl $x \in [0,1]$, $p_n(x)$ die Anzahl der Nullen unter den n ersten Ziffern von x und λ das Lebesgue-Maß, so gilt

$$\lambda \left\{ x : \lim_{n \to \infty} \frac{p_n(x)}{n} = \frac{1}{2} \right\} = 1.$$

Diese Aussage läßt sich als Aussage über „fast sichere" Konvergenz in einer unendlichen Folge unabhängiger „0-1-Experimente" mit Trefferwahrscheinlichkeit $\frac{1}{2}$ interpretieren.

Dennoch gab es aber auch einen echten Vorgänger Kolmogoroffs: Niemand anders als der soeben erwähnte Felix Hausdorff hat nämlich zeitgleich – im Sommersemester 1923 – an der Universität von Bonn eine Vorlesung über Wahrscheinlichkeitsrechnung gehalten, deren Manuskript sich heute im Bonner Hausdorff-Nachlaß befindet.[2]

Hausdorffs Vorlesungsmanuskript ist insofern verblüffend, als man es im Prinzip bis heute über weite Strecken für eine entsprechende Vorlesung benutzen könnte; bereits 10 Jahre vor Kolmogoroff fand sich mit ihm ein mathematisch präziser Aufbau der Wahrscheinlichkeitsrechnung (der allerdings nicht publiziert wurde).

Hausdorff begann mit einem „Ereigniskalkül": Es werde versucht, Schätzungen des Grades der Ungewißheit bezüglich des Eintretens gewisser Ereignisse „wissenschaftlich genau zu machen" ([32], S. 1). Dazu führe man für Ereignisse A deren Wahrscheinlichkeiten $w(A)$ ein (die Art der Ereignisse spezifizierte Hausdorff zunächst nicht), die den Axiomen

Axiom (α) Die Wahrscheinlichkeit eines gewissen Ereignisses ist 1,

Axiom (β) Die Wahrscheinlichkeit, daß von zwei einander ausschließenden Ereignissen A und B eines eintritt, ist die Summe der beiden einzelnen Wahrscheinlichkeiten: $w(A + B) = w(A) + w(B)$,

Axiom (γ) Die Wahrscheinlichkeit, daß von abzählbar vielen, einander paarweise ausschließenden Ereignissen eins eintrete, ist die Summe der Wahrscheinlichkeiten der einzelnen Ereignisse: $w(A_1 + A_2 + ...) = w(A_1) + w(A_2) + ...$

und

Axiom (δ) $w(A) \geq 0$

genügen sollen. Hausdorffs Diskussion des dritten Axioms zeigt dabei erneut, warum diese eher unintuitive Annahme sinnvoll ist: Mit ihr kann man Fragen beantworten, die sich auf eine „unbegrenzte Folge von unabhängigen Versuchen" ([32], S. 63) beziehen, beispielsweise den von Hausdorff bereits 1914 analysierten Satz von Borel (s.o.).

In einem weiteren Abschnitt diskutierte Hausdorff dann den „Übergang zur Mengenlehre", wobei er „ein Ereignis als *Menge der ihm günstigen Fälle*" auffaßte; „hierbei", so Hausdorff, „betrachten wir nur ein System von Ereignissen A, bei denen die *Menge M der möglichen Ereignisse immer dieselbe* ist; A ist Theilmenge von M" [32], S. 72). Diese Mengensysteme konkretisierte er in der Folge, modern formuliert, als Mengen-σ-Algebren, die er als „abgeschlossene Mengensysteme" bezeichnete.

σ-additive Mengenfunktionen als „additiv" bezeichnend, faßte er zusammen:

---

[2] Die Bedeutung dieses Manuskripts wurde von Walter Purkert erkannt, der mich freundlicherweise darauf aufmerksam gemacht hat; in der Literatur wurde es erstmals von H.-J. Girlich diskutiert ([29]). Man vergleiche auch [11].

> „Was wir brauchen, ist also: *ein abgeschlossenes Mengensystem* $\mathcal{M}$,
> *bestehend aus allen oder gewissen Theilmengen A von M* (wozu *M* selbst
> gehört), *und in ihm eine additive, nichtnegative Mengenfunction*" ([32],
> S. 75),

die er zuvor als endlich vorausgesetzt hatte. Damit aber hatte Hausdorff eine entsprechende Passage aus Kolmogoroffs *Grundbegriffen* (vgl. [47], S. 14f.) fast wörtlich vorweggenommen, ebenso wie mit seiner anschließenden Illustration dieser Axiome durch Lebesgue-Stieltjes-Maße über reellen Merkmalmengen (in Anlehnung an Radon).[3]

Ähnliche, wenn auch implizitere Vorwegnahmen der Axiome Kolmogoroffs finden sich nicht nur bei Hausdorff, sondern auch, etwas später, in der publizierten Forschungsliteratur.

Hier ist nicht nur Kolmogoroff selbst zu nennen (darauf werden wir gleich zurückkommen), sondern auch der französische Mathematiker Maurice Fréchet, der über profunde Kenntnisse der zeitgenössischen Analysis verfügte. Fréchet publizierte 1930, Resultate Cantellis (vgl. [64], S. 14-22) aufgreifend, eine Arbeit *Sur la convergence <en probabilité>* [25], deren Resultate er im wesentlichen offenbar bereits 1928-29 an der *Sorbonne* vorgetragen hatte. Bei diesen Resulaten handelte es sich um eine Übertragung eigener Ergebnisse aus der Analysis in die Sprache der Wahrscheinlichkeitsrechnung, nämlich um eine Untersuchung verschiedener Arten der Konvergenz (durch die sich „starke" von „schwachen" Gesetzen der großen Zahlen unterscheiden). Fréchets implizit gemachte, aber nicht versteckte Annahmen zeigen (z. B. bei seinem Nachweis der aufsteigenden Stetigkeit von Maßen, ([25], S. 16), daß er von einem System von Ereignissen ausgegangen ist, welches mit den Ereignissen E_n, $n \in \mathbb{N}$, auch die Ereignisse $\cup_{n \in \mathbb{N}} E_n$ und $\cap_{n \in \mathbb{N}} E_n$ umfaßt; Wahrscheinlichkeit wurde als σ-additive Funktion auf diesem System verstanden. Die Unterscheidung zwischen Ereignissen (évènements) und Elementarereignissen (épreuves) läßt zudem vermuten, daß Fréchet – ein Wegbereiter der modernen Maß- und Integrationstheorie – bei seinen Ereignissen an Mengen gedacht und somit ebenfalls Kolmogoroffs Axiomatik vorweggenommen hat.

Auch in Kolmogoroffs eigenen frühen Arbeiten zur Stochastik finden sich Annahmen, die bei ihrer mathematischen Präzisierung auf die Betrachtung von Maßen auf Mengen-σ-Algebren, also den eigentlichen Gehalt seiner Axiome, hinauslaufen. Hier ist zum Beispiel eine bereits 1926 eingereichte, aber erst 1928 publizierte Abhandlung *Über die Summen durch den Zufall bestimmter unabhängiger Größen* [45] zu nennen. In dieser Arbeit zeigte Kolmogoroff, der sich schon zuvor, im Zusammenhang mit den Gesetzen der großen Zahlen, mit Summen von Zufallsvariablen befaßt

---

[3] Dem Einwand von Girlich ([29], S. 60), daß Hausdorff nur einen „verbalen" Vorgriff zum Kolmogoroffschen Axiomensystem vollzogen habe – die Äquivalenz von Ereignis- und Mengenalgebra sei erst durch den Satz von Stone (1936) gezeigt worden – schließen wir uns nicht an. Auch wenn dieser Einwand *formal* natürlich korrekt ist, erscheint es viel einleuchtender, daß Hausdorff, der ja bereits 1914 einen entsprechenden Vorschlag gemacht hatte, seine Axiome in der Vorlesung anfänglich „heuristisch", gewissermaßen als „Prä-Axiome" vorgetragen hat, um diese dann in der Sprache der Mengenlehre zu *präzisieren* (vgl. [36], Kap. 6.2).

hatte, nicht nur die „Ungleichung von Kolmogoroff" (eine Verallgemeinerung der Tschebyscheff-Ungleichung), sondern auch den „3-Reihen-Satz", der Aussagen über die Wahrscheinlichkeit der Konvergenz einer aus Zufallsvariablen gebildeten Reihe $\sum_{n\in\mathbb{N}} Y_n$ macht. Diese Wahrscheinlichkeit definierte er in einer Fußnote als

$$P := \lim_{\eta\to 0}\lim_{n\to\infty}\lim_{N\to\infty} W\left(\max_{n\le p\le N}\left|\sum_{k=n}^{p} Y_k\right| < \eta\right). \tag{4.1}$$

Eine Präzisierung dieser Definition führt aber zwangsläufig zur Forderung nach einem Ereignissystem, welches mit den Ereignissen

$$A_{n,N}(\eta) := \left\{\max_{n\le p\le N}\left|\sum_{k=n}^{p} Y_k\right| < \eta\right\}, n \le N \tag{4.2}$$

auch das Ereignis $\cap_{m=1}^{\infty}\cup_{n=1}^{\infty}\cap_{N=1}^{\infty} A_{n,N}\left(\frac{1}{m}\right)$ umfaßt, denn dieses entspricht dem Ereignis, das die betrachtete Reihe konvergiert.

Zudem sollten Beziehungen der Art

$$\lim_{N\to\infty} W\left(A_{n,N}(\eta)\right) = W\left(\cap_{N=1}^{\infty} A_{n,N}(\eta)\right) \tag{4.3}$$

für absteigende Mengenfolgen gelten – eine Forderung, die äquivalent zur σ-Additivität der Funktion W ist.

Auch wenn Kolmogoroffs Axiome erst durch die Publikation seiner Grundbegriffe bekannt wurden, bleibt festzuhalten, daß Kolmogoroff selbst diese schon Jahre zuvor implizit genutzt hat.[4] 1931 hat er sie sogar explizit genannt: in einer Arbeit *Über die analytischen Methoden in der Wahrscheinlichkeitsrechnung* [46], auf die wir später zurückkommen.

Der maßtheoretische Ansatz zur Axiomatisierung der Wahrscheinlichkeitsrechnung war also in der Tat, wie eingangs (in Anlehnung an Kolmogoroff selbst) behauptet, um 1930 keine Neuigkeit mehr.

Dennoch gebe es aber, so noch einmal Kolmogoroff in der Einleitung zu seinen *Grundbegriffen*, einige Punkte in *seiner* Darstellung, „welche außerhalb des erwähnten, den Kennern vertrauten Ideenkreises liegen" ([47], S. III); dies seien

- „Wahrscheinlichkeitsverteilungen in unendlich-dimensionalen Räumen",

- „Differentation und Integration der mathematischen Erwartungen nach einem Parameter",

und, „vor allem aber",

---

[4] Mit der Akzeptanz der oben genannten unendlichen Vereinigungen und Durchschnitte als Ereignis, dies ist durchaus erwähnenswert, mußte Kolmogoroff seinen eigenen, 1925 publizierten „intuitionistischen" Standpunkt aufgeben (vgl. [36], (Kap. 7.2/8.1) sowie [62], chap. 7.1).

- „die Theorie der bedingten Wahrscheinlichkeiten und Erwartungen".

Kolmogoroff hob hervor, „daß diese neuen Formulierungen notwendigerweise aus einigen ganz konkreten physikalischen Fragestellungen entstanden" seien ([47], S. III)

Nach dem oben Gesagten steht nun zu vermuten, daß diese neuen Punkte, die alle drei mit stochastischen Prozessen zu tun haben, ganz wesentlich zu Kolmogoroffs Erfolg – dem Erfolg des maßtheoretischen Axiomensystems – beigetragen haben.

Zur Auseinandersetzung mit dieser Vermutung erscheint, nicht zuletzt dank Kolmogoroffs eigenem Hinweis, ein kurzer Blick in die Geschichte der Physik sinnvoll, insbesondere zwecks Suche nach den physikalischen Wurzeln der Theorie stochastischer Prozesse und nach den physikalischen Hintergründen des ja auch von Hilbert in seinem sechsten Problem konstatierten Klärungsbedarfes.

4.2 Boltzmann, Maxwell und die kinetische Theorie der Gase

Bereits in der Mitte des 19. Jahrhunderts waren Wahrscheinlichkeitsbetrachtungen in die physikalische Theoriebildung eingegangen. Eine Reihe namhafter Physiker hatte angefangen, das Verhalten von Gasen auf der Basis eines damals noch stark umstrittenen atomistischen Weltbildes zu beschreiben. Gase wurden als Ansammlungen von Molekülen verstanden, die sich nach den Gesetzen der Mechanik auf prinzipiell determinierten Trajektorien bewegen, deren Verhalten sich aber auf der Mikroebene faktisch der Berechnung entzieht: Es sind zu viele Moleküle beteiligt, deren unabdingbare Zusammenstöße die Bestimmung einzelner Trajektorien aufgrund der mit diesen Zusammenstößen verbundenen Richtungsänderungen praktisch unmöglich machen. Dies führte zur Untersuchung von Verteilungen für die Geschwindigkeit (bzw. kinetische Energie) der Moleküle, denn auf der Basis dieser Betrachtungen waren makroskopische Aussagen über das Verhalten der Gase möglich. So konnten die Wärme als mittlere kinetische Energie der Teilchen, der Druck durch deren Aufprall auf die Wände des betreffenden Gefäßes und einige weitere, nicht triviale Phänomene erklärt werden.

Eine besondere Rolle spielten dabei die *Gleichgewichtsverteilungen*: Experimentelle Ergebnisse – die Beobachtung eines Temperaturausgleichs zwischen zwei Gasen zunächst unterschiedlicher Temperatur – hatten gezeigt, daß sich ein isoliertes Gasvolumen (mit konstanter Gesamtenergie) aus jedem vom Gleichgewicht verschiedenen Anfangszustand heraus einem Gleichgewichtszustand nähert, in dem es dann verbleibt. Die Verteilungen in diesem Zustand verdienten also besondere Beachtung, und die Untersuchung des zeitlichen Verhaltens von Verteilungen (modern gesagt: der asymptotischen Entwicklung der Verteilung P_t zum Zeitpunkt t mit $t \to \infty$) wurde zum Startpunkt der Theorie der stochastischen Prozesse.

Es ist hier nicht der Rahmen, genauer auf diese Untersuchungen einzugehen, die vor allem mit den Namen James Clerk Maxwell und Ludwig Boltzmann verbunden sind;[5] erwähnt sei lediglich, daß Boltzmann bereits im Jahre 1872 eine äußerst präzise formulierte Problemstellung untersuchte, die einer Formulierung Kolmogoroffs sehr ähnlich ist, mit der dieser 1931 eine Arbeit über Markoffprozesse einleitete Kolm31, (s.u.). Boltzmann untersuchte Dichten $f(x,t)$, wobei $f(x,t)dx$ die Anzahl der Moleküle sei, die zur Zeit t eine kinetische Energie zwischen x und $x + dx$ besitzen: „der Zustand des Gases zur Zeit t" sei, so Boltzmann, „durch die Funktion $f(x,t)$ vollständig bestimmt" ([7], S. 322). Dies bedeutet natürlich eine gewisse „Aufweichung" des damaligen „harten" mechanistischen Weltbildes: *Zustände* eines physikalischen Systems sollten einzig durch *Wahrscheinlichkeitsverteilungen* beschrieben werden (vgl. ([62], S. 78). Dennoch verlaufen die weiteren Überlegungen Boltzmanns völlig analog zu den klassischen – aus der Kenntnis des Anfangszustandes des Systems (hier: einer Verteilung) soll die weitere zeitliche Entwicklung (hier: der Verteilungen) bestimmt werden:

> „Gegeben sei uns der Zustand unseres Gases zu Anfang der Zeit, also $f(x,0)$. Gefunden soll werden der Zustand nach Verlauf einer beliebigen Zeit t, also $f(x,t)$." ([7], S. 322)

Da Boltzmanns Lösung dieses Problems vermutlich die erste Behandlung eines stetigen stochastischen Prozesses darstellt, sei sie hier zumindest kurz skizziert: Ist τ eine „sehr kleine" Zeitspanne, so wird es innerhalb dieser Zeit einerseits zu Zusammenstößen zwischen Molekülen kommen, bei denen die kinetische Energie der Moleküle den Bereich zwischen den Grenzen x und $x + dx$ verläßt – Boltzmann nannte deren Anzahl $\int dn$ – und andererseits werden neue Moleküle – deren Anzahl sei $\int d\nu$ – diesen Zustand erreichen. Damit ergab sich die Beziehung

$$f(x,t+\tau)dx = f(x,t)dx - \int dn + \int d\nu, \qquad (4.4)$$

deren linke Seite Boltzmann in einer Taylorreihe entwickelte, womit er die Beziehung

$$f(x,t)dx + \frac{\partial f(x,t)}{\partial t}\tau dx + A\tau^2 dx = f(x,t)dx - \int dn + \int d\nu \qquad (4.5)$$

erhielt ($A \in \mathbb{R}$ passend), aus der eine später *Boltzmann-Gleichung* genannte Differentialgleichung erster Ordnung in der Zeit hervorgeht. Da die Dichte einer zuvor von Maxwell hergeleiteten (stationären) Verteilung dieser Gleichung genügt, hatte Boltzmann damit zugleich deren Zulässigkeit als Zustandsverteilung auf neuem Wege bewiesen.

---

[5] Die ausführlichsten Studien zur Geschichte der kinetischen Gastheorie stammen von Stephen Brush [14], [15]. Weitere Eindrücke vermittelt eine Einführung in der Quellensammlung von Ivo Schneider ([67], Kap. 7) samt zugehörigen Originaltexten). Ein Kapitel über „Probability in statistical physics" in der umfassenden Studie von Jan von Plato [62], auf das für die Folge ausdrücklich verwiesen sei, vertieft die hier vorliegende Darstellung beträchtlich.

Boltzmanns Methode, eine Differentialgleichung für die Dichte aus der Taylor-entwicklung dieser Dichte herzuleiten, findet sich auch – dies sei an dieser Stelle eingeschoben – in einer folgenreichen Arbeit aus dem Jahre 1905. Damals publizierte Albert Einstein einen Aufsatz *Über die von der molekulartheoretischen Theorie der Wärme geforderte Bewegung von in ruhenden Flüssigkeiten suspendierten Teilchen* [22], die eine Methode zur Überprüfung des damals noch stark umstrittenen atomistischen Weltbildes liefern sollte.[6]

Einstein wollte zeigen,

> „daß nach der molekularkinetischen Theorie der Wärme in Flüssigkeiten
> suspendierte Körper von mikroskopisch sichtbarer Größe infolge der Mo-
> lekularbewegung der Wärme Bewegungen von solcher Größe ausführen
> müssen, daß diese Bewegungen leicht mit dem Mikroskop nachgewiesen
> werden können" ([22], S. 549).

Diese Bewegungen, so Einstein weiter, könnten mit der Brownschen Moleku-larbewegung(einem damals kaum verstandenen Phänomen) identisch sein, über die er jedoch zu wenig wisse, um dies beurteilen zu können.

Nach einer Begründung, warum sich suspendierte Teilchen bewegen müssen, kam Einstein zur Untersuchung dieser Bewegung – mit stochastischen Prinzipien. Dabei beschränkte er sich auf die Untersuchung von Dichten $f(x,t)$: Es sei $f(x,t)dx$ die Zahl derjenigen unter n beobachteten Teilchen, die zur Zeit t eine x-Koordinate (im dreidimensionalen Koordinatensystem) zwischen x und $x + dx$ haben (dies entspricht Boltzmanns Bezeichnung für die Dichte der Energieverteilung). Wie Boltzmann suchte Einstein dann einen Ausdruck für die Größe $f(x,t + \tau)$. Dabei sei τ „sehr klein gegen die beobachtbaren Zeitintervalle, aber doch so groß, daß die in zwei aufeinanderfolgenden Zeitintervallen τ von einem Teilchen ausgeführten Bewe-gungen als voneinander unabhängige Ereignisse aufzufassen sind" ([22], S. 556). Er startete mit einem Spezialfall der heute nach Kolmogoroff und Chapman benannten Gleichung

$$f(x,t + \tau) = \int_{-\infty}^{+\infty} f(x + \Delta,t) \cdot \varphi(\Delta)d\Delta, \qquad (4.6)$$

wobei die Wahrscheinlichkeit für eine Verschiebung um Δ (im Zeitintervall der Länge τ) durch eine Dichte $\varphi(\Delta)$ gegeben sei. Taylorentwicklungen von f in den beiden Komponenten führten ihn dann (bei Vernachlässigung der höheren Glieder) zu der Beziehung

$$f(x,t) + \tau\frac{\partial f}{\partial t} = \int_{-\infty}^{+\infty} \left[f(x,t) + \Delta\frac{\partial f}{\partial x} + \frac{\Delta^2}{2}\frac{\partial^2 f}{\partial x^2} \right] \cdot \varphi(\Delta)d\Delta, \qquad (4.7)$$

woraus unter der Annahme der Symmetrie der Verteilungsdichte φ die Gleichung

---

[6] Auf die Bedeutung dieser Arbeit für die Entwicklung der Wahrscheinlichkeitsrechnung wurde erstmals von Walter Purkert hingewiesen [63], vgl. auch [62], chap. 3.4.

$$\frac{\partial f}{\partial t} = \frac{\partial^2 f}{\partial x^2} \cdot \frac{1}{\tau} \int_{-\infty}^{+\infty} \frac{\Delta^2}{2} \varphi(\Delta) d\Delta \tag{4.8}$$

folgt. Mit

$$D := \frac{1}{\tau} \int_{-\infty}^{+\infty} \frac{\Delta^2}{2} \varphi(\Delta) d\Delta \tag{4.9}$$

ergibt sich daraus „die bekannte Differentialgleichung der Diffusion"

$$\frac{\partial f}{\partial t} = D \cdot \frac{\partial^2 f}{\partial x^2}, \tag{4.10}$$

„und man erkennt, daß D der Diffusionskoeffizient ist"([22], S. 558).

Die Annahme, daß alle Teilchen zur Zeit $t = 0$ im Nullpunkt starten, führte Einstein zu zwei Nebenbedingungen, unter deren Berücksichtigung er dann zu seinem zentralen Ergebnis gelangte: $f(\cdot,t)$ ist die Dichte einer Normalverteilung mit Mittelwert 0 und Varianz $2Dt$. Damit aber ist die „mittlere Verschiebung" λ_x der einzelnen Teilchen proportional zur Wurzel aus der Beobachtungszeit, da $\lambda_x = \sqrt{2Dt}$ gilt. Da Einstein zuvor den Diffusionskoeffizienten D mit Hilfe thermodynamischer Nebenüberlegungen auf beobachtbare Größen zurückgeführt hatte, konnte er sogar sehr konkret für Teilchen von 0,001 mm Durchmesser, die in Wasser von 17° C suspendiert werden, eine zu erwartende (mittlere) Verschiebung von 6 Mikron in einer Minute angeben (vgl. [22], S. 559).

Mit der experimentellen Verifikation einer entsprechenden Normalverteilung für die Verschiebungen in der Zeit t und dem Nachweis der Proportionalität von mittlerer Verschiebung und *Wurzel* der Beobachtungszeit wäre also eine deutliche Evidenz für die Gültigkeit von Einsteins Annahmen, letztlich für ein atomistisches Weltbild, gegeben. „Möge es bald", so beschloß Einstein also nicht ohne Grund seinen Aufsatz, „einem Forscher gelingen, die hier aufgeworfene für die Theorie der Wärme wichtige Frage zu entscheiden!" ([22], S. 560)

Einsteins Wunsch ist bereits kurz nach seiner Formulierung in Erfüllung gegangen. Bereits 1922 konnte der Prager Physiker Reinhold Fürth, selbst mit Schwankungserscheinungen in der Physik (vgl. etwa [26] und statistischen Prinzipien (vgl. [27] befaßt, in seinen Anmerkungen zur Neuausgabe von Einsteins Arbeiten über die Brownsche Bewegung als *Ostwald's Klassiker* einen Überblick über die „zahlreichen experimentellen Arbeiten" ([23], S. 63, Anm. 13) geben, die Einsteins Theorie bestätigten.

Schon im Jahre 1908 wurde unter anderem die Proportionalität der mittleren Verschiebung λ_x zu $\sqrt{t}$ bestätigt (Viktor Henri), und der Franzose Jean Perrin und seine Schüler konnten sowohl das Normalverteilungsgesetz als auch die errechneten Werte für λ_x bestätigen. Auch andere theoretische Physiker erzielten auf verschiedenen Wegen Resultate, die zu denen Einsteins paßten, insbesondere der polnische Physiker Marian von Smoluchowski (vgl. dazu etwa [15],chap. 15.5 oder [62], chap. 3.4 (a)), der eine völlig eigene Theorie der Brownschen Bewegung entwickelte. Auf der Basis dieser Resultate konnten Einsteins Ergebnisse schließlich auf mathematisch strengerem Wege hergeleitet werden [53].

Die Stimmen der Widersacher des atomistischen Weltbildes wurden schließlich leiser: es wechselte nicht nur Wilhelm Ostwald das Lager, sondern auch seine Schüler Nernst und Arrhenius stellten sich auf den neuen Standpunkt.[7] So stellte Ostwald, der noch 1906 den Standpunkt der sogenannten Energetik vertreten hatte, 1909 im Vorwort zur 4. Auflage seines *Grundriss der allgemeinen Chemie* fest, daß er sich davon überzeugt habe, daß es nun, vor allem durch die Arbeiten Perrins, einen experimentellen Beweis für die diskrete Struktur der Materie gebe; was bisher Atomhypothese genannt worden sei, habe nun den Status einer wohlbegründeten Theorie erreicht (vgl. [15], chap. 15.6).

Hierbei ist auch bemerkenswert, daß Einsteins Theorie probabilistisch (wenn auch prinzipiell mit der Annahme vereinbar, daß die Abläufe auf der mikroskopischen Ebene deterministisch sind) war – sie ging von Annahmen über eine Verteilung φ aus und gelangte schließlich zu Aussagen über die *mittlere* Verschiebung in einer großen Zahl von Teilchen. Damit gab es nun neben Boltzmanns Ergebnissen einen weiteren Erfolg für die probabilistische Physik: Wahrscheinlichkeitstheoretische Schlußweisen (in Einsteins Fall: die Betrachtung eines stetigen stochastischen Prozesses) begannen, an Gewicht zu gewinnen und Beweiskraft für ganze Theoriegebäude zu erlangen – selbst wenn die Grundbegriffe der Wahrscheinlichkeitsrechnung noch auf wackeligen Beinen standen.

Auch dies wird bei der Betrachtung von Fürths Kommentaren deutlich: Noch 1922 war unklar, wie der *Sinn* der hergeleiteten Normalverteilung zu erläutern ist (vgl. [23], S. 61f., Anm. 10). Fürth erklärte diesen mit der Hilfe zweier verschiedener Konzepte von Wahrscheinlichkeit, auf die wir gleich genauer eingehen: Man faßte Wahrscheinlichkeit nämlich teils als Raum-, teils als Zeitmittel (s. u.) auf. Dazu Fürth:

> „Beide Arten der Beobachtung wurden nun wirklich bei der Brownschen Bewegung vorgenommen, und bei beiden ließ sich die Einsteinsche Formel bestätigen." ([23], S. 62)

Hier also sind, soweit die experimentelle Erfahrung, beide Begriffe passend.

Fürth verwies allerdings – zu Recht – darauf, daß dies „ganz und gar nicht selbstverständlich" sei, daß die Frage nach der Vertauschbarkeit dieser Begriffe gar „zu den strittigen Punkten der Grundlagen der statistischen Mechanik" gehöre, wobei er auf den sogenannten Ehrenfest-Artikel und auf eine Arbeit des Mathematikers Richard von Mises [58] verwies, die „neue Gesichtspunkte" bringe (vgl. [23], S. 62).

Bevor wir darauf eingehen, wollen wir eines festhalten: *Bezüglich der wahrscheinlichkeitstheoretischen Grundbegriffe herrschte auch in den frühen zwanziger Jahren unseres Jahrhunderts noch immer Klärungsbedarf, obwohl diese Begriffe in der physikalischen Theoriebildung, unter anderem dank der Untersuchung stetiger stochastischer Prozesse, eine zunehmende Bedeutung erlangt hatten.*

---

[7] Lediglich Ernst Mach ließ sich nicht überzeugen.

4.3   Der Ehrenfest-Artikel

Kommen wir noch einmal zurück auf Maxwell und Boltzmann. Im Gegensatz zu
Maxwell hatte Boltzmann in seiner oben bereits kurz diskutierten Analyse eines
stochastischen Prozesses aus dem Jahre 1872 ein ehrgeizigeres Ziel. Er wollte beweisen, daß *jede* Verteilung im Laufe der Zeit gegen die Maxwellsche streben wird.
Zu diesem Zweck definierte er eine Größe

$$E(t) := \int_0^\infty f(x,t)\left[\log\left(\frac{f(x,t)}{\sqrt{x}}\right) - 1\right] dx, \quad t \geq 0, \tag{4.11}$$

und zeigte eine Aussage, die, nachdem er die Bezeichnung E durch H ersetzt hatte, unter dem Namen *H-Theorem* bekannt wurde: Genügt eine Funktion f der
Boltzmann-Gleichung, so ist $\frac{dE}{dt} \leq 0$, und es ist $\frac{dE}{dt} = 0$, wenn f die von Maxwell
hergeleitete Verteilung ist. Da die monoton fallende Größe E nach unten beschränkt
sei, so Boltzmann weiter, müsse sie im Laufe der Zeit gegen ihr Minimum konvergieren, die entsprechenden Verteilungen also gegen die Maxwellsche. Da E zudem
umgekehrt proportional zu der 1865 von Rudolf Clausius für Gleichgewichtszustände
definierten Entropie ist (zu Claudius vgl. [14], chap. 4), bedeutet Boltzmanns Ergebnis jedoch noch mehr: *Definiert* man die Entropie wie Boltzmann, so ist sein
Ergebnis gleichbedeutend damit, daß die Entropie eines abgeschlossenen und sich
selbst überlassenen Systems stets wachsen oder konstant bleiben muß – gleichbedeutend also mit dem zweiten Hauptsatz der Thermodynamik.

Dieses Resultat führte jedoch schnell zu Einwänden, deren erster bereits drei
Jahre später, 1875, von Boltzmanns Kollegen Josef Loschmidt publiziert wurde: wie
sollte die prinzipielle Reversibilität mechanischer Bewegungen zur hier konstatierten
Irreversibilität passen?

Boltzmann reagierte auf diesen Einwand mit einer 1877 publizierten stochastischen Fassung des zweiten Hauptsatzes der Thermodynamik. Die Entropie – nun
definiert als Wahrscheinlichkeit des entsprechenden Zustands – steige nicht sicher,
sondern „nur" mit einer hohen Wahrscheinlichkeit (vgl. [8]. „Der Anfangszustand",
so Boltzmann, „wird in den meisten Fällen ein sehr unwahrscheinlicher sein, von
ihm wird das System immer wahrscheinlicheren Zuständen zueilen, bis es endlich
den wahrscheinlichsten, d. h. den des Wärmegleichgewichtes, erreicht hat. Wenden
wir dies auf den zweiten Hauptsatz an, so können wir diejenige Größe, welche man
gewöhnlich als die Entropie zu bezeichnen pflegt, mit der Wahrscheinlichkeit des
betreffenden Zustandes identifizieren."([8], S. 165.)

Wir sehen hier, dies sei kurz angemerkt, den Begriff der Wahrscheinlichkeit in
einer neuen Qualität: Nicht mehr als Rechenhilfsmittel zur *Beschreibung* physikalischer Phänomene wird er hier gebraucht, sondern zur Definition der Entropie und
somit als Grundbegriff zur *Erklärung* – „irreversibility is simply a tendency to go
from less probable to more probable states" ([15], S. 608).

Boltzmann setzte sich jedoch zunächst nicht durch. Statt dessen gesellte sich zu
Loschmidts Einwand, der später als Umkehreinwand bekannt wurde, noch ein zweiter (der „Wiederkehreinwand"), der im wesentlichen auf Ernst Zermelo zurückgeht
und in den neunziger Jahren des 19. Jahrhunderts diskutiert wurde.

Die genauere Darstellung dieser Einwände und Boltzmanns Reaktion auf seine Kritiker kann hier nicht diskutiert werden;[8] es sollte jedoch deutlich gesagt werden, daß die begrifflichen Grundlagen in der kinetischen Gastheorie um die Jahrhundertwende kritisch hinterfragt wurden, da sie augenscheinlich auf Widersprüche führten – womit sich der Kreis zu Hilberts sechstem Problem geschlossen hat.

Die von Hilbert propagierte Annahme, daß die Grundbegriffe einer Theorie widerspruchsfrei, klar und ohne Zweideutigkeiten formuliert werden sollten, findet sich auch in einem langen und folgenreichen Beitrag zur *Encyklopädie der mathematischen Wissenschaften mit Einschluß ihrer Anwendungen* – einer von Felix Klein initiierten zusammenfassenden Darstellung des gesamten mathematischen Wissens seiner Zeit – der später als „Ehrenfest-Artikel" bekannt wurde. Neben einem Artikel über die physikalischen Resultate der Anwendung wahrscheinlichkeitstheoretischer Methoden auf das Studium der Bewegungen von Molekülsystemen, der noch auf Boltzmann selbst (und seinen Wiener Kollegen Josef Nabl) zurückging, enthielt die *Encyklopädie* nämlich auch einen Artikel über die „Begriffliche[n] Grundlagen der statistischen Auffassung in der Mechanik" [21]. Dieser Artikel stammte von Boltzmanns Schüler Paul Ehrenfest und seiner Frau Tatjana, die sich während einer gemeinsamen Studienzeit in Göttingen kennengelernt hatten. Pauls Kenntnisse der kinetischen Gastheorie wurde von Tatjanas kritischem Verstand und ihrer Fähigkeit zu klarer begrifflicher Analyse ergänzt (vgl. [44], und auch der Einfluß Hilberts, dessen Vorlesungen beide gehört hatten, machte sich offenbar bemerkbar (in diesem Sinne auch Leo Corry [16], S. 38f.): ihr Artikel werde

> „beherrscht von der Überzeugung, dass (...) Widersprüche [in der kinetischen Gastheorie, T. H.] nicht bestehen und, wo sie scheinbar bemerkt wurden, begründet sind in Zweideutigkeiten, zu denen einige von *Boltzmanns* Benennungen Anlaß geben können" ([21], S. 10).

Hier nannten sie besonders Boltzmanns Verwendung des Wahrscheinlichkeitsbegriffs, wobei sie zwei (zeitlich) verschiedene Kontexte unterschieden. Diese zeitliche Unterscheidung liegt, modern formuliert, in der Wahl des Raumes begründet, den man der Betrachtung zugrunde legt: Beschreibt man ein System aus N Teilchen mit jeweils drei Orts- und drei Impulskoordinaten, so kann man, modern formuliert, entweder an N Punkte im $\mathbb{R}^6$ denken oder aber an einen Punkt im $\mathbb{R}^{6N}$, dem sogenannten *Phasenraum*. Ein „Zustand" (dessen Wahrscheinlichkeit gemessen werden soll) ist also entweder der Zustand einzelner Moleküle oder aber der Zustand gesamter Systeme. Auch wenn hier *mathematisch* gesehen lediglich die Dimension erhöht wird, liegt hier aus *physikalischer Sicht* ein wesentlicher Schritt, nämlich der Schritt in die Statistische Mechanik.

Der Übergangsschritt zur Betrachtung von *Scharen* von Systemen findet sich erstmals in einer Arbeit von Maxwell aus dem Jahre 1878; in den frühen Arbeiten wurden stets Zustände einzelner Moleküle untersucht, wobei oftmals – dies haben die Ehrenfests deutlich herausgearbeitet und kritisiert – *mechanische und probabilistische Argumente miteinander vermengt wurden* (vgl. die Diskussion des

---

[8] Vgl. neben [3], [4] und [15], chap. 14.5ff., vor allem [62], chap. 3.1.

„Stoßzahlansatzes", ([21], S. 18-23).

Zur Bestimmung der Wahrscheinlichkeiten dieser Zustände wurden, so die Ehrenfests, zwei deutlich verschiedene Konzepte benutzt, die jedoch stets stillschweigend miteinander identifiziert wurden:

> „In den (...) älteren Arbeiten wirkte die unterschiedslose Bezeichnung <Wahrscheinlichkeit> unzweifelhaft *heuristisch fruchtbar*: Relative Häufigkeitszahlen durchaus verschiedener Natur wie etwa a) relative Länge der Zeit, während welcher ein Molekül A einen Zustand Z aufweist und b) relative Anzahl derjenigen Moleküle, welche in einem und demselben Moment den Zustand Z aufweisen, traten so auf unter der nicht weiter differenzierten Bezeichnung: «die»Wahrscheinlichkeit". ([21], S. 11f.)

obwohl die dann ausgenutzte Gleichheit dieser Zahlen keineswegs klar sei.

Auch in den späteren Untersuchungen, die sich auf den sogenannten Phasenraum bezogen, habe es diese unmerkliche Gleichsetzung gegeben; der Ausdruck „relative Wahrscheinlichkeit" erscheine in einem gewissen Kontext „zunächst als abgekürzte Bezeichnung für die *Quotienten bestimmter Γ-Volumina*", werde später aber „je nach Bedarf als Quotient von *Zeitdauern* gedeutet oder als relative Häufigkeiten in statistischen Gesamtheiten noch sehr verschiedener Art" ([21], S. 41).

Die Ehrenfests haben also zwei verschiedene Wahrscheinlichkeitsbegriffe herausgearbeitet:

1. *Wahrscheinlichkeit als „Scharmittel":* Ein Zustand ist „wahrscheinlich", wenn er in einer (fiktiven) großen Schar betrachteter gleichartiger Individuen (Moleküle im $\mathbb{R}^6$ bzw. Systeme mit gleicher Gesamtenergie im $\mathbb{R}^{6N}$) „oft" vorkommt, genauer: wenn er eine große relative Häufigkeit in dieser Schar hat. Dieses Konzept von Wahrscheinlichkeit ermöglicht insbesondere das Rechnen (mit kombinatorischen Hilfsmitteln).

2. *Wahrscheinlichkeit als „Zeitmittel":* Ein Zustand ist „wahrscheinlich", wenn ein einzelnes betrachtetes Individuum (Molekül bzw. System) sich „lange Zeit" darin befindet, genauer: wenn der Quotient aus der Zeit, in der sich das beobachtete Individuum in diesem Zustand befindet und der gesamten Beobachtungszeit groß ist. Dieses Konzept paßt im Gegensatz zum Scharmittel zur experimentellen Verifikation rechnerischer Ergebnisse, da sich das Langzeitverhalten eines Systems beobachten läßt.

Nun aber liegt natürlich eine Frage nahe: *Wann ist die Identifizierung dieser Konzepte zulässig, wann ist „Zeitmittel gleich Scharmittel"?*

Die Ehrenfests selbst haben eine Antwort auf diese Frage vorgeschlagen, eine Antwort, die sich allerdings lediglich auf die „modernere" Frage nach der Gleichheit von Zeit- und Scharmittel im Phasenraum bezieht. Diese Antwort findet sich im Rahmen eines Abschnitts über sogenannte „ergodische" (Gas-)Systeme.

Ein mechanisches System heiße ergodisch, wenn seine Trajektorien durch jeden
Punkt des Phasenraumes verliefen, der mit der (als konstant angenommenen) Gesamtenergie verträglich sei ([21], S. 30):

> „Die einzelne ungestörte Bewegung des Systems führt bei unbegrenz-
> ter Fortsetzung schliesslich *durch jeden Phasenpunkt hindurch*', der mit
> der mitgegebenen Gesamtenergie verträglich ist [Dies sind die Punkte
> der Energiehyperfläche, T. H.]. – Ein mechanisches System, dass diese
> Forderung erfüllt, nennt BOLTZMANN ein *ergodisches System.*"

Diese Hypothese über die untersuchten Systeme – es gibt eine Trajektorie, die jeden
Punkt der Energiehyperfläche erreicht – wurde unter dem Namen *Ergodenhypothese*
(griech.: $\acute{\epsilon}\varrho\gamma o\nu$, Energie, und $\acute{o}\delta\grave{o}\varsigma$, Weg, Bahn) bekannt (vgl. zu deren Bedeutung
auch [5]. Boltzmann habe daraus (ebenso wie J.C. Maxwell) die Folgerung gezogen,
daß in einem ergodischen System mit konstanter Energie alle Bewegungen (lediglich
mit einer zeitlichen Verschiebung) in ein und derselben Bahn verlaufen müssen: es
könne nur eine Trajektorie geben, da in jedem Punkt des Phasenraumes „nur eine
einzige Fortschreitungslinie" ([21], 31) existiere, die Trajektorie also in jedem Punkt
eine eindeutige Fortsetzung habe und andererseits jeden Punkt erreiche. Deshalb
habe „jede Funktion der Bewegungsphase $\varphi(p,q)$ ein und dasselbe Zeitmittel"([5])

$$\lim_{\substack{T_1 \to -\infty \\ T_2 \to +\infty}} \frac{1}{T_2 - T_1} \int_{T_1}^{T_2} \varphi(p,q)dt \tag{4.12}$$

– der zeitliche Mittelwert, den eine Funktion auf dem Phasenraum annimmt, sei
also unabhängig vom Anfangswert.

Nun werde im Verlaufe einer „sehr langen Zeit T (...) bei unbegrenzt wachsendem T schliesslich das *mittlere* Verhalten mit dem *Verhalten im Wärmegleichgewicht* identisch" ([21], S. 33), weshalb Boltzmann das mittlere Verhalten bestimmter Systeme mit dem Ziel untersucht habe, gewisse Aussagen über das Verhalten
im Gleichgewichtszustand zu ermöglichen – und die „fundamentale Voraussetzung
dieser Untersuchung" ([21], S. 34) sei die Ergodenhypothese gewesen.

Boltzmann sei zur Bestimmung bestimmter Zeitmittel zunächst von „der Fik-
tion einer Schaar [sic, T. H.] von unendlich vielen gleichbeschaffenen Exemplaren
des vorgegebenen Gasmodells, die sich gänzlich unabhängig voneinander bewegen"
([21], S. 34) ausgegangen, verbunden mit einer gewissen stationären Dichte. Das
Scharmittel läßt sich dann berechnen. „Um nun", so die Ehrenfests, „von diesen
Zahlmitteln zu den von *Boltzmann* gesuchten *Zeitmitteln* zu gelangen, bedarf es
noch folgender Kette von Gleichsetzungen" ([21], S. 34): Das Scharmittel sei aufgrund der Stationarität gleich einem zeitlichen Mittel über die Scharmittel. Wegen
der „Vertauschbarkeit der Mittelbildung" wiederum sei das Zeitmittel des Scharmit-
tels aber gleich dem Scharmittel des Zeitmittels. Als Folge der Ergodenhypothese
(speziell der eben diskutierten Folgerungen) müssen aber alle betrachteten Systeme
einer Schar das gleiche Zeitmittel haben, da letztlich alle Systeme die gleiche Trajektorie besitzen. Da also alle Systeme das gleiche Zeitmittel haben, ist das Scharmittel
des Zeitmittels gleich dem Zeitmittel selber – kurz: Zeitmittel gleich Scharmittel.

Damit aber haben die Ehrenfests eine Bedingung für die Gleichheit von Zeit- und Scharmittel formuliert: die „Ergodizität" des betrachteten Systems.

Die Existenz ergodischer Systeme war allerdings schon für die Ehrenfests zweifelhaft (vgl. [21], S. 35), und nachdem die Frage nach der Existenz ergodischer Systeme einmal aufgeworfen worden war, dauerte es nicht lange, bis Mathematiker eine Antwort fanden – die Fragen der Ehrenfests hatten also schnell ihren Weg in die *scientific community* der Mathematiker gefunden. Bereits 1913 wurde die Nicht-Existenz „ergodischer" Systeme durch Michel Plancherel (mit einem maßtheoretischen Argument) und Arthur Rosenthal (mit einem Argument aus der Topologie, wobei er ein Ergebnis Brouwers benutzte) bewiesen (vgl. [13]). Auch eine Abschwächung der Annahme, die zunächst als „Quasi-Ergodenhypothese" bezeichnet wurde – es gibt eine Trajektorie, die dicht in der Energiehyperfläche liegt – und später den Namen „Ergodenhypothese" übernahm, führte nicht weiter. Es war nicht nur unklar, wie diese Annahme die Funktion der eigentlichen Ergodenhypothese erfüllen sollte, sondern es dauerte auch noch gut 10 Jahre, bis es überhaupt zu einem Existenznachweis für derartige Systeme kam.

Man sieht hier den fruchtbaren Boden, auf den die Ehrenfestschen Fragen und Präzisierungswünsche gefallen sind – die ursprünglich physikalisch motivierten Fragen nach den begrifflichen Grundlagen der statistischen Mechanik und der Existenz von Systemen, deren Trajektorien jeden Punkt der Energiehyperebene erreichen (oder ihm zumindest beliebig nahe kommen) wurden auch in der Mathematik bekannt und beachtet.

Es verwundert nun wohl nicht mehr sehr, daß die Fragen der Ehrenfests auch für die Entwicklung der Wahrscheinlichkeitsrechnung eine große Rolle spielten; weitgehend unbekannt dürfte aber sein, daß sie durch einen Mathematiker aufgenommen wurden, dessen Beiträge zur Fundierung der Wahrscheinlichkeitstheorie in den zwanziger Jahren ausgesprochen kontrovers diskutiert wurden.

4.4 Die Aufnahme der Ehrenfestschen Fragen durch Richard von Mises

Bei diesem Mathematiker handelte es sich um Richard von Mises, der 1919 feststellte, daß sich kein Mathematiker, „der eines der bestehenden Lehrbücher in die Hand nimmt", dem „Bedürfnis nach einer exakten Grundlegung der Wahrscheinlichkeitsrechnung" verschließen werde; man könne „den gegenwärtigen Zustand kaum anders als dahin kennzeichnen, daß die Wahrscheinlichkeitsrechnung heute *eine mathematische Disziplin nicht ist*" ([57], S. 52). Seine Kritik an der klassischen Definition, über die sich auch kein moderner Autor erhebe (was, wie bereits zu sehen war, 1919 noch stimmte), formulierte er dabei plakativ als Frage: „Wie soll man die Wahrscheinlichkeit, mit einem *falschen* Würfel sechs zu werfen, wie die Lebens- und Sterbens-Wahrscheinlichkeit dieser ‚Definition' unterordnen (...)?" ([57], S. 53)

Auch die Aufgabe der Wahrscheinlichkeitsrechnung sei „in tiefes Dunkel gehüllt", und die bisherigen Versuche – hier bezog er sich unter anderem auf Ugo Broggi – einer mathematischen Begründung der Wahrscheinlichkeitsrechnung schienen „durchaus im *Formalen* stecken geblieben zu sein" ([57], S. 53). Im Gegensatz dazu stellte von Mises einen sehr unformalen, anschaulichen Ansatz zur Begründung der Wahrscheinlichkeitsrechnung vor, der auf dem Begriff von sogenannten „Kollektivs" beruhte. Diese sollten die Ergebnisse unendlicher Versuchsfolgen symbolisieren und die Erfahrungstatsache modellieren, daß sich die relative Häufigkeit stabilisiert, mit der ein Ereignis eintritt, zugleich aber auch sicherstellen, daß der Begriff der „Wahrscheinlichkeit" nur dann benutzt wird, wenn ein in gewissem Sinne zufälliges, regelloses Verhalten vorliegt.

Mises betrachtete unendliche Merkmalfolgen, in denen die relativen Häufigkeiten, mit denen Merkmale auftreten, konvergieren sollten; diese Folgen bezeichnete er als „Kollektivs" und die Grenzwerte als „Wahrscheinlichkeiten", wenn zudem eine zweite Forderung erfüllt ist. Diese zweite Forderung – von Mises als Regellosigkeitsaxiom bezeichnet – sollte die „Unmöglichkeit eines Spielsystems" postulieren. Eine Auswahl bestimmter Würfe in einer Würfelserie kann die Gewinnchancen nicht verändern, und dieser Erfahrungstatsache sollte die zweite Forderung Rechnung tragen. Dieser Versuch, den Zufall zu modellieren, führte allerdings zu einem existentiellen Problem, denn man kann Kollektivs nicht konstruktiv angeben, da jede Zuordnungsvorschrift als Auswahlregel zu benutzen wäre, mit deren Hilfe man die Wahrscheinlichkeiten vollständig beeinflussen könnte. „Wir müssen uns", so von Mises, „mit der abstrakten *logischen Existenz* begnügen, die allein darin liegt, daß sich mit den definierten Begriffen widerspruchsfrei operieren läßt" ([57], S. 60).[9]

Da sich Kollektivs nun – im Falle ihrer Existenz – lediglich durch ihre Verteilungen charakterisieren lassen, erscheint ein auf Verteilungen aufbauender Theorieansatz unabdingbar, vor allem angesichts der Tatsache, daß bis zu diesem Zeitpunkt – man erinnere sich an Mises' oben zitierte Kritik – lediglich Gleichverteilungen untersucht wurden. In diesem Sinne ist auch von Mises' Formulierung der Aufgabe der Wahrscheinlichkeitsrechnung: Es seien Wege anzugeben, aus gegebenen Kollektivs neue Kollektivs abzuleiten und die entsprechenden Veränderungen der Verteilungen zu ermitteln. Die Untersuchung von Wahrscheinlichkeitsverteilungen rückt damit ins Zentrum der weiteren Betrachtungen.

Zum Zwecke dieser Untersuchungen führte von Mises, der feststellte, daß es „wesentlich bequemer [sei, T. H.], statt mit einer *Mengen*funktion mit einer *Punkt*funktion zu tun zun haben" ([57], S. 66), Verteilungsfunktionen ein, deren Eigenschaften (Monotonie, Stetigkeits- und asymptotische Eigenschaften) er dann bewies. Darüber hinaus führte er Stieltjes-Integrale bezüglich der Verteilungsfunktionen ein und definierte, darauf aufbauend, Momente von Verteilungen, zum Beispiel „Mittelwert" und „Streuung". Eine Verteilung, deren Verteilungsfunktion differenzierbar mit einer beschränkten Ableitung sei, heiße „geometrisch", die Ableitung „Verteilungsdichte".

---

[9] Es ist hier nicht der Raum, auf die Präzisierung des Kollektivbegriffs und die damit verbundenen Probleme einzugehen (vgl. [6], [66], [62]) – es sei allerdings erwähnt, daß die berechtigte Frage nach der Existenz von Kollektivs erst 1937 durch Abraham Wald bejaht werden konnte.

In der von Misesschen Arbeit aus dem Jahre 1919 finden sich also grundlegende Begriffe der Wahrscheinlichkeitsrechnung in einer Form, mit der man im wesentlichen bis heute operiert – auch wenn diese Begriffe für von Mises ohne den Kollektivbegriff, der ihre Anbindung an die Erfahrungswelt sichern sollte, nicht denkbar waren und die moderne begriffliche Präzision fehlte.

Den Zusammenhang der hier angerissenen Gedanken mit dem Ehrenfest-Artikel erkennt man, wenn man zwei weitere Arbeiten von Mises studiert, die fast zeitgleich – 1920 und 1921 – publiziert wurden. In diesen Arbeiten ging es um die „Ausschaltung der Ergodenhypothese in der statistischen Mechanik" [58] und um „die gegenwärtige Krise der Mechanik" [59]; in beiden finden sich die gleichen Gedanken: Es habe sich gezeigt, daß der starre Kausalaufbau der klassischen Mechanik Grenzen habe, denn es gebe Beispiele, bei denen „die Gesetze der klassischen Mechanik zwar nicht völlig ausgeschaltet, aber doch zu einer sehr bescheidenen Rolle von beschränkter Tragweite verurteilt erscheinen" ([59], S. 429). Hier sei unter anderem an die Brownsche Molekularbewegung und an die Vorgänge am Galtonschen Brett zu denken. Diese Beispiele zeichneten sich dadurch aus, daß das Verhalten einzelner Teilchen (bzw. Kugeln) irregulär – nicht prognostizierbar – sei, während sich im Verhalten *vieler* Teilchen (Kugeln) statistische Regelmäßigkeiten zeigten, die mit stochastischen Methoden zu ergründen seien. Für von Mises war es damit „unausweichlich, einmal offen und klar auszusprechen, dass es innerhalb der rein empirischen Mechanik Bewegungs- und Gleichgewichtsvorgänge gibt, die sich einer Erklärung auf Grund der mechanischen Differentialgleichungen auf die Dauer entziehen und den Aufbau einer geschlossenen Theorie der mechanischen Statistik verlangen" ([59], S. 431), denn diese liefere in manchen Fällen im Gegensatz zur klassischen Mechanik brauchbare Ergebnisse.

Im Rahmen dieser Theorie der mechanischen Statistik müsse man konsequent mit dem Begriff der Wahrscheinlichkeit umgehen – aus Annahmen über Ausgangswahrscheinlichkeiten dürften lediglich statistische Annahmen, aber keine deterministischen Gesetze gefolgert werden. Aussagen über das konkrete Verhalten *einzelner* Systeme dagegen könnten nur aus den mechanischen Gleichungen gefolgert werden. Damit gelangte von Mises zu einer präzisen Formulierung der Aufgabe der Wahrscheinlichkeitsrechnung, und dies mag auch die Bedeutung erklären, die er seinem Regellosigkeitsaxiom beigemessen hat. Die ausdrückliche Forderung nach der Trennung mechanischer und probabilistischer Argumente erinnert zudem deutlich an die Kritik der Ehrenfests am sogenannten „Stoßzahlansatz" der frühen Untersuchungen zur kinetischen Gastheorie – einer unreflektierten Mischung mechanischer und stochastischer Argumente (vgl. [21], S. 18-23).

Sich explizit auf die Ehrenfests beziehend, diskutierte von Mises schließlich den Übergang vom Schar- zum Zeitmittel auf der Basis der Ergodenhypothese. Die Ehrenfests hätten „das logisch Unbefriedigende eines derartigen Aufbaus in unübertrefflicher Weise gekennzeichnet und mit Recht ausgesprochen, daß ein entscheidender Fortschritt nur von einer Klärung des Wahrscheinlichkeitsbegriffes zu erwarten" sei ([58], S. 225). In seiner Diskussion der „Krise der Mechanik" ergänzte er, auf seine „Grundlagen"-Arbeit von 1919 und auf diejenige über die Ergodenhypothese verweisend: In letzterer habe er nach dem Schema des Galtonschen Brettes „eine vollständige Theorie der Brownschen Bewegung durchgeführt", die sich im rein probabilistischen Rahmen bewege und in keiner Form von der Ergodenhypothese Gebrauch mache. Was er mit diesen beiden Arbeiten

> „angestrebt habe, war nur, die begrifflichen Schwierigkeiten aus dem Wege zu räumen und ein logisch mögliches Schema mechanischer Statistik anzugeben". ([59], S. 431)

Die Gleichheit von Zeit- und Scharmittel, dies sei abschließend erwähnt, wurde bei von Mises zu einer streng bewiesenen stochastischen Aussage. Getreu seines Ansatzes betrachtete er zwei Ausgangskollektivs, die zusammen mit ihren Verteilungen einerseits die Raum-, andererseits die Zeitgesamtheit modellieren. Aus diesen leitete er weitere Kollektivs ab, in denen sich dann Raum- und Zeitmittel finden; der Vergleich dieser Größen zeigt, daß mit beliebig hoher Wahrscheinlichkeit in der angenommenen Situation (also bei den gegebenen Ausgangswahrscheinlichkeiten) *Raummittel gleich Zeitmittel* ist.

Mit diesem Grundstein der Ergodentheorie konnte von Mises also in der Tat zeigen, wie eine Klärung der wahrscheinlichkeitstheoretischen Grundlagen auch zur Klärung der durch die Ehrenfests aufgezeigten Probleme in der kinetischen Gastheorie – speziell des Ergodenproblems – beiträgt. Der Beitrag der Ehrenfests ist also bei von Mises auf fruchtbaren Boden gefallen, auch wenn dessen Basiskonzept, der Kollektivbegriff, stark umstritten war.

Damit bekamen die begrifflichen Probleme der kinetischen Gastheorie, vermittelt durch von Mises, in einem gewissen Sinne eine Katalysator-Rolle für die Entwicklung der Wahrscheinlichkeitsrechnung: Mises' Begriffe provozierten Diskussionen, und so wurde nicht nur seine zu Beginn dieses Abschnitts erwähnte Kritik an den bisherigen Axiomatisierungsansätzen, sondern auch seine Einführung zentraler Konzepte (Verteilungen, stochastische Wendung des Ergodenproblems) bekannt.

Das Ergodenproblem hat ihn auch weiter beschäftigt. In den zwanziger Jahren entstand unter seiner Betreuung eine Dissertation *über die „Wahrscheinlichkeitstheoretische Begründung der Ergodenhypothese* [37], und sein 1931 erschienenes Lehrbuch über *Wahrscheinlichkeitsrechnung und ihre Anwendung in der Statistik und theoretischen Physik* [60] gipfelte in einem Kapitel über die „Grundzüge der physikalischen Statistik", in dessen letztem Abschnitt, „Statistik des Zeitablaufs. Ergodenproblem", der Ergodensatz mit völlig anderen Mitteln bewiesen wurde. Mises nutzte dort eine allgemeine Theorie Markoffscher Ketten mit endlich vielen Zuständen, die auf einer konsequenten Nutzung des Matrizenbegriffs (und einer auf Frobenius zurückgehenden Klassifikation verschiedener Matrizen) beruhte. Damit ist er in eine längere Liste von Wissenschaftlern einzureihen, die gegen 1930 mit der Untersuchung Markoffscher Ketten und Prozesse beschäftigt waren: hier sind neben Mises auch Maurice Fréchet, Jacques Hadamard, Henri Poincaré, Bohuslav

Hostinsky und Sidney Chapman zu nennen[10], in unserem Kontext aber vor allem – wir kommen gleich darauf zurück – Andrej N. Kolmogoroff.

Mises' *stochastische* Fassung der Ergodenhypothese, dies sei zuvor erwähnt, hatte offenbar einen deutlichen Einfluß auf Kolmogoroffs Kollegen A. Khintchine (vgl. auch [62], S. 112), der 1932 eine Arbeit „Zu Birkhoffs Lösung des Ergodenproblems" [42] vorlegen konnte. Hatte Birkhoff sich noch mit konservativen *mechanischen* Systemen befaßt (vgl. [61], konnte Khintchine dem Ergodensatz eine davon deutlich abweichende *probabilistische* Prägung geben, die in ihrem Gehalt der Misesschen Variante sehr ähnlich war, ohne jedoch mit dem schwerfälligen Kollektivbegriff belastet zu sein – Khintchine nutzte die Sprache der modernen Maß- und Integrationstheorie. Da er zudem die Misessche Aussage deutlich verallgemeinern konnte – es wurden auch Situationen erfaßt, die nicht durch Markoffketten beschreibbar sind, da einzig die Stationarität der (kontinuierlichen) Bewegung vorausgesetzt wurde – hatte Khintchine ein neues Argument für die Annahme eines maßtheoretischen Modells geliefert.

Ähnliches kann auch von Andrej Kolmogoroff berichtet werden.

4.5   Eine Theorie Markoffscher Prozesse

Kolmogoroff konnte im September 1930, kurz nach einem Besuch bei Fréchet in Frankreich, mit dem er auch über „Markov problems" diskutiert hatte ([48], S. 238), eine Arbeit bei der Redaktion der *Mathematischen Annalen* einreichen, in der er eine sehr allgemeine mathematische Theorie von Markoffschen (er selbst sprach von „Stochastischen") Prozessen entwickelte. Diese Arbeit „Über die analytischen Methoden in der Wahrscheinlichkeitsrechnung" [46] eröffnete in kürzester Zeit neue Forschungsperspektiven (vgl. [70]; sie ist in unserem Zusammenhang auch deshalb bemerkenswert, weil in ihr völlig selbstverständlich ein Axiomensystem angegeben wird, das dann mit Kolmogoroffs *Grundbegriffen* klassisch wurde: Es wurden σ-additive Mengenfunktionen auf σ-Algebren von Ereignismengen betrachtet. Dies ermöglichte die Übernahme der aus der Analysis bereits wohlbekannten Ergebnisse der Maß- und Integrationstheorie.

„Stochastisch definite" Prozesse zeichneten sich für Kolmogoroff (im Unterschied zu „wohldeterminierten" Prozessen, etwa solchen aus der klassischen Mechanik) dadurch aus, daß

> „der Zustand x des Systems in einem Zeitmoment t_0 nur eine gewisse Wahrscheinlichkeit für den jeweils möglichen Zustand y in einem folgenden Moment $t > t_0$ definiert" ([46], S. 416).

Diese offenbar durch eine Analogie zur klassischen Mechanik motivierte Wahl der Fragestellung – kennt man schon nicht den exakten Zustand zur Zeit t, so will man

---

[10] Die Entstehung der Theorie der Markoffketten und -prozesse „vor dem Hintergrund statistisch-mechanischer Probleme" wurde bisher vor allem von Georg Antretter untersucht [1], der auch ausführlich auf von Mises eingeht. Eine detaillierte Untersuchung der Frühgeschichte der Theorie allgemeiner stochastischer Prozesse steht meines Wissens noch aus.

doch wenigstens eine Aussage über die entsprechende Verteilung machen – erinnert auffallend an die weiter oben referierten Überlegungen Ludwig Boltzmanns, der dann allerdings „nur" eine Differentialgleichung für einen ganz speziellen Prozeß hergeleitet hatte. Kolmogoroff dagegen untersuchte eine allgemeinere Fragestellung: Wie verhalten sich die Wahrscheinlichkeiten $P(t_0,x,t;E)$ für einen Zustand E zur Zeit t, wenn das betrachtete System zur Zeit t_0 den Zustand x hatte?

Zur Konkretisierung dieser Gedanken gehe er, so ([46], S. 417), „nicht von einem vollständigen Axiomensystem der Wahrscheinlichkeitstheorie aus", er gebe „aber schon jetzt alle Voraussetzungen an, welche weiter gebraucht werden. Über die Menge (...) von möglichen Zuständen x machen wir keine speziellen Voraussetzungen: mathematisch kann man (...) [sie, T. H.] als eine beliebige Menge von beliebigen Elementen betrachten."

Die Basis der Betrachtungen sei also ein System S mit einer Menge $\mathcal{A} = \{x,y,z,...\}$ möglicher Zustände und einem Mengensystem $\mathcal{F} \subseteq \mathcal{P}(\mathcal{A})$ ($\mathcal{P}(\mathcal{A})$ die Potenzmenge von $\mathcal{A}$), ferner – für $E \in \mathcal{F}$ und $t_1 < t_2$ – Verteilungen

$$P(t_1,x,t_2;E),$$

die die Wahrscheinlichkeit des Zustands E zur Zeit t_2 „unter der Hypothese des Zustands x in dem Zeitmoment t_1" [46] (419) angeben, also die entsprechenden Übergangswahrscheinlichkeiten.

Das Mengensystem $\mathcal{F}$ sei eine σ-Algebra, die auch alle Einpunktmengen $\{x\}$, $x \in \mathcal{A}$ umfasse, und es sei $P(t_1,x,t_2;\cdot)$ ein normiertes Maß auf $\mathcal{F}$; insbesondere sei also $P(t_1,x,t_2;\mathcal{A}) = 1$ und $P(t_1,x,t_2;\emptyset) = 0$. Schließlich sei $P(t_1,\cdot,t_2;E)$ für alle $E \in \mathcal{F}$ $\mathcal{F}$-meßbar (als Funktion des elementaren Ereignisses x liege also eine Zufallsvariable vor).

Kolmogoroff verlangte noch mehr: Es gelte eine *Fundamentalgleichung*, deren Erfülltsein in der heutigen Sprechweise die sogannten *Markoff*-Prozesse auszeichnet und die heute meistens als Kolmogoroff-Chapman-Gleichung bezeichnet wird; sie wurde im Prinzip, dies war oben zu sehen, aber auch schon von Einstein benutzt:

$$P(t_1,x,t_3;E) = \int P(t_2,y,t_3;E)P(t_1,x,t_2;dy) \qquad (t_1 < t_2 < t_3). \qquad (4.13)$$

Die von Kolmogoroff getroffenen Annahmen weisen auf zwei interessante Dinge hin: zum einen zeigen sie erneut die selbstverständliche Nutzung maßtheoretischer Axiome *vor* 1933, die zu Beginn dieser Arbeit diskutiert wurde, zum anderen verursachen sie ein mathematisches Problem: Wie kann man die Übergangswahrscheinlichkeiten, bedingte Wahrscheinlichkeiten, definieren, wenn die Bedingungen – die einzelnen Zustände $\{x\}$ – die Wahrscheinlichkeit Null haben (wie dies bei überabzählbaren Merkmalmengen der Fall ist)? Diese 1931 noch offene Frage – es handelt sich um den dritten von Kolmogoroff selbst erwähnten neuen Aspekt seiner *Grundbegriffe* – ignorierend, konnte Kolmogoroff Differentialgleichungen zur Beschreibung kontinuierlicher stochastischer Prozesse herleiten, wobei er die Fälle endlicher, abzählbarer und überabzählbarer Merkmalmengen unterschied. Seine maßtheoretischen Annahmen kamen dabei im Falle überabzählbarer Merkmalmengen zum Tragen, denn in diesem Fall sind die Verteilungen nicht mehr elementar charakterisierbar. Statt dessen wählte Kolmogoroff, mit der zeitgenössischen Analysis bestens vertraut, den naheliegenden Weg, die bekannten Zusammenhänge zwischen Maß, Verteilungsfunktion und Dichte zu nutzen; er leitete Differentialgleichungen für die *Dichten* der entsprechenden Verteilungen her.

Die Anbindung der Wahrscheinlichkeitsrechnung an die Maß- und Integrationstheorie ermöglichte es Kolmogoroff also, Differentialgleichungen für die Dichten der Verteilungen stetiger stochastischer (Markoff-)Prozesse mit überabzählbarem Merkmalraum herzuleiten und damit der Theorie solcher Prozesse erstmals eine solide Basis zu geben. Dies führte allerdings auch zu einem Problem, denn die Existenz der Übergangswahrscheinlichkeiten – Wahrscheinlichkeiten der Ereignisse zur Zeit t_2 unter der Bedingung, daß zur Zeit t_1 der Zustand $\{x\}$ herrschte – ist a priori keinesfalls klar. Im Falle eines überabzählbaren Merkmalraums ist die Wahrscheinlichkeit aller Einpunktmengen $\{x\}$ Null, und es stellt sich die Frage, wie man die entsprechenden bedingten Wahrscheinlichkeiten definieren soll.

Auf ein weiteres Problem hat der Physiker M. Leontowitsch, mit dem Kolmogoroff zu Beginn der dreißiger Jahre in Moskau kooperierte (vgl. auch [49], in einem 1933 erschienenen Aufsatz hingewiesen, an dessen Ende er sich bei Kolmogoroff für „aufklärende Besprechungen der mathematischen Fragen" ([54], S. 63) bedankte. Dort heißt es:

> „Bei der Betrachtung von vielen Problemen der theoretischen Physik werden die statistischen Methoden auf Systeme angewandt, die als Kontinua aufgefasst werden und deren Zustand dementsprechend nicht durch eine endliche Anzahl von Parametern, sondern durch eine oder mehrere Funktionen, mit anderen Worten durch eine unendliche Anzahl von Parametern beschrieben wird. Dies findet in der Schwankungstheorie Anwendung, wenn man den Zustand des Systems im phänomenologischen Sinne durch Angabe der Verteilung der Dichte, der Temperatur, der Konzentration usw. definiert (...). Bei der statistischen Behandlung des Zeitverlaufs verschiedener Vorgänge (...) ist man auch gezwungen, die statistische Auffassung auf eine den Vorgang beschreibende kontinuierliche Zeitfunktion anzuwenden.
>
> Die mathematische Grundlage aller dieser Theorien bildet letzten Endes der Begriff der Wahrscheinlichkeit einer Funktion (Wahrscheinlichkeit im Funktionenraume). Eine klare und vollständige Darstellung dieser Theorien ist nur dann möglich, wenn man von vornherein diesen Begriff explicite einführt. Meines Wissens fehlt zur Zeit eine ausführliche Theorie der Wahrscheinlichkeiten dieser Art" ([54], S. 35f),

die er nun in Ansätzen hier entwickeln wolle. Er selbst war allerdings offenbar mit seinem eigenen Ansatz nicht sehr zufrieden, betonte er doch ([54], 36):

> „Es soll ausdrücklich hervorgehoben werden, dass an der mathematischen Strenge der Beweise noch sehr viel zu wünschen bleibt. Es fehlen

z. B. Konvergenzbeweise, Rechtfertigungen der Grenzübergänge u.dgl.
Es ist aber zu hoffen, dass diese Lücken ausgefüllt werden können".

Kolmogoroffs Kollege Leontowitsch klagte also gewissermaßen die mathematisch
konsistente Definition von Maßen auf unendlichdimensionalen Räumen ein – die
auch in der oben diskutierten Kolmogoroffschen Arbeit nicht benutzt wurden, obwohl sie einen hervorragenden theoretischen Unterbau der dort entwickelten Theorie
geliefert hätten, da man dann eine Basis gehabt hätte, einzelne „Funktionen" als
Elementarereignisse aufzufassen und deren Verhalten durch die oben diskutierten
Verteilungen zu beschreiben. Kurz gesagt: *Eine Einbettung der Theorie Markoffscher Prozesse in die Wahrscheinlichkeitsrechnung lag 1931 noch nicht vor; diese
würde mit der Entwicklung einer Theorie von Maßen auf unendlichdimensionalen
Räumen gelingen.* Damit aber schließt sich der Kreis zum ersten der neuen Punkte
der *Grundbegriffe* – zu „Wahrscheinlichkeitsverteilungen in unendlich-dimensionalen
Räumen" (s.o.), und der von Kolmogoroff nur erwähnte physikalische Hintergrund
dieser Punkte wird deutlich sichtbar.

4.6 Ein Abschluß: Die „Grundbegriffe der Wahrscheinlichkeitsrechnung"

Obwohl es sich erübrigt, ausführlich vom mathematischen Gehalt der *Grundbegriffe*
zu berichten (der sich in jedem modernen Lehrbuch findet), sei hier zusammenfassend noch einmal kurz auf die beiden wichtigsten der damals *neuen* Punkte hingewiesen: Hier ist zum einen der einzige „Hauptsatz" des Büchleins zu nennen, der
heute oft auch als „Satz von Kolmogoroff" bezeichnet wird und die Existenz von
Wahrscheinlichkeitsmaßen auf unendlichdimensionalen Räumen sichert (man muß
lediglich ein System endlichdimensionaler Verteilungsfunktionen angeben, das zwei
Verträglichkeitsbedingungen genügen muß), zum anderen Kolmogoroffs Theorie bedingter Wahrscheinlichkeiten und Erwartungen (die auf einer raffinierten Anwendung des 1930 publizierten Satzes von [Radon-]Nikodym basiert). Es war bereits zu
sehen, wieso diese beiden Punkte als Lösung aus der Physik stammender Probleme
aufgefaßt werden konnten: Erst durch Kolmogoroffs Hauptsatz war die Anbindung
der Theorie stochastischer Prozesse an eine mathematisch stringent fundierte Wahrscheinlichkeitsrechnung gelungen – das Problem Leontowitschs also gelöst worden.
Eine derartige Reichweite hatte keiner der damals konkurrierenden (objektivisti-
schen) Theorieansätze.
Kolmogoroffs Hauptsatz vermochte aber noch mehr zu leisten: Mit der Existenz
von Wahrscheinlichkeitsmaßen auch auf Folgenräumen bot er eine solide Basis für
die Diskussion der damals hochaktuell behandelten Gesetze der großen Zahlen. Kolmogoroff selbst hatte zu diesen Untersuchungen maßgeblich beigetragen, und in den
Grundbegriffen konnte er eine zusammenfassende, auf der Unterscheidung von „fast
sicherer" Konvergenz und solcher „nach Wahrscheinlichkeit" basierende Darstellung
der Ergebnisse liefern. Erst die Kombination des Hauptsatzes mit den Ergebnissen
über die fast sichere Konvergenz ermöglichten es aber, in präziser und inhaltlich

sinnvoller Weise über das starke Gesetz der großen Zahlen zu sprechen. Kolmogoroff konnte also vorführen, was sich im maßtheoretischen Rahmen alles machen läßt: *Neben der Einbettung der Theorie stochastischer Prozesse gelang auch die Integration der Gesetze der großen Zahlen in ihrer vollen Breite (von den Ideen Bernoullis bis hin zu den jüngsten Entwicklungen Kolmogoroffs), also die Integration zuvor mehr oder weniger zusammenhängender Begriffe.*

Kolmogoroffs Darstellung eröffnete eine Vielzahl neuer Forschungsperspektiven, die in den dreißiger Jahren zügig aufgegriffen wurden (vgl. [62], S. 233).[11] Wir wollen uns hier mit einigen wenigen Andeutungen begnügen.

Bereits ab 1934 wurden unter Bezug auf Kolmogoroff Maße in Räumen abzählbar unendlicher Dimension betrachtet. Hier ist zunächst Eberhard Hopf zu nennen, der 1934 einen von D. J. Struik und Norbert Wiener stimulierten Aufsatz *On Causality, Statistics and Probability* [38] veröffentlichte, in dem er versuchte, das real beobachtbare Phänomen der Frequenzstabilität zu ergründen. Dieser Aufsatz begann mit einem Referat der auch von Kolmogoroff eingeführten zentralen Begriffe und der Darstellung der Theorie abzählbarer Produkträume, die in der Folge als bedeutendes Hilfsmittel genutzt werden. Kurz darauf legte Hopf mit einem Band über *Ergodentheorie* einen „Klassiker" zu diesem Thema vor [39].

Einen ähnlichen Ansatz verfolgte auch J. L. Doob, der sich 1934 auf Kolmogoroffs *Grundbegriffe* bezog und feststellte, daß die „theory of probability has made much progress recently in the direction of completely mathematical formulations of its methods and results" ([19], S. 759). Auch Doob untersuchte, sich nun zusätzlich auf Khintchine [20] und Hopf [38] beziehend, abzählbare Produkträume als Modell für die Wiederholung von Experimenten; danach wandte er seine Ergebnisse auf einen vollständigen Beweis der Gültigkeit der Maximum-Likelihood-Methode von R. A. Fisher an, führte also die neuen Methoden auch in die (mathematische) Statistik ein. Nur wenige Jahre später publizierte Doob – ebenso wie verschiedene andere Autoren, etwa Khintchine und Willy Feller – weitere Arbeiten über (nun auch stetige) stochastische Prozesse, zu denen er 1953 schließlich ein Lehrbuch des Titels *Stochastic Processes* vorlegte, das den Standard prägte [20]. Stochastische Prozesse verfügen heute über ein breites Anwendungsfeld: erwähnt seien hier nur die Stichworte Produktionssteuerung, Warteschlangen (Auslastung von Telefonnetzen, Mikroprozessoren...) oder biologische Populationsdynamiken, die andeuten sollen, in welcher Vielfalt sich die Anwendungsbereiche dieser Theorie darstellen.

Die breitere Aufnahme in der mathematischen Statistik scheint im Vergleich zur Theorie stochastischer Prozesse zunächst eher verhalten gewesen zu sein. So erinnerte sich Jerzy Neyman, der sich eigentlich schon früh für die Lebesguesche Maß- und Integrationstheorie interessiert hatte, daß er im November 1936 eine Arbeit über statistische Schätztheorie zur Publikation in den *Philosophical Transactions* der britischen *Royal Society* eingereicht hatte, die von zwei *Referees* gelesen wurde. Im Mai 1937 habe er vom Sekretär der *Royal Society* die Mitteilung erhalten, daß einer der beiden (anonymen) *Referees* ihm die Lektüre von Kolmogoroffs *Grundbegriffen* empfohlen habe, die ihm damals unbekannt gewesen seien ([65], S. 139): „so

---

[11] Eine detaillierte Untersuchung der Rezeption der *Grundbegriffe* steht noch aus.

I looked at it, and then I *grabbed* it!" Er habe zu Recht vermutet, daß der anonyme *Referee* A. C. Aitken gewesen sei, denn dieser, so seine von Constance Reid kolportierte Erinnerung, sei der einzige englische Wissenschaftler dieser Zeit gewesen, der in Frage gekommen wäre ([65], S. 139).

Nur *ein* zeitgenössischer englischer Wissenschaftler war also in Frage gekommen, der Neyman auf Kolmogoroff hatte hinweisen können, und Kolmogoroffs *Grundbegriffe* waren Neyman selbst anfangs völlig entgangen.

Die erste Verbindung von maßtheoretischer Wahrscheinlichkeitstheorie und Statistik in einem *Lehrbuch* scheint im übrigen erst auf Harald Cramér zurückzugehen, der 1937 zunächst eine auf Kolmogoroffs Grundlagen basierende Theorie von *Random Variables and Probability Distributions* geschrieben und dann die Jahre der Kriegsisolation Schwedens genutzt hatte, um ein weiteres Buch zu schreiben: seine *Mathematical Methods of Statistics*, die 1945 in Schweden und 1946 in den USA publiziert wurden [18]. Im Vorwort dieses Buches heißt es, daß in den letzten 25 Jahren einerseits große Fortschritte in der „statistical science" zu verzeichnen gewesen wären – Cramér nannte britische und amerikanische Schulen, vor allem R. A. Fisher. Für die gleiche Zeit gelte andererseits, daß, „largely owing to the work of French and Russian mathematicians, the classical calculus of probability has developed into a purely mathematical theory satisfying modern standards with respect to rigour" ([18], vii). Er selbst wolle nun diese beiden Linien vereinen und eine mathematische Theorie moderner statistischer Methoden vorstellen, die mit dem Konzept der Wahrscheinlichkeit zu tun hätten. Folgerichtig gliederte sich Cramérs Monographie in drei Teile: Sie begann mit einer Darstellung der Maß- und Integrationstheorie, an die sich ein Teil über Zufallsvariable und Verteilungsfunktionen anschloß und endete mit einem dritten Teil über „Statistical Inference", in dem sowohl Test- als auch Schätzprobleme behandelt wurden.

Nachdem die dreißiger Jahre einerseits noch von Diskussionen um die Grundlagen (vgl. [24] und [6]), andererseits aber vom erfolgreichen Einsatz maßtheoretischer Methoden geprägt waren, erschienen in der Nachkriegszeit also mit Doobs *Stochastic Processes* und Cramérs *Mathematical Methods of Statistics* die ersten Lehrbücher, die strikt auf maßtheoretischem Boden standen und schließlich den Standard prägten. Weitere Lehrbücher (und dazu zählt vielleicht auch die erste Auflage von Halmos' *Measure Theory* aus dem Jahre 1950) [30] sollten folgen und zusätzlich für die Verbreitung der maßtheoretischen Axiomatisierung der Wahrscheinlichkeitstheorie sorgen.

Literaturverzeichnis

[1] ANTRETTER, GEORG: *Von der Ergodenhypothese zu stochastischen Prozessen. Die Entfaltung der Theorie der Markov-Ketten und -Prozesse vor dem Hintergrund statistisch-mechanischer Probleme.* Schriftliche Hausarbeit aus dem Fach Mathematik für die Zulassung zur ersten Staatsprüfung für das Lehramt an Gymnasien in Bayern, Institut für Geschichte der Naturwissenschaften der Ludwig-Maximilians-Universität, München 1989.

[2] AUTORENKOLLEKTIV (HRSG.): *Die Hilbertschen Probleme*, Leipzig: Akademische Verlagsgesellschaft Geest & Portig 1971.

[3] BERNHARDT, HANNELORE: Der Umkehreinwand gegen das H-Theorem und Boltzmanns statistische Deutung der Entropie. *NTM-Schriftenreihe zur Geschichte der Naturwissenschaften, Technik und Medizin*, 4, S. 35-44, 1967.

[4] ———: Der Wiederkehreinwand gegen Boltzmanns H-Theorem und der Begriff der Irreversibilität. *NTM-Schriftenreihe zur Geschichte der Naturwissenschaften, Technik und Medizin*, 6, S. 27-36, 1969.

[5] ———-: Über die Entwicklung und Bedeutung der Ergodenhypothese in den Anfängen der statistischen Mechanik. *NTM-Schriftenreihe zur Geschichte der Naturwissenschaften, Technik und Medizin*, 8, S. 13-25, 1971.

[6] ———: *Richard von Mises und sein Beitrag zur Grundlegung der Wahrscheinlichkeitsrechnung im 20. Jahrhundert.* Dissertation (B), Humboldt-Universität, Ost-Berlin 1984.

[7] BOLTZMANN, LUDWIG: Weitere Studien über das Wärmegleichgewicht unter Gasmolekülen. In: *Wissenschaftliche Abhandlungen von Ludwig Boltzmann* (hrsg. v. HASENÖHRL, FRITZ), Bd. I., S. 316-402, Leipzig: J. A. Barth 1872.

[8] ———: Über die Beziehung zwischen dem zweiten Hauptsatze der mechanischen Wärmetheorie und der Wahrscheinlichkeitsrechnung respektive den Sätzen über das Wärmegleichgewicht. In: *Wissenschaftliche Abhandlungen von Ludwig Boltzmann* (hrsg. v. HASENÖHRL, FRITZ), Bd. II., S. 164-223, Leipzig: J. A. Barth 1877.

[9] BOREL, EMILE: Remarques sur certaines questions de probabilité. *Bulletin de la Société Mathématique de France*, 33, 123-128. (zitiert nach: *Œuvres de Emile Borel*, Tome II, S. 985-990, Paris: Centre National de la Recherche Scientifique 1905.

[10] ———: Les probabilités dénombrables et leurs applications arithmétiques. *Rendiconti del Circolo Matematico di Palermo*, 27, S. 247-270, 1909.

[11] BRIESKORN, EGBERT (HRSG.): *Felix Hausdorff zum Gedächtnis, Bd. I: Aspekte seines Werkes*. Braunschweig; Wiesbaden: Vieweg 1996.

[12] BROGGI, UGO: *Die Axiome der Wahrscheinlichkeitsrechnung*. Inaugural-Dissertation, Georg-Augusts-Universität, Göttingen 1907.

[13] BRUSH, STEPHEN G.: Proof of the Impossibility of Ergodic Systems: The 1913 papers of Rosenthal and Plancherel. *Transport Theory and Statistical Physics*, **1**, S. 287-311, 1971.

[14] ———: *The Kind of Motion we call Heat. A history of the kinetic theory of gases in the 19th century. Vol. I: Physics and the Atomists*. Amsterdam, New York, Oxford: North-Holland 1976.

[15] ———: *The Kind of Motion we call Heat. A history of the kinetic theory of gases in the 19th century. Vol. II: Statistical Physics and Irreversible Processes*. Amsterdam, New York, Oxford: North-Holland 1976.

[16] CORRY, LEO: *Hilbert and Physics (1900-1915)*. Preprint, Max-Planck-Institut für Wissenschaftsgeschichte, Berlin 1996.

[17] CRAMÉR, HARALD: *Mathematical Methods of Statistics*. Princeton: Princeton University Press 1946 (zitiert nach dem 13. Nachdruck 1974).

[18] ———: Half a century with probability theory: some personal recollections. *The Annals of Probability,*, **4**, S. 509- 546, 1976.

[19] DOOB, J.L.: Probability and Statistics. *Transactions of the American Mathematical Society*, **36**, S. 759-775, 1934.

[20] ———: *Stochastic Processes*. New York: Wiley 1953.

[21] EHRENFEST, PAUL UND TATJANA: Begriffliche Grundlagen der statistischen Auffassung in der Mechanik. In: KLEIN, FELIX & MÜLLER, CONR. (HRSG.), *Encyklopädie der mathematischen Wissenschaften mit Einschlußihrer Anwendungen. Band 4: Mechanik*, S. 3-90, Leipzig: B. G. Teubner 1911 (Vierter Teilband: 1907-1914).

[22] EINSTEIN, ALBERT: Über die von der molekukarkinetischen Theorie der Wärme geforderte Bewegung von in ruhenden Flüssigkeiten suspendierten Teilchen. *Annalen der Physik*, 4. Folge, **17**, S. 549-560, 1905.

[23] ———: *Untersuchungen über die Theorie der „Brownschen Bewegung"* (hrsg. v. FÜRTH, R., Leipzig: Akademische Verlagsgesellschaft (Ostwalds Klassiker der exakten Wissenschaften; 199) 1922.

[24] FONDEMENTS: *Fondements Du Calcul des Probabilités* (Conferences Internationales de Sciences Mathematiques, Organisees à l'Universite de Geneve; 2). Paris: Hermann & Cie. 1938 (Actualites Scientifiques et Industrielles; 735).

[25] FRÉCHET, MAURICE: Sur la convergence „en probabilité". *Metron*, **8**, S. 1-48, 1930.

[26] FÜRTH, REINHOLD: *Schwankungserscheinungen in der Physik*. Braunschweig: Friedrich Vieweg und Sohn 1920.

[27] ———: Prinzipien der Statistik. In: GEIGER, HANS & SCHEEL, KARL (HRSG.): *Handbuch der Physik, Band 4: Allgemeine Grundlagen der Physik*, S. 178-298, Berlin: Julius Springer 1929.

[28] GIGERENZER, GERD ET. AL.: *The Empire of Chance. How probability changed science and everyday life.* Cambridge u. a.: Cambridge University Press. 1989 (Ideas in Context) (reprint 1995, paperback).

[29] GIRLICH, HANS-JOACHIM: Hausdorffs Beiträge zur Wahrscheinlichkeitstheorie. In: [11], S. 31-70.

[30] HALMOS, P.: *Measure Theory.* Princeton, N.J. u. a.: D. van Nostrand Comp. 1950.

[31] HAUSDORFF, FELIX: *Grundzüge der Mengenlehre.* Leipzig: Veit & Comp. 1914 (Nachdruck: New York: Chelsea Publ. Comp. 1965).

[32] ———: *Vorlesungsmanuskript Wahrscheinlichkeitsrechnung*, SS 1923. Nachlaß Felix Hausdorff, Kapsel 21 Faszikel 64, ULB Bonn, Hss-Abt.

[33] HAWKINS, THOMAS W.: *Lebesgue's Theory of Integration. Its Origins and Development.* Madison: University of Wisconsin Press. 1970

[34] ———: The Origins of Modern Theories of Integration. In: GRATTAN-GUINESS, IVOR (ED.): *From the Calculus to Set Theory: 1630-1910. An introductory history*, S. 149-180, London: Duckworth 1980.

[35] HILBERT, DAVID: Mathematische Probleme. *Nachr. d. Kgl. Ges. d. Wiss. zu Göttingen, math.- physik. Klasse*, Heft 3, S. 253-297, 1900 (zitiert nach dem Abdruck in: Autorenkollektiv 1971, 22-80).

[36] HOCHKIRCHEN, THOMAS: *Die Axiomatisierung der Wahrscheinlichkeitsrechnung und ihre Kontexte. Von Hilberts sechstem Problem zu Kolmogoroffs Grundbegriffen.* Dissertation, Fachbereich Mathematik, Bergische Universität - Gesamthochschule Wuppertal 1998.

[37] HÖFLICH, PAUL: Wahrscheinlichkeitstheoretische Begründung der Ergodenhypothese. *Zeitschrift für Physik*, **41**, S. 636-673, 1927.

[38] HOPF, EBERHARD: On Causality, Statistics and Probability. *Journal of Mathematics and Physics*, **XIII**, S. 51-102, 1934.

[39] ———: *Ergodentheorie.* Berlin: Verlag von Julius Springer. (Ergebnisse der Mathematik und ihrer Grenzgebiete, 5:2) 1937 (Reprint 1970).

[40] KAMKE, ERICH: Über neuere Begründungen der Wahrscheinlichkeitsrechnung. *Jahresbericht der Deutschen Mathematiker-Vereinigung*, **42**, S. 14-27, 1933.

[41] KENDALL, D. G. ET. AL.: Andrei Nikolaevich Kolmogorov (1903-1987). *Bulletin of the London Mathematical Society*, **22**, S. 1- 100, 1990.

[42] KHINTCHINE, A.: Zu Birkhoffs Lösung des Ergodenproblems. *Mathematische Annalen*, **107**, S. 485-488, 1933.

[43] ______ : Zur mathematischen Begründung der statistischen Mechanik. *Zeitschrift für Angewandte Mathematik und Mechanik*, **13**, S. 101-103, 1933.

[44] KLEIN, MARTIN J.: *Paul Ehrenfest. Volume I: The making of a theoretical physicist.* Amsterdam, London: North-Holland Publishing Company 1970.

[45] KOLMOGOROFF, A.N.: Über die Summen durch den Zufall bestimmter unabhängiger Größen. *Mathematische Annalen*, 99, S. 309- 319, 1928 (vgl. auch: ders., Bemerkungen zu meiner Arbeit „Über die Summen...“, *Math. Ann.*, **102**, S. 484-488, 1930).

[46] ______ : Über die analytischen Methoden in der Wahrscheinlichkeitsrechnung. *Mathematische Annalen*, **104**, S. 415-458, 1931.

[47] ______ : *Grundbegriffe der Wahrscheinlichkeitsrechnung.* Berlin: Springer-Verlag (Ergebnisse der Mathematik und ihrer Grenzgebiete, 2:3) 1933.

[48] ______ : Memories of P. S. Aleksandrov. *Russian Mathematical Surveys*, **41**, S. 225-246, 1986.

[49] KOLMOGOROFF, A.N. & LEONTOWITSCH, M.: Zur Berechnung der mittleren Brownschen Fläche. *Physikalische Zeitschrift der Sowjetunion*, 4,S. 1-13, 1933.

[50] KRENGEL, ULRICH: Wahrscheinlichkeitstheorie. In: Fischer, Gerd et. al. (Hrsg.), *Ein Jahrhundert Mathematik: 1890-1990* (Festschrift zum Jubiläum der DMV), S. 457-489, Braunschweig; Wiesbaden: Vieweg 1990. (Dokumente zur Geschichte der Mathematik, Bd. 6)

[51] KRÜGER, LORENZ, DASTON, LORRAINE J. & HEIDELBERGER, MICHAEL (Eds.): *The Probabilistic Revolution, Vol. 1: Ideas in History.* Cambridge/Mass., London/England: The MIT Press. 1990.

[52] KRÜGER, LORENZ, GIGERENZER, GERD & MORGAN, MARY (Eds.): *The Probabilistic Revolution, Vol. 2: Ideas in the Sciences,* London/England: The MIT Press. 1990.

[53] LANGEVIN, PAUL: Sur la théorie du mouvement brownien. *Comptes Rendues Hebdomadaires des Séances de l'Académie des Sciences*, **146**, S. 530-533, 1908.

[54] LEONTOWITSCH, A.: Zur Statistik der kontinuierlichen Systeme und des zeitlichen Verlaufes der physikalischen Vorgänge. *Physikalische Zeitschrift der Sowjetunion*, **3**, S. 35-63, 1933.

[55] LOMNICKI, ANTOINE: Nouveaux fondements du calcul des probabilités (Définition de la probabilité fondée sur la théorie des ensembles). *Fundamenta Mathematicae*, 4, S. 34-71, 1923.

[56] MAISTROV, L. E.: *Probability Theory. A historical sketch.* New York; London: Academic Press. 1974, (Probability and Mathematical Statistics; 23)

[57] MISES, RICHARD VON: Grundlagen der Wahrscheinlichkeitsrechnung. *Mathematische Zeitschrift*, 5, 52-99, 1919, [vgl. auch: ders., Berichtigung zu meiner Arbeit „Grundlagen der Wahrscheinlichkeitsrechnung". *Mathematische Zeitschrift*, 5, 1919, 100.]

[58] ———: Ausschaltung der Ergodenhypothese in der physikalischen Statistik. *Physikalische Zeitschrift*, **21**, S. 225- 232, S. 256-262, 1920.

[59] ———: Über die gegenwärtige Krise der Mechanik. *Zeitschrift für Angewandte Mathematik und Mechanik*, **1**, S. 425-431, 1921,

[60] ———: *Wahrscheinlichkeitsrechnung und ihre Anwendung in der Statistik und theoretischen Physik*. Leipzig; Wien: Franz Deutike 1931. (Vorlesungen aus dem Gebiete der Angewandten Mathematik; 1)

[61] PLATO, JAN VON: Probabilistic Physics the Classical Way. In: [52], S. 379-407, 1990.

[62] ———: *Creating Modern Probability. Its Mathematics, Physics and Philosophy in Historical Perspective*. Cambridge, New York, Melbourne: Cambridge University Press. 1994 (Cambridge studies in probability, induction, and decision theory).

[63] PURKERT, WALTER: Die Bedeutung von A. Einsteins Arbeit über Brownsche Bewegung für die Entwicklung der modernen Wahrscheinlichkeitstheorie. *Mitteilungen der Math. Gesellschaft der DDR*, S. 41-49, 1983,

[64] REGAZZINI, E.: Probability theory in Italy between the two world wars. A brief historical review. *Metron*, **45**, S. 5-42, 1987.

[65] REID, CONSTANCE: *Neyman – from life*. New York, Heidelberg, Berlin: Springer-Verlag 1982.

[66] SAUDER, FRANK: *Richard von Mises' (1883-1953) Axiomatisierung der Wahrscheinlichkeitsrechnung - Ursprünge, Entwicklungen, Fortsetzungen -*. Diplomarbeit, Fachbereich Mathematik, Bergische Universität - Gesamthochschule, Wuppertal 1992.

[67] SCHNEIDER, IVO (Hrsg.): *Die Entwicklung der Wahrscheinlichkeitstheorie von den Anfängen bis 1933. Einführungen und Texte.* Darmstadt: Wissenschaftliche Buchgesellschaft, 1988.

[68] SHIRYAEV, A.N.: Kolmogorov: Life and creative activities. *The Annals of Probability,* **17**, S. 866-944, 1989.

[69] STEINHAUS, HUGO: Les probabilités dénombrables et leur rapport á la théorie de la mesure. *Fundamenta Mathematicae,* **4**, S. 286-310, 1923.

[70] VENTSEL, A. D.: Comment on „Analytical Methods in Probability Theory". In: *Selected Works of A. N. Kolmogorov* (edited by A. N. Shiryaev), Vol. II. Dordrecht, Boston, London: Kluwer Academic Publishers, S. 522-527, 1992.

5 Von der Fuzzy Set Theorie zur Computational Intelligence

Hans-Jürgen Zimmermann

5.1 Einführung: Inhalt und Ziele der Fuzzy Set Theorie

Die Fuzzy Set Theorie (FST) wurde erstmals in der Veröffentlichung von Zadeh [29] als rein formale Theorie vorgestellt. Sie kann als eine Verallgemeinerung entweder der klassischen Mengenlehre oder der dualen Logik angesehen werden. Zu Beginn wurde sie primär als eine Modellierungssprache für nichtstochastische Unsicherheit angesehen, was zu einem 20jährigen wissenschaftlichen Streit mit den Vertretern der Wahrscheinlichkeitstheorien (vor allem den Bayesianern) führte. In der Zwischenzeit hat sich weitgehend die Erkenntnis durchgesetzt, daß andere Zielsetzungen mindestens ebensogut angestrebt werden können, die im folgenden kurz skizziert werden sollen.

Abgesehen werden soll in diesem Zusammenhang von rein formalen mathematischen Anwendungen der FST, wie z. B. auf den Gebieten der Fuzzy Algebra, Arithmetik, Analysis, Graphentheorie, Maßtheorie, Topologie usw. Hierfür liegt eine umfangreiche Literatur vor, z. B. [6], [12], [15], auf die der Leser verwiesen sei. Ansonsten können wohl heute die im folgenden beschriebenen Ziele als die wichtigsten angesehen werden:

Unsicherheitsmodellierung

Unsicherheit als Eigenschaft einer nicht perfekt beschriebenen Situation [32], (S. 353) kann verschiedene Gründe haben. Wir wollen hier aus den heute allgemein anerkannten Arten der Unsicherheiten zwei betrachten: die zufällige und die linguistische (sprachliche oder lexikale) Unsicherheit. Die zufällige Unsicherheit kann im Normalfall mit Hilfe der Wahrscheinlichkeitstheorie adäquat modelliert werden. Eine solche typische wahrscheinlichkeitstheoretische Aussage könnte die folgende Form haben: „Die Wahrscheinlichkeit, das Ziel zu treffen, ist 0,8.“

Die Aussage besteht aus zwei Teilen. Einem, der das Ereignis beschreibt, über das etwas ausgesagt werden soll, und einem zweiten, in dem die eigentliche wahrscheinlichkeitstheoretische Aussage gemacht wird. Das Ereignis muß in einer scharfen zweiwertigen Form beschrieben werden können (entweder es ist eingetreten oder nicht), um den normalen wahrscheinlichkeitstheoretischen Kalkülen zu genügen. Für die Wahrscheinlichkeit selbst ist normalerweise eine reelle Zahl zwischen 0 und 1 anzugeben. So natürlich uns dies scheint, so sehr begrenzt es jedoch die Anwendbarkeit.

Viele „Ereignisse", wie z. B. angemessene Arbeitsbedingungen, akzeptable Sicherheit, attraktive Projekte usw., sind keine zweiwertigen Phänomene, d. h., über sie könnte keine wahrscheinlichkeitstheoretische Aussage gemacht werden. Selbst die uns natürlich erscheinende numerische Angabe der Wahrscheinlichkeit täuscht sehr oft eine Genauigkeit vor, die in Wirklichkeit gar nicht gegeben ist. So wird die oben angegebene 0,8 als eine reelle Zahl auf absolutem Skalenniveau betrachtet und als 0,8000... behandelt. Dies ist möglicherweise dann angemessen, wenn man aufgrund der Großzahligkeit des Vorkommens des betrachteten Ereignisses über entsprechende Häufigkeitsinformationen verfügt. Sollte diese 0,8 allerdings das Ergebnis der Befragung eines Menschen sein, der z. B. um eine Aussage über die Wahrscheinlichkeit gebeten wird, mit der morgen schönes Wetter ist, so ist die 0,8 hier eher im Sinne des „relativ wahrscheinlich" als der 0,8000 zu interpretieren.

Unter lexikaler, sprachlicher oder linguistischer Unsicherheit versteht man die inhaltliche Unsicherheit oder Undefiniertheit von Wörtern und Sätzen unserer Sprache. Betrachtet man z. B. Ausdrücke wie „große Männer", „heiße Tage", „stabile Währungen", „große Steine" etc., so ist deren Bedeutung sehr vom jeweiligen Kontext abhängig. „Stabile Währungen" bedeuten etwas ganz anderes, wenn man den Ausdruck in Südamerika verwendet, als wenn man ihn in Europa benutzt. Der Ausdruck „große Steine" hat eine andere Bedeutung, wenn man sich in einem Juwelierladen befindet, als wenn man in den Alpen ist. Für die menschliche Kommunikation hat das gewöhnlich keine negativen Auswirkungen, da wir Menschen in der Lage sind, aus dem jeweiligen Zusammenhang die Bedeutung von Wörtern oder Sätzen zu erkennen. Werden solche Wörter oder sprachlich formuliertes Wissen (z. B. in der Form von Regeln) jedoch auf einer EDV-Anlage verwandt, um dadurch Algorithmen (Rechenverfahren) zu ersetzen, so ist die EDV-Anlage nicht dazu in der Lage, aus irgendwelchem Kontext die Bedeutung eines Wortes abzuleiten, d. h. mit anderen Worten, menschliches Wissen kann in einer der menschlichen Verwendung analogen Form vom Rechner nur dann benutzt werden, wenn es inhaltlich definiert ist.

Komplexitätsreduktion

Reale biologische, technische oder soziologische Systeme sind gewöhnlich sehr komplex. Auf der anderen Seite wurde in den Anfängen der künstlichen Intelligenz, ebenfalls in den 50er und 60er Jahren, festgestellt, daß das Kurzzeitgedächtnis, in dem wir Menschen Informationen verarbeiten können, lediglich eine sehr kleine Kapazität hat. So können wir simultan normalerweise nicht mehr als fünf bis sieben Symbole gleichzeitig aufnehmen. Die allen seit langem bekannte Folge dieser Diskrepanz zwischen Komplexität der Realität und beschränkter Informationsaufnahme und -verarbeitungsfähigkeit durch den Menschen ist der Zwang zur Modellierung realer Phänomene, falls diese durch Menschen analysiert oder begriffen werden sollen.

Will man ein Modell realitätsnäher gestalten, so bedeutet dies gewöhnlich die Aufnahme weiterer Details und damit die Erhöhung der Komplexität dieses Modells. Diese Vergrößerung der Komplexität durch Detaillierung führt selbstverständlich zu einer Erhöhung der Informationsmenge, die aufzunehmen und zu begreifen ist, ehe man eine sinnvolle Einsicht in das dargestellte Phänomen erlangen kann. Im Rahmen der FST wird diese Diskrepanz zwischen Datenüberfluß und begrenzter menschlicher Informationsaufnahmekapazität, z. B. durch die Verwendung sogenannter „linguistischer Variablen" oder durch Methoden der Fuzzy Datenanalyse, gelöst oder wenigstens gemildert.

Relaxation

Die meisten unserer klassischen Modellierungs- und Optimierungsverfahren sind dichotom oder zweiwertig in dem Sinne, daß sie streng zwischen „voller Zugehörigkeit" und „Nichtzugehörigkeit" unterscheiden. Modelliert (und löst) man mit solchen Methoden Probleme, die auch dichotomen Charakter haben, so ist dies durchaus angemessen. Hat das Problem jedoch einen nicht dichotomen (also nicht zweiwertigen) Charakter, so führt die Verwendung dichotomer Modellierungs- und Optimierungsmethoden oft zu nicht akzeptablen Approximationen des realen Problems. Dies ist oft der Fall, wenn das Problem differenzierende menschliche Bewertungen enthält.

Unter „Relaxierung" versteht man nun die Überführung solcher klassischer Methoden in fuzzifizierte, nichtdichotome Verfahren, ohne deren ursprüngliche Leistungsfähigkeit zu vermindern oder zu verlieren. Beispiele hierfür sind unscharfes lineares Programmieren [26], unscharfe Clusterverfahren [10], unscharfe Verfahren in der Multi-Kriteria Analyse, unscharfe Entscheidungen [27] etc.

Bedeutungserhaltendes Schließen

In wissensbasierten (Experten-)Systemen wird gewöhnlich davon ausgegangen, daß menschliches Wissen in Form von Regeln o. ä. in ein computergestütztes System eingegeben wird, um dadurch eine - evtl. unmögliche oder ineffizientere - algorithmische Lösung zu ersetzen. Mit Hilfe der sogenannten Inferenzmaschine wird dann dieses „Wissen" verarbeitet, um zu Diagnosen, Lösungsvorschlägen oder ähnlichem zu kommen. In klassischen, auf dualer Logik beruhenden Inferenzmaschinen wird allerdings kaum Wissen verarbeitet, sondern Symbolverarbeitung betrieben, d. h., es werden lediglich die Wahrheitswerte (wahr oder falsch) der Regeln oder ihrer Komponenten berücksichtigt. Mit Hilfe von Komponenten der FST (linguistische Variable und approximatives Schließen) versucht man nun zum einen den Regeln ihre kontextabhängige Bedeutung hinzuzufügen und zum anderen Inferenzmaschinen zu bauen, die nicht nur Symbole, sondern auch die oben beschriebene Form des Wissens verarbeiten.

Effiziente Bestimmung approximativer Lösungen

Im praktischen Wirtschaftsleben sind Entscheider oft an guten approximativen Lösungen zu ihren Problemen mehr interessiert als an exakt optimalen Lösungen zu den Modellen, die ihre Probleme u. U. nur ungenau abbilden. Dies insbesondere dann, wenn die ersteren schnell und billig zu beschaffen sind. Die effiziente Bestimmung solcher Lösungen war von Anfang an ein Ziel der FST. Leider wurde dieses Ziel in den ersten 25 Jahren des Bestehens der „Fuzzy Logik" kaum erreicht. Erst in den letzten fünf Jahren sind, z. B. auf dem Gebiet der Ökologie, bewußt Lösungsansätze dieser Art veröffentlicht worden [2]. Potentiale dieser Art gibt es sicher auch auf dem Gebiet der Wirtschaftswissenschaften (z. B. der Ökonometrie). Leider sind sie bisher nicht in Angriff genommen worden.

5.2 Geschichtliche Entwicklung

Es wurde schon erwähnt, daß die FST 1965 als zunächst zwar von der Praxis inspirierte, aber dennoch rein formale Theorie entstand, deren Ziele zunächst darin gesehen wurden, zum einen nichtstochastische Unsicherheiten modellieren zu können und zum anderen nichtdichotome Strukturen, wie z. B. Entscheidungen, angemessener darstellen zu können. Eine der ersten und bekanntesten realen Anwendungen der FST ist im technischen Bereich zu finden, und zwar Fuzzy Control.

Bereits Anfang der 70er Jahre benutzten Regelungstechniker in England die Idee der Expertensysteme, um technische Prozesse zu regeln, für die man zu dieser Zeit keine anderen EDV-gestützten Regler bauen konnte. Da diese Prozesse jedoch teilweise gut durch erfahrene menschliche Operatoren gefahren werden konnten, bemühten sich E. H. Mamdani und seine Gruppe, die Erfahrungen menschlicher Operatoren mit Hilfe der FST und im Sinne der Expertensysteme auf den Computer zu übertragen. Der „Expertensystem-Kern", aus Wissensbasis und Inferenzmaschine bestehend, hatte die Aufgabe der Verarbeitung linguistischen Wissens. Die Eingangsinformationen sollten jedoch beobachtete Meßwerte (Temperaturen, Drucke) des beobachteten Systems sein, und die Ausgangsinformationen sollten ebenfalls keine linguistischen Ausdrücke, sondern Steuersignale (Ventilstellung, Brennerstellung etc.), also reelle Zahlen, sein.

Mamdani und seine Kollegen lösten dieses Problem, indem sie die Eingangs- bzw. die Ausgangsinformation entsprechend transformierten. Zwischen Eingangsinformation und Inferenz wurde die „Fuzzifizierung" geschoben und zwischen Ausgangsinformation und Regelsignal die „Defuzzifizierung".

Ebenfalls in den 70er Jahren - sozusagen parallel zur Fuzzy Control in der Technik - wurden in Deutschland im wirtschaftswissenschaftlichen Bereich methodisch unscharfe lineare Programme entwickelt und auf überwiegend logistische Probleme angewandt [24]. Auch wissensbasierte Ansätze, z. B. zur Bestimmung der Kreditwürdigkeit von Bankkunden bei Personalkrediten, fanden hier erstmals ihre Anwendung [29].

Das oben erwähnte Prinzip des „Fuzzy Controllers" wurde in den 80er Jahren in eindrucksvollem Maße in Japan in praktische Anwendungen umgesetzt. Diese Anwendungen umfaßten sowohl technische Systeme, wie z. B. das Schnellbahnsystem in Sendai in Nordjapan, Anwendungen zur Kransteuerung und in Hüttenwerken wie auch bei Konsumgütern, wie z. B. Videokameras, Waschmaschinen, Wärmeteppiche, Reiskocher etc. Die Erfolge, die diese, vor allem Konsumgüter, im japanischen Markt hatten, weckte um 1989 das Interesse der deutschen Medien. Die Berichte, die im deutschen Fernsehen, im deutschen Rundfunk und in vielen deutschen EDV-orientierten Zeitschriften über „Fuzzy Logic" erfolgten, lösten praktisch in Deutschland den sogenannten „Fuzzy Boom" aus, der in kürzester Zeit, d. h. in ein bis zwei Jahren, zu einer großen Anzahl an verschiedenen Produkten und industriellen Anwendungen führte. Dieses Interesse der Praxis wiederum führte dazu, daß sich auch die deutschen Hochschulen, von denen bis dahin vielleicht zwei oder drei Lehrveranstaltungen auf dem Gebiet der FST angeboten hatten, sich verstärkt diesem Gebiet widmeten, so daß ab 1993/94 Lehrveranstaltungen an bereits über 20 deutschen Universitäten angeboten wurden. In den Folgejahren griff dieses Interesse an der FST zunächst auf benachbarte deutschsprachige Länder und dann auch auf andere Länder über. Auch in den USA stieg das Interesse an diesem Gebiet in der ersten Hälfte der 90er Jahre. Dies war auch der Zeitpunkt, zu dem man von einem Übergang der FST zu einer Fuzzy Technologie sprechen konnte.

Bei einer Technologie spielen Fragen der Effizienz eine große Rolle. Dies bezieht sich sowohl auf die erzielbaren Verbesserungen als auch auf die Kosten und Zeiten, die benötigt werden, eine Fuzzy Lösung zu erstellen. Da Fuzzy Systeme meist computergestützt sind, bezieht sich der Erstellungsaufwand gewöhnlich auf die Herstellung von Hard- oder Software.

Seit Mitte der 80er Jahre werden auf dem Markt in zunehmendem Maße Hard- und Software-Werkzeuge angeboten, die es erlauben, Fuzzy Systeme effizient zu erstellen, und zwar auch durch Personen, die keine Spezialisten auf dem Gebiet der FST oder der EDV sind. Eine Übersicht über solche Werkzeuge findet der Leser in [32], (S. 179 ff.). Mit der Einführung solcher Werkzeuge war auch endgültig der Schritt von der FST zur Fuzzy Technologie getan.

Als ein wesentlicher Schritt in der Entwicklung der FST ist der 1992 beginnende Schritt von der FST zur „Computational Intelligence" oder zum „Soft Computing" anzusehen.

Dies hatte folgende Vorgeschichte: Seit den 60er Jahren (bei FST seit 1965, bei den beiden anderen Gebieten schlechter definiert) entwickelten sich drei Gebiete voneinander unabhängig und ohne Kommunikation untereinander, die eine gemeinsame Eigenschaft hatten: Sie imitierten gewisse Strukturen oder Verhaltensweisen der Natur, um dadurch Aufgaben (besser) lösen zu können, die für die klassische Mathematik schwer oder nicht lösbar waren. Dies waren die FST, die menschliches Schließen und Kommunizieren nachzubilden versuchte, die Theorie der künstlichen Neuronalen Netze [11] und [15], die sich an der Struktur der Gehirne lebender Wesen orientierte, und das dritte Gebiet der Genetischen Algorithmen und der Evolutionären Programmierung [4], das starke Anleihen beim biologischen Evolutionsprozeß machte. Genetische Algorithmen und Evolutionäre Programmierung werden gewöhnlich als ein Gebiet betrachtet, wobei der Ursprung der ersteren in den USA und der letzteren in Deutschland zu finden ist.

Die innerhalb dieser drei Gebiete entwickelten Theorien und Techniken ergänzen sich teilweise in ihren Stärken und Schwächen. Sehr vereinfacht könnte man folgendes sagen: Die FST bietet (besonders auf dem wissensbasierten Gebiet) gewöhnlich plausible, transparente, meist statische und nicht lernende Systeme an. Neuronale Netze können aus Daten gut lernen, sind jedoch als „Black Box"-Systeme schwer interpretierbar - und verständlich. Genetische Algorithmen und Evolutionäre Programme haben sich bei Problemstellungen, die der klassischen Mathematik schwer zugänglich erscheinen, als leistungsfähige Such- und Optimierungsverfahren erwiesen.

Überraschenderweise fanden nun 1992 in den USA, in Japan und in Europa (in Aachen) Kongresse statt, bei denen diese drei Gebiete zum ersten Mal zusammenkamen. Seitdem findet eine starke Kooperation und Kombination dieser Methoden unter den Begriffen „Computational Intelligence" oder „Soft Computing" statt. Hierbei kommt der erstere Begriff aus den Kreisen der künstlichen Intelligenz und betont den rechnerischen (computational) Aspekt im Gegensatz zum symbolischen Vorgehen. „Soft Computing" kommt mehr aus der FST und betont das stetige (fuzzy) Modellieren im Gegensatz zum dichotomen.

Zusammenfassend könnte man also die Entwicklung der Fuzzy Set Theorie hin zur Computational Intelligence als in vier Phasen verlaufend ansehen: die akademische Phase, die Transformationsphase, die primär in Japan stattfand, die Fuzzy Booms und der Beginn der Computational Intelligence. Die folgende Abbildung skizziert diese Entwicklung:

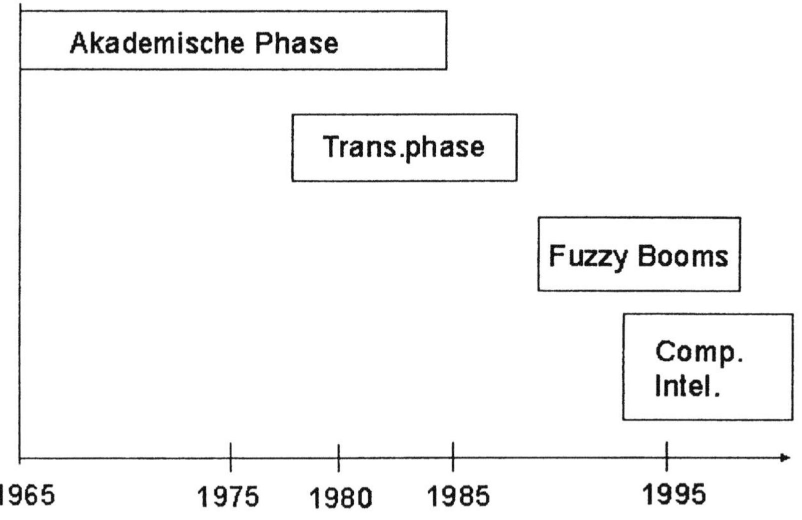

Bild 5.1   Entwicklungsphasen der FST zur Computational Intelligence.

Man kann die Entwicklung von der Fuzzy Set Theorie zur Computational Intelligence auch aus einer anderen Perspektive betrachten, wie sie in Abbildung 5.2 dargestellt ist.

In der sogenannten *akademischen Phase*, d. h. also während der ersten 20 Jahre

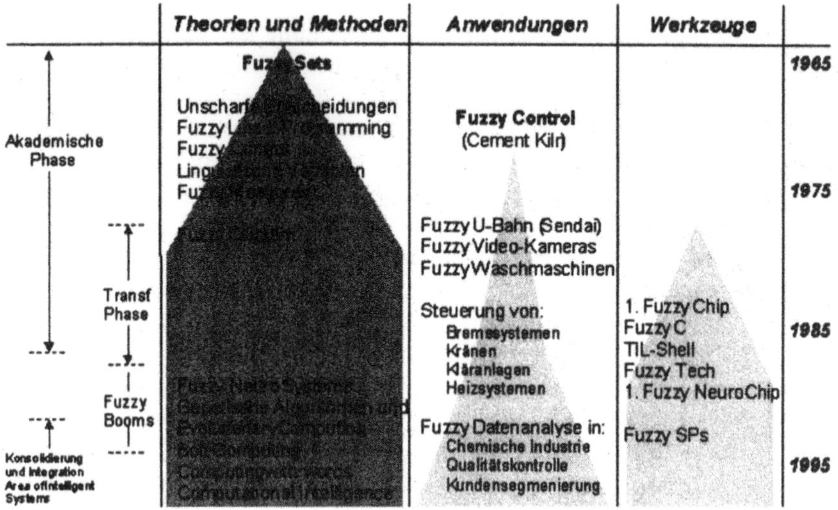

Bild 5.2   Entwicklung von der FST zur Computational Intelligence.

seit der ersten Veröffentlichung, wurden primär Theorien und Methoden entwickelt. Man sieht jedoch, daß die meisten der auch heute noch benutzten Konzepte und Methoden bereits in den 70er Jahren entstanden. Besonders sind hier zu nennen der Begriff der unscharfen Entscheidung, das lineare mathematische Programmieren, das Prinzip der Fuzzy Control, der Begriff der Fuzzy Variablen und der Fuzzy Maße sowie die ersten Fuzzy Cluster Verfahren. Daneben entstanden viele Entwicklungen auf rein mathematischen Gebieten, die hier nicht erwähnt sind.

Die *Transformationsphase* beginnt Mitte der 70er Jahre mit den ersten Anwendungen des Konzepts der Fuzzy Control auf einfacherere Wärmeaustauschsysteme und auf Zementfabriken, und sie weitet sich sehr in der ersten Hälfte der 80er Jahre, vor allem in Japan, auf Konsumprodukte, aber auch auf industrielle Anwendungen aus. Das vielleicht neueste Anwendungsgebiet, das auch das stärkste Wachstum aufweist, ist das der Fuzzy oder Intelligenten Datenanalyse, das primär in industriellen Prozessen und in Management-Anwendungen Verwendung findet. Die Zunahme der industriellen Anwendungen führte auch zum Wunsch und zur Notwendigkeit der Entwicklung von Fuzzy Tools, d. h. von EDV-Programmen, die benutzt werden können, ohne diese Kenntnis der Fuzzy Set Theorie, Fuzzy Systeme zu bauen. Gewöhnlich ist der Benutzer-Interface sehr benutzerfreundlich und erlaubt die Eingabe von Wissen in entweder linguistischer oder graphischer Weise. Die Programme selbst precompilieren oder compilieren dann dieses Fuzzy System in einen normalen C-Code oder in eine andere Programmsprache. Dies war auch der endgültige Schritt der Fuzzy Set Theorie zur Fuzzy Technologie. In einer Zusammenstellung der University of Southampton im World Wide Web (http://www.isis.ecs.soto...ces/nfinfo/fzsware.html) werden per 14.10.1998 allein 25 Referenzen für Fuzzy und Neurofuzzy „Shareware", 43 Referenzen für kommerzielle

Tools dieser Art und sechs erhältliche Demos für Fuzzy „Case Tools" angegeben. Da diese Liste zwar sehr gut, aber nicht vollständig ist, kann diese Zahl sicherlich als eine untere Schranke für die z. Z. erhältlichen Werkzeuge angesehen werden. Dazu kommen aus der gleichen Quelle knapp 20 Fuzzy und Neurofuzzy Hardware-Angebote und knapp 40 Firmen, die sich entweder ausschließlich oder vorwiegend mit Fuzzy Logic und Neurofuzzy-Anwendungen befassen. In dieser letzten Liste sind deutsche Firmen kaum enthalten, so daß die Zahl der Firmen, die sich intensiv der Fuzzy Technologie bedienen, erheblich höher sein dürfte.

Bisher wurde primär über die Art der Entwicklung der Fuzzy Set Theorie zur Computational Intelligence und über den derzeitigen Stand dieses Gebietes berichtet. Abschließend seien noch einige quantitative Informationen gegeben, die primär die jeweilige Geschwindigkeit der Entwicklung dieses Gebietes zwischen den Jahren 1965 und 1995 beleuchten. Hierzu könnte man die verschiedensten Indikatoren, wie Zahl der Anwendungen, Zahl der Konferenzen, Zahl der nationalen und internationalen Gesellschaften auf diesem Gebiet, benutzen. Wir wollen uns hier lediglich auf einen der Indikatoren, nämlich die Zahl der Veröffentlichungen und erschienenen internationalen Zeitschriften beschränken:

Tabelle 13.1 gibt einen Überblick über die internationalen Zeitschriften auf diesem Gebiet, ihr erstes Jahr der Veröffentlichung, das Land, in dem die Zeitschriften herausgegeben werden und die Zahl der Bände, die per Ende 1989 erschienen sind. Wie man daraus ersehen kann, erschien die erste und auch derzeit noch umfangreichste Zeitschrift (Fuzzy Sets and Systems) im Jahre 1978 in Europa. Von ihr liegen bis Ende 1998 100 Bände vor (Näheres darüber in Abbildung 5.3). Wenn man berücksichtigt, daß „Busefal" keine referierte Zeitschrift, sondern mehr eine der „grauen Literatur" zuzurechnende Veröffentlichung ist, so dauerte es acht Jahre, bis die nächste Zeitschrift, nämlich „Intelligent Systems", im Jahre 1986 erschien. In der zweiten Hälfte der 80er Jahre erschienen primär in den USA oder in Japan jeweils maximal eine neue Zeitschrift auf diesem Gebiet, und nach Beginn der „Fuzzy Booms" Anfang der 90er Jahre häuft sich extrem die Zahl neuerscheinender internationaler Zeitschriften auf diesem Gebiet, die z. Z. über 20 betragen dürfte.

Die in Tabelle 13.1 gezeigte Entwicklung unterschätzt insgesamt die Entwicklung dieses Gebietes, da die verschiedenen Zeitschriften ihre Umfänge während der Zeit geändert haben. Beispielhaft sei dies für die Zeitschrift „Fuzzy Sets and Systems" in Abbildung 5.3 gezeigt. Als Maßstab für den Umfang der Veröffentlichungen pro Zeiteinheit wurde dabei die „Zahl der Millionen Buchstaben pro Jahr" gewählt. Dies ist zwar eine ungewöhnliche Einheit, erlaubt aber, die verschiedenen Formate und Inhalte der Zeitschrift in den verschiedenen Jahren in einer Einheit darzustellen. Auch aus Abbildung 5.3 ist der zunächst langsamere, aber stetige Anstieg der Veröffentlichungen, der heftige Wachstumssprung Anfang der 90er Jahre und die dann wieder langsamere Zunahme des Umfangs der Veröffentlichungen abzulesen. Diese Angaben werden auch durch alle anderen Indikatoren belegt und unterstützt, die alle darauf hindeuten, daß zum heutigen Zeitpunkt signifikant mehr als 20 000 Veröffentlichungen auf diesem Gebiet existieren. Die Anfang der 90er Jahre zu beobachtende Euphorie in der Öffentlichkeit ist sicherlich in der Zwischenzeit abgeebbt

Name	Jahr der ersten Veröffentlichung	Land der Herausgabe oder Veröffentlichung	Bandanzahl (bis Dezember 1998)
Fuzzy Sets and Systems	1978	Großbritannien/ Niederlande	100
Busefal	1980	Frankreich	74 (Hefte)
Intelligent Systems	1986	USA	13
Approximate Reasoning	1987	USA	16
SOFT (Engl. Ausgabe)	1988	J/USA	?
Fuzzy Sets + Artificial Intelligence	1992	Rumänien	5
IEEE-Transactions on Fuzzy Sets	1993	USA	6
Uncertainty, Fuzziness and Knowledge-Based Systems	1993	Singapur/-Frankreich	6
Intelligent & Fuzzy Systems	1993	USA	6
Fuzzy Mathematics	1993	USA	6
Fuzzy Logic and Intelligent Systems	1993	Korea	6
Mathware + Softcomputing	1994	Spanien	5
Journal of the Chinese FSA	1995	China	4
Fuzzy Economic Review	1996	Spanien	3
Soft Computing	1997	Großbritannien/ Italien/USA	2
Intelligent Data Analysis	1997	USA	2
International Journal of Advanced Computational Intelligence	1997	Japan	1

Tabelle 5.1 Internationale Zeitschriften auf dem Gebiet der Fuzzy Technologie oder Computational Intelligence.

und verschwunden, und - wie auf anderen Gebieten neuerer Technologien - wird die Attraktivität nicht mehr an der Art der Technologien, sondern an ihrem Erfolg zur Lösung bestehender realer Probleme gemessen. Betont werden sollte jedoch, daß - auch ebenfalls im Unterschied zu anderen Technologien der letzten 50 Jahre - ein Rückschlag aufgrund enttäuschter Erwartungen bisher noch nicht eingetreten ist.

5.3 Europäische Besonderheiten

Bisher mag der Leser den Eindruck gewonnen haben, daß die Entwicklung der Fuzzy Set Theorie und der Fuzzy Technologie relativ gleichmäßig in allen Gebieten der

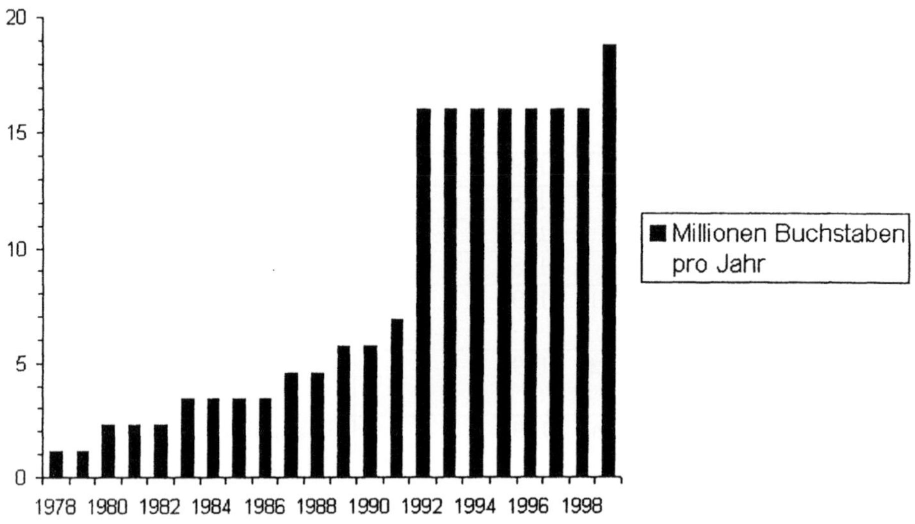

Bild 5.3   Entwicklung der Zeitschrift „Fuzzy Sets and Systems".

Welt geschah. Dies ist nicht der Fall. Da sich die besondere Entwicklung in Europa vor allem aus den verschiedenen Situationen auf den primär betroffenen Kontinenten Europa, Japan und USA ergab, sollen die verschiedenen Strukturen zunächst kurz charakterisiert werden:

In der ersten Hälfte der 70er Jahre beschränkte sich die Forschung auf dem Gebiet der Fuzzy Sets noch überwiegend auf Europa und die USA. Allerdings sind hier bereits starke Unterschiede zu beobachten, deren Entstehen teilweise zufällig ist: Die mathematische Forschung auf den Gebieten der unscharfen Algebra, der unscharfen Topologie usw. wuchs in den 70er Jahren stetig und relativ gleich verteilt in den USA, Europa und dem Fernen Osten, wobei sie sich insbesondere in Indien und China erst in den 80er Jahren - dann aber durchaus schnell - verstärkte.

Die Grundlagenforschung auf dem Gebiet der Fuzzy Sets, d. h. die Forschung über Fuzzy Set Theorie selbst und nicht über ihre Anwendung auf mathematische oder nicht mathematische Gebiete, war zunächst primär auf Europa und die USA beschränkt. Diese Art der Forschung umfaßte die Erarbeitung neuer Konzepte, wie z. B. verschiedene Arten von unscharfen Mengen, neue Operatoren, Modifikatoren und Quantoren sowie Versuche zur semantischen Erklärung von Zugehörigkeitsfunktionen bzw. den Entwurf von Methoden, Zugehörigkeitsfunktionen zu bestimmen. Hier sind zwei Richtungen zu unterscheiden, nämlich die rein axiomatische und die mehr empirisch-psycholinguistische Richtung. Zu der ersten gehören z. B. die mathematische Begründung des Minimum/Maximum-Operators durch Bellman und Giertz [3] bzw. des Hamacher-Operators [8]. Zu der letzteren Richtung gehören empirische Arbeiten, wie sie in [28] veröffentlicht wurden. Hierzu gehören natürlich auch die Arbeiten über T-Normen und T-Konormen, die in ihrer Zahl gerade in den 70er und 80er Jahren immer mehr zunahmen. In den USA verbreitete sich die

Fuzzy Set Theorie besonders stark in den Informationswissenschaften (Computer Science bzw. Informatik). Indikatoren hierfür sind die Arbeiten Zadehs über PRUF [23], die zahlreichen Arbeiten verschiedener amerikanischer Autoren auf dem Gebiet der Mustererkennung und des Fuzzy Clusterns sowie über Fuzzy Datenbanken und vielleicht auch die Tatsache, daß die in der ersten Hälfte der 80er Jahre entstandene amerikanische Gesellschaft für Fuzzy Sets sich NAFIPS (North American Fuzzy Information Processing Society) nennt.

In Europa bewegte sich die Forschung - wiederum zusätzlich zu mehr mathematisch-orientierten wissenschaftlichen Arbeiten - primär in zwei Richtungen: Zum einen beschäftigten sich Forscher im Operations Research (OR) einschließlich der Entscheidungstheorie mit Anwendungen der Fuzzy Sets, und zum anderen erarbeiteten Regelungstechniker neue Ansätze. Arbeiten der ersten Richtung erstrecken sich auf die Gebiete der mathematischen, insbesondere der linearen Programmierung [24], der Entscheidung in unscharfen oder schlecht strukturierten Situationen oder bei einem oder mehreren Entscheidungskriterien und auf andere mehr angewandte Gebiete des OR. Das Zentrum der anderen Forschung war eine Forschergruppe um E. H. Mamdani am Queen Mary und Westfield College in London, zu der auch Forscher wie Østergaard und King gehörten, die sich damit beschäftigten, wissensbasierte Systeme für regelungstechnische Aufgaben mit Hilfe der Fuzzy Set Theorie zu lösen [13]. Dank ihrer Anstrengungen gelang es dieser Forschergruppe bereits Mitte der 70er Jahre, die Praktikabalität dieses Konzeptes nachzuweisen, das bereits früher als „Fuzzy Control" erwähnt wurde. Der klassische Anwendungsfall zu dieser Zeit waren die Drehrohröfen von Zementfabriken. Beachtlich ist, daß bereits im Jahre 1978 ein entwickelter „Fuzzy Controller" als kommerzielles Produkt zur Steuerung von Zementanlagen von der Firma F. L. Smidth in Dänemark angeboten wurde.

Zunächst wenig bemerkt vom Rest der Welt, fingen japanische Wissenschafter und Techniker bereits in der zweiten Hälfte der 70er Jahre an, sich vor allen Dingen mit dem Konzept der Fuzzy Control zu beschäftigen. Die treibende Kraft kam hier - im Gegensatz zu anderen Teilen der Welt - weniger aus dem akademischen Bereich, sondern überwiegend aus der Praxis. Man wandte das Grundprinzip der Fuzzy Control auf den verschiedensten Gebieten - primär aber auf verschiedene Produkte der Konsumgüterindustrie - an. So konnte schon im Jahre 1987 bei der in Tokio stattfindenden Weltkonferenz der IFSA (International Fuzzy Systems Association) der erste Fuzzy Computer (ein Analogrechner), mehrere andere Fuzzy-Produkte und Pilotprojekte für weitere industrielle Anwendungen vorgestellt werden. Im gleichen Jahr wurde in Sendai ein modernes U-Bahn-System eröffnet. Diese U-Bahn demonstrierte außerdem einen bemerkenswert hohen Komfort, zeitliche Einsparungen sowie Einsparungen an Energie gegenüber klassischen U-Bahn-Systemen. Begünstigt wurden diese Entwicklungen durch die Einstellung der japanischen Konsumenten, bei denen die Bezeichnung „fuzzy" eine bemerkenswert große Attraktion fand und als ein Zeichen für Fortschrittlichkeit und Güte interpretiert wurde. Ein weiterer Grund dafür, daß im Gegensatz zu Europa und den USA in Japan reale Anwendungen der Fuzzy Set Theorie mit einem Vorsprung von einigen Jahren entstanden, ist wohl in der Situation und der Einstellung der Forscher an den Hochschu-

	Ausgangs-gebiet	Konsumenten-Einstellung	Management-Einstellung	Homogenität
Europa	Operations Research	rational	vorsichtig kurz- bis mittelfristiger Planungshorizont nicht kooperativ	∼ 25 Sprachen ∼ unterschiedliche Forschungsunterstützung ∼ verschiedene Ausbildungssysteme ∼ starke nationale Unterschiede
Japan	Regelungstechnik	technologie-orientiert	Gruppenentscheidungen mit langfristiger strategischer Einstellung kooperativ auf manchen Gebieten	Homogenität homogene Sprache: Japanisch
USA	Informatik	rational	wie Europa	homogenes Sprachsystem: Englisch

Tabelle 5.2 Kontinentale Unterschiede.

len zu sehen: Während eine der Grundeinstellungen westlicher Universitätsforscher zu sein scheint, schwierige Problemstellungen als Herausforderung solange zu betrachten, bis sie prinzipiell gelöst sind, neigen fernöstliche Forscher eher dazu, bis zur „Marktreife" weiterzuentwickeln. Dies mag teilweise allerdings auch dadurch bedingt sein, daß ihre Laboratorien oft und in hohem Maße von der Industrie finanziert werden. Schließlich und endlich scheint auch die Management-Einstellung fernöstlicher Unternehmensführer sich signifikant von der ihrer westlichen Gegenstücke zu unterscheiden, und zwar dadurch, daß ihre Ziele langfristiger festgelegt sind, strategisches Denken und strategisches Entscheiden Vorrang vor dem taktischen hat und daß man hier mehr zu Kooperationen bereit ist als im Westen. Als unterscheidendes Merkmal gegenüber den USA und Japan tritt in Europa noch die vielfältige „Pluralität" hinzu, die sich nicht nur auf verschiedene Sprachen und Kulturkreise, sondern auch auf verschiedene Forschungsunterstützungssysteme, verschiedenartige Ausbildungssysteme etc. bezieht. Tabelle 2 versucht, diese Unterschiede zwischen den drei Kontinenten kurz zusammenzufassen.

Besonders ist noch darauf hinzuweisen, daß in Japan die Gesellschaft für Regelungstechnik eine sehr hohe Reputation genießt, während sowohl Operations Research wie auch Informatik in den 80er Jahren noch immer Gebiete waren, die nicht als sehr konsumennah oder vertraut bezeichnet werden können.

Die in Tabelle 2 zusammengefaßten Gegebenheiten hatten Ende der 80er Jahre bereits dazu geführt, daß Japan auf dem Gebiet der Anwendung der Fuzzy Technologie den anderen beiden Kontinenten gegenüber um einige Jahre voraus war. Dazu kam, daß im Jahre 1989 in Japan zwei Institutionen gegründet wurden, nämlich das FLSI (Fuzzy Logic System Institute) in Kyushu sowie das LIFE (Laboratory for International Fuzzy Engineering Research). Vor allem das LIFE-Institut, das einen Zusammenschluß von 49 großen japanischen Unternehmen unter der Leitung des MITI mit einem Budget von 55 Millionen DM darstellte, wurde in Fachkreisen als eine wesentliche weitere Verstärkung der japanischen Wirtschaft auf dem Gebiet der Anwendung der Fuzzy Technologie angesehen.

Als also, wie schon erwähnt, im Jahre 1990 primär die Medien - angeregt von der japanischen Situation - in Deutschland den „Fuzzy Boom" auslösten, führte dies zu einer überraschend schnellen und ausgeprägten Reaktion der deutschen Industrie. Bereits im Jahre 1990 entstanden Arbeitsgruppen bei verschiedenen Großfirmen, Personen und Institutionen, die bereits früher mit Fuzzy Sets konfrontiert worden waren, die sich bis zum Jahre 1990 sehr betont dagegen ausgesprochen hatten, diese Forschungsrichtung ernst zu nehmen oder ihr ernst zu nehmendes Potential zuzuschreiben, und die sich nun aber eines Besseren besannen und anfingen, sich mit dem Gebiet der Fuzzy Set Theorie oder wenigstens dem der Fuzzy Control näher zu beschäftigen und seine Einsetzbarkeit zu überprüfen. In Nordrhein-Westfalen wurde vom Wirtschaftsministerium die „Fuzzy Initiative Nordrhein-Westfalen" ins Leben gerufen und großzügig finanziell unterstützt, was sich in der Folgezeit als eine sehr kluge und erfolgreiche Entscheidung erwies.

Im Zuge der sich ausbreitenden Erkenntnis des Stellenwertes der Fuzzy Technologie in Europa wuchsen allerdings auch die Befürchtungen, daß Europa wieder einmal einen ganzen Industriezweig an Japan verlieren könne. In verschiedenen europäischen Ländern bestanden zwar sehr gute Spezialistengruppen für dieses Gebiet; allerdings war die Kommunikation dieser Gruppen untereinander außerordentlich gering. Es setzte sich daher die Überzeugung durch, daß eine europäische Koordination und Kooperation auf diesem Gebiet unbedingt nötig sei, falls man auf dem Weltmarkt eine akzeptable Konkurrenzstellung erreichen oder bewahren wollte. Dies führte 1991 zur Gründung der ELITE-Stiftung in Aachen (European Laboratory for Intelligent Techniques Engineering), die sich als primäres Ziel die Koordination von europäischen Gruppen auf dem Gebiet der intelligenten Techniken gesetzt hatte, und im Jahre 1992 wurde das europäische Projekt „FALCON" begonnen, das sich primär mit der Fuzzy Control beschäftigte und Partner aus acht europäischen Ländern beinhaltete. Dies geschah noch auf recht niedrigem finanziellen Niveau, d. h., FALCON war lediglich eine Arbeitsgruppe, für die die europäische Kommission Kommunikationskosten bezahlte, aber keinerlei Zuschüsse zu Forschungen gab. Erst im Jahre 1995 gelang es, eines der europäischen „Networks of Excellence" dem Gebiet der Fuzzy Technologie zu widmen, und damit begann im Rahmen des vierten europäischen Forschungsrahmenprogramms die erste typische europäische Aktivität auf diesem Gebiet. „ERUDIT" begann im Jahre 1995 mit zwölf Partnern aus verschiedenen europäischen Ländern und ist in der Zwischenzeit auf über 250 sogenannte „Knoten" angewachsen, wobei ein Knoten jeweils entweder eine Unternehmung, eine Hochschule oder ein Teilbereich davon sein kann. Ähnlich wie bei FALCON werden zwar im ERUDIT als einem „Network of Excellence" keine Forschungsaktivitäten bezahlt; es wird allerdings in relativ großzügiger Weise finanziell das unterstützt, was durch Kommunikation oder Koordination die europäischen Aktivitäten auf diesem Gebiet verbessern kann. Typisch für diese Aktivitäten ist, daß sie unter der Leitung der Generaldirektion III (Industrie) der Europäischen Kommission laufen und nicht als eine Unterstützung der Forschung angesehen werden. Typisch ist auch die selbstauferlegte Beschränkung von ERUDIT, daß mindestens 40% ihrer Knoten industrielle Knoten sein müssen und höchstens 60% der Knoten Universitäten sein können. Dies hat in den vergangenen Jahren nicht nur zu einer erstaunlichen Verstärkung der Fachkommunikation auf diesem Gebiet in Europa geführt, sondern auch zu einer erheblichen Intensivierung der Kommunikation und Kooperation zwischen europäischen Universitäten und den verschiedenen europäischen Wirtschaftssektoren. Im Rahmen von ERUDIT werden u. a. den Mitgliedern dieses Netzwerks und auch der breiten Öffentlichkeit Hilfen zur Weiterentwicklung und Anwendung der Fuzzy Technologie in verschiedenen Formen zur Verfügung gestellt, es werden europäische Veranstaltungen zur Verstärkung der europäischen Kommunikation organisiert, und es wird bei der Partnersuche für europäische Förderprojekte auf diesem Gebiet Hilfe geleistet. Neben der aus dem Zwang der Situation heraus gegebenen Anstrengung zur europäischen Kooperation hat sich also im Rahmen des ERUDIT ein sehr effizienter Technologietransfer in beiden Richtungen zwischen Wirtschaft und Forschung ergeben, der inzwischen zu einem signifikanten Unterschied dieses Gebietes in den USA und in Europa geführt hat. Vergleicht man z. B. Symposien und Konferenzen auf diesem Gebiet in Europa mit den entsprechenden Gegenstücken in den USA, so wird man feststellen, daß es zwar auf beiden Kontinenten mehr theoretisch-orientierte Veranstaltungen gibt, die sich sicherlich im Inhalt und Niveau entsprechen. Darüber hinaus gibt es aber in Europa Konferenzen, wie z. B. die „EUFIT", die jährlich in Aachen stattfindet, für die es keine Gegenstücke in den USA gibt. Vergleicht man z. B. die soeben genannte EUFIT-Konferenz mit der in den USA jährlich stattfindenden NAFIPS-Konferenz (Jahrestagung der nationalen Fuzzy-Gesellschaft der USA), so wird man feststellen, daß die amerikanische Tagung zunächst erheblich kleiner ist als die europäische und auch daß sie primär Teilnehmer aus dem Hochschulsektor anzieht und kaum Anreize für Praktiker, z. B. in Form von Anwendungsberichten, mit der Tagung verbundenen Ausstellungen von Produkten, Methoden etc. oder Ähnlichem, anbietet. Es ist zu vermuten, daß diese mehr anwendungs-orientierte Richtung des Gebietes auch dazu geführt hat, daß bereits zum Ende des vierten europäischen Rahmenprogramms fast 120 europäische Projekte gefördert wurden, die die Benutzung und Anwendung der Fuzzy Technologie beinhalteten.

Zu erwähnen wäre vielleicht noch, daß ERUDIT versucht, die Entdeckung neuer Anwendungspotentiale für die Fuzzy Technologie nicht dem Zufall zu überlassen, sondern daß gezielt versucht wird, sowohl territorial als auch problemorientiert Gebiete zu identifizieren, auf denen Weiterentwicklungen und Anwendungen angeregt werden sollten. Ein ähnliches oder sogar noch weitergehendes und finanziell stärker unterstütztes Programm dieser Art auf nationaler Ebene ist bisher nur in Finnland bekannt.

5.4 Anwendungen

Wenn man von Anwendungen der Fuzzy Set Theorie oder auch der Fuzzy Technologie oder Computational Intelligence spricht, so kann man darunter ganz Verschiedenes verstehen. Es kann sich dabei entweder um die Anwendung der Fuzzy Set Theorie auf eine andere formale oder realwissenschaftliche Theorie handeln (wie z. B. Fuzzy Topologie, Fuzzy Graphentheorie, Fuzzy Analysis etc.), oder aber es handelt sich um eine Anwendung der Theorie oder Technologie auf reale Problemstellungen. Zwischen diesen beiden Extremen liegen die Anwendungen von Theorien auf Modelle, die von der Realität her inspiriert worden sind, wie z. B. die Anwendung der Fuzzy Set Theorie auf Lagerhaltungsmodelle, Fertigungssteuerungsmodelle etc. In der Literatur findet man Beispiele für alle diese Interpretationen des Begriffs der Anwendung; allerdings ist die Häufigkeit, mit der man die ein oder andere Interpretation von Anwendung in der Literatur findet, recht verschieden. Während die erste Art der Anwendung, sobald sie als wichtig genug angesehen wird, fast immer veröffentlicht wird, findet man die Anwendung von Theorien auf reale Problemstellungen recht selten in der Literatur. Gründe hierfür sind, daß zum einen wirkliche Anwendungen sehr oft zu umfangreich und so detailliert sind, daß eine Veröffentlichung sehr schwer ist. Zum anderen ist es gewöhnlich nicht das Ziel von Problemlösern in der Wirtschaft, ihre Erfolge zu veröffentlichen, und schließlich mögen konkurrenzmäßige Erwägungen einer Veröffentlichung entgegenstehen. Sehr zahlreich sind dagegen die Veröffentlichungen von Anwendungen einer Theorie auf einen Modelltyp, da vom Autor gewöhnlich der Modelltyp so gewählt werden kann, daß die Theorieanwendung Erfolg verspricht, oder da man oft „realistische" Interpretationen von Modellen benutzt, um die Anwendung einer speziellen Theorie zu rechtfertigen oder zu illustrieren. Wir wollen hier einen mehr anwendungs-orientierten Weg wählen, d. h., wir wollen nicht auf Anwendungen der ersten Art eingehen - hierzu existiert auch genügend Literatur in vielen Sprachen. Statt dessen sollen Anwendungen zum einen aus methodischer Sicht betrachtet werden und zum anderen aus der Sicht der Anwendungsgebiete.

Methodische Sicht

Hier bietet sich eine Einteilung an, die den am Anfang dieses Beitrags genannten Zielen der Fuzzy Set Theorie folgt. Die erste, vielleicht größte Gruppe der Anwendungen strebt eine Relaxierung vorhandener leistungsfähiger formaler Methoden an, d. h. eine Überführung von der dichotomen Struktur in eine stetige Struktur, ohne dabei die Leistungsfähigkeit zu verlieren. Daß hierbei sehr oft Nebeneffekte mit realisiert werden, sei nur am Rande erwähnt. In Tabelle 3 seien diese Anwendungen als „modellbasierte Anwendungen" bezeichnet.

Die nächste Gruppe verbindet mit der Relaxation die Komplexitätsreduktion und ist meist in der Datenverarbeitung zu finden. In dieser Gruppe wird durch Verwendung sogenannter linguistischer Variablen die Komplexität vorhandener Datenmengen reduziert sowie die Suche nach Informationen in Datenmengen anwenderfreundlicher gestaltet. Diese Gruppe ist in Tabelle 3 unter „Informationsverarbeitung" zu finden.

Schließlich verfolgt eine dritte Gruppe primär das Ziel des „bedeutungserhaltenden Schließens". Dies ist ebenfalls ein sehr großes Gebiet, in dem Fuzzy Set Theorie auf wissensbasierte Systeme angewandt wird. Diese Gruppe ist in Tabelle 3 als „wissensbasierte Anwendungen" bezeichnet. In diesem Zusammenhang sei noch darauf hingewiesen, daß das Gebiet der Fuzzy Datenanalyse, das neueste und wohl am stärksten wachsende Gebiet, in sich inhomogen ist, da es sowohl wissensbasierte Anwendungen der Fuzzy Set Theorie wie auch algorithmische oder modellbasierte Anwendungen umfaßt und sich auch in dem Bereich der (fuzzy) neuronalen Netze erstreckt.

Modellbasierte Anwendungen	Informationsverarbeitung	Wissensbasierte Anwendungen
Fuzzy Entscheidungstheorie	Fuzzy Datenbanken	Fuzzy Expertensysteme
Fuzzy Multi-Kriteria-Analyse	Fuzzy Datenbankanfragen	Fuzzy Control
Fuzzy Mathematisches Programmieren	Fuzzy Bibliothekssysteme	Fuzzy Datenanalyse
Fuzzy Netzplantechnik	Fuzzy Programmiersprachen	
Fuzzy Petrinetze		
Fuzzy Clusterverfahren		
Fuzzy Regressionsanalyse etc.		

Tabelle 5.3 Methodische Anwendungsgebiete der Fuzzy Set Theorie.

Die einzelnen Gebiete sind unterschiedlich ausgereift: Während z. B. Fuzzy Control als ein sehr ausgereiftes Gebiet angesehen werden kann, umfaßt die Fuzzy Datenanalyse zwar schon erheblich bewährte Anwendungen, ist aber selbst methodisch noch stark im Wachsen. Fuzzy Expertsysteme sind vielleicht noch am wenigsten weit entwickelt. Andere Gebiete, wie z. B. Fuzzy Entscheidungsunterstützungssysteme [17], setzen sich aus einigen der obengenannten Teilgebiete zusammen und sind daher sehr heterogen bzgl. ihres Entwicklungsstandes.

Reale oder realmodellmäßige Anwendungen

Ganz allgemein kann man zu diesen Anwendungen sagen, daß sie sich in Europa - im Gegensatz zu Japan - sehr wenig auf Konsumgüter beziehen. Selbst wenn in Konsumgütern (wie z. B. Waschmaschinen etc.) Fuzzy-Ansätze verwendet werden, so wird dies gewöhnlich von den Herstellern nicht als Marketing-Argument benutzt und daher oft gar nicht erwähnt. Anwendungen in Europa beziehen sich primär auf „Investitionsgüter" im weitesten Sinne, d. h. also auf Produktionsverfahren, Qualitätskontrollverfahren, Diagnosesysteme, und zwar sowohl im ingenieurmäßigen Sinne wie auch im Management. Der interessierte Leser sei hierfür auf die entsprechende

Anwendungsgebiete	Knoten
Entscheidungsunterstützung	84
Mustererkennung	58
Qualitätskontrolle	35
Bildverarbeitung	50
Signalverarbeitung	45
Regelung	78
Andere Ingenieuranwendungen	59
Prognose	42
Informationsverarbeitung	64

Tabelle 5.4 Anwendungsgebiete der Fuzzy Technologie in Europa.

Literatur verwiesen, und zwar bzgl. technischer Anwendungen z. B. auf Bonfig [7], Yen [21], Zimmermann [33], [32] und für managementmäßige Anwendungen z. B. auf Popp [16], Biethahn [5] u. a. Besonders relevant für betriebswirtschaftliche Anwendungen scheinen z. Z. die Gebiete der Fuzzy oder intelligenten Datenanalyse sowie Fuzzy Datenbank-Abfragesprachen für die Bereiche Marktsegmentierung, Datenbankmarketing und Datawarehousing sowie Anwendungen der Fuzzy Technologie auf dem Sektor der Mißbraucherkennung von Kreditkarten etc. zu sein.

Interessant für den Leser - weil der Öffentlichkeit nicht allgemein zugängig - sind vielleicht die Ergebnisse einer Umfrage, die im ERUDIT-Netzwerk im Jahre 1997 durchgeführt wurde. Die Mitglieder des Netzwerks wurden in dieser Umfrage u. a. danach gefragt, worauf sie Fuzzy Technolgie anwenden und gaben dabei die in Tabelle 4 gezeigten Antworten. Die in dieser Tabelle enthaltenen Zahlen geben die jeweilige Zahl der Anwendungszufälle an.

5.5 Zusammenfassung und Ausblick

Die Fuzzy Set Theorie hat sich in den letzten knapp 35 Jahren methodisch in viele verschiedene Richtungen entwickelt. Hiervon zeugen mehr als 20 000 Veröffentlichungen. Diese Veröffentlichungen umfassen zum einen einen sehr großen Anteil theoretischer, mathematischer Entwicklungen, zum anderen aber auch Berichte über mehr und mehr Anwendungen der verschiedensten Interpretationen in einer zunehmenden Anzahl von Gebieten. Bei den Anwendungen ist ganz klar ein Trend von der Fuzzy Technologie zur Computational Intelligence festzustellen, d. h. der Übergang von der Benutzung reiner Fuzzy Modelle zur Anwendung hybrider Modelle, in denen die Gebiete der Fuzzy Sets, der Neuronalen Netze und der genetischen Algorithmen (oder des „Evolutionary Computing", wie es z. Z. genannt wird,) integriert sind. Dies ist nicht nur eine Integration von Methoden und Modellen zu hybriden Modellen, sondern es ist auch die sich ergänzende Anwendung verschiedener dieser Ansätze zur jeweiligen Lösung eines komplexen Problems, das mit einem dieser Ansätze nicht adäquat gelöst werden kann. Es ist davon auszugehen, daß dieser Trend sich fortsetzt und daß die Computational Intelligence sich weiterhin als eine Kerntechnologie erweist, selbst wenn die Euphorie der ersten 90er Jahre nicht mehr besteht und die Entwicklung dieser Technologie von der breiten Öffentlichkeit unbemerkter vor sich geht.

Literaturverzeichnis

[1] BANDEMER, H.; GOTTWALD, S.: *Einführung in Fuzzy Methoden*, 4. Auflage, Berlin 1993.

[2] BÁRDOSSY, A.: The use of fuzzy rules for the description of elements of the hydrological cycle. *Ecological Modelling*, **85**, S. 59-65, 1996.

[3] BELLMAN, R.; GIERTZ, M.: On the analytic formalism of the theory of fuzzy sets. *Information Sciences*, **5**, S. 149-156, 1973.

[4] BIETHAHN, J.; NISSEN, V.: *Evolutionary Algorithms in Management Applications.* Berlin, Heidelberg, New York 1995.

[5] BIETHAHN, J.; HÖNERLOH, A.; KUHL, J.; NISSEN, V. (HRSG.): *FST in betriebswirtschaftlichen Anwendungen.* München 1997.

[6] BIEWER, B.: *Fuzzy Methoden.* Berlin, Heidelberg, New York 1997.

[7] BONFIG, K. W. (HRSG.): *Fuzzy Logik in der industriellen Automatisierung.* Ehningen 1992.

[8] HAMACHER, H.: *Über logische Aggregationen nicht-binär explizierter Entscheidungs-Kriterien.* Frankfurt/Main 1978.

[9] HINTZ, G. W.; ZIMMERMANN, H.-J.:A Method to Control Flexible Manufacturing Systems. *European Journal of Operational Research*, **41**, S. 321-334, 1989.

[10] HÖPPNER, F.; KLAWONN, F.; KRUSE, R.: *Fuzzy Clusteranalyse.* Braunschweig, Wiesbaden 1997.

[11] HOFFMANN, N.: *Neuronale Netze - Kleines Handbuch.* Braunschweig, Wiesbaden 1993.

[12] KLIR, G.; YUAN, B.(HRSG.): *Fuzzy Sets, Fuzzy Logic, and Fuzzy Systems.* Singapur 1996.

[13] MAMDANI, E. H.; STERGAARD, J. J.; LEMBESSIS, E.: Use of fuzzy logic for implementing rule based control of industrial processes. In: [25], S. 429-445, 1984.

[14] MCNEILL, D.; FREIBERGER, P.: Fuzzy Logic. Berlin 1996.

[15] NAUCK, D.; KLAWONN, F.; KRUSE, R.: *Neuronale Netze und Fuzzy-Systeme*, 2. Auflage, Braunschweig, Wiesbaden 1996.

[16] POPP, H.: Anwendungen der Fuzzy-Set-Theorie in Industrie- und Handelsbetrieben. *Wirtschaftsinformatik*, **36**, S. 268-285, 1994.

[17] ROMMELFANGER, H.: *Fuzzy Decision Support Systeme*, 2. Auflage, Berlin, Heidelberg, New York 1994.

[18] SCHÖNEBURG, E.; HEINZMANN, F.; FEDDERSEN, S.: *Genetische Algorithmen und Evolutionsstrategien.* Bonn, Paris, Reading 1994.

[19] STEINRÜCKE, M.: *Fuzzy Sets und ihre konzeptionelle Anwendung in der Produktionsplanung.* Wiesbaden 1997.

[20] VON ALTROCK, C.: *Fuzzy Logic, Technolgie.* München, Wien, 1993.

[21] YEN, J.; LANGARI, R.; ZADEH, L. A. (HRSG.): *Industrial Applications of Fuzzy Logic and Intelligent Systems.* Piscataway, USA 1995.

[22] ZADEH, L. A.: Fuzzy Sets. *Information and Control*, **8**, S. 338-353, 1965.

[23] ──────: PRUF, A meaning representation language for natural languages. In: MAMDANI, E. H.; GAINES, G. R. (HRSG.): *Fuzzy Reasoning and its Applications.* London, New York, 1981.

[24] ZIMMERMANN, H.-J.: Optimale Entscheidungen bei unscharfen Problembeschreibungen. *ZfbF*, **12**, S. 785-796, 1975.

[25] ──────: Fuzzy Programming and Linear Programming with Several Objective Functions. *Fuzzy Sets and Systems*, **1**, S. 45-55, 1978.

[26] ──────: Zur Darstellung und Lösung schlecht strukturierter Entscheidungsprobleme. *WISU*, **8**, S. 72-77, 125-129, 1979.

[27] ──────: Entscheidungswissenschaften und Unternehmensführung. In: HAHN, D. (HRSG.): *Führungsprobleme industrieller Unternehmungen.* Berlin, New York, S. 395-419, 1980.

[28] ZIMMERMANN, H.-J.; ZYSNO, P.: Latent Connectives in Human Decision Making. *Fuzzy Sets and Systems* **4**, S. 37-51, 1980.

[29] ──────: Ein hierarchisches Bewertungssystem für die Kreditwürdigkeitsprüfung im Konsumentenkreditgeschäft. *DBW*, **42**, S. 403-417, 1982.

[30] ZIMMERMANN, H.-J.; ZADEH, L. A.; GAINES, B. R. (HRSG.): *Fuzzy Sets and Decision Analysis.* Amsterdam 1984.

[31] ZIMMERMANN, H.-J.: *Fuzzy Sets, Decision Making and Expert Systems.* Boston 1987.

[32] ──────(HRSG.): *Fuzzy Technologien, Prinzipien, Werkzeuge, Potentiale.* Düsseldorf 1993.

[33] ZIMMERMANN, H.-J.; V. ALTROCK, C. (HRSG.): *Fuzzy Logic - Anwendungen.* München, Wien 1994.

[34] ZIMMERMANN, H.-J. (HRSG.): *Neuro + Fuzzy*, Technologien - Anwendungen. Düsseldorf 1995.

[35] ———— (HRSG.): *Datenanalyse.* Düsseldorf 1995.

[36] ————: *Fuzzy Set Theory*, 3. Auflage, Boston, Dordrecht, London 1996.

[37] ————: A fresh perspective on uncertainty modeling: Uncertainty vs. Uncertainty modeling. In: AYYUB, M.; GUPTA, M. M. (HRSG.): *Uncertainty Analysis in Engineering and Sciences.* Boston, S. 353-364, 1997.

Teil II

Modelle

6 Mehrwertige Logik und unscharfe Mengen

Siegfried Gottwald

6.1 Einleitung

Schon frühzeitig in der (relativ kurzen) Geschichte der Theorie der unscharfen Mengen ist es klar geworden, dass es einen sehr engen Zusammenhang zwischen dieser Theorie und der mehrwertigen Logik gibt. In der Anfangsphase war es dabei insbesondere die Beziehung zu der „fuzzy logic" im damaligen Verständnis dieses Wortes: als einer Art von mehrwertiger Logik mit besonderer Beziehung zu Problemen der Schaltalgebra.

Aber parallel dazu wurde es rasch klar, dass auch die unscharfen Mengen selbst ganz natürlich in der Sprache der mehrwertigen Logik diskutiert werden können, ja dass man sie eigentlich als Mengen einer (naiven) "mehrwertigen Mengenlehre" betrachten sollte, wie etwa in [5, 8, 9, 10].

Es ist daher nicht verwunderlich, dass die Theorie der unscharfen Mengen selbst Anlass gewesen ist für eine Belebung der Untersuchungen zur mehrwertigen Logik. Und dass andererseits die mehrwertige Logik die Entwicklung der Theorie der unscharfen Mengen beeinflusst hat. In diesem Kapitel sollen die grundlegenden Tatsachen erläutert werden, die den Grund darstellen für diese Wechselbeziehung, und zwar im wesentlichen aus dem Blickwinkel der mehrwertigen Logik.

Mit der auffälligen Vielheit von mengenalgebraischen Operationen für unscharfe Mengen, etwa bei der Bildung von Durchschnitten oder Vereinigungsmengen, korrespondiert die Tatsache, dass man auch in der mehrwertigen (Aussagen-)Logik jeweils zahlreiche Verallgemeinerungen der grundlegenden aussagenlogischen Verknüpfungen der klassischen Logik kennt. Mehr noch, die aus klassischer Logik und Mengenlehre wohlbekannte Dualität von aussagenlogischen Junktoren und mengenalgebraischen Operationen hat man ganz ebenso zwischen den mengenalgebraischen Operationen für unscharfe Mengen und Junktoren in (geeigneten Systemen) der mehrwertigen Logik. In beiden Fällen ist man deswegen in jeweils analoger Weise auch mit dem Problem konfrontiert zu klären, welche dieser zahlreichen Möglichkeiten in welchen Anwendungskontexten die jeweils sinnvollen seien.

Eine der strukturell zentralen Tatsachen der klassischen Logik ist es, dass sowohl die semantische Äquivalenz als auch die Beweisbarkeitsäquivalenz in geeigneten (vollständigen) Kalkülen Kongruenzrelationen in der Ausdrucksalgebra liefern, deren jeweilige Quotientenstrukturen – die sogenannten LINDENBAUM Algebren – BOOLEsche Algebren sind. Ausserdem weiss man, dass logische Gültigkeit in der klassischen Logik gleichwertig ist mit Gültigkeit bez. aller BOOLEsch-wertigen Interpretationen.

Auch in der mehrwertigen Logik kennt man analoge Beziehungen zwischen logischen Systemen und ihnen entsprechenden (Klassen von) algebraischen Strukturen. Diese Zusammenhänge bestehen deswegen auch im Bereich der unscharfen Mengen – und öffnen z. B. einen ganz natürlichen Zugang zu dort diskutierten Verallgemeinerungen wie etwa L-unscharfen Mengen, wobei L auf einen Verband verweist oder auch auf einen Ring oder eine noch andere algebraische Struktur.

Die unscharfen Mengen als ein technisches Hilfsmittel zur Beschreibung unscharfer Begriffe und weiterer Unschärfephänomene haben andererseits auch die mehrwertige Logik in einem sehr interessanten Gesichtspunkt beeinflusst – in Richtung einer Verallgemeinerung, die abgestufte Begriffe von logischem Folgen und von Beweisbarkeit studiert. Und dies ist die Fuzzy Logik im engeren Sinne, im aktuellen Verständnis des Terminus "Fuzzy Logik", vgl. etwa [12, 13, 16].

6.2 Mehrwertige Logik

6.2.1 Von der klassischen zur mehrwertigen Logik

Logische Systeme basieren auf einer formalisierten Sprache, die insbesondere einen Ausdrucksbegriff bereitstellt, d. h. festlegt, welche aus ihrem Alphabet bildbaren Zeichenreihen sinnvoll sind. Sie sind aus dieser Basis semantisch oder syntaktisch festgelegt

Dass ein logisches System semantisch festgelegt ist, meint dabei, dass man als Ausgangspunkt einen Begriff der *Interpretation* bzw. des *Modells*[1] hat in dem Sinne, dass bez. jeder Interpretation jeder Ausdruck entweder einen *Wahrheitswert* hat oder eine Funktion in die Menge aller Wahrheitswerte repräsentiert. Es meint ausserdem, dass man für Ausdrücke einen Begriff der logischen Gültigkeit hat und auf dieser Grundlage auch einen Begriff einer *Folgebeziehung* zwischen Ausdrucksmengen und Ausdrücken.

Dass ein logisches System syntaktisch festgelegt ist, meint andererseits, dass man einen *Beweisbegriff* hat und damit den Begriff eines beweisbaren Ausdrucks, d. h. eines (formalen) Theorems, und ebenso einen Begriff der (relativen) *Ableitung* eines Ausdrucks aus einer Menge von *Prämissen.*

Die grundlegenden (semantischen) Annahmen der klassischen, d. h. zweiwertigen (sowohl Aussagen- als auch Prädikaten-)Logik sind das *Zweiwertigkeitsprinzip* und das *Extensionalitätsprinzip.* Dabei ist das Zweiwertigkeitsprinzip die Annahme, dass jede Aussage[2] hinsichtlich jeder gegebenen Interpretation entweder wahr

---

[1] Unter einer Interpretation verstehen wir hier ganz allgemein jede (zugelassene) inhaltliche Deutung der formalen Sprache und reservieren den Begriff "Modell" für bestimmte Interpretationen, die in näher zu spezifizierender Weise verbunden sind mit speziellen Mengen von Ausdrücken.

[2] Unter einer Aussage versteht man entweder einen (korrekt gebildeten) Ausdruck der Sprache der Aussagenlogik, oder einen Ausdruck der Sprache der Prädikatenlogik, in dem keine freien Variablen vorkommen.

ist oder falsch, d. h. genau einen der Wahrheitswerte $\top$ oder $\bot$ hat, die üblicherweise numerisch durch 1 bzw. 0 kodiert werden. Und das Extensionalitätsprinzip ist die Annahme, dass sich der Wahrheitswert jedes zusammengesetzten Ausdrucks eindeutig aus den Wahrheitswerten seiner (unmittelbaren) Konstituenten ergibt.

Die bedeutendste Folgerung aus dem Extensionalitätsprinzip ist es, dass jede logische Konstante, d. h. jeder (aussagenlogische) Junktor und jeder (prädikatenlogische) Quantor semantisch bestimmt ist durch eine Funktion (passender Stellenzahl) von der Menge aller Wahrheitswerte in sich bzw. von der Potenzmenge der Menge aller Wahrheitswerte in die Menge aller Wahrheitswerte.

Im aussagenlogischen Rahmen ist daher der entscheidende (semantische) Gesichtspunkt die Festlegung der Wahrheitswertfunktionen, die das Wahrheitswertverhalten der einzelnen Junktoren charakterisieren. Aus algebraischer Sicht heisst dies, dass der entscheidende Punkt ist, nicht nur die *Menge* der Wahrheitswerte zu fixieren, sondern eine damit verbundene algebraische Struktur. Hat man im Auge, dass alle klassischen Junktoren definiert werden können allein mittels Konjunktion, Alternative und Negation, dann heisst dies, dass man die Wahrheitswertmenge {0,1} zusammen mit den entsprechenden Wahrheitswertfunktionen ttget = min, vel = max und non = 1 − ... als Operationen in {0,1} zu betrachten hat – und die dadurch fixierte algebraische Struktur ist eine BOOLEsche Algebra. Und der semantische Gültigkeitsbegriff meint für einen Ausdruck H hinsichtlich einer gegebenen Interpretation, dass H bei dieser Interpretation den Wahrheitswert 1 annimmt. (Und Allgemeingültigkeit meint natürlich Gültigkeit hinsichtlich aller Interpretationen.)

Die *mehrwertige Logik* weicht von diesen beiden Grundprinzipien nur dadurch ab, dass sie das Zweiwertigkeitsprinzip nicht akzeptiert. Daher wird jedes System S der mehrwertigen Logik charakterisiert durch seine *formale Sprache* $\mathcal{L}_S$, die gegeben ist durch

- ihre (nichtleere) Familie $\mathcal{J}^S$ von (grundlegenden) *aussagenlogischen Junktoren*,

- ihre (evtl. leere) Familie von *Wahrheitsgradkonstanten*,

- ihre Menge von *Quantoren*.

Der Ausdrucksaufbau folgt dabei den üblichen Prinzipien, die man aus der klassischen Logik kennt. Neben diese syntaktischen Daten treten als entsprechende semantische Daten:

- eine (nichtleere) Menge $\mathcal{W}^S$ von *Wahrheitsgraden*,

- eine Familie von *Wahrheitsgradfunktionen*, die die aussagenlogischen Junktoren der formalen Sprache inhaltlich "interpretieren",

- eine (evtl. leere) Familie von nullstelligen Operationen, d. h. von Elementen der Wahrheitsgradmenge, die durch die Wahrheitsgradkonstanten bezeichnet werden, und

- eine *Interpretationsfunktion* von $I\!P(\mathcal{W}^S)$ in $\mathcal{W}^S$ für jeden Quantor der formalen Sprache.

Es ist üblich, zusätzlich anzunehmen, dass die beiden klassischen Wahrheitswerte (oder "isomorphe" Kopien von ihnen, die ebenfalls mit 1 und 0 bezeichnet werden,) unter den Wahrheitsgraden jedes "passenden" Systems S mehrwertiger Logik vorkommen:

$$\{0,1\} \subseteq \mathcal{W}^S . \tag{6.1}$$

Jedes System der mehrwertigen Logik kann, wie dies auch für die klassische Logik der Fall ist, entweder auf einer syntaktischen oder auf einer semantischen Grundlage beruhen. Wir werden hier weiterhin der semantischen Begründung den Vorzug geben. Und dies heisst insbesondere, dass bei diesem semantischen Zugang jeweils geeignete algebraische Strukturen eine fundamentale Rolle einnehmen: Ihre Grundmenge ist die Menge der Wahrheitsgrade, und ihre Operationen sind die Wahrheitsgradfunktionen der grundlegenden Junktoren. Leider gibt es für diesen Zweck allerdings (bisher?) keine einzelne Klasse algebraischer Strukturen, die den Booleschen Algebren der klassischen Logik entsprechen würden. Statt dessen greifen unterschiedliche Zugänge zur mehrwertigen Logik auf unterschiedliche Strukturklassen zurück.

6.2.2 Wahrheitsgrade

Rein formal gibt es für Systeme S der mehrwertigen Logik keine Beschränkungen für die Wahl ihrer Wahrheitsgradmenge $\mathcal{W}^S$ ausser der Konvention (6.1). Trotzdem ist es in erster Linie üblich, die Menge $\mathcal{W}^S$ als Menge von Zahlen zu wählen – jedenfalls solange man nicht aus inhaltlichen Gründen daran interessiert ist, eine Anordnung der Wahrheitsgrade zu haben, die unvergleichbare Wahrheitsgrade gestattet.[3] Die Existenz unvergleichbarer Wahrheitsgrade kann dabei für bestimmte Anwendungen ganz wesentlich sein, etwa in Situationen, in denen die Wahrheitsgrade dazu dienen sollen, parallele Bewertungen unterschiedlicher Gesichtspunkte zusammenzufassen. Als eine solche Situation kann man sich etwa vorstellen, dass man in der Bildverarbeitung die Zugehörigkeit eines Punktes P zu einer Figur $\mathcal{F}$ bewerten will, d. h. dass man den Wahrheitswert der Aussage "P ist ein Punkt von $\mathcal{F}$" bestimmen will. Im Falle von Schwarz-Weiss-Bildern kann man davon ausgehen, dass diese Bewertung einen der klassischen Wahrheitswerte $\top, \bot$ liefert. Hat man es jedoch mit Grautonbildern zu tun, dann mag diese Bewertung als "Wahrheitsgrad" einen wert irgendeiner (linearen) Skala von Grautonwerten liefern. Und hat man es schliesslich mit Farbbildern zu tun, etwa auf dem Bildschirm irgendeines Monitors, die aus Farbpixeln bestehen, die selbst erzeugt werden durch Überlagerung von Pixeln aus den drei Grundfarben, dann kann es angebracht sein, obige Aussage zu bewerten mit einem Tripel von Intensitätswerten der einzelnen Grundfarben, die das Pixel für P ergeben.

---

[3] Natürlich könnte man auch für eine solche Situation Zahlenmengen als Wahrheitsgradmengen nehmen. Man müsste sie dann nur mit einer anderen Anordnung versehen als der natürlichen. Und das vermeidet man lieber.

Weiterhin ist es in jedem Falle üblich anzunehmen, dass es in der Menge aller Wahrheitsgrade einen kleinsten gibt, der im Normalfall als Äquivalent für den Wahrheitswert $\bot$ angesehen wird, und ebenso anzunehmen, dass es einen grössten gibt, der dann entsprechend als Äquivalent für den Wahrheitswert $\top$ angesehen wird.

Ausgehend von diesen Grundannahmen ist es i. allg. nicht mehr als ein Problem einfachen isomorphen Austauschs, anzunehmen, dass man für die Wahrheitsgradmenge neben (6.1) auch erfüllt hat:

$$\mathcal{W}^S \subseteq [\prime,\infty] \subseteq \mathbb{R}. \tag{6.2}$$

Und solch eine Wahl der Wahrheitsgrade soll weiterhin als Normalfall vorausgesetzt werden.

Im Falle einer unendlichen Menge von Wahrheitsgraden wählt man vorzugsweise die Menge

$$\mathcal{W}_\infty =_{\text{def}} \{\S \in \mathbb{R} \mid \digamma \leq \frown \leq \digamma\}. \tag{6.3}$$

Und für endliche Mengen von Wahrheitsgraden setzt man üblicherweise voraus, dass sie Mengen von äquidistanten Punkten des reellen Einheitsintervalls $[0,1]$ sind, d. h. die Form haben

$$\mathcal{W}_\updownarrow =_{\text{def}} \left\{ \frac{\|}{\updownarrow - \infty} \mid \prime \leqq \| \leqq \updownarrow - \infty \right\} \tag{6.4}$$

für irgendeine natürliche Zahl $m \geq 2$.

Für unscharfe Mengen (im gewöhnlichen Sinne) ist die Wahl von $\mathcal{W}^S = \mathcal{W}_\infty$ die naheliegendste. Es gibt aber interessante und natürliche Verallgemeinerungen, die diese Wahl dadurch ersetzen, dass an die Stelle von $\mathcal{W}_\infty$ eine andere algebraische Struktur (oder eine Klasse solcher Strukturen) tritt, etwa ein (residualer) Verband, vgl. [13].

6.2.3 Ausgezeichnete Wahrheitsgrade

In der klassischen Logik hat der Wahrheitswert $\top$ in natürlicher Weise den Vorrang vor dem Wahrheitswert $\bot$: Für beliebige Ausdrücke oder Ausdrucksmengen ist man im wesentlichen nur an denjenigen Interpretationen interessiert, die den betrachteten Ausdrücken den Wahrheitswert $\top$ zuordnen.

In der mehrwertigen Logik ist die Situation nicht so einfach. Obwohl man in der Wahrheitsgradmenge $\mathcal{W}^S$ jedes Systems S mehrwertiger Logik gemäss (6.1) Äquivalente $1,0$ der Wahrheitswerte $\{\top,\bot\}$ zur Verfügung hat, bedeutet dies nicht, dass der Wahrheitsgrad 1 *das* Äquivalent von $\top$ ist. Selbst die einigermassen vage philosophische Idee, dass man es in den Wahrheitsgraden der mehrwertigen Logik mit einer "Aufspaltung" der gewöhnlichen Wahrheitswerte zu tun hat, sagt noch nichts darüber aus, welche Wahrheitsgrade man durch diese "Aufspaltung" aus $\top$ erhält. Deswegen muss man zur Festlegung eines Systems mehrwertiger Logik nicht nur dessen Sprache – also seine Junktoren, Quantoren, Prädikatensymbole sowie Individuen- und Wahrheitsgradkonstanten – und seine semantische Basis im bisher erläuterten Sinne fixieren, sondern man muss auch festlegen, welche Wahrheitsgrade die Rolle des klassischen Wahrheitswertes $\top$ übernehmen sollen. Formal bedeutet dies, dass man mit jedem System S mehrwertiger Logik nicht nur dessen Menge $\mathcal{W}^S$ von Wahrheitsgraden verbinden muss, sondern auch noch eine Menge $\mathcal{D}^S$ von *ausgezeichneten* Wahrheitsgraden. Natürlich setzt man voraus, dass für sie die Bedingungen

$$1 \in \mathcal{D}^S \subseteq \mathcal{W}^S \quad \text{und} \quad \mathit{o} \notin \mathcal{D}^S \tag{6.5}$$

erfüllt sind. Erst diese zusätzliche Festlegung der ausgezeichneten Wahrheitsgrade erlaubt es, in natürlicher Weise zu sagen, was in Systemen mehrwertiger Logik die Begriffe von logischer Gültigkeit und logischer Folgerung bedeuten sollen.

Für Anwendungen von Systemen mehrwertiger Logik auf die Theorie der unscharfen Mengen ist (gegenwärtig) die Standardfestlegung, dass man $\mathcal{D}^S = \{\infty\}$ zusammen mit $\mathcal{W}^S = [\mathit{o},\infty]$ wählt. Dies ist jedoch nicht in jeder Beziehung zwingend, andere Möglichkeiten sind denkbar.

6.2.4 Logische Gültigkeit und logische Folgebeziehung

Hat man die ausgezeichneten Wahrheitsgrade zur Verfügung, dann ist es im wesentlichen eine Routineangelegenheit, unter Rückgriff auf sie die Begriffe der logischen Gültigkeit und der logische Folgerung auf beliebige Systeme S mehrwertiger Logik zu verallgemeinern.

Bezeichnet man wie üblich als *Aussage* jeden Ausdruck einer aussagenlogischen Sprache $\mathcal{L}_S$, oder jeden solchen Ausdruck H einer prädikatenlogischen Sprache $\mathcal{L}_S$, in dem keine freien Variablen vorkommen, dann nennt man solch eine Aussage *gültig in* einer Interpretation, falls H bei dieser Interpretation einen ausgezeichneten Wahrheitsgrad annimmt. Im prädikatenlogischen Fall nennt man darüber hinaus irgendeinen Ausdruck H *gültig in* einer Interpretation $\mathfrak{A}$, falls H einen ausgezeichneten Wahrheitsgrad annimmt bez. jeder Belegung der Individuenvariablen (mit Objekten aus dem Grundbereich $|\mathfrak{A}|$ der Interpretation $\mathfrak{A}$). Und man nennt H *logisch gültig* oder *allgemeingültig*, falls H in jeder Interpretation gültig ist.

Entsprechend nennt man eine Interpretation $\mathfrak{A}$ ein *Modell* eines Ausdrucks H, falls H gültig ist in der Interpretation $\mathfrak{A}$. Und man nennt $\mathfrak{A}$ ein *Modell* einer Ausdrucksmenge Σ, falls $\mathfrak{A}$ Modell ist für jeden Ausdruck $H \in \Sigma$. Mit der Bezeichnung $\mathfrak{A} \models H$ oder $\mathfrak{A} \models \Sigma$ drückt man aus, dass $\mathfrak{A}$ Modell ist von H bzw. von Σ.

Mit Bezug auf diese Begriffsbildungen wird dann die logische Folgebeziehung im wesentlichen in der aus der klassischen Logik bekannten Weise eingeführt. Bei der Erläuterung kann man dabei die Betrachtungen zunächst auf Aussagen einschränken. Die Erweiterung auf beliebige Ausdrücke hat dann mit den gleichen Vorsichtsmassnahmen zu geschehen, die man aus der klassischen Logik kennt.

Man nennt eine Aussage H eine *logische Folge(rung)* aus einer Aussagenmenge Σ, bezeichnet durch $\Sigma \models H$, falls jedes Modell von Σ auch ein Modell von H ist. Schreibt man noch kurz $\models H$ für $\emptyset \models H$, dann bedeutet $\models H$ gerade, dass H logisch gültig ist.

Die Überprüfung von Ausdrücken aussagenlogischer Systeme mehrwertiger Logik auf Allgemeingültigkeit kann in genau der gleichen Weise geschehen, wie man dies aus der klassischen Logik kennt: man berechnet die vollständige Wahrheitsgradtabelle. Und dies ist ein effektives verfahren, solange die Wahrheitsgradmenge endlich ist.

Satz 6.2.1 *Für jedes endlichwertige System S der mehrwertigen Aussagenlogik ist die Eigenschaft der Allgemeingültigkeit eine entscheidbare Ausdruckseigenschaft. Zudem ist für jede endliche Aussagenmenge Σ von S dann auch die Eigenschaft entscheidbar, eine logische Folge aus Σ zu sein.*

6.2.5 Grundlegende Junktoren

Für lange Zeit waren die Untersuchungen im Bereich der mehrwertigen Logik vor allem Untersuchungen zu speziellen Systemen mehrwertiger Logik, denen man nur schwer ein einigendes Prinzip anzusehen vermochte, das über die Ablehnung des Zweiwertigkeitsprinzips hinausgereicht hätte. Diese Situation hat sich etwa im letzten Jahrzehnt grundlegend geändert: Nun kennt man grosse Klassen von Funktionen, die in angemessener Weise als Wahrheitsgradfunktionen für unterschiedliche Typen von Junktoren dienen können.

Akzeptiert man die Einschränkung der Wahrheitsgradmengen auf Teilmengen des reellen Einheitsintervalls, die oben eingeführt worden ist, so erscheint aktuell die Konjunktionsbildung als die grundlegendste aussagenlogische Verknüpfung. Für die Wahrheitsgradfunktionen von Konjunktionen hat man in der Klasse aller (linksseitig stetigen) t-Normen, die in anderem Zusammenhang von SCHWEIZER/SKLAR [19] eingeführt worden sind, eine sehr umfangreiche Klasse von Kandidaten. Dabei versteht man unter einer *t-Norm t* eine binäre Verknüpfung im reellen Einheitsintervall, die [0,1] zu einer abelschen Halbgruppe mit Einselement macht, d. h. die kommutativ und assoziativ ist sowie monoton wachsend (in beiden Argumenten) und die die Randbedingung $t(x,1) = x$ erfüllt für jedes $x \in [0,1]$.

Hat man eine derartige Konjunktionsbildung $\wedge_t$, die auf einer linksseitig stetigen t-Norm t als Wahrheitsgradfunktion beruht, dann gibt es ein Standardverfahren, um mit dieser Konjunktionsbildung auch eine Implikationsbildung $\to_t$ zu verbinden, deren Wahrheitsgradfunktion $\vec{t}$ festgelegt ist durch

$$\vec{t}(x,y) \;=\; \sup\{z \mid t(x,z) \le y\}\,.$$

Dieser Ansatz ist gleichwertig damit, dass man fordert, dass die *Adjungiertheitsbedingung*

$$t(x,y) \le z \quad \Leftrightarrow \quad x \le \vec{t}(y,z)\,. \tag{6.6}$$

zwischen den Funktionen t und $\vec{t}$ erfüllt ist. Zusätzlich kann man dann ausserdem noch eine auf derselben t-Norm basierende Negationsbildung $-_t$ einführen, deren zugehörige Wahrheitsgradfunktion non_t durch die Beziehung

$$\mathrm{non}_t(x) = \vec{t}(x,0)$$

bestimmt wird. Allerdings ist man häufig nur an einer ganz speziellen Negationsbildung $\neg$ interessiert, deren zugehörige Wahrheitsgradfunktion non_L gegeben ist als $\mathrm{non}_L(x) = 1 - x$.

Auf dieser Grundlage kann man dann ganz natürlich auch eine Alternativbildung $\vee_t$ einführen: Man definiere sie ausgehend von $\wedge_t$ und $\neg$ über einen entsprechenden DEMORGANschen Zusammenhang, dem für die zugehörigen Wahrheitsgradfunktionen der Ansatz

$$s_t(x,y) = 1 - t(1 - x, 1 - y)$$

entspricht, durch den die Wahrheitsgradfunktion für $\vee_t$ festgelegt wird. Und dies bedeutet gerade, dass s_t die t-Konorm ist zur t-Norm t.

Für mehr Details über die (Wahrheitsgrad-) Funktionen, die hierbei benutzt werden, sei der interessierte Leser auf das entsprechende Kapitel von E. P. KLEMENT in diesem Buch verwiesen. Hier soll nur noch erwähnt werden, dass die Adjungiertheitsbedingung (6.6) auch in den Fällen von fundamentaler Bedeutung ist, in denen man sich nicht mehr auf Wahrheitsgradmengen einschränken will, die Teilmengen von [0,1] sind, vgl. etwa [13].

6.3   Mengenalgebra für unscharfe Mengen

Es ist ein frühes Problem in der Theorie der unscharfen Mengen gewesen, auf das schon ZADEH in seiner ersten Arbeit [14] hingewiesen hatte, dass es keine wirklich überzeugenden Argumente gab (und gibt), die so etwas wie eine "richtige" Wahl unter der Vielfalt der möglichen mengenalgebraischen Verknüpfungen, etwa bei Durchschnitts- oder Vereinigungsbildung, gibt, die alle korrekte Verallgemeinerungen der entsprechenden Verknüpfung für gewöhnliche Mengen sind. Und die alle in natürlicher Weise auf entsprechenden, zugeordneten aussagenlogischen Junktoren basieren, wie dies im folgenden noch erläutert werden soll. Dieses Problem ist in der Vergangenheit unter verschiedenen Gesichtspunkten diskutiert worden, etwa in [1, 5, 6, 9, 14, 20, 28], hat einer eigentlichen Lösung aber bis heute widerstanden. Deswegen gibt es neben den Bestrebungen zur Lösung dieses Problems auch eine Entwicklungslinie in der Theorie der unscharfen Mengen, die statt einer generellen Lösung dieses Auswahlproblems lieber die Strategie verfolgt, in der allgemeinen Theorie eine ganze Klasse von möglichen mengenalgebraischen Versionen etwa von Durchschnitts- oder Vereinigungsbildungen für unscharfe Mengen parallel zu untersuchen, gemeinsame Eigenschaften zu finden und die Wahl einer speziellen solchen Variante dann dem speziellen Anwendungsfall zu überlassen. In diesem Sinne sind ganze Familien von mengenalgebraischen Operationen bzw. die ihnen zugeordneten aussagenlogischen Junktoren, etwa von Durchschnittsbildungen bzw. von Konjunktionen, diskutiert worden z. B. in [4, 21, 23], die sämtlich auf spezielle Klassen von t-Normen geführt haben.

Jede unscharfe Menge A über einem Grundbereich $\mathcal{X}$ ist eindeutig durch ihre Zugehörigkeitsfunktion $\mu_A : \mathcal{X} \to [0,1]$ festgelegt und soll weiterhin sogar mit dieser

Zugehörigkeitsfunktion identifiziert werden. Dies bedeutet, dass jede unscharfe Menge A (über dem Grundbereich $\mathcal{X}$) definiert ist durch eine Funktion $\mu_A : \mathcal{X} \to [0,1]$.

Der hier diskutierte Zugang zur Theorie der unscharfen Mengen wird sich in entscheidender Weise auf die Sprache (eines geeigneten Systems S) der mehrwertigen Logik beziehen. Dabei werden die betrachteten formalen Sprachen in zwei speziellen Aspekten gegenüber dem allgemeinen Vorgehen in der mehrwertigen Logik spezifiziert:

(i) Wir benutzen ein verallgemeinertes (zwar zweistelliges, aber mehrwertiges) Enthaltenseinsprädikat ε, interpretieren die Zugehörigkeitsgrade $\mu_A(x)$ als Wahrheitsgrade, d. h. setzen

$$\mu_A(x) = \text{Wahrheitsgrad von } x \,\varepsilon\, A = [\![x \,\varepsilon\, A]\!],$$

und machen auf diese formale Weise die enge und weitreichende Analogie deutlich, die zwischen klassischer Mengenlehre und der Theorie der unscharfen Mengen besteht.

(ii) Wir erweitern und verstärken diese Analogie noch dadurch, dass wir eine geeignete mehrwertige Verallgemeinerung der sehr nützlichen Klassentermnotation $\{x \mid \ldots\}$ zur Bezeichnung der (gewöhnlichen) "Menge aller x mit der Eigenschaft $\ldots$" einführen. Und diese verallgemeinerten Klassenterme werden in Betrachtungen zu unscharfen Mengen dieselbe flexible Bezeichnungsweise darstellen, die ihre klassischen Gegenstücke für Erörterungen zur klassischen Mengenlehre sind.

Der Einfachheit halber soll die Anwendung dieser verallgemeinerten Klassenterme aber nur zur Bildung von unscharfen Teilmengen eines gegebenen Grundbereiches eingesetzt werden, also zur Bildung von unscharfen Mengen "erster Stufe" hinsichtlich einer möglichen kumulativen Hierarchie unscharfer Mengen. Anders ausgedr"uckt sollen, in gewohnter mengentheoretischer Terminologie, nur unscharfe Mengen von "Urelementen" gebildet werden. Die vorliegenden, sehr unterschiedlichen Ansätze zum Aufbau kumulativer Mengenuniversen für unscharfe Mengen, wie sie etwa in [3, 9, 15, 22, 26, 27] gegeben worden sind, sind für die hier anzustellenden Erörterungen nicht relevant.

Zur Einführung der erwähnten verallgemeinerten Klassenterme geben wir nun die folgende

Definition 6.3.1 *Für jeden Grundbereich $\mathcal{X}$ und jeden Ausdruck $H(x)$ der hier betrachteten mehrwertig-mengentheoretischen Sprache sei $\{x \in \mathcal{X} \,\|\, H(x)\}$, oder einfacher $\{x \,\|\, H(x)\}$, diejenige unscharfe Menge A über $\mathcal{X}$, deren Zugehörigkeitsfunktion μ_A charakterisiert sei durch: $\mu_A(a) = [\![H(a)]\!]$ für jedes $a \in \mathcal{X}$; d. h. $\{x \in \mathcal{X} \,\|\, H(x)\}$ hat die charakterisierende Eigenschaft*

$$[\![a \,\varepsilon\, \{x \in \mathcal{X} \,\|\, H(x)\}]\!] \;=\; [\![H(x/a)]\!] \quad \text{für alle } a \in \mathcal{X}.$$

Damit ist man nun unmittelbar in der Lage, die grundlegenden mengenalgebraischen Operationen formal so einzuführen, wie man dies aus der klassischen Mengenlehre kennt.

Definition 6.3.2 *Für jede t-Norm t, jede t-Konorm s_t und jede Negationsfunktion* non_t *seien für beliebige unscharfe Mengen A, B deren (t-Norm basierte) Vereinigung, Durchschnitt bzw. Komplement festgelegt als:*

$$A \cap_t B \quad =_{\mathrm{def}} \quad \{x \, \| \, x \, \varepsilon \, A \wedge_t x \, \varepsilon \, B\},$$
$$A \cup_t B \quad =_{\mathrm{def}} \quad \{x \, \| \, x \, \varepsilon \, A \vee_t x \, \varepsilon \, B\},$$
$$\mathbf{C}_t A \quad =_{\mathrm{def}} \quad \{x \, \| \, -_t (x \, \varepsilon \, A)\}.$$

Man sieht unmittelbar, dass die verallgemeinerten Klassenterme $\{x \, \| \, H(x)\}$ für unscharfe Mengen hier Definitionen gestatten, die selbst in ihrer äusseren Form völlig den gewohnten Definitionen für gewöhnliche Mengen gleichen. Solche engen Analogien zum gewohnten "klassischen" Fall trifft man oft an – auch in den Formulierungen von Resultaten und in Beweisgängen. Sie sind in der Regel ein Indiz dafür, dass die dabei betrachteten Bildungen für unscharfe Mengen völlig natürliche Verallgemeinerungen sind, und zeigen zugleich den Nutzen des Bezugs auf die (Sprache der) mehrwertige(n) Logik in diesem Kontext.

Wie üblich soll $I\!F(\mathcal{X})$ die Klasse aller unscharfen Mengen über dem Grundbereich $\mathcal{X}$ sein:

$$I\!F(\mathcal{X}) \quad =_{\mathrm{def}} \quad [0,1]^{\mathcal{X}}$$

Hierbei ist $I\!F(\mathcal{X})$ die Mengenpotenz (oder die direkte Potenz, in algebraischer Sprechweise) der Menge aller Zugehörigkeitsgrade (also aller Wahrheitsgrade) mit dem Grundbereich als Exponenten. Der hiermit angedeutete algebraische Gesichtspunkt kann leicht ausgedehnt werden und die mengenalgebraischen Operationen einbeziehen. Dazu muss man etwa davon ausgehen, dass man eine Familie $(t_i)_{i \in I}$ von t-Normen hat, eine Familie $(s_{t_j})_{j \in J}$ von t-Conormen und auch eine Familie $(\mathrm{non}_{t_k})_{k \in K}$ von Negationsfunktionen. Dann ist die algebraische Struktur

$$\mathbf{F}(\mathcal{X}) = \left\langle I\!F(\mathcal{X}), (\cup_{t_i})_{i \in I}, (\cap_{t_j})_{j \in J}, (\mathbf{C}_{t_k})_{k \in K} \right\rangle \tag{6.7}$$

der unscharfen Teilmengen von $\mathcal{X}$ die direkte Potenz $\varPi^{\mathcal{X}}$ der algebraischen Struktur

$$\varPi \quad =_{\mathrm{def}} \quad \left\langle [0,1], (t_i)_{i \in I}, (s_{t_j})_{j \in J}, (\mathrm{non}_{t_k})_{k \in K} \right\rangle$$

der Wahrheitsgrade. Und die gleiche Bemerkung kann man natürlich auch für jede Art von L-unscharfen Mengen anwenden, d. h. für jede andere Art von Wahrheitsgradstruktur, die nicht unseren oben gemachten Einschränkungen genügt.

Spricht man über die Strukturen $\varPi$ und $\mathbf{F}(\mathcal{X})$, dann muss man Terme benutzen, um deren Elemente zu benennen. In unserem Falle sind die Terme, die man im Zusammenhang mit $\varPi$ zu benutzen hat, gerade die Ausdrücke der Sprache der mehrwertigen Logik. Sie sind aufgebaut entweder aus (Aussagen-)Variablen, die für Wahrheitsgrade stehen, oder aus primitiven Ausdrücken der Form "$x \, \varepsilon \, A$" mit x als einer Variablen für Elemente des Grundbereiches $\mathcal{X}$ und dem Buchstaben A zur Bezeichnung von Elementen der Menge $I\!F(\mathcal{X})$ – und zwar mittels der Junktoren (d. h. der Symbole für Wahrheitsgradfunktionen) $\wedge_{t_i}, \vee_{t_j}, -_{t_k}$. Und die Terme für die Struktur $\mathbf{F}(\mathcal{X})$ sind gerade unsere Ausdrücke der (erweiterten) mengentheoretischen Sprache, also aufgebaut aus Variablen und Konstanten zur Bezeichnung unscharfer Mengen mittels der Funktionssymbole für die mengenalgebraischen Operationen $\cap_{t_i}, \cup_{t_j}, \mathbf{C}_{t_k}$ von Definition 6.3.2.

Man versteht nun (wie üblich) unter einem *elementaren* HORN-*Ausdruck* eine endliche Alternative (in unserer klassischen Metasprache!), bestehend aus höchstens einer Termgleichung und sonst aus negierten Termgleichungen. Einfache Beispiele sind demnach, bezogen auf die Struktur Π, die Ausdrücke

$$p \wedge_{t_i} q = q \wedge_{t_i} p, \qquad p \wedge_{t_i} q \neq p \wedge_{t_i} (q \vee_{t_j} -_{t_k} q),$$

in denen p,q Variable sind für Wahrheitsgrade, d. h. für Elemente von $[0,1]$. Und elementare HORN-Ausdrücke bez. der Struktur $\mathbf{F}(\mathcal{X})$ sind etwa

$$A \cap_{t_i} B = B \cap_{t_i} A, \qquad A \cap_{t_i} B \neq A \cap_{t_i} (B \cup_{t_j} \mathbf{C}_{t_k} B).$$

Ausserdem versteht man unter einem HORN-*Ausdruck* solch einen Ausdruck, der aus elementaren HORN-Ausdrücken (bez. derselben Struktur) aufgebaut ist mittels (klassischer) Konjunktionsbildung $\wedge$ sowie (klassischer) Partikularisierung und Generalisierung $\exists, \forall$.

Dann ist man in der Lage, durch Rückgriff auf das folgende Resultat der (klassischen) Modelltheorie, das man etwa in [2] bewiesen findet, sofort ganze Klassen von mengenalgebraischen Rechengesetzen für unscharfe Mengen zu gewinnen.

Satz 6.3.1 *Es sei H irgendein* HORN-*Ausdruck (bezogen auf die Struktur $\mathbf{F}(\mathcal{X})$. Dann ist die Struktur $\mathbf{F}(\mathcal{X})$ ein Modell von H, d. h. H gilt für unscharfe Teilmengen von $\mathcal{X}$, wenn die Struktur Π Modell des H entsprechenden und auf Π bezogenen* HORN-*Ausdrucks $\hat{H}$ ist, d. h. desjenigen Ausdrucks, der aufgebaut ist wie H, allerdings stets mit Bezug auf $\wedge_t$ statt auf $\cap_t$, mit Bezug auf $\vee_t$ statt auf $\cup_t$ und mit Bezug auf $\sim_n$ statt auf $\mathbf{C}_n$, und dessen Variablen Variable für Elemente von Π sind statt für Elemente von $\mathbf{F}(\mathcal{X})$.*

Als unmittelbare Folgerungen erhält man aus diesem Satz z. B. die Kommutativität und die Assoziativität aller Vereinigungsbildungen $\cup_t$ und aller Durchschnittsbildungen $\cap_t$ für unscharfe Mengen aus den entsprechenden Eigenschaften der t-Normen bzw. t-Conormen, weil diese Eigenschaften durch HORN-Ausdrücke formuliert werden können, etwa durch

$$\forall A \, \forall B \, (A \cap_t B = B \cap_t A), \qquad \forall A,B,C \, (A \cap_t (B \cap_t C) = (A \cap_t B) \cap_t C)$$

im Falle der Durchschnittsbildungen.

Fügt man auch noch die gewöhnliche Anordnungsrelation $\leq$ zu der algebraischen Struktur Π hinzu, so erhält man in der direkten Potenz $\mathbf{F}(\mathcal{X})$ sofort auch noch eine Inklusionsbeziehung, die charakterisiert ist durch die Bedingung

$$A \subset B \quad \text{gdw.} \quad [\![a \, \varepsilon \, A]\!] \leq [\![a \, \varepsilon \, B]\!] \text{ für alle } a \in \mathcal{X} \tag{6.8}$$

und die bereits in [14] eingeführt worden war. Aus dem oben erwähnten Satz ergibt sich dann sofort, dass diese Inklusionsbeziehung eine (reflexive) Halbordnung ist in der Klasse $I\!\!F(\mathcal{X})$ aller unscharfen Teilmengen von $\mathcal{X}$.

Obwohl es interessant und schön ist, dass man auch diese Anordnungsrelation $\leq$ in die Betrachtungen von Satz 6.3.1 einbeziehen kann, bringt die Berufung auf diesen Satz 6.3.1 doch den Nachteil mit sich, dass die für ihn zentralen HORN-Ausdrücke Ausdrücke der klassischen Metasprache sind. Und dies bedeutet insbesondere, dass die durch $\leq$ in $I\!\!F(\mathcal{X})$ induzierte Inklusionsrelation $\subset$ eine *zweiwertige* Relation ist, also selbst keiner Abstufung ihres Zutreffens fähig.

Von der grundlegenden Intuition her, die man mit den unscharfen Mengen verbindet, dass diese unscharfen Mengen nämlich Mengen mit "unscharfem Rand" sind, wäre es viel natürlicher, wenn eine solche unscharfe Menge A auch nur zu einem gewissen Grade Teilmenge einer anderen unscharfen Menge B sein könnte. Erfreulicherweise bietet die Verwendung der Sprache der mehrwertigen Logik für dieses Problem einen ganz natürliche Lösung, die in vollem Einklang steht mit den oben erwähnten Definitionsmöglichkeiten für die mengenalgebraischen Operationen: Man schreibe einfach die übliche Definition der Inklusionsrelation für gewöhnliche Mengen "in gleicher Weise" in der Sprache der mehrwertigen Logik auf. Dazu braucht man an (bisher nicht erwähnten) Ausdrucksmitteln nur die Möglichkeit einer Generalisierung und eine Implikation. Für solche Implikationen hat man jedoch mit den den linksseitig stetigen t-Normen entsprechenden R-Implikationen naheliegende Kandidaten. Diese Überlegung führt zu folgender Definition.

Definition 6.3.3 *Für beliebige unscharfe Mengen A, B und linksseitig stetige t-Normen t seien*

$$A \subseteq_t B \quad =_{\text{def}} \quad \forall x(x \,\varepsilon\, A \to_t x \,\varepsilon\, B),$$
$$A \equiv_t B \quad =_{\text{def}} \quad A \subseteq_t B \,\wedge_t\, B \subseteq_t A.$$

Dann kann man den Wahrheitsgrad $[\![A \subseteq_t B]\!]$ als Enthaltenseinsgrad von A in B verstehen und den Wahrheitsgrad $[\![A \equiv_t B]\!]$ als Grad der Gleichheit von A und B.

Wir werden weiterhin die einzelnen mengentheoretischen Resultate vorwiegend als Resultate über die logische Gültigkeit gewisser Ausdrücke formulieren. Ist es in äquivalenter Form möglich, solch ein Resultat als eine Ungleichung oder als eine Gleichheit zwischen Wahrheitsgraden zu formulieren, dann werden wir in den entsprechenden Ausdrücken lediglich $\to$ bzw. $\leftrightarrow$ ohne Index schreiben statt $\to_t$ bzw. $\leftrightarrow_t$, mit dem Verständnis, dass der unterdrückte Index auf irgendeine linksseitig stetige t-Norm verweist (deren spezielle Wahl in diesen Fällen irrelevant ist). Entsprechend sollen auch $\subseteq$ und $\equiv$ ohne Indizes benutzt werden – und im gleichen Sinne $\subseteq_t$ bzw. $\equiv_t$ meinen mit irgendeiner linksseitig stetigen t-Norm t.

Die zweite der in Definition 6.3.3 eingeführten mehrwertigen, d. h. abgestuft zutreffenden Relationen ist eine Art von mehrwertiger Identitätsrelation und soll später noch etwas genauer betrachtet werden. Hinsichtlich der unscharfen Inklusionsbeziehung $\subseteq_t$ hat man z. B. die Beziehungen

$$A \subset B \quad \leftrightarrow \quad \models A \subseteq_t B \quad \leftrightarrow \quad \models A \subseteq B, \tag{6.9}$$

und daher auch

$$A = B \quad \leftrightarrow \quad \models A \equiv_t B \quad \leftrightarrow \quad \models A \equiv B. \tag{6.10}$$

Deswegen ist $\subseteq_t$ eine akzeptable Verallgemeinerung der zweiwertigen Inklusionsrelation $\subset$, was erneut den (zumindest heuristischen) Wert der Auffassung unterstreicht, unscharfe Mengen in der Sprache der mehrwertigen Logik zu diskutieren. Analog steht die mehrwertige Relation $\equiv_t$ in enger Beziehung zur Gleichheit unscharfer Mengen.[4] Zudem ergibt sich, dass für die mehrwertige Inklusion $\subseteq_t$ interessante mehrwertige Analoga fundamentaler Eigenschaften der klassischen Inklusionsbeziehung zutreffen.

Satz 6.3.2 *Für jede linksseitig stetige t-Norm t und beliebige unscharfe Mengen* A, B, C *hat man*

$$
\begin{aligned}
(i) \quad & \models A \subseteq_t A, \\
(ii) \quad & \models A \subseteq_t B \to A \cap_t C \subseteq_t B \cap_t C, \\
(iii) \quad & \models A \subseteq_t B \wedge_t B \subseteq_t C \to_t A \subseteq_t C, \\
(iv) \quad & \models A \subseteq_t B \to \mathbf{C}_t B \subseteq_t \mathbf{C}_t A.
\end{aligned}
$$

Ausserdem kann man in naheliegender Weise die Monotonieeigenschaften der (gewöhnlichen) Inklusion verallgemeinern, etwa als

$$\models A \subseteq_t B \wedge_t C \subseteq_t D \to A \cap_t C \subseteq_t B \cap_t D$$

für den Fall der Durchschnittsbildungen $\cap_t$.

Selbstverständlich können die Ergebnisse von Satz 6.3.2 in verschiedener Weise weiter verallgemeinert werden. Das soll hier aber nicht weiter interessieren, da es hier im wesentlichen nur darum geht, dem Leser deutlich zu machen, wie natürlich man im Umfeld unscharfer Mengen mit t-Normen und den ihnen zugeordneten t-Conormen und R-Implikationen arbeiten kann und wie gut dazu zudem der Bezug auf die Sprache der mehrwertigen Logik passt. Deswegen sollen nur noch zwei weitere Monotonieaussagen angefügt werden und danach das Interesse der mehrwertigen Identitätsrelation $\equiv_t$ von Definition 6.3.3 und einigen ihrer grundlegenden Eigenschaften gelten.

Satz 6.3.3 *Für jede linksseitig stetige t-Norm t und beliebige unscharfe Mengen* A, B, C *hat man*

$$
\begin{aligned}
(i) \quad & \models A \subseteq_t B \wedge C \subseteq_t D \to A \cap C \subseteq_t B \cap D, \\
(ii) \quad & \models A \subseteq_t B \wedge C \subseteq_t D \to A \cup C \subseteq_t B \cup D.
\end{aligned}
$$

---

[4] In Satz 6.3.4 und danach wird sich ergeben, dass $\equiv_t$ eine ganze Reihe von Eigenschaften hat, die natürliche Verallgemeinerungen sind von Eigenschaften der gewöhnlichen (klassischen) Identität. Deswegen ist $\equiv_t$ sogar eine interessante Version einer echt mehrwertigen Identitätsrelation in der mehrwertigen Logik. Zum umfassenderen Thema einer mehrwertigen Prädikatenlogik mit Identität sei der interessierte Leser aber auf [10] oder dessen aktualisierte englische Fassung [13] verwiesen.

Satz 6.3.4 *Für jede linksseitig stetige t-Norm* **t** *und beliebige unscharfe Mengen* A, B, C *hat man*

$$
\begin{aligned}
(i) \qquad & \models A \equiv_t A, \\
(ii) \qquad & \models A \equiv_t B \to B \equiv_t A, \\
(iii) \qquad & \models A \equiv_t B \wedge_t B \equiv_t C \to_t A \equiv_t C, \\
(iv) \qquad & \models A \equiv_t B \to A \cap_t C \equiv_t B \cap_t C, \\
(v) \qquad & \models A \equiv_t B \to \mathbf{C}_t A \equiv_t \mathbf{C}_t B.
\end{aligned}
$$

Auch die Definition der leeren unscharfen Menge $\emptyset$ gestaltet sich aus mengentheoretischer Sicht völlig natürlich und kann etwa durch

$$
\emptyset =_{\mathrm{def}} \{x \in \mathcal{X} \mid \neg(\S \doteq \S)\} \quad \text{oder} \quad \emptyset =_{\mathrm{def}} \{\S \in \mathcal{X} \mid \S \,\varepsilon\, A \wedge_t -_t(\S \,\varepsilon\, A)\}
$$

gegeben werden, wobei man sich entweder auf eine (künstlich) $\{0,1\}$-wertig gemachte Version $\doteq$ der klassischen Identität bezieht[5] oder eine beliebige unscharfe Menge A und irgendeine linksseitig stetige t-Norm benutzt.

Satz 6.3.5 *Für beliebige unscharfe Mengen* A *und jede linksseitig stetige t-Norm* **t** *hat man*

$$
\begin{aligned}
(i) \qquad & \models A \equiv_t \emptyset \leftrightarrow \forall x -_t (x \,\varepsilon\, A), \\
(ii) \qquad & \models -_t \exists x (x \,\varepsilon\, A) \leftrightarrow A \equiv_t \emptyset.
\end{aligned}
$$

Für die Einführung der leeren unscharfen Menge $\emptyset$ kann man auch einen stärker algebraisch orientierten Weg wählen. Man muss dazu der Struktur Π noch den Wahrheitsgrad 0 (als eine nullstellige Operation) hinzufügen und erhält dann in der direkten Potenz $\mathbf{F}(\mathcal{X})$ ebenfalls ein ausgezeichnetes Element: und zwar gerade $\emptyset$ (verstanden als nullstellige Operation). Da diese erweiterte Struktur ebenfalls zu den von Satz 6.3.1 erfassten Strukturen gehört, hat man für jede unscharfe Menge A sofort das Resultat $\emptyset \subset A$ bzw. in unserer Sprache der mehrwertigen Logik

$$
\models \emptyset \subseteq_t A
$$

für jede t-Norm t. Da $p \wedge_t (-_t p) = \perp$ in der Struktur Π gilt, hat man sofort auch

$$
A \cap_t \mathbf{C}_t A = \emptyset,
$$

denn diese beiden Ausdrücke sind (elementare) HORN-Ausdrücke. Wieder etwas anders ausgedrückt hat man also

$$
\models A \cap_t \mathbf{C}_t A \equiv_t \emptyset.
$$

---

[5] Diese $\{0,1\}$-wertige Version $\doteq$ ist inhaltlich zu verstehen als eine Funktion id in $\mathcal{W}^\mathbf{S}$, die charakterisiert ist durch $\mathrm{id}(\mathbf{a},\mathbf{b}) = 1$ für $a = b$, und durch $\mathrm{id}(\mathbf{a},\mathbf{b}) = 0$ sonst.

Aber erneut kann man weiterreichende Resultate gewinnen, wenn man sich konsequenter des mehrwertigen Hintergrundes bedient, statt sich nur auf Satz 6.3.1 zu berufen.

Satz 6.3.6 *Für jede linksseitig stetige t-Norm t, jede t-Konorm s_{t_1} und beliebige unscharfe Mengen A, B gelten*

$$(i) \qquad \models A \cup_{t_1} B \equiv_t \emptyset \to A \equiv_t \emptyset \wedge B \equiv_t \emptyset,$$

$$(ii) \qquad \models A \equiv_t \emptyset \wedge_t B \equiv_t \emptyset \to A \cup_t B \equiv_t \emptyset.$$

Nun wollen wir als ein weiteres Beispiel noch das kartesische Produkt von unscharfen Mengen betrachten. Das formale Problem hierbei ist, wie später auch bei den unscharfen Relationen, dass dieses kartesische Produkt von unscharfen Teilmengen von $\mathcal{X}$ nicht selbst wieder eine unscharfe Teilmenge von $\mathcal{X}$ zu sein braucht: dies hängt von der internen Struktur der Menge $\mathcal{X}$ ab, insbesondere von ihrer Abgeschlossenheit gegenüber Paarbildung.

Für die folgenden Betrachtungen zu kartesischen Produkten ist eine derartige Abgeschlossenheit des Grundbereiches aber nicht wesentlich, da man in den weiterhin betrachteten Fällen stets problemlos mit unscharfen Mengen über verschiedenen Grundbereichen arbeiten kann.

Zunächst werde das kartesische Produkt unscharfer Mengen unter Rückgriff auf die Bildung des gewöhnlichen geordneten Paares (a, b) von Elementen a, b des Grundbereiches $\mathcal{X}$ betrachtet.

Definition 6.3.4 *Für beliebige unscharfe Mengen A, B und jede t-Norm t sei*

$$A \times_t B \; =_{\text{def}} \; \{(x,y) \, \| \, x \, \varepsilon \, A \wedge_t y \, \varepsilon \, B\}.$$

Auch mengenalgebraische Beziehungen für kartesische Produkte ergeben sich unmittelbar aus Identitäten für t-Normen, t-Conormen und Negationsfunktionen mittels Satz 6.3.1. Als Illustration mögen die folgenden Beispiele dienen.

Satz 6.3.7 *Für t-Normen t, t_1, t-Conormen s_{t_2} und unscharfe Mengen A, B, C gelten*

(i) wenn t distributiv ist bez. t_1:

$$\models A \times_t (B \cap_{t_1} C) \equiv (A \times_t B) \cap_{t_1} (A \times_t C),$$

(ii) wenn t distributiv ist bez. s_{t_2}:

$$\models A \times_t (B \cup_{t_2} C) \equiv (A \times_t B) \cup_{t_2} (A \times_t C).$$

Erwähnt sei auch noch, dass die Bildung der unscharfen kartesischen Produkte eine kommutative und assoziative Operation ist – allerdings nur vermittelt über kanonische Isomorphismen, wie auch in der klassischen Mengenlehre. Ohne zu sehr in Details zu gehen, seien folgende Resultate noch aufgeführt.

Satz 6.3.8 *Es seien t eine linksseitig stetige t-Norm und A, B, C sowie alle $(A_i)_{i \in I}$ unscharfe Mengen. Dann gelten*

$$
\begin{aligned}
(i) \quad & \models A \subseteq_t B \to A \times_t C \subseteq_t B \times_t C, \\
(ii) \quad & \models A \equiv_t B \to A \times_t C \equiv_t B \times_t C, \\
(iii) \quad & \models A \equiv_t \emptyset \vee B \equiv_t \emptyset \to A \times_t B \equiv_t \emptyset, \\
(iv) \quad & \models A \times_t B \equiv_t \emptyset \to A \equiv_t \emptyset \vee_t B \equiv_t \emptyset.
\end{aligned}
$$

Damit soll es mit der Diskussion mengenalgebraischer Beispiele genug sein, die belegen, dass es durchaus angebracht ist, die Erörterungen über unscharfe Mengen im Kontext der mehrwertigen Logik zu führen, und dass man auf diese Weise leicht allgemeinere Resultate gewinnen kann als mit gewöhnlichen, etwa algebraischen Methoden. Der interessierte Leser wird selbst weitere Beispiele finden können. Auch in [11] ist dieses Thema noch ausführlicher besprochen.

Statt weiterer mengenalgebraischer Resultate soll deswegen nur noch eine Verallgemeinerung der Bildung des kartesischen Produkts unscharfer Mengen diskutiert werden, deren Ausgangspunkt die Bemerkung ist, dass die Bildung des geordneten Paares nur eine spezielle Möglichkeit ist, Objekten eines Grundbereiches $\mathcal{X}$ weitere Objekte zuzuordnen. Allgemeiner kann man etwa eine zweistellige Funktion f über $\mathcal{X}$ betrachten (oder auch eine n-stellige, aber dies ergibt keine wesentlich andere Situation). Setzt man nur noch voraus, dass jeder Funktionswert $f(a, b)$ durch einen Term unserer mehrwertigen mengentheoretischen Sprache beschrieben werden kann, dann kann man sinnvoll auch Klassenterme der Gestalt

$$\{ f(x,y) \,\|\, H(x,y) \}$$

betrachten. Um unwesentliche Komplikationen zu vermeiden, sei dazu auch noch angenommen, dass stets $f(x, y) \in \mathcal{X}$ gelten möge, d. h. dass f eine (definierbare) Operation in $\mathcal{X}$ sei. Dann kann man das bekannte Erweiterungsprinzip von ZADEH [25] ebenfalls sehr einfach formulieren, sogar mit Bezug auf eine beliebige t-Norm.

Definition 6.3.5 (Erweiterungsprinzip) *Es sei $*$ ene zweistellige Operation im Grundbereich $\mathcal{X}$ und t irgendeine t-Norm. Dann kann man diese Operation erweitern zu einer zweistelligen Operation $*_t$ für unscharfe Mengen aus $\mathbb{F}(\mathcal{X})$, indem man setzt*

$$A *_t B \quad =_{\text{def}} \quad \{ a * b \,\|\, a \,\varepsilon\, A \wedge_t b \,\varepsilon\, B \}$$

für beliebige $A, B \in \mathbb{F}(\mathcal{X})$.

Korolar 6.3.9 *Die Operationen $*$ und $*_t$ mögen wie in Definition 6.3.5 gegeben sein, und es sei $C = A *_t B$ für gewisse $A, B \in \mathbb{F}(\mathcal{X})$. Dann gilt*

$$\mu_C(z) \;=\; \sup_{\substack{x,y \in \mathcal{X} \\ z = x * y}} \mu_A(x) \, t \, \mu_B(y) \qquad \text{für alle } z \in \mathcal{X}.$$

6.4 Unscharfe Relationen

Unscharfe Relationen sind unscharfe Mengen von geordneten Paaren. Deswegen kann der vorstehend diskutierte Zugang zur Theorie der unscharfen Mengen, der sich der (Sprache der) mehrwertigen Logik bedient, nahtlos auch auf unscharfe Relationen bezogen werden. So kann man etwa in völliger Analogie zur Definition mengenalgebraischer Operationen das Relationenprodukt $R \circ S$ für unscharfe Relationen, sogar bezogen auf irgendeine t-Norm, definieren als

$$R \circ_t S \; =_{\text{def}} \; \{(x,y) \;\|\; \exists z\big((x,z)\,\varepsilon\, R \wedge_t (z,y)\,\varepsilon\, S\big)\}.$$

Und auch Relationseigenschaften unscharfer Relationen können nun formal ganz ebenso wie ihre klassischen Analoga beschrieben werden, wiederum nur mit Bezug auf die Sprache der mehrwertigen Logik, statt auf die der klassischen Logik. Die Transitivität der (zweistelligen) unscharfen Relationen möge dafür als Beispiel dienen, erneut sogar bezogen auf eine (linksseitig stetige) t-Norm. Ist R eine binäre unscharfe Relation im Grundbereich $\mathcal{X}$, dann kann die übliche Definition

$$t(\mu_R(x,y), \mu_R(y,z)) \leq \mu_R(x,z) \quad \text{für alle } x,y,z \in \mathcal{X}$$

in der Sprache der mehrwertigen Logik einfach als die Bedingung

$$\models R(x,y) \wedge_t R(y,z) \rightarrow_t R(x,z)$$

für alle $x,y,z \in \mathcal{X}$ geschrieben werden. Noch besser kann sie sogar als die Bedingung

$$\models \forall x,y,z\big(R(x,y) \wedge_t R(y,z) \rightarrow_t R(x,z)\big) \tag{6.11}$$

geschrieben werden, in der ein mehrwertiger "für alle"-Quantor $\forall$ benutzt wird, der einem generalisierten Ausdruck $\forall x H(x)$ als Wahrheitsgrad das Infimum aller Wahrheitsgrade $[\![H(a)]\!]$ zuordnet, wobei a alle Elemente von $\mathcal{X}$ durchläuft.

Der durch den Bezug auf die mehrwertige Logik eröffnete Zugang bietet für unscharfe Relationen ebenso wie für unscharfe Mengen aber viel weiterreichende Vorteile als nur die Umschreibung von Definitionen (und evtl. von Resultaten) in eine gegenüber dem Fall der klassischen Theorie nahezu unveränderte Form. Dieser Zugang bietet auch für unscharfe Relationen einen natürlichen Weg zu weiterreichenden Verallgemeinerungen, etwa zu selbst wieder abgestuften Eigenschaften unscharfer Relationen. Man vgl. dazu etwa [11, 13]. Für den Fall der (auf eine linksseitig stetige t-Norm t bezogenen) Transitivität ergibt sich solch eine abgestufte Version, solch ein "fuzzifiziertes" Transitivitätsprädikat Trans für unscharfe Relationen etwa als

$$\mathsf{Trans(R)} \; =_{\text{def}} \; \forall \mathsf{x,y,z}\big(\mathsf{R(x,y)} \wedge_t \mathsf{R(y,z)} \rightarrow_t \mathsf{R(x,z)}\big). \tag{6.12}$$

Und auch die gewöhnliche, d. h. min-basierte Form der bekannten *compositional rule of inference* bekommt, bezogen auf eine unscharfe Relation R und eine unscharfe Menge A, die einfache Gestalt

$$A \circ R \; = \; \{y \;\|\; \exists x(x\,\varepsilon\, A \wedge (x,y)\,\varepsilon\, R)\}, \tag{6.13}$$

die belegt, dass es sich hier um eine (natürliche) Verallgemeinerung der Bildung des vollen Bildes einer (unscharfen) Menge bez. einer (unscharfen) Relation handelt.

6.5 Zusammenfassung

Die Darlegungen in diesem Kapitel zeigen, dass es einen sehr natürlichen Zusammenhang gibt zwischen der Theorie der unscharfen Mengen (und unscharfen Relationen) und der mehrwertigen Logik: Die unscharfen Mengen sind nichts anderes als die "Mengenobjekte" solch einer – geeignet formulierten – (naiven) mehrwertigen Mengenlehre.

Für das Problem der Beziehungen zwischen den auf unscharfen Mengen beruhenden Zugängen zu Unschärfephänomenen und den probabilistischen Zugängen dazu bedeutet dies, dass diese Beziehungen im wesentlichen dieselben sind wie die zwischen mehrwertiger Logik und Wahrscheinlichkeitslogiken: Die Wahrheitsgrade von Systemen der mehrwertigen Logik mögen zwar (numerisch) dieselben Objekte sein wie die Wahrscheinlichkeiten, aber weder die mehrwertige Logik noch die Theorie der unscharfen Mengen nehmen wesentlich Bezug auf entscheidende Grundideen des wahrscheinlichkeitstheoretischen Ansatzes, wie etwa die Unabhängigkeit von Ereignissen oder deren wechselseitige Bedingtheit.

Deswegen modellieren die unscharfen Mengen i. allg. andere Unschärfephänomene als die Wahrscheinlichkeitstheorie. Es mag zwar auch Überlappungen im Bereich dessen geben, was beide Arten von Theorien zu beschreiben vermögen, in ihren jeweiligen Kernen jedoch haben sie unterschiedliche Intentionen.

Literaturverzeichnis

[1]   BELLMANN, R. - GIERTZ, M.: On the analytic formalism of the theory of fuzzy sets, *Information Sciences* 5, S. 149-156, 1973.

[2]   CHANG, C.C. - KEISLER, H.J.: *Model Theory*. North Holland Publ. Comp., Amsterdam 1973.

[3]   CHAPIN, E.W.: Set-valued set theory. I-II, *Notre Dame Journal Formal Logic* 15, S. 614-634; 16, S. 255-267, 1974-75.

[4]   DOMBI, J.: A general class of fuzzy operators, the DeMorgan class of fuzzy operators and fuzziness measures induced by fuzzy operators, *Fuzzy Sets and Systems* 8, S. 149-163, 1982.

[5]   GILES, R.: Lukasiewicz logic and fuzzy set theory. *Internat. J. Man-Machine Studies* 8, S. 313-327, 1976.

[6]   GILES, R.: A formal system for fuzzy reasoning. *Fuzzy Sets and Systems* 2, S. 233-257, 1979.

[7]   GÖDEL, K.: Zum intuitionistischen Aussagenkalkül, *Anzeiger Akademie der Wissenschaften Wien*, Math.-naturwiss. Klasse 69, S. 65-66, 1932; also: *Ergebnisse eines mathematischen Kolloquiums* 4 40, 1933.

[8]   GOTTWALD, S.: Untersuchungen zur Mehrwertigen Mengenlehre. I-III, *Math. Nachrichten* 72, S. 297-303; 77, S. 329-363; 79, S. 207-217, 1976-77.

[9]   GOTTWALD, S.: Set theory for fuzzy sets of higher level, *Fuzzy Sets and Systems* 2, S. 125-151, 1979.

[10]   GOTTWALD, S.: *Mehrwertige Logik*. Eine Einführung in Theorie und Anwendungen. Akademie-Verlag, Berlin 1989.

[11]   GOTTWALD, S.: *Fuzzy Sets and Fuzzy Logic*. Vieweg, Wiesbaden 1993.

[12]   GOTTWALD, S.: An approach to handle partially sound rules of inference. In: BOUCHON-MEUNIER, B.; YAGER, R. R.; ZADEH, L. A. (EDS.): *Advances in Intelligent Computing* – IPMU '94, Selected Papers, Lecture Notes Computer Sci., vol. 945, Springer, Berlin, S. 380-388, 1995.

[13]   GOTTWALD, S.: *Many-Valued Logic*. [Extended and updated English version of [10] – 1999 (erscheint).

[14]   HAMACHER, H.: *Über logische Aggregationen nicht-binär explizierter Entscheidungskriterien*. Rita G. Fischer Verlag, Frankfurt/Main 1978.

[15]   HÖHLE, U. *M*-valued sets and sheaves over integral commutative CL-monoids, in: S.E. Rodabaugh/E.P. Klement/U. Höhle (eds.), *Applications of Category Theory to Fuzzy Subsets*, Kluwer Acad. Publ., Dordrecht, S. 33-72, 1992.

[16]   NOVÁK, V. - PERFILIEVA, I. - MOCKOR, J.: *Mathematical Principles of Fuzzy Logic. From Theory to Applications.* Kluwer Acad. Publ., Boston 1999.

[17]   RESCHER, N.: *Many-Valued Logic.* McGraw Hill, New York 1969.

[18]   ROSSER, J.B. - TURQUETTE, A.R.: *Many-Valued Logics.* North Holland Publ. Comp., Amsterdam 1952.

[19]   SCHWEIZER, B. - SKLAR, A.: Associative functions and statistical triangle inequalities, *Publicationes Mathematicae Debrecen* **8**, S. 169-186, 1961.

[20]   THOLE, U. - ZIMMERMANN, H.J. - ZYSNO, P.: On the suitability of minimum and product operators for the intersection of fuzzy sets, *Fuzzy Sets and Systems* **2**, S. 167-180, 1979.

[21]   WEBER, S.: A general concept of fuzzy connectives, negatives and implications based on t-norms and t-conorms, *Fuzzy Sets and Systems* **11**, S. 115-134, 1983.

[22]   WEIDNER, A.J.: Fuzzy sets and Boolean-valued universes, *Fuzzy Sets and Systems* **6**, S. 61-72, 1981.

[23]   YAGER, R.R.: On a general class of fuzzy connectives. *Fuzzy Sets and Systems* **4**, S. 235 - 242, 1980.

[24]   ZADEH, L.A.: Fuzzy sets, *Information and Control* **8**, S. 338-353, 1965.

[25]   ZADEH, L.A.: The concept of a linguistic variable and its application to approximate reasoning. I, *Information Sciences* **8**, S. 199-250, 1975.

[26]   ZHANG JINWEN: A unified treatment of fuzzy set theory and Boolean-valued set theory - fuzzy set structures and normal fuzzy set structures, *Journal Mathematical Analysis Applications* **76**, S. 297-301, 1980.

[27]   ZHANG JINWEN: Between fuzzy set theory and Boolean valued set theory, in: M.M. Gupta/E. Sanchez (eds.), *Fuzzy Information and Decision Processes.* North Holland Publ. Comp., Amsterdam, S. 143-147, 1982.

[28]   ZIMMERMANN, H.J. - ZYSNO, P.: Latent connectives in human decision making, *Fuzzy Sets and Systems* **4**, S. 37-51, 1980.

7 Bausteine der Fuzzy Logic: t-Normen - Eigenschaften und Darstellungssätze

Erich Peter Klement, Radko Mesiar[1] *und Endre Pap*[2]

7.1 t-Normen und t-Conormen

Aufbauend auf den Vorschlägen von K. Menger [12], führten B. Schweizer und A. Sklar [17] den Begriff der t-Normen (Dreiecksnormen) ein. Dieser diente dazu, in *probabilistischen metrischen Räumen* [17, 18] die von den klassischen Metriken wohlbekannte Dreiecksungleichung in geeigneter Weise zu verallgemeinern.

Die t-Normen erwiesen sich aber auch als besonders geeignete Modelle für die Durchschnittsbildung in der von L. A. Zadeh [14] begründeten Theorie der Fuzzy (d .h. unscharfen) Mengen beziehungsweise für die Konjunktion in den verschiedenen Fuzzy Logiken [7, 8, 14, 15] sowie in Anwendungen derselben [10, 22]. Weitere interessante Anwendungen finden t-Normen unter anderem in der Theorie verallgemeinerter, nicht-additiver Maße [3, 19, 20] sowie bei der Lösung nichtlinearer Differenzen- und Differentialgleichungen [16].

In diesem Überblick werden vorerst die t-Normen und die dazu dualen t-Conormen eingeführt sowie einige analytische und algebraische Eigenschaften vorgestellt. Eine wichtige Konstruktionsmethode für t-Normen ist durch die Ordinalsummen gegeben. Abschließend werden verschiedene Darstellungssätze für t-Normen definiert. Da die Beweise dafür (im Kontext der t-Normen) in der Literatur nur schwer auffindbar sind, werden sie hier vollständig angegeben, womit diese Arbeit in dieser Hinsicht auch in sich abgeschlossen ist.

Definition 7.1.1 Eine *t-Norm (Dreiecksnorm)* ist eine binäre Operation auf dem Einheitsintervall [0,1], also eine Funktion $T : [0,1]^2 \to [0,1]$, welche für alle $x,y,z \in [0,1]$ die folgenden vier Axiome erfüllt:

(T1) *Kommutativität*

$$T(x,y) = T(y,x),$$

(T2) *Assoziativität*

$$T(x,T(y,z)) = T(T(x,y),z),$$

---

[1] Der zweite Autor dankt der *Aktion Österreich-Slowakei,* (Projekt Nr. 18s38) und dem Stipendium *VEGA* 1/4064/97 für die Unterstützung beim Verfassen dieser Arbeit.

[2] Der dritte Autor dankt der *Johannes Kepler Universität, Linz,* (Büro für Auslandsbeziehungen) für die Unterstützung beim Verfassen dieser Arbeit.

(T3) *Monotonie*

$$T(x,y) \leq T(x,z) \qquad \text{falls } y \leq z,$$

(T4) *Randbedingung*

$$T(x,1) = x.$$

Eine unmittelbare Konsequenz aus der Kommutativität (T1), der Monotonie (T3) und der Randbedingung (T4) ist, daß für jede t-Norm T und für alle $x \in [0,1]$ die folgenden weiteren Randbedingungen ebenfalls gelten:

$$\begin{aligned} T(x,1) &= T(1,x) = x, \\ T(x,0) &= T(0,x) = 0. \end{aligned}$$

Dies bedeutet, daß alle t-Normen auf dem Rand des Einheitsquadrats $[0,1]^2$ übereinstimmen.

Wegen der Kommutativität (T1) ist die Monotonie einer t-Norm T in ihrer zweiten Komponente, wie sie in (T3) gefordert ist, äquivalent zu der (gemeinsamen) Monotonie in beiden Komponenten, also zu

$$T(x_1,y_1) \leq T(x_2,y_2) \quad \text{falls } x_1 \leq x_2 \text{ und } y_1 \leq y_2. \tag{7.1}$$

Definition 7.1.2
Ist T eine t-Norm, so ist die dazu *duale t-Conorm* $S : [0,1]^2 \to [0,1]$ gegeben durch

$$S(x,y) = 1 - T(1-x,1-y). \tag{7.2}$$

Beispiel 7.1.3 Die vier wichtigsten t-Normen, zusammen mit ihren dualen t-Conormen, sind die folgenden:

(i) *Minimum* $T_\mathbf{M}$ und *Maximum* $S_\mathbf{M}$ definiert durch

$$\begin{aligned} T_\mathbf{M}(x,y) &= \min(x,y), \\ S_\mathbf{M}(x,y) &= \max(x,y), \end{aligned}$$

(ii) *Produkt* $T_\mathbf{P}$ und *probabilistische Summe* $S_\mathbf{P}$ definiert durch

$$\begin{aligned} T_\mathbf{P}(x,y) &= x \cdot y, \\ S_\mathbf{P}(x,y) &= x + y - x \cdot y, \end{aligned}$$

(iii) *Lukasiewicz'sche t-Norm* $T_\mathbf{L}$ und *Lukasiewicz'sche t-Conorm* $S_\mathbf{L}$ definiert durch

$$\begin{aligned} T_\mathbf{L}(x,y) &= \max(x + y - 1,0), \\ S_\mathbf{L}(x,y) &= \min(x + y,1), \end{aligned}$$

(iv) *Drastisches Produkt* $T_\mathbf{D}$ und *drastische Summe* $S_\mathbf{D}$ definiert durch

$$T_\mathbf{D}(x,y) = \begin{cases} \min(x,y) & \text{falls } \max(x,y) = 1, \\ 0 & \text{sonst,} \end{cases}$$

$$S_\mathbf{D}(x,y) = \begin{cases} \max(x,y) & \text{falls } \min(x,y) = 0, \\ 1 & \text{sonst.} \end{cases}$$

Beispiel 7.1.4

(i) Eine t-Norm mit interessanten Eigenschaften ist das *nilpotente Minimum* $T^{\mathbf{nM}}$, das gegeben ist durch

$$T^{\mathbf{nM}}(x,y) = \begin{cases} \min(x,y) & \text{falls } x+y > 1, \\ 0 & \text{sonst.} \end{cases}$$

(ii) Die Familie $(T_\lambda^{\mathbf{F}})_{\lambda \in [0,\infty]}$ der *Frank'schen t-Normen* ist definiert durch

$$T_\lambda^{\mathbf{F}}(x,y) = \begin{cases} T_\mathbf{M}(x,y) & \text{falls } \lambda = 0, \\ T_\mathbf{P}(x,y) & \text{falls } \lambda = 1, \\ T_\mathbf{L}(x,y) & \text{falls } \lambda = \infty, \\ \log_\lambda\left(1 + \frac{(\lambda^x - 1)(\lambda^y - 1)}{\lambda - 1}\right) & \text{sonst.} \end{cases}$$

(iii) Die Familie der $(S_\lambda^{\mathbf{F}})_{\lambda \in [0,\infty]}$ der *Frank'schen t-Conormen* ist definiert durch

$$S_\lambda^{\mathbf{F}}(x,y) = \begin{cases} S_\mathbf{M}(x,y) & \text{falls } \lambda = 0, \\ S_\mathbf{P}(x,y) & \text{falls } \lambda = 1, \\ S_\mathbf{L}(x,y) & \text{falls } \lambda = \infty, \\ 1 - \log_\lambda\left(1 + \frac{(\lambda^{1-x} - 1)(\lambda^{1-y} - 1)}{\lambda - 1}\right) & \text{sonst.} \end{cases}$$

(iv) Die Familie $(T_\lambda^{\mathbf{Y}})_{\lambda \in [0,\infty]}$ der *Yager'schen t-Normen* ist definiert durch

$$T_\lambda^{\mathbf{Y}}(x,y) = \begin{cases} T_\mathbf{D}(x,y) & \text{falls } \lambda = 0, \\ T_\mathbf{M}(x,y) & \text{falls } \lambda = \infty, \\ \max\left(0, 1 - \left((1-x)^\lambda + (1-y)^\lambda\right)^{\frac{1}{\lambda}}\right) & \text{sonst.} \end{cases}$$

(v) Die Familie $(S_\lambda^{\mathbf{Y}})_{\lambda \in [0,\infty]}$ der *Yager'schen t-Conormen* ist definiert durch

$$S_\lambda^{\mathbf{Y}}(x,y) = \begin{cases} S_\mathbf{D}(x,y) & \text{falls } \lambda = 0, \\ S_\mathbf{M}(x,y) & \text{falls } \lambda = \infty, \\ \min\left(1, \left(x^\lambda + y^\lambda\right)^{\frac{1}{\lambda}}\right) & \text{sonst.} \end{cases}$$

Falls für zwei t-Normen T_1 and T_2 die Ungleichung $T_1(x,y) \leq T_2(x,y)$ für alle $(x,y) \in [0,1]^2$ erfüllt ist, dann sagen wir, daß T_1 *schwächer* als T_2 (und T_2 *stärker* als T_1) ist, und wir schreiben dafür $T_1 \leq T_2$. Die Schreibweise $T_1 < T_2$ steht für $T_1 \leq T_2$ und $T_1 \neq T_2$, das heißt, es gilt $T_1 \leq T_2$ und es existiert ein $(x_0,y_0) \in [0,1]^2$ mit $T_1(x_0,y_0) < T_2(x_0,y_0)$.

Aus (7.1) folgt für alle $(x,y) \in [0,1]^2$

$$T(x,y) \leq T(x,1) = x,$$
$$T(x,y) \leq T(1,y) = y.$$

Da trivialerweise für alle $(x,y) \in {]0,1[}^2$ die Ungleichung $T(x,y) \geq 0 = T_{\mathbf{D}}(x,y)$ gilt, erhalten wir für eine beliebige t-Norm T stets

$$T_{\mathbf{D}} \leq T \leq T_{\mathbf{M}},$$

das heißt, $T_{\mathbf{D}}$ ist schwächer und $T_{\mathbf{M}}$ ist stärker als jede andere t-Norm.

Da offenbar $T_{\mathbf{L}} < T_{\mathbf{P}}$ gilt, ergibt sich die folgende Ordnungsbeziehung für die vier wichtigsten t-Normen:

$$T_{\mathbf{D}} < T_{\mathbf{L}} < T_{\mathbf{P}} < T_{\mathbf{M}}.$$

Definition 7.1.5
Ist T eine t-Norm, dann heißt ein Element $x \in [0,1]$ mit $T(x,x) = x$ ein *idempotentes Element* von T.

Offenbar sind 0 und 1 idempotente Elemente (die sogenannten *trivialen idempotenten Elemente*) jeder t-Norm T. Die Menge der idempotenten Elementen ist gleich $[0,1]$ im Fall des Minimums $T_{\mathbf{M}}$ und $\{0\} \cup {]0.5,1]}$ im Fall des nilpotenten Minimums T^{nM}. Alle übrigen bisher erwähnten t-Normen besitzen lediglich die beiden trivialen idempotenten Elemente 0 und 1.

Eine interessante Frage ist, ob eine t-Norm durch ihre Werte auf der Diagonalen (oder einer anderen Teilmenge des Einheitsquadrats) eindeutig bestimmt ist. Die beiden extremen t-Normen $T_{\mathbf{D}}$ und $T_{\mathbf{M}}$ sind durch ihre Werte auf der Diagonalen $\Delta = \{(x,x) \mid x \in {]0,1[}\}$ des (offenen) Einheitsquadrats bereits vollständig bestimmt.

Satz 7.1.6

(i) *Das Minimum $T_{\mathbf{M}}$ ist die einzige t-Norm, die $T(x,x) = x$ für alle $x \in {]0,1[}$ erfüllt (für die also jedes $x \in [0,1]$ ein idempotentes Element ist).*

(ii) *Das drastische Produkt $T_{\mathbf{D}}$ ist die einzige t-Norm, die $T(x,x) = 0$ für alle $x \in {]0,1[}$ erfüllt.*

BEWEIS: Wenn für eine t-Norm T die Gleichheit $T(x,x) = x$ für alle $x \in {]0,1[}$ gilt, dann impliziert die Monotonie (T3) für jedes $y \in [0,x[$

$$y = T(y,y) \leq T(x,y) \leq \min(x,y) = y.$$

Gemeinsam mit (T1) und den Randbedingungen ergibt das $T = T_\mathbf{M}$.

Angenommen $T(x,x) = 0$ gilt für alle $x \in\ ]0,1[$, dann erhalten wir für jedes $y \in [0,x[$

$$0 \le T(x,y) \le T(x,x) = 0,$$

also $T = T_\mathbf{D}$. $\square$

7.2 Eigenschaften von t-Normen

Falls eine Funktion in zwei Variablen, zum Beispiel mit Definitionsbereich $[0,1]^2$, stetig in jeder Komponente ist, so folgt daraus im allgemeinen noch nicht die Stetigkeit auf ganz $[0,1]^2$. Bei t-Normen (und t-Conormen) ist dies jedoch stets der Fall.

Satz 7.2.1 *Eine t-Norm T ist genau dann stetig, wenn sie in ihrer ersten Komponente stetig ist, das heißt, wenn für jedes $y \in [0,1]$ die Funktion*

$$T(\cdot,y) : [0,1] \quad \to \quad [0,1]$$
$$x \quad \mapsto \quad T(x,y)$$

stetig ist.

BEWEIS: Offenbar ist jede stetige Funktion von $[0,1]^2$ nach $[0,1]$ auch stetig in ihrer ersten Komponente.

Falls umgekehrt T stetig in der ersten Komponente ist, fixiere $(x_0,y_0) \in [0,1]^2$, $\varepsilon > 0$ und Folgen $(x_n)_{n\in\mathbb{N}}$ und $(y_n)_{n\in\mathbb{N}}$, die gegen x_0 beziehungsweise y_0 konvergieren. Dann kann man monotone Folgen $(a_n)_{n\in\mathbb{N}}, (b_n)_{n\in\mathbb{N}}, (c_n)_{n\in\mathbb{N}}$ und $(d_n)_{n\in\mathbb{N}}$ konstruieren, sodaß für alle $n \in \mathbb{N}$ gilt

$$a_n \le x_n \le b_n \qquad \text{und} \qquad (a_n)_{n\in\mathbb{N}} \nearrow x_0, \quad (b_n)_{n\in\mathbb{N}} \searrow x_0,$$
$$c_n \le y_n \le d_n \qquad \text{und} \qquad (c_n)_{n\in\mathbb{N}} \nearrow y_0, \quad (d_n)_{n\in\mathbb{N}} \searrow y_0. \tag{7.3}$$

Die Stetigkeit von T in der ersten Komponente und die Kommutativität (T1) implizieren die Stetigkeit der Funktion $T(x_0,\cdot)$, das heißt, es existiert ein $N \in \mathbb{N}$ sodaß, wegen der Monotonie (T3), für alle $n \ge N$ gilt:

$$T(x_0,y_0) - \varepsilon < T(x_0,c_N) \le T(x_0,y_n) \le T(x_0,d_N) < T(x_0,y_0) + \varepsilon.$$

Da auch die beiden Funktionen $T(\cdot,c_N)$ und $T(\cdot,d_N)$ stetig sind, existiert eine Zahl $M \in \mathbb{N}$, sodaß wir (wiederum wegen der Monotonie (T3)) für alle $m \ge M$ und $n \ge N$

$$T(x_0,c_N) - \varepsilon < T(a_M,c_N) \le T(x_m,y_n) \le T(b_M,d_N) < T(x_0,d_N) + \varepsilon$$

erhalten.

Setzen wir $K = \max(M,N)$, so gilt für alle $k \geq K$

$$T(x_0,y_0) - 2\varepsilon < T(x_k,y_k) < T(x_0,y_0) + 2\varepsilon.$$

Dies bedeutet, daß die Folge $(T(x_k,y_k))_{k\in\mathbb{N}}$ gegen den Wert $T(x_0,y_0)$ konvergiert. Da der Punkt (x_0,y_0) beliebig gewählt war, ist die t-Norm T stetig. $\qquad\square$

Auf ähnliche Weise läßt sich folgendes Resultat beweisen.

Satz 7.2.2 *Eine t-Norm T ist genau dann linksseitig (rechtsseitig) stetig, wenn sie linksseitig (rechtsseitig) stetig in ihrer ersten Komponente ist, das heißt, wenn für jedes $y \in [0,1]$ und für jede Folge $(x_n)_{n\in\mathbb{N}} \in [0,1]^{\mathbb{N}}$*

$$\sup_{n\in\mathbb{N}} T(x_n,y) = T\left(\sup_{n\in\mathbb{N}} x_n,y\right)$$

beziehungsweise

$$\inf_{n\in\mathbb{N}} T(x_n,y) = T\left(\inf_{n\in\mathbb{N}} x_n,y\right)$$

gilt.

Definition 7.2.3

(i) Eine t-Norm T heißt *strikt monoton*, falls sie auf $]0,1]^2$ streng monoton wachsend ist, beziehungsweise falls (unter Berücksichtigung der Kommutativität (T1) und der Randbedingung (T4)) gilt

$$T(x,y) < T(x,z) \qquad \text{falls } x \in \,]0,1[\text{ und } y < z. \tag{7.4}$$

(ii) Eine t-Norm T heißt *strikt*, falls sie stetig und strikt monoton ist.

Von den vier wichtigsten t-Normen, die in Beispiel 7.1.3 vorgestellt wurden, ist lediglich das Produkt $T_{\mathbf{P}}$ eine strikte t-Norm. Das Minimum $T_{\mathbf{M}}$ und die Lukasiewicz'sche t-Norm $T_{\mathbf{L}}$ sind stetig, aber nicht strikt monoton. Jede Frank'sche t-Norm $T_\lambda^{\mathbf{F}}$ mit $\lambda \in \,]0,\infty[$ ist strikt, während es unter den Yager'schen t-Normen $T_\lambda^{\mathbf{Y}}$ keine strikten t-Normen gibt.

Die durch

$$T(x,y) = \begin{cases} \frac{xy}{2} & \text{falls } \max(x,y) < 1, \\ xy & \text{sonst} \end{cases}$$

gegebene t-Norm T ist strikt monoton, aber nicht stetig.

Falls T eine t-Norm ist, $x \in [0,1]$ und $n \in \mathbb{N} \cup \{\digamma\}$, so werden wir folgende abkürzende Schreibweise verwenden:

$$x_T^{(n)} = \begin{cases} 1 & \text{falls } n = 0, \\ T\big(x_T^{(n-1)},x\big) & \text{sonst.} \end{cases}$$

Falls T eine strikt monotone t-Norm ist, dann gilt für jedes $x \in {]}0,1[$ die Ungleichheit $0 < T(x,x) < x$. Daraus folgt unmittelbar, daß in diesem Fall die Folge $(x_T^{(n)})_{n \in \mathbb{N}}$ streng monoton fallend ist.

Offenbar ist eine t-Norm T genau dann strikt monoton, wenn sie die Kürzungsregel erfüllt, das heißt, wenn aus $T(x,y) = T(x,z)$ und $x > 0$ die Gleichheit $y = z$ folgt.

Definition 7.2.4

Eine t-Norm T heißt *archimedisch*, wenn es für alle $(x,y) \in {]}0,1{[}^2$ eine Zahl $n \in \mathbb{N}$ mit $x_T^{(n)} < y$ gibt.

Das Produkt $T_\mathbf{P}$, die Lukasiewicz'sche t-Norm $T_\mathbf{L}$ (die nicht strikt monoton und daher nicht strikt ist) und das drastische Produkt $T_\mathbf{D}$ (beachte, daß letzteres nicht stetig ist) sind die archimedischen unter den vier wichtigsten t-Normen. Das Minimum $T_\mathbf{M}$ hingegen ist nicht archimedisch. Weitere Beispiele archimedischer t-Normen sind die Frank'schen t-Normen $T_\lambda^\mathbf{F}$ für $\lambda \in {]}0,\infty]$ und die Yager'schen t-Normen $T_\lambda^\mathbf{Y}$ für $\lambda \in [0,\infty[$.

Satz 7.2.5 *Eine t-Norm T ist genau dann archimedisch, wenn für jedes $x \in {]}0,1[$ gilt:*

$$\lim_{n \to \infty} x_T^{(n)} = 0. \tag{7.5}$$

BEWEIS: Wenn T archimedisch ist, $x \in {]}0,1[$ und $\varepsilon > 0$, dann gilt für ein hinreichend großes $n_0 \in \mathbb{N}$ die Ungleichheit $0 \le x_T^{(n_0)} < \varepsilon$. Wegen der Monotonie (T3) gilt dann $0 \le x_T^{(n)} < \varepsilon$ für alle natürlichen Zahlen $n \ge n_0$, woraus (7.5) unmittelbar folgt. Für die Umkehrung sei für eine t-Norm T angenommen, daß $\lim_{n \to \infty} x_T^{(n)} = 0$ für jedes $x \in {]}0,1[$ gilt. Dann existiert für jedes $y \in {]}0,1[$ eine natürliche Zahl n mit $x_T^{(n)} < y$, also ist T archimedisch. $\square$

Zumindest im Fall einer rechtsseitig stetigen t-Norm T ist es möglich, die archimedische Eigenschaft (7.5) durch die Einschränkung von T auf die Diagonale des Einheitsquadrats zu charakterisieren:

Satz 7.2.6

(i) *Ist T eine archimedische t-Norm, dann gilt für jedes $x \in {]}0,1[$*

$$T(x,x) < x. \tag{7.6}$$

(ii) *Wenn T eine rechtsseitig stetige t-Norm ist und wenn für jedes $x \in {]}0,1[$ die Eigenschaft (7.6) erfüllt ist, dann ist T archimedisch.*

BEWEIS: Die Gültigkeit von $T(x,x) = x$ für ein $x \in {]0,1[}$ würde $x_T^{(n)} = x$ für alle $n \in \mathbb{N}$ implizieren. Da dies der archimedischen Eigenschaft (7.5) widerspricht, ist (i) bewiesen.

Um (ii) zu zeigen, sei angenommen, daß (7.6) für alle $x \in {]0,1[}$ gilt. Für ein beliebiges Element $u \in {]0,1[}$ ist dann wegen der Monotonie (T3) die Folge

$$\left(u_T^{(2^k)} \right)_{k \in \mathbb{N}}$$

monoton nicht-abnehmend und besitzt daher einen Grenzwert $u_0 \le u < 1$. Die rechtsseitige Stetigkeit von T impliziert

$$T(u_0,u_0) = \lim_{k \to \infty} T\left(u_T^{(2^k)}, u_T^{(2^k)} \right) = \lim_{k \to \infty} \left(u_T^{(2^k)} \right)_T^{(2)} = \lim_{k \to \infty} u_T^{(2^{k+1})} = u_0.$$

Daher verbleibt, wegen der Gültigkeit von (7.6) für alle $x \in {]0,1[}$, als einzige Möglichkeit $u_0 = 0$. Dies bedeutet aber wegen Satz 7.2.5, daß T archimedisch sein muß.

$\square$

Eine direkte Konsequenz von Satz 7.2.6(ii) ist, daß jede strikte t-Norm T archimedisch ist. Es gibt allerdings auch Beispiele strikt monotoner t-Normen, die nicht archimedisch sind (siehe [2]). Selbstverständlich kann eine t-Norm mit nicht-trivialen idempotenten Elementen niemals archimedisch sein.

Die Voraussetzung der rechtsseitigen Stetigkeit in Satz 7.2.6(ii) ist notwendig. Das folgende Beispiel zeigt, daß für t-Normen, die nicht rechtsseitig stetig sind, aus der Gültigkeit von (7.6) für alle $x \in {]0,1[}$ nicht notwendigerweise die archimedische Eigenschaft (7.5) oder die strikte Monotonie (7.4) folgen.

Beispiel 7.2.7 Die durch

$$T(x,y) = \begin{cases} 0 & \text{falls } (x,y) \in [0,0.5]^2, \\ 2(x - 0.5)(y - 0.5) + 0.5 & \text{falls } (x,y) \in {]0.5,1]}^2, \\ \min(x,y) & \text{sonst.} \end{cases}$$

gegebene t-Norm T (siehe [18]) ist offensichtlich nicht rechtsseitig stetig. Sie besitzt lediglich die beiden trivialen idempotenten Elemente 0 und 1 (das heißt, (7.6) gilt für alle $x \in {]0,1[}$), aber sie ist weder archimedisch noch strikt monoton.

Definition 7.2.8

(i) Eine t-Norm T heißt *nilpotent*, wenn sie stetig ist und wenn jedes Element $x \in {]0,1[}$ nilpotent ist, das heißt, wenn ein $n \in \mathbb{N}$ mit $x_T^{(n)} = 0$ existiert.

(ii) Ein Element $x \in {]0,1[}$ heißt *Nullteiler* von T, wenn ein $y \in {]0,1[}$ mit $T(x,y) = 0$ existiert.

Die einzige nilpotente t-Norm unter den vier wichtigsten t-Normen ist die Lukasiewicz'sche t-Norm T_L. Von den Frank'schen t-Normen ist lediglich $T_\infty^\mathbf{F} = T_\mathrm{L}$ nilpotent, während alle Yager'schen t-Normen $T_\lambda^\mathbf{Y}$ mit $\lambda \in {]0,\infty[}$ nilpotent sind.

Selbstverständlich ist jedes nilpotente Element einer t-Norm T auch ein Nullteiler von T. Für das nilpotente Miniumu $T^{\mathbf{nM}}$ ist jedes $x \in \,]0,1[$ ein Nullteiler, aber jedes $x \in \,]0.5,1]$ auch ein idempotentes Element und daher kein nilpotentes Element von $T^{\mathbf{nM}}$.

Wenn eine t-Norm T allerdings einen Nullteiler besitzt, dann existiert auch ein nilpotentes Element von T: aus $T(a,b) = 0$ für $a > 0$ und $b > 0$ folgt nämlich für $c = \min(a,b) > 0$ wegen der Monotonie (T3) unmittelbar $T(c,c) = 0$.

Eine t-Norm T ist genau dann nullteilerfrei, wenn $T(x,x) > 0$ für jedes $x \in \,]0,1]$ gilt.

Es stellt sich heraus, daß strikte und nilpotente t-Normen mit Hilfe von Satz 7.2.6(ii) vollständig charakterisiert werden können.

Satz 7.2.9 *Sei T eine stetige archimedische t-Norm. Dann sind folgende Aussagen äquivalent:*

(i) T ist nilpotent.

(ii) T besitzt wenigstens ein nilpotentes Element.

(iii) T besitzt wenigstens einen Nullteiler.

(iv) T ist nicht strikt.

BEWEIS: Trivialerweise folgen (ii) aus (i) und (iv) aus (ii). Wir wissen auch bereits, daß (ii) und (iii) äquivalent sind. Um zu zeigen, daß (iv) die Aussage (i) impliziert, sei angenommen, daß T stetig und archimedisch, aber nicht strikt ist. Dann existieren Zahlen $u,v,w \in [0,1]$ mit $u > 0$ und $v < w$, sodaß $T(u,v) = T(u,w)$. Wegen $T(v,w) \leq v < w = T(1,w)$ und der Stetigkeit von T existiert ein $z \in [v,1[$ mit $v = T(z,w) = T(w,z)$. Dann erhalten wir

$$T(u,w) = T(u,v) = T(u,T(w,z)) = T(T(u,w),z)$$

und, durch vollständige Induktion, für jedes $n \in \mathbb{N}$

$$T(u,w) = T\big(T(u,w),z_T^{(n)}\big).$$

Indem wir die Stetigkeit von T und Satz 7.2.5 ausnützen, erhalten wir

$$T(u,w) = \lim_{n \to \infty} T\big(T(u,w),z_T^{(n)}\big) = T\big(T(u,w), \lim_{n \to \infty} z_T^{(n)}\big) = T(T(u,w),0) = 0.$$

Damit sind u und v Nullteiler von T, und $b = \min(u,w) \in \,]0,1[$ ist ein nilpotentes Element von T. Nun impliziert die archimedische Eigenschaft für ein beliebiges $a \in \,]0,1[$, daß $a_T^{(n_0)} < b$ für ein hinreichend großes $n_0 \in \mathbb{N}$ gilt, woraus

$$0 \leq a_T^{(2n_0)} \leq b_T^{(2)} = 0$$

folgt. Damit ist gezeigt, daß T nilpotent ist. $\square$

7.3　Ordinalsummen

Die im folgenden vorgestellte Methode zur Konstruktion einer neuen t-Norm mit Hilfe einer gegebenen Familie von t-Normen stammt aus der Theorie der Halbgruppen [4, 5] (vergleiche auch [6, 11]).

Satz 7.3.1 *Sei $(T_k)_{k \in K}$ eine Familie von t-Normen und sei $(]\alpha_k, \beta_k[)_{k \in K}$ eine Familie von paarweise disjunkten, offenen Teilintervallen des Einheitsintervalls $[0,1]$. Weiters sei die Familie $(\varphi_k : [\alpha_k, \beta_k] \to [0,1])_{k \in K}$ von linearen Transformationen durch*

$$\varphi_k(u) = \frac{u - \alpha_k}{\beta_k - \alpha_k} \tag{7.7}$$

gegeben. Dann ist die Funktion $T : [0,1]^2 \to [0,1]$, die durch

$$T(x,y) = \begin{cases} \varphi_k^{-1}(T_k(\varphi_k(x), \varphi_k(y))) & \text{falls } (x,y) \in]\alpha_k, \beta_k[^2, \\ \min(x,y) & \text{sonst} \end{cases} \tag{7.8}$$

definiert ist, eine t-Norm.

BEWEIS: Offenbar erfüllt die Funktion T die Kommutativität (T1) und die Randbedingung (T4).

Zum Nachweis der Monotonie (T3) genügt es zu zeigen, daß für jedes $x \in [0,1]$ die Funktion $T(x, \cdot) : [0,1] \to [0,1]$ monoton nicht-abnehmend ist.

Falls $x \notin \bigcup_{k \in K}]\alpha_k, \beta_k[$, dann gilt für jedes $y \in [0,1]$ definitionsgemäß $T(x,y) = \min(x,y)$, also ist $T(x, \cdot)$ monoton nicht-abnehmend.

Falls $x \in]\alpha_{k_0}, \beta_{k_0}[$ für ein $k_0 \in K$, dann erhalten wir

$$T(x,y) = \begin{cases} y & \text{falls } y \in [0, \alpha_{k_0}], \\ \varphi_k^{-1}(T_k(\varphi_k(x), \varphi_k(y))) & \text{falls } y \in]\alpha_{k_0}, \beta_{k_0}[, \\ x & \text{falls } y \in [\beta_{k_0}, 1]. \end{cases}$$

Nun folgt aus der Tatsache, daß für alle $y \in]\alpha_{k_0}, \beta_{k_0}[$

$$\alpha_{k_0} = \varphi_{k_0}^{-1}(0) \leq T(x,y) \leq \varphi_{k_0}^{-1}(\min(\varphi_{k_0}(x), \varphi_{k_0}(y))) \leq x$$

gilt, und der Monotonie von T_{k_0}, daß $T(x, \cdot)$ monoton nicht-abnehmend ist, womit die Monotonie (T3) von T gezeigt ist.

Als nächstes halten wir fest, daß die Randbedingungen von T_k implizieren, daß $T(x,y) = \varphi_k^{-1}(T_k(\varphi_k(x), \varphi_k(y)))$ nicht nur für $(x,y) \in]\alpha_k, \beta_k[^2$, sondern für alle $(x,y) \in [\alpha_k, \beta_k]^2$ gilt.

Um die Assoziativität (T2) von T zu zeigen, unterscheiden wir die folgenden vier Fälle für die Werte $x, y, z \in [0,1]$.

Fall I: $x, y, z \in [\alpha_{k_0}, \beta_{k_0}]$ für ein $k_0 \in K$. Aus der Assoziativität von T_{k_0} folgt hier unmittelbar $T(x, T(y,z)) = T(T(x,y),z)$.

Fall II: $x, z \in [\alpha_{k_0}, \beta_{k_0}]$ und $y \notin [\alpha_{k_0}, \beta_{k_0}]$ ein $k_0 \in K$. Dies führt zu

$$\begin{aligned}
T(x,T(y,z)) &= T(x,\min(y,z)) \\
&= \min(T(x,y),T(x,z)) \\
&= \min(\min(x,y),T(x,z)) \\
&= \min(y,T(x,z)) \\
&= \min(\min(y,z),T(x,z)) \\
&= \min(T(y,z),T(x,z)) \\
&= T(\min(x,y),z) \\
&= T(T(x,y),z),
\end{aligned}$$

wobei die Gleichheiten aus der Definition von T beziehungsweise aus der bereits gezeigten Monotonie von T folgen.

Fall III: $(x,y \in [\alpha_{k_0},\beta_{k_0}]$ und $z \notin [\alpha_{k_0},\beta_{k_0}])$ oder $(y,z \in [\alpha_{k_0},\beta_{k_0}]$ und $x \notin [\alpha_{k_0},\beta_{k_0}])$ für ein $k_0 \in K$. Analoge Schlüsse wie in Fall II liefern auch hier $T(x,T(y,z)) = T(T(x,y),z)$.

Fall IV: In allen übrigen Fällen erhalten wir direkt

$$T(x,T(y,z)) = \min(x,y,z) = T(T(x,y),z).$$

Damit erfüllt T auch die Assoziativität (T2) und ist daher eine t-Norm. $\qquad\square$

Definition 7.3.2

Sei $(T_k)_{k\in K}$ eine Familie von t-Normen und sei $(]\alpha_k,\beta_k[)_{k\in K}$ eine Familie von paarweise disjunkten, offenen Teilintervallen des Einheitsintervalls $[0,1]$. Die in (7.8) definierte t-Norm T heißt *Ordinalsumme* mit den Summanden $(\langle\alpha_k,\beta_k,T_k\rangle)_{k\in K}$, und wir schreiben dafür

$$T \approx (\langle\alpha_k,\beta_k,T_k\rangle)_{k\in K}.$$

Beispiel 7.3.3

(i) Eine leere Ordinalsumme von t-Normen, das heißt eine Ordinalsumme von t-Normen mit Indexmenge $\emptyset$, liefert das Minimum $T_\mathbf{M}$:

$$T_\mathbf{M} \approx (\emptyset) = (\langle\alpha_k,\beta_k,T_k\rangle)_{k\in\emptyset}.$$

(ii) Jede t-Norm T kann als eine triviale Ordinalsumme mit einem Summanden $\langle 0,1,T\rangle$ interpretiert werden: $T \approx (\langle 0,1,T\rangle)$.

(iii) Für die Ordinalsumme T der beiden Summanden $\langle\frac{1}{4},\frac{1}{2},T_\mathbf{P}\rangle$ und $\langle\frac{2}{3},\frac{3}{4},T_\mathbf{L}\rangle$, das heißt für $T \approx (\langle\frac{1}{4},\frac{1}{2},T_\mathbf{P}\rangle,\langle\frac{2}{3},\frac{3}{4},T_\mathbf{L}\rangle)$, ergibt sich

$$T(x,y) = \begin{cases}
\frac{1}{4}(1 + (4x - 1)(4y - 1)) & \text{falls } (x,y) \in \,]\frac{1}{4},\frac{1}{2}[^2, \\
\frac{2}{3} + \max(0, x + y - \frac{17}{12}) & \text{falls } (x,y) \in \,]\frac{2}{3},\frac{3}{4}[^2, \\
\min(x,y) & \text{sonst.}
\end{cases}$$

(iv) Eine Ordinalsumme von t-Normen kann unendlich viele (aber wegen der positiven Längen der paarweise disjunkten Intervalle $(]\alpha_k, \beta_k[)_{k \in K}$ höchstens abzählbar unendlich viele) Summanden haben. Um ein konkretes Beispiel anzugeben,

$$T \approx \left(\left\langle \tfrac{1}{2^n}, \tfrac{1}{2^{n-1}}, T_{\mathrm{P}} \right\rangle \right)_{n \in \mathbb{N}}$$

bedeutet, daß

$$T(x, y) = \begin{cases} \frac{1}{2^n}(1 + (2^n x - 1)(2^n y - 1)) & \text{falls } (x, y) \in \,]\tfrac{1}{2^n}, \tfrac{1}{2^{n-1}}[^2 \,, \\ \min(x, y) & \text{sonst.} \end{cases}$$

Selbstverständlich läßt sich in völlig dualer Weise auch die Ordinalsumme von t-Conormen einführen.

Corollar 7.3.4 *Sei $(S_k)_{k \in K}$ eine Familie von t-Conormen und sei $(]\alpha_k, \beta_k[)_{k \in K}$ eine Familie von paarweise disjunkten, offenen Teilintervallen des Einheitsintervalls $[0, 1]$. Dann ist die Funktion $S : [0,1]^2 \to [0,1]$, definiert durch*

$$S(x, y) = \begin{cases} \alpha_k + (\beta_k - \alpha_k) \cdot S_k\!\left(\frac{x - \alpha_k}{\beta_k - \alpha_k}, \frac{y - \alpha_k}{\beta_k - \alpha_k} \right) & \text{falls } (x, y) \in \,]\alpha_k, \beta_k[^2 \,, \\ \max(x, y) & \text{sonst,} \end{cases}$$

eine t-Conorm. Sie heißt Ordinalsumme der Summanden $(\langle \alpha_k, \beta_k, S_k \rangle)_{k \in K}$, und wir schreiben dafür

$$S \approx (\langle \alpha_k, \beta_k, S_k \rangle)_{k \in K}.$$

Alle Überlegungen für Ordinalsummen von t-Normen gelten (mit den offensichtlichen Änderungen) auch für Ordinalsummen von t-Conormen.

Hinsichtlich der Dualität von Ordinalsummen ist folgendes festzuhalten: falls $T \approx (\langle \alpha_k, \beta_k, T_k \rangle)_{k \in K}$ eine Ordinalsumme von t-Normen ist, dann kann die durch (7.2) gegebene duale t-Conorm S in folgender Weise als Ordinalsumme von t-Conormen geschrieben werden:

$$S \approx (\langle 1 - \beta_k, 1 - \alpha_k, S_k \rangle)_{k \in K},$$

wobei die t-Conorm S_k jeweils dual zur t-Norm T_k im Sinn von (7.2) ist. Es ist jedoch zu beachten, daß die t-Norm T_k und die t-Conorm S_k im allgemeinen auf unterschiedlichen Intervallen agieren.

7.4 Darstellungssätze für stetige t-Normen

Die einzige bekannte Charakterisierung der Klasse aller t-Normen (welche unstetige t-Normen, zum Beispiel T_{D} oder T^{nM}, und sogar t-Normen, die nicht Borel-meßbar sind, enthält) ist jene mit Hilfe der Axiome (T1)–(T4). Für die überaus wichtige Teilklasse der stetigen t-Normen existieren jedoch Darstellungssätze mit Hilfe von Funktionen in einer Variablen und von Ordinalsummen.

Satz 7.4.1 *Eine Funktion* $T : [0,1]^2 \to [0,1]$ *ist genau dann eine stetige archimedische t-Norm, wenn es eine stetige, streng monoton fallende Funktion* $f : [0,1] \to [0,\infty]$ *mit* $f(1) = 0$ *gibt, sodaß für alle* $x,y \in [0,1]$

$$T(x,y) = f^{-1}(\min(f(x) + f(y), f(0))).\tag{7.9}$$

Die Funktion f *heißt dann ein additiver Generator von* T, *und sie ist bis auf einen positiven Faktor eindeutig bestimmt.*

BEWEIS: Wir nehmen zuerst an, daß $f : [0,1] \to [0,\infty]$ eine stetige, streng monoton fallende Funktion mit $f(1) = 0$ ist und daß T mit Hilfe von (7.9) definiert ist. Die Kommutativität (T1) und die Monotonie (T3) von T gelten trivialerweise. Die Randbedingung (T4) ist ebenfalls erfüllt, da für alle $x \in [0,1]$

$$T(x,1) = f^{-1}(\min(f(x) + f(1), f(0))) = f^{-1}(\min(f(x), f(0))) = x$$

gilt. Hinsichtlich der Assoziativität (T2) erhalten wir für alle $x,y,z \in [0,1]$

$$\begin{aligned}
T(T(x,y),z) &= f^{-1}(\min(f(T(x,y)) + f(z), f(0)))\\
&= f^{-1}(\min(\min(f(x) + f(y), f(0)) + f(z), f(0)))\\
&= f^{-1}(\min(f(x) + f(y) + f(z), f(0)))\\
&= f^{-1}(\min(f(x) + \min(f(y) + f(z), f(0)), f(0)))\\
&= f^{-1}(\min(f(x) + f(T(y,z)), f(0)))\\
&= T(x,T(y,z)),
\end{aligned}$$

womit gezeigt ist, daß T tatsächlich eine t-Norm ist.

Um die umgekehrte Implikation nachzuweisen, sei vorausgesetzt, daß T eine stetige archimedische t-Norm ist (zur Vereinfachung der Schreibweise werden wir in diesem Beweis einfach $x^{(n)}$ statt $x_T^{(n)}$ für $x \in [0,1]$ und $n \in \mathbb{N}$ schreiben). Falls für ein $x \in [0,1]$ und ein $n \in \mathbb{N} \cup \{\not{k}\}$ die Gleichheit $x^{(n)} = x^{(n+1)}$ gilt, dann erhalten wir durch vollständige Induktion

$$x^{(n)} = x^{(2n)} = \left(x^{(n)}\right)^{(2)}$$

und daher, da T stetig und archimedisch ist, $x^{(n)} \in \{0,1\}$. Dies bedeutet aber, daß $x^{(n)} > x^{(n+1)}$ gelten muß, sobald $x^{(n)} \in \left]0,1\right[$ erfüllt ist.

Wir definieren nun für $x \in [0,1]$ und $m,n \in \mathbb{N}$

$$\begin{aligned}
x^{\left(\frac{1}{n}\right)} &= \sup\{y \in [0,1] \mid y^{(n)} = x\},\\
x^{\left(\frac{m}{n}\right)} &= \left(x^{\left(\frac{1}{n}\right)}\right)^{(m)}.
\end{aligned}$$

Da T archimedisch ist, gilt für alle $x \in \left]0,1\right]$ notwendig

$$\lim_{n \to \infty} x^{\left(\frac{1}{n}\right)} = 1.$$

Beachte, daß der Ausdruck $x^{\left(\frac{m}{n}\right)}$ wegen $x^{\left(\frac{m}{n}\right)} = x^{\left(\frac{km}{kn}\right)}$ für alle $k \in \mathbb{N}$ wohldefiniert ist. Darüber hinaus erhalten wir für alle $x \in [0,1]$ und $m,n,p,q \in \mathbb{N}$

$$
\begin{aligned}
x^{\left(\frac{m}{n}+\frac{p}{q}\right)} &= x^{\left(\frac{mq+np}{nq}\right)} \\
&= \left(x^{\left(\frac{1}{nq}\right)}\right)^{(mq+np)} \\
&= T\left(\left(x^{\left(\frac{1}{nq}\right)}\right)^{(mq)}, \left(x^{\left(\frac{1}{nq}\right)}\right)^{(np)}\right) \\
&= T\left(x^{\left(\frac{m}{n}\right)}, x^{\left(\frac{p}{q}\right)}\right).
\end{aligned}
$$

Nun fixieren wir ein beliebiges Element $c \in\ ]0,1[$, setzen $\mathbb{Q}^+ = \mathbb{Q} \cap [0,\infty[$ und definieren die Funktion $h : \mathbb{Q}^+ \to [0,1]$ durch $h(r) = c^{(r)}$. Da T stetig ist und außerdem (7.4) für alle $x \in\ ]0,1[$ gilt, ist auch h eine stetige Funktion. Wegen

$$
h(r + s) = c^{(r+s)} = T(c^{(r)}, c^{(s)}) \leq c^{(r)} = h(r)
$$

ist auch h monoton nicht-zunehmend. Die Funktion h ist auf dem Urbild von $]0,1]$ sogar streng monoton fallend, da für alle $\frac{m}{n}, \frac{p}{q} \in \mathbb{Q}^+$ mit $h(\frac{m}{n}) > 0$

$$
h(\frac{m}{n} + \frac{p}{q}) \leq h\left(\frac{mq+1}{nq}\right) = \left(c^{\left(\frac{1}{nq}\right)}\right)^{(mq+1)} < \left(c^{\left(\frac{1}{nq}\right)}\right)^{(mq)} = h(\frac{m}{n})
$$

gilt. Auf Grund der Monotonie und der Stetigkeit von h auf $\mathbb{Q}^+$ existiert eine eindeutig bestimmte Erweiterung $\overline{h} : [0,\infty] \to [0,1]$ von h, die durch

$$
\overline{h}(x) = \inf\left\{h(r) \mid r \in \mathbb{Q}^+, r \leq x\right\}
$$

gegeben ist. Definitionsgemäß ist $\overline{h}$ stetig und monoton nicht-zunehmend, und es gilt

$$
\overline{h}(x + y) = T(\overline{h}(x), \overline{h}(y)).
$$

Selbstverständlich ist auch $\overline{h}$ auf dem Urbild von $]0,1]$ streng monoton fallend.
Nun können wir die Funktion $f : [0,1] \to [0,\infty]$ durch

$$
f(x) = \sup\left\{y \in [0,\infty] \mid \overline{h}(y) > x\right\}
$$

definieren, wobei wir, wie üblich, $\sup \emptyset = 0$ setzen. Trivialerweise ist f stetig und streng monoton fallend, und es gilt $f(1) = 0$. Unter Berücksichtigung von $\overline{h}(x) = 0$ dann und nur dann, wenn $x \geq f(0)$, und von $\overline{h}(x) > 0$ für alle $x \in [0,\infty]$ erhalten wir $\overline{h}(x) = f^{-1}(x)$.
Indem wir alle Teilergebnisse zusammenfassen, bekommen wir für alle $(x,y) \in [0,1]^2$

$$
\begin{aligned}
T(x,y) &= T(\overline{h}(f(x)), \overline{h}(f(y))) \\
&= \overline{h}(f(x) + f(y)) \\
&= f^{-1}(\min(f(x) + f(y), f(0))),
\end{aligned}
$$

womit gezeigt ist, daß (7.9) für alle $x,y \in [0,1]$ gilt.
Zum Nachweis der Eindeutigkeit additiver Generatoren nehmen wir an, daß $f,g : [0,1] \to [0,\infty]$ stetige, streng monoton fallende Funktionen mit $f(1) = g(1) = 0$ sind, sodaß für alle $x,y \in [0,1]$

$$f^{-1}(\min(f(x) + f(y), f(0))) = g^{-1}(\min(g(x) + g(y), g(0)))$$

gilt. Die Substitutionen $u = g(x)$ und $v = g(y)$ liefern für alle $u, v \in [0, g(0)]$

$$g \circ f^{-1}(\min(f \circ g^{-1}(u) + f \circ g^{-1}(v), f(0))) = \min(u + v, g(0).$$

Wenn wir die stetige, streng monoton steigende Funktion $k : [0, g(0)] \to [0, \infty]$ durch $k = f \circ g^{-1}$ definieren, so folgt für alle $u, v \in [0, g(0)]$

$$\min(k(u) + k(v), f(0)) = k(\min(u + v, g(0))).$$

Dies hat, zusammen mit der Stetigkeit von k, zur Folge, daß für alle $u, v \in [0, g(0)]$ mit $u + v \in [0, g(0)]$

$$k(u) + k(v) = k(u + v)$$

erfüllt ist. Letzeres ist eine Cauchy'sche Funktionalgleichung, für deren stetige, streng monoton steigende Lösungen (siehe [1]) notwendig $k(u) = c \cdot u$ für alle $u \in [0, g(0)]$ und für ein $c \in \,]0, \infty[$ gelten muß. Daraus folgt unmittelbar $f = c \cdot g$, womit die Eindeutigkeit additiver Generatoren stetiger archimedischer t-Normen (bis auf einen positiven Faktor) bewiesen ist. $\qquad\Box$

Wir haben schon in Satz 7.2.9 gesehen, daß eine stetige archimedische t-Norm entweder strikt oder nilpotent ist. Diese Unterscheidung läßt sich auch mit Hilfe additiver Generatoren treffen.

Satz 7.4.2 *Sei T eine stetige archimedische t-Norm.*

(i) T ist genau dann nilpotent, wenn für jeden additiven Generator f von T gilt: $f(0) < \infty$.

(ii) T ist genau dann strikt, wenn für jeden additiven Generator f von T gilt: $f(0) = \infty$.

BEWEIS: Falls f ein additiver Generator von T mit $f(0) < \infty$ ist, dann ist das Element $x = f^{-1}\left(\frac{f(0)}{2}\right) \in \,]0,1[$ wegen

$$x_T^{(2)} = f^{-1}\left(\min(2f(x), f(0))\right) = 0$$

nilpotent, und T ist auf Grund von Satz 7.2.9 eine nilpotente t-Norm.
Falls f ein additiver Generator von T mit $f(0) = \infty$ ist, so erhalten wir für alle $x, y \in \,]0,1]$ die Ungleichheit $f(x) + f(y) < f(0)$, das heißt,

$$T(x,y) = f^{-1}(f(x) + f(y)) > 0.$$

Damit ist T nullteilerfrei und wegen Satz 7.2.9 eine strikte t-Norm. $\qquad\Box$

Beispiel 7.4.3

(i) Eine Familie von additiven Generatoren $(f_\lambda^{\mathbf{F}} : [0,1] \to [0,\infty])_{\lambda \in]0,\infty]}$ für die Familie $(T_\lambda^{\mathbf{F}})_{\lambda \in]0,\infty]}$ der archimedischen Frank'schen t-Normen ist gegeben durch

$$f_\lambda^{\mathbf{F}}(x) = \begin{cases} -\log x & \text{falls } \lambda = 1, \\ 1 - x & \text{falls } \lambda = \infty, \\ -\log \frac{\lambda^x - 1}{\lambda - 1} & \text{sonst.} \end{cases}$$

(ii) Eine Familie von additiven Generatoren $(f_\lambda^{\mathbf{Y}} : [0,1] \to [0,\infty])_{\lambda \in]0,\infty[}$ für die Familie $(T_\lambda^{\mathbf{Y}})_{\lambda \in]0,\infty[}$ der stetigen archimedischen Yager'schen t-Normen ist gegeben durch

$$f_\lambda^{\mathbf{Y}}(x) = (1 - x)^\lambda.$$

Die in Satz 7.4.1 angebene Darstellung stetiger archimedischer t-Normen basiert auf der Addition (die natürlich ebenfalls eine archimedische Verknüpfung ist) auf dem Intervall $[0,\infty]$. Es existiert eine völlig analoge Darstellung stetiger archimedischer t-Normen auf der Grundlage der Multiplikation auf $[0,1]$.

Satz 7.4.4 *Eine Funktion* $T : [0,1]^2 \to [0,1]$ *ist genau dann eine stetige archimedische Norm, wenn es eine stetige, streng monoton steigende Funktion* $g : [0,1] \to [0,1]$ *mit* $g(1) = 1$ *gibt, sodaß für alle* $x,y \in [0,1]$

$$T(x,y) = g^{-1}(\max(g(x) \cdot g(y), g(0)))$$

gilt. Die Funktion g *heißt dann ein multiplikativer Generator von* T, *und sie ist bis auf einen positiven Exponenten eindeutig bestimmt.*

BEWEIS: Falls $f : [0,1] \to [0,\infty]$ ein additiver Generator einer stetigen archimedischen t-Norm T ist, dann ist die Funktion $g : [0,1] \to [0,1]$, definiert durch $g(x) = e^{-f(x)}$, offenbar ein multiplikativer Generator von T. □

Das Argument im obigen Beweis kann auch umgekehrt werden: Falls $g : [0,1] \to [0,1]$ ein multiplikativer Generator einer stetigen archimedischen t-Norm T ist, so ist die Funktion $f : [0,1] \to [0,\infty]$, gegeben durch $f(x) = -\log(g(x))$, stets ein additiver Generator von T.

Darüber hinaus ist eine stetige archimedische t-norm T genau dann strikt, wenn jeder multiplikative Generator g von T die Bedingung $g(0) = 0$ erfüllt, und genau dann nilpotent, wenn für jeden multiplikativen Generator g von T gilt: $g(0) > 0$.

Satz 7.4.5 *Sei* T *eine stetige archimedische t-Norm und* $f : [0,1] \to [0,\infty]$ *ein additiver Generator von* T. *Falls* T^* *eine zu* T *isomorphe t-Norm ist, das heißt, wenn es eine streng monoton steigende Bijektion* $\varphi : [0,1] \to [0,1]$ *gibt, sodaß für alle* $x,y \in [0,1]$

$$T^*(x,y) = \varphi^{-1}(T(\varphi(x), \varphi(y)))$$

gilt, dann ist T^* *ebenfalls eine stetige archimedische t-Norm, und die Funktion* $f \circ \varphi : [0,1] \to [0,\infty]$ *ist ein additiver Generator von* T^*.

BEWEIS: Selbstverständlich gilt $f \circ \varphi(0) = f(0)$ und außerdem

$$
\begin{aligned}
T^*(x,y) &= \varphi^{-1} \circ f^{-1}(\min(f \circ \varphi(x) + f \circ \varphi(y), f(0))) \\
&= (f \circ \varphi)^{-1}(\min(f \circ \varphi(x) + f \circ \varphi(y), f \circ \varphi(0)))
\end{aligned}
$$

für alle $x,y \in [0,1]$, womit der Beweis komplett ist. $\square$

Trivialerweise erhält jeder Isomorphismus $\varphi : [0,1] \to [0,1]$ die algebraischen und analytischen Eigenschaften von t-Normen. Insbesondere ist jede zu einer strikten t-Norm isomorphe t-Norm selbst strikt und jede zu einer nilpotenten t-Norm isomorphe t-Norm selbst nilpotent. Es gilt jedoch auch die Umkehrung dieserver Aussagen:

Satz 7.4.6

Je zwei strikte t-Normen sind zueinander isomorph.

(ii) Je zwei nilpotente t-Normen sind zueinander isomorph.

BEWEIS: Falls T_1 und T_2 zwei strikte oder zwei nilpotente t-Normen mit additiven Generatoren f_1 beziehungsweise f_2 mit $f_1(0) = f_2(0)$ (beachte, daß diese Bedingung im Fall strikter t-Normen stets erfüllt ist und im Fall nilpotenter t-Normen durch geeignete Wahl eines positiven Faktors stets erzwungen werden kann) sind, dann ist in beiden Fällen die Funktion $f_1^{-1} \circ f_2 : [0,1] \to [0,1]$ ein Isomorphismus zwischen T_2 und T_1. $\square$

Eine unmittelbare Konsequenz aus den Sätzen 7.4.5 und 7.4.6 ist, daß das Produkt T_P und die Lukasiewicz'sche t-Norm T_L nicht nur prototypische Beispiele strikter beziehungsweise nilpotenter t-Normen sind, sondern daß jede stetige archimedische t-Norm entweder zu T_P oder zu T_L isomorph ist.

Corollar 7.4.7

Eine Funktion $T : [0,1]^2 \to [0,1]$ ist genau dann eine strikte t-Norm, wenn sie zum Produkt T_P isomorph ist.

(ii) Eine Funktion $T : [0,1]^2 \to [0,1]$ ist genau dann eine nilpotente t-Norm, wenn sie zur Lukasiewicz'schen t-Norm T_L isomorph ist.

Schließlich sei noch angemerkt, daß die Darstellung stetiger archimedischer t-Normen mit Hilfe multiplikativer Generatoren auch direkt aus allgemeinen Resultaten für I-Halbgruppen [13] abgeleitet werden kann. In ähnlicher Weise ist auch der folgende Darstellungssatz für stetige t-Normen mittels Ordinalsummen eine Konsequenz der Ergebnisse von [13] im Zusammenhang mit I-Halbgruppen.

Satz 7.4.8 *Eine Funktion $T : [0,1]^2 \to [0,1]$ ist genau dann eine stetige t-Norm, wenn T als Ordinalsumme stetiger archimedischer t-Normen darstellbar ist.*

BEWEIS: Es ist nicht allzu schwierig nachzuweisen, daß jede Ordinalsumme stetiger t-Normen selbst eine stetige t-Norm ist.

Falls umgekehrt T eine stetige t-Norm ist, so zeigen wir zuerst, daß die Menge I_T aller idempotenten Elemente von T eine abgeschlossene Teilmenge von $[0,1]$ ist. Tatsächlich gilt für jede Folge $(x_n)_{n \in \mathbb{N}}$ von idempotenten Elementen von T, die gegen ein $x_0 \in [0,1]$ konvergiert, wegen der Stetigkeit von T auch

$$x_0 = \lim_{n \to \infty} x_n = \lim_{n \to \infty} T(x_n, x_n) = T(x_0, x_0).$$

Damit ist x_0 ebenfalls ein idempotentes Element von T, und I_T ist abgeschlossen. Im Fall $I_T = [0,1]$ erhalten wir wegen Satz 7.1.6 somit $T = T_\mathbf{M}$, also eine leere Ordinalsumme.

Falls I_T eine echte Teilmenge von $[0,1]$ ist, dann existieren eine nichtleere, höchstens abzählbare Indexmenge K und eine Familie paarweise disjunkter offener Teilintervalle $(]\alpha_k, \beta_k[)_{k \in K}$ von $[0,1]$ mit

$$[0,1] \setminus I_T = \bigcup_{k \in K}]\alpha_k, \beta_k[.$$

Wir fixieren ein beliebiges Element $k \in K$. Dann sind sowohl α_k als auch β_k idempotente Elemente von T, aber konstruktionsgemäß existiert kein idempotentes Element von T im offenen Intervall $]\alpha_k, \beta_k[$. Die Monotonie (T3) von T impliziert, daß für alle $(x,y) \in [\alpha_k, \beta_k]^2$

$$\alpha_k = T(\alpha_k, \alpha_k) \leq T(x,y) \leq T(\beta_k, \beta_k) = \beta_k$$

gilt, das heißt, wegen der Stetigkeit von T ist der Bildbereich von $T|_{[\alpha_k,\beta_k]^2}$ gleich $[\alpha_k, \beta_k]$. Weiters erhalten wir für jedes $x \in [\alpha_k, 1]$

$$\alpha_k \geq T(\alpha_k, x) \geq T(\alpha_k, \alpha_k) = \alpha_k,$$

das heißt, α_k ist ein Annihilator von $T|_{[\alpha_k,1]^2}$. Wegen $\{T(x, \beta_k) \mid x \in [0,1]\} = [0, \beta_k]$ für jedes $y \in [0, \beta_k]$ existiert ein $x \in [0,1]$ mit $y = T(x, \beta_k)$, und aus der Assoziativität (T2) von T folgt

$$T(y, \beta_k) = T(T(x, \beta_k), \beta_k) = T(x, T(\beta_k, \beta_k)) = T(x, \beta_k) = y.$$

Dies bedeutet, daß β_k ein neutrales Element von $T|_{[0,\beta_k]^2}$ ist.

Zusammen mit der Stetigkeit von T impliziert dies, daß die Funktion $T_k : [0,1]^2 \to [0,1]$, gegeben durch

$$T_k(x,y) = \varphi_k(T(\varphi_k^{-1}(x), \varphi_k^{-1}(y))),$$

wobei $\varphi_k : [\alpha_k, \beta_k] \to [0,1]$ die in (7.7) erwähnte streng monoton steigende Bijektion ist, eine stetige t-Norm ist. Da es im offenen Intervall $]\alpha_k, \beta_k[$ kein idempotentes Element von T gibt, erhalten wir $T_k(x,x) < x$ für alle $x \in]0,1[$, weshalb T_k wegen Satz 7.2.6 eine stetige archimedische t-Norm ist.

Im Fall $(x,y) \in]\alpha_k, \beta_k[^2$ gilt trivialerweise

$$T(x,y) = \varphi_k^{-1}(T_k(\varphi_k(x), \varphi_k(y))).$$

Falls schließlich $(x,y) \notin \,]\alpha_k,\beta_k[^2$ für alle $k \in K$ und, ohne Beschränkung der Allgemeinheit, $x \leq y$ gilt, dann existiert ein idempotentes Element $c \in I_T$ mit $x \leq c \leq y$. Da c ein neutrales Element von $T|_{[0,c]^2}$ und ein Annihilator von $T|_{[c,1]^2}$ sein muß, ergibt sich

$$T(x,y) = T(T(x,c),y) = T(x,T(c,y)) = T(x,c) = x = \min(x,y),$$

womit $T \approx (\langle \alpha_k, \beta_k, T_k \rangle)_{k \in K}$ gezeigt ist. $\qquad\qquad\square$

Abschließende Bemerkung

Es sei noch darauf hingewiesen, daß t-Normen und damit zusammenhängende Operationen in vielen Arbeiten und Büchern untersucht wurden, von denen nur einige wenige in der Literaturliste genannt werden konnten. Eine einheitliche und umfangreiche Darstellung der theoretischen Grundlagen und der Anwendungen von t-Normen in verschiedensten Bereichen ist in Vorbereitung [9]. Für den Augenblick seien an weiteren Resultaten interessierte Leser auf die Monographien von B. Schweizer und A. Sklar [18], D. Butnariu und E. P. Klement [3] und H. T. Nguyen und E. Walker [14] verwiesen.

Literaturverzeichnis

[1] ACZÉL, J.: *Lectures on Functional Equations and their Applications*, New York: Academic Press, 1966.

[2] BUDINČEVIĆ, M.; KURILIĆ, M. S. : A family of strict and discontinuous triangular norms, *Fuzzy Sets and Systems*, **95**, S. 381–384, 1998.

[3] BUTNARIU, D.; KLEMENT, E. P.: *Triangular Norm-Based Measures and Games with Fuzzy Coalitions*, Dordrecht: Kluwer, 1993.

[4] CLIFFORD, A. H.: Naturally totally ordered commutative semigroups, *Amer. J. Math.*, **76**, S. 631–646, 1954.

[5] CLIMESCU, A. C.: Sur l'équation fonctionelle de l'associativité, *Bull. École Polytechn. Iassy*, **1**, S. 1–16, 1946.

[6] FRANK, M. J.: *On the simultaneous associativity of $F(x,y)$ and $x + y - F(x,y)$,Aequationes Math.*, **19**, S.194–226, 1979.

[7] GOTTWALD, S.: *Fuzzy Sets and Fuzzy Logic. Foundations of Application — from a Mathematical Point of View*, Braunschweig/Wiesbaden: Vieweg, 1993.

[8] HÁJEK, P.: *Metamathematics of Fuzzy Logic*, Dordrecht: Kluwer, 1998.

[9] KLEMENT, E. P.; MESIAR, R.; PAP,E.: *Triangular Norms*, in preparation.

[10] KRUSE, R.; GEBHARDT, J.; KLAWONN, F.: *Foundations of Fuzzy Systems*, Chichester: ,J. Wiley & Sons, 1994.

[11] LING, C. M.: Representation of associative functions, *Publ. Math. Debrecen*, **12**, S. 189–212, 1965.

[12] MENGER, K.: Statistical Metrics. *Proc. Nat. Acad. Sci. U.S.A.*, **8**, S. 535-537.

[13] MOSTERT, P. S.; SHIELDS, A. L.: On the structure of semigroups on a compact manifold with boundary, *Ann. of Math.*, **65**, S. 117–143, 1957.

[14] NGUYEN, H. T.; WALKER, E.: *A First Course in Fuzzy Logic*, Boca Raton: CRC Press, 1997.

[15] NOVÁK, V.: *Fuzzy Sets and their Applications*, Bristol, Adam Hilger, 1989.

[16] PAP,E.: *Null-Additive Set Functions*, Dordrecht and Bratislava: Kluwer and Ister, 1995.

[17] SCHWEIZER, B. AND A. SKLAR: Statistical metric spaces, *Pacific J. Math.*, **10**, S. 313–334, 1960.

[18] SCHWEIZER, B.; SKLAR, A.: *Probabilistic Metric Spaces*, Amsterdam: North-Holland, 1983.

[19] SUGENO, M.; MUROFUSHI, T.: Pseudo-additive measures and integrals, *J. Math. Anal. Appl.*, **122**, S. 197–222, 1987.

[20] WEBER, S.: $\perp$-decomposable measures and integrals for Archimedean t-conorms $\perp$, *J. Math. Anal. Appl.*, **101**, S. 114–138, 1984.

[21] Zadeh, L. A.: Fuzzy sets, *Inform. Control*, **8**, S. 338–353, 1965.

[22] Zimmermann, H.-J.: *Fuzzy Set Theory and Its Applications*, Dordrecht: Kluwer, 1991.

8 Allgemeine Bemerkungen zu nichtklassischen Logiken

Ulrich Höhle

8.1 Einleitung

Nichtklassische Logiken entstanden zu Beginn dieses Jahrhunderts aus der Infragestellung des Satzes vom ausgeschlossenen Dritten (tertium non datur). Innerhalb der Mathematik geht diese Kritik auf L. E. J. Brouwer und seine Schüler A. Heyting und H. Weyl zurück, die sich gegen die naive Verwendung des Begriffs des Aktual-Unendlichen in der Mengenlehre wenden. In der Physik werden, im Gegensatz zur Mathematik, diese Bedenken nicht unmittelbar formuliert, aber die Entwicklung der Quantenmechanik zeigt, daß zur Beschreibung physikalischer Phänomene im subatomaren Bereich nicht alle *Gesetze der klassischen Logik* herangezogen werden können. Die intrinsische Ununterscheidbarkeit von Partikeln (da deren Ort und Geschwindigkeit nicht mit gleicher Exaktheit simultan gemessen werden können) veranlaßte schon H. Poincaré in seinen populärwissenschaftlichen Schriften (*La Science et l'Hypothèse* (1902), *La Valuer de La Science* (1904)) darauf hinzuweisen, daß – im Gegensatz zum mathematischen das physikalische Kontinuum nicht transitiv ist – d. h. A ist ununterscheidbar von B, und B ist ununterscheidbar von C, aber A ist wohl unterscheidbar von C. Diese Überlegungen werden von K. Menger in seinem Vortrag über *Geometrie und Positivismus* anläßlich des Mach-Symposiums 1966 weitergeführt (vgl. [13]).

Um die Kritik an dem Satz vom ausgeschlossenen Dritten (und damit an der klassischen Logik) auf einen Punkt zu bringen, ist es entscheidend zu verstehen, daß im Rahmen der *monoidalen Logik* (vgl. [7]) der Satz vom ausgeschlossenen Dritten äquivalent zum Gesetz der Idempotenz und dem Gesetz der doppelten Negation ist — d. h. die Formel $(\alpha \vee \neg \alpha)$ ist im Sinne der monoidalen Logik *ableitbar* genau dann, wenn die Formeln $(\alpha \rightarrow (\alpha \otimes \alpha))$ und $(\neg \neg \alpha \rightarrow \alpha)$ ableitbar sind. Daher gibt es mindestens zwei verschiedene Möglichkeiten, den Satz vom ausgeschlossenen Dritten aufzugeben: Die erste Möglichkeit besteht darin, das Gesetz der Idempotenz beizubehalten und das Gesetz der doppelten Negation aufzugeben. Dieser Ansatz führt zum Intuitionismus, dessen Axiome zum erstenmal von A. Heyting 1930 niedergelegt wurden (vgl. [5]). Die zweite Möglichkeit besteht darin, gerade umgekehrt zum Intuitionismus zu verfahren, nämlich das Gesetz der Idempotenz aufzugeben und das Gesetz der doppelten Negation beizubehalten. Diese Vorgehensweise führt zu nicht idempotenten Logiken, wie sie zum Beispiel von J. Lukasiewicz (vgl. [14]) oder J. Y. Girard (vgl. [1]) entwickelt wurden. In diesem Zusammenhang sei hervorgehoben, daß der wesentliche Unterschied zwischen der unendlich-wertigen Lukasiewiczschen Logik und der auf Girard zurückgehenden, linearen Logik darin besteht, daß Lukasiewicz das Gesetz der Teilbarkeit

$$((\alpha \wedge \beta) \to (\alpha \otimes (\alpha \to \beta)))) \qquad \text{(Teilbarkeit von } \otimes\text{)}$$

verwendet – ein Gesetz, das als eine abgeschwächte Form des Gesetzes der Idempotenz angesehen werden kann, während Girard vollständig auf die Teilbarkeit verzichtet. In jüngster Zeit hat die Lukasiewiczsche Logik eine besondere Belebung durch die Theorie unscharfer Mengen erfahren, die aus systemtheoretischen Motiven von L. A. Zadeh 1965 initiiert wurde (vgl. [51]).

8.2   Lokale Existenz und mehrwertige Logiken

Es ist wohlbekannt, daß es im Falle der klassischen Logik für die Entscheidung, ob eine Formel *beweisbar* ist, ausreicht, zweiwertige Interpretationen zu betrachten. Diese Situation ändert sich im Falle nichtklassischer Logiken grundlegend. Die Entscheidung der Beweisbarkeit von Formeln im Rahmen nichtklassischer Logiken erfordert notwendigerweise mehrwertige Interpretationen; im Falle der intuitionistischen Logik sind es Heyting algebra-wertige Interpretationen, während im Falle der unendlichwertigen Lukasiewiczschen Logik MV-algebra-wertige Interpretationen eine entscheidende Rolle spielen. In diesem Zusammenhang nimmt im Gegensatz zum Prädikatenkalkül (vgl. [16]) der Lukasiewiczsche Aussagenkalkül eine Sonderstellung ein: Da *frei erzeugte* MV-Algebren halbeinfach sind, genügt es, um die Beweisbarkeit von Formeln im Lukasiewiczschen Aussagenkalkül zu entscheiden, [0,1]-wertige Interpretationen zu betrachten, wobei das reelle Einheitsintervall [0,1] mit der kanonischen MV-Algebrastruktur ausgestattet wird, die durch die *Lukasiewiczsche, arithmetische Konjunktion* T_m

$$T_m(\alpha,\beta) \quad = \quad \max(\alpha + \beta - 1\,,0), \qquad \alpha,\beta \in [0,1]$$

festgelegt ist. Um auch für den Prädikatenkalkül eine entsprechende Situation zu erhalten, ist es hinreichend, zum Lukasiewiczschen Prädikatenkalkül eine unendlichstellige Schlußregel hinzuzunehmen. Auf diese Weise entsteht der modifizierte Lukasiewiczsche Prädikatenkalkül, in dem in Analogie zum Aussagenkalkül die Betrachtung von [0,1]-wertigen Interpretationen für die Entscheidung der Beweisbarkeit von Formeln ausreicht.

Zusammenfassend stellen wir fest, daß nichtklassische Logiken mehrwertige Interpretationen erzwingen, deren Inhalte gerade in Hinblick auf mögliche Anwendungen semantisch aufgefüllt werden müssen. Im Gegensatz zur klassischen, zweiwertigen (d. h. {0,1}-wertigen) Logik bestand im Falle nichtklassischer Logiken aber von Anfang an ein Problem, diesen semantischen Schritt überzeugend auszuführen und den Elementen aus mindestens dreielementigen Verbänden eine Bedeutung zu zuordnen, die über ihre formale Rolle hinausgeht. Es besteht allgemeiner Konsens, im zweiwertigen Fall das Element 1 als wahr und das Element 0 als falsch zu verstehen;

dagegen stößt schon die Interpretation eines dritten Elementes (z. B. $\frac{1}{2}$) auf Schwierigkeiten: Es ist der Versuch gemacht worden, $\frac{1}{2}$ als unbestimmt zu interpretieren, weil die betreffende Aussage offensichtlich weder wahr noch falsch ist. Es ist leicht einzusehen, daß diese Vorgehensweise sich nicht mehr auf Verbände mit mindestens vier oder unendlich vielen Elementen erweitern läßt.[1] Auch die Deutung von Zahlen zwischen 0 und 1 als *Grad*, zu dem eine Aussage *wahr* ist, hilft nicht weiter: Wahrsein besitzt einen ontologischen Kern, der *nicht teilbar* ist – Ein Seiendes ist entweder oder ist nicht: Ein Urteil ist entweder wahr oder nicht.

Das Ziel dieses Abschnittes ist, einen Lösungsvorschlag für das eben genannte Problem zu entwerfen, der auch im zweiwertigen Fall zu einem Paradigmawechsel führt. Ich bin davon überzeugt, wenn man falsch als die Negation von wahr definiert, daß auch im zweiwertigen Fall diese Definition nicht zufriedenstellend ist, weil in dieser Definition neben dem Begriff wahr ein einstelliger Junktor, nämlich die Negation auftritt. Da die Negation in unterschiedlichen, logischen Systemen unterschiedliche Rollen spielen, wäre damit falsch im Sinne der klassischen Logik etwas anderes als falsch im Sinne der intuitionistischen Logik.

In den folgenden Betrachtungen gehe ich von dem allgemeinen Prinzip aus, daß Erkenntnis nicht absolut, sondern *kontextabhängig* ist. Daher schlage ich in Anlehnung an D. S. Scott [17] vor, Elemente von Verbänden als symbolische Beschreibung eines *Kontextes* zu verstehen, in dem ein beobachteter Sachverhalt oder allgemein ein Urteil wahr ist. Um diese Idee etwas genauer ausdrücken zu können, werde ich mich im folgenden einer *geometrischen* Sprache bedienen: Den Kontext, in dem die Eigenschaft wahr zutrifft, verstehe ich als den Definitionsbereich von wahr. Insbesondere wird jedes Element eines vollständigen Verbandes L als Definitionsbereich von wahr interpretiert. Dabei ist das größte Element $1 \in L$ der **globale** Definitionsbereich von wahr, während das kleinste Element $0 \in L$ als der leere Definitionsbereich von wahr angesehen werden kann. In diesem Zusammenhang ist es folgerichtig, falsch als **wahr mit leerem Definitonsbereich** aufzufassen. Weiterhin wird ohne weiteres deutlich, daß hinter der Hierarchie der Definitionsbereiche von wahr, wie sie durch die im Verband vorliegende Halbordnung festgelegt ist, der alte Aristotelische Gedanke von der *Seinshierarchie* der Wirklichkeit steht – z. B. "Gott ist gut", der "Mensch ist gut" und etwa "das Werkzeug ist gut". Ich möchte an dieser Stelle keine tieferen, philosophischen Überlegungen zur *lokalen Existenz von wahr* entwickeln, sondern mich vielmehr auf eine mathematische Struktur, d. h. Kategorie, beschränken, die diese Idee widerspiegelt.

Im folgenden stütze ich mich auf den modifizierten Lukasiewiczschen Prädikatenkalkül und benutze in diesem Rahmen die formalisierte Theorie der Identität mit Existenzprädikat, deren Axiomenschemata wie folgt lauten:

---

[1] In diesem Zusammenhang sei der Leser auch auf Ausführungen auf Seite 2 in [3] verwiesen.

(IE1) $((\tau_1 = \tau_2) \to (e(\tau_1) \wedge e(\tau_2)))$.   *(Striktheit)*

(IE2) $(e(\tau) \to (\tau = \tau))$.   *(ivität)*

(IE3) $((\tau_1 = \tau_2) \to (\tau_2 = \tau_1))$.   *(Symmetrie)*

(IE4) $((\tau_1 = \tau_2) \to ((e(\tau_2) \to (\tau_2 = \tau_3)) \to (\tau_1 = \tau_3)))$.   *(Transitivität)*

Das Axiom (IE1) bedeutet, daß die Gleichheit von Objekten ihre Existenz impliziert. Ferner setzt die Reflexivität die Existenz der betreffenden Objekte voraus. Das Axiom (IE3) ist selbstredend. Schließlich zeigt (IE4), daß auch in der Formulierung des Transitivitätsaxioms das Existenzprädikat eine besondere Rolle spielt.

Definition 8.2.1 $[0,1]$-*wertige Modelle* (X,E) *der formalisierten Theorie der Identität mit Existenzprädikat heißen auch* $[0,1]$-*wertige Mengen* — *d. h.* X *ist eine nicht leere Menge, und* $E : X \times X \longmapsto [0,1]$ *ist eine Abbildung, die folgende Bedingungen erfüllt:*

(E1) $E(x,y)\ \leq\ \min(E(x,x),E(y,y))$.   *(Striktheit)*

(E2) $E(x,y)\ =\ E(y,x)$.   *(Symmetrie)*

(E3) $E(x,y)\ -\ E(y,y)\ +\ E(y,z)\ \leq\ E(x,z)$.   *(Transitivität)*

Mit einer $[0,1]$-wertigen Menge (X,E) assoziieren wir die folgenden, semantischen Inhalte: Die reelle Zahl $E(x,x)$ repräsentiert den Definitionsbereich des Partikels x – d. h. $E(x,x)$ bezeichnet denjenigen "Bereich", in dem x existiert; die reelle Zahl $E(x,y)$ bezeichnet denjenigen "Bereich", in dem sich die Partikel x und y überlappen. Insbesondere stimmt der Bereich, in dem sich x mit sich selbst überlappt, notwendigerweise mit dem Definitionsbereich von x überein.

Eine $[0,1]$-wertige Menge (X,E) heißt *separiert* genau dann, wenn (X,E) folgende zusätzliche Eigenschaft erfüllt:

(E4) $\max(E(x,x),E(y,y)) \leq E(x,y)$ impliziert $x = y$.   *(Separation)*

Unter der Kategorie der separierten, $[0,1]$-wertigen Mengen verstehen wir eine Kategorie I-**SET**, deren *Objekte* separierte, $[0,1]$-wertige Mengen und deren *Morphismen* Abbildungen $\varphi : X \longmapsto Y$ zwischen $[0,1]$-wertigen Mengen (X,E) und (Y,F) sind, die folgende Axiome erfüllen:

(m1) $E(x,x)\ =\ F(\varphi(x),\varphi(x))\qquad \forall\, x \in X$ *(Striktheit)*

(m2) $E(x_1,x_2)\ \leq\ F(\varphi(x_1),\varphi(x_2))$ *(Erhaltung der Gleichheit)*

Aus dem Theorem 2.14(b) in [6] folgt, daß I-**SET** eine (epi,extremal mono)-Kategorie ist. Insbesondere ist das **terminale Objekt 1** in I-**SET** durch folgende separierte, $[0,1]$-wertige Menge (Z,G) gegeben:

$$Z \;=\; [0,1], \qquad\qquad G(\alpha,\beta) \;=\; \min(\alpha,\beta).$$

Weiterhin ist es nicht schwer zu sehen, daß für jedes $\alpha \in [0,1]$ das Intervall $[0,\alpha]$ die Trägermenge eines extremalen Subobjektes von **1** ist. Umgekehrt gilt:

Satz 8.2.2 *Es sei* $\varphi : (X,E) \longmapsto \mathbf{1}$ *ein extremaler Monomorphismus. Dann ist* φ *eine injektive Abbildung, und es existiert eine reelle Zahl* $\alpha \in [0,1]$, *so daß* $\varphi(X) = [0,\alpha]$.

BEWEIS: Da $\varphi : X \longmapsto [0,1]$ ein extremaler Monomorphismus im Sinne von I-**SET** ist, erfüllt φ offenbar folgende Bedingungen (vgl. Seite 49 in [6]):

(EM1) $\quad E(x_1,x_2) \;=\; \min(\varphi(x_1),\varphi(x_2))$.

(EM2) $\quad \beta \;=\; \sup\{2 \cdot \min(\varphi(x),\beta) - E(x,x) \mid x \in X\} \;\Longrightarrow$
$\qquad\qquad \Longrightarrow \;\; \exists\, x_0 \in X \text{ mit } \varphi(x_0) = \beta.$

Ferner folgt aus dem Axiom (m1), daß φ die nachstehende Gestalt besitzt:

$$\varphi(x) \;=\; E(x,x) \qquad \forall\, x \in X .$$

Aus (EM1) und (E4) schließen wir, daß φ injektiv ist. Ferner setzen wir

$$\varkappa \;=\; \sup\{E(x,x) \mid x \in X\}$$

und erhalten aus (EM2) ein Element $x_0 \in X$ mit $E(x_0,x_0) = \varkappa$; m. a. W.: $\varphi(X) \subseteq [0,\varkappa]$. Da $\varkappa \in \varphi(X)$ ist, folgt umgekehrt wiederum aus (EM2), daß $[0,\varkappa] \subseteq \varphi(X)$. Also ist die Behauptung bewiesen.

Theorem 8.2.1 *Es existiert eine bijektive Abbildung zwischen* $[0,1]$ *und der Menge aller extremalen Subobjekte des terminalen Objektes in* I-**SET**.

Das vorangegangene Theorem unterstreicht die besondere Rolle des Einheitsintervalles in der Kategorie aller separierten, $[0,1]$-wertigen Mengen. In diesem Zusammenhang sei daran erinnert, daß in der Kategorie **SET** der gewöhnlichen Mengen die Menge der (extremalen) Subobjekte des terminalen Objektes genau aus **zwei** Elementen besteht, nämlich einer einpunktigen Menge und der leeren Menge.

8.3 Das Poincaré Paradoxon und die Łukasiewiczsche Logik

Wie schon in der Einleitung angeklungen ist, bezeichnen wir die Situation "A ist ununterscheidbar von B", und "B ist ununterscheidbar von C", aber "A ist durchaus unterscheidbar von C" – d. h.

$$A = B, \qquad B = C, \qquad A \neq C,$$

als das Poincaré Paradoxon. In diesem Zusammenhang, gerade in Hinblick auf mögliche, physikalische Anwendungen, ist die folgende Frage von besonderem Interesse: Existieren Logiken, in denen das Poincaré Paradoxon keine Kontradiktion ist? Oder formal ausgedrückt: In welcher nichtklassischen Logik ist im Rahmen der formalen Theorie der Identität (mit eventuellem Existenzprädikat) die Formel

$$\neg((x = y) \wedge ((y = z) \wedge \neg(x = z))) \tag{1}$$

nicht beweisbar? Es ist interessant zu sehen, daß hier die intuitionistische Logik ausscheidet (vgl. Theorem 4 in [10]). Diese Feststellung stimmt mit dem intuitiven Verständnis überein, daß die intuitionistische Logik zwar für die Grundlagendiskussion innerhalb der Mathematik von großer Bedeutung, aber in außermathematischen Anwendungen problematisch ist. Andererseits ist es nicht überraschend, da in der Lukasiewiczschen Logik das Gesetz der Kontradiktion *nicht gilt*, daß im Rahmen der formalisierten Theorie der Identität mit Existenzprädikat und gestützt auf den modifizierten, Lukasiewiczschen Prädikatenkalkül die Formel in (1) nicht beweisbar ist (vgl. Theorem 8 in [10]). Insbesondere erzwingt die Präsenz des Poincaré Paradoxon — d. h. die Nichtbeweisbarkeit der Formel in (1) — nicht idempotente Logiken! In diesem Sinne scheint die (unendlichwertige) Lukasiewiczsche Logik anwendungsbezogener zu sein als der Intuitionismus.

Da in der Cluster Analysis nicht transitive, binäre Relationen eine große Rolle spielen, möchte ich folgende Begriffsbildung vorschlagen:

Definition 8.3.1 (Verträglichkeit mit dem Poincaré Paradoxon) *Es sei X eine nicht leere Menge und $\mathcal{R}$ eine reflexive, symmetrische, aber nicht transitive, binäre Relation auf X. Eine [0,1]-wertige Gleichheit auf E auf X heißt verträglich mit $\mathcal{R}$ genau dann, wenn folgende Beziehung gilt:*

$$\mathcal{R} \;=\; \left\{ (x,y) \in X \times X \;\middle|\; 1 - \frac{E(x,x) + E(y,y)}{2} + E(x,y) > 0 \right\}$$

Ein prominentes Beispiel einer binären, reflexiven, symmetrischen, aber nicht transitiven Relation tritt in der Darstellung von reellen Zahlen auf Computern auf: Es sei $0 < \epsilon$ eine positive reellen Zahl (z. B. $\epsilon = 10^{-6}$); zwei reelle Zahlen α und β werden miteinander identifiziert genau dann, wenn $|\alpha - \beta| < \epsilon$ — d. h. die zugrundeliegende, nicht transitive Relation ist gegeben durch:

$$\mathcal{R}_\epsilon \;=\; \left\{ (\alpha,\beta) \in \mathbb{R} \times \mathbb{R} \;\middle|\; |\alpha - \beta| < \epsilon \right\} \; .$$

Es ist nicht schwer zu sehen, daß auf $\mathbb{R}$ eine (globale) [0,1]-wertige Gleichheit $E_\epsilon :$ $\mathbb{R} \times \mathbb{R} \longmapsto [0,1]$ vorhanden ist, die mit $\mathcal{R}_\epsilon$ verträglich ist — z. B.

$$E_\epsilon(\alpha,\beta) \;=\; 1 - \min\left(\frac{1}{\epsilon} \cdot |\alpha - \beta|, 1\right).$$

Da E_ϵ mehr Informationen enthält als $\mathcal{R}_\epsilon$, stellt sich in diesem Zusammenhang die natürliche Frage, welchen Beitrag zur Intervallarithmetik [0,1]-wertige Gleichheiten leisten können.

8.4 Theorie unscharfer Mengen und Łukasiewiczsche Logik

Wie schon in der Einleitung angedeutet worden ist, geht die Theorie unscharfer Mengen (= fuzzy sets) auf L. A. Zadeh (1965) zurück. Obwohl A. Mostowski (vgl. [15]) und K. Menger (vgl. [12]) als Vorgänger angesehen werden können, war es doch erst Zadeh selbst, der [0,1]-wertige Abbildungen als verallgemeinerte, charakteristische Funktionen interpretierte. Dabei liegt die Vorstellung zugrunde, daß im Gegensatz zu gewöhnlichen, zweiwertigen Funktionen im Falle von verallgemeinerten, charakteristischen Funktionen ein *gleitender Übergang* zwischen den Werten 0 und 1 möglich sein soll. Das durch eine verallgemeinerte, charakteristische Funktion "charakterisierte Objekt" nennt L.A. Zadeh **unscharfe Menge** (vgl. [51]) und vermeidet auffälligerweise eine explizite, mathematische Definition von unscharfen Mengen.[2] Die "mengentheoretischen" Operationen von "unscharfen Mengen" drückt Zadeh durch algebraische Operationen auf der Menge $[0,1]^X$ aller verallgemeinerten, charakteristischen Funktionen mit Definitionsbereich X aus. Dabei stützt sich die "Vereinigungsbildung" auf das Maximum, die "Durchschnittsbildung" auf das Minimum und die "Komplementbildung" auf die Łukasiewiczsche Negation. In diesem Sinne kann die Theorie unscharfer Mengen im modifizierten Łukasiewiczschen Prädikatenkalkül angesiedelt werden, obwohl L. A. Zadeh selbst auf diese Beziehung nie explizit hinweist. Abgesehen von dieser logischen Einordnung bleibt folgende Frage offen: Nimmt man die Interpretation ernst, daß [0,1]-wertige Funktionen verallgemeinerte, charakteristische Funktionen sind, dann ist damit das folgende, grundlegende Problem verbunden:

Welche mathematischen Objekte werden durch [0,1]-wertige Abbildungen
beschrieben ?

In diesem Zusammenhang ist es hilfreich, sich daran zu erinnern, wie F. W. Lawere 1964 zeigte, daß in der Kategorie **SET** der gewöhnlichen Mengen der Zusammenhang zwischen *Teilmengen* und *charakteristischen* (zweiwertigen) *Funktionen* durch ein Pullback-Diagramm beschrieben werden kann,

$$
\begin{array}{ccc}
U & \xrightarrow{\ !_U\ } & 1 \\[2pt]
\downarrow{\scriptstyle i_U} & & \downarrow{\scriptstyle t} \\[2pt]
X & \xrightarrow[\ \chi_U\ ]{} & \{0,1\}
\end{array}
\qquad\qquad (\Omega)
$$

wobei i_U die Inklusionsabbildung von U nach X, **1** das terminale Objekt in **SET** (d. h. **1** ist eine einelementige Menge — z. B. $\mathbf{1} = \{\cdot\}$), und t eine Abbildung von **1** nach $\{0,1\}$ ist, die wie folgt festgelegt ist: $t(\cdot) = 1$. Insbesondere heißt

---

[2] Obwohl L.A. Zadeh in seiner Arbeit [51] in seinen Bezeichnungen zwischen unscharfen Mengen (=fuzzy sets) und verallgemeinerten, charakteristischen Funktionen (=membership functions) unterscheidet, wurden in der anschließenden, historischen Entwicklung unscharfe Mengen als [0,1]-wertige Funktionen aufgefaßt.

t auch *arrow true*. Das Entscheidende ist, daß zu jeder Teilmenge von X genau eine charakteristische Funktion existiert, so daß (Ω) ein Pullback-Diagram ist; und umgekehrt, zu jeder charakteristischen Funktion mit Definitionsbereich X existiert genau eine Teilmenge U von X, so daß (Ω) wiederum ein Pullback-Diagramm ist.

Die obige Frage kann nun wie folgt gestellt werden: Existiert ein kategorieller Rahmen für die Theorie unscharfer Mengen — d. h. eine Kategorie, die folgende Eigenschaften hat?

1. [0,1]-wertige Abbildungen können als charakteristische Morphismen internalisiert werden,

2. Subobjekte und charakteristische Morphismen können im Sinne von (Ω) miteinander identifiziert werden.

Wenn wir auf eine Internalisierung der Lukasiewiczschen Negation verzichten, dann lautet die Antwort **JA**, und die betreffende Kategorie ist durch die Kategorie $sh([0,1])$ der Garben über [0,1] gegeben. Die Situation ist im einzelnen wie folgt: Jede Menge X wird mit der zu X gehörenden konstanten Garbe $(S(X),\tilde{\delta})$ identifiziert. Benutzen wir hier die auf M. Fourman and D. S. Scott zurückgehende Terminologie (vgl. [4]), dann ist $S(X),\tilde{\delta})$ eine *vollständige*, [0,1]-wertige Menge, die in folgender Weise festgelegt ist:

$$S(X) \quad = \quad \{\alpha \cdot 1_{\{x\}} \mid (x,\alpha) \in X\times]0,1]\} \cup \{1_\varnothing\}, \qquad \text{wobei}$$

$$1_{\{x\}}(z) = \left\{ \begin{array}{lll} 1 & : & z = x \\ 0 & : & x \neq z \end{array} \right\}, \qquad 1_\varnothing = 0 \quad ;$$

$$\tilde{\delta}(1_\varnothing, \alpha \cdot 1_{\{x\}}) \quad = \quad \tilde{\delta}(\alpha \cdot 1_{\{x\}}, 1_\varnothing) \quad = \quad 0,$$

$$\tilde{\delta}(\alpha \cdot 1_{\{x\}}, \beta \cdot 1_{\{y\}}) \quad = \quad \left\{ \begin{array}{lll} 0 & : & x \neq y \\ \min(\alpha,\beta) & : & x = y \end{array} \right\}.$$

Ferner induziert das reelle Einheitsintervall [0,1] eine vollständige, [0,1]-wertige Menge $\Omega = (\mathcal{R}_{[0,1]}, E_{[0,1]})$ durch:

$$\mathcal{R}_{[0,1]} \quad = \quad \{(\alpha,\lambda) \in [0,1] \times [0,1] \mid \lambda \leq \alpha\}$$

$$E_{[0,1]}((\alpha_1,\lambda_1), (\alpha_2,\lambda_2)) \quad = \quad \min\{\alpha_1, \alpha_2, (\lambda_1 \leftrightarrow \lambda_2)\}, \qquad \text{wobei}$$

$$\lambda_1 \leftrightarrow \lambda_2 \quad = \quad \left\{ \begin{array}{lll} 1 & : & \lambda_1 = \lambda_2 \\ \min(\lambda_1,\lambda_2) & : & \lambda_1 \neq \lambda_2 \end{array} \right. .$$

Es ist nicht schwer zu zeigen, daß jede Abbildung $f : X \longmapsto [0,1]$ mit einer bezüglich $\tilde{\delta}$ extensionalen und strikten Abbildung $\bar{f} : S(X) \longmapsto \mathcal{R}_{[0,1]}$ identifiziert werden kann — d.h mit einer Abbildung, die folgende Bedingungen erfüllt:

$$\bar{f}(\alpha \cdot 1_{\{x\}}) \quad \leq \quad \alpha \qquad \forall (x,\alpha) \in X \times [0,1],$$

$$\min(\tilde{f}(\alpha \cdot 1_{\{x\}}), \tilde{\delta}(\alpha \cdot 1_{\{x\}}, \beta \cdot 1_{\{y\}})) \quad \leq \quad \tilde{f}(\beta \cdot 1_{\{y\}}).$$

Insbesondere ist $\tilde{f}$ gegeben durch:

$$\tilde{f}(\alpha \cdot 1_{\{x\}}) \quad = \quad (\alpha, \min(\alpha, f(x))).$$

Schließlich repräsentiert $([0,1], \min)$ das terminale Objekt in $sh([0,1])$, und der Morphismus $t : ([0,1], \min) \longmapsto \Omega$ ist in folgender Weise festgelegt: $t(\alpha) = (\alpha, \alpha)$. Dann kann jede $[0,1]$-wertige Abbildung f mit dem Definitionsbereich X im Sinne des nachstehenden Pullback-Diagramms

$$
\begin{array}{ccc}
(U, G) & \longrightarrow & ([0,1], \min) \\
\varphi \downarrow & & \downarrow t \\
(S(X), \tilde{\delta}) & \xrightarrow{\;\;\tilde{f}\;\;} & \Omega
\end{array}
$$

mit einer Subgarbe (U, G) der konstanten Garbe $(S(X), \tilde{\delta})$ identifiziert werden, und umgekehrt. Insbesondere ist die Trägermenge U der zu f korrespondierenden Subgarbe gegeben durch

$$U \quad = \quad \{\alpha \cdot 1_{\{x\}} \in S(X) \mid \alpha \leq f(x)\} \cup \{1_\varnothing\}.$$

Es ist interessant zu sehen, daß U genau diejenigen lokalen Punkte $\alpha \cdot 1_{\{x\}}$ enthält, deren Definitionsbereich mit demjenigen Bereich übereinstimmt, in dem die „Elementrelation $\in$" für $\alpha \cdot 1_{\{x\}}$ gültig ist. Insbesondere steht diese Beobachtung in Einklang mit unseren Überlegungen zur lokalen Existenz in Abschnitt 2.

Die Absicht, auch die Lukasiewczsche Negation als *truth arrow* zu internalisieren, zwingt uns, die Kategorie $sh([0,1])$ der gewöhnlichen Garben über $[0,1]$ zu der Kategorie $sh(M)$ der Garben über der kanonischen MV-Algebra M $([0,1], \leq, T_m)$ zu erweitern. Auch in $sh(M)$ kann jede $[0,1]$-wertige Abbildung mit einer Subgarbe über M identifiziert werden (vgl. [11]). Im Gegensatz zu $sh([0,1])$ enthält aber $sh(M)$ mehr Subobjekte als charakteristische Morphismen.

Zusammenfassend stellen wir fest, daß die Theorie unscharfer Mengen mathematisch gesehen ein Teilgebiet der Garbentheorie ist.

Literaturverzeichnis

[1] GIRARD, J. Y.: Linear logic, *Theor. Comp. Sci.*, **50**, S. 1–102, 1987.

[2] GOLDBLATT, R.: *Topoi: The Categorial Analysis of Logic*. Amsterdam: North-Holland 1979.

[3] GOTTWALD, S.: *Mehrwertige Logik*. Berlin: Akademie-Verlag 1989.

[4] FOURMAN, M.; SCOTT, D. S.: Sheaves and logic. In: *Applications of Sheaves, Lecture Notes in Mathematics*, **753**, Berlin, New York: Springer-Verlag, S. 302–401, 1979.

[5] HEYTING, A.: Die formalen Regeln der intuitionistischen Logik, *Sitzungsbericht der Preuss. Akad. Wiss., Phys.-math. Klasse*, S. 42–71, 1930.

[6] HÖHLE, U.: M-Valued sets and sheaves over integral, commutative cl-monoids. In : *Applications of Category Theory to Fuzzy Subsets* (Rodabaugh, S.E. et al. eds.), Dordrecht, Boston: Kluwer Academic Publishers, S. 33–72, 1992.

[7] ――――― , Commutative, residuated ℓ-monoids. In: *Non-Classical Logics and Their Applications to Fuzzy Subsets* (Höhle, U.; Klement, E. P. eds.), Dordrecht, Boston: Kluwer Academic Publishers, S. 53–106, 1995.

[8] ――――― , Presheaves over GL-monoids. In: *Non-Classical Logics and Their Applications to Fuzzy Subsets*(Höhle, U.; Klement, E. P. eds.), Dordrecht, Boston: Kluwer Academic Publishers, S. 127–157, 1995.

[9] ――――― , On the fundamentals of fuzzy set theory, *J. Math. Anal. Appl.* **201**, S. 786–826, 1996.

[10] ――――― , The Poincaré paradox and non-classical logics. In : *Fuzzy Sets, Logics and Knowledge-based Reasoning* (Dubois, D. ed.), Dordrecht, Boston: Kluwer Academic Publishers 1998/99 (erscheint).

[11] ――――― , Classification of subsheaves over GL-algebras, *Proceedings of Logic Colloquium '98*, Prague 1998, (Buss, S.; Hájek, P.; Pudlák, P. eds.), Berlin, New York: Lecture Notes in Logic, Springer-Verlag 1999 (erscheint).

[12] MENGER, K.: Ensembles flous et fonctions aléatoires, *C.R. Acad. Sci. Paris* **232**, S. 2001–2003, 1951.

[13] ――――― , Geometry and positivism – a probabilistic microgeometry. In: *Selected Papers in Logic and Foundations, Didactics, Economics*, Dordrecht: Reidel, S. 225–234, 1979.

[14] LUKASIEWICZ, J.; TARSKI, A.: Untersuchungen über den Aussagenkalkül, *C.R. Sci. et Lettres Varsovie*, **23**, CL. III, 30–50, 1930.

[15] MOSTOWSKI, A.:Proofs of non-deducibility in intuitionistic functional calculus, *J. Symbolic Logic*, **13**, S. 204–207, 1948.

[16] SCARPELLINI, B.: Die Nichtaxiomatisierbarkeit des unendlichwertigen Prädi katenkalküls von Łukasiewicz, *J. of Symbolic Logic*, **27**, 159–170, 1962.

[17] SCOTT, D. S.: Identity and existence in intuitionistic logic. In: *Applications of Sheaves*, Berlin, New York: Lecture Notes in Mathematics **753**, Springer-Verlag, S. 660–696, 1979.

[18] ZADEH, L. A.: Fuzzy sets, *Information and Control*, **8**, S. 338–353, 1965.

Teil III

Meinungen

9 Fuzzy Theorie als Alternative zur Stochastik
- Was heißt hier: Eine Alternative?

Volker Mammitzsch

9.1 Einleitung

Im Streit der Meinungen über das Für und Wider der Fuzzy Theorie hat es schon oft Auseinandersetzungen gegeben. So hat 1982 D.V. LINDLEY in [8] unter der Überschrift „Scoring Rules and the Inevitability of Probability" mit G. A. BARNARD, J. M. BERNARDO, H. DINGES, G. SHAFER, B. W. SILVERMAN, C. A. SMITH und L. A. ZADEH die Klingen gekreuzt.

Aus neuerer Zeit seien erwähnt der Sonderbeitrag von 1994 in [6] mit dem bezeichnenden Titel „Fuzziness vs. Probability - the n-th Round", in dem sich die Autoren D. DUBOIS und H. PRADE, E. HISPAL, G. J. KLIR, B. KOSKO, N. WILSON, D. V. LINDLEY, W. H. WOODALL und R. E. DAVIS, sowie J. C. BEDZEK kritisch zu der Arbeit „The Efficacy of Fuzzy Representation of Uncertainty" von M. LAVIOLETTE und J. W. SEAMAN, JR. äußerten, und der 1995 erschienene Artikel „A Probabilistic and Statistical View of Fuzzy Methods" von M. LAVIOLETTE, J. W. SEAMAN, JR., J. D. BARRETT und W. H. WOODALL mit Diskussionsbeiträgen von P. P.BONISSONE, R. G. ALMOND, L. A. ZADEH, A. KANDEL, A. MARTINS, R. PACHECO, P. CHEESEMAN UND P. J. ROUSSEEUW.

Eine Zusammenstellung der Literatur zum Themenkreis bis zum Jahr 1992 findet sich in der Diplomarbeit von M. RUPPERT [10], auf die mich Frau U. GATHER dankenswerterweise hingewiesen hat.

Der wohl heftigste Kritiker der Fuzzy Theorie ist D. V. LINDLEY. Noch schärfer als in dem schon erwähnten Artikel [8] äußert er sich 1987 in [9]. Dort heißt es im Abstract:

> „Arguments are adducted to support the claim that the only satisfactory description of uncertainty is probability. ... A challenge is made that anything that can be done by alternative methods for handling uncertainty can be done better by probability."

Und noch einmal bekräftigend am Schluß:

> „(...) probability is the only sensible description of uncertainty and is adequate for all problems involving uncertainty. All other methods are

> inadequate. (...) My challenge that anything that can be done with fuzzy
> logic, belief functions, upper and lower probabilities, or any other alter-
> native to probability, can be better done with probability, remains."[1]

Weniger apodiktisch heißt es bei LAVIOLETTE et al., wobei auch der Nutzen der
Fuzzy Theorie nicht verschwiegen wird:

> „Although we have serious reservations about some philosophical tenets
> of fuzzy set theory, we do not claim that the theory has been useless. The
> well-documented successful applications, paticularly in control theory,
> show that fuzzy set theory can work if carefully applied. Rather, we
> take a skeptical view, in that so far we have found no instances in which
> fuzzy set theory is *uniquely* useful - that is, no solutions using fuzzy set
> theory that could not have been achieved at least as effectively using
> probability and statistics." (Hervorhebung im Original).[2]

Demgegenüber wird der Nutzen der Stochastik von den Anhängern der Fuzzy
Theorie in keiner Weise in Frage gestellt. Es wird lediglich behauptet, daß sich
bestimmte Probleme nicht für die Behandlung mit konventionellen Methoden, wohl
aber mittels der Fuzzy Theorie eignen, so z. B. Zadeh:

> „(...)fuzzy logic fills a definite need for ways of dealing with problems in
> which the sources of imprecision and uncertainty do not lend themselves
> to analysis by conventional methods."[3]

Angesichts der zahlreichen Äußerungen kompetenter Wissenschaftler zu dieser
Streitfrage ist es verwunderlich, daß der Autor dieser Zeilen um eine Stellungnahme
gebeten wurde, obwohl er keinerlei Veröffentlichungen über Fuzzy Theorie vorzu-
weisen hat. D.h. *eine* Ausnahme gibt es: Er hat die Arbeit [13] von L.A. Zadeh aus
dem Jahr 1968, die als zweite zu diesem Themenkreis überhaupt publiziert wurde,
seinerzeit für das „Zentralblatt" referiert - vor 30 Jahren! Vermutlich wird jemand,
der so lange geschwiegen hat, als unvoreingenommen im Streit der Meinungen angesehen und ihm vielleicht sogar die Rolle eines Schiedsrichters zugedacht.

Um sich dieser undankbaren Aufgabe wenigstens teilweise zu entledigen, seien
drei Kriterien in Form von drei Fragen formuliert und der Versuch einer kurzen
Antwort darauf unternommen.

9.2   Ein innermathematisches Kriterium

Frage: Ist die Fuzzy Theorie als in sich geschlossene mathematische Theorie der
Stochastik vergleichbar?

---

[1] [9], S. 24.
[2] [7], S. 260.
[3] [7], S. 273.

Die *Antwort* hierauf kann nur lauten: Eher nein! In der Tat lassen sich wesentliche Teile der Theorie nur fallweise behandeln, und in den meisten Fällen sind dazu leistungsfähige Computer erforderlich, kurz: die Theorie ist nicht als einheitliches Gedankengebäude darstellbar.

Aber der Vergleich ist nicht fair! Während die Fuzzy Theorie im Jahre 1965 beginnt,[4] also erst 33 Jahre alt ist, geht die mathematische Wahrscheinlichkeitstheorie nach Meinung der Mathematik-Historiker[5] auf einen Briefwechsel zwischen B. PASCAL und P. DE FERMAT um das Jahr 1654 zurück. Sie ist damit zehnmal so alt, hat aber ihre endgültige Ausprägung erst 1933 durch A.N. KOLMOGOROV in seinem Ergebnisbericht [5] gefunden.

9.3   Ein wissenschaftstheoretisches Kriterium

Frage: Gibt es unterschiedliche Konzepte von Unsicherheit, die ihrem Wesen nach so verschieden sind, daß sie unterschiedliche mathematische Modelle erfordern?

Diese Frage wird nahegelegt z. B. durch Ausführungen von L. A. ZADEH

„In fact, fuzzy and vague are distinct concepts (...)"[6]

oder von H. BANDEMER:

„When considering real-world data more and more intensively we find all burdened with *uncertainty* of different kinds. (...) A first kind of uncertainty stems from the *variability* of the data. (...) Another kind of uncertainty is connected with the impossibility of observing or measuring *to an arbitrary level of precision*." (Hervorhebungen im Original)[7]

bzw. von G. KLIR und M. J. WIERMANN:

„(...) we must understand the notion of uncertainty first. This requires, in turn, that the various facets of uncertainty be adequately conceptualized and formalized in appropriate mathematical language."[8]

Eine abschließende *Antwort* ist allerdings mit den Mitteln der Mathematik allein nicht zu leisten. Es handelt sich eher um eine philosophische Fragestellung, vor der die Mathematik kapitulieren muß.

---

[4] Vgl. [12].
[5] Vgl. etwa [2], S. 95 oder [11], S. 111ff.
[6] [7],S. 275.
[7] [1], S. 585.
[8] [4], S. 2.

9.4   Ein pragmatisches Kriterium

Frage: Gibt es sachwissenschaftliche Probleme, für die sich mittels der Fuzzy Theorie einfachere mathematische Modelle als mit Hilfe der Stochastik aufstellen lassen, und liefern die erzielten Ergebnisse eine einfachere sachwissenschaftliche Interpretation?

Antwort: Allein schon angesichts der zahlreichen Anwendungsbeispiele der Fuzzy Theorie im vorliegenden Sammelband (vgl. etwa die Beiträge von M. APPL und J. Hollatz, F. Lehmann, Th. Runkler, R. Viertl), denen sich unschwer weitere hinzufügen lassen, darf man wohl mit einem vorsichtigen „Ja" antworten. Neben den wohlbekannten Erfolgen in den Ingenieurwissenschaften, vor allem in der Regelungstheorie (z. B. bei der Steuerung von S-Bahnen etc.), sei auch noch eine moderne Anwendung in der Versicherungswirtschaft [3] aufgezählt.

Auf der anderen Seite geht die von D. V. LINDLEY [9] erhobene Kritik in dieser Hinsicht ins Leere: Zwar kann er nachweisen, daß unter der Voraussetzung geeigneter Axiome (Linearität der „Scores") die Fuzzy Theorie auf wahrscheinlichkeitstheoretische Begriffe zurückgeführt werden kann - doch ist das keineswegs einfach! Und auch LAVIOLETTE ET AL. [7] müssen zugeben, daß es erfolgreiche Anwendungen der Fuzzy Theorie gibt, ihre Kritik also vor dem pragmatischen Kriterium ebenfalls nicht bestehen kann. Trotz - oder gerade wegen - des Einwandes: „All models are wrong, but some are quite useful" dürfte dies das entscheidende Kriterium sein.

Literaturverzeichnis

[1] BANDEMER, H.: Specifying fuzzy data from grey-tone pictures for pattern recognition. *Pattern Recognition Letters*, **11**, S. 585-592, 1996.

[2] BELL, E. T.: *Die großen Mathematiker*, Düsseldorf: Econ-Verlag 1967 (engl.1937).

[3] HOLZ, R.: Rating, Ranking, Scoring und Fuzzy Sets - Ein Methoden Stilelement - Zusammenführung am Beispiel von LV-Produktratings. *Blätter DGVM*, XXIII, 1998, S. 363-384.

[4] KLIR, G. J.; WIERMAN, M. J.: *Uncertainty-Based Information*, Physica-Verlag 1998.

[5] KOLMOGOROV, A. N.: *Grundbegriffe der Wahrscheinlichkeitsrechnung*, Berlin: Springer-Verlag 1933.

[6] LAVIOLETTE, M.; SEAMAN, J. W. JR.: Special Issue - Fuzzyness vs. Probability - the n-th Round. *IEEE Trans. Fuzzy Systems*, **2**, S. 1-45, 1994.

[7] LAVIOLETTE, M. ET AL.: A Probabilistic and Statistical View of Fuzzy Methods (with discussion). *Technometrics*, **37**, S. 249-292, 1995.

[8] LINDLEY, D. V.: Scoring Rules and the Inevitability of Probability with discussion). *ISReview*, **50**, S. 1-26, 1982.

[9] ———: The Probability Approach to the Treatment of Uncertainty in Artificial Intelligence and Expert Systems. *Statistical Science*, **2**, S. 3-44, 1987.

[10] RUPPERT, M.: *Fuzzy-Theorie, Wahrscheinlichkeitsrechnung und Statistik: Gemeinsamkeiten, Unterschiede und rationsmöglichkeiten. Diplomarbeit.* FB Statistik der Uni Dortmund 1993.

[11] STRUIK, D.: *Abriß der Geschichte der Mathematik*, Berlin: VEB Deutscher Verlag der Wissenschaften 1965 (engl. 1948).

[12] ZADEH, L. A.: Fuzzy Sets. *Inform. Control*, **8**,S. 338-353, 1965.

[13] ———: Probability Measures of Fuzzy Events. *J. Math. Analysis Appl.*, **23**, S. 421-427, 1968.

10 Fuzzy Daten und Stochastik

Reinhard Viertl

10.1 Einleitung

Der Titel der am 25. März 1998 an der Universität der Bundeswehr in München abgehaltenen Podiumsdiskussion über „Fuzzy Theorie - eine Alternative zur Stochastik" scheint mir irreführend, da wohl eine Symbiose aus der Beschreibung realer Daten kontinuierlicher Größen mittels Fuzzy Sets und der Beschreibung nichtdeterministischer Phänomene mittels stochastischer Modelle am geeignetsten ist. Der Inhalt dieser Abhandlung ist daher dem Thema Fuzzy Theorie *und* Stochastik gewidmet.

Es gibt verschiedene Zugänge zur Verarbeitung unscharfer Daten in statistischen Analysen. Dazu sind exemplarisch die Arbeiten von Bandemer [1], Kruse [5], Klement [4], Näther [6] zu nennen. Diese Zugänge sind teilweise sehr mathematisch und weniger aus der Sicht angewandter Datenanalyse geschrieben. Im folgenden wird versucht, unter Verwendung von Elementen der Fuzzy Theorie eine Analyse stochastischer Modelle auf Grund von realen (unscharfen) Daten in für Anwendungen geeigneter Form zu zeigen.

10.2 Beschreibung realer Beobachtungen kontinuierlicher Größen

Das Resultat einer Messung von kontinuierlichen Größen ist keine exakte reelle Zahl x, sondern mehr oder weniger ungenau. Dabei gibt es verschiedene Arten von Unsicherheiten solcher Messungen. Die wichtigsten Unsicherheiten sind

- Fehler,

- Unschärfe,

- Variation.

Während Fehler und Variationen üblicherweise mit stochastischen Methoden beschrieben werden, wurde die Unschärfe lange Zeit vernachlässigt.

In Fehlermodellen geht man davon aus, daß eine konkrete Messung eine reelle Zahl y ergibt, die mit einem Fehler ϵ gemessen wurde, d. h. es gilt für die „wahre" Größe x

$$y = x + \epsilon, \tag{10.1}$$

wobei sowohl y als auch ϵ als stochastische Größen aufgefaßt werden.

Entscheidend dabei ist, daß die gemessene Größe y als reelle Zahl aufgefaßt wird, was nicht der Realität entspricht. Eine konkrete Messung ist eine *unscharfe Zahl* $y^\star$, die natürlich auch noch mit einem Fehler versehen sein kann. Wichtig ist jedoch für die folgenden Ausführungen die *Unschärfe* einzelner Messungen.

Bemerkung 1: In dieser Abhandlung werden Fehler nicht behandelt. Die folgenden Methoden können aber auch für Fehlermodelle adaptiert werden.

Die nach dem Stand des Wissens beste Methode der Beschreibung solcher unscharfen Messungen $x^\star$ ist jene mit *unscharfen Zahlen*. Eine unscharfe Zahl $x^\star$ ist eine spezielle *unscharfe Teilmenge* der reellen Zahlen, also ein *Fuzzy Set*. Unscharfe Zahlen sind bestimmt durch sogenannte *charakterisierende Funktionen*. Dies sind spezielle Formen von Zugehörigkeitsfunktionen der Fuzzy Set Theorie.

Charakterisierende Funktionen von unscharfen Zahlen $x^\star$ sind reelle Funktionen $\xi\colon I\!R \longrightarrow [0{,}1]$, die folgende Eigenschaften erfüllen:

(1) $\exists\, x_0 \in I\!R\colon \xi(x_0) = 1$,

(2) $\forall\, \alpha \in (0{,}1]$ sind die sogenannten α-Schnitte $C_\alpha\big(x^\star\big) := \{x \in I\!R\colon \xi(x) \geq 0\}$ abgeschlossene und beschränkte Intervalle $[a_\alpha, b_\alpha]$.

Bemerkung 2: Ein wesentliches Problem ist die Bestimmung der charakterisierenden Funktion einer unscharfen Beobachtung. Methoden dazu sind in der Monografie [8] beschrieben.

10.3 Stochastische Modelle und unscharfe Beobachtungen

Stochastische Modelle $X \sim F(.\,|\,\theta)$, $\theta \in \Theta$ beschreiben die Variabilität von Größen. Zur Schätzung des Parameters θ werden in der Statistik üblicherweise Beobachtungen in Form von reellen Zahlen bzw. Vektoren herangezogen.

Da reale Daten kontinuierlicher Größen stets unscharf sind, ist es notwendig, die Methoden der induktiven Statistik auf diese Art von Daten zu verallgemeinern.

Es gab Methoden der Intervallrechnung zur Beschreibung von Intervalldaten, diese sind für den allgemeinen Fall unscharfer Daten jedoch nicht geeignet.

Hier ist es wichtig, die zwei verschiedenen Arten von Unsicherheit zu beschreiben. Die statistische Variation wird durch stochastische Modelle beschrieben und die Unschärfe von Beobachtungen mit charakterisierenden Funktionen.

Bemerkung 3: Es gibt Ansätze zur Beschreibung unscharfer Beobachtungen, die sogenannte *Fuzzy Random Variables* verwenden. Diese Modelle sind von Anwendern bisher jedoch kaum angenommen worden. Auf jeden Fall ist eine allgemeinere Art von Methoden der Statistik notwendig.

10.4 Zur Statistik mit unscharfen Daten

Bereits die Erstellung von Histogrammen bei Vorlage von unscharfen Daten macht
eine Adaption klassischer statistischer Verfahren notwendig, da für einzelne unscharfe Beobachtungen oft nicht entscheidbar ist, ob sie in einer bestimmten Histo-
grammklasse liegen. Eine Konstruktion von sogenannten *unscharfen Histogrammen*
ist möglich, bei denen die Höhe des Histogrammbalkens über einer Klasse eine unscharfe Zahl ist. Details dazu findet man in der Publikation [7].

In der schließenden Statistik sind Funktionen von Stichproben $X_1, \cdots, X_n$ von
stochastischen Größen X von Bedeutung, d. h. Funktionen

$$\psi(X_1, \cdots, X_n), \tag{10.2}$$

die auf dem Stichprobenraum M_X^n definiert sind, wobei M_X der Merkmalraum der
stochastischen Größe X ist, also die Menge aller möglichen Werte, die X annehmen
kann. Spezialfälle solcher Funktionen sind Schätzfunktionen und Testfunktionen.

Im Fall klassischer statistischer Daten $x_1, \cdots, x_n$ ist die Zusammenfassung dieser Daten zu einem Vektor $(x_1, \cdots, x_n)$ ein Element des Stichprobenraumes. Die
konkreten Werte $\psi(x_1, \cdots, x_n)$ von Statistiken sind Elemente des entsprechenden
Raumes, in dem die Statistik ihre Werte annimmt.

Es ist natürlich, daß im Fall unscharfer Daten $x_1^\star, \cdots, x_n^\star$ die Werte von Statistiken
ebenfalls unscharf werden. Um die charakterisierende Funktion eines unscharfen
Wertes

$$y^\star = \psi(x_1^\star, \cdots, x_n^\star) \tag{10.3}$$

einer Statistik zu erhalten, ist es notwendig, aus den n unscharfen Elementen
$x_1^\star, \cdots, x_n^\star$ des Merkmalraumes ein unscharfes Element $\underline{x}^\star$ des Stichprobenraumes
zu konstruieren.

Im einfachsten Fall eindimensionaler Beobachtungen ist $\underline{x}^\star$ ein n-dimensionaler
unscharfer Vektor, der durch eine sogenannte *vektorcharakterisierende Funktion*
$\xi \colon I\!R^n \longrightarrow [0,1]$ bestimmt ist. Vektorcharakterisierende Funktionen $\xi(\cdot, \cdots, \cdot)$ haben
folgende Eigenschaften:

(v1) $\exists\, \underline{x}_0 = (x_1^0, \cdots, x_n^0) \in I\!R^n \colon \xi(\underline{x}_0) = \xi(x_1^0, \cdots, x_n^0) = 1,$

(v2) $\forall\, \alpha \in (0,1]$ sind die sogenannten α-Schnitte $C_\alpha(\underline{x}^\star) := \{\underline{x} \in I\!R^n \colon \xi(\underline{x}) \geq \alpha\}$
abgeschlossene, beschränkte und sternförmige Teilmengen des $I\!R^n$.

Die vektorcharakterisierende Funktion $\xi(\cdot, \cdots, \cdot)$ erhält man aus den charakterisierenden Funktionen $\xi_1(\cdot), \cdots, \xi_n(\cdot)$ der unscharfen Daten $x_1^\star, \cdots, x_n^\star$ durch eine
sogenannte *Kombinationsregel* d. h.

$$\xi(x_1, \cdots, x_n) = C_n\big(\xi_1(x_1), \cdots, \xi_n(x_n)\big) \qquad \forall\ (x_1, \cdots, x_n) \in I\!R^n. \tag{10.4}$$

Aus der Fuzzy Set Theorie bietet sich die sogenannte *Minimum-Kombinationsregel* an, d. h.

$$\xi(x_1, \cdots, x_n) = \min\left(\xi_1(x_1), \cdots, \xi_n(x_n)\right) \qquad \forall \ (x_1, \cdots, x_n) \in I\!\!R^n. \tag{10.5}$$

Bemerkung 4: Allgemein sind Kombinationsregeln durch verallgemeinerte t-Normen der Fuzzy Set Theorie gegeben.

Der unscharfe Vektor $\underline{x}^\star$ – nicht zu verwechseln mit dem Vektor $(x_1^\star, \cdots, x_n^\star)$ der unscharfen Beobachtungen – ist die Grundlage für die schließende Statistik mit unscharfen Daten. Man nennt $\underline{x}^\star$ auch *unscharfes kombiniertes Stichprobenelement*, da es ein unscharfes Element des Stichprobenraumes ist.

Wie sich die Unschärfe einer Statistik fortpflanzt, sieht man sehr gut an Punktschätzungen $\hat{\theta}$ für Parameter θ eines stochastischen Modells

$$X \sim f(\cdot|\theta), \theta \in \Theta, \quad (x_1, \cdots, x_n) \in I\!\!R^n. \tag{10.6}$$

wobei Θ den *Parameterraum*, d. h. die Menge aller möglichen Parameter darstellt.

Ist $\vartheta(X_1, \cdots, X_n)$ eine gute Schätzfunktion im Sinne der klassischen Statistik, so erzeugt die Unschärfe der Stichprobe mit Hilfe des unscharfen kombinierten Stichprobenelementes $\underline{x}^\star$, das die vektorcharakterisierende Funktion $\xi(\cdot, \cdots, \cdot)$ hat, und des sogenannten Fortsetzungsprinzips der Fuzzy Set Theorie (vgl. [1]) die Unschärfe der Parameterschätzung $\hat{\theta}^\star$. Die Zugehörigkeitsfunktion $\varphi \colon \Theta \to [0,1]$ von $\hat{\theta}^\star$ erhält man folgendermaßen:

$$\varphi(\theta) := \left\{ \begin{array}{ll} \sup\left\{\xi(\underline{x}) \colon \underline{x} \in M_X^n, \vartheta(\underline{x}) = \theta\right\} & \text{falls} \quad \vartheta^{-1}(\theta) \neq \emptyset \\ 0 & \text{sonst} \end{array} \right\}$$
$$\forall \ \theta \in \Theta. \ (x_1, \cdots, x_n) \in I\!\!R^n. \tag{10.7}$$

Dabei bezeichnet $\underline{x} = (x_1, \cdots, x_n) \in I\!\!R^n$. Auf diese Weise wird die Unschärfe der Parameterschätzung auf Grundlage von unscharfen Daten charakterisiert.

Bemerkung 5: Die Funktion $\vartheta(\cdot)$ ist im Falle einer stetigen Schätzfunktion

$$\vartheta \colon M_X^n \longrightarrow \Theta \tag{10.8}$$

eine charakterisierende Funktion im Sinne der Definition vom Anfang.

Weitere Verallgemeinerungen von statistischen Verfahren, wie beispielsweise die Konstruktion von verallgemeinerten Konfidenzbereichen, sind in [8] dargestellt.

10.5   Bayes'sche Statistik und Unschärfe

Auch das Bayes'sche Theorem

$$\pi(\theta|D) \propto \pi(\theta)\cdot\ell(\theta;D) \qquad \forall \ \ \theta \in \Theta \tag{10.9}$$

kann für den Fall unscharfer Daten $D^\star = (x_1^\star,\cdots,x_n^\star)$ verallgemeinert werden. Man erhält dann eine *unscharfe A-posteriori-Dichte*

$$\pi^\star(\theta|D^\star) \qquad \forall \ \ \theta \in \Theta. \tag{10.10}$$

Die unscharfe A posteriori-Dichte $\pi^\star(\cdot\,|D^\star)$ ist eine Funktion auf dem Parameterraum, deren Funktionswerte unscharfe Zahlen sind.

Mit Hilfe dieser unscharfen A posteriori-Dichte können *verallgemeinerte HPD-Bereiche* und *verallgemeinerte Prognoseverteilungen* berechnet werden. Für Details siehe [8] und [2].

Die unscharfen Dichten sind auch in folgendem Sinne wichtig: Während es an exakten A priori-Verteilungen oftmals Kritik gibt, wäre die Darstellung von A priori-Wissen über Parameter – das ja häufig vorhanden ist – durch unscharfe A priori-Verteilungen im Sinne eines *Soft Modelling* sicher breit akzeptierbar. Hier bietet sich ein interessantes und aktuelles Forschungsgebiet an.

10.6   Eine Anwendung

Bei Untersuchungen des Zuwachses in Baumbeständen spielen der Stammdurchmesser in Brusthöhe und die Baumhöhen eine zentrale Rolle. Beide Größen sind unscharf. Diese Unschärfe ist etwas anderes als Fehler und muß quantitativ beschrieben werden, um realistische Resultate für die Kubatur des Holzes zu erhalten.

Dabei tritt neben dem Problem der Bestimmung der charakterisierenden Funktionen dieser unscharfen Größen auch das Problem der Bestimmung der charakterisierenden Funktion von klassischen reellen Funktionen $g(x_1^\star,\cdots,x_n^\star)$ von unscharfen Variablen $x_1^\star,\cdots,x_n^\star$ auf.

In diesem Beispiel sind trapezförmige charakterisierende Funktionen geeignet, die Experten durchaus anzugeben in der Lage sind. Hinweise dazu findet man in [3].

10.7   Zusammenfassung und Ausblick

Die quantitative Beschreibung unscharfer Daten – alle Messungen kontinuierlicher Größen sind unscharf – bevor deren statistischer Analyse ist notwendig, um nicht falsche Präzisionsvorstellungen der Ergebnisse zu erhalten.

Die Beschreibung unscharfer Daten ist mit Hilfe von Ansätzen aus der Fuzzy Set Theorie möglich, und die Adaption statistischer Verfahren für diese Art von Daten ist verfügbar. Einige Probleme, wie statistische Tests und die Darstellung unscharfer A priori-Information in Form von unscharfen A priori-Dichten, bedürfen noch weiterer Untersuchungen.

Als Schlußfolgerung ergibt sich, daß die Fuzzy Logik nicht eine Alternative zur Stochastik ist, vielmehr erlaubt die Zusammenführung beider Modellvorstellungen eine adäquate Beschreibung und Analyse realer kontinuierlicher Merkmale.

Literaturverzeichnis

[1] BANDEMER, H.: Fuzzy Specification of Uncertain Knowledge and Vague or Imprecise Information, in: DELLA RICCIA, G.; KRUSE, R.; VIERTL, R. (EDS.): *Mathematical and Statistical Methods in Artificial Intelligence*, Springer Verlag, Wien 1995.

[2] BODJANOVA, S.;VIERTL, R.: *Calculation of Integrals of Fuzzy Functions*, Forschungsbericht RIS-1998-2, Institut für Statistik, Technische Universität Wien, Wien 1998.

[3] HEMPEL, G. (HRSG.): Beiträge der 8. Tagung des Deutschen Verbandes Forstlicher Forschungsanstalten in Tharandt im September 1995, Technische Universität Dresden, Dresden 1996.

[4] KLEMENT, E. P.;PURI, M.L.; RALESCU, D. A.: Central limit theorem for fuzzy random variables, *Proc. Roy. Soc. London*, Ser. A 407, 1986.

[5] KRUSE, R.;MEYER, K. D.: *Statistics with Vague Data*, D. Reidel Publ., Dordrecht 1987.

[6] W. NÄTHER: Linear Statistical Inference for Random Fuzzy Data, *Statistics*, **29**, 1997.

[7] VIERTL, R.: Statistics with Non-Precise Data, *Journal of Computing and Information Technology*, Vol.4, 1996.

[8] ———: *Statistical Methods for Non-Precise DATA*, CRC Press, Boca Raton, Florida 1996.

11 Unscharfe Analyse unscharfer Daten

Hans Bandemer

11.1 Unscharfe Daten

11.1.1 Definition

Wörtlich verstanden meint *Datum* etwas „aktuell Gegebenes". Es bekommt seinen Sinn nur in einem gewissen Kontext und drückt aus, daß ein gewisses „Etwas" in einem Zustand gefunden wurde, der durch eben dieses Datum charakterisiert wird. Solch ein Datum trägt nur dann Information, wenn es mindestens zwei verschiedene Möglichkeiten für den Zustand dieses fraglichen Etwas gibt. Daher läßt sich jedes Datum als *Realisierung* einer gewissen *Variablen* in einer geeigneten Menge, dem sogenannten *Universum*, betrachten, das diese Möglichkeiten im gegebenen Kontext ausdrückt.

Das Problem bei der Einbeziehung von Daten in eine mathematische Überlegung besteht in ihrer *Darstellung* durch die Spezifizierung in geeigneten Universen. Bekannt und benutzt wird hier gewöhnlich die *Zweipunktmenge* für die Darstellung der Wahrheit der Aussage, daß das Etwas eine betrachtete Eigenschaft hat (1) oder nicht (0). Damit wird das Datum eine Realisierung einer *logischen Variablen*. Gibt es für die Eigenschaft des Etwas *mehrere* Möglichkeiten, so ist das passende Universum eine *endliche* Menge, als deren Elemente meist *Buchstaben* gewählt werden, und das Datum wird zur Realisierung einer *kategorialen Variablen*. Sind die Möglichkeiten *Grade* oder Abstufungen, dann betrachtet man bekanntlich *nominale Variable*.

Bekannt ist auch die *Zahlenachse* als Universum, wie man sie für die Darstellung von Ergebnissen von Messungen und Beobachtungen verwendet, den Realisierungen von *quantitativen Variablen*.

Erwähnt seien hier noch *Trajektorien* und *Hyperflächen* als Daten, wie sie z. B. bei der Darstellung von Spektrogrammen und geologischen Lagerstätten (Realisierungen von *regionalisierten Variablen*) Verwendung finden.

Weniger geläufig dürfte die Auffassung sein, daß auch *Grautonbilder*, wenn es um deren semantischen Inhalt geht (z. B. Paßbilder), und *Expertenmeinungen*, wenn sie sich auf den Zustand des vorgegebenen Etwas beziehen (z. B. die Marktlage, die Wetteraussichten), als *Daten* betrachtet werden müssen.

Die Erfassung des Zustandes eines Etwas durch ein Element einer mathematischen Menge (des Universums) erfolgt gewöhnlich nicht ohne eine gewisse *Willkür*. Bei der Festlegung und Feststellung von Abstufungen (Zensuren, Farben, Intensitäten) muß man sich der menschlichen Sinne und der Sprache bedienen, die keine völlig objektiven und semantisch eindeutigen Werkzeuge darstellen. Bei den Beobachtungen und Messungen nach einer kontinuierlichen Skala sind beliebig genaue Ergebnisse weder möglich noch sinnvoll. Beides trifft bei der Betrachtung von Grautonbildern und Expertenaussagen zusammen, verstärkt durch den notwendigen Einsatz *kognitiver* menschlicher Fähigkeiten.

Die dadurch entstehende Ungewißheit (was liegt vor, was ist eigentlich gemeint, was wird geschehen) wurde von der Mathematik auf einigen Gebieten bereits berücksichtigt. Bekannt sind die Regeln für die einfache *Fehlerfortpflanzung*, die *Approximationstheorie*, die *Intervallmathematik* und, als wirksamstes Instrument für die Prognose, die *Stochastik*.

In ihrer bisherigen Entwicklung ist die Stochastik jedoch davon ausgegangen, daß den *Ereignissen*, den Realisierungen der *Zufallsvariablen*, keine *aktuelle* Unsicherheit mehr anhaftet: Bei der Realisierung eines mathematischen Versuchs ist *eindeutig* feststellbar, welches *Elementarereignis* vorliegt.

Weiterhin benötigt die Stochastik für ihre Inferenz aus vorliegenden Realisierungen ein Modell, und sei es auch nur von der einfachsten Art, daß es sich um Realisierungen von *Zufallsvariablen* handelt, die gewisse Annahmen befriedigen. Meist jedoch sind die Modellannahmen von weitaus spezieller Natur, deren Erfülltheit in der praktischen Anwendung häufig kaum zu sichern ist. In Kenntnis dieser Problematik schaltet man der stochastischen Behandlung der Daten eine *explorative Datenanalyse* vor, um sich über die Qualität der Daten ein Bild zu machen und Ideen für ein brauchbares Modell zu erhalten. Auch hierfür wird jedoch angenommen, daß die Daten die realen Verhältnisse *eindeutig* widerspiegeln. Weiterhin bedarf es im allgemeinen eines hinreichend großen *Datenumfangs*, damit die Methoden der explorativen Datenanalyse greifen.

Durch die Spezifizierung der Daten als *unscharfe Mengen* soll nun die *aktuelle* Ungewißheit des einzelnen Datums (was liegt eigentlich vor, was ist eigentlich gemeint) erfaßt werden. Dies ermöglicht in vielen Fällen eine weitaus größere Einsicht in den Mechanismus der Datenerzeugung, eine größere Freiheit für die Erfassung der gelegentlich recht unterschiedlichen Unsicherheit, nach Größe und Art, größere Spielräume für die Wahl eines mathematisch brauchbaren Modells, verbesserte Möglichkeiten für das Einbringen auch recht vager Kenntnisse über die Situation und das betrachtete Etwas und häufig bereits Schlußfolgerungen aus einer verhältnismäßig geringen Anzahl von verschiedenen Daten.

Als Methode der Wahl wird man zur unscharfen Spezifierung der Daten übergehen, wenn man die *aktuelle* Ungewißheit des Einzeldatums für wesentlich bedeutender einschätzen muß als deren *Variabilität* in dem gegebenen Datensatz, oder wenn noch kein Modell bekannt ist oder sich das gewählte als unbrauchbar herausstellt. Einige Beispiele werden in diesem Beitrag später erwähnt und skizziert werden.

11.1.2 Spezifizierung

Für die unscharfe Spezifizierung eines mit Ungewißheit behafteten Datums, eines *unscharfen Datums* A, muß die *Zugehörigkeitsfunktion* μ_A über einem passenden Universum U

$$\mu_A \mid U \to [0,1] \tag{11.1}$$

aus den vorliegenden Gegebenheiten und Kenntnissen *festgelegt* werden. Eine *eindeutige* Vorschrift dafür kann es *nicht* geben, obwohl diese immer wieder von Gegnern der Fuzzy Theorie angemahnt wird. Es handelt sich hier um die Erfassung, die mathematische Modellierung, eigentlich jedoch nur um eine *Abschätzung* von *Ungenauigkeit*, *Unsicherheit* und *Vagheit* im konkreten Problem. Man vergegenwärtige sich in diesem Zusammenhang das gewöhnliche Vorgehen bei der Spezifizierung eines Anfangsrandwertproblems, einer Aufgabe der mathematischen Optimierung, einer Verteilungsfunktion nach Typ und Parameterwahl für ein Anwendungsproblem der Stochastik oder ganz einfach der Festlegung des Genauigkeitsintervalls bei der Fehlerfortpflanzung. In all diesen Fällen sind, im Interesse der mathematischen Behandelbarkeit, Vernachlässigungen und Idealisierungen so üblich, daß sie in der Regel gar nicht mehr als solche empfunden werden.

Als *Beispiel* für die Spezifizierung einer unscharfen Menge betrachten wir den folgenden Fall: Welcher Wert soll für die *Temperatur in einem Zimmer* angegeben werden? Ein festes Thermometer an einer Wand zeigt eine Temperatur von 22 Grad Celsius an. Bekanntlich hat sich im Zimmer aber ein räumlich und zeitlich variierendes *Temperaturfeld* ausgebildet. Eine Möglichkeit zu dessen Berücksichtigung wäre es, den Werten eines bestimmten Intervalls *Akzeptanzgrade* (zwischen 0 und 1) zuzuweisen, zu denen man sie als *Repräsentanten* der Zimmertemperatur akzeptiert. Dabei ist die am Thermometer abgelesene Temperatur nur ein (wichtiger) Anhaltspunkt, und die Ablesegenauigkeit spielt gegenüber den möglichen Schwankungen im Raum nur eine untergeordnete Rolle. Diese Akzeptanzgrade müssen natürlich *subjektiv* festgelegt werden. Hier spielt der *Zweck* der mathematischen Modellierung eine große Rolle, etwa wenn die Klimaanlage (unscharf) gesteuert werden soll, um immer eine *angenehme Temperatur*, offensichtlich eine *unscharfe* Zielstellung, zu garantieren.

Es genügt also, wenn sich die Problemsteller, Bearbeiter und Nutzer, die die unscharfen Mengen aus dem konkreten Sachverhalt spezifizieren und die Ergebnisse der mathematischen Behandlung mit unscharfen Mengen im praktischen Sachverhalt deuten und verwenden, über die (ungefähre) Form der Zugehörigkeitsfunktion einig sind. Bedeutungsvoll ist die *lokale Monotonie*: Man muß sich einig sein, in welchen Gebieten die Zugehörigkeitswerte größer sein sollen als in anderen und ob die Zugehörigkeitswerte in gewissen Richtungsn fallen oder steigen sollen. Zur mathematischen Darstellung wird man *einfache* Funktionentypen wählen, die die Vorgaben hinreichend gut erfüllen. Skrupel und Spitzfindigkeiten sind bei der Festlegung einer Zugehörigkeitsfunktion also nicht hilfreich. Veränderungen der Funktion unter Wahrung der lokalen Monotonie sind vergleichbar mit *Kontraständerungen* bei Grautonbildern, die in der Regel den semantischen Inhalt nicht wesentlich ändern.

Bei einer *unscharfen Zahl* $\mathcal{N}$ („ungefähr" n) wird man der angegebenen Zahl n den Akzeptanzgrad 1 geben: $\mu_N(n) = 1$ und μ_N nach beiden Seiten monoton abfallen lassen. Analog wird man bei einem *unscharfen Punkt*, einer *unscharfen Kurve* und einer *unscharfen Fläche* verfahren.

Für die unscharfe Modellierung sprachlicher Äußerungen, von Werten sogenannter *linguistischer Variabler* (z. B. einer Intensität mit den Werten WENIG, MÄSSIG, RECHT, STARK, SEHR), wird man versuchen eine kontinuierliche Intensitätsskala als Universum zu finden, auf der die verschiedenen Werte als unscharfe Mengen spezifiziert werden, die sich, im Unterschied zur gewöhnlichen Klassenbildung, überlappen werden, was dem üblichen realen Gebrauch der sprachlichen Formulierungen wohl adäquater ist.

Oft bieten die konkreten Probleme selbst Hinweise, wie unscharfe Mengen sinnvoll festzulegen sind, z. B. wenn man sie aus Grautonbildern oder Spektrogrammen erhalten kann.

Zur mathematischen Darstellung wird das gewählte Universum gewöhnlich mit einem *Großbuchstaben* bezeichnet, der an die aktuelle semantische Bedeutung erinnern sollte, *allgemein* wird in diesem Beitrag U genommen. Analog zur Potenzmenge $P(U)$ einer Grundmenge U wird nun $F(U)$, die „unscharfe" Potenzmenge, d.h. die Menge aller über U definierbaren unscharfen Mengen verwendet.

11.1.3   Beispiele

Bei den *realen* Anwendungen der unscharfen Datenanalyse wird auch über die jeweilige Strategie bei der Spezifizierung der unscharfen Daten berichtet (siehe u. a. [2, 3, 4, 10]. Da die jeweilige Begründung der Strategie aus dem fachwissenschaftlichen Hintergrund des Anwendungsgebietes stammt, wäre zu dessen Darstellung hier relativ viel Platz erforderlich, ohne dem in diesem Gebiet fremden Leser hilfreich zu sein. Daher sollen einige Kurzbeschreibungen genügen. Wegen der Details wird auf die oben genannte Literatur und die darin aufgelisteten Originalarbeiten verwiesen.

In einem technischen Problem der Mikroelektronik ging es u. a. um die unscharfe Modellierung von Ergebnissen der VICKERS-Härtemessung, die nur via Mikroskop und Bildverarbeitungssystem als Grautonbilder auf einem Bildschirm verfügbar waren. Bekanntlich wird bei dieser Härtemessung eine quadratische Pyramide aus Diamant mit festgelegter Kraft auf die Oberfläche des Probestücks gedrückt. Nach der Entlastung bleibt auf der Oberfläche ein Krater zurück, der die Form der Pyramide hat. Die Härte h ist dann als Quotient aus der Druckkraft p und der Fläche s definiert, auf die die Kraft gewirkt hat: $h(p,s) = p/s$. Die Fläche s erhält man aus der Länge d der Diagonalen der quadratischen Grundfläche der Pyramide: $s = d^2/c_0$, wobei c_0 vom Öffnungswinkel der Pyramide abhängt. Das Modellierungsproblem kam einerseits aus der extremen Kleinheit und den damit verbundenen *optischen* Problemen bei der Beobachtung des zweidimensionalen Bildes der *dreidimensionalen* Krater und andererseits aus der Tatsache, daß der einzelne Eindruck im Material *kein genaues* Abbild der pressenden Pyramide ist, denn das Material wurde aus der entstehenden Höhlung *herausgedrückt* und bildet einen *Wall* um den Eindruck, der dessen Gestalt verändert und die Bestimmung der *genauen* Diagonallänge verhindert. Schließlich kam es auf die *einzelnen* Diagonallängen an, da anschließend eine *funktionale Beziehung* für die Ortsabhängigkeit der Härte zu bestimmen war, worauf im Abschnitt 2.3 weiter eingegangen wird. Dort wird auch die Spezifizierung der *unscharfen* Härtewerte beschrieben. Eine Bildverarbeitung, z. B. mit den Mitteln der mathematischen Morphologie, würde die „Genauigkeit" nur scheinbar erhöhen, denn sie brächte eine Willkür des Beobachters ein.

Eine detaillierte Darstellung des Problems zusammen mit den Originaldaten findet sich in [8].

In einem anderen Zusammenhang [15] ging es um die unscharfe Modellierung u. a. von *Farbe* und *Löslichkeit* chemischer Substanzen, um sie in einer großen Datenbank für Ähnlichkeits- und Austauschuntersuchungen nutzen zu können. Während für die Modellierung der Farbe das jeweilige auf die Höhe 1 normierte Spektrum als Zugehörigkeitsfunktion zu ausgezeichneten Ergebnissen führte (Es ließen sich sogar Farben noch nicht untersuchter Substanzen aus bekannten ähnlichen mit unscharfer Inferenz vorhersagen!), genügten zur Modellierung der Löslichkeit linguistische Variable.

11.2 Quantitative Analyse

11.2.1 Funktionale Beziehungen

Ziel jeder wissenschaftlichen Untersuchung sind Aussagen der Form „wenn" X „dann" Y, d.h. die Bestimmung von *Relationen* zwischen *Bedingungen* X und bestimmten *Effekten* Y, die unter diesen Bedingungen auftreten. Sind beide Komponenten durch Zahlen (oder Vektoren) darstellbar, dann versucht man gewöhnlich die Relationen als *funktionale Beziehungen*

$$y = f(x, a) \quad \text{oder} \quad g(x, y, b) = 0 \tag{11.2}$$

darzustellen, wobei x und y die Werte der jeweilige Universen für X und Y durchlaufen und a bzw. b aus dem Zusammmhang zu bestimmende Parametervektoren sind.

Solche Ansätze sind aus der Regressionstheorie bekannt, wenn x und/oder y als Realisierungen von Zufallsvariablen aufgefaßt werden. Gewöhnlich nimmt man dabei an, daß es *einen* (wahren) Parameterwert gibt, für den die funktionale Beziehung im Erwartungswert *exakt* (oder zumindest näherungsweise) gilt und der aus den Daten (in diesem Fall der Stichprobe) möglichst gut zu schätzen ist. Dies macht jedoch zunehmend Probleme, wenn *beide* Komponenten der Beziehung als mit zufälligen Fehlern behaftet angenommen werden (Fehler in den Variablen) und über deren Streuungsverhalten (noch) keine Informationen oder sachlogische Annahmen vorliegen (z. B. Heteroskedastie).

Im folgenden soll das *ungefähre* Erfülltsein der funktionalen Beziehung dadurch modelliert werden, daß der Parametervektor a (analog im impliziten Fall auch b) als *unscharfe Menge $\mathcal{A}$* zugelassen wird, auf die aus den (unscharfen) Daten zu schließen ist. Die so entstehenden Beziehungen (im folgenden wird der einfachen Darstellung halber nur der *explizite* Fall betrachtet)

$$y = f(x, \mathcal{A}) \tag{11.3}$$

sollen *parameter-unscharfe funktionale Beziehungen* heißen. Die Bezeichnung unscharfe funktionale Beziehung soll dem Zusammenhang zwischen unscharfen Variablen ($\mathcal{Y} = f(\mathcal{X}, \mathcal{A})$) vorbehalten sein, der am Ende des nächsten Abschnittes betrachtet wird.

Da jedes *einzelne* Datum in (x, y) (individuell) als unscharfe Menge $\mathcal{Z}$ spezifiziert wird, werden (möglichweise sehr große) Unterschiede in der Beobachtungsunschärfe unmittelbar erfaßt und in die Auswertung einbezogen.

11.2.2 Transferprinzipien und Inferenz

So wie sich bei der Regression die Annahmen über den *Zufallscharakter* der Daten (als Realisierungen von Zufallsgrößen und über deren Wahrscheinlichkeitsverteilungen) im Ergebnis der Inferenz (z. B. als *Konfidenzbereiche* für die Parameterschätzungen) widerspiegeln, so muß nun auch die Spezifizierung der Daten als *unscharfe Mengen* als Ergebnis der unscharfen Analyse *unscharfe Mengen* über dem Parameterraum liefern, d.h. es wird wie in der mathematischen Statistik eine *Abbildung T* betrachtet

$$T \mid F(Z_1 \times Z_2 \times ... \times Z_n) \to F(A), \tag{11.4}$$

die die unscharfe Potenzmenge des kartesischen Produkts der Datenuniversen Z_i in die unscharfe Potenzmenge des Parameterraums abbildet (Analogie zur *Schätzung* in der mathematischen Statistik). Da die Abbildung die Unschärfe aus den Daten in den Parameterraum *überträgt*, wird T *Übertragungsprinzip* (transfer principle) genannt.

Für die Abbildung

$$\mathcal{A} = T(\mathcal{Z}_1, ..., \mathcal{Z}_n) \tag{11.5}$$

gibt es verschiedene Vorschläge, die jeweils bestimmte Gegebenheiten des Problems und der Daten zu berücksichtigen gestatten. Zu einer ausführlicheren Behandlung siehe [1, 4, 6, 2, 10]. Im folgenden wird nur einer dieser Vorschläge skizziert.

In einem *ersten* Schritt werden die n unscharfen Daten $\mathcal{Z}_i$ zu einem *Gesamtdatum vereinigt* (mit dem max als t-Conorm)

$$\mathcal{Z} = \bigcup_{i=1}^{n} \mathcal{Z}_i : \mu_Z(x, y) = \max_i \mu_i(x, y). \tag{11.6}$$

Im *zweiten* Schritt wird die Zugehörigkeit der funktionalen Beziehung $y = f(x,a)$ für jeden einzelnen Parameterwert a *bewertet*. Dazu betrachtet man die Zugehörigkeiten längs des Graphen, d.h.

$$\mu_{\mathcal{A}(f(.,a))}(x) = \mu_Z(x, f(x,a)); \quad x \in X. \tag{11.7}$$

Dies stellt den Grad dar, zu dem der Graph $\{x, f(x,a)\}$ das Gesamtdatum Z in x für einen gegebenen Parameterwert a trifft. Über dem Universum X betrachtet ist $\mathcal{A}(f(.,a))$ eine unscharfe Menge.

Im *dritten* Schritt erfolgt die Bewertung über das gesamte Universum X, im vorliegenden Falle durch *Integration*

$$I(a) = \int_X \mu_Z(x, f(x,a))dx. \tag{11.8}$$

Gewöhnlich fügt man unter dem Integral noch eine *Gewichtsfunktion* $w(x)$ ein, mit der man sowohl zusätzliche Informationen, z. B. über die unterschiedliche Bedeutung verschiedener Bereiche, berücksichtigen als auch Bereiche ohne Information durch unscharfe Daten ausblenden kann. Schließlich wird der *relative* Charakter $I(a)$ bezüglich des Wertebereiches A und der vorliegenden Daten durch eine Normierung mit

$$I(X) = \int_X w(x)dx \tag{11.9}$$

berücksichtigt. Dann ist der Quotient $I(a)/I(X)$ Zugehörigkeitsfunktion einer unscharfen Menge $\mathcal{A}$ über A

$$\mu_A(a) = \int_X \mu_Z(x, f(x, a))w(x)dx / \int_X w(x)dx \tag{11.10}$$

der gesuchten Abbildung T in die unscharfe Potenzmenge über A.

Wenn die Struktur der funktionalen Beziehung f noch unbekannt oder unklar ist, hilft gelegentlich die Betrachtung der sogenannten *Modalspur*

$$F_{mod}(x) = \{y \mid y = \arg\sup_y \mu_Z(x,y); x \in \{x \mid \sup_y \mu_Z(x,y) > 0\}. \tag{11.11}$$

Man beachte, daß für die Übertragung der Unschärfe *kein* Approximationsprinzip verwendet wurde, wie etwa die *Methode der kleinsten Quadrate* in der Statistik. Solche Prinzipien erscheinen nicht adäquat, wenn man berücksichtigt, daß die Spezifizierung der Zugehörigkeitsfunktionen für die unscharfen Daten nur bis auf lokale Monotonie (Kontrastparameter) erfolgt. Trotzdem gibt es Vorschläge [16, 17, 12, 10], bei der Bewertung funktionaler Beziehungen die Methode der kleinsten Quadrate heranzuziehen. Als ein Vorteil wird dabei hervorgehoben, daß man damit *eindeutige Schätzwerte* für die gesuchten Parameter erhält. Dies läßt sich jedoch, wenn man Wert darauf legt, auch mit dem oben geschilderten Übertragungsprinzip erreichen, indem man den Wert (die Werte) des Parameters mit dem *höchsten* Zugehörigkeitswert angibt. Über die Aussagekraft solcher Angaben kann man jedoch geteilter Meinung sein.

Aus einer *parameter-unscharfen funktionalen Beziehung*

$$y = f(x, \mathcal{A}); \quad \mathcal{A} \in F(A); \tag{11.12}$$

läßt sich unscharf *interpolieren* und unscharf *kalibrieren*.

Speziell für den natürlich unscharfen Funktionswert $\mathcal{Y}$ an der scharfen Stelle x_0 erhält man, nach dem Erweiterungsprinzip,

$$\mu_Y(y; x_0) = \sup_{a:y=f(x_0,a)} \mu_A(a) \tag{11.13}$$

und entsprechend an der *unscharfen* Stelle $\mathcal{X}_0$

$$\mu_Y(y; \mathcal{X}_0) = \sup_{(a,x):y=f(x,a)} \min\{\mu_A(a), \mu_{X_0}(x)\}. \tag{11.14}$$

Im Gegensatz zu den Schwierigkeiten mit dem Kalibrieren bei der statistischen Inferenz ist das Problem hier *symmetrisch* zu dem der Interpolation. Für den natürlich unscharfen Argumentwert $\mathcal{X}$ an dem gegebenen *scharfen* Funktionswert y_0 *kalibriert* man entsprechend

$$\mu_X(x; y_0) = \sup_{a:y_0=f(x,a)} \mu_A(a) \tag{11.15}$$

und analog an dem gegebenen *unscharfen* Funktionswert $\mathcal{Y}_0$

$$\mu_X(x; \mathcal{Y}_0) = \sup_{(a,x):y=f(x,a)} \min\{\mu_A(a), \mu_{Y_0}(y)\}. \tag{11.16}$$

Anwendungen dieser Formeln in der Chemometrie finden sich z. B. in [14, 15].

Zu weiteren Methoden der unscharfen Inferenz für unscharfe funktionale Beziehungen (Einbeziehung von Vorkenntnissen und Modelldiskrimination) vergleiche man [10].

11.2.3 Beispiel

Die im vorangehenden Abschnitt vorgestellte Variante wurde in dem im Abschnitt 1.3 erwähnten VICKERS-Härte-Problem verwendet.

Ein quaderförmiges Probestück wurde einem Härteverfahren auf einer seiner Stirnseiten unterworfen. Dann wurde das Probestück orthogonal zur behandelten Fläche aufgeschnitten. Die so entstandene Fläche wurde mit einem Gitter von Versuchspunkten überzogen, an denen jeweils die VICKERS-Härte bestimmt wurde. Aus den Ergebnissen dieser Messungen sollte eine *funktionale Beziehung* zwischen der *Härte* und dem Abstand zur behandelten Fläche, kurz der *Tiefe*, bewertet werden. Diese funktionale Beziehung sollte dann zur Optimierung und Steuerung des Härteprozesses benutzt werden, sollte also eine möglichst einfache, aber fachwissenschaftlich stützbare Form haben.

Dazu wurden die Eindrücke als unscharfe Mengen $\mathcal{G}_i$ der Ebene interpretiert, wobei die Grautöne die Vagheit des experimentellen Ergebnisses widerspiegeln sollten. Die Diagonalen hatten die gleichen Richtungen wie die Koordinatenachsen. Um ihre *Länge* zu messen, wurden die *unscharfen Gebiete* $\mathcal{G}_i$ in ihre *unscharfen Konturen* $\mathcal{C}_i$ transformiert

$$\mathcal{C}_i : \mu_{C_i}(x,y) = 2\min\{\mu_{G_i}(x,y), 1 - \mu_{G_i}(x,y)\}. \tag{11.17}$$

Die Zugehörigkeitsfunktion eines unscharfen Gebietes $\mathcal{G}$ gibt den Grad der Zugehörigkeit zum Gebiet selbst an, nicht jedoch zum *Rand* des Gebietes, der Kontur. Die obige Formel verallgemeinert die übliche Auffassung bei *scharfen* Gebieten, daß der Rand dem abgeschlossenen Gebiet und *gleichzeitig* dessen abgeschlossenen Komplementärgebiet angehören soll.

Bei der Betrachtung der Grautonniveaus von $\mathcal{C}$ auf dem Bildschirm zeigte es sich, daß eine Approximation der Zugehörigkeitsfunktion in den Randpunkten der Diagonalen durch Dreiecksfunktionen angemessen war. Damit erhielt auch die Zugehörigkeitsfunktion μ_{D_i} der *Diagonallänge* $\mathcal{D}_i$ diese einfache Form. Die *unscharfe Härte* $\mathcal{H}_i(x)$ für die *scharfe* Tiefe x wurde mit dem einfachen Erweiterungsprinzip zu

$$\mu_{H(x|x_i)}(h) = \mu_{D_i}((p/h)^{1/2}) \tag{11.18}$$

bestimmt.

Um die Unschärfe der Tiefenmessung $\mathcal{X}(x_i)$ zu modellieren (es wurde ja die Härte über der Krater*fläche* bestimmt!), wurde ebenfalls eine Dreiecksfunktion gewählt. Da eine gegenseitige Beeinflussung der Unschärfe der Härtemessung und der Tiefenmessung offenbar nicht vorlag, erfolgte die Verknüpfung der beiden unscharfen Zahlen über das einfache kartesische Produkt durch das Minimum:

$$\mu_{H(X(x_i))}(h,x) = \min\{\mu_{H(x|x_i)}(h), \mu_{X(x_i)}(x)\}. \tag{11.19}$$

Als Fläche über der (h,x)-Ebene sieht diese Funktion wie ein Zelt aus, dessen Dach sich vom höchsten Punkt zu den Ecken herabsenkt.

Zur Bewertung der funktionalen Beziehung zwischen Härte und Tiefe endlich wurden die unscharfen Härtewerte $\mathcal{H}(X(x_i))$ für die verschiedenen Aufsetzpunkte x_i über das Maximum aggregiert:

$$\mu_H(h,x) = \max_i \mu_{H(X(x_i))}(h,x) \tag{11.20}$$

Für eine erste Vorstellung über die mögliche funktionale Beziehung zwischen h und x wurde die *Modalspur* von $\mu_H(h,x)$ herangezogen. Daraus erhielt man durch Augenschein und Überlegung für die Randwerte den Ansatz

$$h(x; a, b, \nu, q) = a + b\exp\{-(x/\nu)^q\}, \tag{11.21}$$

der fachwissenschaftliche Interpretation erlaubte.

Mit diesem Ansatz wurde für jeden interessierenden Parametervektorwert (a, b, ν, q) eine Bewertung nach dem Integralprinzip (11.10) vorgenommen, wobei als Gewichtsfunktion $w(x)$ die charakteristische Funktion des Trägers von μ_H verwendet wurde. Es ergibt sich eine unscharfe Menge $\mathcal{A}^*$ im vierdimensionalen Parameterraum, in dem aber nur ein sehr kleines Gebiet betrachtet werden muß. Die Integration wurde im Bildverarbeitungssystem durch einfaches Aufsummieren der Grautonwerte realisiert.

Nach dem gleichen Bewertungsverfahren wurde in einem anderen praktischen Fall die Diffusion von edlem Auflagemetall in ein Basismetall unter Hitzestreß untersucht, wobei jedoch die unscharfen Beobachtungswerte problemgerecht in anderer Weise spezifiziert wurden (siehe [9]).

11.3   Qualitative Analyse

11.3.1   Datenmatrizen

Das typische Problem der *qualitativen* Datenanalyse beschäftigt sich mit der Suche nach einer *Relation*, allerdings nicht zwischen den Daten, sondern zwischen den *Objekten*, die durch diese Daten charakterisiert werden. In der Datenanalyse und der statistischen Inferenz tritt dieses Problem unter den Namen *Clusteranalyse* und *Klassifizierung* auf. Für *scharfe* Daten wurden Verfahren vorgeschlagen, die Objekte zu *unscharfen Clustern* zusammenzufassen [11]. Diese Verfahren werden an anderer Stelle dieses Sammelbandes ausführlich behandelt. Entsprechend dem Titel dieses Beitrags geht es im folgenden um die *unscharfe* Analyse *unscharfer* Daten, wofür jene Verfahren unbrauchbar sind.

Eine gegebene Menge $O = \{o_1, ..., o_N\}$ unterscheidbarer Objekte (oder Sachverhalte etc.) soll so in Teilmengen, die Cluster, zerlegt werden, daß die Objekte *innerhalb* einer solchen einander *möglichst ähnlich* und die aus verschiedenen Teilmengen einander *möglichst wenig ähnlich* sind. Bereits von der Formulierung her handelt es sich dabei um eine *unscharfe* Problemstellung („möglichst").

Die *erste* Stufe zur Lösung des Problems ist die Festlegung derjenigen Objektmerkmale, die für die Zerlegung wesentlich sein sollen: die *Merkmalsauswahl*. Hierfür gibt es zahlreiche Empfehlungen in der Literatur zur Clusteranalyse. Im weiteren wird der Kürze halber angenommen, daß die angegebenen Merkmale $M_1, ..., M_t$ bereits diese wesentlichen Merkmale repräsentieren. Im Unterschied zum gewöhnlichen Vorgehen wird jedoch zugelassen, daß ein *Merkmalswert*, d.h. die Ausprägung des i-ten Merkmals M_i beim j-ten Objekt o_j, auch eine unscharfe Menge $\mathcal{X}_{ij}$ mit der Zugehörigkeitsfunktion μ_{ij} sein kann. Ausgangspunkt der Analyse ist also die *unscharfe Datenmatrix*

$$\mathbf{X} = ((\mathcal{X}_{ij})); \quad i = 1, ..., t; j = 1, ..., N, \tag{11.22}$$

die man in bezug auf die Objektmenge O auch Daten- oder *Wissensbank* nennt.

Die *zweite* Stufe der Problemlösung ist die Festlegung von Aggregierungs- und Umformungsrichtlinien für die Merkmalswerte sowie das *Entscheidungskriterium für die Zuordnung* der Objekte zu den Teilmengen (die eigentliche *Clusteranalyse*).

Die *dritte* Stufe schließlich bilden die Festlegungen, nach denen ein künftiges Objekt o_{N+1} den erhaltenen Clustern zugeordnet werden soll: die *Klassifizierung*.

Neben der verlangten Schärfe der Merkmalswerte gibt es noch andere Argumente, die man gegen die Anwendung der gewöhnlichen Clusteranalyse anführen kann. So ist es u. a. die häufige Unmöglichkeit, einen sachlich vernünftigen *Abstandsbegriff* für mehrere sachlich inkommensurable Merkmale (z. B. Körpergröße, Haarwuchs und Augenfarbe) gleichzeitig zu spezifizieren, und die Willkür bei der Wahl eines *Optimalitätskriteriums* für die Clusterbildung. Schließlich erscheint es wichtig, sich einmal den gewöhnlichen Endzweck einer Clusteranalyse vor Augen zu führen. Häufig ist die Suche nach einer Struktur, hier nach Untermengen sehr ähnlicher Objekte, nur ein Zwischenproblem dafür, neue Objekte in Klassen einzuordnen (z. B. typische Situationen in der Steuerung oder typische Diagnosen in der Medizin) oder Abhängigkeiten zwischen den Merkmalen zu finden. Weiterhin, wenn die Anzahl der Merkmale wächst, dann werden die Probleme bei der Durchführung der gewöhnlichen Clusteranalyse immer ernster. Daher werden in solchen Fällen Methoden des *lokalen* Schließens immer interessanter, mit denen die Probleme der Klassifikation und der Erfassung der Merkmalsabhängigkeit *ohne* eine Zerlegung der *gesamten* Objektmenge jedoch auch unter Berücksichtigung *aller* Merkmale gelöst werden können.

11.3.2 Ähnlichkeitsprinzip

Daher wird bei der *unscharfen qualitativen Datenanalyse* jedes einzelne Merkmal solange wie möglich für sich betrachtet. Dies geschieht nicht nur wegen der zu erwartenden Probleme bei der Zusammenfassung, sondern auch, um möglichst lange vom Hintergrundwissen über den semantischen Inhalt des Merkmals zu profitieren. Es bezeichne also $\mathcal{X}_j$ den unscharfen Merkmalswert des j-ten Objekts (bezüglich des i-ten Merkmals) über dem Universum X. Das Problem besteht nun zuerst darin, über $F(X)$ eine Ähnlichkeitsrelation zu bestimmen. Das Problem stellt sich unterschiedlich, ob über dem Universum X bereits eine Ähnlichkeitsrelation $\mathcal{R}$ eingeführt ist oder ob die Ähnlichkeitsrelation über $F(X)$ ad hoc eingeführt werden soll oder muß.

Im ersten Falle ist es möglich, und manchmal passender, die Ähnlichkeit zweier unscharfer Mengen $\mathcal{A}$ und $\mathcal{B}$ im Sinne von $\mathcal{R}$ durch eine unscharfe Menge $\mathcal{S}$ auszudrücken, die als Wert einer linguistischen Variablen ÄHNLICHKEIT auf der Ähnlichkeitsskala $[0, 1]$ als Universum gedeutet werden kann.

Für die Bestimmung von $\mathcal{S}$ mit der Zugehörigkeitsfunktion $\mu_S(z)$ kann man das Erweiterungsprinzip verwenden, d.h. für alle möglichen unscharfen Merkmalswerte $\mathcal{A}, \mathcal{B} \in F(X)$ erhält man

$$S = S(\mathcal{A},\mathcal{B};\mathcal{R}) : \mu_S(z) = \sup_{(u,v):\mu_R(u,v)=z} \min\{\mu_A(u),\mu_B(v)\}. \qquad (11.23)$$

Dies ist eine sogenannte unscharfe Menge vom Typ 2, sie charakterisiert die *unscharf ausgedrückte unscharfe Ähnlichkeit* von $\mathcal{A}$ und $\mathcal{B}$ im Sinne von $\mathcal{R}$. Hier bezieht sich also *unscharfe Ähnlichkeit* auf die Tatsache, daß $F(X)$ das Universum ist, und *unscharf ausgedrückt* darauf, daß die unscharfe Ähnlichkeit als unscharfe Menge ausgedrückt ist, d.h. als Wert einer linguistischen Variablen.

Obwohl das Verfahren zur Bestimmung der Zugehörigkeitsfunktion μ_S ziemlich kompliziert aussieht, könnte man mit dieser Begriffsbildung Klassifikationsprobleme durchaus lösen, worauf später nochmals eingegangen werden soll. Trotzdem wird man es im allgemeinen vorziehen, für die unscharfe Ähnlichkeit unscharfer Mengen mit *Skalaren* zu hantieren. Dabei soll jedoch die Forderung erhalten bleiben, daß die Ähnlichkeit *im Sinne der gegebenen Ähnlichkeit $\mathcal{R}$* betrachtet wird.

Von den zahlreichen Vorschlägen soll hier nur ein *einfaches* Beispiel vorgestellt werden. Seien wieder $\mathcal{A}$ und $\mathcal{B}$ die beiden unscharfen Mengen, deren Ähnlichkeit bezüglich $\mathcal{R}$ durch einen *Ähnlichkeitsgrad $r(\mathcal{A},\mathcal{B};\mathcal{R})$* eingeschätzt werden sollen. Die Ähnlichkeitsrelation ist auf dem kartesischen Produkt erklärt, das für unscharfe Mengen über

$$\mathcal{C} = \mathcal{A} \otimes \mathcal{B} \qquad (11.24)$$

erweitert wird, wobei die Verknüpfung z. B. über das Minimum realisiert wird: $\mu_C(x,y) = \min\{\mu_A(x),\mu_B(y)\}$. Gleichzeitig soll die unscharfe Ähnlichkeitsrelation erfüllt sein, dies bedeutet aber $\mathcal{D} = \mathcal{C} \cap \mathcal{R}$, wobei man im eben genannten Beispielfall wieder das Minimum als Durchschnittsrealisierung wählen wird. Ein Vergleich der *Mächtigkeiten* der beiden Mengen $\mathcal{C}$ und $\mathcal{D}$ liefert ein Maß für die Ähnlichkeit von $\mathcal{A}$ und $\mathcal{B}$ bezüglich $\mathcal{R}$. Versteht man unter der *Kardinalität* einer unscharfen Menge $\mathcal{A}$ im Fall eines *diskreten* Universums die Summe über die Zugehörigkeitswerte $\text{card}\mathcal{A} = \sum \mu_A(x_i)$ und bei einem *kontinuierlichen* Universum ein passendes Integral, z. B. $\text{card}\mathcal{A} = \int \mu_A(x)dx$, eine naheliegende Verallgemeinerung der Mächtigkeit und des Inhalts, dann erhält man als eine Möglichkeit für den Ähnlichkeitsgrad

$$r(\mathcal{A},\mathcal{B};\mathcal{R}) = \frac{\text{card}(\mathcal{D})}{\text{card}(\mathcal{C})} = \frac{\text{card}((\mathcal{A} \otimes \mathcal{B}) \cap \mathcal{R})}{\text{card}(\mathcal{A} \otimes \mathcal{B})}. \qquad (11.25)$$

Was hier für die Ähnlichkeit zweier beliebiger unscharfer Mengen betrachtet wurde, läßt sich nun auf die unscharfe Datenmatrix (11.22) übertragen. Hat man für alle Paare (o_j, o_l) und alle Merkmale M_i entsprechend unscharf ausgedrückte Ähnlichkeiten spezifiziert, dann stellt die *Hypermatrix*

$$\mathbf{S} = ((S_{ijl})) \qquad (11.26)$$

die unscharf ausgedrückte Ähnlichkeitsstruktur des Merkmalssystems der Datenmatrix für alle darin erfaßten Objekte dar.

In gleicher Weise ist die *Hypermatrix*

$$\mathbf{R} = ((r_{ijl})) = ((r(\mathcal{X}_{ij}, \mathcal{X}_{il}; \mathcal{R}_i))) \tag{11.27}$$

eine Darstellung der Ähnlichkeitsstruktur der Datenmatrix bezüglich aller erfaßten Merkmale und Objekte.

Für festes $i = i_0$ stellt die Matrix

$$\mathbf{R}(i_0) = ((r_{i_0jl})) \tag{11.28}$$

die unscharfe Ähnlichkeit aller Objekte bezüglich des i_0-ten Merkmals dar. Verwendet man ein passendes Abstandsmaß für Matrizen, dann kann man aus einem geringen Abstand der Matrizen für zwei verschiedene Merkmale schließen, daß sich diese Merkmale ziemlich ähnlich für die vorgegebene Objektmenge verhalten und daher ähnliche Information bezüglich der Unterschiedlichkeit der Objekte liefern. Dies kann einerseits zur Entscheidung benutzt werden, ob und welche Merkmale in Zukunft als redundant weggelassen werden sollen, und andererseits kann es den Ausgangspunkt bilden, um fehlende Merkmalswerte erforderlichenfalls zu interpolieren. Darüber hinaus kann die Matrix $\mathbf{R}(i_0)$ benutzt werden, um die *Unterscheidungsfähigkeit* des i_0-ten Merkmals bezüglich der gegebenen Objekte zu bewerten. Sind alle Elemente (für $j \neq l$) ungefähr gleich, so besteht wenig Aussicht, mit diesem Merkmal irgendwelche Substrukturen zu finden. Falls speziell $\mathbf{R}(i_0)$ die Einheitsmatrix ist, dann unterscheidet das Merkmal im höchstmöglichen Grad, liefert aber keine nichttriviale Substruktur.

11.3.3 Umgebungen

Ausgangspunkte für die Lösung von Klassifikationsproblemen in der gegebenen Objektmenge O sind die Hypermatrizen $\mathbf{S}$ und $\mathbf{R}$ ((26),(27)), die deren Ähnlichkeitsstruktur auf der Basis der Merkmalsmenge $\{M_1,..., M_t\}$ widerspiegeln. Dabei wird gewöhnlich angenommen, daß die *Ähnlichkeitsrelationen* $\mathcal{R}_i$ für die einzelnen Merkmale *kohärent* spezifiziert wurden. Sollten sich bei der weiteren Bearbeitung Diskrepanzen herausstellen, dann können diese mit sehr geringem Aufwand beseitigt werden, wie später gezeigt wird. Zur Einschätzung der Ähnlichkeit der Objekte kann man sich des *Umgebungsbegriffs* bedienen. Eine *Umgebung* des Objekts o_j besteht dann aus allen Objekten o_l, die in allen Merkmalen hinreichend ähnliche Werte zeigen. Falls $\mathbf{S}$ der Ausgangspunkt ist, dann ist eine $(c_0, m_0)-$Umgebung $V_S(j; c_0, m_0)$ durch

$$V_S(j; c_0, m_0) = \{o_l \in O : \forall i : \max_{z \geq c_0} \mu_{S_{ijl}}(z) \geq m_0\} \tag{11.29}$$

definiert, wobei (c_0, m_0) die die Umgebung charakterisierenden Parameter sind.

War $\mathbf{R}$ der Ausgangspunkt, dann erhält man als eine r_0-Umgebung des Objektes o_j entsprechend

$$V_R(j; r_0) = \{o_l \in O : \forall i : r_{ijl} \geq r_0\}, \tag{11.30}$$

wobei r_0 der leicht deutbare Parameter der Umgebung ist: Die Umgebung $V_R(j; r_0)$ enthält alle Objekte o_l, die zu o_j mindestens den Ähnlichkeitsgrad r_0 in *allen* Merkmalen haben. Hier ist auch die oben angekündigte Stelle, an der aufgefundene Diskrepanzen bei der Kohärenz der Ähnlichkeit ausgeglichen werden können.

An dieser Stelle sei auch die Möglichkeit erwähnt, *Umgebungen von Merkmalen* zu definieren. Die Umgebung $V_{SM}(i; c_0, \epsilon)$ enthält dann alle Merkmale M_k, die sich auf der Objektmenge zum Merkmal M_i ähnlich verhalten,

$$V_{SM}(i; c_0, \epsilon) = \{ M_k : \forall j, l : \max_{z \geq c_0} | \mu_{S_{ijl}}(z) - \mu_{S_{kjl}}(z) | \leq \epsilon \}, \tag{11.31}$$

und, falls **R** gewählt wurde, entsprechend einfacher

$$V_{RM}(i; \epsilon) = \{ M_k : \forall j, l : | r_{ijl} - r_{kjl} | \leq \epsilon \}, \tag{11.32}$$

wobei nun ϵ die Umgebung charakterisiert.

Diese Umgebungen können nun zur Merkmalauswahl benutzt werden, wobei die Parameter variiert werden können, um z. B. in üblicher Weise Entscheidungsbäume aufzubauen.

Weiterhin ist es auch möglich, *unscharfe Umgebungen* einzuführen, in denen jedem Objekt (beziehungsweise jedem Merkmal) *Zugehörigkeitswerte* zugeordnet werden, so im einfachsten Falle, indem man die unscharfe Menge $V_R(j)$ durch ihre Zugehörigkeitsfunktion

$$\mu_V(l; j) = \min_i r_{ijl} \tag{11.33}$$

als Umgebung einführt.

Der Umgebungszugang erlaubt auch in einfachster Weise, mit geeigneten *Auswahlen* aus der Menge der Objekte wie der Merkmale zu operieren.

Zum Schluß sei nochmals betont, daß alle Aussagen nur für die *gegebenen* Mengen der Objekte und Merkmale gelten, also speziell *kein* (z. B. stochastischer) Mechanismus angenommen wird, nach dem die verwendeten Daten erzeugt worden sein sollen. Schlüsse auf weitere Objekte folgen daher lediglich dem jedoch allgemein in der Wissenschaft verwendeten Prinzip: *Ähnliche Ergebnisse in ähnlichen Situationen*.

11.3.4 Beispiel

Bereits im Abschnitt 1.3 wurde auf die Verwendung des unscharfen Ähnlichkeitskonzepts im Rahmen einer chemischen Datenbank verwiesen. Im folgenden soll die jüngste Anwendung in der Geologie skizziert werden (siehe [13, 5]).

Über eine sächsische Kalklagerstätte lagen Ausgangsinformationen aus verschiedenen Quellen vor: Kernbohrungen (Proben) aus früheren Erkundungen und Kenntnisse von Experten über die geologische Spezifik der Lagerstätte und die Genauigkeit und Aussagekraft der Probenergebnisse. Ziel der Untersuchung war es, vertiefte Kenntnisse über die paläolographische Situation im ehemaligen Sedimentationsraum zu gewinnen.

Dazu war die Lagerstätte flächenmäßig in Bereiche zu untergliedern, die dann in ihrer Bedeutung als Faziesverteilungen interpretiert werden können. Dies bedeutet eine Aufteilung in Gruppen, wie sie im vorangehenden Abschnitt behandelt wurde. Die Objekte sind nun die vorliegenden räumlich verteilten Proben, ihre Merkmale sind chemische Werte, weitere durch Farb- und Gefügeangabe charakterisierte Informationen und geographische Koordinaten.

Die chemischen Werte mußten von den Experten dahingehend beurteilt werden, wie sie sich im Laufe des (langen) Zeitraums seit der Bildung der Lagerstätte unter dem Einfluß der Natur und des Menschen verändert haben könnten. Das Ergebnis der Beurteilung war die jeweilige Einbettung der aktuell gemessenen Werte in eine unscharfe Menge möglicher „Ausgangswerte", dies für jeweils 13 verschiedene chemische Substanzen. Sodann wurden die Farb- und Gefügeangaben bei den Proben als jeweils linguistische Variablenwerte spezifiziert.

Als *Ähnlichkeitskoeffizient* für zwei Merkmalswerte wurde eine einfache unscharfe Verallgemeinerung eines Koeffizienten aus der Taxonomie verwendet:

$$r = \frac{\mathrm{card}(\mathcal{A} \cap \mathcal{B})}{\mathrm{card}(\mathcal{A} \cup \mathcal{B})}, \tag{11.34}$$

die für den vorgegebenen Zweck bereits genügte.

Für die *Ähnlichkeit* zweier Proben wurde die *Anzahl* der Merkmalswerte benutzt, die sich innerhalb der entsprechenden r_0-Umgebungen finden. Damit wurden, unter der jeweiligen Voraussetzung, daß die Proben zu einer Gruppe, zu zwei bzw. drei Gruppen gehören, Zentrumsproben berechnet, die jeweils eine „beste" Zuordnungsstruktur liefern. Während das Eine-Fazies-Modell zu einem geologisch unbefriedigenden Ergebnis führte, paßte das Zwei-Fazies-Modell sehr gut in die geologische Grundstruktur des umgebenden geologischen Großraums. Die Annahme dreier möglicher Fazies brachte keine weitere Verbesserung der Interpretation.

Bei der Verwendung der geographischen Koordinaten wurde auf eine mögliche unscharfe Modellierung *verzichtet*, da die mögliche Ungenauigkeit der räumlichen Präsentation der Struktur via Kriging für die Problemfrage bedeutungslos war. Entsprechende geologische Karten der unscharf erschlossenen Struktur finden sich in der eingangs genannten Literatur.

Literaturverzeichnis

[1] BANDEMER, H.: Evaluating explicit functional relationships from fuzzy observations. *Fuzzy Sets and Systems*, **16**, S. 41-52, 1985.

[2] BANDEMER, H.: Fuzzy specification of uncertain knowledge and vague or imprecise information. In: *Mathematical and Statistical Methods in Artificial Intelligence*, DELLA RICCIA, G.; KRUSE, R. VIERTL, R. (EDS.) , S. 1-21, Wien, New York: Springer 1995.

[3] BANDEMER, H.: Specifying fuzzy data from grey-tone pictures for pattern recognition. *Pattern Recognition Letters*, **17**, S. 585-592, 1996.

[4] BANDEMER, H.: *Ratschläge zum mathematischen Umgang mit Ungewißheit.* Teubner, Stuttgart, Leipzig 1997.

[5] BANDEMER,H.; FIEDLER, R.; SCHREIBER, A.; KÜHL, A.: A fuzzy approach to pattern cognition in a geological environment - Case study. (Eingereicht für die *Mathematical Geology*.

[6] BANDEMER, H. ; GOTTWALD, S.: *Einführung in FUZZY-Methoden: Theorie und Anwendungen.* 4. überarbeitete und erweiterte Auflage, Akademie-Verlag, Berlin 1993.

[7] ———— : *Fuzzy Sets, Fuzzy Logic, Fuzzy Methods with Applications.* Wiley, Chichester 1995.

[8] BANDEMER, H. ; KRAUT, A. ; VOGT, F.: Evaluation of hardness curves at thin layers. - A case study on using fuzzy observations. *Freiberger Forschungshefte* D 187, S. 9 - 26, Leipzig: Deutscher Grundstoffverlag 1988.

[9] BANDEMER, H.; LORENZ, M.: Evaluating a functional relationship from picture data of a chemical diffusion process - A case study -. *Fuzzy Sets and Systems*, **93**, S. 29 - 35, 1998.

[10] BANDEMER, H. ; NÄTHER, W.: Fuzzy Data Analysis. Kluwer, Dordrecht 1992, Reprinted 1997.

[11] BEZDEK, J. C.: *Pattern Recognition with Fuzzy Objective Function Algorithm.* Plenum Press, New York 1981.

[12] DIAMOND, PH.: Fuzzy least squares. *Inf. Sciences*, **46**, S. 141-157, 1988.

[13] FIEDLER, R.; BANDEMER, H.; SCHREIBER, A.; KÜHL, A.: Theorie unscharfer Mengen und intelligenzgesteuerte Datenanalyse in der Geologie. Rayonierung und strukturgeologische Bewertung des Wildenfelser Kalksteingebietes bei Zwickau. *Freiberger Forschungshefte* C 469, TU Bergakademie Freiberg 1997.

[14] OTTO, M.; BANDEMER,H.: Calibration with imprecise signals and concentrations based on fuzzy theory. *Chemometrics and Intelligent Laboratory Systems*, **1**, S. 71-78, 1996.

[15] ———: A fuzzy approach to predicting chemical data from incomplete, uncertain and verbal compound features. In: *Physical Property Prediction in Organic Chemistry*, JOCHUM, C.; HICKS, M. C.; SUNKEL, J. (EDS.): S. 171-189, Berlin, Heidelberg: Springer Verlag 1988.

[16] TANAKA, H.; UEJIMA, S.; ASAI, K.: Linear regression analysis with fuzzy model. *IEEE Trans. Systems Man Cybernet*, **12**, S. 903-907, 1982.

[17] TANAKA, H.; WATADA, J.: Possibilistic linear systems and their application to the linear regression model. *Fuzzy Sets and Systems*, **27**, S. 275-289, 1988.

12 Fuzzy Theorie - eine Alternative zur Stochastik?
Eine Podiumsdiskussion

Rudolf Avenhaus und Rudolf Seising, München

Die in der Überschrift stehende Frage war das Thema einer Podiumsdiskussion, die wir am 25. März 1998 im Rahmen der Münchner Stochastik-Tage veranstalteten. Dem hier dokumentierten Ablauf gingen insgesamt acht Vorträge voran:

- Ein Einführungsvortrag von R. Seising, der in erweiterter Form als Einleitung zu diesem Buch dient.[1]

- Ein in die Mathematik der Fuzzy Theorie einführender Vortrag von E. P. Klement, der seinem Beitrag in diesem Buch entspricht.[2]

- Ein Vortrag von Th. Runkler, der die probabilistischen Methoden für die Clusteranalyse mit den entsprechenden Fuzzy Methoden vergleicht. Dieser Vortrag entspricht seinem Beitrag zu diesem Buch.[3]

- Ein Vortrag von J. Hollatz über heutige industrielle Anwendungen von Fuzzy Systemen, der in erweiterter Form in den in diesem Buch abgedruckten Beitrag von ihm und M. Appl einging.[4]

An diese längeren Vorträge schlossen sich vier kurze Stellungnahmen zur Problematik „Fuzzy Theorie versus Stochastik" an, von V. Mammitzsch und R. Viertl, mit den in diesem Buch wörtlich, z.T. etwas ergänzt wiedergegebenen Beiträgen[5], sowie von H. Bandemer und F. Lehmann, die ihre ursprünglichen Stellungnahmen für dieses Buch erheblich ausgearbeitet haben.[6]
Alle Beiträge werden im folgenden, um den dokumentarischen Charakter zu wahren, wörtlich wiedergegeben, auch wenn einige Diskutanten dies im nachhinein lieber anders formuliert hätten, da sich der Zusammenhang mit dem vorgegebenen Thema nicht immer sofort erschließt. Die folgende Dokumentation der Podiumsdiskussion beginnt mit den Wortbeiträgen von H. Bandemer und F. Lehmann.

---

[1] Siehe die Einleitung zu diesem Buch.
[2] Siehe Kapitel 7.
[3] Siehe Kapitel 16.
[4] Siehe Kapitel 18.
[5] Siehe Kapitel 9 und 10.
[6] Siehe Kapitel 11 und 15.

BANDEMER: Ich muß vorausschicken, mein „Statement" ist ohne Kenntnis der Worte meiner Vorredner gemacht. Ich habe mir überlegt, daß es für Sie vielleicht interessant sein könnte, wenn ich Ihnen erzähle, wie ich zur Beschäftigung mit der Theorie unscharfer Mengen gekommen bin. Vor etwa 40 Jahren schrieb ich meine Graduierungsarbeit im Gebiet der Numerik und deren Anwendungen. Bei der Suche nach einer Alternative für die gelegentlich unter Praxisbedingungen recht problematische Einschließungsaussagen kam ich mit der mathematischen Statistik in Kontakt. Ich habe dann nach meiner Promotion drei Semester in Dresden Stochastik studiert und mich danach mit der Regressionstheorie und der statistischen Versuchsplanung beschäftigt. Vielleicht erinnert sich mancher der älteren Herren Kollegen noch an unser Handbuch aus den 70er Jahren. In diesem Arbeitsfeld wurde ich bei der Anwendung häufig mit zwei Problemen konfrontiert:

1. Bei der Regression werden *nichtstochastisch* motivierte Fehler im allgemeinen nicht berücksichtigt: der Modellfehler, die Meß- und Beobachtungsgenauigkeit der Einzelwerte und schließlich die numerische Genauigkeit des Rechenverfahrens, die ich natürlich aus der Beschäftigung mit der Numerik kannte. Diese können bei realen praktischen Anwendungen einen entscheidenden Einfluß haben. Es gab nach dem Krieg Untersuchungen über die Stabilität von Regressionsgleichungen und so weiter.

2. Die Versuchsplanung hängt wesentlich davon ab, daß der gewählte Ansatz die Zusammenhänge hinreichend gut widerspiegelt. Auch dies kann man in praktischen Fällen nicht immer garantieren.

Diese Probleme führten mich über die Intervallarithmetik und die statistische Datenanalyse in das Feld der Theorie unscharfer Mengen.

Die durch Messung oder Beobachtung gegebenen Informationspartikeln - so will ich sie mal nennen - Zahlen, Vektoren, Trajektorien, Grautonbilder, bunte Bilder, ja sogar Expertenmeinungen, die Informationen über das Problem enthalten, werden von mir als *Daten* bezeichnet. Die mit den einzelnen Daten verbundenen individuellen Unsicherheiten, also Ungenauigkeiten der Messungen, die Vagheit einer verbal geäußerten Meinung, also zum Beispiel die Meinung eines Chirurgen: Der Blutverlust des Patienten unter der Operation war gering, eine hochinformative Mitteilung für jeden nachbehandelnden Arzt, läßt sich nun durch unscharfe Mengen spezifizieren, wodurch sie zu *unscharfen Daten* werden. Aus diesen unscharfen Daten müssen nun Schlüsse über mögliche funktionale Beziehungen (analog zur Regression, die Regression verlangt ja punktförmige Daten zur Verarbeitung) und über Teilstrukturen (analog zur Clusteranalyse) gezogen werden.

Und dann muß ich doch noch einwenden: Ich verstehe unter Clusteranalyse nicht das, was hier vorhin vorgetragen worden ist,[7] sondern es geht um die Strukturierung unscharfer Daten; keine Punkte, sondern unscharfe Daten: Meinungen, Bilder usw.

---

[7] Gemeint sind hier die Ausführungen von Th. Runkler, die in seinem Beitrag zu diesem Buch „Probabilistische und Fuzzy Methoden für die Clusteranalyse" (Kapitel 16) nachzulesen sind; Anm. des Hrsg.

Grundlagen und Ergebnisse der unscharfen Datenanalyse habe ich 1992 zusammen mit Herrn Näther in einem Buch veröffentlicht.[8] In meinem letzten Buch[9] habe ich auf Wunsch des Teubner-Verlages meine Erfahrungen niedergelegt, dort werden der Zugang der Approximationstheorie, der Stochastik und der Fuzzy Theorie miteinander verglichen. Es steht also darin, *wann* sollte man was machen, und zwar auf dem Niveau von Anwendern und ihrer mathematischen Berater.

Für mich ist der Zugang durch die Fuzzy Theorie auf den genannten Gebieten dann zu empfehlen, wenn die oben genannten Unsicherheiten die Anwendung der mathematischen Statistik fragwürdig erscheinen lassen, zum Beispiel, wenn noch kein fachwissenschaftlich gestütztes Modell, kein Ansatz verfügbar ist, d. h. zur *pattern-cognition*, nicht zur pattern-recognition, pattern-cognition!

Für mich ist die unscharfe Datenanalyse kein Konkurrenzunternehmen zur mathematischen Statistik im Sinne eines „wir können alles besser", sondern eine wertvolle und daher willkommene Ergänzung des mathematischen Apparates zur Lösung von mit Ungewißheiten behafteten praktischen Problemen. Ich bin trotz der Beschäftigung mit der Fuzzy Theorie immer noch ein Stochastiker bzw. mathematischer Statistiker geblieben. Ich betrachte das als eine Ergänzung meines Werkzeugkoffers, der für die Praktiker vorhanden ist. Leider erlaubt mir die kurze Zeit für mein Statement nicht, Ihnen einige Referenzbeispiele für die Wirkung und Wirksamkeit der unscharfen Datenanalyse darzustellen, ich muß Sie auf meine Bücher verweisen, in denen Sie sich über weitere Anwendungen und Ergebnisse informieren können.

LEHMANN: Meine Professur hier an der Universität der Bundeswehr München heißt Systemprogrammierung und Betriebsprogramme. Aber mein Institut befaßt sich mit der Modellierung von Rechensystemen und Rechnernetzen, wobei wir zu nächst einmal an wahrscheinlichkeitstheoretischen Modellen interessiert sind. Wenn wir Rechnernetze betrachten, dann tauchen dort sehr viele komplizierte Regelungsprobleme auf, wobei die wahrscheinlichkeitstheoretischen Modelle so kompliziert sind, daß man nicht ohne weiteres sieht, wie man sie lösen kann. Das ist der Hintergrund, warum wir uns für Alternativen interessiert haben, und eine Alternative für komplizierte Regelungsprobleme sind Fuzzy Methoden. Ein Beispiel, das in unserem Institut entstanden ist, bezieht sich auf das Routing in Rechnernetzen, weiter haben wir auch noch zur Ruf-Zugangskontrolle mit Fuzzy Methoden Versuche gemacht.[10] Ich möchte auch noch aus einer naturwissenschaftlich-technischen Sicht zur Problematik der Fuzzy Theorie beitragen. Wir möchten ganz gerne, und das war ja auch der Hintergrund, weshalb Zadeh seine Theorie entwickelt hat, eine Möglichkeit finden, Expertenwissen, das häufig nur in vagen Aussagen, in vagen Regeln verfügbar ist, für Entscheidungen im technischen Bereich nutzbar zu machen. Die Regeln sind häufig vage formuliert.

---

[8] BANDEMER, H.; NÄTHER, W.: *Fuzzy Data Analysis*, Dordrecht: Kluwer 1992.

[9] BANDEMER, H.: *Ratschläge zum mathematischen Umgang mit Ungewißheit*, Stuttgart, Leipzig: Teubner 1997.

[10] Siehe dazu den Beitrag von F. Lehmann „Behandlung von Ungewißheit und Vagheit in Kommunikationsnetzen" (Kapitel 15) zu diesem Buch; Anm. des Hrsg.

Jetzt komme ich zu einer naturwissenschaftlichen Fragestellung: Wenn wir über Wahrscheinlichkeiten reden, dann ist es so, daß die Ereignisse, denen wir Wahrscheinlichkeiten zuteilen wollen, präzise definiert sind. Es ist immer eindeutig klar, ob das Ergebnis vorliegt oder nicht, d. h., die Ungewißheit, die wir mit der Wahrscheinlichkeitstheorie erfassen wollen, bezieht sich nicht darauf, ob ein bestimmtes Ereignis vorliegt, sondern sie bezieht sich darauf, ob dieses Ereignis in der Zukunft eintreten wird oder nicht. Je nachdem, auf welchem Standpunkt wir stehen, ob wir Subjektivisten oder Objektivisten sind, haben wir im Prinzip auch ein Meßverfahren, mit dem wir diese Wahrscheinlichkeiten messen können. Als Objektivisten messen wir die relativen Häufigkeiten, als Subjektivisten würden wir über das Konzept der fairen Wette dazu kommen können, subjektive Wahrscheinlichkeiten einer Person zu messen.

Die Aussagen eines Experten sind aber von anderer Art, sie werden begrifflicher verwendet, sie sind vage! Es geht nicht darum, ob in der Zukunft ein bestimmtes Ereignis eintreten wird oder nicht, sondern die Ereignisse, über die er redet, sind nicht scharf konzipiert. Insofern sehe ich darin eine andere Art von Ungewißheit als die Ungewißheit, die wir mit den Wahrscheinlichkeitsbegriffen zu erfassen versuchen. Ich sehe aus der Sicht der Anwendungen keinen Konflikt zwischen Wahrscheinlichkeitstheorie und Fuzzy Theorie. Mit der Fuzzy Theorie versuchen wir Vagheit zu erfassen, mit der Wahrscheinlichkeit versuchen wir die Ungewißheit bezüglich des zukünftigen Eintretens von Ereignissen zu erfassen.

Gewisse Parallelen, eine gewisse Konkurrenz fällt auf, wenn wir jetzt Regelungsprobleme betrachten. Eine Art, Regeln für die Regelungen anzugeben, sind die eben schon erwähnten vagen Äußerungen eines Experten. In vielen Fällen, in vielen Modellen gibt es nichts anderes. Da ist die physikalisch gegebene Natur so kompliziert, daß man kein mathematisches Modell, das man handhaben könnte, zur Verfügung hat. Wenn Sie z. B. Stahlträger biegen wollen, dann gibt es meines Wissens kein physikalisches Modell, das Ihnen sagt, wann der Stahlträger reißt, und eine Reihe weiterer solcher Probleme.

Man kommt aber dann in den Bereich, in dem man auch präzisere Modelle hat, z. B. in unserem Netzbereich können wir durchaus wahrscheinlichkeitstheoretische Modelle formulieren, die aber dann so kompliziert sind, daß es uns nicht gelingt, sie zu lösen. Und da haben wir eine gewisse Konkurrenzsituation, in der auf der einen Seite ein mathematisches Modell ist, das wir aber nicht lösen können, und daneben haben wir Regeln, die uns ein Experte vermitteln kann, die auch von sich aus einsichtig aussehen, und wir haben experimentiert, wie in solchen Situationen die Anwendung von Fuzzy Methoden im Vergleich zu stochastischen Methoden ausgeht. Man muß dazu sagen, daß wir in unseren Beispielen von relativ schwachen Regeln ausgegangen sind. Man darf jedoch nicht erwarten, daß dies jetzt ein von vornherein folgerichtiger Prozeß gewesen wäre.

Die Fuzzy Theorie hat ja noch sehr viele Freiheitsgrade. Wie sehen z. B. die Zugehörigkeitsfunktionen aus usw. Es stellt sich heraus: Wir haben ordentliche Regler gefunden, aber man muß auch sagen, das war keine Geradeaus-Entwicklung, sondern es waren sehr viele Versuche, wobei man gesagt hat: Mit dieser Zugehörigkeitsfunktion, mit dieser t-Norm, sind die Ergebnisse nicht so besonders. Bei der Anwendung hatte ich den Eindruck, daß doch sehr viel Kunst dabei war im Unterschied zu einer erprobten Technik.

PUBLIKUM: Ich habe an die drei Hauptvortragenden[11] jeweils eine Frage. Und zwar an Prof. Klement. Das von Ihnen Vorgetragene erinnert mich an das Buch von Hans Richter über Wahrscheinlichkeitstheorie, in dem am Anfang diese Begründung aus der Spieltheorie für die Wahrscheinlichkeitstheorie gebracht wird. Die erscheint mir immer sehr plausibel, und was mir auch eigentlich das Kernstück zu sein scheint, ist ja eigentlich der Unabhängigkeitsbegriff. Inwieweit umfaßt jetzt die Fuzzy Theorie diese Begriffe, oder ist sie damit inkompatibel?

Das zweite ist eher ein Kommentar zu Dr. Runkler: Für diesen Cluster-Identifizierungsalgorithmus gibt es eine sehr gut ausgearbeitete Theorie, wenn man das Ganze in Gibbs-Maßen umformuliert, und dann ist gerade dieser Fall, den Sie als possibilistisch bezeichnet hatten, wo die zwei Clusterzentren zusammenfallen, gerade das Interessante; als Physiker würde ich sagen: Sie haben die Temperatur falsch gewählt. Wenn Sie die Temperatur nämlich senken - Sie haben ja ein Energie- oder Kostenfunktional $e^{-\beta H}$, dann folgt daraus, daß hier die Clusterzentren auseinandergehen; die Wahl dieses Energiefunktionals korrespondiert in gewisser Weise mit der Wahl, wie Sie unscharfe Mengen definieren. Das heißt, Sie könnten jetzt auch das Kosten- oder Energiefunktional anders wählen und nur in diesem Fall mit diesem quadratischen Energiefunktional, das Sie gewählt haben, folgt daraus, daß man diese einfache Iterationsvorschrift hat, in anderen Fällen muß man einfach „Simulated Annealing" oder irgendwelche anderen Techniken verwenden.

Zu Herrn Dr. Hollatz habe ich noch einen Kommentar, den auch Prof. Viertl angemerkt hat. Wir haben uns auch vor vier, fünf Jahren einmal mit Fuzzy Systemen beschäftigt. Da gab es ein Fuzzy Expertensystem, da hat man ein Auto gehabt, das ist gefahren, hat drei Sensoren gehabt, und da hat man geschaut, wie es sich durch einen Hindernislauf durchfindet. Man hat drei S-Funktionen gehabt, die die Sensoren abtasten und einem sagen, wie man das Auto steuern soll. Auf den ersten Blick hat es sinnvoll ausgeschaut, wie man diese S-Funktionen plaziert hat. Kaum hat man eine dieser S-Funktionen nur winzig verrückt, man hat optisch nichts mehr anderes gesehen, dann ist das Ding hängengeblieben, und es ist nicht mehr durch den Parcours gekommen. Meiner Meinung nach gewinnt man von der Anwendung her eigentlich nichts. Es ist ein anderes Spielzeug, aber eigentlich könnte man das ganz anders formulieren. Und die Anschauung ist auch nicht da.

PUBLIKUM: Die Anwendungen allein, wie sie uns von Siemens[12] vorgestellt worden sind, zeigen ja, daß in der jetzigen Situation, bei dem gerade beschriebenen

---

[11] Hier sind E. P. Klement, Th. Runkler und J. Hollatz gemeint. Vgl. deren Beiträge in diesem Buch: E. P. Klement: „Bausteine der Fuzzy Logic: t-Normen - Eigenschaften und Darstellungssätze" (Kapitel 7); Th. Runkler: „Probabilistische und Fuzzy Methoden für die Clusteranalyse" (Kapitel 16); M. Appl und J. Hollatz: „Anwendung von Fuzzy Systemen zur Prozeßoptimierung" (Kapitel 18); Anm. des Hrsg.

[12] Hier sind Anwendungsbeispiele aus dem Vortrag von J. Hollatz gemeint. Siehe dazu den Beitrag von M. Appl und J. Hollatz in diesem Buch: „Anwendung von Fuzzy Systemen zur Prozeßoptimierung" (Kapitel 18); Anm. des Hrsg.

Problem, ein interessanter Ansatz zu sein scheint. Offenbar erspart er eine gewisse Modellbildung, und er ermöglicht eine schnellere Darstellung. Mich erinnert diese Fuzzy Theorie aber ein bißchen an die Auseinandersetzung oder an die Überlegung mit Analog- und Digitalstrukturen. Da war ja mal die Übertragungsproblematik etwa von Ton- und Bildqualitäten. Da hat man ja lange Zeit - und ich denke an die Zeit zurück, lange bevor das mit den Computerstrukturen möglich wurde - gesagt, es ist nicht möglich, etwa Tonqualitäten digital angemessen wiederzugeben. Man hat gedacht, das läßt sich nur durch ein sehr behutsames, analoges Übertragungssystem optimieren und wirklich angemessen wiedergeben. Diese Diskussion war sehr lang, ich denke sogar noch in den 70er Jahren, ob es mal möglich sein würde, z. B. eine angemessene Tonqualität digital zu übertragen, die dann besser wäre als die analoge. Wie wir heute alle wissen, ist es natürlich beliebig viel besser, d. h. was hier eigentlich nötig ist, ist größere Power, ein leistungsfähigeres System, sprich eine bessere Modellbildung. Ich könnte mir gut vorstellen, daß die Fuzzy Theorie im Moment eine Lücke füllt, nämlich einen Mangel an Theoriebildung in bestimmten Problembereichen der Unschärfe, die jetzt noch nicht durch eine angemessene Theoriebildung behoben werden kann. Wenn man aber in dieser Modell- und Theoriebildung weiterkommt, kann man darauf irgendwann wieder verzichten.

PUBLIKUM: Ich habe eine praktische und eine mehr theoretische Bemerkung. Die praktische Bemerkung bezieht sich auf die Clusteranalyse, wo probabilistische und nichtprobabilistische Methoden miteinander verglichen wurden. Hier ist die Frage, wie man die Gruppen in Cluster einteilt. Da wurde das Problem, wie viele Cluster man benutzt, nicht so deutlich angesprochen. Man muß dieses Funktional vielleicht noch mit einer Strahlfunktion versehen, damit man nicht genauso viele Cluster bekommt, wie man Beobachtungen hat. Das ist die eine Bemerkung, aber ich habe noch eine zweite. Was dargestellt wurde, ist in der Tat der Unterschied zwischen probabilistisch und nichtprobabilistisch, denn seit Clusteranalyse und Diskriminanzanalyse entwickelt worden sind, ist es doch auch gängig gewesen, daß man noch eine $k + 1$te Klasse eingeführt hat, die nicht zu den k Klassen gehört, z. B. bei Einteilung in Krankheiten.

In dieser Clusteranalyse, wo man auf der R^2-Ebene arbeitet, könnte man doch sehr gut sagen, man habe eine $k + 1$te Klasse ohne einen Mittelpunkt, weil die Punkte so weit im Unendlichen liegen und eine nichtkonvexe Form haben, und dann ist es halt so, daß die Summe der Wahrscheinlichkeiten, daß man zu k Klassen gehört, kleiner als 1 ist, das fällt alles noch in die probabilistische Theorie. Das habe ich als wesentliches Merkmal für den Unterschied von probabilistischer Theorie und Fuzzy Theorie sehen können. Das zweite ist eine allgemeine Frage, ob man nicht eine gewisse Gefahr in dem Folgenden sehen würde: Die Anwendungen der Fuzzy Theorie erscheinen zwar sehr sinnvoll im praktischen Bereich, um die Zahl der Controller zu minimieren, das hat wirtschaftliche Vorteile. Aber der erste Vortragende hat von Professor Zadeh erzählt, daß die Fuzzy Set-Theorie einen Paradigmenwechsel dadurch in der Wissenschaft hervorrufen sollte.[13] Und gerade in der Wissenschaft,

---

[13] Hier wird Bezug auf den in die Podiumsdiskussion einführenden Vortrag genommen. Siehe dazu die Einleitung (1) zu diesem Buch; Anm. des Hrsg.

in der Geschichte ist es oft so gewesen, daß ein wesentlicher Fortschritt gemacht wurde, weil man sich nicht zufriedengestellt hat mit einer ungefähren Übereinstimmung der Theorie mit den Experimenten, aber daß man so weit weitergesucht hat, bis es genau paßt, z. B. in der Mechanik von Newton oder später in der Maxwellschen Elektrizitätstheorie. Wäre es nicht eine gewisse Gefahr, wenn man in der Wissenschaft den Fuzzy Approach als wesentliches Paradigma zu stark übernimmt, daß man zu schnell zufrieden ist mit dem Ignoramus et Ignorabimus, und daß man nicht versucht, das Unwissen mit viel Mühe natürlich, aber beständig zu verringern?

PUBLIKUM: Ich möchte Sie zu einem Kommentar, zu einer Idee animieren. Der Erfolg der Fuzzy Theorie besteht nicht zuletzt darin, daß gewisse Übergenauigkeiten denunziert werden. Wenn man sich jetzt fragt: „Wahrscheinlichkeit oder Fuzzy", möchte ich noch kurz einen Punkt ins Spiel bringen, und zwar die Idee, unscharfe Wahrscheinlichkeiten zu verwenden. Es gibt hier in München eine Gruppe, die sich damit beschäftigt, daß man Wahrscheinlichkeiten nicht mehr als einzelne Punkte auffaßt, sondern als Intervalle. Das heißt, daß man - je nach Genauigkeitsstand - bei perfekter Genauigkeit einen isolierten Punkt, bei sehr großem Unwissen ein sehr breites Intervall als die Wahrscheinlichkeit annimmt. Ich möchte Sie fragen, was Sie davon halten.

KLEMENT: Ich beginne mit der letzten Frage. Es gibt in der Tat einige Publikationen, darunter auch eine oder zwei von mir, die sich damit beschäftigen, daß die Wahrscheinlichkeiten selber unscharfe Werte der Wahrscheinlichkeit, unscharfe Zahlen in dem Sinn sind, wie der Kollege Viertl das gesagt hat. Wir haben auch über unscharfe zufällige Mengen, Grenzwerte und ähnliche Dinge wie diese gehört. Da gibt es eine Literatur, das ist nicht ganz isoliert. Es sind nicht sehr viele Leute, die sich da breit machen, da gibt es Zitate, die man dazu geben könnte.

Die erste Frage an mich, glaube ich, war die Frage, kurzgesagt, ob die Fuzzy Theorie die Wahrscheinlichkeitstheorie umfaßt. Ich würde das in dieser Form nicht bejahen; und zwar einfach deswegen, weil ich zutiefst davon überzeugt bin, daß die Fragestellungen unterschiedlich sind. Die Stochastik beschäftigt sich in der Tat mit Ungewißheit hinsichtlich des Ausgangs, ob ein Ereignis eintritt oder nicht. Das Ereignis ist sehr oft exakt und präzise definiert. In der Fuzzy Logic, in einer mehrwertigen Logik, und ich möchte diesen logischen Ansatz hier noch einmal unterstreichen, geht es darum, Unschärfen, die sprachlich formuliert sind, aus Meßmethoden oder ähnlichen Dingen kommend zu formulieren. Und natürlich: In der Kombination dieser beiden Dinge, so wie es die Kollegen Viertl, Bandemer und Näther oder auch andere hier gebracht haben, liegt dann oft ein sehr großes Potential. Wer sich mit diesen Dingen, und ich kann das als hier Unbeteiligter sagen, auseinandersetzen möchte, dem ist wirklich das letzte Buch vom Kollegen Bandemer dringend zu empfehlen: „Ratschläge zum mathematischen Umgang mit Ungewißheit".

Auch die Titelwahl ist sehr gut und vorsichtig: Ungewißheit. Unsicherheit, das ist schon sehr in der Nähe der Stochastik. Unschärfe würde ich näher bei der Fuzzy Theorie ansetzen. Ungewißheit ist ein Überbegriff, der beides umfassen könnte und unter Umständen den Einsatz beider Gebiete erfordert.

RUNKLER: Ich fange vielleicht erst einmal bei den eher technischen Fragen an. Die sind sicher ganz kurz zu beantworten, und dann will ich ein bißchen mehr zu den eher grundsätzlichen Fragen, also „probabilistisch - nichtprobabilistisch" kommen.

Die erste Frage war, wie viele Klassen nimmt man eigentlich bei diesem Clusterverfahren? Da haben Sie genau den „wunden Punkt" getroffen. Das habe ich Ihnen nicht so auf die Nase gebunden, daß man die Anzahl der Cluster vorher vorgeben muß. In vielen Anwendungen ist das eine nicht sonderlich schlimme Einschränkung, weil man z. B. schon im vornherein weiß, mit welcher Anzahl von Clustern zu rechnen ist. Bei vielen anderen Anwendungen geht man den Weg, daß man zunächst eine bestimmte Anzahl von Clustern vorwählt, und dann mit Hilfe sogenannter Validitätsmaße entscheidet, ob diese Partition gut ist oder schlecht und entsprechend die Anzahl der Cluster erhöht oder erniedrigt. Das ist ein recht pragmatischer Ansatz, aber es funktioniert ....

BANDEMER: ... es stimmt nicht ganz. Sie müssen nur eine obere Schranke für die Anzahl der Cluster angeben, und das Verfahren sucht sich selbst unter dieser Nebenbedingung die Anzahl der Cluster. Es gibt da nämlich Null-Cluster, d. h. Cluster, die keine Elemente haben. Insofern war mir auch möglich, daß ich mich an dieser Stelle gleich mit einbringe.

RUNKLER: In diesem Zusammenhang wäre noch ein anderer Aspekt interessant. Sie haben gesagt: Es habe ja schon mal statistische Verfahren gegeben, die eine zusätzliche Klasse einsetzen, die diese Ausreißer alle aufnimmt. Es gibt das sogenannte Noise-Clustering, das ist schon sehr lange bekannt. Allerdings würde ich es in diesem Zusammenhang, da es die Bedingung „Spaltensumme = 1" nicht erfüllt, als nichtprobabilistisch bezeichnen, und in der Tat paßt es auch in das alternierende Cluster-Schätzungskonzept sehr gut hinein. Man kann dann eine entsprechende Zugehörigkeit definieren, die eben genau dieses Verfahren repräsentiert.

PUBLIKUM: Ist das nicht etwas arbiträr? Man könnte doch sagen, dieses $k + 1$te Cluster ist zwar eine separate Klasse, aber die Summe bis p_{k+1} ist noch immer 1. Nur hat der $k + 1$te Cluster keinen Mittelpunkt, weil die Daten so weit weg sind.

RUNKLER: Ja gut, das können Sie machen, das ist dann das sogenannte MixedPrototype-Verfahren, bei dem unterschiedliche Prototypen verwendet werden. Darauf bin ich hier natürlich nicht eingegangen. Das waren hier nur die einfachsten Clusterkonzepte. Dann war da noch eine Sache, auf die ich gerne eingehen möchte. Sie hatten, glaube ich, gesagt, wenn die Cluster zusammenfallen, dann ist das ein ganz gutes Kriterium dafür, daß ich die Temperatur falsch gewählt habe, und das entspricht in diesem Fall der falschen Wahl meiner Zugehörigkeitsfunktionsformen. Das ist sicher so in der Form richtig. Allerdings muß man hier ein bißchen aufpassen, denn wir haben an dieser Stelle das Fuzzy c-Means-Modell nicht statistisch oder stochastisch optimiert, sondern wirklich mit einem Gradientenabstiegsverfahren. Wir haben im letzten Jahr auch eine Arbeit veröffentlicht, in der wir das stochastisch gemacht haben, und das funktionierte auch, dauerte aber wesentlich länger. Deswegen ist an dem Beispiel ...

PUBLIKUM: ...das war aber ganz anders gemeint. Wenn Sie das nämlich als Gibbs-Maß schreiben, dann können Sie die freie Energie daraus bilden und die freie Energie minimieren. Wenn Sie nur das Energiefunktional x^2 hernehmen, dann bekommen Sie ein Iterationsschema heraus. Das heißt, man muß nur iterieren, und das ist äquivalent zu dem Verfahren, das Sie - glaube ich - hingeschrieben haben. Das ist - glaube ich - schon 1995 oder 1992 publiziert worden. Wenn man jetzt nicht mehr x^2 nimmt, sondern andere Funktionale, stelle ich mir vor, daß man diese unscharfe Mengenbildung mehr oder minder umfaßt. Mein Eindruck von diesen Clusteralgorithmen, die kann man alle unter einer schönen wahrscheinlichkeitstheoretischen Formulierung zusammenfassen, und das hat nichts mehr mit Fuzzy Mengen zu tun, sondern man muß einfach nur das Kostenfunktional, das Energiefunktional anders wählen, und dann kriegt man eine ähnliche Begriffsbildung zurück. Man hat dann nur nicht mehr diese Iterationsvorschrift, man kann das so einfach nicht mehr hinschreiben.

RUNKLER: Ich würde Ihnen nicht zustimmen, daß man alle Clusteralgorithmen im Rahmen der Wahrscheinlichkeitstheorie umfassen kann, das ist alleine schon bei den nichtprobabilistischen Verfahren ganz klar, daß man da zumindest mit klassischer Wahrscheinlichkeitsrechnung nicht weiterkommt. Das ist etwas, das ich noch gerne als Aspekt ansprechen würde. Herr Mammitzsch hatte drei verschiedene Kriterien genannt, also erstens das innermathematische Kriterium, daß die Fuzzy Theorie nicht einheitlich dargestellt ist. Da besteht sicherlich ein Konsens. Aber ich bin Ingenieur, und deswegen gehe ich da etwas pragmatischer heran und sage mir, solange die Anwendungen funktionieren, ist das erst einmal für mich nicht so wichtig. Viel interessanter wäre dann der pragmatische Ansatz, daß ich sage, bestimmte Probleme sind leichter zu lösen oder mit anderen Methoden wesentlich schwieriger zu lösen, und auch hier besteht Konsens, denke ich. Und dann kommt der dritte Punkt, der genau damit sehr stark zusammenhängt, nämlich die Frage, ob es wirklich so ist, wie Herr Mammitzsch sagt, daß es nicht zu beantworten ist, ob die unterschiedlichen Konzepte der Unsicherheit unterschiedliche Behandlungsweisen erfordern, ob man wirklich eine andere Modellierung dafür braucht. Herr Bandemer hat gesagt, die Unsicherheit von Daten, also Vagheit und Unsicherheit, läßt sich durch unscharfe Mengen spezifizieren. Ich denke, das ist klar. Die Frage wäre jetzt, läßt sich diese Unsicherheit auch durch stochastische Methoden spezifizieren? Ich glaube nein, aber ich kann keine schlüssige Antwort darauf geben.

BANDEMER: Die Vorgehensweise ist unterschiedlich, ob es um eine Erkenntnisgewinnung und Theorienbildung geht. Das besprachen Sie gerade in der Mechanik und z. B in der Theorie von Einstein. Aber worum es hier geht, ist eine Frage nach hinreichender Modellvorstellung, die ein ganz konkretes Problem löst. Und da kann man nicht die Forderung stellen: immer genauer, immer genauer! Was, wenn wir uns die Frage stellen: Was verstehen wir unter sauberer Wäsche? - Das kann niemand von uns naturwissenschaftlich oder irgendwie spezifizieren. Es genügt also, daß die kaufende Hausfrau, betreibende Hausfrau der Waschmaschine der Überzeugung ist, daß ihre Wäsche sauber ist. Das ist ein unscharfes Ziel, und um dieses unscharfe Ziel zu treffen, ist das einfachste Modell, was denkbar ist, gerade gut genug. Wozu soll ich jetzt etwas betreiben? Oder nehmen Sie ein anderes Beispiel: Ich halte es für physikalisch möglich, den Würfelwurf exakt im einzelnen Fall vorherzusagen. Das hat jemand einmal versucht auszurechnen, es ist ein Gleichungssystem partieller Differentialgleichung mit ungefähr 720 Variablen. Damit könnten Sie es machen, Sie brauchen dazu etwa 80 bis 90 Sensoren, und dann fahren Sie los. Aber ist das angemessen, damit Sie anschließend mit Ihren Enkeln Mensch-Ärgere-Dich-Nicht spielen? Das meine ich jetzt mit der Angemessenheit eines Modells. Da ist der Unterschied, ob Sie ein grundlegendes Problem der Menschheitsgeschichte lösen wollen oder eine Waschmaschine betreiben oder mit Ihren Enkeln würfeln wollen. Das wäre es vielleicht dazu.

Ein anderes Problem wurde hier genannt: Daß das unscharf gesteuerte Auto, wenn Sie ein bißchen was dran drehen, kollidiert, so war es doch? Das ist ein ungeheuer interessantes Problem, das ist das Problem der Stabilität unscharfer Steuerungen. Sie wissen, wenn Sie in Deutschland irgend etwas anwenden wollen, brauchen Sie dafür den TÜV. Ich weiß ja nicht, welche Erfahrungen die Kollegen von Siemens haben, aber ich könnte mir vorstellen, daß der TÜV für die unscharfen Steuerungen eine Stabilitätstheorie verlangt. Und da darf ich Ihnen eine erfreuliche Mitteilung machen: Mein letzter Doktorand hat eine Theorie zur Stabilität unscharfer Steuerungen vorlegt. Es ist leider vorläufig nicht möglich, diese Arbeit in Gänze zu veröffentlichen. Es ist bedauerlich, aber vielleicht findet sich doch noch irgendeine Möglichkeit, wenigstens den Inhalt zu bringen, denn das ist ein ganz wichtiges Problem - die Stabilität unscharfer Steuerungen. Es gibt Vorstellungen, die dann auf Ljapunoff aufbauen, und da brauchen Sie als Hintergrund natürlich die klassische Steuerung.

LEHMANN: Ich wollte zwei Bemerkungen machen: Eine knüpft an die Frage des Ingenieurs an. Es stellt sich heraus, daß es eine Reihe von Problemen gibt, wo wir keine klassische Lösung finden, wo wir mit Anwendungen der Fuzzy Theorie aber befriedigende Ergebnisse gewinnen können. Trotzdem ist es natürlich unbefriedigend, wenn wir nicht verstehen, warum es so ist. Und ich meine, und das knüpft jetzt an die allererste Frage an, nämlich: Was heißt jetzt eigentlich „Zugehörigkeitsfunktion"? Ich hatte schon angedeutet, bei den Wahrscheinlichkeiten haben wir im Prinzip Meßverfahren. Subjektivistisch über die Spieltheorie, objektivistisch über die relativen Häufigkeiten. Aber es ist meines Wissens kein akzeptiertes Verfahren bekannt, die Zugehörigkeitsfunktion in einer bestimmten Anwendung zu messen. Vielleicht ist Ihnen in den Beispielen auch aufgefallen, man mag ganz gerne solche Dreiecksfunktionen oder solche S-Funktionen. Darin steckt noch eine ganze Menge Willkür, die meiner Meinung nach mit darin liegt, daß uns der Begriff der Zugehörigkeitsfunktion, daß uns die inhaltlich naturwissenschaftliche Bedeutung dieses Begriffs eigentlich nicht klar ist.

VIERTL: Ich möchte mich zu drei Punkten äußern. Mit der Frage zu den Intervallwahrscheinlichkeiten spielen Sie wahrscheinlich auf die Methode des Kollegen Weichselberger an. Das ist so: Wenn Sie die Bayes-Analyse mit unscharfen Daten betreiben - eine halbe Minute muß ich doch ausholen oder zwei - dann bekommen Sie als a posteriori-Dichte, auch wenn Sie exakte a priori-Dichten haben, eine unscharfe Funktion, also eine unscharfe Dichte, die hat schwammige Werte. Das mag im ersten Moment etwas unsympathisch klingen, aber bedenken Sie, daß einer der größten Kritikpunkte an der Bayes-Statistik eben genau der ist, zu fragen, wieso Sie diese a priori-Dichte bekommen. Und das verschwimmt jetzt. Jetzt können Sie das sozusagen weicher formulieren, und Sie werden etwas weniger präzise a priori-Informationen einbauen. Das ist eigentlich genau das, was der Techniker hat. Er hat über den Erwartungswert von einer Lebensdauer eine relativ genaue Vorstellung. Und das läßt sich relativ gut damit zeigen, was eigentlich die Kritik an der Verwendung von Vorinformationen mit a priori-Verteilungen etwas abschwächt. Das ist ein Punkt. Wie gesagt, es sind nicht exakt diese Intervallwahrscheinlichkeiten, aber daß diese Wahrscheinlichkeiten unscharf werden, so etwas hat man schon entdeckt. Die zweite Bemerkung war, daß jemand von einer Theorie gesagt hat, „bis die genau paßt". Ja, was heißt denn das „bis sie genau paßt"? Glauben Sie, bei der Beobachtung mit der relativistischen Theorie haben Sie keine Unschärfen? - Ich stelle das hier nur in den Raum! Und das Dritte, zu der Zugehörigkeitsfunktion, ich kann Ihnen einzelne Beispiele geben, wenn Sie etwa einen Lichtpunkt auf einem Schirm haben, und Sie messen die Lichtintensität und normieren die jetzt einfach durch Zusammendrücken zwischen 0 und 1, dann haben Sie eine operative Methode. Nach dem Beispiel kann man es angehen, aber wie Sie, Herr Lehmann sagen, eine generelle Methode gibt es, soviel ich weiß, nicht. Aber das ist wäre auch verwunderlich, wenn das für alle Fälle ginge. Und die Histogramme, das haben Sie ja gesehen, die werden genauso unscharf, so einfach ist das auch wieder nicht!

HOLLATZ: Ich wollte noch eine Anmerkung zu den Anwendungen, die wir hier angesprochen haben, machen. Herr Lehmann, Sie haben gesagt: hinter „Fuzzy steckt Ausprobieren statt erprobter Technik". Das finde ich natürlich so sehr hart formuliert, doch sehe ich das Ausprobieren als Vorteil fr die Praxis und nenne das lieber *Engineering*. Wir probieren etwas aus. Dafr haben wir ein Software-Tool entwickelt und praktizieren *computer aided engineering*, indem wir den Experten fragen: Was machst Du, was tust Du eigentlich? Denn auch so haben die „Fuzzologen" angefangen! Ich habe lange überlegt, ob ich folgendes Beispiel im Vortrag bringe, aber das kennen so viele schon: „das inverse Pendel". Ich versuche, einen Stab zu balancieren. Das kann ich mit n Kontrollgleichungen mathematisch beschreiben, aber ich kann auch ein Kind oder irgend jemanden fragen: Was machst Du, wenn der Stab zu einer Seite umfällt? Und dann sagt es: Naja, ich geh' mit meiner Hand zu gleichen Seite, um es auszugleichen. Oder beim Fahrrad fahren: Wenn ich zu einer Seite hinkippe, dann lenke ich zur gleichen Seite, damit ich wieder stabil fahre. Das kann ich linguistisch ausdrücken, ganz einfach. Und so was möchte ich nun benutzen, um damit mein System mit dem Computer zu steuern. Dazu nehme ich so ein Software-Tool zum *computer aided engineering*. Das hat natürlich etwas mit „Ausprobieren" zu tun, da muß ich dann auch mal Zugehörigkeiten verschieben, ich muß Regeln hinzufügen, - die bei der Clusteranalyse Cluster wären. Ich kann auch Regeln ausschalten und beobachten, was dann passiert. Schalten Sie zum Beispiel die Regel aus, die besagt, wenn der Stab in der Mitte steht, mach' gar nichts; Wenn sie fehlt ist, dann wird das Stabbalancieren instabil, und der Stab wackelt ständig hin und her. Aber das ist der Vorteil, und Anwendungen, bei denen der Vorteil besonders groß ist, sind solche wo es schwer ist, ein physikalisches System mathematisch zu formulieren. Das sind zum Beispiel Anwendungen in der Stahl-, sowie Papier- und Zellstoffindustrie: Die Biologie des Holzes kann ich nicht im Differentialgleichungssystem erfassen. Und da muß ich auf die Aussagen von Experten vertrauen, und die können mir das sehr schön in so einem Rahmen - Fuzzy Logik, Fuzzy Technologie - formulieren. Und dann kommen wir noch mal zu der Frage: Was sind Zugehörigkeitsfunktionen? Vielleicht kam das im Vortrag zu wenig heraus. Gerade bei diesem Engineering-Aspekt hat es sehr viel mit linguistischen Variablen zu tun. Was ist *sehr stark, mittel, klein*? Das sind natürlich sehr subjektive Begriffe, und die muß ich dann definieren. Und dieses Definieren mache ich am Anfang und dann überprüfe ich, ob es paßt. Das nennen Sie „Ausprobieren" und ich *Engineering*. Das kann ich mit dem Tool oder anhand von Daten tun.

BANDEMER: Ich möchte das Problem zur Charakterisierung der Zugehörigkeitsfunktion aufgreifen, und zwar gehe ich als Mathematiker daran, und zwar als anwendender Mathematiker. Ich habe in meiner wissenschaftlichen Jugendzeit auch Probleme behandelt, wo ich Differentialgleichungen aufstellen mußte. Wer das schon mal gemacht hat, der weiß: Damit er eine Differentialgleichung erhält, die er dann löst, muß er die wesentlichen Sachen eines Zusammenhanges hinschreiben. Dann muß er auf Effekte höhere Ordnung verzichten. Wenn Sie meinetwegen „Navier-Stokes" haben, da verzichtet man auf das Gewicht, oder was weiß ich noch, und da geht es also um Effekte erster Ordnung. Gehen wir zum nächsten Schritt. Wenn ich einen Ansatz zur Regressionstheorie mache, dann muß ich auch auf gewisse Effekte verzichten. Oder ich wähle einen Verteilungstyp.

Eine a priori-Wahrscheinlichkeitsverteilung wählen wir einfach so, daß wir damit schön rechnen können. Es handelt sich hierbei um Sachen, die wesentlich auf das Ergebnis einwirken, meine Damen und Herren. Denken Sie an diese Bayes-Arbeiten. Und jetzt gehen wir mal einen Schritt weiter, ganz primitiv, bei den Ingenieuren, wenn sie $\pm\Delta x$ schreiben, wie wird denn das Δx festgestellt, warum 0,5 und nicht 0,487721? Und jetzt betrachten wir Effekte zweiter, dritter Ordnung der Unsicherheit, und das ist die Zugehörigkeitsfunktion. Und da kann ich Ihnen als Anwender sagen, der Einfluß dieser Funktion ist - der Form selber nach - sehr, sehr gering. Wir haben Sachen verglichen, die lokal monoton sind. Wenn Sie vorne eine „Normalverteilung" nehmen, bekommen Sie hinten auch wieder eine „Normalverteilung" heraus. Ich verstehe diese Forderung nicht, daß wir Zugehörigkeitsfunktionen mit einem exakten Verfahren bestimmen können müssen. Wenn Sie das so wollen, dann müßten sämtliche Analytiker sich an die Brust klopfen und sagen: Um Gottes willen, „Pater peccavi"!

MAMMITZSCH: Nur drei Schlagworte, die ich aus der Diskussion aufgreife. Es ist einmal gesagt worden, die Fuzzy Theorie erspare Theoriebildung im Sinne von Modellbildung. So ist es nicht! Sie ist ein eigenes Modell, das dem Sachverhalt zugrunde gelegt wird, und mit dem wird dann gerechnet. Dieses Rechnen kann man, um ein anderes Schlagwort aus der Diskussion aufzugreifen, als „Spielen" bezeichnen - es war von Spielzeug die Rede - das ist es keineswegs! Ich will jetzt nicht anfangen zu theologisieren, „homo ludens" usw. hier hineinbringen, sondern nur noch einen letzten Punkt aufgreifen: Das war die zu schnelle Zufriedenheit mit dem, was man mit der Fuzzy Theorie erreichen kann, weil sie in gewissen Fällen eben einfacher zum Ziel führt als die anderen vorhandenen Theorien. Ich meine, das ist genau der Punkt, an dem man sehr wohl bedenken muß: Man sollte nie unsinnig Ungenaues verlangen. Aber ich glaube, das hat Kollege Bandemer schon genügend ausgeführt, so daß ich mich lediglich darauf beschränken kann zu sagen: Irgendwann muß man schließlich mal zufrieden sein.

PUBLIKUM: Ich fühle mich von Herrn Bandemer sehr falsch verstanden. Ich möchte das gerne noch korrigieren und verdeutlichen. Es geht mir nicht darum, eine komplizierte Theorie für einen einfachen Sachverhalt, eine einfache Zielstellung zu formulieren. Da bin ich ganz Ihrer Meinung. À la Würfelfallbestimmung! Problemangemessen, so einfach wie möglich! Aber gerade das zeichnet, wie Herr Mammitzsch so schön gesagt hat, die Wahrscheinlichkeitstheorie aus, daß es ihr gelingt, mit drei Axiomen so ein unglaubliches Gerüst aufzubauen. Und das hat natürlich, wie Herr Mammitzsch schon sagte, auch Zeit gebraucht, mindestens 350 Jahre und vielleicht auch noch ein bißchen mehr, wenn man die Vorentwicklung dazu berücksichtigt. Von Herrn Hollatz ist sehr schön deutlich gemacht worden, daß man mit der Fuzzy Theorie gutes Engineering machen kann. Das heißt, da ist ein Rahmen, und den füllen wir jetzt für ein konkretes Problem aus, aber das sieht natürlich für jede Problemstellung anders aus, das heißt: Das Ausfüllen geschieht ein bißchen nach dem Motto „Dem Ingenieur ist nichts zu schwer", die eigentliche Theoriebildung fehlt da noch etwas. Und ich glaube schon, daß die Anstrengung noch erforderlich ist, diese Dinge weiterzuentwickeln. Mit diesem Unschärfebegriff - die Unschärfe der Daten ist etwas, das mir sehr geläufig ist, mit dem ich viel zu tun habe - anders umzugehen. Das erfordert sicher andere Strukturen, aber ich glaube schon, daß wir da noch ein bißchen mehr Mathematik hineinbringen können, da ist noch einiges Potential vorhanden.

PUBLIKUM: Ich wollte fragen, wie eigentlich die Fuzzy Theorie mit der Schwammigkeit fertig wird. Zum Beispiel bei der Clusteranalyse ergaben sich ja verschiedene Funktionen, um die Unschärfe zu erfassen, einmal im probabilistischen Fall und andererseits im nichtprobabilistischen Fall.[14] Nun im nichtprobabilistischen Fall wurden solche Kegel, tanzende Kegel vorgestellt. Man könnte sich natürlich auch ganz andere Funktionen denken, wir haben ja da bei Professor Viertl so glockenförmige gesehen, man könnte sie sich in verschiedener Breite denken. Im Anschluß an das, was eben vom Podium gesagt worden ist, möchte ich doch mal nachfragen, wie sich

---

[14] Vgl hierzu den Beitrag von Th. Runkler (Kapitel 16) in diesem Buch; Anm. des Hrsg.

die Wahl dieser Funktionen auf die Ergebnisse auswirkt, also praktisch auf die Ergebnisse der Clusteranalyse.

PUBLIKUM: Ich will nur eine Bemerkung zum Paradigmenwechsel machen, der angesprochen worden ist. Was mir sehr interessant erscheint, ist, in welchem Zusammenhang Professor Zadeh seine Theorie damals entwickelt hat. Das war zu der Zeit, als man Menschen zum ersten Mal zum Mond geschossen hat. Und ich glaube, ein bißchen Paradigmenwechsel gab es da schon, wenn ich an die Aussage von Professor Zadeh denke, die hier noch nicht genannt wurde. Damals hat man noch geglaubt: Wenn ich nur genau genug rechne, bekomme ich auch immer genau das richtige Ergebnis heraus. Genau das ist es, was Professor Zadeh dann versucht hat zu widerlegen und zu sagen: Ihr könnt rechnen, bis Ihr schwarz werdet, irgendwo stoßt Ihr an eine Grenze, da geht's mit genauerem Rechnen nicht mehr zu einem genauerem Ergebnis, da können Sie dann nur noch Pseudo-Genauigkeit vortäuschen, indem Sie hundert Stellen hinter dem Komma haben, die aber überhaupt nichts mehr aussagen. Darauf zielt meiner Meinung nach das Ganze vom Philosophischen her ab, worüber man nachdenken kann. Sich also zu sagen, okay, gehen wir einen Schritt zurück, lösen wir mit Methoden, die wir handhaben können, praktische Probleme. Das ist etwas, was man sich vergegenwärtigen sollte.

PUBLIKUM: Ich bin selber Statistiker, aber ich weiß aus meiner Erfahrung, daß es in der Geschichte der Physik Durchbrüche gegeben hat, bei denen man nicht mit einem Fuzzy Ansatz, sondern mit dem Gegenteil gearbeitet hat. Einer der Vortragenden hatte die Bemerkung gemacht, es gibt keine genaue operationale Definition darüber, was denn die Zugehörigkeit eines Elementes zu einer Menge ist. Und dann war die Antwort etwa: Der Einfluß der Zugehörigkeitsfunktion ist gering. Etwas überspitzt gefragt: Ist dann die Schlußfolgerung, daß man die Zugehörigkeit als einen Fuzzy oder einen schwammigen Begriff auffassen muß?

RUNKLER: Da war die Frage, beim Clustering können wir unterschiedliche Formen von Zugehörigkeitsfunktionen verwenden, wie wirkt sich die Wahl der Zugehörigkeitsfunktion in diesem Clusteralgorithmus auf das Ergebnis aus? Und diese Frage paßt natürlich sehr gut zu der Frage, die wir eben hatten: Wie wirkt sich die Form der Zugehörigkeitsfunktion auf die Qualität des Fuzzy Reglers aus? Um das schon mal vorauszuschicken, die Fragen haben sehr ähnliche Antworten.

ZWISCHENRUF AUS DEM PUBLIKUM: Aber was ist die Zugehörigkeit? Wie kann man sie operational definieren, so wie man die Wahrscheinlichkeit mit relativen Häufigkeiten definieren kann?

RUNKLER: Das ist eine andere Frage.

BANDEMER: Die kann ich sofort ganz kurz beantworten. Die Spezifizierung der Zugehörigkeitsfunktion ist bezüglich der Sensitivität gering. Genügt Ihnen das im Sinne der Analysis? Das bedeutet nicht, daß ich dann beliebig etwas machen kann.

Das heißt nur, soweit ich das weiß, bitte berichtigen Sie mich, wenn ich Unsinn erzähle, daß kleine Änderungen nur geringe Wirkungen haben auf den Schluß, den ich am Ende mache.

RUNKLER: Zurück zu der Frage: Wie wirkt sich die Wahl der Zugehörigkeitsfunktion auf das Ergebnis aus? Man hat ja auch an meinem Beispiel schon gesehen, daß dies in der Tat einen Einfluß hat: Wenn ich diese inkonvexen Zugehörigkeitsfunktionen nehme, bekomme ich ganz andere Eigenschaften, als wenn ich Dreiecke nehme. Allerdings ist es durchaus so: wenn ich die Dreiecke beispielsweise durch Cauchy-Funktionen ersetze oder durch irgendwelche anderen Funktionen aus diesem riesigen Zoo von möglichen Funktionen, die ähnlich sind, bekomme ich auch sehr ähnliche Ergebnisse, und das deckt sich mit unseren Erfahrungen, die wir mit Fuzzy Reglern gemacht haben. Wenn Sie die Zugehörigkeitsfunktion ein bißchen verändern, bekommen Sie praktisch das gleiche Ergebnis heraus.

PUBLIKUM: Bauen Sie auch Regler für Kernkraftwerke?

RUNKLER: Nein, aber wir haben Diagnosesysteme für Kernkraftwerke entwickelt.

PUBLIKUM: Mit Fuzzy Technik?

RUNKLER: Ja.

KLEMENT: Zu dieser letzten Frage, Bestimmung der Zugehörigkeitsfunktion, und das könnte auch eine Antwort auf die Frage sein: Gibt es hier geschlossene Theorien? Oder: Wie schaut das theoretische Gebäude aus? Ich habe in meinem Beitrag auf die sogenannte Gleichheitsrelationen hingewiesen. Diese haben eine sehr enge Beziehung zum Begriff der Metrik, da kann man fast eine 1:1-Beziehung herstellen. Wenn Sie solche Abstände vorwählen, dann ergeben sich die Zugehörigkeitsfunktionen auf eine automatische Weise. Eine Änderung der Metrik bewirkt dann eine Änderung der Zugehörigkeitsfunktion, so ähnlich wie man das auch in der Analysis, in der Funktionalanalysis kennt und natürlich kann. Es gibt manche Situationen, in denen diese Änderung fast keine Rolle spielt, und in anderen Fällen muß man das sehr genau abstimmen. Unsere praktischen Erfahrungen mit verschiedensten Anwendungen im Bereich von Signalanalyse und auch im Bereich von Regelungen zeigen in der Tat, daß die praktischen Ergebnisse von kleinen Änderungen der Zugehörigkeitsfunktionen fast gar nicht beeinflußt werden, und es hat in vielen Gesprächen mit Ingenieuren, mit Experten auf dem Gebiet noch nie ein ernsthaftes Problem gegeben, entsprechende Zugehörigkeitsfunktionen für diese linguistischen Werte „sehr klein", „mittel", „groß" festzulegen. Wenn man da in einem vernünftigen Rahmen bleibt, ist das eine Frage des Konsenses, der extrem schnell hergestellt ist. Und wenn Sie hier diesen Rahmen nicht überschreiten, dann sind auch die Ergebnisse vernünftig. Wenn Sie hier semantischen Unsinn modellieren, bekommen Sie das am Schluß natürlich auch heraus.

Eine Bemerkung aus dem Publikum hat mir sehr gut gefallen, ob die Fuzzy Logik eine Lücke schließt. Sie haben das vielleicht in dem Sinn verstanden: eine bedauerliche Lücke. Ich würde sagen: Hoffentlich sticht sie in eine Nische hinein, die von den bisherigen Theorien nicht in zufriedenstellender Weise abgedeckt werden kann, und hoffentlich kann sie auf diesem Gebiet eine Ergänzung zu vielen Methoden der Analysis, der Algebra und der Stochastik bringen und uns damit einen Schritt weiterbringen, echte, reale Probleme zu lösen. Wir sind viel zu viel damit aufgewachsen, glaube ich, idealisierte Probleme zu behandeln, diese auch hervorragend zu lösen, und wenn es dann darum geht, das in die rauhe Wirklichkeit der industriellen Produktion oder ähnliches zu übertragen, dann müssen wir sehr oft sehr große Abstriche machen. Und hier erlaubt die Fuzzy Theorie in der Tat, daß man mit verhältnismäßig geringem Aufwand - sehr oft, nicht immer - sehr schöne Ergebnisse liefert, die mit anderen Methoden nicht oder nicht gar so einfach zu erzielen sind.

Teil IV

Anwendungen

13 Zur Modellierung von Unsicherheit realer Probleme

Hans-Jürgen Zimmermann

13.1 Einführung

Dieser Aufsatz beschäftigt sich ausschließlich mit Anwendungen bzw. der Modellierung von Anwendungen. Es ist daher vielleicht angebracht, zunächst kurz darüber zu meditieren, was man eigentlich unter einer Anwendung versteht oder verstehen kann:

Man kann sicherlich von „Anwendung" sprechen, wenn man eine Theorie auf eine andere anwendet. Beispielsweise kann man die Theorie der unscharfen Mengen (Fuzzy Set Theorie) auf Gebiete der Mathematik, z. B. die Topologie, die Algebra oder die Graphentheorie, anwenden und erhält dann entsprechend „unscharfe Topologie", „unscharfe Algebra", „unscharfe Graphentheorie" etc. Man kann eine Theorie auch auf verschiedene Modelltypen anwenden, wie z. B. die Anwendung der dynamischen Programmierung oder der Warteschlangentheorie auf Lagerhaltungsmodelle oder auf Modelle der Fertigungssteuerung, der Finanzplanung etc. Schließlich kann man auch eine Theorie auf eine andere Theorie anwenden, die man dann mit Hilfe eines Problemmodells illustriert. Ein Beispiel hierfür wäre die Anwendung des unscharfen mathematischen Programmierens auf Modelle der Produktionsplanung. In allen diesen Fällen ist der Modellierer jedoch frei, die Eigenschaften der Theorie oder des Modells zu wählen, auf das er eine Theorie anwenden will. Diese Art von Anwendungen soll hier nicht besprochen werden, sondern wir wollen Anwendungen betrachten, bei denen Theorien oder Modelle auf reale Problemstellungen angewandt werden. Der Unterschied zu den zunächst genannten Anwendungen ist, daß bei der Lösung realer Problemstellungen der Modellierer gewöhnlich nicht die Freiheit hat, das Problem, das er modellieren will, beliebig zu formulieren. Statt dessen wird ihm eine Problemstellung angetragen, deren Eigenschaften er zwar herausfinden können muß, sie aber nicht frei erfinden oder wegdefinieren kann. Im folgenden soll unter Anwendung immer die letztere Interpretation gemeint sein.

Enthält das Problem, das zu modellieren ist, Elemente der Unsicherheit, so kann der Modellierer noch immer entscheiden, ob er diese Unsicherheit explizit modellieren will oder ob er es vorzieht, das Problem durch ein deterministisches Modell zu approximieren. Dies hat oft den Vorteil, daß solche Modelle effizienter zu optimieren sind, daß die Daten hierfür einfacher zu beschaffen sind oder daß eventuell die Akzeptanz eines deterministischen Modells höher ist als die eines Modells, das explizit die Unsicherheit modelliert. Es ist offensichtlich, daß in diesen Fällen das Modell das wirkliche Problem schlechter abbildet. Dies kann aber u. U. dadurch geheilt werden, daß man im Sinne einer Szenario-Analyse verschiedene deterministische Modelle entwirft und dann mit dem Einsatz des Modells solange wartet, bis durch den Ablauf der Zeit die Wahl eines der deterministischen Modelle als angemessen betrachtet werden kann. Der Brauch, unsichere Problemstellungen deterministisch zu modellieren, ist sicherlich außerordentlich verbreitet. Ob im Ingenieurwesen oder im Management - man findet in der Praxis überwiegend deterministische Modelle, selbst wenn Einigkeit darüber besteht, daß die eigentlichen Problemstellungen zu verschiedenem Grade unsicher sind. Wir werden uns im folgenden nur mit den Fällen befassen, in denen der Modellierer entscheidet, in seinem Modell explizit die Problemunsicherheit zu erfassen und zu zeigen.

Bis in die 60er Jahre waren die verschiedenen Wahrscheinlichkeitstheorien bzw. die Statistik die einzigen Methoden, die sich zur Modellierung von Unsicherheit anboten. Unsicherheit wurde auch immer als etwas Unvorteilhaftes oder zu Vermeidendes angesehen, und man bemühte sich daher gewöhnlich in der Wissenschaft wie auch in der Praxis, sichere Aussagen zu machen oder Theorien aufzustellen bzw. Unsicherheiten in Problemen oder Modellen zu verringern oder zu eliminieren. Seit den 60er Jahren ist nun eine relativ große Anzahl an Theorien entwickelt und vorgeschlagen worden, die alle als primäres Ziel die Modellierung der Unsicherheit haben. Hierbei wird allerdings unter „Unsicherheit" sehr oft sehr Verschiedenes verstanden, d. h., der Unsicherheitsbegriff ist in verschiedenen Gebieten semantisch auf sehr verschiedene Weise interpretiert worden. So gilt z. B. für die Entscheidungslogik, daß man dann von „Entscheidungen bei Risiko" spricht, wenn für das Eintreten der verschiedenen Zustände Wahrscheinlichkeitsinformationen oder gar eine vollständige Wahrscheinlichkeitsverteilung vorliegt, und man spricht von „Entscheidungen bei Unsicherheit", wenn über den eintretenden Zustand keinerlei Information vorhanden ist. An dieser Definition hat sich auch nichts geändert, obwohl Schneider [14] bereits überzeugend darlegte, daß die in der Entscheidungstheorie definierten Ungewißheitssituationen in der Praxis selten oder nie anzutreffen sind und daß für die Situationen, vor denen ein Entscheidungsfäller in der Praxis steht, passende Unsicherheitsdefinitionen bzw. Handlungsanweisungen nicht vorliegen. Man sollte wenigstens erwarten, in Lexika oder in Büchern, die sich speziell mit der Unsicherheitsmodellierung befassen, wie z. B. Goodman und Nguyen [6], angemessene und allgemeingültige Definitionen dafür zu finden, was Unsicherheit eigentlich ist. Überraschenderweise ist es mir nicht gelungen, bisher eine allgemeingültige Definition dafür zu finden.

Man sollte sich vielleicht zunächst fragen, ob „Unsicherheit" ein objektiver oder ein subjektiver Tatbestand ist. Ob „Unsicherheit" eine objektive Eigenschaft eines physikalischen, realen Systems ist (Heisenberg), scheint mir eine philosophische Frage zu sein. Wir wollen uns im folgenden nicht mit dieser möglicherweise existierenden objektiven Unsicherheit beschäftigen, sondern uns auf eine menschenbezogene subjektive Interpretation von Unsicherheit beschränken, die eine Funktion der Menge und Güte der Information sein soll, die z. B. einem menschlichen Betrachter über ein System oder sein Verhalten zur Verfügung steht. Hierbei soll es keine Rolle spielen, ob die Information grundsätzlich nicht in angemessener Weise vorhanden ist oder ob ein spezielles Individuum hierzu nur keinen Zugang hat. Abbildung 13.1 skizziert die unserer Interpretation von „Unsicherheit" zugrundeliegenden Zusammenhänge.

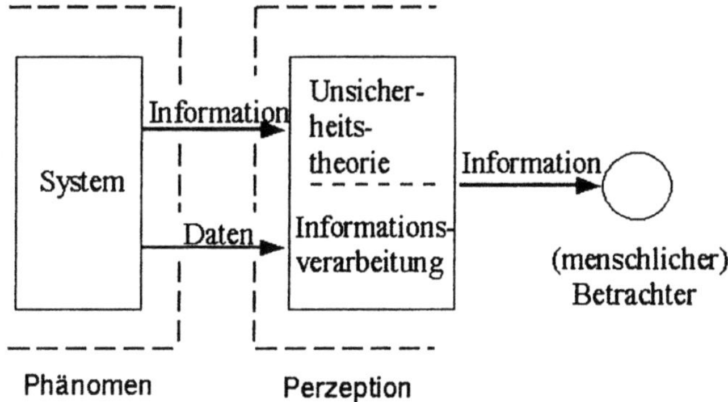

Bild 13.1 Unsicherheit als kontextabhängige Eigenschaft.

Diese Sicht der Unsicherheit ist primär durch folgende Annahmen beschrieben:

1. Die „Gründe" der Unsicherheitbeeinflussen den Informationsfluß zwischen dem betrachteten System und dem vom Betrachter gewählten Unsicherheitsmodell (Paradigmas).

2. Eine ausgewählte Unsicherheitstheorie muß der quantitativen und qualitativen Ausprägung der Information, die über das System besteht, entsprechen.

3. Eine ausgewählte Unsicherheitstheorie bestimmt die Art von Informationsverarbeitung oder mathematischer Manipulation, die auf die vorhandenen Daten oder Informationen angewandt wird.

4. Aus pragmatischen Gründen sollte die Information, die dem Betrachter durch die Unsicherheitstheorie angeboten wird, in einer adäquaten Sprache angeboten werden.

5. Die Wahl eines angemessenen Unsicherheitskalküls wird daher abhängen von

   - dem Grund der Unsicherheit;

   - der Menge und Qualität der vorhandenen Informationen;

   - der Art der Informationsverarbeitung oder der verwandten mathematischen Operationen, die ein bestimmter Unsicherheitskalkül anwendet, und

   - der Sprache, die vom letztendlichen menschlichen Betrachter gefordert wird.

Selbst der so beschriebene Begriff der Unsicherheit ist noch recht verschwommen, hat die verschiedensten Erscheinungsformen und viele verschiedene Ursachen. Trotzdem soll versucht werden, diesen Begriff so aussagekräftig und allgemeingültig zu definieren, daß er nicht nur für spezielle Wissensgebiete gilt und trotzdem definierter Untersuchungsgegenstand sein kann. Eine solche Definition wird sicherlich in gewisser Weise willkürlich und subjektiv sein. Trotzdem soll versucht werden, eine Definition zu geben, die die Grundlage weitergehender Diskussionen sein kann:

Definition 13.1.1 Als *unsicher* wird eine Situation dann bezeichnet, wenn ein Betrachter nicht über die quantitativ und qualitativ adäquate Information über ein System verfügt, um dieses, sein Verhalten oder andere seiner Eigenschaften deterministisch und numerisch beschreiben oder voraussagen zu können.

Hierbei kann ein System sowohl einen Ausschnitt aus der Realität darstellen wie auch ein sozio-ökonomisches System oder ein technisches, von Menschen erschaffenes System. Die Ansprüche „deterministisch" und „numerisch" wurden gewählt, um den Begriff der Unsicherheit möglichst weit zu fassen (oder den der Sicherheit möglichst eng) und unabhängig von allen Kalkülen, die bereits gewisse Maße für Unsicherheit vorschlagen. Die obige Definition charakterisiert Situationen primär durch die vorhandene Information über sie und durch die Ursachen für qualitativ oder quantitativ ungenügende Informationen. Zwischen den „Betrachter" und das zu betrachtende Phänomen (System) wird gewöhnlich eine „Unsicherheitstheorie" eingeschoben. Im Rahmen dieser Theorie, des Modells oder der Methode werden die über das Phänomen vorhandenen Informationen verarbeitet und mathematisch manipuliert, und der Betrachter erhält gewöhnlich lediglich das Endergebnis dieser Verarbeitung, die in gewissem Sinne als Filter dient. Er sieht z. B. Wahrscheinlichkeiten, Erwartungswerte, Varianzen, Zugehörigkeitsgrade etc., obwohl niemand in der Lage sein wird, diese direkt im unsicheren Phänomen zu entdecken. Es scheint, als ob sehr viele Mißverständnisse dadurch hervorgerufen worden sind und noch immer werden, daß die „Art der Unsicherheit" mit dem „Grund für die Unsicherheit" oder mit der Theorie verwechselt wird, die benutzt wird, eine unsichere Situation zu modellieren. Ich werde daher versuchen, im folgenden die einzelnen Aspekte der Unsicherheitsmodellierung getrennt zu betrachten, um schließlich eine gewisse Taxonomie der Unsicherheit herauszuarbeiten, deren Klassen allerdings weder disjunkt noch vollständig sein mögen.

13.2　Ursachen der „Unsicherheit"

13.2.1　Informationsmangel

Informationsmangel ist wahrscheinlich die häufigste Ursache für Unsicherheit. In der normativen Entscheidungstheorie oder Entscheidungslogik definiert man - wie schon erwähnt - z. B. als „Entscheidung unter Unsicherheit" die Situation, in der

ein Entscheidungsfäller über keinerlei Informationen darüber verfügt, welche der
möglichen Zustände der Natur eintreten wird. Hier liegt offensichtlich ein quantita-
tiver Informationsmangel vor. Bei „Entscheidungsfällung bei Risiko", bei vorliegenden Wahrscheinlichkeiten für das Eintreten der verschiedenen Zustände könnte man
dies als einen qualitativen Informationsmangel ansehen, da zwar Informationen über
das Eintreten der Zustände zur Verfügung stehen, die u. U. aus einer vollständigen Wahrscheinlichkeitsverteilung bestehen können, jedoch reicht die vorhandene
Information nicht aus, die Situation deterministisch zu beschreiben.

Eine weitere durch Informationsmangel ausgezeichnete Situation könnte man mit
„Approximation" beschreiben. In dieser Situation ist es entweder nicht möglich
oder erwünscht, genügend Information zu sammeln, um eine exakte Beschreibung
durchführen zu können, selbst wenn dies möglich sein mag. In manchen Fällen wird
die Beschreibung des Systems explizit als Approximation bezeichnet, in anderen
Situationen ist diese Eigenschaft verdeckt und wird möglicherweise für den normalen
Betrachter gar nicht sichtbar. Beispiele für das letztere können vielfältig in der
Mathematik gefunden werden, in der man Symbole statt Zahlen benutzt, da eine
Beschreibung durch genaue Zahlen nicht möglich ist. Man denke hier z. B. an die
„Zahl" p, Sinus- und Kosinusfunktionen oder andere komplexe oder transzendente
Zahlen. In diesem Zusammenhang ist auch das Skalenniveau zu betrachten, auf dem
numerische Informationen zur Verfügung gestellt werden. In Sicherheitssituationen
wird gewöhnlich angenommen, daß numerische Daten auf einem absoluten oder
wenigstens kardinalen Skalenniveau zur Verfügung gestellt werden. Liegen diese
Daten jedoch lediglich auf einem ordinalen, nominalen oder Ratioskalenniveau vor,
so würde man dies sicherlich als qualitativen Informationsmangel betrachten.

Der Übergang von einer Unsicherheitssituation, die durch Informationsmangel
hervorgerufen wurde, in eine Sicherheitssituation kann offensichtlich nur dadurch
geschehen, daß mehr oder bessere Informationen beschafft werden. Ob dies möglich
oder wünschenswert ist, hängt offensichtlich von der Situation und dem Modellie-
rungsziel ab.

13.2.2 Informationsüberfluß (Komplexität)

Diese Art der Unsicherheit wird durch die beschränkte Fähigkeit des Menschen her-
vorgerufen, große Datenmengen simultan aufnehmen und verarbeiten zu können.
Diese Situation liegt z. B. dann vor, wenn mehr Daten in einer realen Situation zur
Verfügung stehen, als ein Mensch „verdauen" kann, oder in Situationen, in welchen
Menschen sich über Phänomene unterhalten, die durch eine große Anzahl an Eigenschaften beschrieben oder definiert werden. Menschen transformieren in solchen
Situationen gewöhnlich dadurch vorhandene Daten in verständliche Informationen,
daß sie eine angemessene „Granularität" wählen, d. h. ein gröberes Raster der Betrachtung. Ein anderer Weg, mit dieser Situation fertigzuwerden, ist der, daß man
sich aus einer großen Anzahl an Eigenschaften lediglich auf die konzentriert, die am
wichtigsten erscheinen und die anderen einfach nicht zur Kenntnis nimmt. Solche
Situationen existieren auch bei wissenschaftlichen Arbeiten. In diesen Fällen verwendet man gewöhnlich Skalierungsverfahren, um das gleiche Ziel zu erreichen. Es

ist offensichtlich, daß diese unsicheren Situationen nicht dadurch in sichere Situationen überführt werden können, daß man mehr Information sammelt. Eine Reduktion der Unsicherheit kann in diesen Fällen nur dadurch erreicht werden, daß man vorhandene, zu große Datenmengen in von Menschen aufnehmbare Informationen verwandelt. Man denke in diesem Zusammenhang z. B. an die immer mehr in Mode kommenden „Data Warehouses", in denen diese Unsicherheitssituation offensichtlich vorliegt.

13.2.3 Konfliktäre Evidenz

Unsicherheit mag auch durch konfliktäre Evidenz hervorgerufen werden, d. h., es mag umfangreiche Information darüber vorliegen, daß ein System sich in einer bestimmten Art verhält, und zusätzlich mag auch Information vorhanden sein, die auf ein anderes Verhalten des Systems hinweist. Wenn diese beiden Informationsmengen sich im Konflikt befinden, dann entsteht auch Unsicherheit über das wahre Verhalten des Systems, die allerdings nicht ohne weiteres durch eine Erhöhung der Informationsmenge reduziert oder beseitigt werden kann. Zusätzliche Information mag sogar den Konflikt noch verstärken. Es kann verschiedene Ursachen für konfliktäre Evidenz geben. Diese können darin zu suchen sein, daß die vorliegende Information falsch ist (aber nicht als falsche Information identifiziert wird), es kann auch sein, daß die Information auf nicht relevanten Eigenschaften des Systems beruht, oder der Betrachter mag ein Modell benutzen, das das System oder die Situation falsch beschreibt. In diesem Fall ist eine Verminderung der Unsicherheit vielleicht dadurch zu erreichen, daß die vorhandene Information bzgl. ihrer Richtigkeit überprüft wird, jedoch nicht durch die Beschaffung von mehr Information oder dadurch, daß man die vorhandenen Daten vergröbert. In manchen Fällen mag sogar die Vernachlässigung von gewissen Informationen den Konflikt vermindern und daher die Situation mit weniger Unsicherheit beschreiben lassen.

13.2.4 Mehrdeutigkeit

Unter Mehrdeutigkeit soll die Situation verstanden werden, in der eine gewisse linguistische Information z. B. vollkommen verschiedene Bedeutungen haben kann oder in der - mathematisch gesprochen - eine nicht eindeutige Abbildung vorliegt. Alle Sprachen enthalten gewisse Wörter, die aus verschiedenen Gründen in verschiedenen Kontexten verschiedene Bedeutungen haben. Ein menschlicher Betrachter kann normalerweise diese Wörter aus dem Zusammenhang heraus richtig interpretieren. Insofern könnte man diese Art von Unsicherheit auch als Informationsmangel betrachten, da das Wissen über den entsprechenden Kontext fehlt und durch die Hinzufügung des Kontextes aus einer unsicheren eine sichere Situation gemacht werden könnte.

13.2.5 Meßunsicherheit

Der Begriff „messen" hat auf verschiedenen Gebieten ebenfalls verschiedene Bedeutungen. Im Zusammenhang mit diesem Aufsatz soll „Messung" im Sinne eines ingenieurmäßigen oder naturwissenschaftlichen Messens aufgefaßt werden, d. h. im Sinne der Genauigkeit eines Meßgerätes, das physikalische Eigenschaften mißt, wie z. B. Gewicht, Temperatur, Länge usw. Die Güte unserer Meßtechnologie ist im Zeitablauf verbessert worden, und je besser die Meßtechnologie wird, desto genauer kann man auch die Eigenschaften physikalischer Systeme bestimmen. Solange jedoch eine „vorgestellte" eindeutige Eigenschaft nicht vollkommen genau gemessen werden kann, liegt Unsicherheit über das wahre Maß vor, und wir kennen nur das von uns gemessene Ergebnis. Dies ist sicherlich auch eine Art von Unsicherheit, die wir als Informationsmangel interpretieren könnten. Hier wird diese Art der Unsicherheit lediglich wegen ihrer Wichtigkeit der Meßungenauigkeit auf dem naturwissenschaftlich-technischen Gebiet angeführt.

13.2.6 Glauben

Schließlich soll noch auf eine Ursache von Unsicherheit hingewiesen werden, die darauf zurückzuführen ist, daß alle vorliegenden Informationen subjektiv sind und die als eine Art Glauben des Betrachters in bestimmten Situationen aufgefaßt werden kann. Über diese Art von Unsicherheit bestehen wahrscheinlich die am meisten kontroversen Auffassungen. Sie könnte als ein Informationsmangel im objektiven Sinne angesehen werden. Eine mögliche Interpretation dieser Situation ist jedoch auch, daß Menschen aufgrund vorhandener (objektiver) Daten in einer uns unbekannten Weise (subjektive) Glaubenssätze entwickeln, die der Betrachter danach als Information über das System benutzt, das er beschreiben oder dessen Verhalten er vorhersagen möchte. Diese Klasse von Unsicherheit unterscheidet sich von den zunächst genannten primär dadurch, daß wir bisher lediglich „objektive" Informationen betrachtet haben und daß wir nun auch „subjektive" Informationen in Betracht ziehen. Ob diese Unterscheidung tatsächlich aufrechterhalten werden kann oder sollte, bedarf sicherlich weiterer Diskussionen.

13.3 Informationsarten

Bis jetzt wurden Ursachen der Unsicherheit betrachtet, die in den meisten Fällen die Menge und Güte der vorhandenen Informationen beeinflußten. Wie bereits erwähnt, spielt für die Anwendbarkeit eines bestimmten Unsicherheitskalküls nicht nur die Menge der Information eine Rolle, sondern auch die Art, in der die Information vorliegt. Wir werden diese daher im folgenden etwas näher betrachten: Grob gesehen, kann die Information über das betrachtete System in numerischer, linguistischer, intervallwertiger oder symbolischer Form vorliegen.

Zulässige Transformation				
Skalenniveau	Verbal	Formal	Invarianz	Beispiel
Nominal-skalenniveau	Ein-eindeutige Funktion	$x_i \neq x_j \rightarrow x_i\prime \neq x_j\prime$	Eindeutigkeit der Werte	Haus-nummern
Ordinales Skalenniveau	Monoton steigende Funktion	$x_i \leq x_j \rightarrow x_i\prime \leq x_j\prime$	Rangordnung von Werten	Zensuren
Intervall-skalenniveau	Affine Funktion	$x\prime = a \cdot x + b$	Verhältnis von Differenzen	Temperatur ($^\circ$C, $^\circ$F)
Ratio-skalenniveau	Ähnlichkeits-funktion	$x\prime = a \cdot x$	Verhältnis von Werten	Länge (cm, inch)
Absolutes Skalenniveau	Identität	$x\prime = x$	Werte	DM, kg

Tabelle 13.1 Skalenniveaus und zugelassene mathematische Operationen.

13.3.1 Numerische Information

In der vorgeschlagenen Definition der Unsicherheit wurde gesagt, daß sichere Situationen numerisch beschreibbar sein sollten. Diese numerische Information kann aus ganz verschiedenen Quellen stammen, die der numerischen Information ganz verschiedene Aussagewerte verleihen. Um also genauere Aussagen über die Güte numerischer Information machen zu können, sind die Skalenniveaus zu betrachten, auf denen die Information zur Verfügung gestellt wird [16]. Dieses Skalenniveau bestimmt dann die Art der Informationsverarbeitung (der mathematischen Operationen), die legitim auf diese Information angewendet werden können. Es existiert eine Anzahl von Taxonomien für Skalenniveaus, die Informationen in verschiedener Feinheit voneinander unterscheiden. Für unsere Zwecke wollen wir unterscheiden zwischen ordinalem Skalenniveau, Ratioskalenniveau, Intervallskalenniveau und absolutem Skalenniveau. Die folgende Tabelle gibt eine Übersicht über die verschiedenen Skalenniveaus und die auf ihnen erlaubten mathematischen Operationen.

Grob gesagt hat numerische Information auf Nominalskalenniveau lediglich die Aussagekraft einer Bezeichnung (wie z. B. die Zahl auf dem Rücken von Fußballspielern oder das Nummernschild an Autos), numerische Information auf ordinalem Skalenniveau bietet lediglich Information bzgl. einer Ordnung an, und Information auf einem kardinalen Skalenniveau enthält darüber hinaus Informationen über die

Differenzen der geordneten Größen, d. h., sie enthält eine Metrik. Beliebige mathematische Operationen können nur auf Informationen auf absolutem Skalenniveau angewandt werden, z. B. auf reelle Zahlen.

13.3.2 Intervallwertige Information

In diesem Fall liegt Information vor, die nicht genau im Sinne einer reellen Zahl ist, sondern eben nur für Variable oder Werte von Variablen Intervalle zur Verfügung stellt. Solch eine Information kann nur mit Hilfe der Intervallarithmetik verarbeitet werden, und das Ergebnis der mathematischer Operationen ist wiederum intervallwertige Information. Es sollte jedoch klar sein, daß diese Information „genau" oder „zweiwertig" in dem Sinne ist, daß die Grenzen der Intervalle genau feststehen und keine stetigen Übergänge zeigen.

13.3.3 Linguistische Information

Unter linguistischer Information verstehen wir Informationen, die in Form einer natürlichen Sprache zur Verfügung gestellt werden. Die Eigenschaften dieser Information unterscheiden sich offensichtlich sowohl von numerischer Information als auch von Informationen einer formalen Sprache. Natürliche Sprachen haben sich während der Zeit entwickelt. Sie hängen vom kulturellen Umfeld ab und ebenfalls vom Bildungstand der Person, die diese Sprachen benutzt. Dazu mögen andere Einflußfaktoren kommen, wie z. B. Gemütszustand der Person, Erfahrung der Person usw. Weiterhin ist zu unterscheiden zwischen einem Wort als einer Bezeichnung und der eigentlichen Bedeutung eines Wortes. Sehr oft bestehen keine eindeutigen Beziehungen zwischen diesen beiden, oder aber die Bedeutung eines Wortes ist nicht scharf und kontextunabhängig definiert. Im Gegensatz zur numerischen Information bestehen für linguistische Informationen auch kaum Gütemaße für ihren Informationsgehalt (d. h., es gibt keine wohldefinierten Skalenniveaus für linguistische Information). Linguistische Information hat sich als Mittel der menschlichen Kommunikation entwickelt, und sie wird von Menschen auf eine Weise verarbeitet, über die noch wenig bekannt ist.

13.3.4 Symbolische Information

Oft wird Information in Form von oder mit Hilfe von Symbolen zur Verfügung gestellt. Dies ist dann offensichtlich, wenn als Symbole Zahlen, Buchstaben oder Bilder benutzt werden. Das ist jedoch sehr oft dann nicht offensichtlich, wenn Worte als Symbole benutzt werden, die dann jedoch lediglich für einen gewissen Sinninhalt die Bezeichnung sind, währenddessen sie die semantische Bedeutung nicht ausdrücken. Wird symbolische Information zur Verfügung gestellt, dann ist offensichtlich die Information so aussagefähig wie die semantische Definition der Symbole. Die Informationsverarbeitung kann dann weder numerisch noch linguistisch erfolgen, sondern lediglich als Symbolverarbeitung.

13.4 Unsicherheitsmethoden

Wie in Abbildung 13.1 dargestellt, wird die Information über ein unsicheres Phänomen durch eine Unsicherheitsmethode „gefiltert", ehe die Ergebnisse dem Betrachter zur Verfügung gestellt werden. Unter „Unsicherheitsmethoden" verstehen wir Methoden wie irgendeine der Wahrscheinlichkeitstheorien, die Fuzzy Set Theorie, die Rough Set Theorie, die Evidenztheorie usw. Diese Theorien bauen auf gewissen axiomatischen Systemen auf, die die Art der Unsicherheit bestimmen, die durch sie modelliert werden soll. Diese Theorien definieren außerdem im allgemeinen die mathematischen Operationen, die auf die Eingangsinformationen angewandt werden sollen, um Kennzahlen für die Unsicherheit zu erhalten. Diese in den Theorien enthaltenen mathematischen Operationen erfordern ein bestimmtes Skalenniveau der numerischen Information, wie sie in Tabelle 1 angeführt wird, d. h., eine spezielle Unsicherheitstheorie sollte nur dann zur Modellierung eines gewissen Tatbestandes verwandt werden, wenn die zur Verfügung gestellte Information mindestens auf einem Skalenniveau vorhanden ist, das von den auszuführenden mathematischen Operationen gefordert wird. Diese Forderung wird allerdings bei der Anwendung dieser Theorien sehr oft vernachlässigt. Statt dessen wird sehr oft ohne weitere Überprüfung angenommen, daß numerische Information auf einem kardinalen oder absoluten Skalenniveau vorhanden ist und so die Anwendung beliebiger mathematischer Operationen erlaubt.

In zunehmendem Maße werden unsichere Informationen oder Informationen über unsichere Phänomene in wissensbasierten Systemen [28] verarbeitet. Die Inferenzmaschinen dieser wissensbasierten Systeme können entweder lediglich Symbolverarbeitung durchführen oder aber sogenanntes „bedeutungserhaltendes Schließen". Offensichtlich bestimmt die Art der Eingangsinformation wie auch die Art der Inferenzmaschine die Qualität und Art der Information, die ein solches System dem Betrachter zur Verfügung stellen könnte. Schließlich und endlich wird Information auch heuristisch verarbeitet, d. h. nach wohldefinierten Prozeduren, die jedoch nicht unbedingt mathematische Algorithmen sind und für die u. U. andere Spracharten und Arten der Informationsverarbeitung benutzt werden.

13.5 Informationsansprüche des Betrachters

Die Modellierung eines Systems oder dessen Verhaltens dient gewöhnlich einem bestimmten Ziel. Dieses Ziel kann eine Steuerung, eine Diagnose, eine Entscheidungsvorbereitung oder ähnliches sein. Die von der Unsicherheitstheorie über das Phänomen gelieferte Information kann einem menschlichen Betrachter dienen, oder sie könnte auch zur Steuerung eines mechanischen oder elektronischen Systems benutzt werden. Im letzteren Fall wird das die Eingangsinformation anderer mathematischer Algorithmen sein. In Abbildung 13.1 war als der Empfänger dieser Information ein menschlicher Betrachter vorgesehen. In diesem Fall sollte die Information nicht nur für den Empfänger verständlich sein, sondern sie mag in Abhängigkeit vom

Zweck anderen Ansprüchen unterliegen. Wenn der Betrachter z. B. gewisse Muster erkennen will, mag Information auf nominalem Skalenniveau durchaus bereits ausreichend sein. Sollte der Betrachter jedoch Elemente des unsicheren Phänomens bewerten oder ordnen wollen, so muß die ihm zur Verfügung stehende Information wenigstens auf ordinalem Skalenniveau bereitgestellt werden. Das heißt also, daß die Information über das zu betrachtende System dem Betrachter in angemessener Sprache zur Verfügung gestellt werden muß, die entweder numerisch, intervallwertig, linguistisch oder symbolisch sein kann.

13.6 Unsicherheitstheorien als Informationswandler

Die Abschnitte 13.2 bis 13.5 dieses Aufsatzes konzentrierten sich auf informationsmäßige Eigenschaften unsicherer Phänomene oder Systeme. Die jeweils zur Modellierung benutzte Unsicherheitstheorie oder Methode sollte offensichtlich zu der Art des zu modellierenden Phänomens passen, d. h., sie sollte keine Information erfordern, die im Skalenniveau über der bereitgestellten Information liegt, sie sollte auf keinen Axiomen oder Annahmen über die vorliegende Unsicherheit aufbauen, die im realen Problem nicht gegeben sind.

Diese Meinung widerspricht sicherlich der Ansicht, daß man z. B. jede Art von „Unsicherheit" durch entweder Wahrscheinlichkeitstheorie oder Fuzzy Set Theorie oder Möglichkeitstheorie oder irgendeine andere einzelne Theorie adäquat modellieren kann. In diesem Aufsatz wird die Meinung vertreten, daß es keine einzige Unsicherheitstheorie gibt, die in der Lage ist, adäquat alle Typen von Unsicherheit gleichmäßig gut zu modellieren. Die meisten der bekannten und anerkannten Theorien zur Modellierung von Unsicherheit konzentrieren sich entweder auf spezielle Unsicherheitstypen, unterschieden nach den Ursachen der Unsicherheit, oder sie implizieren wenigstens gewisse Ursachen, und sie setzen darüber hinaus spezielle Quantitäten und Qualitäten an Information voraus, die sie für die in den Theorien enthaltenen mathematischen Operationen benötigen. Dabei sind die axiomatischen Annahmen der verschiedenen Theorien unterschiedlich stark. Man könnte die Unsicherheitsmethoden und ihre Paradigmen als Brillen bezeichnen, durch die wir unsichere Situationen betrachten, oder mit anderen Worten: Es gibt keine „wahrscheinlichkeitstheoretische Unsicherheit" als unterschiedlich von einer „möglichkeitstheoretischen Unsicherheit". Statt dessen betrachten wir unsichere Situationen mit den in den Abschnitten 13.2 bis 13.5 beschriebenen Eigenschaften und versuchen, sie mit Hilfe der Wahrscheinlichkeitstheorie oder der Möglichkeitstheorie zu modellieren. Der bessere Weg scheint zu sein, die Methode zur Modellierung der Unsicherheit zu bestimmen, die am besten auf die Eigenschaften des realen Problems und auf die Anforderungen des Betrachters paßt. Es bestehen schon jetzt zahlreiche „Unsicherheitstheorien", wie z. B. verschiedene Wahrscheinlichkeitstheorien, die Evidenztheorie [15], die Möglichkeitstheorie [4], die Theorie unscharfer Mengen, die Grey Set Theorie, die Intuitonistic Set Theorie [1], Rough Set Theorie [12], die Intervallarithmetik, das konvexe Modellieren [3] usw. Diese Theorien sind in ihren

Eigenschaften nicht disjunkt. Sie überlappen sich oder sind teilweise in anderen Theorien enthalten, was hier allerdings nicht weiter untersucht werden soll.

Auf einen Punkt, der oft übersehen wird, soll in diesem Zusammenhang noch hingewiesen werden: Oft sind Unsicherheitstheorien nicht homogen in bezug auf die in ihrem Rahmen angewandten Arten der Informationsverarbeitung oder mathematischen Manipulation bzw. in bezug auf die an die Eingangsinformation zu stellenden Forderungen. So wird z. B. die Fuzzy Set Theorie oft als eine Theorie dargestellt, die linguistische Information verarbeitet. Die formale Präsentation dieser Information kann jedoch auf sehr verschiedene Weise geschehen: Werden „singletons", d. h. entartete unscharfe Mengen, die lediglich ein Element (mit dem Zugehörigkeitsgrad 1) enthalten, benutzt, so entspricht dies sicherlich einer Symbolverarbeitung. Werden linguistische Variablen verwandt, so werden ihre Zugehörigkeitsfunktionen als Informationsträger angesehen. Diese Zugehörigkeitsfunktionen können jedoch wiederum auf ganz verschiedenen Skalenniveaus und in verschiedenen Erscheinungsformen (als reellwertige Funktionen, als probabilistische Funktionen, als unscharfe Funktionen) vorliegen. In diesem Fall sollte die Bestimmung der zu benutzenden Operatoren, d. h. also der anzuwendenden mathematischen Operationen darauf abgestimmt werden, auf welchem Skalenniveau die Information über Zugehörigkeiten vorliegt.

Selbstverständlich hängen die Anforderungen an die Eingangsinformation der Unsicherheitstheorie und die Qualität der Ausgangsinformation, die dem Betrachter zur Verfügung gestellt wird, auch davon ab, ob in der Theorie die Information algorithmisch, heuristisch oder wissensbasiert mit Hilfe einer Inferenzmaschine bearbeitet wird.

13.7   Auswahl der angemessenen Unsicherheitstheorie

Betrachtet man Unsicherheit als eine durch die vorhandene Information bedingte Eigenschaft einer Situation oder eines Phänomens, so kann man sie durch einen vierkomponentigen Vektor beschreiben. Die vier Komponenten dieses Vektors beschreiben die vier Dimensionen, die in Tabelle 13.2 grob skizziert sind.

Im wesentlichen kann jede Unsicherheitstheorie in ähnlicher Weise durch einen Vektor oder ein Profil charakterisiert werden. Im optimalen Fall sollten die Profile der unsicheren Situation, die zu beschreiben ist, und das der zur Modellierung angewandten Unsicherheitstheorie übereinstimmen.

13.8   Zusammenfassung

Unsicherheit wird hier als eine kontextabhängige Eigenschaft von Systemen oder Phänomenen betrachtet, die verschiedene Ursachen haben kann und die außerdem beeinflußt wird von der vorhandenen und von der gewünschten Information. Zur

1. Ursachen objektiver Unsicherheit			
(a) Informationsmangel	(b) Informationsüberfluß (Komplexität)	(c) Konfliktäre Evidenz	(d) Mehrdeutigkeit
		(e) Meßungenauigkeit	(f) Glauben
2. Vorhandene Eingangsinformation			
(a) numerisch	(b) intervallwertig	(c) linguistisch	(d) symbolisch
3. Skalenniveau numerischer Eingangsinformation			
(a) nominal	(b) ordinal	(c) kardinal	
4. Gewünschte Ausgangsinformation			
(a) numerisch	(b) intervallwertig	(c) linguistisch	(d) symbolisch

Tabelle 13.2   Eine grobe Taxonomie der Unsicherheitsdimensionen.

Zeit existiert bereits eine große Anzahl solcher Theorien, Methoden oder Paradigmen, um „Unsicherheit" zu modellieren. Hiervon seien nur einige beispielhaft genannt: Wahrscheinlichkeitstheorien (Kolmogoroff, Koopman, Bayes, Qualitative Wahrscheinlichkeiten etc.), Möglichkeitstheorie, Evidenztheorie, Fuzzy Set Theorie usw. Jede dieser Theorien baut auf gewissen Annahmen über die Menge und Qualität vorhandener Informationen auf und enthält eine oder mehrere Vorgehensweisen, nach denen die Eingangsinformationen oder Daten verarbeitet werden sowie mehrere Unsicherheitsmaße. Die meisten der Theorien definieren explizit oder implizit auf axiomatische Weise auch ihr Anwendungsgebiet. Der größte Teil der auch jetzt noch unternommenen Forschung auf dem Gebiet der Unsicherheitsmodellierung geschieht innerhalb der Rahmen der jeweils definierten axiomatischen Systeme. Sehr selten wird untersucht, welche dieser Theorien zur Modellierung der Unsicherheit einer speziellen gegebenen Situation angemessen oder am besten geeignet ist. In diesem Aufsatz wird die Meinung vertreten, daß die Modellierung von Unsicherheit nicht kontextunabhängig geschehen sollte. Statt dessen sollte der gesamte Informationsfluß, der in Abbildung 13.1 skizziert ist, vom Phänomen über oder durch die Unsicherheitstheorie zum Betrachter als ein in sich konsistentes System - vor allem in bezug auf Qualität und Quantität vorhandener Information - betrachtet werden. Stimmt man dieser Ansicht grundsätzlich zu, so kann es keine einzelne Unsicherheitstheorie geben, die für sich beanspruchen kann, „alle Typen von Unsicherheit" adäquat modellieren zu können. Die Beziehungen zwischen den zu beschreibenden unsicheren Phänomenen, den benutzten Unsicherheitstheorien und den Betrachtern sollten dann auch mehr Beachtung in der Forschung finden, als dies zur Zeit der Fall ist.

Literaturverzeichnis

[1] ATANASSOV, K. T.: Intuitonistic fuzzy sets. *Fuzzy Sets and Systems*, **20**, S. 87-96, 1986.

[2] BELLMANN, R.; ZADEH, L. A.: Decision-making in a fuzzy environment. *Management Scie.*, **17**, B-141-164, 1970.

[3] BEN-HAIM, Y.; ELISHAKOFF, I.: *Convex Models of Uncertainty in Applied Mechanics*. Elsevier Science Publishers, Amsterdam 1990.

[4] DUBOIS, D.; PRADE, H.: *Possibility Theory*. New York, London 1988.

[5] ______: Fuzzy sets, probability and measurement. *European Journal of Operational Research*, **40**, S. 135-154, 1989.

[6] GOODMAN, I. R.; NGUYEN, H. T.: *Uncertainty Models for Knowledge-based Systems*. North Holland 1985.

[7] KANDEL, A.; LANGHOLZ, G. (HRSG.): *Hybrid Architectures for Intelligent Systems*. CRC Press, Boca Raton. 1992.

[8] KLEIN, R. L.; METHLIE, L. B.: *Knowledge-Based Decision Support Systems*. 2. Auflage, Wiley, Chichester. 1995.

[9] KLIR, G. J.; FOLGER, T. A.: *Fuzzy Sets, Uncertainty and Information*. Prentice-Hall, Englewood Cliffs. 1988.

[10] KLIR, G. J.: Where do we stand on measures of uncertainty, ambiguity, fuzziness, and the like? *Fuzzy Sets and Systems*, **24**, S. 141-160, 1987.

[11] NEWELL, A.; SIMON, H. A.: *Human Problem Solving*. Prentice-Hall, Englewood Cliffs. 1972.

[12] PAWLAK, Z.: Rough sets. *Fuzzy Sets and Systems*, **17**, S. 99-102, 1985.

[13] SAATY, TH. L.: Exploring the interface between hierarchies, multiple objectives and fuzzy sets. *Fuzzy Sets and Systems*, **1**, S. 57-68, 1978.

[14] SCHNEIDER, D.: Meßbarkeit subjektiver Wahrscheinlichkeiten als Erscheinungsformen der Ungewißheit. *Zeitschrift für betriebswirtschaftliche Forschung*, **31**, S. 89-122, 1979.

[15] SHAFER, G. A.: *A Mathematical Theory of Evidence*. Princeton 1976.

[16] SNEATH, P. H. A.; SOKAL, R.: *Numerical Taxonomy*. San Francisco 1973.

[17] TURBAN, E.: *Decision Support and Expert Systems*. 2. Auflage, Macmillan, New York 1988.

[18] WERNERS, B.: *Interaktive Entscheidungsunterstützung durch ein flexibles mathematisches Programmierungssystem*. München 1984.

[19] ________: Aggregation models in mathematical programming. G. Mitra (Hrsg.). *Mathematical Models for Decision Support*, Springer Verlag, S. 295-319, 1988.

[20] YAGER, R. R.: Fuzzy decision making including unequal objectives. *Fuzzy Sets and Systems*, **1**, S. 87-95, 1978.

[21] YAGER, R. R.; ZADEH, L. A. (HRSG.): *An Introduction to Fuzzy Logic Applications in Intelligent Systems*. Kluwer, Boston 1992.

[22] ZIMMERMANN, H.-J.: Fuzzy programming and linear programming with several objective functions. *Fuzzy Sets and Systems*, **1**, S. 45-55, 1978.

[23] ZIMMERMANN, H.-J.; ZYSNO, P.: Latent connectives in human decision making. *Fuzzy Sets and Systems*, **4**, S. 37-51, 1980.

[24] ________: Decisions evaluations by hierarchical aggregation of information. *Fuzzy Sets and Systems*, **10**, S. 243-266, 1983.

[25] ZIMMERMANN, H.-J.; ZADEH, L. A.; GAINES, B. R. (HRSG.): *Fuzzy Sets and Decision Analysis*. North-Holland, Amsterdam 1984.

[26] ZIMMERMANN, H.-J.: Multi Criteria Decision Making in Crisp and Fuzzy Environments. In: JONES, ET AL. (HRSG.). *Fuzzy Sets and Applications*. Reidel, Dodrecht, S. 233-256, 1985.

[27] ________: *Fuzzy Sets, Decision Making, and Expert Systems*. Boston, Dordrecht, Lancaster 1987.

[28] ________: Uncertainties in Expert Models. In: MITRA, G. (HRSG.) *Mathematical Models for Decision Support*, Springer Verlag, S. 613-630, 1988.

[29] ________: Cognitive Sciences, Decision Technology and Fuzzy Sets. *Information Sciences*, **57/58**, S. 287-295, 1991.

[30] ________: *Fuzzy Sets, Decision Making and Expert Systems*. Kluwer, Boston 1991.

[31] ________: *Fuzzy Set Theory and its Applications*, 3. Auflage, Boston 1996.

[32] ________: Uncertainty Modeling and Fuzzy Sets. In: BEN-HAIM, Y.; NATKE, H. G. (HRSG.): *Uncertainty: Models and Measures*, **84-101**, München 1997.

14 Fuzzy Regelung

Rainer Palm

14.1 Einführung

Der bei industriellen Prozessen zumeist angewandte Regler ist der PID-Regler, der allerdings in einer Vielfalt verschiedener Regelungstechniken wie der adaptiven Regelung, dem Gain Scheduling und dem Supervisory Control eingesetzt wird. Prozesse und Anlagen sind gegenwärtig aber so komplex, daß PID-Regler nicht mehr ausreichen, obwohl sie durch zusätzliche Algorithmen, wie adaptive Verfahren, verbessert wurden. Obwohl es eine ausreichende Anzahl von Methoden und Theorien für komplexe Regelungsprobleme in der Automatisierung, der Robotertechnik und dem Schiffbau gibt [47], so sind doch die Einschränkungen zu deren Anwendung entweder zu stark, oder die Methoden sind zu kompliziert, um praktisch effizient zu sein.

Regelungstechniker benutzen gewöhnlich einfache Prozeßmodelle und Entwurfsmethoden. Diese aber sollen eine ausreichende Güte liefern und außerdem robust gegenüber Störungen, Parameterunsicherheiten und unmodellierten strukturellen Eigenschaften des geregelten Prozesses sein. Fuzzy Control liefert eine Vielzahl von Entwurfsmethoden, die zusammen mit traditionellen Control-Techniken moderne Regelungsprobleme lösen können. Fuzzy Control wurde erstmalig im Jahre 1974 durch E. H. Mamdani und S. Assilian initiiert, als sie IF-THEN Fuzzy Regeln für die Regelung eines einfachen dynamischen Prozesses einsetzten [23]. Im Jahre 1977 berichtete Østergaard [24] über eine Anwendung eines Fuzzy Reglers in einem Wärmeaustauscher, und im Jahre 1982 präsentierten Holmblad und Østergaard eine Fuzzy Regelung in einer komplexen Zementfabrik. Allerdings dauerte es bis in die Mitte der achziger Jahre, bis Fuzzy Control allgemein akzeptiert war. Dieses war besonders der japanischen Industrie und ihren Forschungslabors zu verdanken, die Fuzzy Control in Konsumgütern, aber auch in größeren Projekten wie in einer fahrerlosen U-Bahn einsetzten.

Nach der Einführung der Fuzzy Theorie durch Lotfi Zadeh im Jahre 1965 [51] brauchte es etwa zehn Jahre bis zu einer entscheidenden Erweiterung dieser Theorie auf die Control-Problematik. Eine diesbezügliche Pionierarbeit wurde insbesondere von Mamdani und Assilian (UK) bzw. von Kickert und Van Nauta Lemke (Niederlande) geleistet [1, 22, 15, 16]. In diesen Arbeiten wird von unscharfen Prozeßgrößen ausgegangen, aus denen mittels eines Fuzzy Controllers (FC) , d. h. eines Satzes von Fuzzy Produktionsregeln, Stellgrößen für den Prozeß abgeleitet werden. Diese zu konventionellen Techniken alternative Regelungsstrategie kommt dort zum

Tragen, wo die Komplexität des zu steuernden Prozesses eine befriedigende Modellierung und damit einen darauf aufbauenden Reglerentwurf verhindert. In diesem Fall werden die Regeln für den FC durch Experteninterview aufgestellt. Beispiele dazu sind schon aus den frühen Phasen des Fuzzy Control bekannt:

- Regelung einer Warmwasseranlage [15],

- Regelung eines Wärmetauschers [24],

- Fuzzy Control in industriellen Prozessen [18].

Andere Anwendungen gehen zwar von der grundsätzlichen Kenntnis des Prozeßmodells aus, betrachten aber dieses Modell als mit erheblichen Unsicherheiten und Störungen (Laständerungen, Parametertoleranzen) behaftet. Hierzu ist als ein Hauptanwendungsgebiet die Robotik zu nennen.

Die Applikationen reichen von dem Aufgaben- (Task-)Level [8, 6] über das Level der Generierung von Roboterbahnen [12, 17, 25, 26] bis zum Servolevel für die Antriebssysteme des Roboters [43, 48, 21, 36]. Die Fuzzy Modellierung von Antriebssystemen wird in [37] ausführlich dargestellt.
Es gibt hauptsächlich drei Aspekte eines Fuzzy Controllers, die über konventionelle Reglerstrategien hinausgehen:

1. Die Nutzung von IF-THEN Regeln

2. Die Eigenschaft der universellen Approximation [49]

3. Die Eigenschaft, mit vagen (fuzzy) Werten zu arbeiten

Der erste Aspekt betrifft die Kenntnis eines Experten, ein bestimmtes System zu steuern. Dieses Wissen basiert auf heuristischer Erfahrung und wird durch IF-THEN Fuzzy Regeln beschrieben. Auf dieselbe Art und Weise kann auch das Systemverhalten durch IF-THEN Fuzzy Regeln beschrieben werden. Das hauptsächliche Problem ist hier das Aufstellen von Regeln, die die von einem Operator ausgeführte Steuerungsaktionen und die darauf folgenden Systemantworten ausreichend beschreiben [31, 32, 41]. Die Identifikation von Fuzzy Regeln kann auf zweierlei Weise erfolgen:

1. durch Wissensextraktion aus Experteninterviews. Diese Art von Identifikation ist insbesondere von Erfolg bei Single-Input/Single-Output -Systemen (SISO), versagt aber häufig bei komplexeren Multi-Input/Multi-Output-Systemen (MIMO)

2. Black Box-Identifikation durch Fuzzy Clustering [2, 35, 4], neuronale Netze und genetische Algorithmen

Bei der Black Box-Identifikation unterscheidet man zwischen *Strukturidentifikation* und *Parameteridentifikation*. Structuridentifikation erfordert *strukturelles Vorwissen* über das System, z. B. über die Systemordnung oder Linearitätseigenschaften.

Das Ergebnis einer solchen Identifikation ist ein Satz von Fuzzy Regeln. Parameteridentifikation behandelt das Lernen von Parametern, Skalierungen bzw. Normierungen aus Daten bei vorgegebener Struktur. Dieses kann durch klassische LQ-Algorithmen (Methode der kleinsten Fehlerquadrate) oder verwandte Methoden erreicht werden.

Der Aspekt der *universellen Approximation* bedeutet, daß ein Fuzzy System mit produkt-basierter Regelfeuerung, Centroider Fuzzifikation und Gaußschen Zugehörigkeitsfunktionen jede reelle kontinuierliche Funktion mit einer vorgegebenen Genauigkeit approximieren kann [49, 20, 19]. Allerdings wird in den meisten Anwendungsfällen eine weniger genaue Approximation verlangt, was durch eine endliche Anzahl von dreiecksförmigen Zugehörigkeitsfunktionen erreicht wird. Durch eine geeignete Überlappung der Zugehörigkeitsfunktionen erreicht man, daß jeder Punkt im Zustandsraum durch eine endliche Menge von Fuzzy Regeln beeinflußt wird. Der dritte Aspekt bezieht sich auf Regelungsaufgaben, bei denen die Reglereingänge unscharfe (fuzzy) Größen sind. Unscharfe Größen können qualitative Einschätzungen eines Bedieners sein, wie z. B. *Temperatur ist hoch.* Andere Quellen können Sensoren sein, die Intensitätsverteilungen über ein bestimmtes physikalisches Intervall liefern. Hier kann die Intensitätsverteilung als Zugehörigkeitsfunktion interpretiert werden. Im Gegensatz zu klassischen Reglern können Fuzzy Regler mit solchen Signalen umgehen [28]. Im nächsten Abschnitt werden die wichtigsten Fuzzy Control-Techniken einschließlich der Entwurfsziele behandelt. Im darauffolgenden Abschnitt wird die Struktur eines FC und seine Eigenschaft als nichtlineares Übertragungselement beschrieben. Der letzte Abschnitt beschreibt verschiedene heuristische und modellbasierte Fuzzy Control-Strategien, insbesondere den Mamdani-Controller, den Takagi/Sugeno-Controller, den Fuzzy Sliding-Mode Controller und die Cell Mapping Control Strategie.

14.2 Fuzzy Control Techniken

FC-Techniken können in heuristische und modellbasierte Techniken eingeteilt werden [7]. Die Wahl einer speziellen FC-Technik hängt von der Art der Beschreibung des Systems ab, das geregelt werden soll.

Im folgenden Abschnitt werden die Entwurfsziele behandelt. Im Anschluß daran werden einzelne FC-Techniken vorgestellt und die sogenannte Fuzzy Region definiert.

14.2.1 Das Entwurfsziel

Das Entwurfsziel in Fuzzy Control kann wie folgt beschrieben werden: Gegeben sei ein Modell des zu regelnden Systems und die Spezifikation des erwarteten Verhaltens. Entwerfe ein Rückkopplungsgesetz in Form von Fuzzy Regeln, so daß der geschlossene Regelkreis das gewünschte Verhalten zeigt. Bild (14.1) zeigt das allgemeine Regelungsschema.

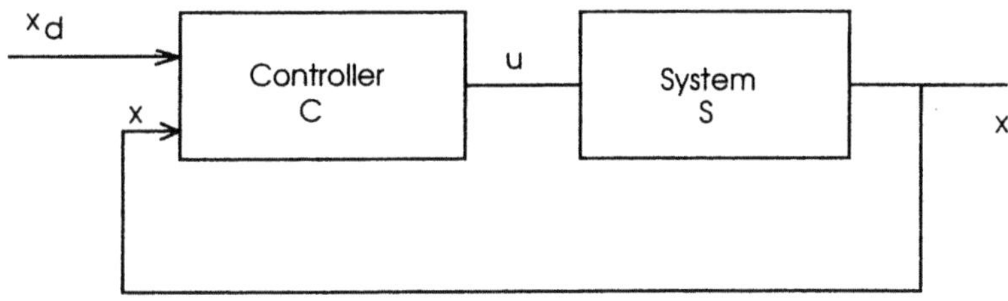

Bild 14.1 Allgemeines Regelungsschema

In diesem Zusammenhang sind die folgenden Notationen definiert:

$\mathbf{x}$ ist der Zustandsvektor.

$\mathbf{x}^{\mathbf{d}}$ ist der gewünschte Zustandsvektor.

$\mathbf{u}$ ist die Stellgröße,

wobei die Vektoren $\mathbf{x}, \mathbf{x}^{\mathbf{d}}, \mathbf{u}$ kontinuierlich in der Zeit sind. Der Einfachheit halber wird der Output-Vektor $\mathbf{y}$ gleich dem Zustandsvektor $\mathbf{x}$ gesetzt

$$\mathbf{y} = \mathbf{x}.$$

Im folgenden definieren wir zwei Grundtypen von nichtlinearen Regelungsproblemen, nämlich die nichtlineare Stabilisierung und das nichtlineare Verfolgen einer Trajektorie (Tracking) [38]. Danach wird kurz auf die Spezifikation des gewünschten Systemverhaltens (Stabilität, Güte, Robustheit) im Zusammenhang mit der nichtlinearen Regelung eingegangen.

Stabilisierung und Tracking   Allgemein werden die Aufgaben einer Regelung in zwei Kategorien eingeteilt

1. *Stabilisierung*: Bei einem Stabilisierungsproblem wird ein FC so entworfen, daß der Zustandsvektor des geschlossenen Systems in einem Arbeitspunkt (Gleichgewichtspunkt) im Zustandsraum stabilisiert wird. Asymptotische Stabilisierung bedeutet, ein Regelgesetz in Fuzzy Regelform zu finden, das, bei einem Start in der Nähe eines Gleichgewichtspunktes $\mathbf{x}^{\mathbf{d}}$, den Zustandsvektor $\mathbf{x}$ für t gegen unendlich zu $\mathbf{x}^{\mathbf{d}}$ führt.

2. *Tracking*: Bei einem Tracking-Problem wird ein FC so entworfen, daß das geschlossene System einer vorgegebenen Trajektorie folgt. Asymptotisches Tracking bedeutet, ein Regelgesetz in Fuzzy Regelform zu finden, das, bei einem Start in einem Punkt $\mathbf{x^0}$ in der Nähe einer Trajektorie $\mathbf{x^d}(t)$, den Tracking-Fehler $\mathbf{x}(t) - \mathbf{x^d}(t)$ zu $\mathbf{0}$ werden läßt, wobei der gesamte Zustandsvektor begrenzt bleibt. Hier muß angemerkt werden, daß perfektes Tracking nicht erreicht werden kann. Deshalb ist auch das Entwurfsziel nur unvollkommen erreichbar.

Stabilisierung kann als ein Spezialfall von Tracking angesehen werden. Andererseits, wenn man einen Folgeregler (tracker) für das offene System [38]

$$\ddot{y} + f(\dot{y}, y, u) = 0, \tag{14.1}$$

entwirft, so daß $e(t) = y(t) - y_d(t)$ gegen Null geht, dann ist dieses Problem äquivalent mit der asymptotischen Stabilisierung des Systems

$$\ddot{e} + f(\dot{e}, e, u, y_d, \dot{y}_d, \ddot{y}_d) = 0 \tag{14.2}$$

wobei seine Zustandsvektorkomponenten e and $\dot{e}$ sind. Das heißt, daß das Entwurfsproblem gelöst werden kann, wenn man einen Regler für das letztere nichtautonome System entwirft.

Güte Für lineare Systeme kann ein gefordertes Verhalten eines geschlossenen Systems systematisch durch exakte Vorgaben spezifiziert werden. Diese Vorgaben können sich z. B. auf die Anstiegszeit, die Beruhigungszeit oder das Über- oder Unterschwingen beziehen. Daher wird für lineare Regelungssysteme zunächst eine solche Spezifikation aufgestellt und dann der Regler durch z. B. eine bestimmte Wahl der Pole dementsprechend entworfen. Für nichtlineare Systeme kann allerdings ein solcher systematischer Entwurf nicht durchgeführt werden [38] (Part II.2), es sei denn, daß das nichtlineare System durch eine Anzahl von linearen Systemen angenähert wird. Weiterhin ist die Arbeit im Laplace-Bildbereich, wie sie bei linearen Systemen üblich ist, bei nichtlinearen Systemen nicht möglich. Deshalb ist es notwendig, qualitative Spezifikationen über die Regelgüte einzuführen.

Stabilität Stabilität muß bei dem für den Reglerentwurf benutzten nominalen Modell entweder im lokalen oder globalen Sinne garantiert sein, wobei auch die Stabilitäts- bzw. Konvergenzgebiete von Interesse sind. Bei linearen Systemen schließt Stabilität immer ein, daß das System stabil bleibt, wenn nur die eingeprägten Störungen begrenzt bleiben. Stabilität bei nichtlinearen Systemen bedeutet aber, daß nicht in jedem Fall beliebige Störungen ausgeregelt werden können, da das Verhalten eines nichtlinearen Systems in der Regel von seinen Anfangsbedingungen abhängt. Das Verhalten des Systems bei bleibenden Störungen in nichtlinearen Systmen wird durch die Robustheit des geregelten Systems bestimmt.

Genauigkeit und Geschwindigkeit der Systemantwort Genauigkeit und Gewindigkeit der Systemantwort werden immer für gegebene Arbeitspunkte(-regionen) betrachtet. Für einige Systemklassen können geeignete Entwurfsmethoden eine bleibende Tracking-Qualität unabhängig von der geforderten Trajektorie erreichen (z. B. Sliding Mode Control).

Robustheit Robustheit ist die Sensitivität des geregelten Systems bezüglich solcher Effekte, die im nominalen Modell, das für den Reglerentwurf benutzt wird, nicht berücksichtigt werden. Diese Effekte können sein: Störungen, Meßrauschen oder nichtmodellierte dynamische Eigenschaften. Das geregelte System sollte möglichst unempfindlich gegenüber solchen Effekten sein, wenn diese die Stabilität des Systems empfindlich beeinflussen.

Es muß hier betont werden, daß die in den obigen Unterabschnitten gemachten Spezifikationen eines gewünschten Systemverhaltens oft im Konflikt zueinander stehen. Das bedeutet, daß es immer gewisse Kompromisse zwischen Robustheit, Güte und Stellaufwand geben wird.

14.2.2 Fuzzy Regionen

Im folgenden wird die Definition einer Fuzzy Region im Zustandsraum eingeführt.

Ein scharfer (crisp) Zustandsvektor $\mathbf{x} = (x_1, \ldots, x_n)^T$ ist ein Vektor, dessen Werte im geschlossenen Intervall X reeller Zahlen definiert ist. Ein scharfer Stellgrößenvektor (control input) $\mathbf{u} = (u_1, \ldots, u_n)^T$ ist ein Vektor, dessen Werte im geschlossenen Intervall U reeller Zahlen definiert ist. Die Menge (set) der Fuzzy Werte einer Komponente x_i nennt man das *Term-Set* von x_i. Diese werden bezeichnet als $\mathbf{TX_i} = \{LX_{i1}, \ldots, LX_{im_i}\}$ (z. B. NB, NM, NS, Z, PS, PM, PB mit N - negative, P - positive, S - small, M - medium, B - big). LX_{ij} ist definiert als eine Zugehörigkeitsfunktion $\int_X \mu_{X_{ij}}(x)/x$. Das Term-Set von u_i wird bezeichnet mit $\mathbf{TU_i} = \{LU_{i1}, \ldots, LU_{ik_i}\}$. LU_{ij} ist durch eine Zugehörigkeitsfunktion $\int_U \mu_{U_{ij}}(u)/u$ definiert. Ein beliebiger Fuzzy Wert aus $\mathbf{TX_i}$ ist bezeichnet als LX_i, wobei LX_i eines der Werte aus $LX_{i1}, \ldots, LX_{im_i}$ annehmen kann. Ein beliebiger Fuzzy Wert aus $\mathbf{TU_i}$ ist bezeichnet als LU_i, wobei LU_i eines der Werte aus $LU_{i1}, \ldots, LU_{ik_i}$ annehmen kann.
Ein Fuzzy Zustandsvektor $\mathbf{LX} = (LX_1, \ldots, LX_n)^T$ bezeichet einen Vektor von Fuzzy Werten. Jede Komponente $x_1, \ldots, x_n$ des Zustandsvektors $\mathbf{x}$ nimmt einen entsoprechenden Fuzzy Wert $LX_1, \ldots, LX_n$ an, wobei $LX_i \in \mathbf{TX_i}$. Eine Fuzzy Region $\mathbf{LX^i} = (LX_1^i, \ldots, LX_n^i)^T$ ist definiert als ein Fuzzy Zustandsvektor für den es eine zusammenhängende Menge von scharfen Zustandsvektoren $\{\mathbf{x^*}\}$ gibt, wobei jeder scharfe Zustandsvektor zu dem vorgegebenen Fuzzy Zustandsvektor $\mathbf{LX^i}$ zu einem gewissen Grade ungleich von 0 gehört. Der Fuzzy Zustandsraum ist dann definiert als die Menge aller Fuzzy Regionen LX^i.

Beispiel

Es sei $\mathbf{x} = (x_1, x_2)^T$, $\mathbf{TX_1} = \{LX_{11}, LX_{12}, LX_{13}\}$, und $\mathbf{TX_2} = \{LX_{21}, LX_{22}, LX_{23}\}$. Die unterschiedlichen Zustandsvektoren ($\mathbf{M} = 9$) sind dann

1. $\mathbf{LX^1} = (LX_{11}, LX_{21})^T$.

2. $\mathbf{LX^2} = (LX_{11}, LX_{22})^T$.

3. $\mathbf{LX^3} = (LX_{11}, LX_{23})^T$.

4. $\mathbf{LX^4} = (LX_{12}, LX_{21})^T$.

5. $\mathbf{LX^5} = (LX_{12}, LX_{22})^T$.

6. $\mathbf{LX^6} = (LX_{12}, LX_{23})^T$.

7. $\mathbf{LX^7} = (LX_{13}, LX_{21})^T$.

8. $\mathbf{LX^8} = (LX_{13}, LX_{22})^T$.

9. $\mathbf{LX^9} = (LX_{13}, LX_{23})^T$.

14.2.3   FC-Techniken für Systeme und Regler

Heuristische Systemmodelle Für den Fall, daß ein analytisches Model des zu regelnden Systems nicht vorliegt, erfolgt der Reglerentwurf auf der Basis einer qualitativen Modellierung. Dieses kann entweder durch einen Satz von Mamdani-Fuzzy Regeln oder durch Fuzzy Relationen erfolgen [31, 45]. Eine typische Mamdani-Regel eines Systems erster Ordnung lautet

$$R_{Si}: \qquad IF \qquad x \quad is \quad PS \qquad AND \qquad u \quad is \quad NB \qquad (14.3)$$
$$THEN \qquad \dot{x} \quad is \quad NS$$

Eine typische Fuzzy Relation eines Systems erster Ordnung lautet:

$$\dot{X} = X \circ \bar{U} \circ \mathbf{S}, \qquad (14.4)$$

X bezeichnet den Fuzzy Zustand, $\dot{X}$ ist die Fuzzy Ableitung, $\bar{U}$ ist die Fuzzy Stellgröße und $\mathbf{S}$ ist die Fuzzy Relation. $\circ$ bezeichet die Relationsoperation (z. B. max-min composition).

Analytische Systemmodelle Falls ein analytisches Modell des Systems vorliegt, dann kann das Systemverhalten durch einen Satz von Differentialgleichungen oder sogenannte Takagi-Sugeno Fuzzy Regeln (TS rules) beschrieben werden [41]. Eine typische Differentialgleichung eines ungeregelten Systems lautet:

$$\dot{\mathbf{x}} = \mathbf{A} \cdot \mathbf{x} + \mathbf{B} \cdot \mathbf{u}. \qquad (14.5)$$

Andererseits besteht eine TS-Fuzzy Regel aus einem Fuzzy Bedingungsteil (fuzzy antecedent) und einem Konklusionsteil (consequent part), der eine analytische Gleichung enthält. Eine typische TS-Fuzzy Regel lautet:

$$R_{Si}: \quad IF \quad x = LX^i \quad THEN \quad \dot{x} = A_i \cdot x + B_i \cdot u \tag{14.6}$$

LX^i bezeichnet die i-te Fuzzy Region für x, A_i und B_i sind Parametermatrizen, die für diese Region gelten.

Fuzzy Regler können wie folgt klassifiziert werden:

Mamdani-Regler Ein Mamdani-Regler arbeitet wie folgt

1. Ein scharfer Wert wird bezüglich eines bestimmten Intervalls skaliert (normiert).

2. Der normierte Wert wird bezüglich der Fuzzy Input-Sets fuzzifiziert.

3. Mit Hilfe eines Satzes von Fuzzy Regeln wird ein Fuzzy Output berechnet.

4. Der Fuzzy Output wird mit Hilfe einer geeigneten Defuzzifikationsmethode defuzzifiziert (center of gravity, height method usw. [7]).

5. Der defuzzifizierte Wert wird denormiert bezüglich einer physikalischen Domäne.

Ein typischer Mamdani-Regler erster Ordnung lautet:

$$R_{Ci}: \quad IF \quad x = LX^i \quad THEN \quad u = LU^i \tag{14.7}$$

LU^i ist der entsprechende Fuzzy Wert für die Stellgröße.

Relational-Regler Entsprechend der Systembeschreibung durch Relationsgleichungen lautet eine Fuzzy Relationsgleichung eines Systems erster Ordnung wie folgt:

$$U = X \circ \mathbf{C}, \tag{14.8}$$

X ist der Fuzzy Zustandsvektor, U ist der Fuzzy Stellgrößenvektor, $\mathbf{C}$ bezeichnet die Fuzzy Relation.

Takagi Sugeno-Regler Ein typischer TS-Regler ist

$$R_{Ci}: \quad IF \quad x = LX^i \quad THEN \quad u = K_i \cdot x \tag{14.9}$$

LX^i bezeichnet die i-te Fuzzy Region für x, K_i ist die zu dieser Region gehörige Verstärkungsmatrix.

Predictive-Controller Predictive Control wurde durch Yasunobu für automatische Zugführung entwickelt [50]. Diese Regelungsart beinhaltet Control-Regeln für einen Zeitpunkt k, um das Verhalten des Systems im nächsten Zeitpunkt $k+1$ vorherzusagen. Mit Hilfe eines Güteindexes $J(k)$, der für eine bestimmte Regelungsaktion $u(k)$ gilt, werden verschiedene Parameter, wie Geschwindigkeit, Komfort, Energieverbrauch und Haltegenauigkeit, bewertet. Man geht hierbei alle möglichen Regelungsaktionen $u(k)$ durch und erhält dann eine Reihe von entsprechenden Güteindizes $J(k)$. Als Regelungsaktion $u(k+1)$ wird diejenige ausgewählt, die den höchsten Güteindex $J(k)$ besitzt. Eine typische Control-Regel lautet:

> WENN der Güteindex $J(k) = LJ^i$ erreicht wurde
> UND eine Stellgröße $u(k) = LU^i$ ausgewählt wurde,
> DANN soll die Stellgröße für den nächsten Zeitschritt $k+1$
> $u(k+1) = LU^i$ sein.

Eine formale Beschreibung lautet:

$$IF \quad J(k) = LJ^i \quad AND \quad u(k) = LU^i \quad THEN \quad u(k+1) = LU^i. \tag{14.10}$$

14.3   Der FC als ein nichtlineares Übertragungsglied

Ein FC definiert ein Regelgesetz in Form eines nichtlinearen Übertragungsgliedes. Die Nichtlinearität hat ihre Ursache in den nichtlinearen Rechenschritten des FC, die während der Abarbeitung der Fuzzy Regeln ausgeführt werden. Der *Bedingungsteil* einer Fuzzy Regel beschreibt eine Fuzzy Region im kontinuierlichen, aber begrenzten Zustandsraum. Hierbei muß jeder Teil des begrenzten Zustandsraumes von mindestens einer Fuzzy Region überdeckt sein. Der Konklusionsteil einer Fuzzy Regel enthält ein Regelungsgesetz für die im Konklusionsteil angegebene Fuzzy Region. Durch die Überlappung von Fuzzy Regionen kommen in einem bestimmten Punkt des Zustandsraumes mit unterschiedlicher Stärke verschiedene Regelgesetze zur Anwendung. Die Stärke hängt von der Zugehörigkeit des jeweiligen Zustands zu einer bestimmten Fuzzy Region und damit der entsprechenden Fuzzy Control-Regel ab. Die Zusammenfassung (Aggregation) aller Fuzzy Regeln und die darauffolgende Defuzzifikation bestimmt das endgültige Regelungsgesetz. Bei der Bewegung eines Punktes im Zustandsraum ändert sich also auch das Regelungsgesetz kontinuierlich. Das heißt, daß der FC trotz der Unterteilung des Zustandsraumes in endlich viele Regionen (endliche Quantisierung des Zustandsraumes) eine kontinuierliche Stellgröße produziert. Im folgenden werden die formalen Berechnungsschritte eines FC behandelt. Außerdem wird die Verwandtschaft und Kompatibilität zwischen konventionellen und regelbasierten Übertragungsgliedern gezeigt.

14.3.1 Die Struktur eines FC

Ein FC repräsentiert im allgemeinen ein statisches Regelungsgesetz, das keine zusätzliche Dynamik enthält. Das macht einen FC zu einem *statischen Übertragungsglied*, das außerdem wegen seiner nichtlinearen Berechnungsschritte nichtlineares Übertragungsverhalten aufweist. Die Berechnungsstruktur eines FC bildet sich aus einer Anzahl von Rechenschritten, die in Bild 14.2 gezeigt sind.

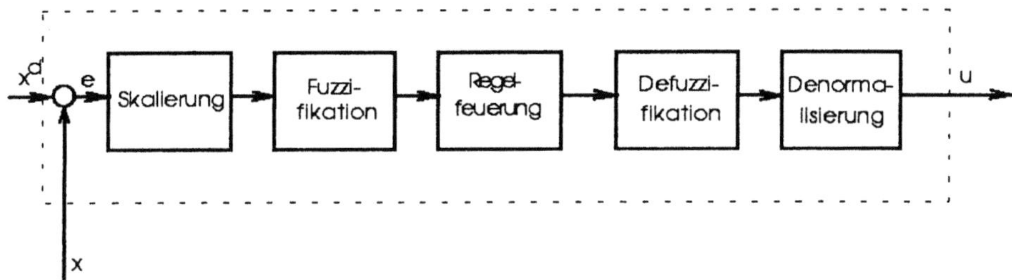

Bild 14.2 Die Berechnungsstruktur eines FC.

Hauptsächlich gibt es fünf Berechnungsschritte, die die Berechnungsstruktur eines FC bestimmen:

1. *Input-Skalierung (Normierung)*

2. *Fuzzifikation* der Controller-Input-Variablen

3. *Inference (Regelfeuerung)*

4. *Defuzzifikation* der Controller-Output-Variablen

5. *Output-Skalierung (Denormierung)*

Die Zustandsvariablen $x_1, x_2, \ldots, x_n$ (oder $e, \dot{e}, \ldots, e^{(n)}$), die im IF-Teil der Fuzzy Regel erscheinen, werden im folgenden auch *Controller-Inputs* genannt. Die Variablen $u_1, u_2, \ldots, u_m$, die im THEN-Teil erscheinen, werden *Controller-Outputs* genannt. Im folgenden werden die einzelnen Berechnungsschritte für den Multi-Input/Single-Output-Fall (MISO) beschrieben. Eine Erweiterung auf m Controller-Outputs $u_1, u_2, \ldots, u_m$ (MIMO-Fall) kann ohne Probleme erfolgen.

Input-Skalierung(Normierung)

Bei der Input-Skalierung gibt es grundsätzlich zwei Fälle:

1. Die Zugehörigkeitsfunktionen für die Controller-Inputs und -Outputs sind auf der physikalischen Domäne definiert. In diesem Fall entfallen Input-Skalierung und Output-Denormierung, und es bleiben nur noch die Rechenschritte *Fuzzifikation, Regelfeuerung* und *Defuzzifikation* übrig.

2. Die Zugehörigkeitsfunktionen für die Controller-Inputs und -Outputs sind auf einer *normierten Domäne* definiert. In diesem Fall werden die aktuellen physikalischen Controller-Inputs und -Outputs auf eine vorbestimmte normierte Domäne skaliert. Eine Input-Skalierung (Normierung) erfolgt mit sogenannten *Normierungsfaktoren*, mit denen der physikalische, scharfe Controller-Input multipliziert wird. Output-Skalierung bedeutet eine Multiplikation des normierten Controller-Outputs mit einem *Denormierungsfaktor*, der den normierten Controller-Output in die physikalische Domäne transformiert.

Der Vorteil der zweiten Methode ist, daß *Fuzzifikation, Regelfeuerung* und *Defuzzifikation* unabhängig von den aktuellen physikalischen Domänen der Controller-Inputs und -Outputs entworfen werden können. Die Input-Skalierung soll durch das folgende Beispiel illustriert werden: Der Zustandsvektor sei durch $\mathbf{e} = (e_1, e_2, \ldots, e_n)^T = (e, \dot{e}, \ldots, e^{(n)})^T$ gegeben, wobei für jedes i gilt: $e_i = x_i - x_{d_i}$. Dieser Vektor aus physikalischen Controller-Inputs wird mit Hilfe einer Matrix $\mathbf{N_e}$ normiert, die die Normierungsfaktoren für jede Komponente $\mathbf{e}$ enthält:

$$\mathbf{e_N} = \mathbf{N_e} \cdot \mathbf{e} \tag{14.11}$$

mit

$$\mathbf{N_e} = \begin{pmatrix} N_{e_1} & 0 & \ldots & 0 \\ 0 & N_{e_2} & \ldots & 0 \\ \vdots & \vdots & \ddots & \vdots \\ 0 & 0 & \ldots & N_{e_k} \end{pmatrix}. \tag{14.12}$$

Die N_{e_i} sind reelle Skalare, und die normierte Domäne für $\mathbf{e}$ sei $E_N = [-a, +a]$.

Beispiel
Es sei $\mathbf{e} = (e_1, e_2)^T = (e, \dot{e})^T$ mit

$$e = x - x_d \qquad \text{und} \qquad \dot{e} = \dot{x}_d - \dot{x}_d. \tag{14.13}$$

Die Input-Skalierung von e in e_N $\dot{e}$ into $\dot{e}_N$ ergibt sich zu

$$e_N = N_e \cdot e \qquad \text{und} \qquad \dot{e}_N = N_{\dot{e}} \cdot \dot{e}, \tag{14.14}$$

wobei N_e und $N_{\dot{e}}$ die Normierungsfaktoren für e bzw. $\dot{e}$ sind.

In der Phasenebenendarstellung bestimmt die Input-Skalierung den Winkel der Geraden, der die Phasenebene in zwei Halbebenen teilt (siehe Bild 14.3).

Außerdem ist zu erkennen, wie die Intervalle (supports) der Zugehörigkeitsfunktionen, die die Fuzzy Werte der e und $\dot{e}$ bilden, sich mit der Input-Skalierung verändern (siehe Bild 14.4).

In den nächsten drei Unterabschnitten über Fuzzifikation, Regelfeuerung und Defuzzifikation wird ausschließlich der Fall betrachtet, in dem Fuzzy Werte für Controller-Inputs und -Outputs auf normierten Domänen definiert sind (z. B. E_N und U_N). In diesem Fall wird der Fußindex N aus der Notation weggelassen. Im Unterabschnitt über Denormierung wird der Fußindex N benutzt, um zwischen normierten und nichtnormierten Werten zu unterscheiden.

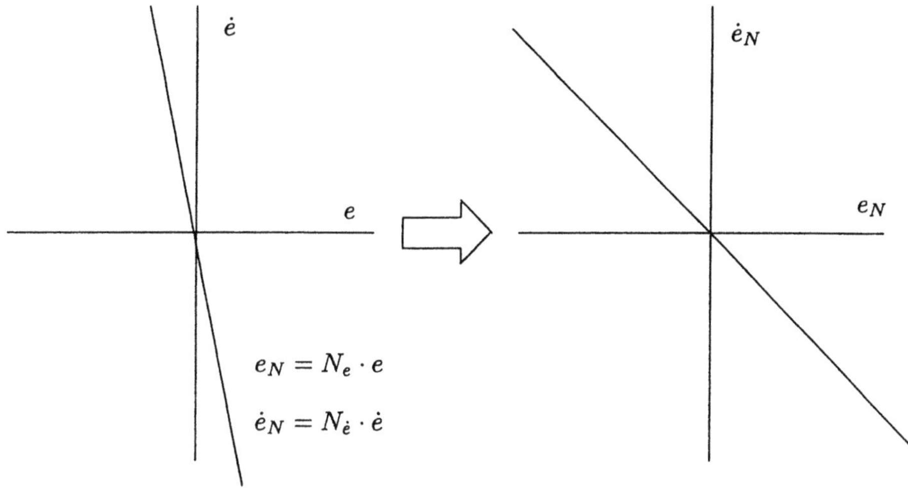

Bild 14.3 Normierung der Phasenebene.

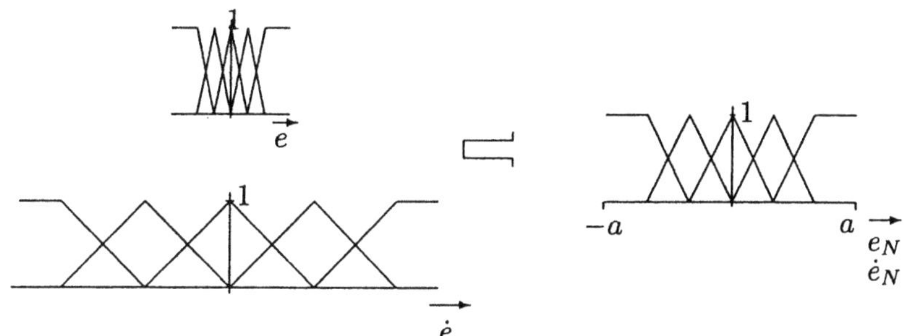

Bild 14.4 Änderung der Zugehörigkeitsfunktionen-Intervalle durch Input-Skalierung.

Fuzzifikation

Bei der Fuzzifikation wird einem scharfen Controller-Input $\mathbf{x}^*$ ein Zugehörigkeitsgrad zugeordnet, der der Fuzzy Region des IF-Teils der Fuzzy Regel entspricht.

Es seien $LE_1^i, \ldots, LE_n^i$ Fuzzy Werte der Controller-Inputs $e_1, \ldots, e_n$ für den IF-

Teil der i-ten Fuzzy Regel R_C^i. Das bedeutet, daß diese Fuzzy Werte eine Fuzzy Region $\mathbf{LE}^i = (LE_1^i, \ldots, LE_n^i)^T$ definieren. Jeder dieser Fuzzy Werte LE_k^i ist definiert durch eine Zugehörigkeitsfunktion auf derselben (normierten) Domäne des Fehlers E. Dann ist der Fuzzy Wert LE_k^i gegeben durch die Zugehörigkeitsfunktion $\int_E \mu_{LE_k^i}(e_k)/e_k$. Betrachten wir nun einen bestimmten normierten, scharfen Controller-Input.

$$\mathbf{e}^* = (e_1^*, \ldots, e_n^*)^T \tag{14.15}$$

in der normierten Domäne E. Jeder Wert e_k^* ist ein normierter, scharfer Wert, der nach Input-Skalierung des physikalischen Controller-Inputs gewonnen wurde. Die *Fuzzifikation* des normierten, scharfen Wertes besteht aus dem Aufsuchen eines Zugehörigkeitswertes von e_k^* in $\int_E \mu_{LE_k^i}(e_k)/e_k$. Dieses wird für jedes Element von $\mathbf{e}^*$ durchgeführt.

Beispiel
Betrachten wir die Fuzzy Regel R_C^i

$$R_C^i : \qquad IF \quad \mathbf{e} = (\mathrm{PS}_e, \mathrm{NM}_{\dot{e}}) \quad THEN \quad u = \mathrm{PM}_u. \tag{14.16}$$

PS_e ist der Fuzzy Wert POSITIVE SMALL des Controller-Inputs e, $\mathrm{NM}_{\dot{e}}$ ist der Fuzzy Wert NEGATIVE MEDIUM des Controller-Inputs $\dot{e}$, und PM_u ist der Fuzzy Wert NEGATIVE MEDIUM des Controller-Outputs u. Die Zugehörigkeitsfunktionen, die diese Fuzzy Werte repräsentieren sind in Bild 14.5 dargestellt.

In diesem Beispiel ist $\mathbf{e} = (e, \dot{e})^T$, und daher repräsentiert der IF-Teil der obigen Regel die Fuzzy Region $\mathbf{LE}^i = (PS_e, NM_{\dot{e}})^T$. Es seien weiterhin $e^* = a_1$ und $\dot{e}^* = a_2$ die aktuellen normierten physikalischen Werte der Controller-Inputs. Dann erhält man gemäß Bild 14.5 die Zugehörigkeitswerte $\mu_{\mathrm{PS}_e}(a_1) = 0.3$ und $\mu_{\mathrm{NM}_{\dot{e}}}(a_2) = 0.65$.

Regel-Feuerung

Die i-te Fuzzy Regel eines MISO FC's hat die Form

$$R_C^i : \qquad IF \quad \mathbf{e} = \mathbf{LE}^i \quad THEN \quad u = LU^i, \tag{14.17}$$

wobei die Fuzzy Region $\mathbf{LE}^i$ durch $\mathbf{LE}^i = (LE_1^i, LE_2^i, \ldots, LE_n^i)^T$ gegeben ist. Außerdem bezeichnet LE_k^i denjenigen Fuzzy Wert des k-ten normierten Controller-Inputs e_k, der zum Term-Set $\mathbf{TE_k} = \{LE_{k1}, LU_{k2}, \ldots, LU_{kn}\}$ von e_k gehört. Weiterhin bezeichnet LU^i einen beliebigen Fuzzy Wert des normierten Controller-Outputs u, der zu dem Term-Set $\mathbf{TU} = \{LU_1, LU_2, \ldots, LU_n\}$ von u gehört.

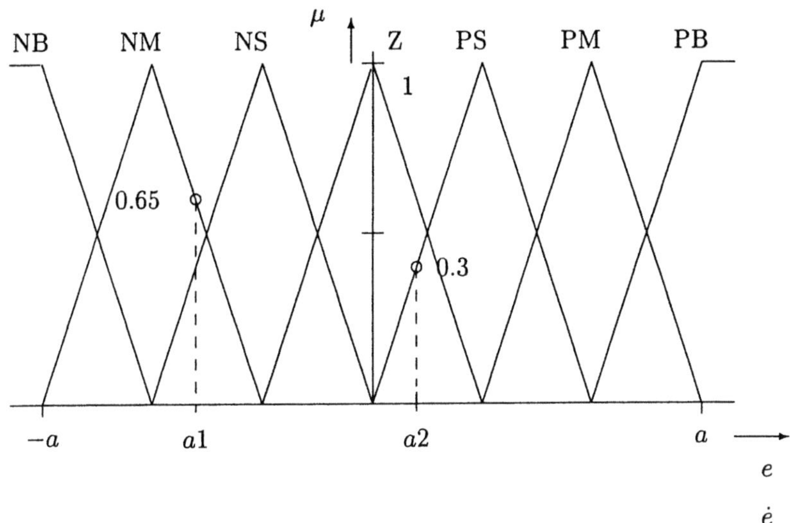

Bild 14.5 Fuzzifikation von scharfen Werten e^* und $\dot{e}^*$

Weiterhin seien die Zugehörigkeitsfunktionen der Fuzzy Werte $\mathbf{LE^i}$ und LU_i mit $\int_E \mu_{LE_k^i}(e_k)/e_k$ $(k = 1, 2, \ldots, n)$ and $\int_U \mu_{LU^i}^i(u)/u$ bezeichnet. Die Zugehörigkeitsfunktion $\int_U \mu_{LU^i}(u)/u$ ist definiert auf der normierten Domäne U, und die Zugehörigkeitsfunktionen $\int_E \mu_{LE_k^i}(e_k)/e_k$ seien in der normierten Domäne E definiert. Gegeben sei ein Controller-Input-Vektor $\mathbf{e^*}$, bestehend aus normierten, scharfen Werten $e_1^*, \ldots, e_n^*$. Zuerst wird der Zugehörigkeitsgrad $\mu^i(\mathbf{e^*})$ der Fuzzy Region $\mathbf{LE^i}$ berechnet:

$$\mu^i(\mathbf{e^*}) = \min\left(\mu_{LE_1^i}(e_1^*), \mu_{LE_2^i}(e_2^*), \ldots, \mu_{LE_n^i}(e_n^*)\right). \tag{14.18}$$

Dann wird der Zugehörigkeitsgrad $\mu^i(\mathbf{e^*})$ der Fuzzy Region $\mathbf{LE^i}$ gebildet. Der normierte Controller-Output der i-ten Fuzzy Regel wird berechnet aus

$$CLU^i = \int_U \mu_{CLU^i}(u)/u = \min\left(\mu^i(\mathbf{e^*}), \int_U \mu_{LU^i}(u)/u\right). \tag{14.19}$$

Der Controller-Output der i-ten Fuzzy Regel wird dann modifiziert durch den Zugehörigkeitsgrad $\mu^i(\mathbf{e^*})$ zu der Fuzzy Region $\mathbf{LE^i}$:

$$\forall u : \mu_{CLU^i}(u) = \begin{cases} \mu_{LU^i}(u) & \text{für } \mu_{LU^i}(u) \leq \mu^i, \\ \mu_{LU^i}(u) = \mu^i(\mathbf{e^*}) & \text{sonst.} \end{cases} \tag{14.20}$$

Das Fuzzy Set $CLU^i = \int_U \mu_{CLU^i}(u)/u$ repräsentiert die modifizierte Version eines Controller-Outputs $\int_U \mu_{LU^i}(u)/u$ von der i-ten Fuzzy Regel, wenn scharfe Controller-Inputs $e_1^*, \ldots, e_n^*$ eingegeben werden.

Im letzten Stadium der Regelfeuerung werden die abgeschnittenen Controller-Outputs aller Regeln zu einem globalen Controller-Output durch *Aggregation* kombiniert:

$$\forall u : \mu_{CU}(u) = \max(\mu_{CLU^1}, \ldots, \mu_{CLU^M}),$$ (14.21)

wobei $CU = \int_U \mu_{CU}(u)/u$ dasjenige Fuzzy Set ist, das den globalen Controller-Output definiert.

Defuzzifikation

Das Ergebnis der Regelfeuerung ist ein Fuzzy Set CU mit einer Zugehörigkeitsfunktion $\int_U \mu_{CU}(u)/u$ (siehe (14.21)). Der Zweck der Defuzzifikation ist es, einen skalaren Wert u aus μ_{CU} zu gewinnen. Der Skalarwert u wird *defuzzifizierter Controller-Output* genannt. Eine von vielen Defuzzifikationsmöglichkeiten ist die *center of gravity-Methode*:

Im kontinuierlichen Fall gilt

$$u = \frac{\int\limits_U \mu_{CU}(u)/u \cdot u}{\int\limits_U \mu_{CU}(u)/u}$$ (14.22)

und für den diskreten Fall

$$u = \frac{\sum\limits_U \mu_{CU}(u)/u \cdot u}{\sum\limits_U \mu_{CU}(u)/u}.$$ (14.23)

Beispiel
Gegeben seien die normierte Domäne $U = \{1, 2, \ldots, 8\}$ und das Fuzzy Set

$$CU = \{0.5/3, 0.8/4, 1/5, 0.5/6, 0.2/7\}.$$ (14.24)

Der defuzzifizierte Controller-Output u wird dann wie folgt berechnet (siehe auch Bild 14.6):

$$u = \frac{0.5 \cdot 3 + 0.8 \cdot 4 + 1 \cdot 5 + 0.5 \cdot 6 + 0.2 \cdot 7}{0.5 + 0.8 + 1 + 0.5 + 0.2} = 4.7$$ (14.25)

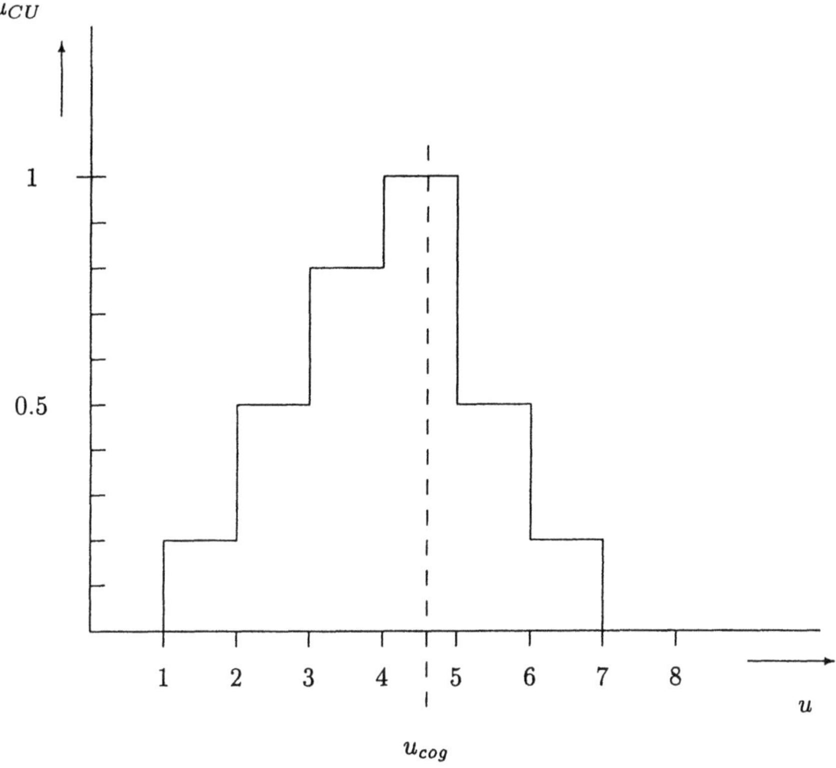

Bild 14.6 Defuzzifikation eines Controller-Outputs.

Denormierung

In der Denormierungsprozedur wird der defuzzifizierte, normierte Controller-Output u_N mit Hilfe von skalaren Denormierungsfaktoren N_u^{-1} denormiert , die die Inversen von N_u sind. Die Normierung des Controller-Outputs sei gegeben durch

$$u_N = N_u \cdot u. \tag{14.26}$$

Dann lautet die Denormierung von u_N einfach

$$u = N_u^{-1} \cdot u_N. \tag{14.27}$$

Die Wahl von N_u bestimmt, zusammen mit den Input-Skalierungsfaktoren, in dominierender Weise die Systemstabilität. Im Falle von Takagi-Sugeno FC's werden allerdings die obigen Berechnungsschritte auf den physikalischen Domänen durchgeführt, was zu einer Eliminierung der Skalierungsfaktoren führt.

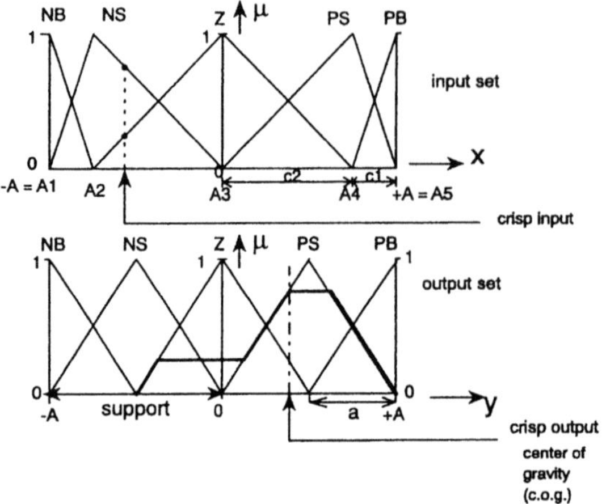

Bild 14.7   Zugehörigkeitsfunktionen für Input x und Output y

14.3.2   Die FC-Übertragungscharakteristik

Das folgende Beispiel zeigt, auf welche Weise eine spezifische FC-Input-Output-Charakteristik (Übertragungscharakteristik) erzeugt wird (SISO-Fall).

1. Angenommen sei ein Regelsatz wie folgt:

   R1: IF x = NB THEN y = PB
   R2: IF x = NS THEN y = PS
   R3: IF x = Z THEN y = Z
   R4: IF x = PS THEN y = NS
   R5: IF x = PB THEN y = NB,

   wobei folgende Bedeutungen gelten:

   x - Input; y - Output
   N - negative; P - positive; Z - zero; S - small; B - big.

2. Gestalt und Position der entsprechenden Zugehörigkeitsfunktionen werden so gewählt, daß sie immer mit dem Zugehörigkeitsgrad μ_X = 0.5 überlappen (siehe Bild 14.7).

3. Für einen speziellen scharfen Controller-Input x_{in} erhält man die Zugehörigkeiten $\mu_{X_{NS}}(x_{in}) > 0$ und $\mu_{X_Z}(x_{in}) > 0$, wobei die verbleibenden Zugehörigkeitswerte $\mu_{X_{NB}}(x_{in})$, $\mu_{X_{PS}}(x_{in})$ und $\mu_{X_{PB}}(x_{in})$ gleich Null sind. Daraus folgt, daß nur zwei Regeln R2 und R3 feuern. Das Controller-Output-Set berechnet sich durch Abschneiden des Output-Sets $\mu_{Y_{PS}}$ auf dem Niveau $\mu_{X_{NS}}(x_{in})$ und μ_{Y_Z} bei $\mu_{X_Z}(x_{in})$. Die resultierende Output-Zugehörigkeitsfunktion μ_Y berücksichtigt jede Regel, wobei die Vereinigung aller resultierenden Output-Zugehörigkeitsfunktionen $\mu_{Y_{R_i}}$ aus jeder Regel Ri (i= 1,..., 5) durch Ausführung einer Maximumoperation erzielt wird.

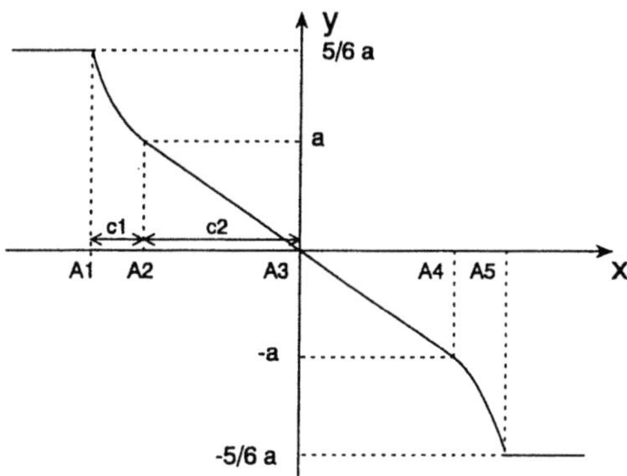

Bild 14.8   Übertragungscharakteristik eines FC

4. Der scharfe Controller-Output $\bar{y}$ wird durch die Berechnung des *centers of gravity* (Schwerpunkt) des Output-Sets LY gebildet:

$$\bar{y} = \frac{\int_{-A}^{+A} \mu_{Y_{Ri}}(y) \cdot y \cdot dy}{\int_{-A}^{+A} \mu_{Y_{Ri}}(y) \cdot dy}. \tag{14.28}$$

Das Abschneiden (Min-Operation), die Max-Operation über alle resultierenden Fuzzy Subsets LY_{Ri} und die Defuzzifikation (center of gravity) sind nichtlineare Operationen, die eine nichtlineare Charakteristik zwischen x und $\bar{y}$ erzeugen. Dieses scheint einen systematischen Entwurf schwierig zu gestalten. Allerdings gibt es in der x-Domäne Arbeitspunkte A1, A2, A3, A4 und A5, in denen nur eine von fünf Regeln feuert. Für diese Arbeitspunkte ist die Bildung des Schwerpunkts viel leichter zu berechnen als für dazwischen liegende Punkte. Die Arbeitspunkte A1, A2, A3, A4 und A5 bilden Punkte in der $x - y$-Domäne (siehe Bild 14.8), die daher leicht zu bestimmen sind. Die Werte der Übertragungscharakteristik zwischen den Arbeitspunkten A1 ... A5 mögen zwar ein leicht nichtlineares Verhalten zeigen. Nimmt man aber eine lineare Approximation zwischen diesen Punkten an, so erhält man leicht eine Beziehung zwischen den Intervallen (supports) der Input- und Output-Zugehörigkeitsfunktionen einerseits und den erforderlichen Anstiegen der Übertragungscharakteristik andererseits.

14.4　Heuristische FCs, Modellbasierte FCs

Fuzzy Control kann in zwei Hauptrichtungen eingeteilt werden: heuristische Fuzzy Regelung (*heuristic fuzzy control*) und modellbasierte Fuzzy Regelung (*model based fuzzy control*). Die heuristische Fuzzy Regelung behandelt Systeme, die vom systemtheoretischen Standpunkt nur unzureichend beschrieben sind, während die modellbasierte Fuzzy Regelung dort angewandt wird, wo genügendes Modellwissen über das zu regelnde System vorliegt. Im folgenden werden folgende Regelungsstrategien beschrieben:

Mamdani-Control (MC)

Fuzzy Sliding Mode-Control (FSMC)

Takagi-Sugeno-Control (TS)

Cell Mapping-Control (CM)

14.4.1　Der Mamdani Controller

Dieser FC-Typ basiert im wesentlichen auf Expertenwissen über die zu steuernde Anlage. Da ein explizites Systemmodell häufig nicht verfügbar ist, kann eine Simulation des geregelten Systems nicht erfolgen, was eine Versuch-Irrtum-Strategie beim Entwurf des Reglers nach sich zieht. Das Hauptproblem ist hier, daß sich das Systemverhalten qualitativ in den Operatorsteuerregeln widerspiegelt. Dieses ist allerdings vom regelungstechnischen Standpunkt her eine unbefriedigende Situation. Eine Möglichkeit daher ist es, qualitative Modelle aus Fuzzy Regeln zu gewinnen, die das Operatorverhalten widerspiegeln.
Im Zusammenhang mit heuristischen Regelungen werden daher die sogenannten *Mamdani Control-Regeln* eingeführt, bei denen sowohl der IF- als auch der THEN-Teil Fuzzy Werte enthält. Eine typische Control-Regel (operator rule) ist

$$R_{Ci}: \quad IF \quad \mathbf{x} = \mathbf{LX^i} \quad THEN \quad \mathbf{u} = \mathbf{LU^i}. \tag{14.29}$$

Für ein System mit zwei Zustandsvariablen und einer Stellgröße gilt beispielsweise

$$R_{Ci}: \quad IF \quad x = PS \quad AND \quad \dot{x} = NB \quad THEN \quad u = PM. \tag{14.30}$$

Diese Regel kann wie folgt umgeschrieben werden:

$$R_{Ci}: \quad IF \quad (x,\dot{x})^T = (PS,NB)^T \quad THEN \quad u = PM \tag{14.31}$$

mit

$$\mathbf{x} = (x,\dot{x})^T,$$

$$\mathbf{LX^i} = (PS,NB)^T,$$

$$\mathbf{u} = u,$$

$$\mathbf{LU^i} = PM.$$

Auch wenn nur wenig über das zu regelnde System bekannt ist, so können doch häufig die qualitativen Beziehungen zwischen dem Zustandsvektor $\mathbf{x}$, seiner zeitlichen Änderung $\dot{\mathbf{x}}$ und der Stellgröße $\mathbf{u}$ hergestellt werden. Diese Art von Wissen ist strukturell und kann in Form von Fuzzy Regeln formuliert werden. Eine typische Regel für ein solches System ist

$$R_{Si}: \quad IF \quad \mathbf{x} = \mathbf{LX^i} \quad AND \quad \mathbf{u} = \mathbf{LU^i} \quad THEN \quad \dot{\mathbf{x}} = \mathbf{L\dot{X}^i}. \tag{14.32}$$

Für das obige System mit zwei Zuständen und einer Stellgröße gilt z. B.

$$R_{Si}: \quad IF \quad (x,\dot{x})^T = (PS,NB)^T \quad AND \quad u = PM \tag{14.33}$$
$$THEN \quad (\dot{x},\ddot{x})^T = (NM,PM)^T$$

mit

$$\mathbf{x} = (x,\dot{x})^T.$$

$$\mathbf{LX^i} = (PS,NB)^T.$$

$$\dot{\mathbf{x}} = (\dot{x},\ddot{x})^T.$$

$$\mathbf{L\dot{X}^i} = (NM,PM)^T.$$

$$\mathbf{u} = u.$$

$$\mathbf{LU^i} = PM.$$

Ein typischer Mamdani-Regler ist der Fuzzy Sliding Mode Regler (FSMC) [11, 14, 27].

Wenn erst einmal die Systemstruktur qualitativ bekannt ist, dann ist nur noch das quantitative Wissen über das System zu finden. Quantitatives Wissen bedeutet Wissen über die Systemparameter, wie normierte Domänen, Skalierungsfaktoren, Anzahl der Zugehörigkeitsfunktionen usw. Für den Regler bedeutet das, eine geeignete Übertragungscharakteristik mit entsprechenden Verstärkungsfaktoren zu entwerfen.

14.4.2 Fuzzy Sliding Mode Controller (FSMC)

Für die große Klasse von nichtlinearen Systemen zweiter Ordnung werden FC's entworfen, die auf der Phasenebene basieren, die vom Fehler e und der Fehlergeschwindigkeit $\dot{e}$ gebildet wird [33, 34, 44, 48]. Hierbei wird für jedes Paar $(e,\dot{e})$ ein Controller-Output u berechnet. Die übliche heuristische Vorgehensweise ist, die Phasenebene durch eine sogenannte Schaltgerade (*sliding (switching) line*) in zwei Halbebenen einzuteilen. Dadurch erhält der FC die sogenannte Diagonalform. Eine andere Möglichkeit ist, eine Schaltkurve zu wählen, die einer zeitoptimalen Trajektorie entspricht [40].

Eine typische Fuzzy Regel für einen FC in Diagonalform ist

$\dot{e}$ \ e	NB	NM	NS	Z	PS	PM	PB
PB	Z	NS	NS	NM	NM	NB	NB
PM	PS	Z	NS	NS	NM	NM	NB
PS	PS	PS	Z	NS	NS	NM	NM
Z	PM	PS	PS	Z	NS	NS	NM
NS	PM	PM	PS	PS	Z	NS	NS
NM	PB	PM	PM	PS	PS	Z	NS
NB	PB	PB	PM	PM	PS	PS	Z

P - positive
N - negative
Z - zero
S - small
M - medium
B - big

Bild 14.9 Ein FC in Diagonalform.

$$IF \quad e = \mathrm{PS} \quad AND \quad \dot{e} = \mathrm{NB} \quad THEN \quad u = \mathrm{PS}. \tag{14.34}$$

Jede Halbebene definiert entweder nur positive oder negative Fuzzy Werte für den Controller-Output u. Die Stärke des jeweiligen positiven oder negativen Controller-Outputs u hängt von dem Abstand $|s|$ des Zustandsvektors von der Schaltgeraden $s = \lambda \cdot e + \dot{e} = 0$ ab. Das bedeutet, daß der Absolutwert $|u|$ steigt/fällt mit steigendem/fallendem Abstand zwischen **e** und $s = 0$. Es ist leicht zu erkennen, daß diese Entwurfsmethode dem Sliding Mode Control (SMC) mit einer Grenzschicht (*boundary layer*, BL) sehr ähnlich ist. Diese Regelungsmethode hat sich als sehr robuste Methode erwiesen [46], [38], die hauptsächlich bei nichtlinearen Systemen mit Modellunsicherheiten, Parameteränderungen und Störungen angewandt wird. Diese Verwandtschaft zwischen der Diagonalform eines FC und SMC versetzt uns in die Lage, die Regeln eines FCs in Diagonalform zu vereinfachen und dann Stabilität, Robustheit und Regelgüte dem SMC entsprechend zu analysieren.

Die Frage ist, was durch einen FSMC gegenüber einem SMC mit BL gewonnen werden kann. Die Antwort ist, daß der SMC mit BL ein Spezialfall des FSMCs ist, der eine lineare Übertragungscharakteristik zwischen seinen Begrenzungen besitzt, während der FSMC eine nichtlineare Charakteristik hat, die nach Belieben geändert werden kann. Diese Charakteristik stellt für verschiedene Fehlerwerte **e** unterschiedliche Reglerverstärkungen dar, die die Reaktionszeit und das Überschwingen maßgeblich beeinflussen. Man kann z. B. die Verstärkungen so wählen, daß für kleine $|s|$-Werte das System langsamer und unempfindlicher ist als für größere (siehe Bild 14.10). Außerdem ist es leicht möglich, die Kennlinie an bestimmten Stützwerten zu adaptieren [3].

In diesem Zusammenhang ist zu beachten, daß der FSMC ein zustandsabhängiges Filter darstellt. Der Anstieg der Übertragungscharakteristik bestimmt die Konvergenzgeschwindigkeit des Zustandsvektors an die Schaltgerade und gleichzeitig die Bandbreite der nichtmodellierten Frequenzen, die herausgefiltert werden können.

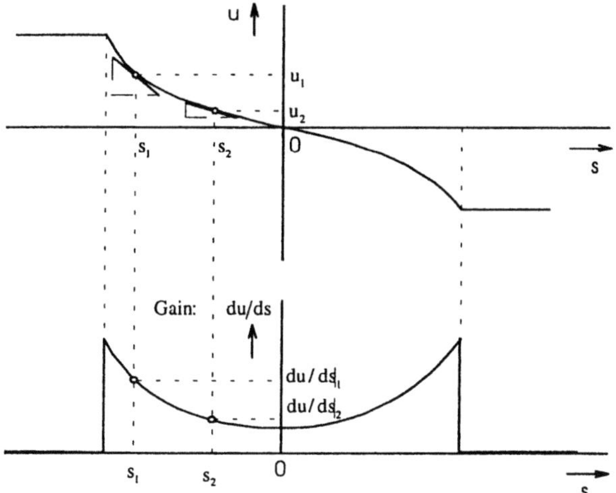

Bild 14.10 Die einstellbare Übertragungscharakteristik eines FSMCs.

Das bedeutet z. B., daß in einem größeren Abstand von der Schaltgeraden höhere Frequenzen passieren dürfen als aus geringerer Entfernung. Eine weitere Filterfunktion ist durch die Schaltgerade selbst gegeben. Die Geschwindigkeit des Gleitvorgangs wird nämlich durch den Anstieg λ der Schaltgeraden $s = 0$ bestimmt. Wegen der speziellen Form der Regelbasis eines FCs in Diagonalform (siehe Bild 14.9) kann jede Fuzzy Regel umdefiniert werden durch den Abstand $|s|$ zwischen Zustandsvektor **e** und Schaltgeraden und dem dieser Distanz entsprechenden Controller-Output u. Es ist offensichtlich, daß dieses zu einer drastischen Verringerung der Regelanzahl führt. Eine typische Fuzzy Regel lautet dann:

$$IF \quad s = \text{PS} \quad THEN \quad u = \text{NS}. \tag{14.35}$$

Weiterhin können die Fuzzy Regeln eines FSMCs so umformuliert werden, daß der Abstand d zwischen dem Zustandsvektor **e** und einer zur Schaltgeraden senkrecht und durch den Ursprung verlaufenden Linie berücksichtigt wird (siehe Bild 14.11). Dieses gibt uns die Möglichkeit, die Annäherungsgeschwindigkeit von **e** an den Ursprung zu beeinflussen.

Eine Fuzzy Regel, die diesen Abstand berücksichtigt, lautet:

$$IF \quad s = \text{PS} \quad AND \quad d = \text{S} \quad THEN \quad u = \text{NS}. \tag{14.36}$$

Eine weitere Aufgabe besteht in dem Entwurf von FSMCs für MIMO-Systeme [29].

Es sei $\dot{\mathbf{x}} = \mathbf{f}(\mathbf{x}) + \mathbf{B} \cdot \mathbf{u}$ das nichtlineare, ungeregelte System, wobei **f** eine nichtlineare Vektorfunktion, **u** den Control-Input-Vektor und **B** die *Inputmatrix* bezeichnet. Zuerst wird angenommen, daß die sogenannten *Matching Conditions* erfüllt sind [38]. Diese Bedingung ist eine strukturelle Beschränkung für die Möglichkeit des Auftretens von Parameterunsicherheiten, wie eine ungenaue Modellierung eines Trägheitsmoments bei einem mechanischen System oder Unsicherheit in der

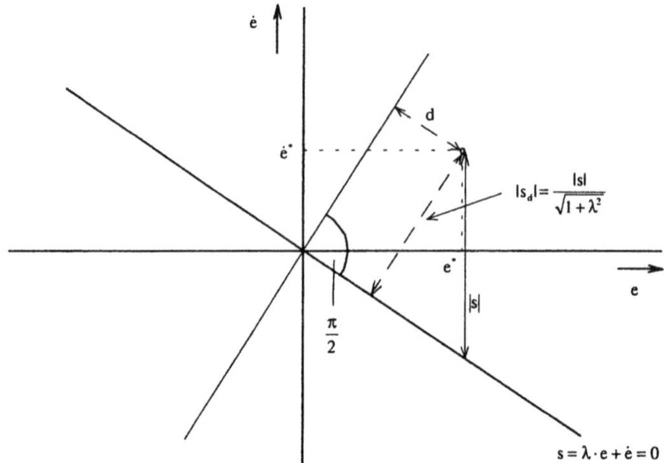

Bild 14.11 Der s- und d-Parameter eines FSMCs.

Reibungsmodellierung. Erfüllung der Matching Condition bedeutet, daß die parametrischen Unsicherheiten durch die Input-Matrix **B** beschrieben werden können. Sowohl für den SISO- als auch für den MIMO-Fall wird, anlehnend an die Sliding Mode Philosophie, eine Regelung $\mathbf{u} = \mathbf{g}(\mathbf{x})$ so entworfen, daß der Zustand **x** die Schaltgerade (Schaltfläche) erreicht (reaching condition) und auf der Schaltgeraden (Schaltfläche) stabil in den Ursprung gleitet (sliding condition) [38].

14.4.3   Takagi Sugeno Control

Modellbasierte Fuzzy Regelung basiert auf einer analytischen Kenntnis des Systems [41, 42]. Die Gründe, Fuzzy Methoden in diesem Fall anzuwenden, sind folgende:

1. FC ist wegen ihrer Regelstruktur eine nutzerfreundliche und transparente Regelungsmethode.

2. FC liefert eine nichtlineare Control-Strategie, die traditionellen nichtlinearen Control-Techniken verwandt ist.

3. Die nichtlineare Übertragungscharakteristik eines FCs kann durch Variation von Form und Position der Zugehörigkeitsfunktionen verändert werden, was eine Online-Adaption des Reglers möglich macht.

4. Die Approximationseigenschaft des FCs erlaubt den Entwurf komplizierter Übertragungscharakteristika mit Hilfe weniger Regeln.

5. Gain-Scheduling-Techniken können in FCs übersetzt werden, wobei der FC als Approximator zwischen linearen Regelungsgesetzen dient.

Das System sei beschrieben durch ein Fuzzy Modell des Systems, bei dem sowohl der Fuzzy Zustandsraum als auch eine analytische Beschreibung benutzt wird.
Das Prinzip eines Takagi/Sugeno (TS)-Systems kann wie folgt erläutert werden:

Beispiel
Gegeben sei ein TS-System, bestehend aus zwei Regeln mit x_1 and x_2 als System-Inputs und y als System-Output.

$$R_1:\ IF\ x_1\ is\ BIG\ AND\ x_2\ is\ MEDIUM\ THEN\ y_1 = x_1 - 3 \cdot x_2,$$
$$R_2:\ IF\ x_1\ is\ SMALL\ AND\ x_2\ is\ BIG\ THEN\ y_2 = 4 + 2 \cdot x_1.$$

Die gemessenen Inputs seien $x_1^* = 4$ und $x_2^* = 60$.

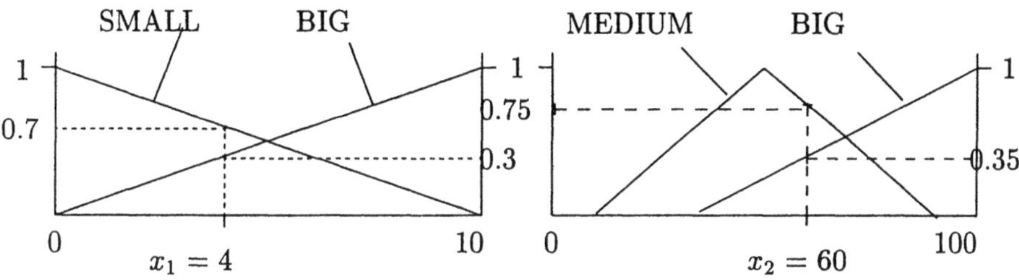

Bild 14.12 Fuzzifikation bei einem TS Controller

Aus Bild 14.12 folgt:

$$\mu_{X\,BIG}(x_1^*) = 0.3 \qquad \mu_{X\,BIG}(x_2^*) = 0.35$$

und

$$\mu_{X\,SMALL}(x_1^*) = 0.7 \qquad \mu_{X\,MED}(x_2^*) = 0.75.$$

Für den Zugehörigkeitsgrad von R_1 bzw. R_2 ergibt sich

$$\min(0.3, 0.75) = 0.3 \qquad \min(0.7, 0.35) = 0.35.$$

Weiterhin erhält man für die Konklusionen der Regeln R_1 und R_2

$$y_1 = 4 - 3 \cdot 60 = -176 \qquad y_2 = 4 + 2 \cdot 4 = 12.$$

Somit sind $(0.3, -176)$ und $(0.35, 12)$ die zu den zwei Regeln gehörenden zwei Wertepaare. Daraus ergibt sich durch Bildung der gewichteten Summe

$$y = \frac{0.3 \cdot (-176) + 0.35 \cdot 12}{0.3 + 0.35} = -74.77.$$

Diese Vorgehensweise kann nun auf Differentialgleichungen erweitert werden. Die Fuzzy Region $\mathbf{LX^i}$ sei durch folgende Regel beschrieben:

$$R_{Si}: \qquad IF \quad \mathbf{x} = \mathbf{LX^i} \quad THEN \quad \dot{\mathbf{x}} = \mathbf{A(x^i)} \cdot \mathbf{x} + \mathbf{B(x^i)} \cdot \mathbf{u}. \qquad (14.37)$$

Diese Regel bedeutet: WENN der Zustandsvektor $\mathbf{x}$ in der Fuzzy Region $\mathbf{LX^i}$ liegt, DANN verhält sich das System entsprechend der Differentialgleichung $\dot{\mathbf{x}} = \mathbf{A(x^i)} \cdot \mathbf{x} + \mathbf{B(x^i)} \cdot \mathbf{u}$. Eine Summierung über alle beteiligten Systeme ergibt das resultierende Verhalten des Gesamtsystems. In (14.37) sind die Matrizen $\mathbf{A(x^i)}$ und $\mathbf{B(x^i)}$ konstante Matrizen im Zentrum der Fuzzy Region $\mathbf{LX^i}$.

Die resultierende Gleichung ist dann:

$$\dot{\mathbf{x}} = \sum_{i=1}^{n} w_i(\mathbf{x}) \cdot (\mathbf{A(x^i)} \cdot \mathbf{x} + \mathbf{B(x^i)} \cdot \mathbf{u}). \qquad (14.38)$$

Hier ist $w_i(\mathbf{x}) \in [0,1]$ der normierte Zugehörigkeitsgrad des Zustandsvektors zur Fuzzy Region $\mathbf{LX^i}$.

Die entsprechende Fuzzy Regel lautet:

$$R_{Ci}: \qquad IF \quad \mathbf{x} = \mathbf{LX^i} \quad THEN \quad \mathbf{u} = \mathbf{K(x^i)} \cdot \mathbf{x}. \qquad (14.39)$$

Das Regelungsgesetz für den betrachteten Fuzzy Zustandsraum lautet dann

$$\mathbf{u} = \sum_{i=1}^{n} w_i(\mathbf{x}) \cdot \mathbf{K(x^i)} \cdot \mathbf{x}. \qquad (14.40)$$

Zusammen mit (14.38) erhält man für das geregelte System

$$\dot{\mathbf{x}} = \sum_{i,j=1}^{n} w_i(\mathbf{x}) \cdot w_j(\mathbf{x}) \cdot (\mathbf{A(x^i)} + \mathbf{B(x^i)} \cdot \mathbf{K(x^j)}) \cdot \mathbf{x}. \qquad (14.41)$$

Hier ist anzumerken, daß das System, beschrieben durch den Regelsatz (14.37), ein nichtlineares System ist, da der Zustandsvektor im Produkt $w_i(\mathbf{x}) \cdot w_j(\mathbf{x}) \cdot (\mathbf{A(x^i)} + \mathbf{B(x^i)} \cdot \mathbf{K(x^j)}) \cdot \mathbf{x}$ auftaucht. Lineare Abhängigkeit ist nur für konstante Zugehörigkeitswerte gegeben. Die Regelung wird nun wie folgt entworfen:

Es sei $\mathbf{A_{ij}} = \mathbf{A(x^i, u^i)} + \mathbf{B(x^i, u^i)} \cdot \mathbf{K(x^j)}$. Asymptotische Stabilität ist dann garantiert, wenn es eine gemeinsame Matrix $\mathbf{P}$ gibt, so daß die Lyapunov-Ungleichung

$$\mathbf{A_{ij}^T P} + \mathbf{P A_{ij}} < \mathbf{0} \qquad (14.42)$$

erfüllt ist, wobei $\mathbf{A_{ij}}$ Hurwitz-Matrizen sind [42]. Es sind nun solche $\mathbf{K(x^j)}$ zu finden, die dieses erfüllen. Mit diesem Ergebnis ist man somit in der Lage, Stabilität, Robustheit und Güte des geregelten Systems um den Gleichgewichtspunkt $\mathbf{x} = \mathbf{0}$ zu studieren, ohne die Zugehörigkeitsgrade des jeweiligen Zustandsvektors $\mathbf{x}$ kennen zu müssen.

14.4.4 Cell Mapping

Die Cell Mapping-Technik wurde zuerst durch C.S. Hsu [10] eingeführt und durch
Chen and Tsao auf Fuzzy Systeme angewandt [5]. Das Cell Mapping bewertet das
globale Verhalten und die Stabilität nichtlinearer Systeme, wobei wieder angenommen wird, daß ein analytisches Modell des Systems vorliegt. Die Vorteile der Cell
Mapping-Technik liegen im folgenden:

- Cell Mapping unterstützt selbstlernende FC-Strategien.

- Cell Mapping liefert Methoden zur zeitoptimalen Steuerung von Fuzzy Systemen.

Die Grundidee ist folgende:
Das nichtlineare System sei beschrieben durch die Gleichung (Point Mapping)

$$\mathbf{x}(t_{k+1}) = \mathbf{f}(\mathbf{x}(t_k),\mathbf{u}(t_k)). \tag{14.43}$$

Die t_k repräsentieren die diskreten Zeitschritte, für die das Point Mapping auftritt,
wobei die Zeitschritte nicht notwendig gleiche Länge haben müssen. Falls die Aufgabe darin bestünde, eine Karte des Zustandsraumes zu produzieren, bei der alle
möglichen Zustände $\mathbf{x}$ und Control-Vektoren $\mathbf{u}$ berücksichtigt werden sollten, so
brauchte man unendlich viele Paare $(\mathbf{x}\ \mathbf{u})$. Um dieses zu verhindern, wird der Zustandsraum in eine endliche Anzahl von Zellen unterteilt (siehe Bild 14.13). Diese
Zellen entsprechen unseren Fuzzy Regionen. Die Zellen erhält man durch Aufteilung des zu betrachtenden Zustandsraumes bezüglich jeder Achse x_i in Intervalle
der Größe s_i, die durch natürliche Zahlen z_i gekennzeichnet werden. Damit ist jede
Zelle als ein n-Tupel (Vektor) von Intervallen $\mathbf{z} = (z_1, z_2, \ldots, z_n)^T$ gekennzeichnet.
Der Rest des Zustandsraumes, der nicht zu dem betrachteten endlichen Zustandsraum gehört, wird zu einer sogenannten Senkenzelle (sink cell) zusammengefaßt. Der
Zustand des Systems (14.43) in einer Zelle wird durch das Zentrum $\mathbf{x}^c$ repräsentiert.
Ein Cell Mapping C ist nun durch die folgende Abbildungsoperation definiert

$$\mathbf{z}(t_{k+1}) = \mathbf{C}(\mathbf{z}(t_k)). \tag{14.44}$$

Diese Abbildung erhält man durch das Point-Mapping (14.43) mittels der Berechnung der Bildzelle (image cell) des Punktes $\mathbf{x}(t_k)$ und einer Berechnung derjenigen
Zelle, in der sich dieser Punkt befindet. Es ist klar, daß nicht alle Punkte $\mathbf{x}(t_k)$
in Zelle $\mathbf{z}(t_k)$ dieselbe Bildzelle $\mathbf{z}(t_{k+1})$ besitzen. Deshalb wird nur die Bildzelle
des Zentrums $\mathbf{x}^c(t_k)$ betrachtet. Eine Zelle, die auf sich selbst zeigt, wird Gleichgewichtszelle (equilibrium cell) genannt. Sämtliche Zellen im endlichen Zustandsraum
heißen *reguläre Zellen* (regular cells).

Die Motivation für Cell Mapping ist, eine optimale Steuerungssequenz $\mathbf{u}(t_k)$ zu
finden, die das System (14.43) in ein Gleichgewicht bringt. Deshalb ist jede Zelle
charakterisiert durch

- eine Gruppennummer $G(\mathbf{z})$, die diejenigen Zellen $\mathbf{z}$ bezeichnet, die zu demselben periodischen Einzugsbereich (domain of attraction) gehören,

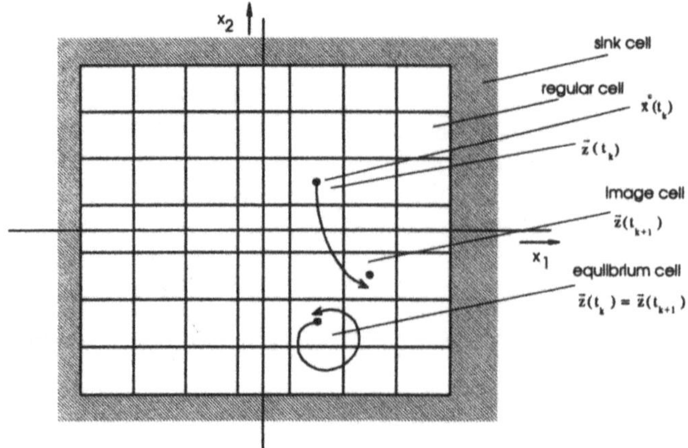

Bild 14.13　Cell Mapping-Prinzip.

- die Schrittnummer $S(z)$, die diejenige Anzahl von Übergängen angibt, die
  nötig ist, von einer Zelle z zu einer periodischen Zelle zu kommen,

- die Periodizitätsnummer $P(z)$, die die Zellenanzahl beschreibt, die zu einer
  periodischen Bewegung gehört.

Diese Charakterisierung wird eingeführt, um aus Daten periodisches Verhalten und
Einzugsbereiche durch Gruppierungsalgorithmen herauszufinden.
Auf Fuzzy Control angewandt bedeutet Cell Mapping, daß jeder Zelle eine entsprechende Fuzzy Regel zugeordnet ist. Weiterhin gehört zu jeder Zelle, mit der eine
bestimmte Steueraktion beschrieben wird, eine entsprechende Fuzzy Control-Regel.
Smith und Comer entwickelten einen Cell Mapping-Algorithmus, dessen Ziel es ist,
einen FC zu kalibrieren bzw. zu tunen [39]. Zu jeder Zelle gehört, entsprechend
einer optimalen (z. B. zeitoptimalen) Trajektorie, eine Steueraktion und eine be-
stimmte Verweilzeit des Zustandsvektors in dieser Zelle. Mit einer vorgegebenen
Kostenfunktion und einer entsprechenden Optimierungsstrategie wird dann eine
Folge der erforderlichen Steuerungsaktionen berechnet. Das Mapping von Zelle zu
Zelle wird durch einen FC ausgeführt, der die scharfen Übergänge zwischen den
Zellen ausgleicht und damit weiche Übergänge schafft. Die Cell Mapping-Technik
wurde benutzt, um Takagi/Sugeno Controllers zu tunen (siehe Bild 14.14 [30])
Kang und Vachtsevanos entwickelten einen Phasenportrait-Algorithmus, der mit
Cell Mapping verwandt ist [13]. Bei dieser Methode werden Zustände und Re-
gelgrößen verschiedenen Zellen-Räumen zugeordnet. Der x-Zelenl-Raum wird aufgefüllt, indem ein konstanter Control-Input auf das simulierte System gegeben wird.
Dann wird die Regelbasis des FC's mit Hilfe eines Suchalgorithmus' so konstruiert,
daß asymptotische Stabilität garantiert ist. Dieses kann mittels optimaler Steuerak-
tionen ohne Beachtung des Ortes der Startzelle ausgeführt werden (siehe Bild 14.15
[30]). Hu, Tai und Shenoi wandten genetische Algorithmen auf Cell Mapping an,
um die verwendeten Suchalgorithmen zu verbessern [9]. Das Ziel war wiederum das
Tunen eines Takagi-Sugeno-Controllers.

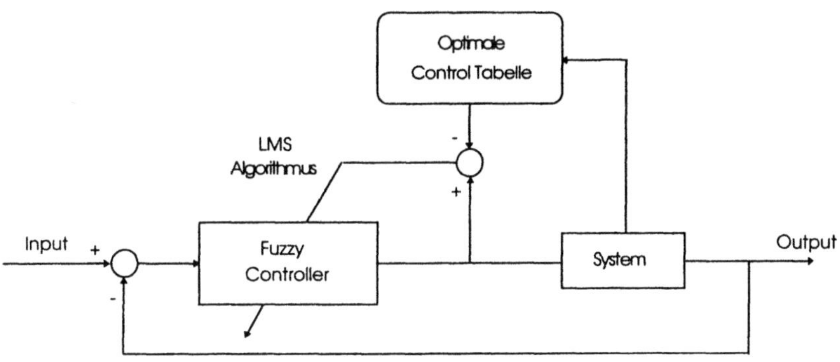

Bild 14.14   Cell Mapping von Smith und Comer (siehe [30]).

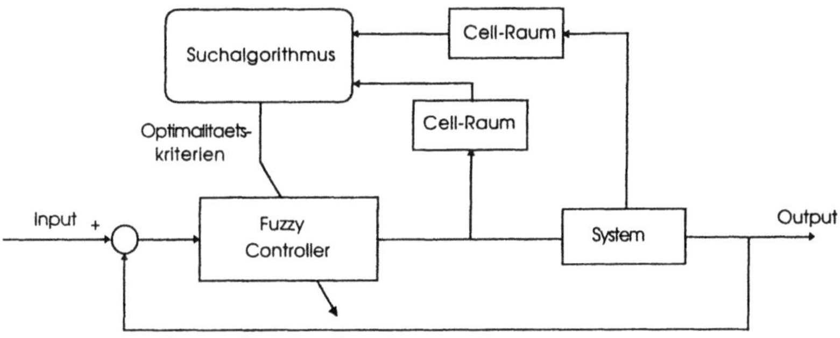

Bild 14.15   Cell Mapping von Kang and Vachtsvanos (siehe [30])

14.5   Zusammenfassung und Ausblick

Der vorliegende Artikel behandelte im wesentlichen eine Einführung in die Fuzzy
Regelung und ihre Techniken. Nach einer kurzen Darstellung der Historie wurden
die Entwurfsziele von Fuzzy Reglern im Rahmen konventioneller Regelungstechnik
vorgestellt. Hier wurde insbesondere auf die Probleme *Stabilisierung, Genauigkeit*
und *Robustheit* eingegangen. Weiterhin wurden die Fuzzy Regler *Mamdani-Regler,
Relationalregler, Takagi/Sugeno-Regler* und *Predictive Controller* behandelt. Ein-
gehend wurde der *Fuzzy Regler als nichtlineares Übertragungsglied* behandelt. Ein
gesonderter Abschnitt behandelte den *Fuzzy Sliding Mode Regler* und noch einmal
eingehender den *Takagi/Sugeno-Regler*. Den Abschluß bildete ein Abschnitt zum
sogenannten *Cell-Mapping*.

Der gegenwärtige Trend bei Fuzzy Control liegt in einer immer stärkeren Verbindung mit der sogenannten konventionellen Regelungstheorie. Hier spielt einerseits die Theorie der Multi-Modellsysteme eine große Rolle, in der nichtlineare Systeme durch einfache lokal-lineare Systeme approximiert werden. Andererseits gibt es starke Querverbindungen zu Neuronalen Netzen, die sich formal ähnlich wie Fuzzy Systeme verhalten können. Eine hervorragende Rolle spielt die Identifikation von Fuzzy Systemen mittels Fuzzy Clustering. Die so identifizierten Systemmodelle werden zum Entwurf und zur Adaption von Fuzzy Reglern verwendet.

Es kann eingeschätzt werden, daß sich Fuzzy Control immer weiter weg von der „naiven" regelbasierten Methode zu einer Regelungsmethode mit hohem theoretischen Anspruch entwickelt. Für die industrielle Anwendung bedeutet das die Entwicklung von Softwarewerkzeugen, die dem Anwender den Entwurf und die Implementierung von Fuzzy Reglern erleichtert.

Literaturverzeichnis

[1] ASSILIAN, S.; MAMDANI, E. H.: Learning Control Algorithms in Real Dynamic Systems, *Proc. 4th Int. IFAC/IFIP Conf. on Digital Computer Appl. to Process Control*, Zurich, March 1974.

[2] BABUŠKA, R.; VERBRUGGEN, H. B.: A new identification method for linguistic fuzzy models. In *Proc. IEEE International Conference on Fuzzy Systems*, S. 905–912, Yokohama 1995.

[3] BERSTECHER, R.; PALM, R.; UNBEHAUEN, H.: Direct Fuzzy Adaptation of a Fuzzy Controller. *Proceedings of the International Federation of Automatic Control, IFAC, 13th World Congress, San Francisco*, S. 39–44, 1996.

[4] BEZDEK, J. C.; CORAY, C.; GUNDERSON, R.; WATSON, J.: Detection and characterization of cluster substructure, I. Linear structure: Fuzzy c–lines. *SIAM Journal on Applied Mathematics*, **40**(2), S. 339–357, April 1981.

[5] CHEN, Y.Y.; TSAO, T. C.: A Description of the Dynamical Behavior of Fuzzy Systems. *IEEE Trans. on Syst. Man, and Cyb., Vol.19, No. 4 July/August 1989*, S. 745-755, 1989.

[6] DODDS, D. R.: Fuzzyness in Knowledge-Based Robotics Systems, *Fuzzy Sets and Systems*, **26**, S. 179–193, 1988.

[7] DRIANKOV, D.; HELLENDOORN, H.; REINFRANK, M.: *An Introduction to Fuzzy Control*, Berlin: Springer Verlag 1996, 2nd edition.

[8] HIROTA, K.; ARAI, Y.; PEDRYCZ, W.: Robot Control Based on Membership and Vagueness. In: GUPTA, M. M.;KANDEL, A.; BANDLER, W; KISZKA, J. B. (EDS.), *Approximate Reasoning in Expert Systems*, Elsevier Science Publishers B.V. (North-Holland), S. 621–635, 1985.

[9] HU, H-T.; TAI, H-M.; SHENOI, S.: Incorporating Cell Map Information in Fuzzy Controller Design. *3rd IEEE Intern. Conference on Fuzzy Systems Orlando*, S. 394-399, 1994.

[10] HSU, C. S.: A Theory of Cell-to-Cell Dynamical Systems. *Journal of Applied Mechanics*, Vol. **47**, S. 940-948, 1980.

[11] HWANG, G.-C.; LI, S.-C.: A Stability Approach to Fuzzy Control Design for Nonlinear Systems *Fuzzy Sets and Systems*, **48**, S. 279-287, North-Holland 1992.

[12] KAMEZAKI, S.; AOYAMA, T.; INASAKI, I.: Force Control of Direct-Drive Robot by means of Fuzzy Theory," *MSET21 The Intern. Conf on Manufacturing Systems and Environment*, May 28–June 1, 1990, Tokyo, Japan, S. 129–134, 1990.

[13] KANG, H.; VACHTSEVANOS, G.: Nonlinear Fuzzy Control based on the Vector Field of the Phase Portrait Assignment Algorithm. *Proceedings of the American Control Conference 1990*, S. 1479-1484, 1990.

[14] KAWAJI, S.; MATSUNAGA, N.: Fuzzy Control of VSS Type and its Robustness. *IFSA'91 Brussels, July 7-12 1991, preprints vol. "engineering"*, S. 81-88, 1991.

[15] KICKERT, W. J. M.; VAN NAUTA LEMKE, H. R.: Application of a Fuzzy Controller in a Warm Water Plant, *Automatica*, **12**, S. 301–308, 1976.

[16] KICKERT, W. J. M.; MAMDANI, E. H.: Analysis of a Fuzzy Logic Controller, *Fuzzy Sets and Systems*, **1**, S. 29–44, 1978.

[17] KIM G. ET. AL: Development of Expert Systems for Grinding Operations, *MSET21 The Intern. Conf on Manufacturing Systems and Environment*, May 28–June 1, S. 395 - 400, Tokyo, Japan 1990.

[18] KING, P. J.; MAMDANI, E. H.: The Application of Fuzzy Control Systems to Industrial Processes. In: GUPTA, M. M. (ED) : *Fuzzy Automata and Decision Processes*, S. 105–131, New York, North-Holland 1977.

[19] KOCZY, L.; KOVACS, S. : Linearity and the cnf property in linear fuzzy rule interpolation. *IEEE International Conference on Fuzzy Systems, Fuzz-IEEE'94 - Proceedings* Orlando June 26-29, S. 870-875, 1994.

[20] KOSKO, B.: Fuzzy systems as universal approximators. *IEEE International Conference on Fuzzy Systems, Fuzz-IEEE'92 - Proceedings* San Diego March 8-12, S. 1153-1162, 1992.

[21] LI, Y. F.; LAU, C. C.: Application of Fuzzy Control for Servo Systems, *Proc. of the IEEE Intern. Conf. on Robotics and Automation*, April 24–29, Philadelphia 1986.

[22] MAMDANI, E.H.: Advances in the Linguistic Synthesis of Fuzzy Controllers, *Int. J. Man-Machine Studies*, **8**, S. 669–678, 1976.

[23] MAMDANI, E. H.; ASSILIAN, S.: An Experiment in Linguistic Synthesis with a Fuzzy Logic Controller. *Int. J. Man-Machine Studies*, **7**(1), S. 1-13, 1975.

[24] ØSTERGAARD, J. J.: Fuzzy logic control of a heat exchanger process. In: GUPTA, M. M.(ED.) : Fuzzy Automata and Decision Processes. S. 285-320, North-Holland Publ. Comp. New York 1977.

[25] PALM, R.: Fuzzy Controller for a Sensor Guided Robot Manipulator, *Fuzzy Sets and Systems*, **31**, S. 133–149, 1989.

[26] ______ : Control of a Redundant Manipulator using Fuzzy Rules, *Fuzzy Sets and Systems*, **45**, S. 279-298, 1992.

[27] ______ : Sliding Mode Fuzzy Control, *IEEE International Conference on Fuzzy Systems, Fuzz-IEEE'92 - Proceedings* San Diego March 8-12, S. 519-526, 1992.

[28] PALM, R.; DRIANKOV, D.: Fuzzy Inputs, *Fuzzy Sets and Systems*, **70**, S. 315-335, 1995.

[29] PALM, R.; DRIANKOV, D.; HELLENDOORN, H.: *Model Based Fuzzy Control*, Berlin: Springer Verlag 1997.

[30] PAPA, M.; TAI, H-M.; SHENOI, S.: Design and Evaluation of Fuzzy Control Systems using Cell Mapping. *VI IFSA World Congress, Sao Paulo Brazil*, S. 361-364, 1995.

[31] PEDRYCZ, W.: *Fuzzy Control and Fuzzy Systems*, 2nd revised edition, Research Studies Publ. 1992.

[32] ______: Fuzzy Control Engineering: Reality and Challenges. *IEEE International Conference on Fuzzy Systems*, Fuzz-IEEE/IFES'95 - Proceedings, Yokohama March, S. 437-446, 1995.

[33] RAY, K.S.; MAJUMDER, D. D. : Application of Circle Criteria for Stability Analysis of Linear SISO and MIMO Systems Associated with Fuzzy Logic Controller, *IEEE Transactions on Systems, Man, Cybernetics*, **14** (2), S. 345–349, 1984.

[34] RAY, K. S.; ANANDA, S.; MAJUMDER, D. D. : L-Stability and the Related Design Concept for SISO Linear Systems Associated with Fuzzy Logic Controller, *IEEE Transactions on Systems, Man, Cybernetics*, **14**, S. 932–939, 1992.

[35] RUNKLER, T. A. : Automatic generation of first order Takagi–Sugeno systems using fuzzy c–elliptotypes clustering. *Journal of Intelligent and Fuzzy Systems*, **6**, 1998.

[36] DESILVA, C. W. ;MACFARLANE, A. G. J.: Knowledge-Based Control with Application to Robots, *Lecture Notes in Control and Information Sciences* Bd. 123, Springer-Verlag Berlin, Heidelberg 1988.

[37] SLIVINSKA, S.; KOWALSKI, R.; MATYS, S.: Some Problems of the Shape of Fuzzy sets and the Dimension of a Model with Respect to its Adaquacy, *Fuzzy Sets and Systems*, **26**, S. 63–83, 1988.

[38] SLOTINE, J-J. E.; LI, W.: *Applied Nonlinear Control*, Prentice Hall, New Jersey 1991.

[39] SMITH, S. M.; COMER, D. J.: An Algorithm for automated Fuzzy Logic Controller Tuning. *Procedings of the IEEE Intern. Conference on Fuzzy Systems*, S. 615-622, 1992.

[40] SMITH, S. M.: A Variable Structure Fuzzy Logic Controller with Runtime Adaptation, *Proceedings FUZZ-IEEE'94*, Orlando, Florida, July 26–29, S. 983–988, 1994.

[41] TAKAGI, T.; SUGENO, M.: Fuzzy Identification of Systems and Its Applications to Modelling and Control. *IEEE Trans. on Syst., Man, and Cyb.* Vol. SMC-15. No.1 January/February, S. 116-132, 1985.

[42] TANAKA, K.; SUGENO, M. : Stability Analysis and Design of Fuzzy Control Systems. *Fuzzy Sets and Systems*, **45**, S. 135-156, North-Holland 1992.

[43] TANSCHEIT, R.; SCHARF, E. M.: Experiments with the Use of a Rule-based Self-organising Controller for Robotic Applications, *Fuzzy Sets and Systems*, **26**, S. 195–214, 1988.

[44] TANG, K. L.; MULHOLLAND, R. J.: Comparing Fuzzy Logic with Classical Control Designs, *IEEE transactions on Systems, Man, Cybernetics*, **SMC-17**(6), S. 1085–1087, 1987.

[45] TONG, R. M.: Some properties of fuzzy feedback systems.*IEEE Trans. on Syst. Man, and Cyb.*, Vol. SMC-10, No. 6, S 327-330, 1980.

[46] UTKIN, V. J.: Variable Structure Systems: A Survey, *IEEE Transactions Automatic Control*, **22**, S. 212–222, 1977.

[47] VIDYASAGAR, M.: *Nonlinear Systems Analysis*, Prentice Hall, Inc., Englewood Cliffs, New Jersey 07632, 1993.

[48] WAKILEH, B. A. M.; GILL, K. F.: "Use of Fuzzy Logic in Robotics", *Computers in Industry*, **10**, S. 35–46, 1988.

[49] WANG, L.: Fuzzy systems are universal approximators. *IEEE International Conference on Fuzzy Systems, Fuzz-IEEE'92 - Proceedings* San Diego March 8-12, S. 1163-1169, 1992.

[50] YASUNOBU, S.; MIYAMOTO, S.: Automatic Train Operation System by Predictive Fuzzy Control. *Industrial Applications of Fuzzy Control M. Sugeno (ed.)*, S. 1-18, Elsevier Science Publishers B.V. North-Holland 1985.

[51] ZADEH, L. A.: Fuzzy Sets, *Information and Control*, **8**, S. 338–353, 1965.

15 Behandlung von Ungewißheit und Vagheit in Kommunikationsnetzen

Fritz Lehmann

15.1 Einleitung

Die Entwickler heutiger Hochgeschwindigkeitsnetze müssen Entwurfsentscheidungen fällen, obwohl es ungewiß ist, wie die künftigen Anforderungen an die Netze genau aussehen werden. Die Ungewißheit tritt in unterschiedlichen Ausprägungen auf: einerseits handelt es sich um wohldefinierte Ereignisse, deren künftiges Eintreten ungewiß ist, wie zum Beispiel der Verlust einer Nachricht im Übermittlungssystem; andererseits sind manche Erwartungen und Expertenaussagen inhaltlich vage und daher schwer zu berücksichtigen.

Den unterschiedlichen Ausprägungen der Ungewißheit entsprechend werden unterschiedliche Verfahren zur Behandlung der Ungewißheit angewandt. In der vorliegenden Arbeit werden einige Ansätze vorgestellt und über Erfahrungen mit ihnen berichtet.

Das traditionelle Werkzeug zur Behandlung von Ungewißheit ist die Wahrscheinlichkeitstheorie, die in unterschiedlichen Interpretationen benutzt wird und die Grundlage für statistische Verfahren bildet. Im Abschnitt 2 wird dieser Zugang näher charakterisiert. Kennzeichnend für die Wahrscheinlichkeitstheorie ist, daß sie von Ereignissen handelt, deren Eintreten oder Nichteintreten - wenigstens prinzipiell - eindeutig und zweifelsfrei festgestellt werden kann. Wahrscheinlichkeiten sind Maße für die Gewißheit, mit der diese Ereignisse in der Zukunft eintreten werden. Eine andere Art der Ungewißheit liegt in der vagen Bedeutung vieler sprachlicher Ausdrücke wie zum Beispiel „groß", „klein", „fast voll", „stark belastet", u. a. In Beschreibungen und Anweisungen von Experten für Menschen treten derartige Begriffe häufig auf, die menschlichen Adressaten sind aber dennoch in der Lage, diese vagen Aussagen vernünftig zu interpretieren. Die Fuzzy Theorie hat das Ziel, diese Art der Vagheit quantitativ zu erfassen und dadurch auch vages Expertenwissen für technische Lösungen nutzbar zu machen. Seit Zadeh 1965 [29] die Fuzzy Theorie eingeführt hat, ist eine schier unübersehbare Fülle an Arbeiten zu diesem Thema erschienen. Im Abschnitt 3 werden die Grundzüge und Anwendungen der Fuzzy Theorie im Bereich der Netze vorgestellt und mit wahrscheinlichkeitstheoretischen Verfahren verglichen. Im 4. Abschnitt werden neuronale Netze und ihre Anwendung im Bereich der Kommunikationsnetze behandelt. Neuronale Netze besitzen die Fähigkeit zu lernen; in Kommunikationsnetzen sollen sie für eine zunächst unbe-

kannte Einsatzumgebung in einer Lernphase Regelungsmechanismen entwickeln, die
ein wünschenswertes, möglichst „optimales" Verhalten des Systems in dieser Umgebung sicherstellen. Die Ergebnisse der vorhergehenden Abschnitte werden im letzten
Abschnitt zusammengefaßt. Außerdem wird dort auf offene Probleme hingewiesen.

15.2 Wahrscheinlichkeitstheoretische und statistische Verfahren

In der weitaus größten Anzahl von Arbeiten, die sich mit quantitativen Aspekten
von Kommunikationsnetzen befassen, werden wahrscheinlichkeitstheoretische und
statistische Verfahren benutzt. Grundsätzlich geht man dabei wie folgt vor:
Man modelliert die für den Ablauf des interessierenden Systems wesentlichen Größen
durch Zufallsvariablen und Beziehungen, die zwischen diesen bestehen. Bezüglich
der Verteilungen der Zufallsvariablen geht man von einigen Annahmen aus: So
nimmt man bezüglich des Typs der Verteilung von Zwischenankunftszeiten und Be-
dienzeiten für Nachrichten häufig geometrische oder exponentielle Verteilungen an,
weil diese mathematisch besonders leicht zu handhaben sind. Es können aber auch
allgemeinere Verteilungen wie zum Beispiel Phasenverteilungen (Cox-Verteilungen)
erfolgreich analytisch behandelt werden. Aus den Annahmen über die Zufallsvariablen und ihren Beziehungen werden die gesuchten Aussagen über das Verhalten
des Systems durch Anwendung des bekannten Kalküls der Wahrscheinlichkeitsrechnung gewonnen; wenn die analytische Lösung zu schwierig wird, kann man durch
Anwendung numerischer oder simulativer Verfahren noch zu Näherungslösungen
gelangen. Zur Validierung der Modellannahmen, d. h. zur Überprüfung, ob in einer
gegebenen Anwendungssituation die Annahmen gerechtfertigt sind, stehen statistische Verfahren zur Verfügung. So gestatten Anpassungstests die Überprüfung von
Verteilungsfunktionen; Parametertests dienen zum Testen von Parameterwerten.
Zur Bestimmung der Parameter der Verteilungen der Zufallsvariablen für den praktischen Einsatz der Modelle benutzt man statistische Schätzverfahren. Zur Statistik
ist eine große Anzahl sehr guter Lehrbücher verfügbar.
Zur Illustration dieser etwas abstrakten Charakterisierung der wahrscheinlichkeitstheoretischen Verfahren soll ein Beispiel aus der Literatur [2] dienen, das sich mit
der Verlustwahrscheinlichkeit von Informationen in Vermittlungssystemen befaßt;
zur gleichen Thematik liegt eine Arbeit von Bensaou und Koautoren vor [6], die
Fuzzy Methoden benutzt. Im übrigen sei auf die umfangreiche Lehrbuchliteratur
verwiesen; beispielhaft seien [1] und [22] genannt.
In der Arbeit [2] von Anick, Mitra und Sondhi wird das Problem behandelt, die
Verlustwahrscheinlichkeit für Informationen in einer Vermittlungsstelle zu bestimmen, die Nachrichten aus mehreren Quellen zur Weiterleitung erhält. Jede der N
Nachrichtenquellen kann sich in einem aktiven Zustand oder im passiven Zustand
befinden. Im aktiven Zustand sendet die Quelle eine Informationseinheit pro Zeiteinheit an die Vermittlungsstelle, im passiven Zustand sendet sie nicht. Die Dauern
der aktiven und passiven Zustände sind Zufallsvariablen, die jeweils exponentialver-

teilt sind mit dem Erwartungswert 1 für den aktiven Zustand und $\frac{1}{\lambda}$ im passiven Zustand. Die Verteilungen der Zeiten an einer Quelle sowie die Verteilungen an den verschiedenen Quellen werden als stochastisch unabhängig vorausgesetzt. Die Vermittlungsstelle leitet bis zu c Informationseinheiten pro Zeiteinheit weiter; wenn mehr als c Informationseinheiten pro Zeiteinheit eintreffen, werden sie in einem unbegrenzten Pufferspeicher zwischengespeichert. Die gesamte Ankunftsrate bezogen auf die Abfertigungsrate c, also die Verkehrsintensität, wird als kleiner als 1 vorausgesetzt, so daß das System einen stationären Zustand annehmen kann. Gesucht wird die stationäre Wahrscheinlichkeit, daß im Pufferspeicher mehr als eine vorgegebene Anzahl x von Informationseinheiten vorhanden sind; diese Wahrscheinlichkeit dient als Näherung für die Verlustwahrscheinlichkeit, wenn die Kapazität des Pufferspeichers auf x Informationseinheiten beschränkt ist. Es ist nur eine Näherung, weil sich ein System mit einem physisch beschränkten Speicher etwas anders verhält als das entsprechende System mit unbeschränktem Speicher; außerdem behandelt die Analyse Informationseinheiten als beliebig fein unterteilbar (Approximation durch eine Flüssigkeit), während die realen Nachrichten mindestens ein Bit, in ATM-Systemen sogar stets 53 Byte lang sind.

Mit Hilfe der Gedächtnislosigkeit der Exponentialverteilung leiten Anick, Mitra und Sondhi ein System von $N + 1$ Differentialgleichungen her für die Wahrscheinlichkeiten $F_i(x)$, daß genau i der N Quellen sich im aktiven Zustand befinden und der Pufferspeicher der Vermittlungsstelle nicht mehr als x Informationseinheiten enthält. Dieses Differentialgleichungssystem wird exakt gelöst. Dazu sind sorgfältige Untersuchungen der Eigenwerte und der zugehörigen Eigen-vektoren der das Differentialgleichungssystem bestimmenden Matrix erforderlich; außerdem sind dem Problem inhärente Randbedingungen zu beachten. Aus den Wahrscheinlichkeiten $F_i(x)$ läßt sich nun sehr einfach die gesuchte Näherung für die Verlustwahrscheinlichkeiten berechnen.

Für den praktisch allein interessanten Fall sehr großer Pufferspeicher kann der Rechenaufwand durch Anwendung einer asymptotischen Formel, die aus dem exakten Ausdruck gewonnen wird, erheblich reduziert werden. Durch numerische Auswertung der Formeln in Abhängigkeit von den Parametern des Modells können Anick und Koautoren nun quantitative und qualitative Aussagen über die Verlustwahrscheinlichkeiten an einer Vermittlungsstelle machen, die für eine angemessene Dimensionierung der Vermittlungsstelle von großem Wert sind.

Die einzelnen Details der besprochenen Arbeit können hier nicht wiedergegeben werden; der interessierte Leser sei auf die Arbeit selbst verwiesen. Für unsere Zwecke sind folgende Beobachtungen wichtig: Die Ungewißheit in dem betrachteten System bezieht sich u. a. auf das Ereignis, daß eine Informationseinheit im künftigen Betrieb der Vermittlungsstelle verloren gehen wird. Ob sich künftig für eine von einer Quelle kommende Informationseinheit dieses Ereignis einstellt, kann eindeutig festgestellt werden. Die Ungewißheit wird durch eine (objektive) Wahrscheinlichkeit erfaßt. Der Weg zur gewünschten Lösung führt über den bekannten Kalkül der Wahrscheinlichkeitsrechnung; er ist jedoch mit einem erheblichen mathematischen Aufwand verbunden. Andererseits kann man aber durch Betrachtung der Abhängigkeiten in den Beziehungen auch Aussagen darüber machen, wie empfindlich das System gegenüber Änderungen reagiert. Schließlich haben wir in den Verfahren der Statistik ein bewährtes Hilfsmittel in der Hand, um die Annahmen, auf denen die Untersuchungen basieren, objektiv zu überprüfen.

15.3 Fuzzy Theorie

Wie bereits in der Einleitung bemerkt, sind in vielen Bereichen die verfügbaren Informationen vage; Experten können ihr Wissen häufig nur in nicht sehr präzisen, in vagen Begriffen formulieren. In derartigen Situationen haben sich Fuzzy Methoden bewährt, und es ist daher naheliegend, auch im Bereich der Kommunikationsnetze ihre Möglichkeiten zu nutzen.
Die Anwendung der Fuzzy Theorie im Bereich der Kommunikationsnetze erfolgte meist bei der Lösung von Steuerungs- und Regelungsproblemen im Bereich der Wegewahl (Routing), den Verhandlungen zum Verbindungsaufbau (Rufzugangskontrolle, Call-Admission-Control, CAC), Staukontrolle und ähnlichen Aufgaben. In [6] zum Beispiel wird die Schätzung der Zellverlustrate in ATM-Netzen mit Hilfe eines Fuzzy Systems behandelt; dieses Verfahren wird dann für die Rufzugangskontrolle auf der Basis von Messungen angewandt. Doch bevor eingehender über diese und andere Arbeiten berichtet wird, soll der grundsätzliche Aufbau eines Steuerungssystems auf der Basis der Fuzzy Theorie dargestellt werden.

15.3.1 Funktionsweise eines Fuzzy Reglers

Abbildung 15.1 stellt schematisch den Aufbau und die Funktionsweise eines derartigen Systems dar:

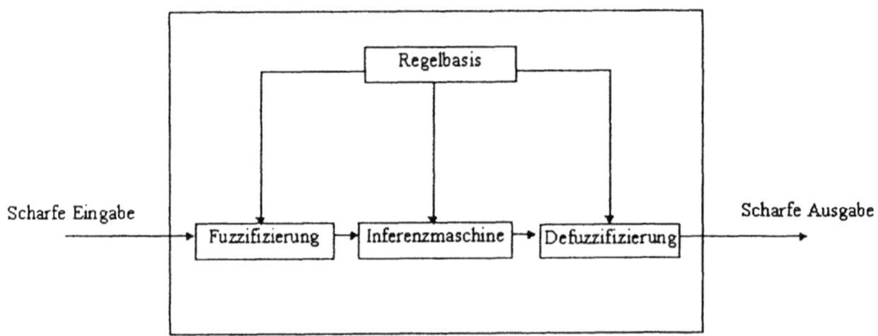

Bild 15.1 Aufbau eines Fuzzy Systems

Der Kern eines Fuzzy Systems zur Konstruktion eines Steuerungssystems ist eine

Regelbasis, die eine Menge von Regeln der Gestalt

IF <Bedingung erfüllt> THEN <Ergreife Aktion>

enthält. Im Falle eines Kommunikationsnetzes könnte eine Regel zum Beispiel lauten:

IF „Auf der Verbindung besteht fast ein Stau" THEN „Verkleinere den Zustrom".

Die Bedingungen und die Aktionen sind in einem Fuzzy System nun nicht durch präzise, scharfe Angaben beschrieben, sondern durch vage Angaben wie „fast ein Stau", „Verkleinere..." charakterisiert. Diese vagen Angaben werden in der Fuzzy Theorie mit Hilfe von Fuzzy Mengen formuliert.

Die Theorie der Fuzzy Mengen läßt sich als relativ einfache Verallgemeinerung der gewöhnlichen Mengenlehre darstellen: Gegeben sei eine Grundmenge U (Universe). Eine Teilmenge $A \subset U$ kann in der gewöhnlichen Mengenlehre vollständig durch ihre Indikatorfunktion I_A beschrieben werden:

$$I_A(x) = 1, \text{ falls } x \in A,$$
$$I_A(x) = 0, \text{ falls } x \notin A.$$

Die Indikatorfunktion bildet also die Grundmenge U in die Menge $\{0,1\}$ ab. Sie nimmt auf der Menge A den Wert 1 an, sonst den Wert 0.

Der Indikatorfunktion einer gewöhnlichen Menge entspricht die Zugehörigkeitsfunktion einer Fuzzy Menge. Die Zugehörigkeitsfunktion $\mu_F(x)$ einer Fuzzy Menge F ist eine Abbildung von U in das Intervall $[0,1]$. Ein Element $x \in U$ gehört „mit Sicherheit zu F", wenn $\mu_F(x) = 1$, „mit Sicherheit nicht zu F", wenn $\mu_F(x) = 0$; sonst sagt man, „x gehört mit dem Grad $\mu_F(x)$ zu F". Über die inhaltliche Bedeutung der zuletzt genannten Phrase besteht weitgehende Unklarheit. Für die Wahrscheinlichkeit eines Ereignisses hat man Meßvorschriften, mit denen man sie (wenigstens prinzipiell) bestimmen kann; für eine objektive Wahrscheinlichkeit kann die relative Häufigkeit des Eintretens des Ereignisses als Näherungswert dienen, während man die subjektive Wahrscheinlichkeit, die eine Person einem Ereignis zumißt, durch Bestimmung des Einsatzes, den die Person in einer Wette auf das künftige Eintreten des Ereignisses für fair hält, bestimmt. Für die Werte der Zugehörigkeitsfunktion ist kein allgemein akzeptiertes Meßverfahren bekannt. In der Praxis werden die Zugehörigkeitsfunktionen häufig von „Experten" in dem bearbeiteten Bereich ad hoc angegeben; dabei werden meist Triangular- und Trapezoid-Funktionen mit dreieckigen oder trapezförmigen Graphen über der Trägermenge benutzt. Abbildung 15.2 zeigt einige hierfür typische Beispiele. Es werden aber auch andere Funktionen eingesetzt wie z. B. Gaußsche Glockenkurven und Singletons (die Funktion ist überall 0, bis auf eine Stelle, wo sie den Wert 1 annimmt).

Die Bedingungen und die Konsequenzen in den Regeln der Regelbasis können auch Verknüpfungen von Fuzzy Mengen enthalten. Dazu sind die mengentheoretischen Verküpfungen der gewöhnlichen Mengenlehre auf Fuzzy Mengen erweitert

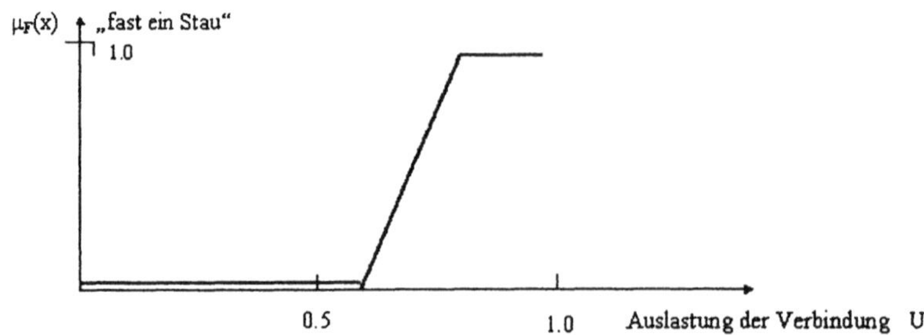

Bild 15.2 Zugehörigkeitsfunktion der Menge „mittlere Auslastung"

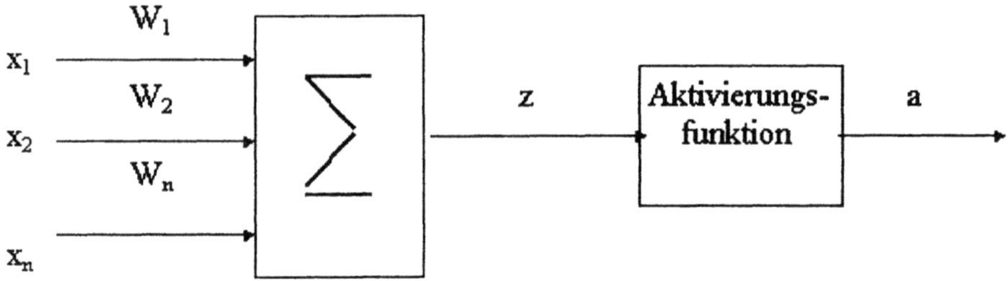

Bild 15.3 Zugehörigkeitsfunktion der Menge „fast ein Stau"

worden, indem man die den Verknüpfungen der Mengen entsprechenden Operationen mit ihren Indikatorfunktionen auf die Zugehörigkeitsfunktionen der Fuzzy Mengen anwendet und dadurch zur Definition der entsprechenden Verknüpfung von Fuzzy Mengen gelangt; so wird die Zugehörigkeitsfunktion des Durchschnitts zweier Fuzzy Mengen durch das Minimum, die der Vereinigung durch das Maximum der beiden Zugehörigkeitsfunktionen definiert. Die Zugehörigkeitsfunktion des Komplements einer Fuzzy Menge F ist gleich $1 - \mu_F(x)$. Allerdings gibt es auch andere Definitionen, die mit den Gegebenheiten bei gewöhnlichen Mengen kompatibel sind.

Nachdem die Regelbasis und die darin vorkommenden Fuzzy Mengen charakterisiert sind, sollen nun die übrigen Teile des Fuzzy Regelungssystems beschrieben werden. Die Eingabe für den Regler besteht aus dem Meßwert oder einer Menge von Meßwerten, die als exakte Zahlen von Sensoren geliefert werden. Da sich die Regeln in der Regelbasis aber auf Fuzzy Mengen beziehen, müssen zur Bearbeitung im Fuzzy System diesen Werten eine oder mehrere Fuzzy Mengen zugeordnet werden, auf die sich Regeln in der Regelbasis beziehen. Das ist die Funktion der Fuzzifizierung. Dabei werden die scharfen Werte also auf eine linguistische Werteskala abgebildet. Die eingegebenen Werte gehören den verschiedenen, den linguistischen Werten entsprechenden Fuzzy Mengen in unterschiedlichem Grad an.

Die Inferenzmaschine sucht nun in der Regelbasis die auf die gewonnenen Fuzzy Mengen anwendbaren Regeln; die Anwendung jeder Regel liefert als Ergebnis eine Konsequenz, die wieder eine Fuzzy Menge ist. Die aus den verschiedenen anwendbaren Regeln gewonnenen Ergebnis-Mengen werden nun kombiniert und ergeben als Gesamtresultat eine Fuzzy Menge, die die gegenüber der erhaltenen Eingabe zu ergreifende Aktion charakterisiert.

Die so erhaltene Fuzzy Menge ist aber noch nicht direkt anwendbar, da die zur Regelung benutzten Stellglieder eine präzise, scharfe Vorgabe benötigen. Aus der gewonnenen Fuzzy Menge muß daher wieder ein scharfer Wert gemacht werden. Das ist die Aufgabe der Defuzzifizierung. Hierfür steht eine Reihe von Verfahren zur Verfügung: Man kann z. B. einen Wert nehmen, bei dem die Zugehörigkeitsfunktion ein Maximum annimmt; da man hierbei aber den übrigen Verlauf der Zugehörigkeitsfunktion vernachlässigt, benutzt eine andere Methode den Schwerpunkt der Fläche unter dem Graphen der Zugehörigkeitsfunktion zur Defuzzifizierung. Weitere Verfahren findet man zum Beispiel in [11]. Der bei der Defuzzifizierung erhaltene Wert dient schließlich der Bedienung der Stellglieder.

15.3.2 Anwendungen von Fuzzy Reglern bei Kommunikationsnetzen

Bei Kommunikationsnetzen findet man zahlreiche Probleme, bei denen eine befriedigende wahrscheinlichkeitstheoretische Modellierung schwierig ist und wo die Anwendung von Fuzzy Methoden nützlich sein könnte. In den vergangenen Jahren sind daher zahlreiche Arbeiten erschienen, die diese Möglichkeit untersucht haben. Einige von ihnen sollen hier vorgestellt werden.

Rufzugangskontrolle in ATM-Netzen

Die sich entwickelnden Breitband-Netze benutzen in großem Umfang die ATM-Übertragungstechnik (Asynchronous Transfer Mode). Eine ausführliche Beschreibung dieser Technik findet man z. B. in [24]. Das Verfahren ist verbindungsorientiert, d.h. vor der Übertragung der Nutzdaten muß eine Verbindung aufgebaut werden, die nach der Übertragung wieder abgebaut wird. Die zu übertragenden Nutznachrichten werden zerlegt und in Pakete (Zellen) fester Länge verpackt. Die Zellen werden über die aufgebaute Verbindung übertragen. In den Vermittlungsstellen müssen Zellen u. U. warten, wenn z. B. die Ausgangsleitung, über die sie weitergeleitet werden müßten, nicht frei ist. Daher werden in den Vermittlungsstellen Pufferspeicher bereitgestellt, in denen wartende Zellen Platz finden. Die Kapazität dieser Pufferspeicher ist jedoch begrenzt. Ankommende Zellen, die den Pufferspeicher besetzt finden, gehen verloren. Die Zellverlustrate ist ein Dienstgütemerkmal der Verbindung, an das beim Verbindungsaufbauwunsch Forderungen gestellt werden können und die vom Netz garantiert werden, wenn die Verbindung zustande kommt. Bevor das Netz also eine neue Verbindung akzeptieren kann, muß es prüfen, ob auch mit dieser Verbindung die Dienstgütegarantien weiterhin eingehalten werden können oder nicht; im zweiten Fall muß das Netz den Aufbau der neuen Verbindung ablehnen. Für diese Entscheidung ist es unter anderem wichtig, eine Abschätzung für die erwartete Zellverlustrate zu besitzen.

In [6] wird die Fuzzy Theorie zur Schätzung der Verlustrate benutzt. Die Verlustrate in einer Vermittlungsstelle ist eine komplizierte Funktion, die von der Kapazität des Pufferspeichers, der Anzahl der bestehenden Verbindungen, der Übertragungskapazität und vielen anderen Faktoren abhängt. Andererseits läßt sich die Verlustrate für „kleine" Systeme (z. B. kleine Pufferspeicher, geringe Übertragungskapazität) aus analytischen Modellen näherungsweise berechnen oder auch im laufenden Betrieb messen, da ihr Wert in diesen Fällen relativ groß ist; außerdem kennt man das asymptotische Verhalten der Verlustrate, wenn die „Größe des Systems gegen Unendlich strebt", und schließlich hat die Funktion offensichtliche Monotonieeigenschaften. Auf der Basis dieses Wissens wird die Verlustrate durch die Ausgabe eines Fuzzy Reglers approximiert, in dem die bekannten Werte von kleinen Systemen als Singletons fuzzifiziert werden, im übrigen Gaußkurven als Zugehörigkeitsfunktionen und Produktregeln in der Inferenzmaschine benutzt werden und der Ausgangswert als Mittelwert der Zentren der Resultat-Fuzzy Mengen bestimmt wird. Diese Näherungsfunktion kann sogar explizit angegeben werden. Zur Validierung des Verfahrens wird die Verlustrate zunächst als Funktion der Puffergröße und dann als Funktion der Bedienkapazität bestimmt und mit exakten Werten und den Ergebnissen anderer Näherungsverfahren verglichen; die Genauigkeit ist durchweg gut bei im Vergleich zu anderen Verfahren geringen Rechenzeiten.
Dieses Schätzverfahren wird nun benutzt, um bei Verbindungsaufbauwünschen zu entscheiden, ob eine gewünschte Verbindung eingerichtet oder der Wunsch abgelehnt werden muß. Zur Verdeutlichung dieser Problematik soll auf die Rufzugangskontrolle näher eingegegangen werden. Ein Verbindungsaufbauwunsch enthält einen Teil, in dem die rufende Nachrichtenquelle ihr künftiges Verhalten charakterisiert, und einen Teil, in dem sie die für die Übertragung geforderte Dienstgüte (Quality-of-Service, QoS) mitteilt. Aufgrund dieser Angaben und Kenntnis der bereits bestehenden Verbindungen muß über die Zulassung oder Ablehnung entschieden werden.

Zur Charakterisierung von Zellströmen in ATM-Netzen dienen folgende Parameter: Die Dauerzellrate oder durchschnittliche Zellrate (Sustainable Cell Rate, SCR) beschreibt die durchschnittliche Übertragungsmenge während einer Verbindung. Die Quelle muß aber nicht mit konstanter Rate senden, sondern die Bitrate kann variieren. Daher ist die Spitzenbitrate (Peak Cell Rate, PCR) ein wichtiger Parameter; sie ist der Kehrwert der minimalen Ankunftszeit zwischen zwei aufeinander folgenden Zellen. Eine Zeitspanne, in der die Quelle mit maximaler Rate sendet, wird als Büschel (Burst) bezeichnet. Die maximale Büschelgröße (Maximum Burst Size, MBS) ist ein weiterer Parameter zur Charakterisierung eines Zellenstromes. Zu den Dienstgüteparametern gehört u. a. die Zellverlustrate, die eine Quelle bei der Übertragung tolerieren kann.
Bei der Frage, ob eine Verbindung mit den gewünschten Dienstgütegarantien akzeptiert werden kann, ist zu berücksichtigen, daß die Übertragungsraten der Quellen

i.a. nicht alle gleichzeitig gleich ihren Spitzenbitraten sind. Wegen dieser statistischen Schwankungen kann man die verfügbare Kapazität zu einem gewissen Grad überbuchen. Einige konventionelle Verfahren der Rufzugangskontrolle benutzen den Begriff einer „äquivalenten Bandbreite" die man aus den gegebenen Parametern berechnet; für die Details sei auf die Literatur verwiesen (z. B. [20]).
Das in [6] entwickelte Verfahren auf der Basis der Fuzzy Approximation wurde mit bekannten Verfahren auf der Basis der „äquivalenten Bandbreite" verglichen und erwies sich in Experimenten als sparsamer hinsichtlich der reservierten Bandbreite. Auch in [15] wird ein Verfahren zur Rufzugangskontrolle auf der Basis der Fuzzy Theorie beschrieben. Ein Fuzzy Regler bestimmt dort eine „effektive Bandbreite" aus den Parametern PCR, SCR und MBS, die dann für die Annahmeentscheidung benutzt wird. In einer Reihe von Simulationsläufen wird nachgewiesen, daß das Verfahren vom Prinzip her korrekt arbeitet.

Überwachung der Nutzungsparameter

Wenn ein Verbindungsaufbauwunsch in einem ATM-System akzeptiert wird, kommt ein Verkehrsvertrag zwischen dem Netz und dem Benutzer zustande, in dem der Benutzer eine bestimmte Verhaltensweise verspricht und das Netz dafür die angeforderte Dienstgüte garantiert. Um zu verhindern, daß die Benutzer bewußt oder aufgrund von Fehlern von ihrer vereinbarten Verhaltensweise abweichen und es dadurch vielleicht dem Netz unmöglich machen, seine bezüglich der Dienstgüte abgegebenen Garantien einzuhalten, muß der Verkehr auf den einzelnen Verbindungen überwacht werden, um Verstöße festzustellen und gegebenenfalls zu ahnden - z. B. durch Verwerfen von nicht vertragskonform gesendeten Zellen. Diese Aufgabe nennt man „Überwachung der Nutzungsparameter" (Usage Parameter Control, UPC) oder auch „Policing". Es sind zahlreiche Verfahren zur Lösung dieser Aufgabe beschrieben worden. Darunter befinden sich auch Fuzzy Verfahren (z. B. [10]). Einen Vergleich eines Fuzzy Verfahrens mit konventionellen Verfahren findet man z. B. in [9].
Von den konventionellen Verfahren seien Fenstertechniken und der „Leaky Bucket" genannt. Das Fuzzy Verfahren, das in [9] vorgeschlagen wird, basiert auf der Fenstertechnik. Zur Beurteilung der Qualität eines Policing-Verfahrens wird man prüfen, inwieweit es die folgenden Forderungen an ein ideales Verfahren erfüllt:

1. Es soll in der Lage sein, Verstöße gegen den Verkehrsvertrag sicher zu erkennen, und dabei eine geringe Fehlalarmwahrscheinlichkeit besitzen.

2. Es soll Verstöße gegen den Verkehrsvertrag schnell erkennen.

3. Es soll einfach zu implementieren sein.

Es ist offensichtlich, daß diese Kriterien sich zum Teil widersprechen und daher Kompromisse gefunden werden müssen. Zur Verdeutlichung der Problematik sei die Aufgabe betrachtet, die mittlere Senderate einer Quelle während der Dauer einer Verbindung zu überwachen; wegen des stochastischen Charakters der Quellen muß der Überwachungsmechanismus zu Beginn der Verbindungsstehzeit eine hohe Senderate tolerieren, da ja zum Ende der Verbindungszeit die Senderate so klein sein kann, daß der Mittelwert am Ende wieder vertragskonform ist. Das Problem wird noch dadurch erschwert, daß die voraussichtliche Dauer einer Verbindung nicht bekannt ist. Um vertragswidriges Verhalten sicher zu erkennen, ohne Fehlalarme zu erzeugen, müßte man eine möglichst lange Beobachtungszeit zur Schätzung der mittleren Senderate zur Verfügung haben; diese würde aber dem Wunsch nach schneller Reaktionszeit widersprechen. Die konventionellen Verfahren lösen diesen Konflikt noch nicht befriedigend. Wegen seiner einfachen Implementierbarkeit wird in der Praxis das „Leaky Bucket"-Verfahren häufig eingesetzt. Dabei bringt eine ankommende Zelle eine Berechtigungsmarke (Token) mit, die in einen Behälter endlicher Kapazität aufgenommen werden soll. Die Zelle wird nur dann weitergeleitet, wenn bei seiner Ankunft die Berechtigungsmarke in dem Vorratsbehälter (Pool) noch Platz findet; ist für die Berechtigungsmarke bei der Ankunft der Zelle kein Platz im Vorratsbehälter verfügbar, so wird die Zelle verworfen (oder als „gegebenenfalls zu verwerfen" gekennzeichnet; sie wird dann zunächst noch weitergeleitet, aber wenn es irgendwo zu Engpässen kommt, werden die markierten Zellen vorrangig verworfen). Unabhängig von den Ankünften von Zellen werden Berechtigungsmarken aus dem Vorratsbehälter mit einer vorgegebenen Rate entfernt, solange noch welche vorhanden sind. - Diese anschauliche Darstellung des Verfahrens erklärt den Namen „Leaky Bucket"; implementiert wird es durch einen Zähler, der bei der Ankunft einer Zelle um eins erhöht wird, bis ein Maximalwert erreicht ist, und mit fester Rate um eins heruntergezählt wird, solange sein Wert positiv ist. Ndousse [21] schlug einen Ansatz für die Verkehrskontrolle in ATM-Netzen vor, bei dem Fuzzy Logik zur Implementierung einer Art von „virtuellem Leaky Bucket" benutzt wird. Die Anzahl der Zellen, die verworfen oder markiert werden, hängt dabei von einer Rückmeldung der Dienstgüte ab, die die Auslastung des ATM-Kanals widerspiegelt. Das vorgeschlagene Verfahren benutzt die Fuzzy Logik, um die Rate der verworfenen oder markierten Zellen zu reduzieren.

Catania und seine Koautoren [9] schlagen einen Fuzzy Policing-Mechanismus vor, der auf der Fenstertechnik basiert. Die Fenster haben eine zeitliche Ausdehnung von T Zeiteinheiten. Für das i-te Fenster wird eine Maximalzahl an Zellen festgelegt, die in diesem Fenster akzeptiert werden können. Dieser Grenzwert wird dynamisch unter Verwendung von Fuzzy Regeln angepaßt. Das Ziel ist es, eine beliebige Quelle dazu zu bringen, sich an eine ausgehandelte mittlere Zellrate λ_n über die Dauer der Verbindung zu halten. Der Mechanismus soll kurzfristige Fluktuationen tolerieren und Verstöße möglichst sofort erkennen. Da die Dauer einer Verbindung nicht von vornherein bekannt ist, muß die Kontrollstrategie sorgfältig gewählt werden. Der vorgeschlagene Kontrollmechanismus gewährt Quellen, die sich in der Vergangenheit an die ausgehandelten Werte gehalten haben, einen Kredit, indem der Wert N_i erhöht wird; zeigte die Quelle nicht vertragskonformes oder gefährliches Verhalten, so werden die Werte erniedrigt. Die Parameter, die das Verhalten der Quelle beschreiben, und die Kontrollvariablen werden aus linguistischen Variablen und Fuzzy Mengen gebildet, während die Regelungsaktionen durch eine Menge von Fuzzy

Bedingungen festgelegt sind, die die Gedanken eines Experten auf diesem Gebiet nachbilden sollen.

Die Eingabe für den Fuzzy Regler besteht aus drei linguistischen Variablen: der mittleren Anzahl $A_{0,i}$ von angekommenen Zellen pro Fenster seit dem Bestehen der Verbindung, der Anzahl A_i der Ankünfte im letzten Fenster und dem Wert von N_i im letzten Fenster, der den Kreditstand der Quelle charakterisiert. Die Ausgabe des Reglers ist die linguistische Variable ΔN_{i+1}, die vorzunehmende Änderung von N_i im nächsten Fenster. Der Wertebereich der Eingabevariablen besteht aus den Fuzzy Namen Low (L), Medium (M) und High (H). Die Ausgabevariable hat sieben mögliche Fuzzy Werte mit den Namen: Zero (Z), Positive Small (PS), Positive Medium (PM), Positive Big (PB), Negative Small (NS), Negative Medium (NM) und Negative Big (NB). Die Zugehörigkeitsfunktionen haben Dreiecksgestalt oder eine Trapezform am Rande. Die Regelbasis besteht aus 18 Regeln, von denen die ersten drei zitiert seien, um ihre Gestalt zu zeigen:

1. IF $(A_{0,i}$ is L) AND $(N_i$ is H) AND $(A_i$ is $L)$ THEN $(\Delta N_{i+1}$ is PB),

2. IF $(A_{0,i}$ is L) AND $(N_i$ is H) AND $(A_i$ is $M)$ THEN $(\Delta N_{i+1}$ is PS),

3. IF $(A_{0,i}$ is L) AND $(N_i$ is H) AND $(A_i$ is $H)$ THEN $(\Delta N_{i+1}$ is Z).

Die Inferenzmaschine verwendet das MAX-MIN-Verfahren; bei der Defuzzifizierung wird der Schwerpunkt der Fläche unter der Zugehörigkeitsfunktion der Ergebnis-Fuzzy Menge verwendet.
Der auf diese Weise konstruierte Fuzzy Regler wird nun mit den konventionellen Mechanismen des „Leaky Bucket" und dem exponentiell gewichteten gleitenden Mittel (EWMA, exponentially weighted moving average) verglichen, die in [23] gegenüber anderen konventionellen Verfahren als vergleichsweise gut klassifiziert wurden. Der Vergleich erfolgte mit Hilfe von Simulationen. Als Beurteilungskriterien dienten die Fähigkeit der Mechanismen, Verstöße gegen den Verkehrsvertrag zu erkennen, und die Zeit, die dazu benötigt wird. Die Ergebnisse der Simulationen zeigen, daß der Fuzzy Regler in einer Reihe von untersuchten Fällen den anderen Verfahren deutlich überlegen ist.
Als drittes Kriterium für einen guten Regelungsmechanismus wurde der Aufwand für seine Implementierung genannt. In [9] wird die Möglichkeit beschrieben, den Regler in Hardware zu implementieren; die Kosten werden - bei hinreichend großen Stückzahlen in der Produktion - auf wenige Dollar geschätzt.
Cheng und Chang [10] beschreiben den Entwurf eines Fuzzy Reglers, der sowohl für die Verbindungszugangskontrolle als auch für die Vermeidung von Stauungen innerhalb eines ATM-Netzes zuständig ist. Er soll das Wissen von Experten mit reicher Erfahrung in der Verkehrsregelung in ATM-Netzen enthalten. Für die Erkennung und Auflösung von Stauungen werden drei Parameter benutzt: die Warteschlangenlängen, die Änderungsrate der Warteschlangenlänge und die Zellverlustwahrscheinlichkeit. Für die Entscheidung über Annahme oder Ablehnung einer Verbindung werden als Parameter die angeforderte Spitzenbitrate (Peak Bit Rate, PBR),

die mittlere Bitrate (Average Bit Rate, ABR), die Dauer der Spitzenbitrate (Peak Bit Rate Duration, PBRD), die Zellverlustrate und der Grad der Belastung des Netzes benutzt.

Das gesamte Verkehrsregler besteht aus sieben Komponenten, von denen drei auf der Fuzzy Theorie basieren: die Staukontrolle, die Verbindungszugangskontrolle und ein Bandbreiten -Prognose-System. In zahlreichen Simulationen wurde ein ATM-Netz mit dem Fuzzy Regler mit einem ATM-Netz mit konventionellen Mechanismen verglichen. Auch hier erwies sich das System mit dem Fuzzy Regler als besser.

In [15] und [16] wird ein Fuzzy Mechanismus zur Überwachung der Spitzenbitrate PCR und der Dauerzellrate SCR beschrieben. Das Verfahren lehnt sich an das Leaky-Bucket-Verfahren an. Auch hier wird durch Simulation das Fuzzy Verfahren mit dem gewöhnlichen Leaky-Bucket verglichen. Die beiden Verfahren zeigten weitgehend vergleichbares Verhalten; lediglich bei einer extremen Überlastsituation zeigte das Fuzzy Verfahren eine bessere Schutzwirkung als der gewöhnliche Leaky-Bucket.

Warteschlangenverwaltung

Bonde und Ghosh [7] wenden Fuzzy Methoden bei der Verwaltung von Warteschlangen in Zellen vermittelnden Netzen an. Dabei handelt es sich um folgendes Problem: Bei den Vermittlungsstellen des Netzes treffen Zellen ein, die aus Kapazitätsgründen meist nicht sofort weitergeleitet werden können. Aus diesem Grund werden Puffer mit endlicher Kapazität zur Zwischenspeicherung von Zellen eingerichtet. Treffen ankommende Zellen auf einen vollen Puffer, gehen sie verloren. Bei kleinen Puffern ist die Wahrscheinlichkeit dafür natürlich größer als bei großen Pufferspeichern. Andererseits kann es bei großen Speichern geschehen, daß viele Zellen vor einer bestimmten Zelle stehen und vor ihr bedient werden; dadurch erleidet die Zelle eine u. U. nicht tolerierbar lange Verzögerung. Ein Management-Algorithmus soll daher den Pufferspeicher verwalten und dabei folgende widerstreitende Ziele verfolgen:

1. Der Durchsatz des Netzes soll möglichst groß sein.

2. Die Verzögerungen der Zellen sollen möglichst klein sein.

Der Management-Algorithmus kann zu diesem Zweck ankommende Zellen zurückweisen. Diese Zellen gehen nicht verloren, sie müssen jedoch von ihrem Sender auf einem anderen Wege durch das Netz geschickt werden; bei einem Überlauf dagegen gehen Zellen verloren. Konventionelle Management-Verfahren definieren für die Zulassungsentscheidung eine feste Schranke für die Füllung des Pufferspeichers; ankommende Zellen werden nur dann akzeptiert, wenn dieser Füllungsgrad der Warteschlange noch nicht erreicht ist. Dabei werden vielfach Prioritäten für die Zellen eingeführt, und niedrig priorisierte Zellen werden eher verworfen oder zurückgewiesen als höherpriorisierte Zellen. In [7] werden die festen Schranken durch vage Schranken ersetzt, indem der Zustand der Warteschlange durch die zwei Fuzzy

Mengen „getting FULL" und „not getting FULL" beschrieben wird. Die Zugehörigkeitsfunktionen dieser beiden Mengen sind Funktionen der Anzahl der Zellen in der Warteschlange. „Not getting FULL" hat bei leerer Warteschlange den Zugehörigkeitswert 1, bei voller Warteschlange den Wert 0. Für „getting FULL" gelten die umgekehrten Festsetzungen. Zwischen den Extremen haben die Funktionen eine sigmoide Gestalt. Die Regel für die Annahme oder Zurückweisung von ankommenden Zellen lautet nun: der Wert der Zugehörigkeitsfunktion „getting FULL" bei einer gegebenen Pufferspeicherfüllung gibt den Anteil der abzuweisenden Zellen an.
In einer Reihe von Simulationen wird dieser Fuzzy Algorithmus mit Algorithmen verglichen, die eine feste Schranke verwenden. Dabei werden die Anzahl der bedienten Zellen, die Anzahl der abgewiesenen Zellen und die Anzahl der verworfenen Zellen betrachtet. In den Ergebnissen erscheint der Fuzzy Algorithmus besser als seine Konkurrenten.

Wegewahl

Ein weiteres Problem in Kommunikationsnetzen ist die Wegewahl, das in allen Netzen auftritt, in denen nicht jeder Teilnehmer direkt mit jedem anderen verbunden ist. In der Regel gibt es dann viele Möglichkeiten für die Nachrichten, von einem Sender zum Empfänger zu gelangen. Bei verbindungsorientierter Kommunikation ist in der Verbindungsaufbauphase zu entscheiden, über welche Knoten die Verbindung vom Sender zum Empfänger verlaufen soll. Bei der verbindungslosen Kommunikation muß für jede bei einem Knoten eingetroffene Nachricht entschieden werden, zu welchem Nachbarknoten sie weitervermittelt werden soll, um ihr Ziel zu erreichen. In der Literatur findet man zahlreiche konventionelle Verfahren für diese Entscheidungen (vgl. z. B. [26]). In [5] wird über Fuzzy Routingverfahren berichtet, die in zwei Diplomarbeiten [3] und [28] entwickelt wurden. Die Verfahren berücksichtigen sowohl lokale als auch globale Parameter. Zum Vergleich der Fuzzy Verfahren mit konventionellen Verfahren wurden Simulationen benutzt.
Ein konventionelles Wegewahlverfahren sucht den „kürzesten" Pfad durch das Netz. Dabei werden ein geeignetes Abstandsmaß (in Kommunikationsnetzen z. B. u. a. die Verzögerungszeit) und Informationen über die Topologie des Netzes benutzt, um mit Methoden der Graphentheorie (z. B. dem Ford-Fulkerson-Algorithmus [12]) den kürzesten Pfad von einer Quelle zu allen Knoten des Netzes zu bestimmen.
Die üblichen Algorithmen verwenden für die Wegewahl nur einen Parameter. In [4] werden mehrere Parameter in Betracht gezogen, aus denen mit Methoden der Fuzzy Theorie jeweils ein (scharfer) Wert zur Bewertung der einzelnen Verbindungen gewonnen wird. Mit diesen Werten kann dann einer der üblichen Algorithmen zur Bestimmung des kürzesten Pfades ausgeführt werden. Benutzt wurden drei Gruppen von Parametern, die alle als linguistische Variablen modelliert wurden: leistungsbezogene Parameter (Kapazität der Verbindungen, Übertragungskosten, Übertragungszeit), verzögerungsbezogene Parameter (Übertragungsverzögerung, Änderung der Verzögerung) und sicherheitsbezogene Parameter (Sicherheit der Verbindung, der Knoten und der Pakete). Für jede dieser Gruppen gab es eine eigene Regelbasis, die zur Bestimmung einer Hilfsvariablen diente; die drei Hilfsvariablen dienten

dann wieder als Eingaben für Schlüsse aufgrund einer zentralen Regelbasis zur Bewertung der Verbindungen. Dieses Verfahren zur Wegewahl auf der Basis der Fuzzy Logik wurde mit Hilfe von Simulationen untersucht und mit anderen Verfahren verglichen. Es stellte sich heraus, daß der Fuzzy Router die Wegewahlentscheidungen beeinflußt und die „schlechten" Verbindungen schneller erkennt als die anderen in den Vergleich einbezogenen Verfahren.

Eine zweite Fallstudie, über die in [4] berichtet wird, befaßt sich mit einem Fuzzy Verfahren für verteilte Wegewahl; dabei sind die Wegewahlentscheidungen in den einzelnen Knoten aufgrund lokaler Information und rudimentären Kenntnissen über die Topologie des Netzes zu treffen. Auch hier zeigen Simulationen, daß das Verfahren auf der Basis der Fuzzy Theorie gute Ergebnisse erzielt.

15.4 Neuronale Netze

Cheng und Chang [10] bemerken am Ende ihrer Arbeit: „Admittedly, there is still no clear and general technique for mapping existing knowledge on traffic control onto the design parameters of the fuzzy controller. In order to develop a more general design procedure for fuzzy traffic control for ATM networks, applying the self-learning capability of a neural-net to design a fuzzy traffic controller is worthy of further study." Es sind tatsächlich einige Arbeiten zur Anwendung von neuronalen Netzen im Kommunikationsbereich durchgeführt worden. Über einige soll kurz berichtet werden.

15.4.1 Arbeitsweise neuronaler Netze

Neuronale Netze sollen Teile eines Nervensystems oder eines Gehirns nachbilden, und man hofft mit ihnen ähnlich erfolgreiche Verhaltensweisen zu erzielen, wie man sie an biologischen und menschlichen Systemen beobachtet. Der Grundbaustein eines neuronalen Netzes ist das (künstliche) Neuron. Das Netz entsteht durch Vernetzung der Neuronen. Ein Neuron erhält Eingaben über eine Menge von Eingangsleitungen und liefert über eine oder mehrere Ausgangsleitungen Ergebnisse ab. Die n Eingangsleitungen, auf denen die Eingabewerte $x_1, x_2, \ldots, x_n$ eintreffen, sind mit Gewichten $W_1, W_2, \ldots, W_n$ bewertet (vgl. Abbildung 15.4). Aus den Eingabewerten und den Gewichten wird ein Zwischenwert als gewichtete Summe der Eingabewerte berechnet:

$$z = \sum x_i \cdot W_i \qquad (15.1)$$

Dieser Zwischenwert ergibt die Ausgabe a auf einer Ausgabeleitung, nachdem eine Aktivierungsfunktion auf ihn angewendet wurde:

$$a = \frac{1}{1 + e^{-c \cdot z}} \qquad (15.2)$$

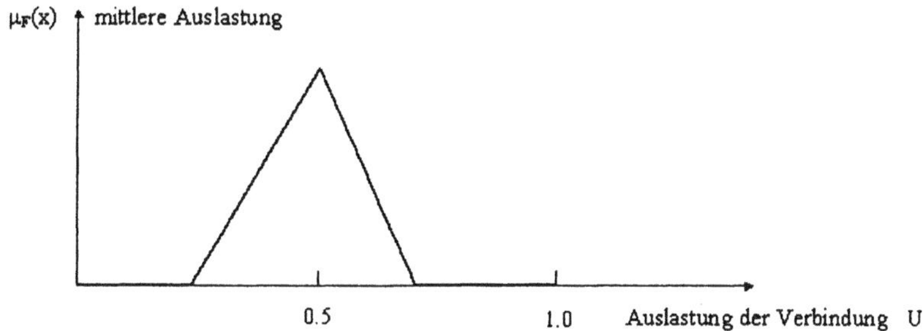

Bild 15.4 Aufbau eines Neurons

Diese Aktivierungsfunktion besitzt einen S-förmigen Graphen (sigmoid). Auch andere Aktivierungsfunktionen werden benutzt.

Derartige Neuronen können nun auf vielfältige Weise zusammengeschaltet werden, indem die Ausgaben von bestimmten Neuronen wieder als Eingaben für weitere Neuronen dienen. Dabei sind zwei Klassen von Netzen zu unterscheiden je nachdem, ob in dem Netz die Informationen nur in einer Richtung fließen oder ob auch Rückkopplungen vorgesehen sind.
Häufig werden Netze verwendet, in denen die Neuronen in Schichten angeordnet sind und in denen die Informationen von den Neuronen einer Schicht nur an Neuronen der nächst höheren Schicht weitergegeben werden. Abbildung 15.5 zeigt ein solches Netz.
Das dargestellte Netz besteht aus drei Schichten; die Neuronen der unteren Schicht erhalten die Eingaben, die obere Schicht gibt die Ausgaben zurück; dazwischen liegt eine „verborgene Schicht", deren Neuronen keinen direkten Kontakt zur Umwelt haben.

Bevor ein neuronales Netz zum Einsatz kommt, durchläuft es eine Lernphase, in der die Gewichte auf den einzelnen Leitungen an eine gewünschte Anwendung angepaßt werden. Dazu ist eine Reihe von Eingaben gegeben, zu denen die gewünschten Ausgaben bekannt sind. Man gibt nun diese Eingaben nacheinander auf das Netz und vergleicht die Ausgaben, die das Netz liefert, mit den gewünschten Ausgaben. Stimmen diese Werte nicht überein, so werden die Gewichte der Kanten im Netz so verändert, daß die Ausgaben mit den gewünschten Werten übereinstimmen. Nach dieser Lernphase werden die Eingaben auf die Eingangsleitungen des Netzes gegeben und die Ausgaben auf den Ausgabeleitungen als die gesuchten Resultate verwendet. Eine ausführlichere Beschreibung der neuronalen Netze findet man z. B. in [17].

15.4.2 Anwendung neuronaler Netze in Kommunikationssystemen

Anwendungen neuronaler Netze findet man in einigen Bereichen der Kommunikationsnetze. Eine Reihe von Arbeiten betreffen die Problematik der Wegewahl (z. B.

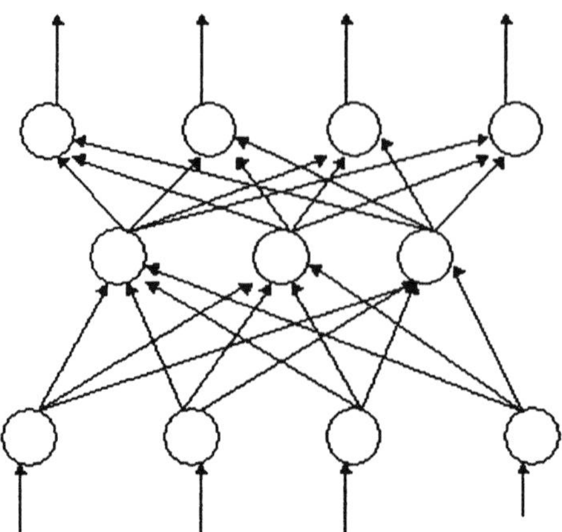

Bild 15.5 Neuronales Netz

[13], [25], [27]. Bromirski [8] beschreibt ein neuronales Netz zur Verkehrsformung
(Traffic Shaping); dabei wird bei der Quelle der Zellenstrom so verformt, daß er das
Netz weniger belastet als der ursprüngliche Strom, die Anforderungen der Quelle
an die Dienstgüte der Übertragung aber nicht beeinträchtigt werden.
Fritsch [14] hat in seiner Dissertation die Anwendung neuronaler Netze in der Planung und Optimierung von mobilen Kommunikationssystemen untersucht. Dabei
wurden drei Probleme der Mobilfunkplanung betrachtet. Das erste Problem betrifft die optimale Positionierung von Funkfeststationen in Abhängigkeit von der
Feldstärkeverteilung und der Verkehrsdichte im Versorgungsgebiet. Ein neuronales Netz wird dabei zur Approximation der Topographie des Versorgungsgebietes
benutzt, die zur Abschätzung der lokalen Verkehrsdichte und der vorherrschenden
Felddichte dient. Das zweite Problem besteht in der Erfassung der Mobilität der Mo-
bilfunkteilnehmer. Mit einem neuronalen Netz wurde die Grundlage für ein System
zur dynamischen Abwehr von Überlastsituationen in mobilen Kommunikationssystemen geschaffen. Das dritte Problem betrifft die dynamische Frequenzkanalzuord-
nung. Fritsch zeigt, daß ein Multi-Layer-Perceptron und eine Boltzmann-Maschine
in der Lage sind, dieses Problem als Mustererkennungsproblem zu handhaben. Seine
Erfahrungen mit dem Einsatz neuronaler Netze faßt Fritsch wie folgt zusammen:
„Die mithilfe der neuronalen Netze erzielten Resultate sind vielversprechend. Allerdings zeigte sich auch deren Abhängigkeit von den Parametern der jeweiligen
neuronalen Netze. Diese Abhängigkeit erweist sich als Hauptproblem bei der Anwendung der neuronalen Netze."

15.5 Zusammenfassung und offene Probleme

In dieser Arbeit wurden verschiedene Verfahren zur Modellierung von Ungewißheit bei Kommunikationssystemen vorgestellt. Interessant sind in diesem Zusammenhang noch die folgenden beiden Arbeiten.

Holtzman [18] vergleicht die Anwendung wahrscheinlichkeitstheoretischer Methoden, von Fuzzy Methoden und neuronalen Netzen bezüglich der Verkehrscharakteristiken in Breitbandnetzen, wobei er auf Arbeiten anderer Autoren zurückgreift. Er kommt zu dem Schluß, daß in den von ihm betrachteten Anwendungsfällen der statistische Ansatz anwendbar ist und vielversprechende Ergebnisse liefert; die Fuzzy Theorie erwies sich als wenig hilfreich, sie zeigte keinerlei Vorteile gegenüber dem statistischen Ansatz. Allerdings könnte das daran liegen, daß die Größe, auf die sich die zu modellierende Ungewißheit bezog, keine linguistische Variable war. Die neuronalen Netze klassifiziert er als interessant, aber ihre Entwicklung müsse man noch beobachten.

Laviolette und Koautoren [19] betrachten Fuzzy Methoden anhand von Beispielen aus der Kontrolltheorie und der statistischen Qualitätskontrolle aus wahrscheinlichkeitstheoretischer und statistischer Sicht. Sie nehmen sich Anwendungsbeispiele vor, von denen behauptet wurde, sie seien nur mit Hilfe der Fuzzy Theorie zu behandeln, und entwickeln wahrscheinlichkeitstheoretische Alternativen. Sie kommen zu dem Schluß, daß die Rechtfertigung der Anwendung der Fuzzy Methoden nicht angemessen ist; in statistischen Anwendungsfeldern biete die Fuzzy Theorie philosophische und praktische Probleme.

Trotz dieser kritischen Bemerkungen kommen wir zu dem Schluß, daß Fuzzy Methoden und neuronale Netze nützliche Werkzeuge sein können. Wir sehen sie nicht als Konkurrenten der Stochastik, da sie andere Arten der Ungewißheit behandeln als die Stochastik.

Literaturverzeichnis

[1] ALLEN, ARNOLD O.: *Probability, Statistics, and Queueing Theory - with Computer Science Applications*, Academic Press: Boston u. a. (2nd Edition) 1990.

[2] ANICK, D.; MITRA, D.; SONDHI, M. M.: Stochastic Theory of a Data-Handling System with Multiple Sources, *The Bell System Technical Journal*, Vol. 61, No. 8, October, S. 1871-1894, 1982.

[3] ARNOLD, WOLFGANG: *Anwendung von Fuzzy Methoden auf Shortest-Path Routing Algorithmen in Rechnerkommunikationsnetzen, Diplomarbeit*, Universität der Bundeswehr München, Fakultät für Informatik 1994.

[4] ARNOLD, W.; HELLENDOORN, H.; SEISING, R.; THOMAS, C.; WEITZEL, A.: Network Routing with Fuzzy Logic - Two Case Studies, *EUFIT 1995* - Aachen, S. 1735-1739, 1995.

[5] ――――: Fuzzy Routing, *Fuzzy Sets and Systems*, **85**, S. 131-153, 1997.

[6] BENSAOU, BRAHIM; LAM, SHIRLEY T. C.; CHU, HON-WAI; TSANG, DANNY H. K.: Estimation of the Cell Loss Ratio in ATM Networks with a Fuzzy System and Application to Measurement-Based Call Admission Control, *IEEE/ACM Trans. Networking*, Vol. 5, No. 4, S. 572-584, 1997.

[7] BONDE, ALLEN R.; GHOSH, SUMIT: A Comparative Study of Fuzzy Versus „Fixed" Thresholds for Robust Queue Management in Cell-Switching Networks, *IEEE/ACM Trans. Networking*, Vol. 2, No. 4, S. 337-344, 1994.

[8] BROMIRSKI, MAREK: *ATM Traffic Shaper with Neural Control. 4th Workshop on Performance Modelling and Evaluation of ATM Networks*, Bradford UK, Participants Proc. No. 25, 1996.

[9] CATANIA, VINCENZO; FICILI, GIUSEPPE; PALAZZO, SERGIO; PANNO, DANIELA: A Comparative Analysis of Fuzzy Versus Conventional Policing Mechanisms for ATM Networks, *IEEE/ACM Trans. Networking*, Vol. 4, No. 3, S. 449-459, 1997.

[10] CHENG, RAY-GUANG; CHANG, CHUNG-JU: Design of a Fuzzy Traffic Controller for ATM Networks, *IEEE/ACM Trans. Networking*, Vol. 4, No. 3, 460 - 469, 1997.

[11] DRIANKOV, D.; HELLENDOORN, H.; REINFRANK, M.: *An introduction to fuzzy control*. Berlin, Heidelberg, New York: Springer 1993.

[12] FORD, L. R.; FULKERSON, D. R.: *Flows in Networks*. Princeton, N.J.: Princeton University Press 1962.

[13] FRITSCH, THOMAS; MANDEL, W.: Communication network routing using neural nets - numerical aspects and alternative approaches, *Intern. Joint Conf. On Neural Networks*, Singapore, IEEE, S. 752-757, 1991,

[14] FRITSCH, THOMAS: *Neuronale Netze in Planung und Optimierung von mobilen Kommunikationssystemen* Hamburg: Kovac 1996.

[15] HELLENDOORN, HANS; SEISING, RUDOLF; METTERNICH, WERNER; NISSEL, MATTHIAS; THOMAS, CHRISTOPH: Verkehrslastregelung in ATM-Netzwerken mit Fuzzy Methoden, *Informatik - Forschung und Entwicklung*, Vol. 12, S. 23-29, 1997.

[16] HELLENDOORN, HANS; SEISING, RUDOLF: Fuzzy Traffic Management for Modern Telecommunications, *Intern. J. Uncertainty, Fuzziness and Knowledge-Based Systems*, Vol. 6, No. 2, S. 189-199, 1998.

[17] HERTZ, J. ET. AL: *Introduction to the theory of neural computation*, Addison Wesley: New York 1991.

[18] HOLTZMAN, J. M.: Coping with broadband traffic uncertainties: Statistical uncertainty, fuzziness, neural networks, *Proc. IEEE GLOBECOM'90*, San Diego, Vol. 1, S. 7-11, 1990.

[19] LAVIOLETTE, MICHAEL; SEAMAN, JOHN W.; BARRETT, J. DOUGLAS; WOODALL, WILLIAM H.: A Probabilistic and Statistical View of Fuzzy Methods. *Technometrics*, Vol. 37, No. 3, 1995.

[20] NAGHSHINEH, M.; GUERIN, R.; AHMADI, H.: Equivalent capacity and ist application to bandwidth allocation in high-speed networks. *IEEE J. Select. Areas Comm.*, Vol.9, No. 7, 1991.

[21] NDOUSSE, T. D.: Fuzzy Neural Control of Voice Cells in ATM Networks, *IEEE J. Select. Areas Comm.*, Vol. 12, No. 9, S. 1488-1494, 1994,

[22] ONVURAL, RAIF O.: *Asynchronous Transfer Mode Networks - Performance Issues*, Artec House: Boston, London (2nd Ed.) 1995.

[23] RATHGEB, E. P.: Modeling and Performance Comparison of Policing Mechanisms for ATM Networks, *IEEE J. Select. Areas Comm.*, Vol. 9, No. 3, S. 325-334, 1991.

[24] RATHGEB, A.; WALLMEIER, E.: *ATM - Infrastruktur für die Hochleistungskommunikation*, Springer: Heidelberg 1997.

[25] RAUCH, H. E.;WINARSKE, T.: Neural networks for routing communication traffic, *IEEE Control Systems Mag.*, S. 26-30, 1988,

[26] TANENBAUM, ANDREW S.: *Computer Networks*, Prentice-Hall: Englewood Cliffs 1981.

[27] THOMOPOULOS, S. C. A.; ZHANG, L.; WANN, C. D.: Neural network imple-
mentation of the shortest path algorithm for traffic routing in communication
networks. *Proc. Intern. Joint Conf. on Neural Networks* Singapore. Vol. 3, IE-
EE 1991.

[28] WEITZEL, ANDREAS: *Lasttypenabhängiges Routing in Kommunikationsnetz-
werken mit Fuzzy Methoden*, Diplomarbeit, Universität der Bundeswehr
München, Fakultät für Informatik 1994.

[29] ZADEH, L. A.: Fuzzy Sets. *Information and Control*, 8), S. 338-353, 1965.

16 Probabilistische und Fuzzy Methoden für die Clusteranalyse

Thomas A. Runkler

Ausgehend von der probabilistischen Clusteranalyse mit dem Fuzzy c-Means (FCM) Modell lassen sich Methoden der nichtprobabilistischen Clusteranalyse herleiten. Eine bekanntes nichtprobabilistisches Modell ist Possibilistisches c-Means (PCM). Eine neue, verallgemeinerte Methode der Clusteranalyse ist die alternierende Clusterschätzung (alternating cluster estimation, ACE), die als spezielle Instanzen sowohl probabilistische als auch nichtprobabilistische Methoden enthält. Anhand einiger Beispiele werden die unterschiedlichen Methoden verglichen: (A) probabilistische Clusteranalyse mit FCM und nichtprobabilistische Clusteranalyse mit (B) PCM und mit (C) tanzenden Kegeln (dancing cones, DC), einer speziellen Instanz von ACE. Die Ergebnisse zeigen, daß probabilistische und nichtprobabilistische Clustermethoden spezifische Vor- und Nachteile besitzen. Es ergeben sich Kriterien im Anwendungskontext, mit denen die am besten geeignete Methodenklasse bestimmt werden kann.

16.1 Einführung

In der numerischen Datenanalyse wird versucht, signifikante Kenngrößen (Merkmale) einer (Daten-)Menge $X = \{x_1, \ldots, x_n\} \subset \mathbb{R}^p$ zu bestimmen. Solche Merkmale können typische/untypische Daten, Strukturen oder funktionelle Abhängigkeiten sein. Ein Beispiel für Strukturen in Daten sind Häufungen, also Punkte, in deren Nähe sich viele Datenpunkte x_k, $k = 1, \ldots, n$, befinden. Sind im Datensatz X mindestens zwei und höchstens $n - 1$ Häufungspunkte deutlich unterscheidbar, so sprechen wir von einer in X enthaltenen Cluster(teil)struktur und nennen die Häufungspunkte *Cluster*. Nichtleere scharfe Cluster $C_i \neq \{\}$, $i = 1, \ldots, c$, können durch Aufzählung der ihnen zugehörigen Datenpunkte spezifiziert werden.

$$C_i = \{x_{i\,1}, \ldots, x_{i\,n_i}\} \subset X, \quad n_i \in \{1, \ldots, n-1\}, \quad i = 1, \ldots, c. \tag{16.1}$$

Da jeder Datenpunkt genau einem scharfen Cluster zugewiesen wird, sind scharfe Cluster paarweise disjunkt

$$C_i \cap C_j = \{\} \quad \forall i,j = 1, \ldots, c, i \neq j, \tag{16.2}$$

und die Vereinigungsmenge ergibt wieder den ursprünglichen Datensatz

$$C_1 \cup \ldots \cup C_c = X, \tag{16.3}$$

d. h. die Cluster $C_1, \ldots C_n$ bilden eine disjunkte Zerlegung von X. Eine alternative Darstellungsart für die in X enthaltenen Cluster ist die Partitionsmatrix $U \in \{0,1\}^{c \times n}$. Jedes Element u_{ik}, $i = 1, \ldots, c$, $k = 1, \ldots, n$, der Partitionsmatrix besitzt den Wert 1, falls x_k dem i-ten Cluster zugehört, und ist ansonsten gleich null. Aus den obigen Bedingungen für Vereinigungs- und Schnittmengen der Cluster folgt für die Elemente der Partitionsmatrix

$$\sum_{k=1}^{n} u_{ik} > 0 \qquad \forall i = 1, \ldots, c \quad \text{und} \tag{16.4}$$

$$\sum_{i=1}^{c} u_{ik} = 1 \qquad \forall k = 1, \ldots, n. \tag{16.5}$$

Bedingung (16.4) fordert, daß jedes Cluster mindestens ein Element besitzt, und Bedingung (16.5) besagt, daß jedes Datum genau einem Cluster zugeordnet wird.

Die scharfe Zuordnung jedes Datums zu genau einem Cluster schafft in der Praxis oft Probleme. Sind die Daten beispielsweise Temperaturmeßwerte und haben die Cluster die Bedeutung „warm" und „kalt", so existiert sicher keine Grenztemperatur, unterhalb derer es zu 100% kalt und oberhalb derer es zu 100% warm ist. Vielmehr erwartet das intuitive Verständnis einen graduellen Übergang von „kalt" nach „warm", also eine teilweise Zuordnung der Daten zu beiden Clustern. Grundlage für eine solche *unscharfe* Zuordnung bildet die Theorie der unscharfen Mengen, die 1965 von Zadeh [14] definiert wurde. Werden die Cluster als unscharfe Mengen interpretiert, so erhält jedes Datum x_k eine Zugehörigkeit $u_{ik} \in [0,1]$ zu jedem Cluster C_i. Die Semantik der Zugehörigkeitswerte 0 und 1 bleibt erhalten; Zwischenwerte nahe bei null bedeuten eine niedrige Zugehörigkeit und Werte nahe bei eins eine hohe Zugehörigkeit. Die Partitionsmatrix $U \in [0,1]^{c \times n}$ heißt *unscharfe Partition*.

Bild 16.1 zeigt den sogenannten Schmetterlings-Datensatz, bestehend aus 11 symmetrisch angeordneten Punkten in $\mathbb{R}^2$. Visuell lassen sich diese Punkte in einen linken und einen rechten Cluster einteilen (weiße und schwarze Punkte). Eine scharfe Partition (Bild 16.1 links) weist den mittleren Punkt eindeutig einem der beiden Cluster zu. Dies widerspricht der intuitiven Erwartung, daß der mittlere Punkt aus Symmetriegründen beiden Clustern zu gleichen Teilen zuzuordnen ist. In einer unscharfen Partition (Bild 16.1 rechts) können die Punkte zu gewissen Graden beiden Clustern zugeordnet werden. Im gezeigten Beispiel erhält der mittlere Punkt die Zugehörigkeit 0.5 zu beiden Clustern.

Bild 16.2 zeigt einen anderen Datensatz, bestehend aus 6 Punkten in $\mathbb{R}^2$. Im mittleren Bild sind die Zugehörigkeiten der Punkte zum ersten Cluster als vertikale Balken dargestellt. Die Balken haben die Höhe null oder eins, also handelt es sich um eine scharfe Partition. Die entsprechende scharfe Partitionsmatrix mit den Einträgen null und eins ist darunter abgebildet. Das rechte Bild zeigt eine unscharfe Partition und die entsprechenden Zugehörigkeitsbalken. Die Zugehörigkeiten sind Werte im Einheitsintervall. Aufgrund von Bedingung (16.5) betragen die Spaltensummen stets eins.

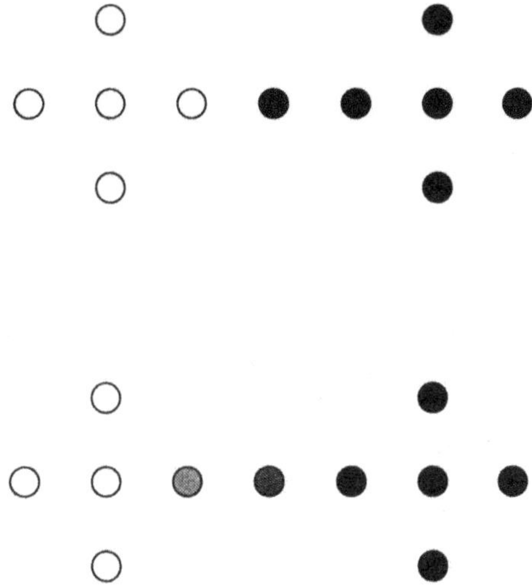

Bild 16.1 Der Schmetterlings-Datensatz: scharfe (oben) und unscharfe Partition (unten).

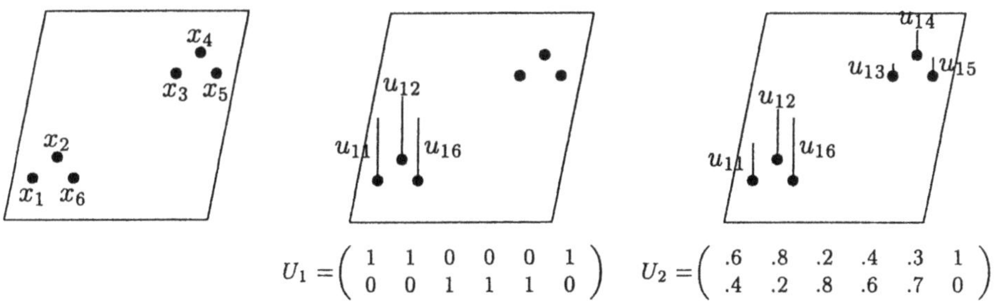

$$U_1 = \begin{pmatrix} 1 & 1 & 0 & 0 & 0 & 1 \\ 0 & 0 & 1 & 1 & 1 & 0 \end{pmatrix} \qquad U_2 = \begin{pmatrix} .6 & .8 & .2 & .4 & .3 & 1 \\ .4 & .2 & .8 & .6 & .7 & 0 \end{pmatrix}$$

Bild 16.2 Datensatz mit den Partitionen U_1 (scharf) und U_2 (unscharf).

16.2 Das Fuzzy c–Means Modell

Wie kann eine sinnvolle unscharfe Partition aus einem gegebenen Datensatz X bestimmt werden? Bezdek [2] schlug hierzu 1981 das Fuzzy c-Means Modell (FCM) vor. FCM ist definiert als das folgende Problem: Gegeben seien ein Datensatz X, eine beliebige Norm $\|.\|$ auf $\mathbb{R}^p$ und ein Unschärfeparameter $m \in (1, \infty)$, minimiere die Kostenfunktion

$$J_{\text{FCM}}(U,V;X) = \sum_{k=1}^{n} \sum_{i=1}^{c} u_{ik}^m \|x_k - v_i\|^2 \qquad (16.6)$$

unter den Randbedingungen (16.4) und (16.5). Dabei ist $V = \{v_1,\ldots,v_c\} \subset \mathbb{R}^p$ eine Menge von Clusterzentren (Punktprototypen).

Die Kostenfunktion (16.6) ist eine mit modifizierten Zugehörigkeitswerten gewichtete Summe der quadratischen Abstände der Punkte zu den Clusterzentren. Sie erhält niedrige Werte, wenn die Punkte innerhalb der Hypersphären um jedes Clusterzentrum eine hohe Zugehörigkeit zu diesem Cluster haben und Punkte außerhalb dieser Hypersphären eine niedrige Zugehörigkeit. Dies entspricht der Forderung, daß Punkte, die nahe beieinander liegen, möglichst zum selben Cluster gehören sollten, und daß Punkte, die einen hohen Abstand voneinander haben, unterschiedlichen Clustern zugehören.

Die Minimierung der FCM-Kostenfunktion (16.6) unter den Randbedingungen (16.4) und (16.5) kann mit Hilfe der Multiplikatorenmethode von Lagrange erfolgen. Dazu wird zunächst die Hilfsfunktion

$$F(U,V,\lambda; X) = \sum_{k=1}^{n} \sum_{i=1}^{c} u_{ik}^m \|x_k - v_i\|^2 - \lambda \cdot \left(\sum_{i=1}^{c} u_{ik} - 1 \right) \qquad (16.7)$$

gebildet. Eine notwendige Bedingung für lokale Extrema von $J_{\mathrm{FCM}}(U,V;X)$ unter der Randbedingung (16.5) folgt aus dem Nullsetzen der partiellen Ableitungen $\partial F/\partial u_{ik}$ und $\partial F/\partial \lambda$:

$$\frac{\partial F}{\partial \lambda} = \sum_{i=1}^{c} u_{ik} - 1 = 0, \qquad (16.8)$$

$$\frac{\partial F}{\partial u_{ik}} = m u_{ik}^{m-1} \|x_k - v_i\|^2 - \lambda = 0 \quad \Rightarrow u_{ik} = \left(\frac{\lambda}{m\|x_k - v_i\|^2} \right)^{\frac{1}{m-1}} . \quad (16.9)$$

Einsetzen von u_{ik} in (16.8) ergibt

$$\left(\frac{\lambda}{m} \right)^{\frac{1}{m-1}} \sum_{i=1}^{c} \left(\frac{1}{\|x_k - v_i\|^2} \right)^{\frac{1}{m-1}} - 1 = 0 \qquad (16.10)$$

$$\Rightarrow \left(\frac{\lambda}{m} \right)^{\frac{1}{m-1}} = 1 \left/ \sum_{j=1}^{c} \left(\frac{1}{\|x_k - v_j\|} \right)^{\frac{2}{m-1}} \right. . \qquad (16.11)$$

Einsetzen von $(\lambda/m)^{1/(m-1)}$ in (16.9) ergibt schließlich

$$u_{ik} = 1 \left/ \sum_{j=1}^{c} \left(\frac{\|x_k - v_i\|}{\|x_k - v_j\|} \right)^{\frac{2}{m-1}} \right. . \qquad (16.12)$$

Die zweite notwendige Bedingung für lokale Extrema von $J_{\mathrm{FCM}}(U,V;X)$ folgt direkt aus dem Nullsetzen der partiellen Ableitung $\partial J_{\mathrm{FCM}}/\partial v_i$. Ist die Norm $\|.\|$ ein inneres Produkt, so gilt

$$\frac{\partial J_{\mathrm{FCM}}}{\partial v_i} = 0 \quad \Rightarrow \quad \sum_{k=1}^{n} u_{ik}^m (x_k - v_i) = \emptyset \qquad (16.13)$$

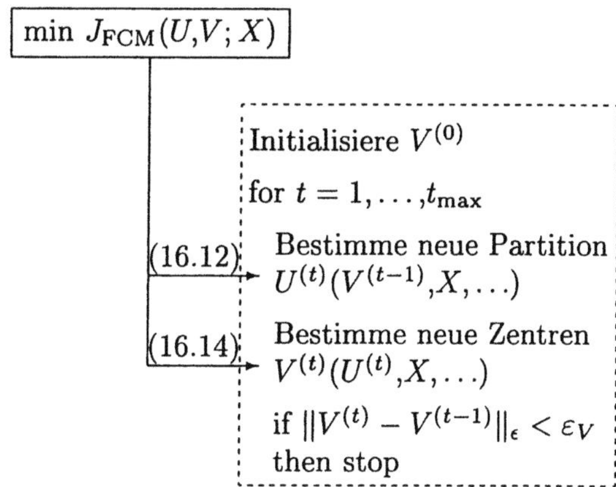

Bild 16.3 Alternierende Optimierung des FCM-Modells.

und daraus folgt

$$v_i = \frac{\sum\limits_{k=1}^{n} u_{ik}^m\, x_k}{\sum\limits_{k=1}^{n} u_{ik}^m}. \tag{16.14}$$

Die beiden notwendigen Bedingungen für lokale Extrema von $J_{\mathrm{FCM}}(U,V;X)$ (16.12),(16.14) können für ein iteratives Optimierungsverfahren genutzt werden. Nach zufälliger Initialisierung der Clusterzentren V werden die Elemente der Partitionsmatrix U nach (16.12) berechnet, und im nächsten Schritt werden die Clusterzentren V nach (16.14) neu bestimmt. So werden abwechselnd U und V berechnet, bis die neuen Clusterzentren nach einem geeigneten Maß nur noch wenig von den alten Zentren abweichen. Wegen der abwechselnden Berechnung von U und V wird dieses Verfahren *alternierende Optimierung* (AO) genannt. Bild 16.3 zeigt die Struktur des AO-Algorithmus'. Die Bestimmungsgleichungen für U und V im Algorithmus (gestrichelter Kasten) werden direkt aus dem Modell (durchgezogener Kasten) bestimmt (Gleichungen 16.12 und 16.14). Da das Modell auch mit anderen Methoden optimiert werden kann (z.B. durch Relaxation [6], genetische Algorithmen [1], Reformulierung [5] oder Artificial-Life-Methoden [9]), ist es wichtig, Modell und Algorithmus zu unterscheiden. Wir nennen daher das Modell „Fuzzy c-Means (FCM)" und den hier vorgestellten Algorithmus „Fuzzy c-Means Alternierende Optimierung (FCM-AO)".

Die Normierungsbedingung (16.5) erinnert an eine probabilistische Randbedingung. Gleichung (16.5) besagt, daß die Summe der Zugehörigkeiten eines jeden Vektors zu allen Clustern gleich eins ist. Eine Wahrscheinlichkeitsverteilung besitzt die Fläche eins, d. h., für diskrete Grundgesamtheiten ist die Summe aller Wahrscheinlichkeiten gleich eins. Wegen dieser Dualität wird (16.5) auch probabilistische

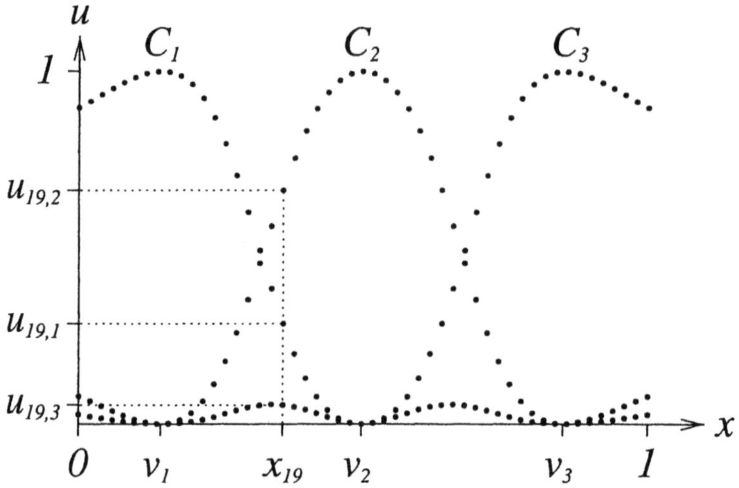

Bild 16.4   Mit FCM-AO erzeugte Partition.

Normierung genannt, und Fuzzy c-Means wird als probabilistische Clustermethode bezeichnet.

Als Beispiel wird FCM-AO auf den eindimensionalen Datensatz

$$X = \{0, 0.02, 0.04, \ldots, 0.98, 1\} \tag{16.15}$$

angewandt. Die Anzahl der Cluster betrage $c = 3$, der Unschärfeparameter sei $m = 2$, und es werden höchstens $t_{\max} = 100$ Iterationsschritte durchgeführt. Die so erhaltene Partition ist in Bild 16.4 dargestellt. Jeder Punkt entspricht der Zugehörigkeit eines Elements des Datensatzes zu einem der drei Cluster. Die Zugehörigkeiten des Punktes x_{19} $(u_{19,1}, u_{19,2}, u_{19,3})$ sind als Beispiel besonders hervorgehoben. Die abgebildeten Punkte stellen Punkte des Graphen der Zugehörigkeits*funktionen* $u_1(x)$, $u_2(x)$ und $u_3(x)$ dar, so daß $u_i : X \to [0,1]$, $\forall i = 1, 2, 3$. Aufgrund der (probabilistischen) Normalisierungsbedingung (16.5) steigen die Zugehörigkeitsfuktionen außerhalb des betrachteten Bereichs auf den Wert $u = 1/c = 1/3$ an. Scharfe Mengen von Elementen aus X, die eine Zugehörigkeit größer $u = \alpha$ zu einem der Cluster besitzen, sogenannte α-Schnitte, sind nicht konvex. Wir nennen daher die mit FCM-AO gefundenen Zugehörigkeitsfunktionen nichtkonvex.

16.3   Possibilistische Clusteranalyse

Aufgrund der (probabilistischen) Randbedingung (16.5) erhalten weit entfernt liegende Ausreißer im FCM-Modell stets die Zugehörigkeit $u = 1/c$. In einigen Anwendungen erscheint dieser Effekt wenig intuitiv. Statt dessen wäre es dort wünschenswert, Ausreißern die Zugehörigkeit null in allen Clustern zuzuweisen. Hierzu muß jedoch die (probabilistische) Randbedingung (16.5) fallengelassen werden und wir erhalten ein *nichtprobabilistisches Clustermodell*. Wird jedoch einfach die Kostenfunktion J_{FCM} aus (16.6) ohne Randbedingung (16.5) minimiert, so erhält man die Triviallösung $u_{ik} = 0$, $i = 1, \ldots, c$, $k = 1, \ldots, n$. Um dies zu vermeiden, addierten Krishnapuram und Keller [7] einen Strafterm für niedrige Zugehörigkeiten in der Kostenfunktion (16.6) und erhielten das sogenannte *possibilistische c-Means Modell* (PCM): Gegeben ein Datensatz X, eine beliebige Norm $\|.\|$ und ein Unschärfeparameter $m \in (1, \infty)$, minimiere die Kostenfunktion

$$J_{\text{PCM}}(U, V; X) = \sum_{k=1}^{n} \sum_{i=1}^{c} \left(u_{ik}^m \|x_k - v_i\|^2 + \eta_i (1 - u_{ik})^m \right) \tag{16.16}$$

unter der Randbedingung (16.4). Dabei ist $V = \{v_1, \ldots, v_c\} \subset \mathbb{R}^p$ eine Menge von Clusterzentren (Punktprototypen) und die Abstandsparameter $\eta_1, \ldots, \eta_c \in \mathbb{R}^+ \backslash \{0\}$ sind benutzerspezifisch. Krishnapuram und Keller schlagen verschiedene Methoden für die Wahl der η_i, $i = 1, \ldots, c$ vor, z. B.

$$\eta_i = K \frac{\sum\limits_{k=1}^{n} u_{ik}^m \|x_k - v_i\|^2}{\sum\limits_{k=1}^{n} u_{ik}^m} \tag{16.17}$$

mit $K \in \mathbb{R}^+ \backslash \{0\}$ (typischer Wert: 1) oder

$$\eta_i = \frac{\sum\limits_{k=1}^{n} (u_{ik})^{\geq \alpha} \|x_k - v_i\|^2}{\sum\limits_{k=1}^{n} (u_{ik})^{\geq \alpha}} \tag{16.18}$$

mit dem α-Schnitt ($\alpha \in (0,1]$)

$$(u_{ik})^{\geq \alpha} = \begin{cases} 0, & \text{falls } u_{ik} < \alpha \\ 1, & \text{falls } u_{ik} \geq \alpha. \end{cases} \tag{16.19}$$

Aus den notwendigen Bedingungen für lokale Extrema von J_{PCM} (16.16) lassen sich wie für das FCM-Modell Bestimmungsgleichungen für die Zugehörigkeiten

$$u_{ik} = \frac{1}{1 + \left(\frac{\|x_k - v_i\|_A}{\sqrt{\eta_i}} \right)^{\frac{2}{m-1}}}, \quad i = 1, \ldots, c, \quad k = 1, \ldots, n, \tag{16.20}$$

und für die Clusterzentren herleiten:

$$v_i = \frac{\sum\limits_{k=1}^{n} u_{ik}^m x_k}{\sum\limits_{k=1}^{n} u_{ik}^m}, \quad i = 1, \ldots, c. \tag{16.21}$$

Eine Minimierung des PCM-Modells kann wie bei FCM durch alternierende Optimierung mit (16.20) und (16.21) erfolgen (Bild 16.3). Den entsprechenden Algorithmus nennen wir PCM-AO.

Bild 16.5 zeigt die Resultate von PCM-AO für den Datensatz $X = \{0, 0.02, 0.04, \ldots, 0.98, 1\}$ mit $c = 2$, $m = 2$, $\eta_i = 0.005$ und $t_{\max} = 100$. Offensichtlich ist die Summe der Zugehörigkeiten nicht stets gleich eins. Die Zugehörigkeiten weiter entfernt liegender Punkte konvergieren wunschgemäß gegen null. Außerdem sind die erhaltenen Zugehörigkeitfunktionen offensichtlich konvex.

Die t_1- oder Cauchy-Verteilung ist definiert als

$$F_{\text{Cauchy}}(t) = \frac{1}{2} + \frac{1}{\pi} \arctan t, \tag{16.22}$$

$t \in \mathbb{R}$. Die t_1- oder Cauchy-Dichtefunktion ist

$$f_{\text{Cauchy}}(t) = \frac{1}{\pi} \frac{1}{1 + t^2}. \tag{16.23}$$

Für $m = 2$, $\eta_i = 1$ und den Euklidischen Abstand $\|x\| = \sqrt{x^T x}$ und $p = 1$ lauten die mit PCM-AO erhaltenen Zugehörigkeiten (16.20)

$$u_{ik} = \pi \cdot f_{\text{Cauchy}}(x_k - v_i). \tag{16.24}$$

Wir nennen daher (16.20) eine *Cauchy-Funktion*.

Trotz des gegenüber J_{FCM} (16.6) eingeführten Korrekturterms in J_{PCM} (16.16) konvergiert PCM-AO deutlich schlechter als FCM-AO, d. h. es sind meist deutlich mehr Iterationsschritte notwendig, um eine zufriedenstellende Lösung zu erhalten. Außerdem fallen bei PCM-AO mitunter einzelne Clusterzentren zusammen und führen so zu einer unterbestimmten Lösung. Solche Konvergenzprobleme können manchmal dadurch verringert werden, daß zur Initialisierung der Cluster zunächst einige Schritte FCM-AO durchgeführt werden.

16.4 Alternierende Clusterschätzung

Allgemein sind die Formen und Eigenschaften der durch alternierende Optimierung erhaltenen Zugehörigkeitfunktionen durch die Gleichungen zur Berechnung der Zugehörigkeiten festgelegt. Diese Gleichungen sind direkt aus der Kostenfunktion des Modells abgeleitet. Häufig ist es jedoch wünschenswert, die Formen und Eigenschaften der Zugehörigkeitfunktionen *direkt* zu spezifizieren. Hierzu muß das Prinzip der Kostenfunktionsmodelle verlassen werden, und es ergibt sich ein verallgemeinertes Modell der alternierenden Optimierung. Dieses verallgemeinerte Modell benutzt die *Architektur* der alternierenden Optimierung, läßt aber *benutzerdefinierte* Funktionen zur Bestimmung der Partitionen und Prototypen zu (Bild 16.6). Einige Instanzen dieses Modells optimieren bestimmte Kostenfunktionen. Werden z. B. die Partitionsfunktion (16.12) und die Prototypfunktion (16.14) eingestellt, so wird die FCM-Kostenfunktion (16.6) minimiert. Entsprechen die Einstellungen

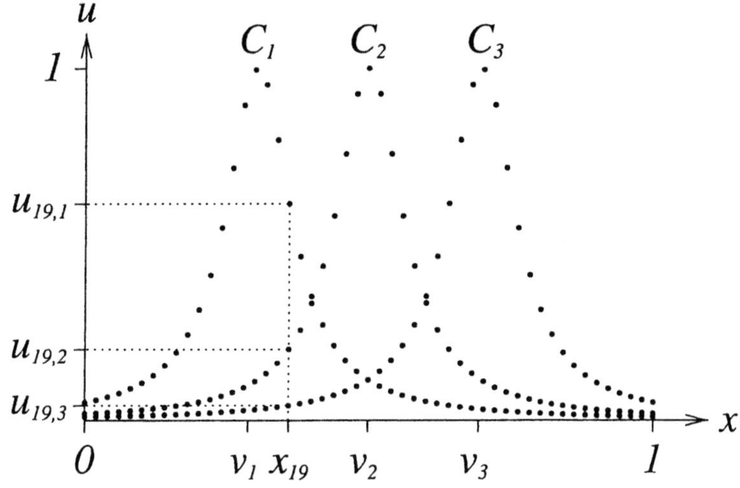

Bild 16.5 Mit PCM-AO erzeugte Partition.

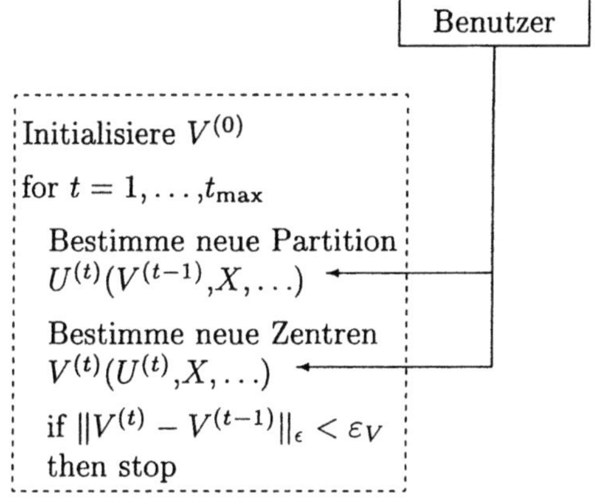

Bild 16.6 Alternierende Clusterschätzung (ACE).

von Partitions- und Prototypfunktion dagegen keiner bestimmten Kostenfunktion, so werden die Cluster durch abwechselnde Berechnung von Partitionen und Prototypen *geschätzt*. Wir nennen dieses Modell daher *alternierende Clusterschätzung* (englisch *alternating cluster estimation, ACE*) [12, 10, 11]. Anwendungsbeispiele für diese Clustermethode sind in [13, 10, 11] zu finden.

Zur Verwendung als Partitionsfunktionen in ACE eignen sich beispielsweise:

- Hyperkonische Zugehörigkeitsfunktionen

$$u_{ik} = \begin{cases} 1 - \frac{\|x_k - v_i\|}{r_i} & \text{falls } \|x_k - v_i\| \leq r_i \\ 0 & \text{sonst} \end{cases} \tag{16.25}$$

Als Sonderfall von Dreiecksfunktionen ($p = 1$) werden diese häufig in Fuzzy Reglern [3] eingesetzt, erfüllen einige Optimalitätskriterien [8] und lassen sich einfach mit wenigen Parametern implementieren.

- Exponentielle Zugehörigkeitsfunktionen

$$u_{ik} = e^{-\left(\frac{\|x_k - v_i\|}{\sigma_i}\right)^{\alpha}} \tag{16.26}$$

Die Form dieser Zugehörigkeitsfunktionen, die häufig in künstlichen neuronalen Netzen eingesetzt werden, läßt sich durch die Parameter $\alpha, \sigma_i \in \mathbb{R}^+ \backslash \{0\}$ festlegen. Für hohe Werte von α sind die Zugehörigkeitsfunktionen stumpf, für niedrige α spitz. Exponentielle Zugehörigkeitsfunktionen erstrecken sich über ganz $\mathbb{R}^p$, ihr Grenzwert für $\|x_k - v_i\| \to \infty$ ist null.

Als Prototypfunktion kann z. B. die sogenannte BADD-Defuzzifizierung [4] verwendet werden, so daß

$$v_i = \frac{\sum\limits_{k=1}^{n} u_{ik}^{\gamma} x_k}{\sum\limits_{k=1}^{n} u_{ik}^{\gamma}}. \tag{16.27}$$

Im folgenden betrachten wir ein Beispiel einer ACE-Instanz, für die sich eine Kostenfunktion nicht ohne weiteres bestimmen läßt. Diese Instanz ist spezifiziert durch hyperkonische Zugehörigkeitsfunktionen (16.25) und BADD-Defuzzifizierung mit $\gamma = 1$. Da die entstehenden Cluster kegelförmig sind und sich im Laufe der Iterationen durch $\mathbb{R}^p$ bewegen, wird dieser Algorithmus auch *„Tanzende Kegel"* (englisch *dancing cones, DC*) genannt. Bild 16.7 zeigt die Clusterergebnisse für DC mit $X = \{0, 0.02, 0.04, \ldots, 0.98, 1\}$, $c = 2$, $m = 2$, $t_{\max} = 100$ und einer heuristischen Bestimmung geeigneter Radien durch

$$r_i = \frac{x_{\max} - x_{\min}}{c + 1} = \frac{1}{4}. \tag{16.28}$$

Da der Datensatz eindimensional ist ($p = 1$), erscheinen die Zugehörigkeitsfunktionen als Dreiecke. Wie schon bei PCM-AO sind die erhaltenen Zugehörigkeitsfunktionen konvex. Darüber hinaus erstrecken sie sich nur über einen Teilbereich der Grundmenge und besitzen außerhalb dessen die Zugehörigkeitswerte null. Dadurch sind sie sehr unempfindlich gegenüber Ausreißern, denn diese erhalten stets die Zugehörigkeit null und beeinflussen so das Ergebnis überhaupt nicht. Andererseits werden im Laufe der Clusterschätzung stets nur Punkte des Datensatzes berücksichtigt, die in mindestens einem Cluster eine von null verschiedene Zugehörigkeit

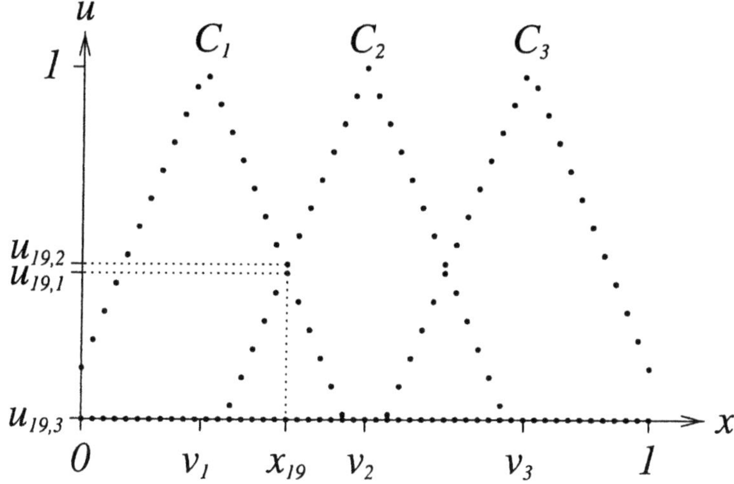

Bild 16.7 Mit ACE (tanzenden Kegeln) erzeugte Partition.

besitzen. Es ist daher notwendig, bei der Initialisierung die Cluster bereits so zu wählen, daß sie die interessierenden Bereiche abdecken. Dies kann wie schon bei PCM-AO dadurch geschehen, daß zunächst einige Schritte FCM-AO und erst dann die Clusterschätzung mit DC durchgeführt wird.

16.5 Vergleiche

Zum Vergleich zwischen probabilistischen und nichtprobabilistischen Clustermethoden betrachten wir (A) FCM-AO als probabilistische Methode und (B) PCM-AO sowie (C) die ACE-Instanz DC als nichtprobabilistische Methoden. Bei allen drei Algorithmen initialisieren wir die Clusterzentren zufällig als $v_i^{(0)} \in [0,1]^2$, $i = 1,\ldots,c$, und verwenden die Parameter $c = 2$, $t_{\max} = 100$, $\|V\|_\varepsilon = \max_{i=1,\ldots,c;\, l=1,\ldots,p}\{v_i^{(l)}\}$, sowie $\varepsilon_V = 10^{-10}$. Alle drei Algorithmen werden auf vier einfache Beispieldatensätze angewandt. Die beiden ersten Datensätze werden dadurch erzeugt, daß zwei getrennte quadratische Flächen a_1 und a_2 in $[0,1]^2$ mit n_1 und n_2 Zufallspunkten gefüllt werden. Wir definieren die entsprechenden Punktdichten als $d_1 = n_1/a_1$ und $d_2 = n_2/a_2$ und betrachten die Datensätze X_1 und X_2 gemäß Tabelle 16.1.

Bild 16.8 zeigt diese Datensätze (kleine Punkte, oben X_1 und unten X_2) und die entsprechenden mit den drei verschiedenen Clusteralgorithmen erhaltenen Clusterzentren (große Punkte). FCM-AO und DC führen in beiden Fällen zu guten Ergebnissen, während PCM-AO für X_2 ein unterbestimmtes Ergebnis mit zwei aufeinanderfallenden Clusterzentren liefert – anscheinend wird der Cluster mit niedrigerer Dichte in diesem Fall als Rauschen interpretiert.

X	n_1	n_2	a_1	a_2	d_1	d_2	
X_1	100	100	$\left(\frac{1}{2}\right)^2$	$\left(\frac{1}{2}\right)^2$	400	400	$*_1 = *_2$
X_2	160	40	$\left(\frac{2}{3}\right)^2$	$\left(\frac{1}{3}\right)^2$	360	360	$d_1 = d_2$

Tabelle 16.1 Die Datensätze X_1 und X_2.

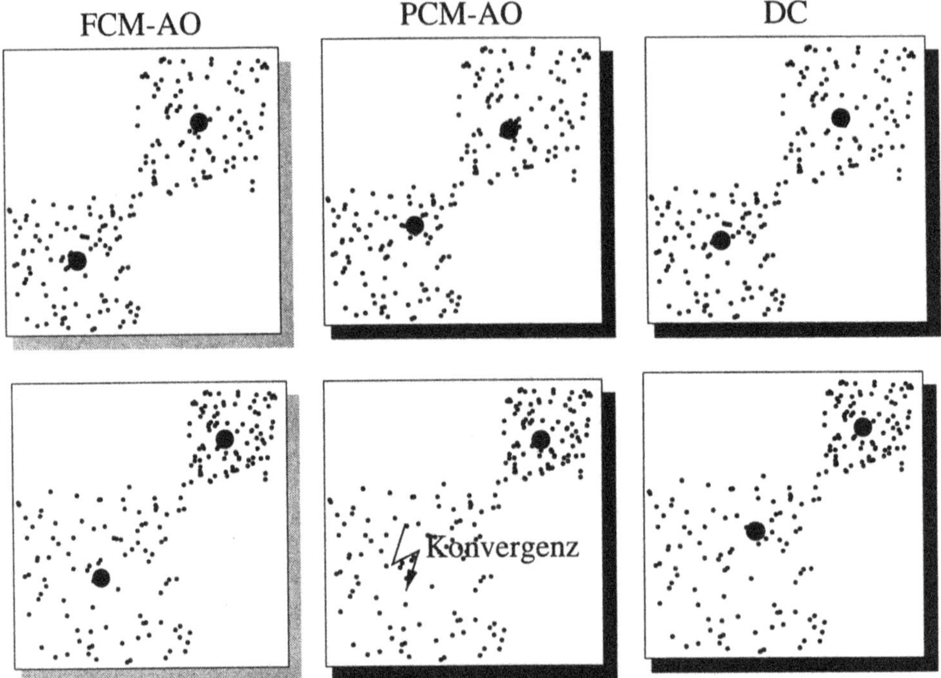

Bild 16.8 Beispiel 1 und 2.

Die beiden anderen hier betrachteten Datensätze benutzen verrauschte Datensätze (Bild 16.9). X_3 (obere Zeile) enthält $n_1 = n_2 = 50$ Zufallspunkte in zwei kleinen Flächen $a_1 = a_2 = (1/10)^2$ und 100 zusätzliche Punkte, die zufällig über $[0,1]^2$ verteilt werden. PCM–AO und DC erkennen die beiden Klassen richtig, während FCM–AO vom Hintergrundrauschen gestört wird. In X_4 (untere Zeile) wurde der Originaldatensatz X_1 benutzt und ein extremer Ausreißer bei $x_K = (30,30)$ hinzugefügt, der außerhalb des in Bild 16.9 gezeigten Bereiches liegt. Die Ergebnisse von PCM–AO und DC werden durch den Ausreißer nicht beeinflußt, während FCM–AO beide Clusterzentren in Richtung des Ausreißers bewegt (das obere Zentrum liegt ebenfalls außerhalb des dargestellten Bereichs, wie durch den Pfeil dargestellt).

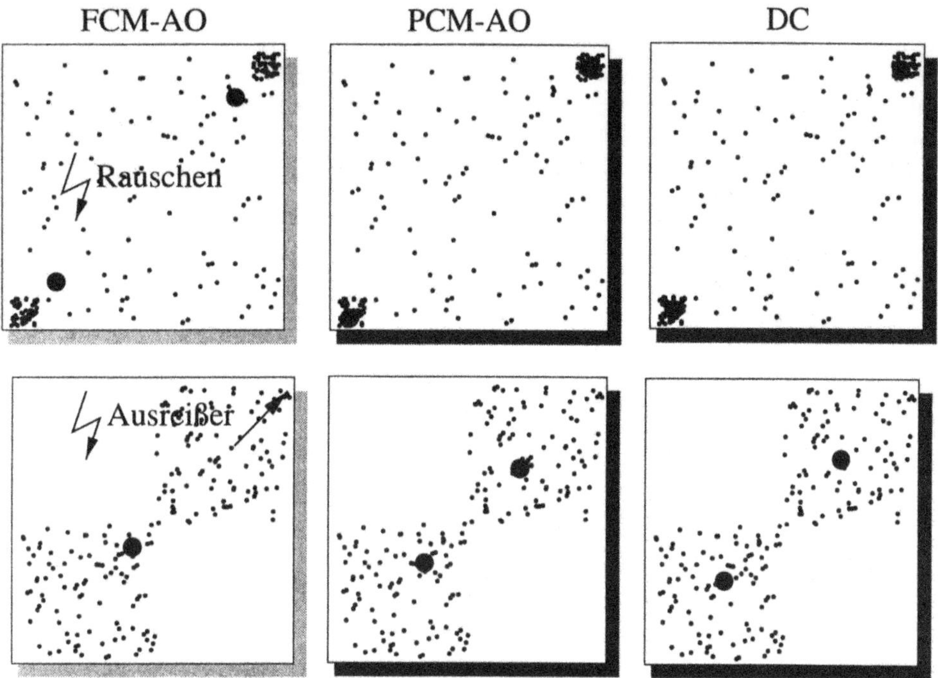

Bild 16.9 Beispiel 3 und 4.

In diesen Experimenten werden von der probabilistischen Methode FCM-AO gute Ergebnisse erzielt, wenn die Daten wenig verrauscht sind oder keine starken Ausreißer besitzen. Die nichtprobabilistischen Methoden PCM-AO und DC führen auch für verrauschte oder ausreißerbehaftete Datensätze zu guten Ergebnissen, allerdings konvergieren sie langsamer und führen manchmal zu unterbestimmten Ergebnissen (wie PCM-AO für X_2).

16.6 Ergebnisse

Wie in der Herleitung der unterschiedlichen Clustermethoden deutlich wurde, sind probabilistische und nichtprobabilistische Clustermethoden unterschiedlich motiviert und folgen unterschiedlichen Randbedingungen. Ein wesentlicher Unterschied ist die probabilistische Randbedingung, die im FCM-Modell fordert, daß die Summe der Zugehörigkeiten eines Punktes zu allen Clustern gleich eins ist.

Die Experimente mit unterschiedlichen Datensätzen haben ergeben, daß probabilistische Clustermethoden robust sind gegenüber Initialisierungen bzw. Parametervariationen und daß sie schnell Lösungen in der Nähe (lokaler) Optima finden.

Andererseits scheinen probabilistische Clustermethoden besonders empfindlich zu sein gegenüber Rauschen und Ausreißern.

Nichtprobabilistische Clustermethoden besitzen durch das Ignorieren der probabilistischen Randbedingung höhere Freiheitsgrade und lassen sich daher an spezielle Aufgabenstellungen individuell anpassen. Sie sind relativ unempfindlich gegenüber Rauschen und Ausreißern, konvergieren jedoch langsamer als probabilistische Methoden und können zu unterbestimmten Lösungen führen.

Die Frage, welche der beiden Klassen von Clustermethoden die geeignetere ist, läßt sich daher nur im Anwendungskontext beantworten. Sind in einer Anwendung Robustheit und schnelle Konvergenz von großer Bedeutung, so sind mit probabilistischen Methoden bessere Ergebnisse zu erwarten. Ist dagegen eine individuelle Anpassung an die Aufgabenstellung gewünscht oder enthalten die verfügbaren Daten einen hohen Anteil an Rauschen oder Ausreißern, so sind nichtprobabilistische Methoden möglicherweise geeigneter.

Literaturverzeichnis

[1] BABU, G. P.; MURTY, M. N.: Clustering with evolutionary strategies. *Pattern Recognition*, **27**(2): S. 321–329, 1994.

[2] BEZDEK, J. C.: *Pattern Recognition with Fuzzy Objective Function Algorithms.* Plenum Press, New York 1981.

[3] DRIANKOV, D.;HELLENDOORN, H.;REINFRANK, M.: *An Introduction to Fuzzy Control.* Springer, Berlin 1993.

[4] FILEV, D. P.; YAGER, R R.: A generalized defuzzification method via BAD distributions. *International Journal of Intelligent Systems*, **6**: S. 687–697, 1991.

[5] HATHAWAY, R. J.; BEZDEK, J. C.: Optimization of clustering criteria by reformulation. *IEEE Transactions on Fuzzy Systems*, **3**(2): S. 241–245, 1995.

[6] KAMEL, M. S.; SELIM, S. Z.: A thresholded fuzzy c–means algorithm for semi–fuzzy clustering. *Pattern Recognition*, **24**(9): S. 825–833, 1991.

[7] KRISHNAPURAM, R.;KELLER, M.: A possibilistic approach to clustering. *IEEE Transactions on Fuzzy Systems*, **1**(2): S. 98–110, 1993.

[8] PEDRYCZ, W.: Why triangular membership functions? *Fuzzy Sets and Systems*, **64**(1): S. 21–30, 1994.

[9] RUNKLER, T. A.; BEZDEK, J. C.: Living clusters: An application of the El Farol algorithm to the fuzzy c–means model. In *Proc. European Congress on Intelligent Techniques and Soft Computing*, S. 1678–1682, Aachen, Sept. 1997.

[10] ______: RACE: Relational alternating cluster estimation and the wedding table problem. In: BRAUER, W. (editor): *Fuzzy-Neuro-Systems '98, München*, volume 7 of *Proceedings in Artificial Intelligence*, S. 330–337, March 1998.

[11] ______: Regular alternating cluster estimation. In *Proc. European Congress on Intelligent Techniques and Soft Computing*, S. 1355–1359, Aachen, Sept. 1998.

[12] ______: Alternating cluster estimation: A new tool for clustering and function approximation. *IEEE Transactions on Fuzzy Systems*, to appear, 1999.

[13] ______: Function approximation with polynomial membership functions and alternating cluster estimation. *Fuzzy Sets and Systems*, **101**(2), 1999.

[14] ZADEH, L. A.: Fuzzy sets. *Information and Control*, **8**: S. 338–353, 1965.

17 Fuzzy Methoden in der Datenanalyse

Christian Borgelt, Jörg Gebhardt und Rudolf Kruse

17.1 Fuzzy Datenanalyse

Das Gebiet der Datenanalyse entwickelt sich rasch, da wegen der Menge derzeit erfaßter und der Auswertung harrender Daten einfach zu handhabende und leicht zu verstehende Analysetechniken in vielen Bereichen der Industrie, der Medizin etc. benötigt werden. Die *Fuzzy Datenanalyse* erfreut sich wachsender Beliebtheit, weil die im Bereich der Fuzzy Systeme entwickelten Methoden oft besonders leicht zu verstehen und daher einfach anzuwenden sind – wie ja schon die Entwicklung und der Einsatz der Fuzzy Regelungstechnik zeigte.

Leider stimmt diese Einschätzung für die Fuzzy Datenanalyse nur zum Teil, wie wir in diesem Aufsatz zeigen. (Fuzzy Daten) Analysen sind in Wahrheit ziemlich kompliziert, da mit ihnen versucht wird, statistische Aussagen aus unscharfen Daten abzuleiten. Nun ist aber schon die statistische Analyse scharfer Daten nicht immer einfach. Berücksichtigt man Unschärfe wie Impräzision und Vagheit, führt dies oft zu ziemlich komplizierten Modellen. Einige Resultate aus diesem Bereich werden im Abschnitt 17.3 beschrieben.

Einfacher sind Fuzzy (Datenanalysen) durchzuführen, denn hier hat man es meist mit gewöhnlichen (scharfen, höchstens mengenwertigen) Daten zu tun, die mit (einfachen) Fuzzy Methoden analysiert werden. Zu diesem Bereich gehören z. B. die Fuzzy Clusteranalyse [2, 26] und das Lernen (possibilistischer) graphischer Modelle (auch (possibilistische) Schlußfolgerungsnetze genannt) aus Daten [14]. In diesem Beitrag beschränken wir uns darauf, letzteres zu skizzieren und das Anwendungspotential dieser Methode für den Bereich der explorativen Datenanalyse aufzuzeigen (siehe Abschnitt 17.5). Im Abschnitt 17.6 wird anhand eines Beispiels der erfolgreiche Einsatz dieser neuen Methode demonstriert.

17.2 Fuzzy Mengen und ihre Interpretation

In der Praxis – sowohl in der Industrie als auch in der Medizin und in anderen Bereichen – liegen Informationen oft nur in unscharfer sprachlicher Form vor, z. B. in Form von Aussagen wie „Der Patient W. hat hohen Blutdruck." Solche Aussagen bezeichnet man auch als *linguistische Daten*. Obwohl Menschen im allg. wenig Probleme haben, mit solchen Daten umzugehen (d. h. die in natürlichsprachlichen Aussagen steckende Information zu verstehen und z. B. beim Treffen von Entscheidungen auszunutzen), ist die mathematische Analyse linguistischer Daten ziemlich kompliziert. Das liegt vor allem daran, daß viele Begriffe natürlicher Sprachen vage sind (Was bedeutet „hoher Blutdruck" genau?), das klassische statistische Instrumentarium aber auf die Untersuchung präziser Zahlenwerte ausgerichtet ist.

Ein gangbarer Weg, die Schwierigkeiten zu überwinden, besteht darin, sprachliche Ausdrücke wie „hoher Blutdruck" u.ä. in geeignete Fuzzy Mengen zu „übersetzen". Der sprachliche Ausdruck wird dazu durch eine unscharfe Menge (Fuzzy Menge) z. B. reeller Zahlen dargestellt, wobei „unscharf" bzw. „fuzzy" bedeutet, daß es zwar einige Zahlenwerte gibt, die sicher zu der Menge gehören und andere, die sicher nicht zu ihr gehören, dazwischen aber eine „penumbra" (ein „Halbschatten") von Zahlenwerten liegt, die nur zu einem gewissen Grade der Menge angehören. Dieser „Halbschatten" soll die unscharfen Grenzen (der Anwendbarkeit) eines sprachlichen Ausdrucks widerspiegeln.

Natürlich hängt die Wahl der Fuzzy Menge vom Kontext ab – z. B. wird „warm" im Zusammenhang mit Speisen durch eine andere Fuzzy Menge von Temperaturwerten dargestellt werden müssen als im Zusammenhang mit Kraftfahrzeug-Motoren. Aber auch bei gegebenem Kontext muß die Semantik der Fuzzy Menge genau festgelegt werden, da zunächst nicht klar ist, was „graduelle Zugehörigkeit" zu einer Menge bedeuten soll. Wir betrachten in diesem Aufsatz zwei verschiedene Interpretationen von Fuzzy Mengen [21], nämlich die *physikalische* und die *epistemische* Interpretation.

Im ersten Fall fassen wir die Fuzzy Menge als Beschreibung eines realen unscharfen Objektes oder Zustandes auf. D. h., die durch die Fuzzy Menge dargestellte Unschärfe wird als Eigenschaft der physikalischen Realität aufgefaßt und nicht als Eigenschaft etwa der Sprache, die eine scharfe Realität nur unscharf beschreibt. Diese Sichtweise findet man z. B. bei der Analyse von Grauwertbildern: Graustufen zwischen Schwarz und Weiß zeigen in dieser Interpretation unscharfe Objektgrenzen an und sind nicht eine unscharfe Beschreibung scharfer Objektgrenzen. Ein anschauliches Beispiel ist der Begriff „Nase", der durch eine Fuzzy Menge von Raumpunkten (oder, bei einem Bild, von Punkten in der Ebene) beschrieben werden könnte. Die Nase eines Menschen geht über in seine Wangen, seine Stirn etc. Es gibt keine (natürliche) scharfe Grenze, die diese Gesichtspartien voneinander trennt – nicht einmal bei einem ganz bestimmten Menschen, geschweige denn bei allen Menschen in gleicher Weise. In dieser (der physikalischen) Deutung wird eine Fuzzy Menge als unveränderliches mathematisches Objekt aufgefaßt, da ja die Unschärfe der Realität entspringt und sich folglich nicht z. B. durch zusätzliche Informationen (gewonnen etwa durch genauere Beobachtungen) verringern läßt.

Im zweiten Fall, der epistemischen Interpretation, werden Fuzzy Mengen benutzt, um Unsicherheit über einen (scharfen) wahren Wert zu modellieren, etwa, weil es die Beobachtungs- und Meßmöglichkeiten nicht zulassen, den wahren Wert eindeutig zu bestimmen. Die durch die Fuzzy Menge dargestellte Unschärfe spiegelt hier die Unvollkommenheit unserer Erkenntnis der Realität wider (daher *epistemische* Interpretation) und ist nicht Eigenschaft dieser Realität. Diese gilt vielmehr als scharf, d. h. als auf einen bestimmten Zustand festgelegt. So hat z. B. ein Patient zu einem gegebenen Zeitpunkt einen bestimmten Blutdruck. Wir könnten ihn im Prinzip genau messen. Steht uns aber kein Meßgerät zur Verfügung und müssen wir uns daher mit indirekten Anzeichen begnügen (z. B. Rötung des Gesichts o. ä.), so bleibt uns nur übrig, uns mit einer Aussage wie „Der Patient W. hat hohen Blutdruck." zu bescheiden. Aber auch eine solche Aussage schränkt die Menge möglicher Werte für den tatsächlichen Blutdruck ein; er läßt einige Werte mehr, andere weniger plausibel erscheinen. In dieser Interpretation ist eine Fuzzy Menge daher eine Quantifizierung der Möglichkeit verschiedener Zustände oder Ereignisse. Sie ist folglich kein unveränderliches mathematisches Objekt, sondern wird durch neue Informationen, etwa die Beobachtung weiterer indirekter Anzeichen, verändert. In der epistemischen Interpretation werden Fuzzy Mengen auch (für Wahrscheinlichkeitstheoretiker u. U. etwas irreführend) als *Possibilitätsverteilungen* bezeichnet [56, 9]. In der Tat konkurrieren sie in dieser Interpretation mit einer wahrscheinlichkeitstheoretischen Beschreibung, da ja Wahrscheinlichkeitsverteilungen ebenfalls Quantifizierungen der Möglichkeit von Zuständen oder Ereignissen sind.

Natürlich gibt es Beziehungen zwischen den beiden Interpretationen. So induziert eine Fuzzy Menge in physikalischer Interpretation eine (sinnvollerweise formal identische) Possibilitätsverteilung. Diese Possibilitätsverteilung gibt an, wie plausibel bestimmte Werte sind, wenn der wahre Wert durch den sprachlichen Ausdruck beschrieben wird, der in die Fuzzy Menge „übersetzt" wurde. z. B. beschreibt die durch die Fuzzy Menge zum Begriff „Nase" induzierte Possibilitätsverteilung, wie plausibel es ist, daß in der Aussage „Er hat einen Fleck auf der Nase." mit dem Ausdruck „auf der Nase" bestimmte Raumpunkte im Gesicht eines Menschen gemeint sind. Denn der Fleck hat natürlich eine bestimmte Lage, die aber durch den Ausdruck „auf der Nase" unscharf beschrieben wird.

Umgekehrt kann man einen Begriff zur Bezeichnung eines (physikalischen) Objektes oder Zustandes definieren, indem man eine Possibilitätsverteilung zum Konzept erhebt. Ein Arzt könnte etwa über ein Meßgerät verfügen, das ihm eine nicht ganz exakte Beobachtung eines physiologischen Merkmals erlaubt. Er stellt nun fest, daß ein bestimmtes Meßergebnis mit einer bestimmten Krankheit verbunden ist. Daher definiert er ein entsprechendes Symptom, das die Krankheit anzeigt. Dieses Symptom wird nun durch eine Fuzzy Menge dargestellt, die sich aus der von dem Meßgerät gelieferten Possibilitätsverteilung ergibt (wir hatten ja angenommen, daß es keine exakte Messung des physiologischen Zustandes erlaubt).

17.3   Statistik mit unscharfen Daten

Der Unterschied zwischen den im vorstehenden Abschnitt besprochenen Interpretationen (den man ja auch schon bei der Interpretation von gewöhnlichen Mengen findet) spielt im folgenden eine wichtige Rolle: Will man Fuzzy Daten statistisch analysieren, so muß man natürlich die Semantik der Fuzzy Mengen berücksichtigen.

Verwendet man die physikalische Interpretation, so muß man eine Statistik aufbauen, in der statt Zahlen Fuzzy Mengen zur Beschreibung von Merkmalen verwendet werden. In diesem Fall werden Zufallsprozesse modelliert, durch die z. B. eine Fuzzy Menge aus einer Menge möglicher Fuzzy Mengen ausgewählt wird, genauso wie bei einer gewöhnlichen Zufallsvariable durch einen Zufallsprozeß ein Zahlenwert aus ihrem Wertebereich ausgewählt wird. Man kann folglich im Prinzip die Methoden der klassischen Wahrscheinlichkeitstheorie und Statistik nutzen. Allerdings sind diese Methoden so zu erweitern, daß man z. B. Erwartungswerte, Varianzen etc. für Zufallsvariablen berechnen kann, deren Werte Fuzzy Mengen sind. Hat man etwa Fuzzy Mengen über Raumpunkte, die jeweils die Nase einer bestimmten Person beschreiben, und hat man eine Wahrscheinlichkeitsverteilung über die Personen, so möchte man als Erwartungswert eine Fuzzy Menge erhalten, die eine Art „Durchschnittsnase" beschreibt.[1] Der Schlüssel zur Erweiterung der Wahrscheinlichkeitstheorie auf Nichtstandarddaten wie Fuzzy Mengen ist gewöhnlich der Beweis eines „starken Gesetzes der großen Zahlen". Kann man dieses Gesetz zeigen, so gelingt oft auch der Beweis einer Verallgemeinerung weiterer aus der klassischen Statistik bekannter Sätze.

Eine Erweiterung der Statistik auf mengenwertige Daten gibt es schon seit längerem [40, 29, 50]. Die Daten sind hier (scharfe) Mengen, die Zufälligkeit ihrer Auswahl wird über einen gewöhnlichen Wahrscheinlichkeitsraum (Ω, S, P) und eine Abbildung $X : \Omega \to 2^D$ modelliert, wobei D eine geeignete Menge ist, deren Teilmengen als Daten auftreten können. Die Abbildung X wird als *zufällige Menge (random set)* bezeichnet; formal ist sie nichts anderes als eine mengenwertige Zufallsvariable. Ein starkes Gesetz der großen Zahlen wurde für zufällige Mengen schon früh bewiesen [1]. Einen Überblick über neuere Resultate in diesem Bereich gibt [23].

Möchte man nun statt einfacher Mengen möglicher Werte unscharfe Beschreibungen in Form von Fuzzy Mengen verwenden, so kann man auf die o. g. Arbeiten zurückgreifen und die Ergebnisse von Mengen auf Fuzzy Mengen erweitern. Viele solcher sogenannten „Fuzzifizierungen" (Verallgemeinerungen auf Fuzzy Mengen) wurden von 1975 bis 1985 für unterschiedliche Bereiche der Mathematik – nicht nur für die Statistik – vorgenommen. Die Fuzzifizierung des starken Gesetzes der großen Zahlen für zufällige Mengen wurde von [46] vorgeschlagen und dann in [30] bewiesen. Die zugrundeliegende Theorie ist ziemlich kompliziert, da die Beweistechniken auf Banach-Räume zurückgreifen müssen. Hauptproblem ist die Wahl einer geeigneten Metrik (Abstandsfunktion) für Fuzzy Mengen. Oft wird ein verallgemeinerter Hausdorff-Abstand benutzt.

Verwendet man statt der physikalischen die epistemische Interpretation von Fuzzy Mengen, so muß man einen anderen Ansatz wählen, da hier der Wert eines Merkmals nach wie vor ein scharfer Wert ist (wie in der klassischen Statistik) und die Fuzzy Menge einen Anteil an der Beschreibung der Unsicherheit über seinen Wert hat. Hier geht man davon aus, daß ein gewöhnlicher Zufallsprozeß vorliegt, der wie üblich durch eine Zufallsvariable $U : \Omega \to I\!R$ beschrieben werden kann. Man nimmt jedoch an, daß die Werte, die diese Zufallsvariable annimmt, nicht mit der nötigen Präzision beobachtet werden können. Der Beobachter erhält nur Beschreibungen in Form von Fuzzy Mengen (genauer: Possibilitätsverteilungen). Diese Situation wird

---

[1] Man beachte, daß eine solche Erwartungswertbildung kein Widerspruch zur Unveränderlichkeit der Fuzzy Mengen in der physikalischen Interpretation ist, denn die sich als Erwartungswert ergebende Fuzzy Menge braucht kein reales Objekt zu beschreiben. Beim Würfeln mit einem gewöhnlichen Würfel ist der Erwartungswert 3.5 der Augenzahl auch kein mögliches Ereignis.

durch eine Abbildung $X : \Omega \to \mathcal{F}(\mathbb{R})$ (wobei $\mathcal{F}(\mathbb{R})$ die Menge aller Fuzzy Mengen über den reellen Zahlen ist) modelliert. X ist eine Zufallsvariable, deren Werte Fuzzy Mengen sind, die jeweils eine unscharfe Beobachtung beschreiben. Sie wird auch als *Fuzzy Zufallsvariable* bezeichnet. In [38] wird die obige Sichtweise erstmals in der Literatur bekannt gemacht. Methodisch ist sie ein Unsicherheitskonzept zweiter Ordnung, da hier die beiden Unsicherheitskonzepte Zufälligkeit (Auswahl des wahren Wertes) und Möglichkeit (unscharfe Beschreibung seiner Beobachtung) gleichzeitig benutzt werden.

Die Idee einer Verallgemeinerung der Statistik auf Fuzzy Daten in der epistemischen Interpretation besteht darin, eine Fuzzy Zufallsvariable $X : \Omega \to \mathcal{F}(\mathbb{R})$ als (unscharfe) Beobachtung einer nicht zugänglichen Zufallsvariablen, des sogenannten Originals U_0 von X, anzusehen. Jede Zufallsvariable $U \in \mathcal{U}$ ist damit als mögliches Original von X in Betracht zu ziehen. Die Möglichkeit, daß U Original von X ist, wird mit dem Grad $\inf_{\omega \in \Omega}\{(X(\omega))(U(\omega))\}$ bewertet. (Die Wahl des inf-Operators läßt sich mit dem Prinzip der minimalen Spezifizität aus der Possibilitätstheorie begründen [37].) Man erhält so eine Fuzzy Menge Orig_X auf der Menge $\mathcal{U}$ der Zufallsvariablen

$$\mathrm{Orig}_X : \mathcal{U} \to [0,1], \quad U \mapsto \inf_{\omega \in \Omega}\{(X(\omega))(U(\omega)),$$

die das unscharfe Wissen vollständig beschreibt. (Hier zeigen sich Beziehungen zur Theorie der zufälligen Mengen: Für jedes $\alpha > 0$ ist die α-Niveaumenge von Orig_X gleich der Menge der sogenannten Selektoren der zufälligen Menge $X_\alpha : \Omega \to 2^{\mathbb{R}}$, $X_\alpha(\omega) = [X(\omega)]_\alpha$ [34].)

Mit Hilfe des bereits erwähnten Prinzips der minimalen Spezifizität kann man verschiedene Kernaussagen der Fuzzy Mengentheorie wie z. B. das Extensionsprinzip ableiten. Mit Hilfe dieses Prinzips wiederum lassen sich Begriffe der klassischen Statistik auf Fuzzy Mengen verallgemeinern. So kann man z. B. die Abbildung $E : \mathcal{U} \to \mathbb{R}$, die jeder Zufallsvariablen (im Falle der Existenz) ihren Erwartungswert zuordnet, mit dem Extensionsprinzip auf Fuzzy Teilmengen von $\mathcal{U}$ erweitern. Für die Fuzzy Mengen Orig_X erhält man

$$E(\mathrm{Orig}_X)(t) = \sup_{U \in \mathcal{U} : E(U)=t}\left\{\inf_{\omega \in \Omega}\{(X(\omega))(U(\omega))\}\right\}.$$

Diese Fuzzy Menge wird als Erwartungswert der Fuzzy Zufallsvariablen X bezeichnet.

Das starke Gesetz der großen Zahlen für Fuzzy Zufallsvariablen wurde in [31, 32] bewiesen. Mittlerweile gibt es eine ganze Reihe von Varianten dieses Gesetzes wie z. B. [42, 41, 45] sowie Verallgemeinerungen des zentralen Grenzwertsatzes, des Theorems von Glinenko-Cartelli, Parameterschätzungen und Fuzzy Tests. Diese Methoden sind in einem Programmsystem namens SOLD (Statistics On Linguistic Data) verfügbar, das im Rahmen einer Kooperation der TU Braunschweig mit der Siemens AG in München implementiert wurde [33, 35].

Allgemein kann man aus der Untersuchung der in diesem Abschnitt angesprochenen Verfahren den Schluß ziehen, daß es sehr rechenaufwendig ist, wenn man versucht, zwei unterschiedliche Ansätze zur Beschreibung unvollkommener Informationen – etwa die Wahrscheinlichkeitstheorie zur Beschreibung von Unsicherheit und die Fuzzy Mengentheorie zur Beschreibung von Vagheit – parallel zu benutzen. Das gleiche gilt auch für vergleichbare in der Literatur bekanntgewordene Ansätze wie die possibilistischen Mengen [25, 7], das GoM-Modell [43], die Fuzzy Informationssysteme [52, 22, 21] und die Bayesschen Analysen von Fuzzy Daten [53]. Viele nützliche Hinweise für die Anwendung der genannten Ansätze findet man in den Monographien [2, 3].

Da, wie gesagt, die parallele Verwendung zweier unterschiedlicher Ansätze zur Modellierung unvollkommener Informationen rechenaufwendig ist, sind Ansätze gefragt, die in der Lage sind, unterschiedliche Aspekte unvollkommener Information in einem gemeinsamen Kalkül darzustellen. Im Falle von Fuzzy Mengen in der physikalischen Interpretation sind solche Versuche sicher problematisch, bei Fuzzy Mengen in der epistemischen Interpretation jedoch leicht möglich: Die Possibilitätstheorie stellt hier einen geeigneten Rahmen bereit. Zwar ließen sich im Prinzip wohl auch alle auftretenden Probleme mit rein probabilistischen Methoden behandeln, doch erscheint die Possibilitätstheorie wegen ihrer Einfachheit oft als sinnvolle Alternative. Das gilt insbesondere in einigen Bereichen der explorativen Datenanalyse (Data Mining) [55], wo man schon aus Komplexitätsgründen oft mit Heuristiken arbeiten muß, so daß eventuelle Verluste gegenüber einer wahrscheinlichkeitstheoretischen Behandlung vernachlässigt werden können.

17.4 Possibilitätsverteilungen und ihre Interpretation

Wie bereits oben gesagt (siehe Abschnitt 17.2), dienen Possibilitätsverteilungen – wie auch die Wahrscheinlichkeitsverteilungen der klassischen Wahrscheinlichkeitstheorie – der Modellierung von Unsicherheit über einen wahren, aber unbekannten Zustand der Wirklichkeit. Z. B. kann man die Unsicherheit über die (tatsächliche) Körpergröße einer bestimmten, als „groß" bezeichneten Person P im Kontext mitteleuropäischer erwachsener Männer darstellen, indem man eine Fuzzy Menge μ über dem Intervall [0,250] (cm) als Interpretation des vagen Begriffes „groß" wählt. Diese kann dann (epistemisch) so gedeutet werden: Wenn jemand sagt, P sei „groß", so bringt er zum Ausdruck, daß für jede Körpergröße x aus der Referenzmenge [0,250] durch den Wert $\mu(x)$ der Möglichkeitsgrad angegeben wird, mit dem P eine Körpergröße von x cm hat. $\mu(x) = 0$ bedeutet, daß es unmöglich ist, daß P x cm mißt (wenn man ihn als „groß" bezeichnet), während $\mu(x) = 1$ bedeutet, daß die Möglichkeit, daß P x cm groß ist, in keiner Weise eingeschränkt werden kann. Für das obige Beispiel wird man etwa für die Person P. eine Körpergröße von weniger als 160 cm als unmöglich und eine Körpergröße von mehr als 190 cm als uneingeschränkt möglich ansehen (wenn P als „groß" bezeichnet wird). Folglich ist $\mu(x) = 0$ für $x \in [0,160)$ und $\mu(x) = 1$ für $x \in (190,250]$. Für das Intervall [160,190] wird man dagegen Zwischenwerte bevorzugen, also Möglichkeitsgrade $\mu(x)$ aus dem offenen Intervall (0,1) wählen.

Dieser intuitive Zugang zum Begriff der Possibilitätsverteilung ist natürlich nicht ausreichend, um eine präzise Semantik von Possibilitätsverteilungen festzulegen. Insbesondere ist noch unklar, was ein Möglichkeitsgrad zwischen 0 und 1 genau bedeuten soll, da ja der Begriff „möglich" im alltäglichen, natürlichsprachlichen Gebrauch zweiwertig ist: Entweder etwas ist möglich oder es ist nicht möglich. Ähnlich wie beim Wahrscheinlichkeitsbegriff gibt es daher verschiedene Ansätze zur Festlegung einer Semantik von Possibilitätsverteilungen, auf die wir im folgenden kurz eingehen.

Zuvor bemerken wir jedoch, daß man dem Semantikproblem – wenigstens mathematisch – auch durch einen axiomatischen Zugang über die Einführung subadditiver Maße entgehen kann [9, 10] – genauso wie die Wahrscheinlichkeitstheorie dem Semantikproblem durch die Kolmogoroffsche Axiomatisierung des Wahrscheinlichkeitsbegriffs als additives Maß ausweicht. Daß man in der Possibilitätstheorie nicht-additive Maße benutzt, liegt im wesentlichen daran, daß man durch Possibilitätsverteilungen Unsicherheit und Impräzision gleichzeitig modelliert, während eine Wahrscheinlichkeitsverteilung nur Unsicherheit bei präzisen Daten beschreibt, wie dies z. B. durch die Elementarität der Werte von Zufallsvariablen zum Ausdruck gebracht wird. Daß eine Possibilitätsverteilung auch Impräzision modelliert, läßt sich sehr gut anhand einer (analog zu dem obigen Beispiel) über dem Intervall [0,250] (cm) definierten Possibilitätsverteilung μ sehen, die für $x \in [180,190]$ den Wert 1 annimmt und sonst 0 ist. Dient die Verteilung μ dazu, die Körpergröße einer Person P anzugeben, so bedeutet dies, daß es für uneingeschränkt möglich gehalten wird, daß P zwischen 180 cm und 190 cm mißt, alle anderen Körperhöhen jedoch ausgeschlossen sind. Die Körpergröße wird folglich impräzise (durch ein Intervall möglicher Werte) beschrieben.

Wenden wir uns nun der Semantik von Possibilitätsverteilungen zu. Neben der bereits erwähnten epistemischen Interpretation von Fuzzy Mengen als Possibilitätsverteilungen [56] ist ein weiterer vielversprechender Weg zu einer Semantik von Possibilitätsverteilungen ihre Interpretation als informationskomprimierte Darstellung einer Datenbank mit Unsicherheit behafteter, eventuell auch impräziser (mengenwertiger) Fallbeispiele. Die unscharfe Beschreibung der Körpergröße von P könnte man dann etwa auf eine Menge von Betrachtungskontexten beziehen (z. B. Vergleich mit anderen (ungefähr) „gleich großen" Personen, deren Körpergrößen man durch scharf begrenzte Intervalle angeben kann), um dann mit Hilfe einer Wahrscheinlichkeitsverteilung über diesen Betrachtungskontexten deren Auswahlwahrscheinlichkeit zur (impräzisen) Beschreibung der Körpergröße von P zu quantifizieren. Für die formale Darstellung empfiehlt sich hier die Verwendung von Zufallsmengen mit der zusätzlichen Semantik der oben erwähnten Betrachtungskontexte. Possibilitätsverteilungen sind bei dieser Sichtweise als (nicht-normalisierte) Ein-Punkt-Überdeckungen von (generalisierten) Zufallsmengen interpretierbar [44, 24]. Dies führt im sogenannten Kontextmodell [15] auf einen sehr vielversprechenden semantischen Rahmen [14, 20]. In diesem Rahmen läßt sich beispielsweise das aus der Theorie der Fuzzy Mengen bekannte, in seinen Anwendungen jedoch eher für die

Possibilitätstheorie typische Extensionsprinzip als einzig sinnvolle, mit der obigen Semantik vereinbare Erweiterung mengenwertiger Operationen zu entsprechenden Operationen auf Possibilitätsverteilungen nachweisen [14].

Mengenwertige Abbildungen auf Wahrscheinlichkeitsräumen zu verwenden, um unsichere und impräzise Daten handhaben zu können, ist eine seit langem bekannte Vorgehensweise [8, 51, 28]. Aus diesem Grund haben sich historisch auch noch andere Sichtweisen von Possibilitätsverteilungen etablieren können, z. B. Possibilitätsverteilungen als Konturfunktionen konsonanter Belief-Funktionen [49] und als Falling Shadows im Sinne der mengenwertigen Statistik [54]. Darüber hinaus gibt es auch noch die – für diesen Aufsatz allerdings weniger wichtigen – Arbeiten, in denen die Possibilitätstheorie als qualitative Unsicherheitstheorie im Rahmen der possibilistischen Logik gesehen wird [11]. Trotz der auf den ersten Blick sehr unterschiedlichen Darstellungsweisen sind Beziehungen zwischen den logischen und numerischen Kalkülen herstellbar. Sie beruhen im wesentlichen darauf, daß Possibilitätsgrade auch bei den numerischen, auf Beschreibungen mit Zufallsmengen basierenden Ansätzen wegen der beim Übergang zu Possibilitätsverteilungen auftretenden Informationskompression im Gegensatz zu Wahrscheinlichkeiten keine Unsicherheitsarithmetik mehr zulassen. Statt dessen muß man sich auf Operationen beschränken, die mit der Ordnungsstruktur der Menge zulässiger Possibilitätsgrade vereinbar sind. Diese Erkenntnis brachte in der jüngsten Forschung die Entwicklung einer von der Arithmetik der Entscheidungstheorie von [48] losgelöste possibilistische Entscheidungstheorie mit eigener Axiomatik hervor [12], die in letzter Konsequenz die Possibilitätstheorie als eigenständige normative Theorie zur Modellierung von Unsicherheit und Impräzision etablieren wird.

17.5 Possibilistische graphische Modelle

Sollen Informationen in einem wissensbasierten System dargestellt und verarbeitet werden, so ist vor allem die Entwicklung eines geeigneten formalen und semantischen Rahmens zur Handhabung mit Unsicherheit behafteter und ggf. impräziser Daten wichtig [36]. Dieser Rahmen wird sich natürlich stark an der von dem wissensbasierten System zu lösenden Aufgabe orientieren müssen. Eine in Anwendungen sehr häufig vorkommende Aufgabe besteht nun in folgendem: Jeder Zustand eines zu modellierenden Weltausschnitts sei durch ein Tupel von Werten endlich vieler Merkmale (Attribute, Variablen) beschreibbar. Gegeben sei *generisches* (d. h. bereichsspezifisches) *Wissen* über die Abhängigkeiten zwischen den Merkmalen und *Evidenzwissen* über die in einer konkreten Situation vorliegenden bzw. (bei unscharfer Beobachtung) möglichen Merkmalswerte, so soll der wahre, aber unbekannte Zustand des Weltausschnitts so genau wie möglich beschrieben werden. In der medizinischen Diagnose ist z. B. der zu modellierende Weltausschnitt der Gesundheitszustand eines Patienten. Er wird durch mehrere zueinander in Beziehung stehende Merkmale wie Krankheiten, Symptome und bestimmte Meßgrößen (Blutdruck, Puls, Körpertemperatur etc.) beschrieben. Das generische Wissen besteht in medizinischen Regeln (z. B. über den Zusammenhang von Krankheiten und Symptomen), Erfahrungswerten von Ärzten und Datenbanken von Fallbeispielen (z. B. Krankengeschichten). Das Evidenzwissen besteht aus einer (unvollständigen) Menge von Merkmalswerten des zu behandelnden Patienten, die durch eine Befragung und Untersuchung dieses Patienten bekannt werden. Das Ziel der Diagnose ist, den Krankheitszustand des Patienten aus dem generischen und dem Evidenzwissen so genau wie möglich zu bestimmen.

Sind die Abhängigkeiten zwischen den Merkmalen zwar mit Unsicherheit behaftet, aber doch so beschaffen, daß sie eine Zerlegung auf der Basis eines geeigneten Konzeptes *bedingter Unabhängigkeit* der Merkmale zulassen, so kann man zum Aufbauen der Abhängigkeitsstruktur der Merkmale (Erwerb des generischen Wissens) und zum effizienten Schlußfolgern innerhalb der gelernten Struktur (Ausnutzen des Evidenzwissens, um den tatsächlichen Zustand möglichst genau zu bestimmen) sehr gut Methoden der *graphischen Modellierung* anwenden [6]. Graphische Modelle werden in so unterschiedlichen Bereichen wie Diagnostik, Expertensysteme, Planungssysteme, Datenanalyse und Regelung verwendet.

Ein graphisches Modell zur Darstellung unsicheren Wissens besteht aus zwei Teilen: einem *qualitativen* und einem *quantitativen*. Der qualitative (strukturelle) Teil ist ein Graph (daher der Name *graphische Modelle*), zum Beispiel ein gerichteter azyklischer Graph (directed acyclic graph, DAG) oder ein ungerichteter Graph (undirected graph, UG). Dieser Graph beschreibt auf eindeutige Weise die bedingten Unabhängigkeiten, die zwischen den durch Knoten dargestellten Merkmalen bestehen. Der quantitative Teil eines graphischen Modells ist eine Familie von Verteilungsfunktionen auf Unterräumen des vieldimensionalen Wertebereiches der betrachteten Merkmale. Für gerichtete azyklische Graphen werden bedingte Verteilungsfunktionen benutzt, die die Unsicherheit über die Werte eines Merkmals in Abhängigkeit von den möglichen Belegungen aller im Graphen vorhandenen direkten Vorgänger dieses Merkmals beschreiben. In der medizinischen Diagnostik könnte es sich z. B. um eine bedingte Wahrscheinlichkeitsverteilung über das Auftreten eines bestimmten Symptoms handeln, bei gegebenem Vorliegen einer Krankheit und/oder eines bestimmten physiologischen Zustandes. Für ungerichtete Graphen werden (unbedingte) Marginalverteilungen auf einer von dem Graphen induzierten Hypergraphstruktur verwendet, die jeweils auf dem gemeinsamen Wertebereich der in einer Hyperkante enthaltenen Merkmale definiert werden. Hier würde z. B. eine Wahrscheinlichkeitsverteilung über das gemeinsame Auftreten bzw. Nichtauftreten einer Krankheit und bestimmter Symptome angegeben. Schlußfolgerungen werden in graphischen Modellen gezogen, indem man die Belegungen einzelner anwendungsabhängig zugänglicher Merkmale (das Evidenzwissen) nutzt, um die Verteilungen einzuschränken und so die revidierten Marginalverteilungen aller im Graphen vorkommenden Merkmale zu berechnen. Aus den Eigenschaften eines Patienten (Geschlecht, Alter etc.) und seinen Symptomen werden so z. B. Wahrscheinlichkeitsverteilungen über mögliche Krankheiten bestimmt.

Am weitesten entwickelt für unsicheres Schließen in wissensbasierten Systemen sind probabilistische Netze (Bayes-Netze und Markov-Netze), für die Entwicklungsumgebungen wie z. B. HUGIN erhältlich sind [39, 27]. Bayes-Netze und Markov-

Netze beruhen auf probabilistischen Modellen (d. h. bedingten oder unbedingten Wahrscheinlichkeitsverteilungen – wie in den obigen Beispielen angedeutet) zur Darstellung des generischen Wissens, das folglich zwar mit Unsicherheit behaftet sein darf, aber präzise sein muß (siehe oben). In der industriellen Praxis wird jedoch häufig darauf hingewiesen, daß die gemeinsame Modellierung von Unsicherheit und Impräzision in vielen Anwendungen die angemessene Vorgehensweise sei. Dies führt bei probabilistischen Ansätzen dazu, daß Familien von Wahrscheinlichkeitsverteilungen betrachtet werden müssen, was im allgemeinen erhebliche Komplexitätsprobleme für das Schlußfolgern in graphischen Modellen mit sich bringt. Wegen dieser Komplexitätsprobleme bei impräzisen (mengenwertigen) Daten sollten auch solche Modellierungen berücksichtigt werden, die eine geeignete vereinfachende Informationskompression verwenden und so approximatives Schließen ermöglichen. Hier bietet sich die Possibilitätstheorie an. Ähnlich wie in der Regelungstechnik ein Fuzzy Regler als Werkzeug zur (informationskomprimierten) Interpolation zwischen Punkten in vagen Umgebungen aufgefaßt werden kann, kann ein possibilitisches graphisches Modell als Werkzeug zum (informationskomprimierten) approximativen Schließen unter Unsicherheit und Impräzision in wissensbasierten Systemen gesehen werden.

Bevor ein graphisches Modell zum Schlußfolgern über konkrete Situationen eingesetzt werden kann, muß es natürlich erstellt werden, d. h. das generische Wissen über den zu modellierenden Weltausschnitt muß durch einen passenden Unabhängigkeitsgraphen und die zugehörige Familie von Wahrscheinlichkeitsverteilungen dargestellt werden. Diese notwendige Vorarbeit ist nicht zu unterschätzen. Teils kann sie von Bereichsexperten übernommen werden, doch ist sie oft mühselig und langwierig. Günstiger ist es, wenn man auf automatische Verfahren zurückgreifen kann, die eine Datenbank von Fallbeispielen (wie sie im Zuge der durch die moderne Hard- und Softwareentwicklung immer besseren Datenverwaltung oft zur Verfügung stehen) benutzen, um ein graphisches Modell zu konstruieren. Sind die Fallbeispiele präzise, wird man aus ihnen eine Wahrscheinlichkeitsverteilung schätzen und zwangsläufig zu probabilistischen graphischen Modellen gelangen. Liegt jedoch Impräzision vor – die sich dadurch äußert, daß eine höhere Anzahl von Fallbeispielen nicht durch einzelne Datentupel, sondern nur durch Mengen möglicher Datentupel beschrieben werden können – empfiehlt sich der Übergang zu possibilistischen graphischen Modellen. Die Gesamtheit der Fallbeispiele kann dann, wie im vorhergehenden Abschnitt beschrieben, als (generalisierte) Zufallsmenge gesehen und informationskomprimiert als Possibilitätsverteilung dargestellt werden.

Um possibilistische graphische Modelle auf die beschriebene Weise einsetzen zu können, müssen theoretische Grundlagen und Algorithmen erarbeitet werden, wie sie in den letzten fünfzehn Jahren für die probabilistischen graphischen Modelle geschaffen wurden [39, 6]. Die erste durchgängige Entwicklung einer Theorie possibilistischer graphischer Modelle ist in [14] zu finden. Sie umfaßt die Beschreibung einer auf dem Kontextmodell (vgl. den vorhergehenden Abschnitt) beruhenden Semantik von Possibilitätsverteilungen, die zu ihr konsistente Definition einer (bedingten) possibilistischen Unabhängigkeit mit passendem Faktorisierungskriterium, hierauf aufbauend die adäquate Definition und Interpretation bedingter possibilistischer

Unabhängigkeitsgraphen sowie die Formulierung eines Satzes zur Zerlegung von Possibilitätsverteilungen, der zu dem aus der Wahrscheinlichkeitstheorie bekannten Hammersley-Clifford-Theorem analog ist.

Diese Theorie ermöglicht es nicht nur, effiziente Propagationsalgorithmen für das Schließen in possibilistischen graphischen Modellen mit Hyperbaumstruktur zu entwickeln, sondern die gelieferten Inferenzergebnisse auch zur Entscheidungsfindung in Anwendungsproblemen auszunutzen. Neben diesen für die Entwicklung von wissensbasierten Systemen wichtigen Ergebnissen ist eine aus der Sicht der Datenanalyse (Data Mining) interessante Konsequenz die Möglichkeit, possibilistische graphische Modelle aus Stichproben impräziser, voneinander unabhängiger Fallbeispiele zu erlernen. Die Lernaufgabe besteht darin, aus einer gewählten Klasse graphischer Modelle diejenige Zerlegung der aus den Fallbeispielen schätzbaren gemeinsamen Possibilitätsverteilung der Variablen des betrachteten Weltausschnitts zu berechnen, die die gemeinsame Verteilung am besten annähert. Um die Güte eines konstruierten Modells bewerten zu können, benötigt man ein Maß der Nichtspezifizität der durch eine Possibilitätsverteilung dargestellten Information. [18, 19] zeigen, daß ein auf der Hartley-Information beruhendes possibilistisches Informationsmaß zur Entwicklung eines effizienten Lernverfahrens geeignet ist. Außerdem kann man die Ideen verschiedener probabilistischer Maße auf den possibilistischen Fall übertragen und so weitere Maße erhalten [4], [5]. Die sich ergebenden Lernverfahren sind sowohl als Erweiterung des an der TU Braunschweig entwickelten Programms POSSIN-FER (POSSibilistic INFERence) [17] als auch des an der TU Braunschweig und der Universität Magdeburg in Zusammenarbeit mit dem Forschungszentrum Ulm der Daimler-Benz AG entwickelten Programmprototyps INES (Induktion von NEtzwerkStrukturen aus Daten), mit dem sich auch probabilistische Netze aus Daten lernen lassen, implementiert [4], [5].

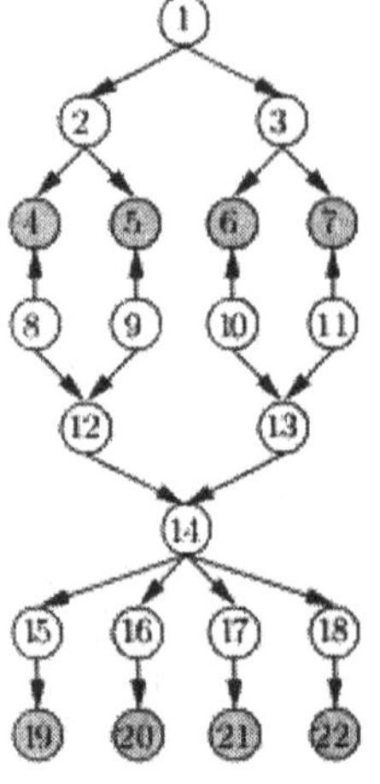

1 – parental error	12 – offspring ph.gr. 1
2 – dam correct?	13 – offspring ph.gr. 2
3 – sire correct?	14 – offspring genotype
4 – stated dam ph.gr. 1	15 – factor 40
5 – stated dam ph.gr. 2	16 – factor 41
6 – stated sire ph.gr. 1	17 – factor 42
7 – stated sire ph.gr. 2	18 – factor 43
8 – true dam ph.gr. 1	19 – lysis 40
9 – true dam ph.gr. 2	20 – lysis 41
10 – true sire ph.gr. 1	21 – lysis 42
11 – true sire ph.gr. 2	22 – lysis 43

Die grauen Knoten entsprechen beobachtbaren Merkmalen. Knoten 1 kann entfernt werden, um die Konstruktion des Cliquenbaumes zu vereinfachen.

Bild 17.1 Von Rinderexperten entworfenes Bayessches Netz zur Blutgruppenbestimmung bei dänischen Jersey-Rindern.

```
n y y f1 v2 f1 v2 f1 v2 f1 v2 v2 v2 v2v2 n y n y 0 6 0 6
n y y f1 v2 ** ** f1 v2 ** ** ** ** f1v2 y y n y 7 6 0 7
n y y f1 v2 f1 f1 f1 v2 f1 f1 f1 f1 f1f1 y y n n 7 7 0 0
n y y f1 v2 f1 f1 f1 v2 f1 f1 f1 f1 f1f1 y y n n 7 7 0 0
n y y f1 v2 f1 v1 f1 v2 f1 v1 v2 f1 f1v2 y y n y 7 7 0 7
n y y f1 f1 ** ** f1 f1 ** ** f1 f1 f1f1 y y n n 6 6 0 0
n y y f1 v1 ** ** f1 v1 ** ** v1 v2 v1v2 n y y y 0 5 4 5
n y y f1 v2 f1 v1 f1 v2 f1 v1 f1 v1 f1v1 y y y y 7 7 6 7
```

Tabelle 17.1 Ein Auszug aus der Datenbank zur Blutgruppenbestimmung bei dänischen Jersey Rindern.

17.6 Anwendung possibilistischer Netze

Auch wenn eine gute Theorie das praktischste Ding ist, das man haben kann, so muß sich doch jede Theorie in einem Test an der Wirklichkeit bewähren. Als Beispiel für eine Anwendung der Theorie des Lernens possibilistischer graphischer Modelle aus Daten wählen wir hier das Problem der Blutgruppenbestimmung bei dänischen Jersey-Rindern [47]. Zur Lösung dieses Problems wurde von Rinderexperten ein Bayessches Netz (probabilistisches Schlußfolgerungsnetz) entworfen (siehe Abbildung 17.1). Außerdem gibt es eine Datenbank von 500 Beispielfällen (ein Auszug aus dieser Datenbank ist in Tabelle 17.1 gezeigt). Aus dieser Datenbank gilt es, ein entsprechendes Schlußfolgerungsnetz zu lernen, wobei das von den Rinderexperten entworfene Bayessche Netz als Qualitätsmaßstab dient.

Das Problem, das sich bei der Verwendung dieser Datenbank stellt, ist, daß sie eine relativ hohe Zahl unbekannter Werte enthält – nur knapp über die Hälfte aller Tupel sind vollständig (man sieht dies bereits an dem in Tabelle 17.1 gezeigten Ausschnitt: Die Sterne markieren unbekannte Werte). Unbekannte Werte stellen nun aber impräzise Information dar, denn der wahre Wert kann ein beliebiger aus dem zugehörigen Wertebereich sein. Ein unvollständiges Tupel ist folglich eine impräzise Beschreibung der Verhältnisse in einem konkreten Fall, da es als Menge möglicher vollständiger Tupel gedeutet werden kann. Diese Impräzision muß zusätzlich zu der Unsicherheitsinformation, die man aus der relativen Häufigkeit verschiedener Merkmalswertkombinationen in der Datenbank erhält, berücksichtigt werden. Noch schwieriger wird das Problem natürlich, wenn über ein Merkmal gewisse Information vorliegt, also die Menge möglicher Werte eingeschränkt werden kann, jedoch nicht auf *einen* Wert. Für rein probabilistische Ansätze bringt das nicht geringe Schwierigkeiten mit sich, wenn man auch auf keine prinzipielle Unmöglichkeit stößt. Gewöhnlich besteht die einzig praktikable Lösung darin, einfach alle Tupel zu entfernen, in denen impräzise (mengenwertige) Information vorliegt. Damit wird im vorliegenden Beispiel allerdings viel Information verschenkt, obwohl es immer noch möglich ist, durch ein Lernverfahren für Bayessche Netze die Netzstruktur zu bestimmen. Dies liegt jedoch i.w. daran, daß die Abhängigkeiten relativ stark sind und daher die verbleibenden vollständigen Tupel für die Netzbestimmung ausreichen.

Verwendet man dagegen Lernverfahren für possibilistische graphische Modelle, so tritt das Problem, wie mit den unbekannten Werten umzugehen sei, gar nicht auf, da die Possibilitätstheorie ja besonders zur Behandlung mengenwertiger Information geeignet ist. Folglich brauchen keine Tupel entfernt oder in besonderer Weise behandelt zu werden. Ein Test des gelernten possibilistischen Netzwerks zeigt, daß seine Qualität mit der eines gelernten Bayesschen Netzes vergleichbar ist. Wir können also schließen, daß possibilistische Methoden in der Datenanalyse eine beachtenswerte Alternative zu den etablierten probabilistischen Methoden darstellen.

Literaturverzeichnis

[1] ARTSTEIN, Z.; VITALE, R. A.: A Strong Law of Large Numbers for Random Compact Sets. *Ann. Probability*, **3**, S. 879–882, 1975.

[2] BANDEMER, H.; NÄTHER, W.: *Fuzzy Data Analysis, Series B: Mathematical and Statistical Methods* Kluwer, Dordrecht, Niederlande 1992.

[3] BANDEMER, H.: *Ratschläge zum mathematischen Umgang mit Ungewißheit – Reasonable Computing.* Teubner, Stuttgart 1997.

[4] BORGELT, C.; KRUSE, R.: Evaluation Measures for Learning Probabilistic and Possibilistic Networks. *Proc. 6th IEEE Int. Conf. on Fuzzy Systems (FUZZ-IEEE'97)*, Vol. 2, S. 1034–1038, Barcelona, Spanien 1997.

[5] BORGELT, C.; KRUSE, R.: Some Experimental Results on Learning Probabilistic and Possibilistic Networks with Different Evaluation Measures. *Proc. 1st Int. Joint Conference on Qualitative and Quantitative Practical Reasoning (ECSQARU/FAPR'97)*, S. 71–85, Springer, Berlin 1997.

[6] CASTILLO, E.; GUTIERREZ, J. M.; HADI, A. S.: *Expert Systems and Probabilistic Network Models.* Serie Monographs in Computer Science, Springer, New York 1997.

[7] CZOGALA, E.; HIROTA, K.: *Probabilistic Sets: Fuzzy and Stochastic Approach to Decision Control and Recognition Processes.* Verlag TÜV Rheinland, Köln 1986.

[8] DEMPSTER, A. P.: Upper and Lower Probabilities Induced by a Multivalued Mapping. *Ann. Math. Stat.*, **38**, S. 325-339, 1967.

[9] DUBOIS, D.; PRADE, H.: *Possibility Theory.* Plenum Press, New York 1988.

[10] DUBOIS, D.; PRADE, H.: Fuzzy Sets in Approximate Reasoning, Part 1: Inference with Possibility Distributions. *Fuzzy Sets and Systems*, **40**, 143-202, 1991.

[11] DUBOIS, D.; PRADE, H.: Belief Change and Possibility Theory. In: GÄRDENFORS, P. (HRSG.) : *Belief Revision*, S. 141-182, Cambridge University Press, Cambridge 1992.

[12] DUBOIS, D.; PRADE, H.; SABBADIN, R.: Qualitative Decision Theory with Sugeno Integrals. *Proc. 14th Conf. on Uncertainty in Artificial Intelligence.* Madison, Wisconsin 1998.

[13] GEBHARDT, J.; KRUSE, R.: Some New Aspects of Testing Hypotheses in Fuzzy Statistics. *Proc. NAFIPS'90*, S. 185-187. Toronto, Kanada 1990.

[14] GEBHARDT, J.: *Learning From Data: Possibilistic Graphical Models.* Habilitationsschrift, TU Braunschweig 1997.

[15] GEBHARDT, J.; KRUSE, R.: The Context Model – An Integrating View of Vagueness and Uncertainty. *Int. J. of Approximate Reasoning*, **9**, S. 283-314, 1993.

[16] GEBHARDT, J.; KRUSE, R.: A New Approach to Semantic Aspects of Possibilistic Reasoning. In: CLARKE, M; KRUSE, R.; MORAL, S. (HRSG.): *Symbolic and Quantitative Approaches to Raesoning and Uncertainty*, S. 151–160. Lecture Notes in Computer Science 747, Springer, Berlin 1993.

[17] GEBHARDT, J.; KRUSE, R.: POSSINFER – A Software Tool for Possibilistic Inference. In: DUBOIS, D.; PRADE H.; YAGER, R. (HRSG.): *Fuzzy Set Methods in Information Engineering: A Guided Tour of Applications*, J. Wiley & Sons, New York 1996.

[18] GEBHARDT, J.; KRUSE, R.: Tightest Hypertree Decompositions of Multivariate Possibility Distributions. *Proc. Int. Conference on Information Processing and Management of Uncertainty in Knowledge-based Systems*, S. 923–928, Granada, Spanien 1996.

[19] GEBHARDT, J.; KRUSE, R.: Automated Construction of Possibilistic Networks from Data. *Journal of Applied Mathematics and Computer Science*, **6**, S.101-136, 1996.

[20] GEBHARDT, J.; KRUSE, R.: Parallel Combination of Information Sources. In: GABBAY, D.; SMETS, P. (HRSG.): *Handbook of Defeasible Reasoning and Uncertainty Management Systems*, Vol. 3, S. 393–439, Kluwer, Dordrecht, Niederlande 1998.

[21] GEBHARDT, J.; GIL, M. A.; KRUSE, R.: Fuzzy Set Theoretic Methods in Statistics. In: SLOWINSKI, R. (HRSG.): *Fuzzy Sets in Decision Analysis, Operations Research and Statistics*, S. 311–347. The Handbook of Fuzzy Sets Series, Kluwer, Boston 1998.

[22] GIL, M. A. ; CORRAL, N.; CASALS, M. R.: The Likelihood Ratio Test for Goodness of Fit with Fuzzy Experimental Observations. *IEEE Transactions on Systems, Man and Cybernetics*, **19**, S. 771–779, 1989.

[23] GONTSIAS, J.; MAHLER, R. P. S.; NGUYEN, H. T.: *Random Sets – Theory and Applications.* Springer, New York 1997.

[24] HESTIR, K.; NGUYEN, H. T.; ROGERS, G. S.: A Random Set Formalism for Evidential Reasoning. In: GOODMAN, I. R.; GUPTA, M. M.; NGUYEN, H. T.; ROGERS, G. S. (HRSG.): *Conditional Logic in Expert Systems*, S. 309-344, North-Holland, Amsterdam, Niederlande 1991.

[25] HIROTA, K.: Concepts of Probabilistic Sets. *Fuzzy Sets and Systems*, **5**, S. 31–46.

[26] HÖPPNER, F.; KLAWONN, F.; KRUSE, R.: *Fuzzy Clusteranalyse – Verfahren für die Bilderkennung, Klassifikation und Datenanalyse.* Vieweg, Wiesbaden 1997.

[27] JENSEN, F. V.: *An Introduction to Bayesian Networks.* Springer, New York 1996.

[28] KAMPÉ DE FÉRIET, J.: Interpretation of Membership Functions of Fuzzy Sets in Terms of Plausibility and Belief. In: GUPTA, M. M.; SANCHEZ, E. (HRSG.): *Fuzzy Information and Decision Processes*, S. 13-98, North-Holland, Amsterdam, Niederlande 1982.

[29] KENDALL, D. G.: Foundations of a Theory of Random Sets. In: HARDING, E. F.; KENDALL, D. G. (HRSG.): *Stochastic Geometry*, S. 322–376. J. Wiley & Sons, Chichester 1974.

[30] KLEMENT, E. P.; PURI, M. L.; RALESCU, D. A.: Limit Theorems for Fuzzy Random Variables. *Proc. of the Royal Society of London – Series A*, **19**, S. 171–182, 1986.

[31] KRUSE, R.: The Strong Law of Large Numbers for Fuzzy Random Variables. *Information Sciences* **12**, S. 53–57, 1982.

[32] KRUSE, R.: *Schätzfunktionen für Parameter von unscharfen Zufallsvariablen.* Habilitationsschrift, TU Braunschweig 1983.

[33] KRUSE, R.: On a Software Tool for Statistics with Linguistic Data. *Fuzzy Sets and Systems*, **24**, S. 377–383, 1987.

[34] KRUSE, R.; MEYER, K. D.: *Statistics with Vague Data.* Reidel, Dordrecht, Niederlande 1987.

[35] KRUSE, R.; GEBHARDT, J.: On a Dialog System for Modelling and Statistical Analysis of Linguistic Data. *Proc. IFSA Congress*, S. 157–160. Seattle 1989.

[36] KRUSE, R.; SCHWECKE, E.; HEINSOHN; J.: *Uncertainty and Vagueness in Knowledge-based Systems.* Serie Artificial Intelligence, Springer, Berlin 1991.

[37] KRUSE, R.; GEBHARDT, J.; KLAWONN, F.: *Foundations of Fuzzy Systems.* J. Wiley & Sons, New York 1994.

[38] KWAKERNAAK, H.: Fuzzy Random Variables Part 1: Definitions and Theorems. *Information Sciences*, **15**, S. 1–15, 1978.

[39] LAURITZEN, S. L.: *Graphical Models.* Oxford University Press, Oxford, England 1997.

[40] MATHERON, G.: *Random Sets and Integral Geometry.* J. Wiley & Sons, New York 1975.

[41] MEYER, K. D.: *Grenzwertsätze zum Schätzen von Parametern unscharfer Zufallsvariablen*. Dissertation, TU Braunschweig 1986.

[42] MIYAKOSHI, M.; SHIMBO, M.: A Strong Law of Large Numbers for Fuzzy Random Variables. *Fuzzy Sets and Systems*, **12**, S. 133–142, 1984.

[43] MANTON, K. G.; WOODBURG, M. A.; TOLLEY, H. D.: *Statistical Applications Using Fuzzy Sets*. J. Wiley & Sons, New York 1994.

[44] NGUYEN, H. T.: On Random Sets and Belief Functions. *Journal of Mathematical Analysis and Applications*, **65**, S. 431-542, 1978.

[45] PROSKE, F.: *Grenzwertsätze für Fuzzy Zufallsvariablen unter dem Gesichtspunkt der Wahrscheinlichkeitstheorie auf inseparablen Halbgruppen*. Dissertation, Universität Ulm 1997.

[46] RALESCU, D. A.: Fuzzy Logic and Statistical Estimation. *Proc. 2nd World Conf. on Mathematics at the Services of Man*, 1982.

[47] RASMUSSEN, L. K.: *Blood Group Determination of Danish Jersey Cattle in the F-blood Group System*. Dina Research Report no. 8, 1992.

[48] SAVAGE, L. J.: *The Foundations of Statistics*. J. Wiley & Sons, New York, 1954.

[49] SHAFER, G.: *A Mathematical Theory of Evidence*. Princeton University Press, Princeton 1976.

[50] STOYAN, D.; KENDALL, W. S.; MECKE, J.: *Stochastic Geometry and Its Applications*. J. Wiley & Sons, Chichester, England 1987.

[51] STRASSEN, V.: Meßfehler und Information. *Zeitschrift Wahrscheinlichkeitstheorie und verwandte Gebiete*, **2**, S. 273-305, 1964.

[52] TANAKA, H.; OKUDA, T.; ASAI, K.: Fuzzy Information and Decision in Statistical Model. In: GUPTA, M. M.; RAGADE, R. K.; YAGER, R. R. (HRSG.): *Advances in Fuzzy Sets Theory and Applications*, S. 303–320. North Holland, Amsterdam, Niederlande 1979.

[53] VIERTL, R.: Is It Necessary to Develop a Fuzzy Bayesian Inference? *Probability and Bayesian Statistics*, S. 471–475. Plenum Press, New York 1987

[54] WANG, P. Z.: From the Fuzzy Statistics to the Falling Random Subsets. In: WANG, P. P. (HRSG.): *Advances on Fuzzy Sets, Possibility and Applications*, S. 81-96, Plenum Press, New York 1983.

[55] WOLKENHAUER, O.: *Possibility Theory with Applications to Data Analysis*. UMIST Control Systems Center Series 5, Research Studies Press/John Wiley & Sons, Somerset, England, 1998.

[56] ZADEH, L. A.: Fuzzy Sets as a Basis for a Theory of Possibility. *Fuzzy Sets and Systems*, **1**, S. 3-28, 1978.

18 Anwendung von Fuzzy Systemen zur Prozeßoptimierung

Martin Appl und Jürgen Hollatz

18.1 Einleitung

Fahrrad fahren ist für die meisten von uns ein einfacher Balanceakt, den wir unbewußt beherrschen. Wir können auch verbal beschreiben, wie zu lenken ist, um nicht umzufallen. Doch ist es nur wenigen vergönnt, die mathematischen Gleichungen des zugrundeliegenden dynamischen Systems und dessen Kontrolle für eine maschinelle Lösung, eine Robotersteuerung zum Beispiel, zu formulieren. Die Fähigkeit, auch ohne Differentialgleichungen Fahrrad fahren zu können, kann man sich technologisch durch Fuzzy Systeme, die linguistisch formuliertes Wissen verarbeiten können, zunutze machen. So ist es möglich, Fuzzy Systeme sowohl direkt zur Regelung und Steuerung als auch zur Modellierung zu benutzen. Fuzzy Modelle eignen sich besonders zur rechnergestützten Darstellung von technischen Prozessen, die dadurch kostengünstig simuliert werden können. Dies gilt besonders für Arbeitsbereiche, in denen der Prozeß nicht oder nur schwer physikalisch zu realisieren ist. Neben der Simulation werden Fuzzy Modelle häufig auch als Softsensoren oder Prädiktoren eingesetzt, die z. B. Qualitäten online berechnen können.

Eine weitere interessante Möglichkeit ist, Fuzzy Modelle zur rechnergestützten Optimierung zu verwenden. Mittels mathematischer Prozeßmodelle und Optimierungsalgorithmen werden Prozesse besser und genauer eingestellt und gesteuert. Dabei können in das Optimierungsziel Kriterien wie Kosten, Zeit, Rohstoffe und Umweltbelastung eingehen, die entsprechend maximiert oder minimiert werden sollen. Im Bereich Optimierung sind seit vielen Jahren erfolgreich lineare Methoden, wie die Simplex-Methode, im Einsatz: sowohl im technischen als auch wirtschaftlichen Bereich, wie im Operations Research. Ist ein algorithmisch formuliertes Modell, wie ein Fuzzy System, vorhanden, können besonders mit nichtlinearen Optimierungsmethoden Prozesse sehr gut optimiert werden. Das Fuzzy Modell bewertet dabei in jedem Optimierungsschritt die vom Optimierungsalgorithmus vorgeschlagenen Lösungen. Müßte dies am realen Prozeß geschehen, ist das meistens mit hohen Kosten verbunden oder gar nicht möglich.

Komplexere Optimierungsmethoden setzen sich seit einiger Zeit mehr und mehr durch. Dazu gehören richtungsbasierende, numerische Methoden, wie der Gradientenabstieg, und stochastische Verfahren, wie Simulated Annealing oder Genetische Algorithmen. In diesem Beitrag werden Methoden beider Richtungen dargestellt und diskutiert. Stochastische Verfahren zur Optimierung werden dabei nicht als Alternative, sondern als sinnvolle Ergänzung zur Fuzzy Modellierung angesehen.

Die Diskussion der Fragestellung, was optimiert werden soll, d.h. also, wie das Optimierungskriterium zu formulieren ist, nimmt eine zentrale Rolle in diesem Beitrag ein. Des weiteren werden Methoden präsentiert, die die Lösungen in ihrer Performanz bewerten. Die Anwendung der theoretischen Methoden wird, ohne Einschränkung der Allgemeinheit, an einem Produktionsprozeß dargestellt.

18.2　Optimierung

Neben der Erstellung von Softsensoren, mit denen z. B. zu erwartende Produktqualitäten auf der Grundlage von Prozeßeigenschaften vorausgesagt werden können, stellt die Prozeßoptimierung ein bedeutendes Anwendungsgebiet der Fuzzy Modellierung dar. Ziel der Optimierung. eines Prozesses ist dabei allgemein, Prozeßparameter zu finden, aus denen nach einem anwendungsabhängigen Gütekriterium optimale Werte der modellierten Prozeßkenngrößen resultieren. Die Fuzzy Modelle sind dazu, gegebenenfalls unter Einbeziehung weiterer Modelle, in eine einzige zu minimierende Energiefunktion zu integrieren, wie in Abschnitt 18.2.1 näher beschrieben wird. Für die Optimierung dieser Energiefunktion steht eine Vielzahl an Optimierungsverfahren deterministischer und stochastischer Natur zur Verfügung. Einen Überblick über in der Praxis bewährte Verfahren gibt der Abschnitt 18.2.2. Da für kontinuierliche Optimierungsprobleme das Auffinden einer global optimalen Lösung prinzipiell nicht garantiert werden kann, ist für den praktischen Einsatz die im Anschluß vorgenommene Betrachtung der Robustheit der verwendeten Optimierungsverfahren von Bedeutung.

Die von der Optimierung gelieferten Prozeßparameter können außerhalb der üblichen Arbeitspunkte des betrachteten Prozesses liegen. Sofern die der Energiefunktion zugrunde gelegten Modelle datengetrieben entstanden sind, werden letztere in diesen Bereichen im allgemeinen nur auf wenig Daten oder einer Inter- bzw. Extrapolation der Kenngrößen in den Arbeitspunkten basieren. Im letzten Abschnitt 18.2.4 wird daher eine Strategie diskutiert, die eine Bewertung der Zuverlässigkeit und Güte der der Optimierung zugrunde gelegten Modelle in der lokalen Umgebung von Optimierungsergebnissen ermöglicht.

18.2.1　Energiefunktion und ihre Semantik

Für die Optimierung eines Prozesses müssen die Modelle sämtlicher zu betrachtender Kenngrößen in eine einzige Funktion, die sog. Energiefunktion, aggregiert werden. Diese muß jede Kombination von Prozeßparametern auf eine als Güte der Prozeßparameter interpretierbare reelle Zahl abbilden. Wie Abbildung 18.1 verdeutlicht, wird eine Gesamtaussage über die Güte von Prozeßparametern dabei je nach konkretem Optimierungsziel im allgemeinen durch eine der folgenden, in Abbildung 18.2 veranschaulichten Funktionen aus den Ausgaben der einzelnen Teilmodelle gewonnen:

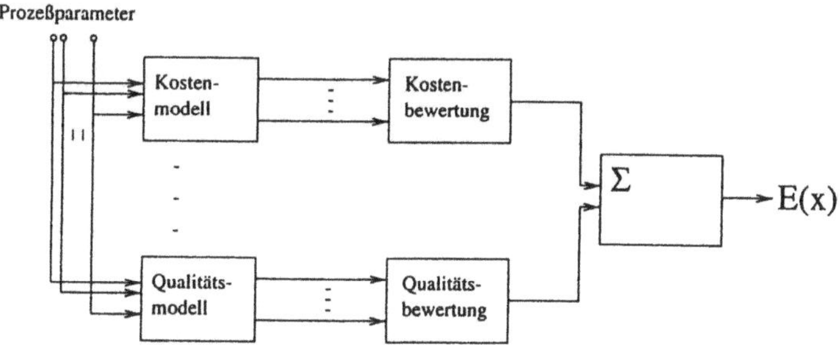

Bild 18.1 Aggregation von Teilmodellen eines Prozesses, z. B. für die Produktionskosten und die Produktqualität, in eine Energiefunktion $E(x)$.

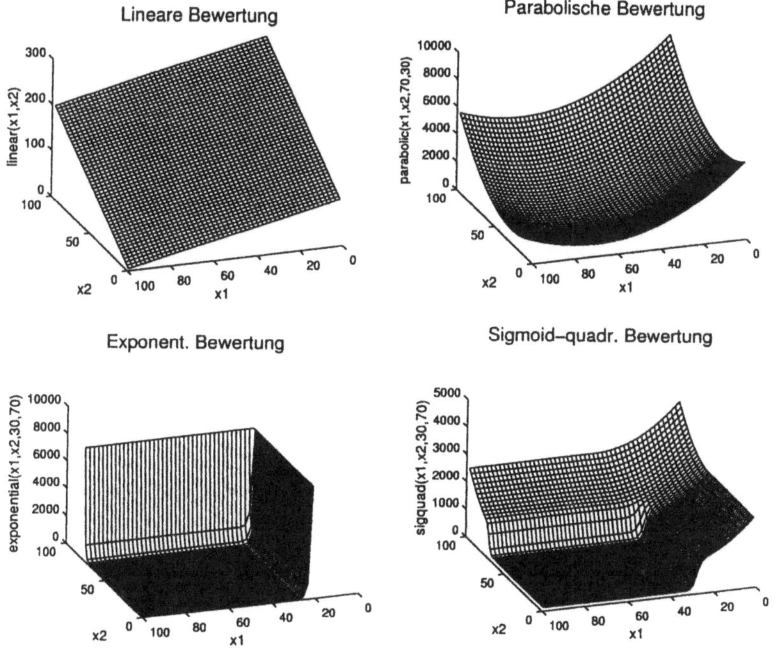

Bild 18.2 Alternative Bewertungsfunktionen zur Gewinnung einer Gesamtbewertung aus den Ausgaben einzelner Teilmodelle.

- *Lineare Bewertung*

  In vielen Fällen können die von den Teilmodellen gelieferten Werte bereits unmittelbar als Kriterium für die Güte der zugehörigen Prozeßparameter aufgefaßt werden. So können zum Beispiel bei einer Modellierung der aus einer bestimmten Wahl von Prozeßparametern resultierenden Produktionskosten letztere unmittelbar als zu minimierendes Kriterium verwendet werden. Mehrere derartige Modelle können durch eine lineare Kombination der Modellausgaben $x_i, i = 1,...,n$ zu einer Gesamtaussage zusammengefaßt werden, wobei eine geeignete Gewichtung mit Faktoren $p_i, i = 1,...,n$ zur Skalierung und zum Ausdruck einer Präferenz genutzt werden kann:

$$linear(x,p) = p^\top x$$

- *Parabolische Bewertung*
  Eine in der Optimierung häufig genutzte Bewertung von Modellausgaben ist die Summation der quadratischen Abweichungen der Ausgaben von Sollwerten. Im allgemeinen n-dimensionalen Fall ergibt sich mit den Zielwerten $x_{i,opt}, i = 1,...,n$ die Bewertung:

$$parabolic(x,x_{opt}) = \sum_{i=1}^{n}(x_i - x_{i,opt})^2.$$

Ziel einer Nutzung dieser Funktion für eine Qualitätsbewertung könnte sein, zu vorgegebenen Soll-Qualitäten Prozeßparameter zu finden, mit denen Produkte dieser Qualität zum Beispiel zu minimalen Kosten (bei Einsatz einer linearen Bewertungsfunktion für die Kosten) gefertigt werden können. Bei umgekehrtem Einsatz der Bewertungsfunktionen könnten zu vorgegebenen Produktionskosten geeignete Prozeßparameter zur Herstellung von Produkten mit bestmöglicher Qualität bei diesen Kosten ermittelt werden.

- *Exponentielle Bewertung*
  Die Idee der Verwendung exponentieller Bewertungsfunktionen ist von den aus der Optimierung unter Nebenbedingungen bekannten Straffunktionen abgeleitet. Ziel dieser Funktionen ist es, den Wertebereich der einzelnen Prozeßkenngrößen x praktisch zu beschränken, indem über bestimmte Grenzen $x_{max/min}$ hinausgehende Werte durch eine exponentiell ansteigende Gewichtung „bestraft" werden:

$$exponential(x,x_{max/min}) = \sum_{i=1}^{n} e^{\pm \frac{x_i - x_{i,max/min}}{x_i}}.$$

Für eine Qualitätsbewertung könnte diese Funktion zum Beispiel in Kombination mit einer linearen Kostenbewertung eingesetzt werden, um Prozeßparameter zu ermitteln, die bei minimalen Kosten zu Produkten mit einer geforderten Mindestqualität führen. Ein vertauschter Einsatz der Bewertungsfunktionen führt zu einer entsprechend umgekehrten, ebenfalls sinnvollen Semantik.

Kritisch bei der Anwendung der exponentiellen Bewertungsfunktion ist die Wahl der Skalierungsfaktoren s. Zu große Werte führen zu einem flachen Verlauf der „bestrafenden" Exponentialfunktionen an den Grenzen. Ein Modell, das verschiedene Qualitätseigenschaften, exponentiell gewichtet, zu einer Gesamtbewertung aggregiert, neigt dann zum Beispiel dazu, einige Qualitätsanforderungen (maximale bzw. minimale Werte $x_{max/min}$ auf Kosten anderer überzuerfüllen. So würde zum Beispiel eine Kombination von Prozeßparametern, die eine Qualitätseigenschaft über die Mindestanforderungen hinaus optimiert, belohnt (die Exponentialfunktion geht unterhalb bzw. oberhalb der Grenzen $x_{max/min}$ noch von Eins auf Null zurück), wodurch die „Bestrafung" für eine geringe Verletzung einer anderen Mindestqualität kompensiert werden kann. Zu kleine Werte für s führen dagegen zu praktischen Problemen mit dem dann sehr großen Wertebereich der Bewertungsfunktion.

- *Sigmoid-quadratische Bewertung*
Die Entwicklung dieser Bewertungsfunktion wurde durch die im Zusammenhang mit der exponentiellen Bewertung angesprochenen Probleme motiviert. Die durch die Exponentialfunktion bewirkte „Bestrafung" von aus der Lösung auszuschließenden Teilen der Wertebereiche der Modellausgaben durch hohe Energien könnte zunächst ebenfalls durch den Einsatz einer geeignet skalierten, sigmoiden Funktion erreicht werden. Dabei können sowohl der Wertebereich als auch die Steilheit der Funktion am Übergang geeignet gewählt werden. Eine reine sigmoide Bewertung der Modellausgaben ist jedoch für die Optimierung mittels Gradientenverfahren ungeeignet, weil aufgrund des flachen Verlaufs sigmoider Funktionen außerhalb des Übergangsbereichs bei einer initialen Wahl von Prozeßparametern, deren resultierende Güte außerhalb des gewünschten, durch die sigmoiden Funktionen begrenzten Bereichs liegt, die Optimierung gar nicht oder nur sehr langsam in diesen Bereich konvergieren würde.

Die im rechten unteren Teil der Abbildung 18.2 dargestellte sigmoid-quadratische Funktion hat dagegen außerhalb des abzugrenzenden Bereichs einen quadratischen Verlauf, so daß die Konvergenz der Optimierung in den gewünschten Bereich unterstützt wird. Darüber hinaus wird der geforderte steile Anstieg in den Übergangsbereichen $x_{i,max/min}, i = 1,...,n$ mit dem handhabbaren Wertebereich einer quadratischen Funktion kombiniert. Die allgemeine Form der sigmoid-quadratischen Funktion für einen n-dimensionalen Eingaberaum ist

$$sigquad(x, x_{max/min}) = \cfrac{h_1 + \sum\limits_{i=1}^{n} \cfrac{\left(\left(\frac{\alpha_i}{\alpha_0}\right)^s b(x_i, x_{i,max/min})\right)^2}{1 + e^{-\frac{1}{k} b(x_i, x_{i,max/min})}}}{1 + \cfrac{\frac{h_1}{h_0} - 1}{\prod\limits_{i=1}^{n}\left(1 + e^{\frac{1}{k} b(x_i, x_{i,max/min})}\right)}}$$

mit

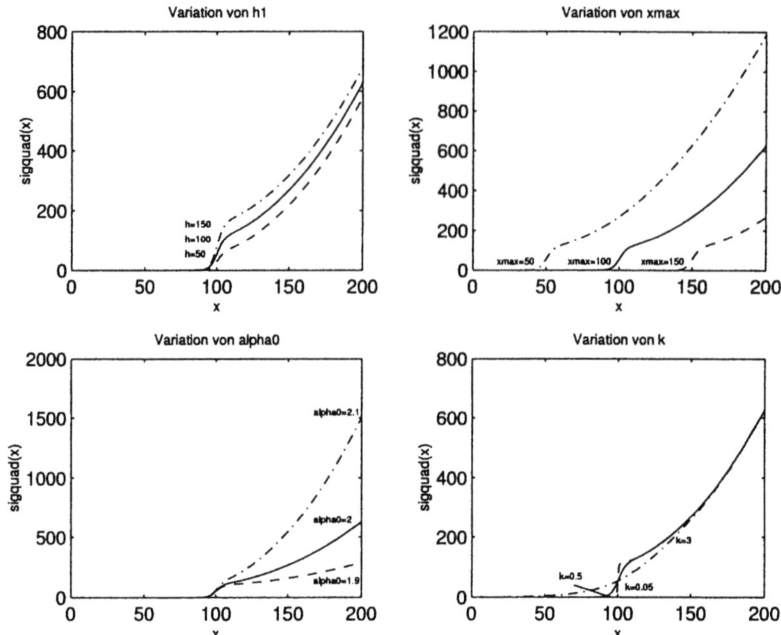

Bild 18.3 Veränderung der (eindimensionalen) *sigquad*-Funktion bei Variation der Parameter.

$$b(x_i, x_{i,max/min}) = \frac{d_i(x_i - x_{i,max/min}) + p\sigma_i}{\sigma_i}.$$

Der Verlauf der Funktion kann über folgende Parameter beeinflußt werden (In Klammern sind jeweils die in den Abbildungen 18.2, 18.4 und 18.5 gewählten Werte angegeben):

- d_i [$d_1 = -1, d_2 = 1$]: Ausrichtung der Funktion: Für $d_i = 1$ ($d_i = -1$) ist die Funktion monoton steigend (fallend) in x_i und gibt damit eine obere (untere) Schranke für den Parameter x_i an, $i \in \{1, 2, ..., n\}$.

- σ_i [$\sigma_1 = 1, \sigma_2 = 1$]: Skalierung des Wertebereichs der i-ten Dimension zur Normierung der Modellausgaben, $i \in \{1, 2, ..., n\}$.

- h_0, h_1 [$h_0 = 100, h_1 = 1000$]: Der Parameter h_0 gibt das Niveau der (nahezu) konstanten Ebene an, während h_1 das Niveau angibt, ab dem der quadratische Verlauf einsetzt. Die Höhe des „Absatzes" ist daher $h_1 - h_0$.

- k [$k = 1$]: Gibt die Steilheit des „Absatzes" an. Kleinere Werte bewirken einen steileren Verlauf.

- p [$p = 2$]: Mit diesem Parameter kann die initiale Steigung der quadratischen Funktion am Übergang beeinflußt werden. Unter der Annahme eines unendlich steilen Absatzes ($k \to 0$) ist die Ableitung der Bewertungsfunktion in Richtung x_i am Übergang der entsprechenden Variablen gerade $2p \left(\frac{\alpha_i}{\alpha_0} \right)^{2s} \frac{1}{\sigma_i}$, $i \in \{1, 2, ..., n\}$. Zu kleine Werte für p können die Konvergenz wegen des resultierenden flachen Verlaufs der Energiefunktion verlangsamen.

- α_0, α_i [$\alpha_0 = 50, \alpha_1 = 50, \alpha_2 = 50$]: Über die Faktoren α_i können die quadratischen Funktionen skaliert werden, wobei die Skalierungsfaktoren durch $\alpha_0 = \frac{1}{n} \sum_{i=1}^{n} \alpha_i$ normiert werden. Diese Faktoren sind nur von Bedeutung, wenn die durch die Grenzen $x_{i,max/min}$ gestellten Forderungen insgesamt nicht erfüllbar sind. Die zu den durch Variation der Prozeßparameter erzielbaren Merkmalskombinationen gehörende Punktmenge in der Eingabemenge der *sigquad*-Funktion liegt in diesem Fall vollständig außerhalb des durch die $x_{i,max/min}$ begrenzten Gebietes. Durch die Skalierung der quadratischen Funktionen kann nun die Lage des lokalen Minimums der Bewertungsfunktion auf dieser Punktmenge beeinflußt werden (s. u.). Dabei wird im Optimierungsergebnis die Forderung an den Parameter x_i um so stärker berücksichtigt, je größer α_i gegenüber den übrigen Gewichtungen ist, $i \in \{1, 2, ..., n\}$.

- s [$s = 2$]: Dieser Exponent bestimmt die Sensitivität der Verschiebung des lokalen Optimums bei Variation der Skalierungsfaktoren α_i, $i \in \{1, 2, ..., n\}$.

Abbildung 18.3 demonstriert den Einfluß der Variation einiger dieser Parameter auf eine eindimensionale sigmoid-quadratische Funktion mit den Default-Parameterwerten $d = 1$, $\sigma = 5$, $h_0 = 0$, $h_1 = 100$, $k = 0.5$, $p = 3$, $\alpha_0 = 2$, $\alpha_1 = 2$ und $s = 10$.

In Abbildung 18.4 ist der Verlauf der zweidimensionalen *sigquad*-Energiefunktion mit den zuvor im Rahmen der Erläuterung der einzelnen Parameter angegebenen Default-Werten entlang einer fiktiven Strecke

$$x_2 = 25 + x_1, \quad x_1 \in [0; 100] \tag{18.1}$$

für verschiedene Kombinationen von Präferenzfaktoren (α_1, α_2) dargestellt. Dabei wurde $x_{1,min} = 50$ und $x_{2,max} = 50$ gewählt, so daß durch die sigmoid-quadratische Energiefunktion offensichtlich der Bereich $\{x \in I\!R^2 | x_1 \geq 50 \wedge x_2 \leq 50\}$ abgegrenzt werden soll.

Seien x_1 und x_2 z. B. Merkmale eines Produktionsprozesses, die nicht unabhängig optimiert werden können, sondern entsprechend (18.1) voneinander abhängen, dann können die beiden Forderungen $x_{1,min} = 50$ und $x_{2,max} = 50$ offensichtlich nicht gleichzeitig erfüllt werden. Aus Abbildung 18.4 wird jedoch deutlich, daß das Minimum der Energiefunktion entlang der Menge der Merkmalskombinationen, die mit geeigneten Prozeßparametern angenommen werden können, die Forderung $x_{1,min} = 50$ um so stärker respektiert, je größer α_1

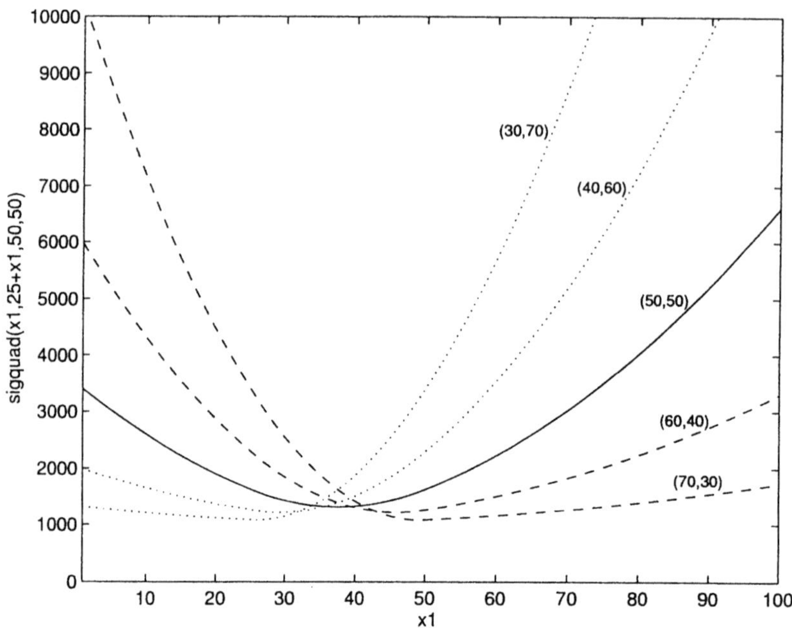

Bild 18.4 Einfluß der Skalierungsfaktoren α_i auf den Verlauf der zweidimensionalen *sigquad*-Energiefunktion entlang der Strecke $\{(x_1, x_2 = 25 + x_1) | x_1 \in [0; 100]\}$. Die Graphen sind jeweils mit den Werten der Skalierungsfaktoren (α_1, α_2) gekennzeichnet.

gegenüber α_2 gewählt wird. Offensichtlich wird dabei wegen (18.1) die Forderung $x_{2,max} = 50$ entsprechend schwächer berücksichtigt. Umgekehrt tendiert das Minimum der Energiefunktion offensichtlich immer stärker gegen $x_1 = 25$, je größer α_2 gegenüber α_1 gewählt wird, so daß wegen (18.1) die Forderung $x_{2,max} = 50$ entsprechend stärker berücksichtigt wird.

Abbildung 18.5 verdeutlicht diese Aussage durch die Darstellung der konkreten Positionen der Optima der Energiefunktion entlang (18.1) in Abhängigkeit von α_1, d.h. der Lösungen $x_{1,opt}(\alpha_1)$ der Optimierungsprobleme $\mathbf{OP}(\alpha_1)$:

$$\mathbf{OP}(\alpha_1): \quad \min_{x_1} \quad sigquad(x_1, x_2, 50, 50)$$
$$\text{unter den Bedingungen:}$$
$$x_2 = 25 + x_1$$
$$\alpha_2 = 100 - \alpha_1$$
$$x \in [0; 100]^2$$

Offensichtlich kann die Stärke des Einflusses der Gewichtungsfaktoren α_1, α_2 durch die Wahl des Sensitivitätsfaktors s beeinflußt werden.

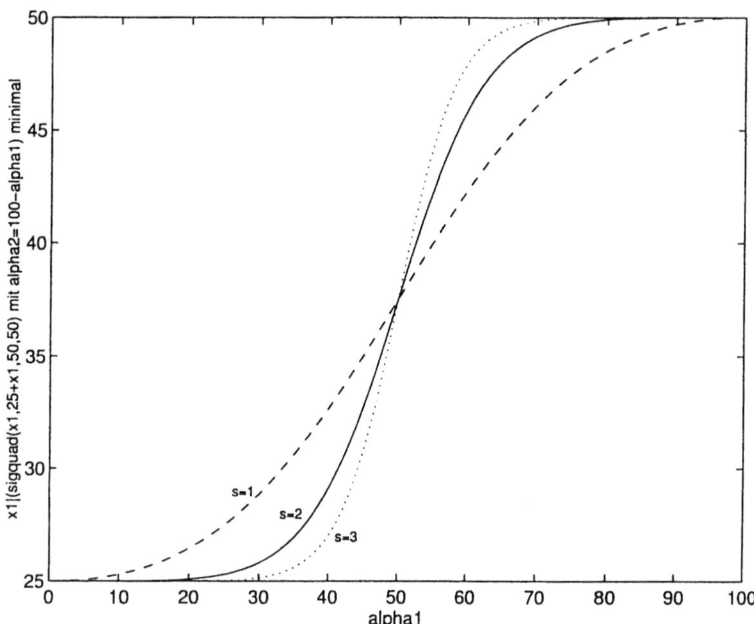

Bild 18.5 Lage des Minimums der zweidimensionalen Energiefunktion entlang der Geraden $x_2 = 25+x_1$ in Abhängigkeit der Gewichtungsfaktoren α_1 und $\alpha_2 = 100-\alpha_1$ für verschiedene Sensitivitätsfaktoren s.

Die sigmoid-quadratische Funktion eignet sich sowohl für die Bewertung der Qualität als auch der Kosten, wobei das jeweils andere Kriterium zum Beispiel linear bewertet werden kann. Semantisch bedeutet zum Beispiel die sigmoid-quadratische Bewertung der Qualität in Kombination mit einer linearen Bewertung der Kosten, daß unter allen Prozeßparametern, mit denen die Qualitätsanforderungen erfüllt werden können, diejenigen mit minimalen resultierenden Kosten gesucht sind. Dabei ist die Höhe des „Absatzes" $h_1 - h_0$ größer als der maximal aus der Kostenbewertung resultierende Wert zu wählen, so daß die zu den Prozeßparametern im globalen Minimum gehörende Qualität tatsächlich innerhalb des gewünschten Bereichs liegt.

In Abbildung 18.6 sind noch einmal die durch Kombination der diskutierten Funktionen für die Bewertung von Kosten bzw. Qualitätseigenschaften repräsentierbaren Optimierungsziele zusammengefaßt. Darüber hinaus sind natürlich noch weitere Bewertungsfunktionen und Optimierungsziele denkbar. Insbesondere können neben den in der vorangegangenen Diskussion exemplarisch betrachteten Kosten und der Produktqualität weitere Prozeßeigenschaften (z. B. die Produktionsdauer) in die Energiefunktion integriert werden.

Bewertung der Produktqualität

	linear	parabolisch	sigmoid-quadratisch
linear	Nicht sinnvoll, globales Minimum liegt in Ecke des Suchraums.	Finde Prozeßparameter, mit denen bei minimalen Kosten eine bestimmte Güte erreicht wird.	Finde Prozeßparameter, mit denen eine Mindestgüte bei minimalen Kosten erreicht wird.
parabolisch	Finde Prozeßparameter, mit denen bei bestimmten Kosten eine möglichst hohe Güte erreicht wird.	Finde Prozeßparameter, mit denen eine bestimmte Güte bei bestimmten Kosten erreicht wird.	Finde Prozeßparameter, mit denen eine Mindestgüte bei bestimmten Kosten erreicht wird.
sigmoid-quadratisch	Finde Prozeßparameter, mit denen bei vorgegebenen Maximalkosten eine möglichst hohe Güte erreicht wird.	Finde Prozeßparameter, mit denen eine bestimmte Güte bei vorgegebenen Maximalkosten erreicht wird.	Finde Prozeßparameter, mit denen eine Mindestgüte bei vorgegebenen Maximalkosten erreicht wird.

(Spaltenbezeichnung links: Bewertung der Produktionskosten)

Bild 18.6 Semantik von Kombinationen der Bewertungsfunktionen.

Allein durch die Wahl geeigneter Energiefunktionen können also sehr unterschiedliche Optimierungsziele realisiert werden. Durch den Einsatz spezialisierter Algorithmen kann häufig die Energiefunktion wesentlich vereinfacht werden. Dabei wird jedoch die Flexibilität bezüglich der Optimierungsziele stark eingeschränkt.

18.2.2 Optimierungsverfahren

Mit den im vorangegangenen Abschnitt beschriebenen Methoden kann das Problem der Prozeßoptimierung, d.h. des Auffindens im Sinne eines Gütekriteriums optimaler Prozeßparameter, auf die Ermittlung einer Parameterkombination, für die eine entsprechend dem Gütekriterium gebildete Energiefunktion $E(x)$ einen minimalen Wert annimmt, reduziert werden. Aufgrund physikalischer Gegebenheiten können Prozeßparameter im allgemeinen nicht beliebig gewählt werden, sondern unterliegen einzeln oder in verschiedenen Kombinationen gewissen Beschränkungen, die allgemein durch von den Parametern zu erfüllende Gleichungen bzw. Ungleichungen ausgedrückt werden können. Die zu lösende Optimierungsaufgabe hat daher die allgemeine Form

$$\min_{x} \quad E(x)$$

unter den Bedingungen:

$$
\begin{aligned}
g_i(x) &= 0, && i = 1,...,m_e \\
h_i(x) &\leq 0, && i = 1,...,m_u \\
x &\in I\!R^n.
\end{aligned}
\tag{18.2}
$$

Über die Energiefunktion sind im allgemeinen außer grundsätzlichen Eigenschaften, wie zum Beispiel der stetigen Differenzierbarkeit, keine Kenntnisse vorhanden. Das Auffinden einer global optimalen Lösung mit endlichem Aufwand kann daher grundsätzlich durch kein mathematisches Verfahren garantiert werden.

Ein Großteil der in der praktischen Anwendung genutzten Optimierungsverfahren. ermitteln, ausgehend von einer zum Beispiel mit den im Abschnitt 18.2.3. diskutierten Verfahren bestimmten initialen Parameterkombination, eine Folge von Lösungen, wobei auf der Grundlage des Verlaufs der Energiefunktion in den jeweiligen lokalen Umgebungen der Lösungen heuristisch versucht wird, das globale Optimum zu finden. Dabei kann, wie im folgenden verdeutlicht wird, zwischen deterministischen und zufallsbasierten Verfahren unterschieden werden.

Deterministische, gradientenbasierte Optimierung

Die Methoden dieser Klasse von Optimierungsverfahren nutzen in jeder Iteration k den Gradienten $\nabla^\top E(x_k)$ der Energiefunktion in der jeweiligen (suboptimalen) Lösung x_k, um eine „bessere" Lösung x_{k+1} zu finden. In der Praxis wird dabei aus Gründen der Komplexität im allgemeinen nicht der analytische Gradient, sondern eine numerische Approximation genutzt.

Da der Gradient der Energiefunktion in die Richtung zeigt, in die die Funktion am stärksten steigt, stellt jeder Vektor Δx_k, der mit dem Gradienten einen Winkel von mehr als 90 Grad einschließt, d.h., für den $\nabla^\top E(x_k)\Delta x_k < 0$ gilt, eine *Abstiegsrichtung* dar. Die Entwicklung der Energiefunktion in eine Taylor-Reihe zeigt, daß dann $E(x_k + \alpha_k \Delta x_k) < E(x_k)$ für hinreichend kleine α_k gilt. Gradientenverfahren ermitteln auf diese Weise iterativ eine Folge von Lösungen (x_k) im Suchraum, deren zugeordnete Folge von Energiefunktionswerten $(E(x_k))$ streng monoton fallend ist. Ihr gravierender Nachteil ist jedoch, daß sie in dem ersten erreichten lokalen Minimum enden. Die Robustheit der Verfahren, das heißt ihre Wahrscheinlichkeit, ein globales Optimum zu finden, kann jedoch durch wiederholte Ausführung der Algorithmen von verschiedenen Startpunkten im Suchraum aus erhöht werden, wie im Abschnitt 18.2.3 noch näher erläutert wird.

Die Wahl der Abstiegsrichtung Δx_k von einem Iterationspunkt x_k aus kann in der Formel

$$\Delta x_k = -D_k \nabla E(x_k)$$

zusammengefaßt werden, wobei D_k positiv-definit zu wählen ist, damit sich der Energiefunktionswert in Richtung Δx_k wirklich verkleinert. In Abhängigkeit von D_k ergeben sich folgende bekannte Verfahren:

- $D_k = I$: *Steepest-Descent*

Dieses Verfahren nutzt den negativen Gradienten direkt als Abstiegsrichtung, so daß der erforderliche Rechenaufwand pro Iteration vergleichsweise gering ist. Der Steepest-Descent-Algorithmus konvergiert linear, d.h., daß für eine quadratische Energiefunktion die Eigenschaft

$$\frac{\|x_{k+1} - x^*\|}{\|x_k - x^*\|} \leq p, \quad k = 0, 1, 2, \ldots$$

gezeigt werden kann, wobei x^* das Optimum beschreibt. Der Faktor p hängt dabei von der Konditionierung der Energiefunktion ab. Er ist um so größer, je stärker der Unterschied zwischen der schwächsten und der stärksten Krümmung der Energiefunktion ist, wie Abbildung 18.7 veranschaulicht.

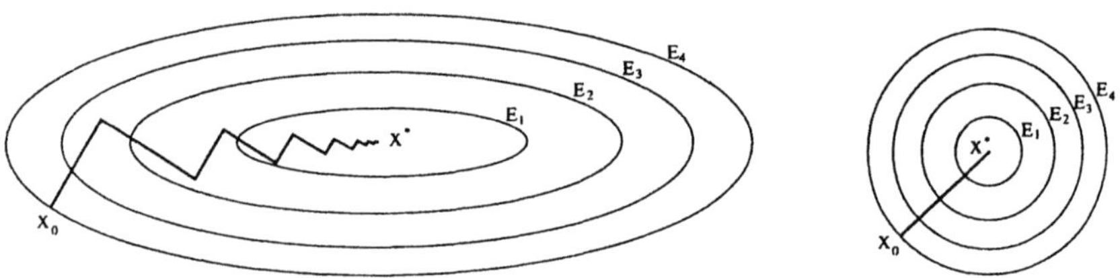

Bild 18.7 Iterationsfolge des Steepest-Descent-Verfahrens für eine schlecht (links) bzw. gut (rechts) konditionierte quadratische Energiefunktion. Gezeigt sind jeweils die Isolinien der Energiefunktion mit $E_1 < E_2 < E_3 < E_4$. Während zum Auffinden des Optimums im ersten Fall sehr viele Iterationen benötigt werden, wird in letzterem das Optimum in einem Schritt erreicht.

- $D_k = (\nabla^2 E(x_k))^{-1}$: *Newton-Verfahren*

Die Betrachtungen zur Konvergenzgeschwindigkeit des Steepest-Descent-Verfahrens verdeutlichen, daß das Konvergenzverhalten von Gradientenverfahren wesentlich verbessert werden kann, indem der Suchraum geeignet skaliert wird. Diese Eigenschaft wird beim Newton-Verfahren genutzt, wo für beliebige quadratische Energiefunktionen in einer einzigen Iteration das Minimum erreicht wird. Bei nicht-quadratische Energiefunktionen, für die die Hessematrix $\nabla^2 E(x_k)$ von x_k abhängig ist, wird in jeder Iteration entsprechend ein Sprung in das Minimum einer lokalen quadratischen Approximation der Energiefunktion ausgeführt. Wenn die Hesse-Matrix am Optimum positiv-definit ist, kann daher eine quadratische Konvergenz nachgewiesen werden [5].

Die Berechnung der Hesse-Matrizen erfordert, falls letztere nicht analytisch angegeben werden können, einen hohen Rechenaufwand, so daß häufig sogenannte *Quasi-Newton-Methoden* eingesetzt werden. Bei diesen werden die inversen Hesse-Matrizen $(\nabla^2 E(x_k))^{-1}$ durch Approximation H_k ersetzt, die jedoch nicht aus den tatsächlichen Hesse-Matrizen, sondern iterativ aus den Krümmungsinformationen entlang der bereits ausgeführten Schritte gewonnen werden. Diese Methoden haben den Vorteil, daß sie keine Auswertung

zweiter partieller Ableitungen erfordern und dennoch (unter gewissen Nebenbedingungen) quadratisch konvergieren [5].

Bei gegebener Suchrichtung Δx_k ist schließlich noch eine Schrittweite α_k festzulegen, so daß $E(x_k + \alpha_k \Delta x_k) < E(x_k)$ gilt, also tatsächlich ein Abstieg stattfindet.
Hierzu bietet sich eine Vielzahl in der Literatur bereits ausführlich diskutierter
Verfahren, wie z. B. die *Fibonacci-Suche*, die *Goldene-Schnitt-Suche* oder *Interpo-
lationsmethoden* an [2].

Die bisher betrachteten Verfahren eignen sich in ihrer reinen Form nicht für die
Lösung von Optimierungsaufgaben mit Nebenbedingungen, wie sie in (18.2) gegeben
sind. Hierzu existieren jedoch erweiterte Methoden, die durch eine Beschränkung
der Suchräume bei der Wahl der Abstiegsrichtungen oder durch die Erweiterung
der Energiefunktion um Straffterme Nebenbedingungen berücksichtigen [2].

Stochastische Optimierung

Die Klasse der zuvor diskutierten deterministischen Abstiegsverfahren zur Lösung
von Optimierungsproblemen ist durch einige für die praktische Anwendung durchaus relevante Defizite gekennzeichnet. So terminieren die Verfahren aufgrund ihrer
Struktur in dem, ausgehend von einem Startpunkt, zuerst erreichten, ggf. lokalen Minimum. Im Zusammenhang mit multimodalen Energiefunktionen ist daher
die Qualität des Optimierungsergebnisses sehr stark von dem für die Optimierung.
genutzten Startpunkt abhängig, für dessen geeignete Wahl keine allgemein anwendbaren Heuristiken existieren. Darüber hinaus kann keine obere Laufzeitschranke
für Abstiegsverfahren angegeben werden, weil die Anzahl der Optimierungsschrit-
te ebenfalls sehr stark von der Energiefunktion und der Wahl des Startpunktes
abhängt.

Den diskutierten deterministischen Algorithmen stehen zufallsbasierte Optimierungsverfahren, wie z. B. Simulated Annealing und Genetische Algorithmen, gegenüber. Mit diesen Verfahren kann die Termination in ein globales Optimum mit
endlichem Aufwand bei Anwendung auf ein beliebiges NP-vollständiges Problem
(natürlich) ebenfalls nicht gewährleistet werden, ihre Ergebnisse und die benötigte
Laufzeit sind jedoch weitgehend von der Startpunktwahl unabhängig. Die beiden
Verfahren werden im folgenden näher betrachtet:

- *Simulated Annealing* kann als eine Verallgemeinerung von Abstiegsverfahren
  mit zufälliger (also nicht gradientenbasierter) Nachbarschaftswahl angesehen
  werden, wobei beim Simulated Annealing nicht nur Schritte akzeptiert werden, die zu einer Verbesserung, sondern mit einer gewissen Wahrscheinlichkeit auch Schritte, die zu einer Verschlechterung des Energieniveaus führen.
  Diese Modifikation ermöglicht es intuitiv, lokale Minima der Energiefunktion, in denen reine Abstiegsverfahren terminieren würde, zu verlassen, wie in
  Abbildung 18.8 veranschaulicht wird. Die Wahrscheinlichkeit, mit der eine
  Erhöhung des Energieniveaus akzeptiert wird, wird dabei dergestalt kontrol-
  liert, daß in den initialen Iterationen sehr viele und später zunehmend weniger Verschlechterungen akzeptiert werden. Simulated Annealing hat daher

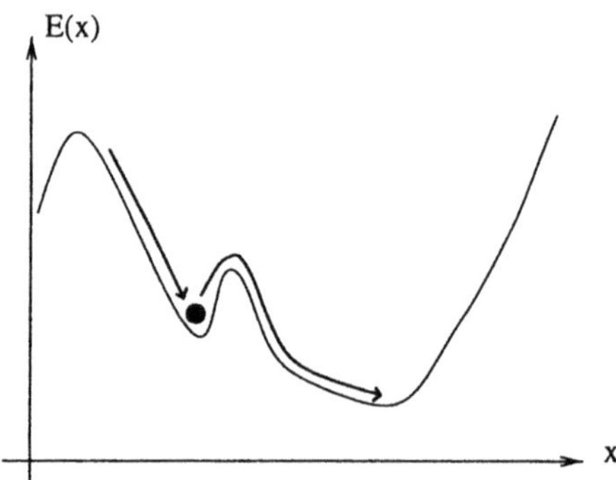

Bild 18.8   Idee des Simulated Annealing: Durch die Akzeptanz von kleinen Erhöhungen des Energieniveaus können lokale Minima verlassen werden.

neben der bereits angesprochenen Verwandtschaft zu Verfahren der schrittweisen Näherung ebenfalls einen „Divide-and-Conquer"-Charakter. So werden im Verlauf des Algorithmus die betrachteten Strukturen zunehmend kleiner, so daß zunächst eine Konvergenz in den Bereich des Lösungsraums, in dem das globale Optimum aufgrund der groben Struktur erwartet werden kann, und später eine Konvergenz in das Optimum innerhalb dieses Bereichs erfolgt.

Die Idee des Simulated Annealing ist aus physikalischen Betrachtungen des Verhaltens einer großen Anzahl von Atomen beim Übergang eines Stoffes aus dem flüssigen in den festen Aggregatzustand abgeleitet. Jeder Konstellation K der Atome kann eine aus den wechselseitig von den Atomen aufeinander ausgeübten Kräften resultierende potentielle Energie $E(K)$ (normiert bezüglich einer minimalen Energie) zugeordnet werden. Die Wahrscheinlichkeit $P(K)$, daß sich das gesamte System bei einer Temperatur T in einer Konstellation K mit der Energie $E(K)$ befindet, ist durch die *Boltzmann-Verteilung*

$$P(K) = \frac{1}{Z(T)} e^{-\frac{E(K)}{k_b T}} \tag{18.3}$$

mit dem Normalisierungsfaktor $Z(T)$ und der *Boltzmann-Konstanten* k_b gegeben. Offensichtlich nimmt bei abnehmender Temperatur die Wahrscheinlichkeit so zu, daß sich das System in einem Zustand niedriger Energie befindet, und bei der Temperatur $T = 0$, für die ohne Beschränkung der Allgemeinheit das betrachtete System in den festen Aggregatzustand übergeht, sollten nur noch Zustände minimaler Energie angenommen werden.

Die durch (18.3) gegebene Verteilung wird bei konstanter Temperatur erst nach unendlich langer Zeit tatsächlich erreicht, so daß eine niedrige Temperatur alleine noch keinen energiearmen Systemzustand bewirken muß. In praktischen Anwendungen wird daher ein aus mechanischen Gründen in einen energiearmen Zustand zu überführender Werkstoff in einem Wärmebad zunächst erhitzt und anschließend durch eine gezielte, besonders im Bereich des Übergangs vom flüssigen in den festen Zustand langsame Absenkung der Temperatur abgekühlt. Dieses Verfahren kann aufgrund des zeitlich nur endlichen Beibehaltens jedes Temperaturniveaus nicht das Erreichen eines global minimalen Energiezustands garantieren, führt jedoch im allgemeinen zu einer akzeptablen Restenergie.

Beim Simulated Annealing werden die diskreten Lösungen eines Optimierungsproblems mit den oben beschriebenen Konstellationen der Atome eines Metalls identifiziert. Die Energiefunktion des Optimierungsproblems beschreibt dementsprechend die den Lösungen bzw. Konstellationen zugeordnete Potentialenergie. Es sei darauf hingewiesen, daß jedes kontinuierliche Optimierungsproblem (18.2) durch die Definition eines beliebig aber endlich feinen Gitters im Suchraum durch ein diskretes Problem approximiert werden kann. Diese Betrachtungsweise stellt für die praktische Anwendung keine Einschränkung dar, da bei einer Ausführung des Simulated Annealing auf einem Rechensystem aufgrund der Endlichkeit der Zahlendarstellung implizit auch eine Diskretisierung durchgeführt wird.

Das Produkt $k_b T$ aus der Temperatur und der Boltzmann-Konstanten, das während des betrachteten Ausglühprozesses asymptotisch gegen Null konvergiert, wird für die Minimierung einer allgemeinen Energiefunktion im allgemeinen durch einen einzigen Kontrollfaktor c ersetzt.

Der physikalische Prozeß im Metall bei konstanter Temperatur, also konstantem Kontrollfaktor c, kann durch ein als *Metropolis-Algorithmus* bekanntes Verfahren simuliert werden. In jeder Iteration dieses Algorithmus wird zunächst, ausgehend von der aktuellen Lösung i mit zugehöriger Energie (zugehörigen Kosten) $C(i)$, mit der Wahrscheinlichkeit $p(i,j)$ eine neue Lösung j mit der Energie $C(j)$ generiert, wobei natürlich $\sum_j p(i,j) = 1$ gelten muß. Eine Funktion, die die Auswahl neuer Lösungen entsprechend den Wahrscheinlichkeiten p implementiert, wird als *Generatorfunktion* bezeichnet.

Die neue Lösung j wird in Abhängigkeit der Energiedifferenz $\Delta C = C(j) - C(i)$ entsprechend dem sog. *Metropolis-Kriterium* mit der Wahrscheinlichkeit

$$A(\Delta C, c) = \begin{cases} 1 & \text{falls } \Delta C \leq 0 \\ e^{-\frac{\Delta C}{c}} & \text{falls } \Delta C > 0 \end{cases}$$

akzeptiert, d.h., daß neue Lösungen, die zu einer Verringerung der Energie führen, immer, während solche, die zu einer Erhöhung führen, nur mit einer vom Kontrollparameter c abhängigen Wahrscheinlichkeit akzeptiert werden. Diese Wahrscheinlichkeit wird für gleiches ΔC um so geringer, je kleiner der Kontrollparameter gewählt wird, und der Metropolis-Algorithmus konvergiert schließlich für $c \to 0$ gegen ein reines Abstiegsverfahren, bei dem nur noch Schritte, die zu einer Verringerung der Energie führen, ausgeführt werden.

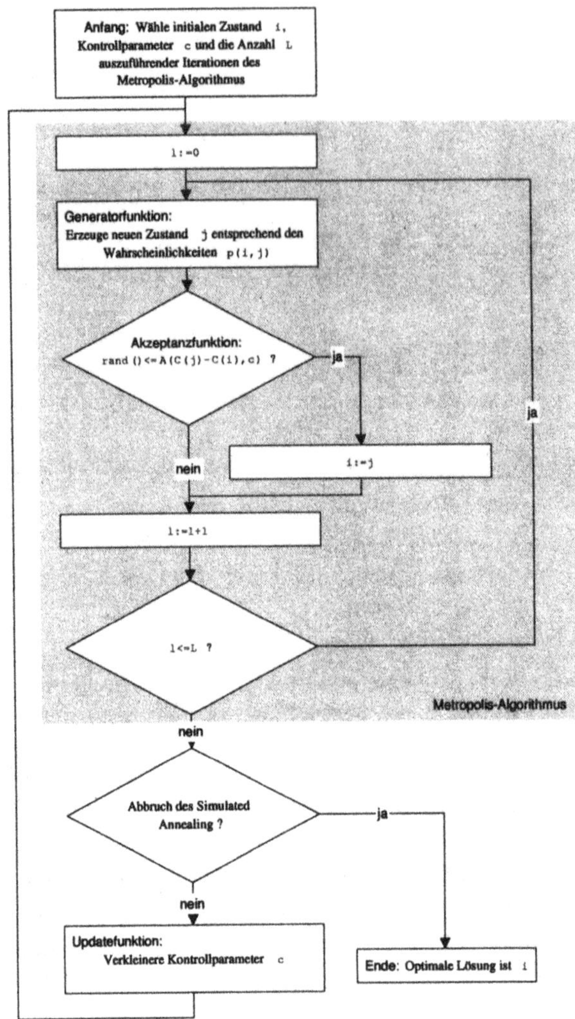

Bild 18.9 Struktur des Simulated Annealing-Algorithmus. Die Funktion rand() im Akzeptanzkriterium erzeuge Zufallszahlen aus dem Intervall [0;1]. Der Algorithmus kann zum Beispiel nach einer festgelegten Anzahl Iterationen abgebrochen werden, oder dann wenn zu viele Zustandsübergänge in Folge nicht akzeptiert werden.

Simulated Annealing entspricht nun einer wiederholten Ausführung von endlich vielen Iterationen des Metropolis-Algorithmus mit jeweils verringertem Kontrollparameter c. Die zuvor beschriebene Struktur des Simulated Annealing-Algorithmus wird noch einmal in Abbildung 18.9 veranschaulicht.

- Die Idee *Genetischer Algorithmen* ist aus der Evolutionstheorie abgeleitet [3]. Die Evolution kann als optimale Anpassung von Lebewesen an ihre Umwelt angesehen werden. Sie basiert darauf, daß Lebewesen im Mittel um so mehr Nachkommen haben können, je besser sie an ihre Umgebung angepaßt sind, so daß in diesem Sinne „gute" Gene bevorzugt in Nachfolgegenerationen erhalten bleiben. Genetische Algorithmen versuchen, dieses Konzept zur Optimierung allgemeiner Problemstellungen zu verwenden, indem aus jeweils einer Menge (*Population*) von (suboptimalen) Lösungen (*Individuen*) durch genetische Operationen eine neue Generation von Individuen mit besseren Eigenschaften generiert wird. Sie können in diesem Sinne als naturanaloge Problemlösungsstrategien angesehen werden.

Einem ähnlichen Prinzip wie Genetische Algorithmen folgen *Evolutionäre Strategien*. Während Genetische Algorithmen auf einer binären Codierung der Individuen beruhen, die durch die genetischen Operationen manipuliert werden, verwenden letztere Verfahren eine numerische Repräsentation [4],[6].

An dieser Stelle sei noch bemerkt, daß das zuvor beschriebene Simulated Annealing eine spezielle Evolutionäre Strategie darstellt, bei der als einziger Operator die Mutation auftritt [4],[6].

18.2.3 Robustheit

Sequentielle (Gradienten-)Abstiegsverfahren zur Optimierung sind dadurch gekennzeichnet, daß sie in dem ersten erreichten Minimum der Energiefunktion enden, unabhängig davon, ob dieses lokaler oder globaler Natur ist. Daher ist der Erfolg der Optimierung sehr von der gewählten initialen Lösung im Suchraum abhängig, und es werden Verfahren für die Startpunktwahl motiviert, die über die einfache Wahl einer Zufallsstichprobe hinausgehen.

In der Literatur finden sich in diesem Zusammenhang keine allgemein anwendbaren Verfahren oder Heuristiken, was damit begründet werden kann, daß das Problem der Wahl eines „guten" Startpunktes für eine völlig unbekannte Energiefunktion von der gleichen Komplexität wie das eigentliche Problem der Optimierung ist. Die wesentlichen Charakteristika zweier einfacher Verfahren, der systematischen Wahl des besten Punktes eines äquidistanten Gitters als Startpunkt und der Gewinnung eines initialen Punktes durch wiederholtes Ziehen von Stichproben des Suchraums sind in Tabelle 18.1 gegenübergestellt.

Der wesentliche Vorteil der Verwendung eines Gitters zur Festlegung der zu untersuchenden, potentiellen Startpunkte ist demnach, daß aufgrund der Dichte des Gitters die Güte des gefundenen Startpunktes abgeschätzt werden kann. So wird zum Beispiel bei der Verwendung eines Gitters mit zehn gleichmäßig verteilten Knoten in jeder Dimension der „optimale" Startpunkt um maximal fünf Prozent verfehlt. Umgekehrt folgt aus einer geforderten Güte ein Kriterium für die Wahl der Gitterdichte und damit die Anzahl zu untersuchender Lösungen. Es sei jedoch darauf hingewiesen, daß aus der Gitterdichte nicht die Güte des Optimierungsergebnisses a

Wahl des Besten einer Menge von Gitterpunkten	Wahl des Besten einer Menge von Zufallspunkten
+　systematisch, 　　Güte des Startpunktes 　　abschätzbar, 　　daher Kriterium für 　　Wahl der Gitterdichte +　determiniert, reprodu- 　　zierbar −　schlecht skalierbar, 　　exponentielle Zunahme 　　der Anz. Gitterpunkte	−　zufallsbasiert, 　　Güte des Startpunktes 　　nicht abschätzbar, kein 　　Kriterium für Wahl 　　der Stichprobenanzahl −　nicht determiniert, 　　nicht wiederholbar +　gut skalierbar, 　　beliebige Stichproben- 　　anzahl wählbar

Tabelle 18.1　Vergleich zweier einfacher Methoden zur Wahl eines Startpunktes für sequentielle Abstiegsverfahren.

priori abgeleitet werden kann, weil zu jedem Gitter mit endlicher Knotenzahl Energiefunktionen gefunden werden können, deren globales Optimum nicht von dem Gitterpunkt niedrigster Energie aus durch Abstieg erreicht werden kann.

Die Wahl der energieärmsten einer Menge von Stichproben des Suchraums als Startpunkt hat dagegen den Vorteil der einfachen Skalierbarkeit. Es ist zum einen möglich, die Anzahl der zu untersuchenden Stichproben bis zur Ausführung eines sequentiellen Abstiegsverfahrens beliebig zu wählen. Darüber hinaus können durch mehrfaches Ausführen der Startpunktwahl und des Optimierungsverfahrens bereits berechnete Optimierungsergebnisse durch „bessere" Ergebnisse ersetzt werden. Bei der Verwendung eines Gitters wächst dagegen die Anzahl der zu untersuchenden Startpunkte exponentiell mit der Dichte des Gitters, so daß in höherdimensionalen Suchräumen bereits für kleine Dichten ein nicht mehr praktikabler Rechenaufwand erforderlich sein kann. Es ist jedoch denkbar, ein Gitter geringer Dichte für die Wahl des Startpunktes eines Laufs der sequentiellen quadratischen Programmierung zu verwenden und zu versuchen, durch systematisches Verschieben dieses Gitters und entsprechend wiederholter Ausführung der sequentiellen quadratischen Programmierung das Optimierungsergebnis ebenfalls sukzessiv zu verbessern.

18.2.4　Validierung

Die Modelle von (Produktions-)Prozessen, die in die Energiefunktion gemäß Gleichung (18.2) eingehen, werden häufig auf der Grundlage realer Prozeßdaten erstellt oder adaptiert. Die zur Verfügung stehenden Daten sind dabei im allgemeinen nicht homogen im Eingaberaum der Modelle verteilt. Dies wird zum Beispiel dann der Fall sein, wenn der zu modellierende Prozeß nur unter gewöhnlichen Betriebsbedingungen beobachtet werden kann, so daß für die Prozeßparameter im allgemeinen nur in der Praxis bewährte, diskrete Wertekombinationen auftreten. Gängige Verfahren modellieren Eingabebereiche mit wenig oder keinen Daten durch Inter- bzw. Extrapolation der Modellausgaben für benachbarte Bereiche mit einer höheren Datendichte.

Für die Modelle resultiert daraus eine starke Varianz der Vertrauenswürdigkeit über den Eingaberaum, so daß auch die Konfidenz von mittels eines Optimierungsverfahrens gewonnenen Prozeßparametern in Abhängigkeit der Dichte der in der Umgebung der „optimalen" Parameter zur Verfügung stehenden realen Prozeßdaten unterschiedlich ist. Datengetriebene Modelle können darüber hinaus auch für Bereiche des Eingaberaums, in denen viele Daten zur Modellierung zur Verfügung standen, mit Unsicherheit behaftet sein, wenn die Ausgaben der Daten zum Beispiel aufgrund nicht berücksichtigter Prozeßparameter oder anderer Fehlerquellen lokal stark streuen.

Eine Aussage über die Konfidenz eines Optimierungsergebnisses kann daher durch Maße für die lokale Dichte und Streuung der Daten in der Umgebung des Ergebnisses gewonnen werden, wie sie in den folgenden beiden Abschnitten beschrieben werden.

Lokale Datendichte

Die Dichte der Eingabedaten der Datenbasis, auf deren Grundlage die zu validierenden Modelle entstanden sind, in der Umgebung eines Optimierungsergebnisses kann durch Dividieren der Anzahl der Daten in einer Nachbarschaft des Ergebnisses durch das Volumen der Nachbarschaft ermittelt werden. Das Problem dieser Strategie liegt in der Wahl einer geeigneten Nachbarschaft. Grundsätzlich kann eine Nachbarschaft durch Gewichtung aller Punkte des (Eingabe-)Raums mit einer im Optimierungsergebnis zentrierten *Fensterfunktion w* gewonnen werden. So zählen zum Beispiel bei Verwendung des Fensters

$$w_r(u) = \begin{cases} 1, & \text{falls } \|u\|_\infty \le \frac{1}{2} \\ 0, & \text{sonst} \end{cases} \quad, \quad u \in I\!\!R^d$$

alle Punkte, die in allen Dimensionen einen Abstand kleiner als $\frac{1}{2}$ vom Zentrum haben, zur Nachbarschaft. Bei Verwendung dieses Fensters wird die lokale Dichtefunktion dort, wo einzelne Daten auf der Grenze liegen, unstetig. Daher ist die Verwendung eines stetigen, zum Beispiel *gaußförmigen Fensters*

$$w_g(u) = \frac{1}{\sqrt{(2\pi)^d\|\Sigma\|}}\, e^{-\frac{u^\top \Sigma^{-1} u}{2}}, \quad u \in I\!\!R^d,$$

wobei d die Dimension des Raums und Σ eine Skalierung des Fensters (als Wahrscheinlichkeitsdichtefunktion einer multivariaten Normalverteilung betrachtet die Kovarianzmatrix der Verteilung) ist, vorzuziehen.

Die lokale Dichte *density(x)* im Punkt x kann dann durch Summation der Wichtungen aller Daten durch das in x zentrierte Fenster w_g bestimmt werden:

$$density(x) = \frac{1}{n}\sum_{i=1}^{n} w_g(x - x_i), \tag{18.4}$$

wobei x_i die Eingaben der Daten der Datenbasis und n ihre Anzahl seien. Durch den Faktor $\frac{1}{n}$ wird die Funktion *density* normiert, so daß

$$\int_{\mathbb{R}^d} density(x)dx = 1 \tag{18.5}$$

gilt.

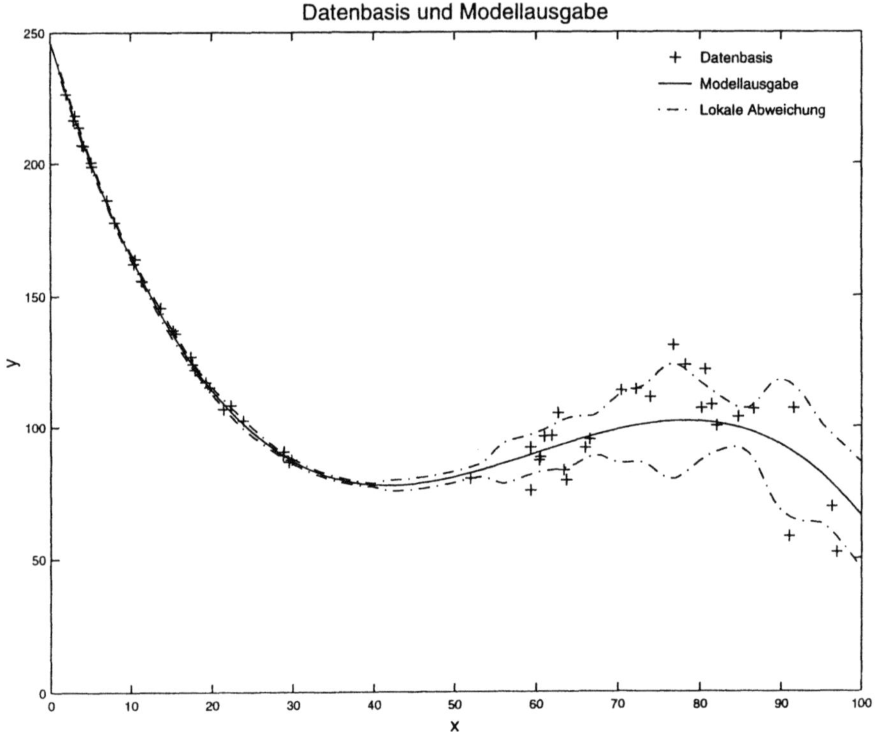

Bild 18.10 Datenbasis und daraus entstandenes Modell. Darüber hinaus sind auch die Kurven $modell(x) \pm \sqrt{localMSE(x)}$ dargestellt.

In den Abbildungen 18.10 und 18.11 wird die Messung der lokalen Dichte veranschaulicht. Abbildung 18.10 zeigt eine Datenbasis und die Kontrollfläche eines Modells, das hieraus entstanden sein könnte. Zur Vereinfachung wurde hier ein eindimensionaler Eingaberaum angenommen. Offensichtlich konnte der Bereich [0; 37] sehr genau modelliert werden, während für den Bereich [57; 100] das Modell zunehmend ungenauer wird. Im mittleren Bereich liegen offensichtlich keine Daten vor. Im oberen Teil der Abbildung 18.11 ist die mittels (18.4) und $\Sigma = (2^2) = (4)$ gemessene lokale Dichte dargestellt.

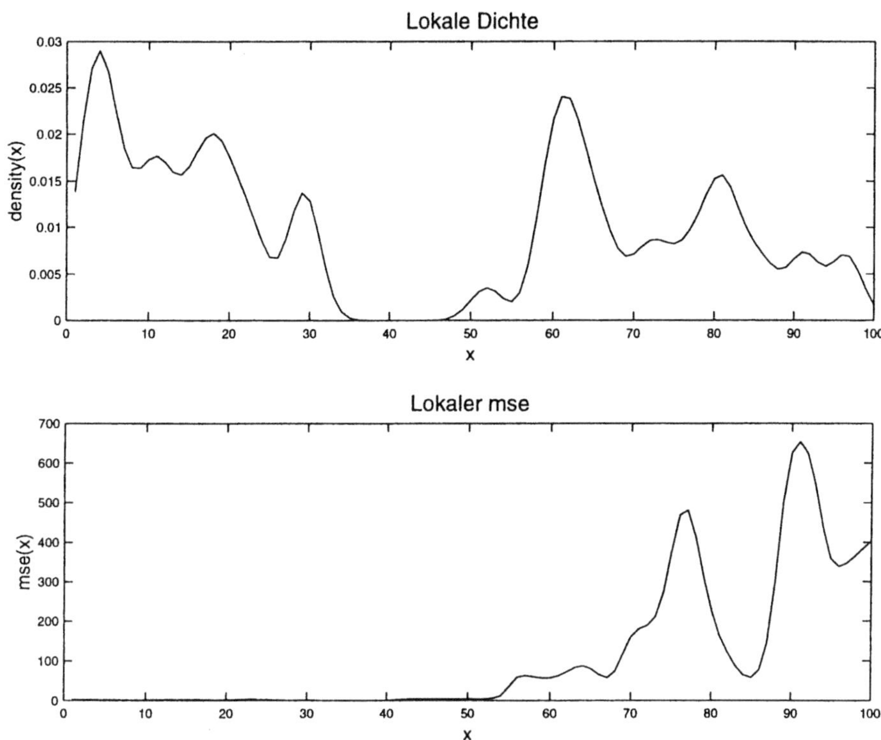

Bild 18.11 Messung der lokalen Dichte und des lokalen MSE.

Ein Problem besteht in der Wahl der Skalierung des Fensters, die direkt die Feinheit des lokalen Dichtemaßes bestimmt. Während zu schmale Fenster zu einer Überempfindlichkeit in Form von starken Schwankungen der Dichtefunktion führen, bewirken zu breite Fenster eine starke Generalisierung. Dieser Effekt ist in Abbildung 18.12 dargestellt, wo für die Daten aus Abbildung 18.10 die lokale Dichtefunktion für verschiedene $\Sigma = (sigma^2)$ angegeben ist.

Eine geringe lokale Dichte in einem Punkt sagt aus, daß dort die lokale Güte des Modells nicht bestimmt werden kann, weil keine entsprechenden Daten zur Verfügung stehen. Aus einer hohen lokalen Dichte kann zunächst ebenfalls noch keine Aussage über die lokale Güte des Modells gemacht werden. In diesem Fall muß vielmehr der lokale mittlere quadratische Modellfehler bestimmt werden.

In [7] wird ein sehr ähnliches, als Parzen-Window-Ansatz bezeichnetes Verfahren zur Schätzung der Dichtefunktion einer Verteilung aus einer gegebenen Menge von Realisierungen dieser Verteilung angewandt.

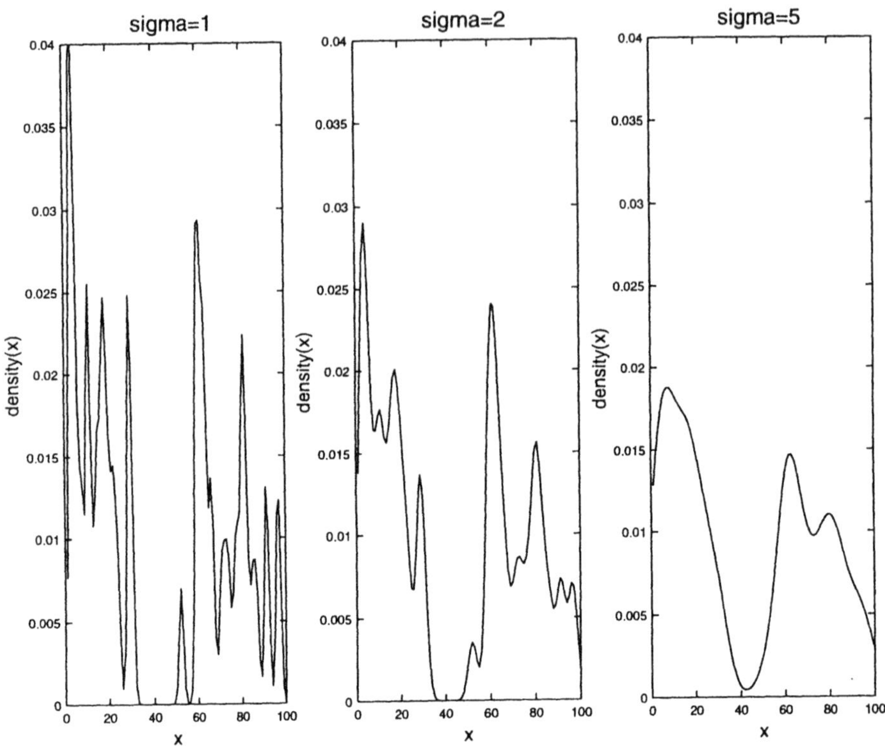

Bild 18.12 Messung der lokalen Dichte mit verschiedenen Auflösungen.

Lokaler mittlerer quadratischer Fehler

Die lokale Güte des Modells kann aus der mittleren quadratischen Abweichung des Modells von Sollausgaben für Eingaben der Datenbasis aus einer Umgebung des zu untersuchenden Punktes (des Eingaberaums) bestimmt werden. Auch hier tritt wieder das Problem der Wahl einer geeigneten Umgebung auf. Mit der gleichen Argumentation wie oben kann auch hier die Verwendung einer stetigen Fensterfunktion, wie z. B. der Gaußfunktion, als Gewichtungsfunktion motiviert werden. Der lokale mittlere quadratische Fehler kann dann durch

$$localMSE(x) = \frac{\sum_{i=1}^{n} (y_i - modell(x_i))^2 \cdot w_g(x - x_i)}{\sum_{i=1}^{n} w_g(x - x_i)}$$

berechnet werden, wobei x_i die Eingaben der Datenbasis, y_i die zugehörigen Soll-Ausgaben und $modell(x_i)$ die Modellausgaben sind.

Die Skalierungsmatrix $\Sigma(x)$ des Gauß-Fensters zur Berechnung des lokalen MSE in einem Punkt x kann an der lokalen Dichte in diesem Punkt orientiert werden. Geht man vereinfachend davon aus, daß die einzelnen Dimensionen des Eingaberaums unkorreliert sind, so kann $\Sigma(x)$ als Diagonalmatrix und damit das Fenster entlang aller Dimensionen symmetrisch gewählt werden. Geht man weiter davon aus, daß die Standardabweichungen $\sigma_1, ... \sigma_d$ der Daten in allen Dimensionen bekannt sind und daß das Gauß-Fenster proportional zu diesen Standardabweichungen skaliert werden soll, d.h. $\Sigma(x) = l(x) \cdot diag(\sigma_1^2, ..., \sigma_d^2)$, so ist nur noch $l(x)$ zu bestimmen.

Das Produkt aus lokaler Dichte und dem Volumen, in dem das Fenster relevante Werte annimmt, kann unter der Annahme einer konstanten Dichte über das ganze Volumen wegen der Norm (18.5) gerade als Näherung für den in diesem Volumen zu erwartenden Bruchteil aller Datenpunkte angesehen werden. Sollen k der n Datenpunkte in die Berechnung des lokalen MSE einbezogen werden, ist $l(x)$ daher so zu wählen, daß

$$density(x) \cdot l(x) \cdot \sigma_1 ... \cdot \sigma_d \cdot s^d = \frac{k}{n}$$

gilt. s gibt dabei an, bis zum Wievielfachen der Standardabweichung die Werte einer Gaußfunktion mit dieser Standardabweichung als hinreichend groß dafür angesehen werden, daß ein dort liegender Punkt noch wesentlich in die MSE-Berechnung eingeht.

Im unteren Teil der Abbildung 18.11 ist der lokale mittlere quadratische Fehler für das bereits diskutierte Modell angegeben. Darüber hinaus sind zur Veranschaulichung in Abbildung 18.10 die Kurven

$$modell(x) \pm \sqrt{localMSE(x)}$$

dargestellt.

18.3 Zusammenfassung

Für die Optimierung eines Produktionsprozesses bietet sich eine Vielzahl von alternativen Möglichkeiten an. So ist zunächst ein je nach Komplexität mehr oder weniger vereinfachendes Modell des zu optimierenden Prozesses zu erstellen, das alle in die Optimierung einzubeziehenden Prozeßparameter und statischen Randbedingungen berücksichtigt. Daran schließt sich die Aggregierung der zu optimierenden Parameter mittels einer geeigneten Funktion zu einer einzigen, als Gesamtbewertung interpretierbaren Größe, der Energiefunktion, an, wobei entsprechend den Ausführungen in Abschnitt 18.2.1 durch die Wahl dieser Funktion sehr unterschiedliche Optimierungsziele realisiert werden können. Für die Minimierung der Energiefunktion steht schließlich eine in Abhängigkeit der zu berücksichtigenden Nebenbedingungen und des vertretbaren Aufwands mehr oder weniger große Anzahl in der Praxis bewährter Optimierungsverfahren zur Verfügung. Für alle diese Teilschritte ist insbesondere anhand der geforderten Flexibilität und der Effizienz zwischen der Verwendung von standardisierten Modellierungsansätzen und Verfahren und der Generierung anwendungsspezifischer Methoden abzuwägen, woraus eine Partitionierung des entstehenden Gesamtsystems in anwendungsabhängige und -unabhängige, wiederverwendbare Komponenten resultiert.

Aus diesem Spektrum alternativer Methoden zur Prozeßoptimierung haben sich die zuvor detailliert diskutierten Ansätze, das heißt, die Anwendung von Fuzzy Methoden zur Modellierung und die Optimierung mittels Simulated Annealing, für die Optimierung einer Produktionsanlage für Hartfaserplatten als besonders geeignet erwiesen. Ziel letzteren Projekts war die Reduktion von Energie- und Rohstoffkosten für die Produktion von Hartfaserplatten unter der Gewährleistung einer Mindestqualität der entstehenden Platten [1]. Die Anwendung stochastischer Optimierungsverfahren zeichnet sich, wie bereits diskutiert wurde, durch eine deutlich höhere Robustheit, das heißt Unabhängigkeit des Ergebnisses und der Laufzeit von der Startpunktwahl, gegenüber gradientenbasierten Verfahren aus.

Für die Modellierung von Prozeßeigenschaften auf der Basis gegebener Daten steht neben der einleitend angesprochenen Fuzzy Modellierung eine Vielzahl alternativer, in der Praxis ebenfalls bewährter Ansätze, wie z. B. Neuronale Netze oder auf Clustering basierende Verfahren zur Verfügung. Ein bedeutender Aspekt von Fuzzy Modellen ist jedoch in ihrer linguistischen Interpretierbarkeit zu sehen, die es sowohl ermöglicht, strukturelles Vorwissen in die Modellierung einzubringen, als auch bestehende, ggf. anhand von Daten optimierte Modelle zu interpretieren. So konnten für die Hartfaserplattenproduktion auf der Grundlage sehr weniger Daten durch Integration von Expertenwissen bereits gute Fuzzy Modelle erstellt werden.

Die Einhaltung von Randbedingungen an Prozeßeigenschaften bei der Optimierung einer dritten Eigenschaft kann alternativ zu der vorgeschlagenen Integration der Randbedingungen in die Energiefunktion auch durch eine explizite Beschränkung des Suchraums durch geeignete Nebenbedingungen erreicht werden. In dem vorliegenden Beispiel der Optimierung von Produktionskosten unter der Berücksichtigung von Qualitätsanforderungen könnte das Optimierungsproblem zum Beispiel auch folgendermaßen formuliert werden:

$$
\begin{aligned}
\min_{x} \quad & F(x) \\
\text{s.t.} \quad & Modell_{\text{Qualität i}}(x) \leq Grenzwert_{\text{Qualität i}} \\
& \dots \\
& x \in \mathbb{R}^n,
\end{aligned}
\tag{18.6}
$$

wobei durch die Energiefunktion F ausschließlich die Kosten bewertet würden.

Das ursprüngliche Optimierungsproblem zerfällt damit in die beiden Teilprobleme des Ermittelns eines gültigen Startpunktes für (18.6), d.h. das Auffinden von Prozeßparametern, mit denen, evtl. unter suboptimalen Kosten, Hartfaserplatten der geforderten Qualität produziert werden können, und der Optimierung von (18.6), d.h. der Minimierung der Kosten unter Beibehaltung der geforderten Qualität. Motiviert wird dieser Ansatz vor allem dadurch, daß bei ihm die aufwendig zu berechnende sigmoid-quadratische Bewertung der Qualitätsmerkmale entfällt und die

Komplexität der resultierenden Energiefunktion somit nur noch durch die Kostenberechnung bestimmt wird. Aufgrund der daher zu erwartenden geringen Modalität der Energiefunktion könnte, eine gewisse Gutmütigkeit der Nebenbedingungen von (18.6) und eine einfache Abhängigkeit der Kosten von den Produktionsparametern vorausgesetzt, durch Auswahl jeweils eines Startpunktes aus jedem zusammenhängenden Bereich der Menge von Prozeßparametern, mit denen die Anforderungen an die Qualität erfüllt werden, das globale Optimum von (18.6) mit hoher Wahrscheinlichkeit gefunden werden.

Der Nachteil dieses zweiteiligen Ansatzes besteht jedoch in der Komplexität des Problems, gültige Startpunkte für (18.6) zu ermitteln. Da von der Optimierung auch Produktionsparameter gefunden werden sollen, mit denen sehr „kritische" Qualitätsanforderungen, die keine große Variation der Parameter erlauben, unter optimalen Kosten erfüllt werden können, kann die Startpunktwahl bereits ein Problem der gleichen Komplexität wie das ursprüngliche Optimierungsproblem darstellen. Solche „kritischen" Qualitätsanforderungen sind in der Praxis durchaus relevant, da zu optimierende Produktionsprozesse aufgrund langjähriger Erfahrung und komplexen technischen Hintergrundwissens häufig bereits weitgehend „manuell" optimiert sind.

Für die Verwendung der komplexen sigmoid-quadratischen Bewertungsfunktion mit einem Standardoptimierungsverfahren spricht darüber hinaus, daß, wie in Abschnitt 18.2.1 diskutiert wurde, dabei allein durch die Modifikation der Energiefunktion sehr einfach andere Optimierungsziele realisiert und die Optimierungsverfahren an andere Anwendungsgebiete angepaßt werden können, während der alternative Ansatz sehr stark auf die diskutierte Optimierung von Kosten unter Qualitätsanforderungen spezialisiert ist. Schließlich sei noch auf die in Abschnitt 18.2.1 diskutierte Möglichkeit hingewiesen, bei der Verwendung der sigmoid-quadratischen Energiefunktion zwischen der Erfüllung der einzelnen Anforderungen an die Plattenqualität „abzuwägen", wenn diese in ihrer Gesamtheit nicht respektiert werden können.

Literaturverzeichnis

[1] APPL, M.: *Prozeßoptimierung am Beispiel der Hartfaserplatten-Produktion.* Diplomarbeit an der Technischen Universität Braunschweig 1998.

[2] BERTSEKAS, D. P.: *Nonlinear Programming.* Athena Scientific, Belmont, Massachusetts 1995.

[3] HOLLAND, J. H.: *Adaption in natural and artifical systems.* Ann Arbor, MI: University of Michigan-Press 1975.

[4] RECHENBERG, I.: *Evolutionsstrategie - Optimierung technischer Systeme nach Prinzipien der biologischen Evolution.* Problemata Frommann-Holzboog 1973.

[5] SCALE, L. E.: *Introduction to Non-linear Optimization.* Macmillan Publishers Ltd. 1985.

[6] SCHWEFEL, H. P.: *Numerische Optimierung von Computer-Modellen mittels der Evolutionsstrategie.* Birkhäuser Verlag, Basel, Stuttgart 1977.

[7] DUDA, R. ; HART, P.: *Pattern Classification and Scene Analysis.* Wiley, New York 1973.

Autorenverzeichnis

MARTIN APPL schloß sein Studium der Informatik von 1993 bis 1998 an der TU Braunschweig mit dem Diplom ab. Er vertieft sein Studium u.a. im Bereich des Softcomputing und der mathematischen Optimierung und arbeitet seit 1998 an einer Dissertation auf dem Gebiet vernetzter und hybrider Systeme an der TU München mit Unterstützung des Fachzentrums „Neuroinformatik" der Zentralabteilung Technik der Siemens AG.

HANS BANDEMER studierte von 1953 - 1958 Mathematik. Anschließend war er von 1958 - 1997 an der (TU) Bergakademie Freiberg, Promotion 1961, Habilitation 1965, ab 1967 Professor, zuerst für Numerische Mathematik und Mathematische Statistik, dann für Mathematische Statistik und danach für Versuchsplanung und Datenanalyse. Seit 1997 wohnhaft in Halle (Saale). Monographien, Lehrbücher, Handbuch und Sammelbände zur Statistischen Versuchsplanung und zur Fuzzy Theorie und deren Anwendung besonders auf die Datenanalyse, etwa 200 Beiträge zu Zeitschriften und Sammelbänden.

CHRISTIAN BORGELT studierte an der Technischen Universität Braunschweig Informatik und Physik. Nach dem Diplom in Informatik 1995 arbeitete er als Angestellter der TU Braunschweig im Forschungszentrum Ulm der Daimler-Benz AG in der Arbeitsgruppe Maschinelles Lernen und Data Mining. Seit 1996 ist er Doktorand an der Universität Magdeburg. Zur Zeit beschäftigt er sich mit dem Lernen von probabilistischen und possibilistischen Schlußfolgerungsnetzen, Entscheidungsbäumen und Assoziationsregeln aus Daten.

· BERND BULDT studierte Philosophie, ev. (Voll-)Theologie, Skandinavistik und Pädagogik an den Universitäten Bonn, Mainz und Bochum. Dort promovierte er 1991 in Philosophie über die Gödelschen Sätze; zur Zeit arbeitet er an einer Habilititationsschrift zur wissenschaftlichen Methode im 19. Jahrhundert. Seine Hauptarbeitsgebiete sind Philosophie und Geschichte der Logik, Philosophie der Mathematik und Wissenschaftstheorie. Er hatte Anstellungen an den Universitäten von Bochum, Notre Dame/IN (USA), Bielefeld, und ist gegenwärtig wissenschaftlicher Assistent in Konstanz.

JÖRG GEBHARDT studierte an der Technischen Universität Braunschweig mit Diplomen in Mathematik und Informatik. In seiner Anstellung als wissenschaftlicher Mitarbeiter promovierte er 1992 am Institut für Betriebssysteme und Rechnerverbund und habilitierte sich 1997 für Informatik. Seit Oktober 1998 ist er als freier Unternehmensberater für die Volkswagen AG im Konzernprojekt „EPL: Planung von Fahrzeugen, eigenschaften und Teilen (K-BKM, BKM)" tätig. Seine wichtigsten

Forschungsgebiete sind Possibilitätstheorie, Data Mining, graphische Modellierung, Data Fusion und Fuzzy Systeme.

SIEGFRIED GOTTWALD hat Mathematik an der Universität Leipzig studiert, sich dort 1977 habilitiert, und hat seit 1992 an dieser Universität einen Lehrstuhl fuer Nichtklassische Logik. Zu seinen zentralen Arbeitsgebieten gehören die mehrwertige Logik und die Theorie der unscharfen Mengen. Er ist Autor bzw. Koautor mehrerer Büecher und zahlreicher Artikel zu diesen Themenkreisen, und gehört dem Herausgebergremium der Zeitschrift „Fuzzy Sets and Systems" seit 1980 an. 1992 erhielt er den Forschungspreis „Technische Kommunikation" der SEL-Alcatel Stiftung, Stuttgart.

THOMAS HOCHKIRCHEN studierte Mathematik, Informatik und Sozialwissenschaften in Wuppertal. Nach dem Diplom in Mathematik war er von 1993 - 1998 als Wissenschaftlicher Angestellter im Fachbereich Mathematik der Bergischen Universität - Gesamthochschule Wuppertal tätig, wo er im Sommer 1998 mit einer Dissertation über die Axiomatisierung der Wahrscheinlichkeitsrechnung und ihre Kontexte bei Prof. Dr. E. Scholz promovierte. Seit dem Oktober 1998 ist bei einer Rückversicherungsgesellschaft tätig.

ULRICH HÖHLE ist apl. Professor für Mathematik an der Bergischen Universität - Geamthochschule Wuppertal und hat zahlreiche, wichtige Beiträge zu den Grundlagen der Mathematik veröffentlicht - insbesondere zur mehrwertigen Topologie (Fuzzy Topology), zu nichtklassischen Logiken und zur Kategorien Theorie. Er ist Mitherausgeber von folgenden Büchern: Applications of Category Theory to Fuzzy Subsets (Kluwer Academic Publishers 1992), Non-Classical Logics and Their Applications to Fuzzy Subsets (Kluwer Academic Publishers 1995), Mathematics of Fuzzy Sets (Handbook Series, Volume 3, Kluwer Academic Publishers 1999). Ferner ist er Associate Editor der Zeitschrift Mathematical Analysis and Applications (Academic Press) und Mitglied des Editorial Board von Fuzzy Sets and Systems (Elsevier Science B.V.).

JÜRGEN HOLLATZ schloß sein Studium der Informatik (Nebenfach Theoretische Medizin) 1990 mit dem Diplom an der Technischen Universität München ab. 1993 promovierte er (Dr. rer. nat.) mit einer Arbeit über Neuronale Netze und Fuzzy Systeme. Von 1994-1998 war er Mitarbeiter in der Zentralabteilung Forschung und Entwicklung der Siemens AG und 1997/98 dort Leiter des Projekts Fuzzy Systeme. Seit 1998 ist er Dozent an der Siemens Technik Akademie.

ERICH PETER KLEMENT studierte Mathematik an der Universität Innsbruck. Nach der Promotion folgte eine Assistententätigkeit an der Johannes Kepler Universität Linz und schließlich wurde er dort Professor für Mathematik. Seit 20 Jahren organisiert er jährlich eine internationale Tagung in Linz. Seine Forschungsinteressen sind: Grundlagen von Fuzzy Logic, Fuzzy Set Theory und Fuzzy Control (insbesondere t-Normen), nicht-additive Maße und Integrale, Industrieprojekte. E. P.

Klement ist Mitherausgeber mehrerer Fachzeitschriften (u.a. Fuzzy Sets and Systems)

RUDOLF KRUSE studierte an der Technischen Universität Braunschweig Mathematik mit Nebenfach Informatik. Er promovierte 1980 im Rahmen seiner Tätigkeit als wissenschaftlicher Mitarbeiter am Institut für Stochastik und habilitierte sich 1984 für Mathematik. Anschließend arbeitete er in einem Forschungsvertrag mit der Fraunhofergesellschaft über Expertensysteme. 1986 wurde er Professor für Informatik an der TU Braunschweig. Seit 1996 hat er den Lehrstuhl für Praktische Informatik (Neuro-Fuzzy Systeme) an der Universität Magdeburg inne. Seine Hauptforschungsgebiete sind zur Zeit Neuro- und Fuzzy Systeme und ihre Anwendung im Bereich Data Mining.

FRITZ LEHMANN schloß das Studium der Mathematik in Münster und an der Ludwig-Maximilians-Universität (LMU) München mit dem Diplom in Mathematik ab. 1970-1977 war er Wissenschaftlicher Mitarbeiter am Leibniz-Rechenzentrum der Bayerischen Akademie der Wissenschaften, 1967-1970 hatte er eine Verw. wiss. Assistentenstelle am Lehrstuhl für Mathematische Statistik der LMU München. 1973 folgte die Promotion an der Fakultät für Mathematik der LMU München „Teilnehmerrechensysteme und stochastische Entscheidungsmodelle". Seit 1977 ist Fritz Lehmann Professor für Systemprogrammierung und Betriebsprogramme in der Fakultät für Informatik der Universität der Bundeswehr München. Seine Arbeitsgebiete sind: Stochastische Modelle von Rechen- und Kommunikatiossystemen, Quantitative Aspekte des Netzmanagements und Modellierung von Ungewißheit.

VOLKER MAMMITZSCH, geb. 1938 in Leipzig, promovierte 1964 bei Hans Richter an der Universität München zum Dr. rer. nat. 1970 habilitierte er sich ebenfalls an der Universität München im Fach Mathematik. Seit 1973 ist er Professor für Mathematik an der Universität Marburg.
Buchveröffentlichungen: Mathematische Hilfsmittel des Ingenieurs, gem. mit D. Morgenstern, (herausgegeben von R. Sauer und I. Szabo) 1970; Methode der kleinsten Quadrate, gem. mit H. Richter, 1973. Verschiedene Einzelartikel zur Wahrscheinlichkeitstheorie und Mathematischen Statistik.

RADKO MESIAR studierte Mathematik an der Slovak Technical University in Bratislava. Nach der Promotion folgte eine Assistententätigkeit an der Slovak Technical University in Bratislava, wo er jetzt Professor für Mathematik ist. Seine Forschungsinteressen sind: Grundlagen von Fuzzy Logic und Fuzzy Set Theory (insbesondere t-Normen), nicht-additive Maße und Integrale, MV-Algebren. R. Mesiar ist Mitherausgeber mehrerer Fachzeitschriften (u.a. Fuzzy Sets and Systems).

RAINER PALM ist promovierter Laboringenieur bei der bei der Siemens AG, Zentralabteilung Technik, Fachzentrum Neuroinformatik, in München. Seit 1994 Associate Editor IEEE Transactions on Fuzzy Systems und stellvertretender Sprecher der Fuzzy Gruppe in der GI (Gesellschaft fuer Informatik). Hauptarbeitsgebiete:

Fuzzy Control, nichtlineare Regelungstechnik, Robotik, Systemidentifikation.

ENDRE PAP studierte Mathematik an der University of Novi Sad. Nach der Promotion folgte eine Assistententätigkeit an der University of Novi Sad, wo er heute Professor für Mathematik ist. Seine Forschungsinteressen sind: Grundlagen von Fuzzy Logic (insbesondere t-Normen), nicht-additive Maße und Integrale, Differentialgleichungen, Pseudo-Analysis. E. Pap ist Mitherausgeber mehrerer Fachzeitschriften (u.a. Fuzzy Sets and Systems).

THOMAS A. RUNKLER promovierte 1995 nach dem Studim der Elektrotechnik (Datentechnik) an der Technischen Hochschule Darmstadt zum Dr.-Ing. über theoretische Aspekte von unscharfen regelbasierten Systemen und ihre Anwendung zur Regelung und Bildverarbeitung. Seit 1995 arbeitet er in der Zentralabteilung Forschung und Entwicklung (später Zentralabteilung Technik) der Siemens AG in München an Fuzzy und Neuro-Systemen zur Modellierung und Datenanalyse. In einem 8-monatigen Forschungsaufenthalt arbeitete er 1996 als Associate Scientist an der University of West Florida, U.S.A. (Prof. Bezdek). Dr. Runkler ist Autor von etwa 50 Veröffentlichungen über Fuzzy Systeme, davon etwa 20 Zeitschriften- und Buchbeiträge.

IVO SCHNEIDER studierte Mathematik und Physik an der Universität München. Von 1978 bis 1995 war er Professor für Geschichte der Naturwissenschaften an der Ludwig-Maximilians Universität München, er hatte Gastprofessuren an der Princeton University (1972/73), der Universität Bielefeld (1983) und der University of Minesota (1988) inne. Als biographische Studien in Buchform sind erschienen: „Archimedes" (1979), „Newton" (1988) und „Johannes Faulhaber - Rechenmeister in einer Welt des Umbruchs" (1993). Seit 1988 liegt vor: „Die Entwicklung der Wahrscheinlichkeitstheorie von den Anfängen bis 1933". Ivo Schneider ist membre effectif der Acadmie international de l'histoire de science; er erhielt zahlreiche Buchpreise. Seit dem Oktober 1995 ist er Professor für Wissenschaftsgeschichte an der Universität der Bundeswehr München.

RUDOLF SEISING studierte Mathematik, Physik und Philosophie an der Ruhr-Universität Bochum. Nach dem Diplom in Mathematik war er dort Wissenschaftlicher Mitarbeiter im Institut für Naturphilosophie und von 1988 bis 1995 an der Fakultät für Informatik der Universität der Bundeswehr München; dort ist er zur Zeit Wissenschaftlicher Assistent im Institut für Wissenschaftsgeschichte der Fakultät für Sozialwissenschaften. 1995 promovierte er im Fach Wissenschaftstheorie an der Ludwig-Maximilians-Universität München mit der Arbeit „Probabilistische Strukturen der Quantenmechanik" (1996). Weitere Veröffentlichungen: „Spekulation und Wissenschaft" (1995), „Wissenschaft und öffentlichkeit" (1996), „Studieren und Forschen im Internet" (1997) sowie zahlreiche Buch- und Zeitschriftenbeiträge im Bereich der Fuzzy Theorie.

REINHARD VIERTL, geboren in Hall in Tirol, studierte an der TH Wien und

Universität Wien bis 1972 mit dem Abschluß als Diplomingenieur fr Technische Mathematik. 1974 promovierte er zum Doktor der Technischen Wissenschaften, 1979 folgte die Habilitation aus Stochastik und deren mathematischen Grundlagen. 1980-1981 war er Research Fellow und Gastdozent an der University of California, Berkeley. 1981-1982 hatte er eine Gastdozentur an der Universität Klagenfurt inne. Seit März 1982 ist er Ordentlicher Professor für Angewandte Statistik an der TU Wien. Arbeitsgebiete: Zuverlässigkeitsanalyse, Statistik mit unscharfen Daten.

HANS-JÜRGEN ZIMMERMANN ist Inhaber des Lehrstuhls für Unternehmensforschung (Operations Research) an der RWTH Aachen und Wissenschaftlicher Leiter der ELITE (European Laboratory for Intelligent Techniques Engineering). Er hat ca. 200 Aufsätze auf den Gebieten des Operations Research, der Entscheidungstheorie und der Fuzzy Set Theorie und 25 Bücher in deutscher und englischer Sprache auf ähnlichen Gebieten veröffentlicht. Er ist Herausgeber des „International Journal for Fuzzy Sets and Systems", des „European Journal of Operational Research", der Buchserie „International Series in Intelligent Technologies" und Herausgeber bzw. Mitherausgeber von weiteren zwölf internationalen Zeitschriften.

Sachwortverzeichnis

MIX
Papier aus verantwortungsvollen Quellen
Paper from responsible sources
FSC® C105338

If you have any concerns about our products,
you can contact us on
ProductSafety@springernature.com

In case Publisher is established outside the EU,
the EU authorized representative is:
Springer Nature Customer Service Center GmbH
Europaplatz 3, 69115 Heidelberg, Germany

Printed by Libri Plureos GmbH
in Hamburg, Germany